建筑结构优化设计方法及案例分析

李文平　编著

U0376504

中国建筑工业出版社

图书在版编目（CIP）数据

建筑结构优化设计方法及案例分析/李文平编著.
北京：中国建筑工业出版社，2016.6（2025.1重印）
ISBN 978-7-112-19328-8

Ⅰ.①建… Ⅱ.①李… Ⅲ.①建筑结构-结构设计
Ⅳ.①TU318

中国版本图书馆 CIP 数据核字（2016）第 068910 号

本书围绕设计优化这一核心主题，站在工程建设项目总体开发层面上，结合设计、施工、成本、营销与物业管理等诸多因素，对建筑与结构设计优化进行分析探讨，是兼顾降本与增效的广义设计优化。

本书分为优化设计方法与案例分析两大部分，优化设计方法又分为建筑结构总体方案优化、岩土结构方案优化与构件设计优化三个层面，体现了从宏观到微观层面的优化；案例分析部分则是针对具体项目的全面设计优化。

本书的主要受众群体为岩土与建筑结构设计单位专业人员以及房地产开发企业的设计管理部门人员，也可供项目管理、造价控制、营销策划、投资决策等人员，以及高校相关专业的师生参考使用。

责任编辑：武晓涛
责任设计：李志立
责任校对：陈晶晶　刘梦然

建筑结构优化设计方法及案例分析

李文平　编著

*

中国建筑工业出版社出版、发行（北京西郊百万庄）
各地新华书店、建筑书店经销
霸州市顺浩图文科技发展有限公司制版
建工社（河北）印刷有限公司印刷

*

开本：787×1092毫米　1/16　印张：35¾　字数：864千字
2016年9月第一版　2025年1月第六次印刷
定价：**88.00**元（含增值服务）
ISBN 978-7-112-19328-8
（28590）

《建筑结构优化设计方法及案例分析》
微视频使用说明

　　为了让本书读者更好地理解本书内容，我社为购买正版本书的读者提供微视频服务，视频内容为本书作者对书中相关内容进行讲解。观看微视频之前，需按如下方法完成正版验证：

　　完成验证之后，可在建工社微课程服务号主页面"课程"→"更多课程"→"建筑结构优化设计方法及案例分析"中选择相应视频按"兑换"后观看。或通过微信扫一扫扫描图书中相应内容（第 10、12、13、54 页）所附的二维码，按"兑换"后观看。

　　微视频服务从本书发行之日起开始提供，提供形式为在线观看，截止日期由本社根据市场情况另行决定。如果输入卡号和密码或扫码后无法通过验证，请及时与我社联系。本社保留对此项服务的解释权。

　　增值服务客服电话：4008188688。

　　责任编辑电话：010-58337130。

　　防盗版举报电话：010-58337026，010-58337208。

　　微视频服务如有不完善之处，敬请广大读者谅解。欢迎提出宝贵意见和建议，谢谢！

前言

根据 2013 年的数据，全国共有勘察设计企业 12375 家，其中甲级企业 1928 家，乙级企业 3410 家。但做结构优化的公司与之相比则凤毛麟角，全国也不过十多家。专门从事结构优化的专业人员也是少得可怜，想招聘一个优秀的结构优化人才比招聘优秀的结构设计人才要难得多。

本人能够走上职业的优化设计发展之路，也绝非偶然。本人 1997 年研究生毕业之后，即在新加坡 KTP 土木工程设计公司北京分公司工作，1998 年亚洲金融风暴，新加坡建筑市场首当其冲受到严重波及，裁员、倒闭潮此起彼伏。正是凭借结构优化设计，KTP 公司不但没有被击垮，反而乘机做大做强。本人也于 2000 年初调到新加坡工作。可以说从那时起，优化设计的理念就已根植于心，流淌的都是优化设计的血液，伴随我走过从业生涯的每一个春秋冬夏。

在中国建筑科学研究院被人优化与优化他人的从业经历，更是强化了我的优化设计理念，也学到了岩土与地基基础领域很多有关优化设计的理论与方法。

在房地产开发企业的从业经验，让我看到了设计本身的局限，设计工作决定了 80%～90% 的投资，固然重要，但在整个房地产开发的链条上，它也只不过是其中的一个环节。只有超越设计工作本身、站在房地产开发的整个链条上去思考问题，并深度结合营销策划、成本造价、工程施工、运营管理与物业客服等诸多因素的设计优化才是真正的设计优化。顾此而失彼的优化不是真正的设计优化。

随着工作过程中优化设计的经济效益与社会效益日益突出，一种社会责任感油然而生，希望能分享出来，让更多的企业与个人从中受益。那时本人还没有发现有关优化设计的专著，于是就有了写一本书的想法与冲动。一旦有了想法，她就会生根发芽。好在优化设计案例多了，素材也就有了，又有《建筑地基基础设计禁忌及实例》一书的编著经历，并在日常的设计管理及优化设计工作中有意积累，不但优化设计案例在不断丰富，有关优化设计理论与方法也在逐渐走向系统化。在中国建筑工业出版社武晓涛编辑的认可和支持之下，于两年前与出版社正式签约出版本书。于是便有了这本书的面世。

本书主要讲述建筑结构设计优化的重要性、方法与案例分析，全书共三篇十四章。第一篇的第一～五章主要讲建筑结构优化的意义、重要性、常见误解与担心；第二篇的第六～十章主要讲述建筑结构总体方案优化、岩土结构方案优化与构件设计优化三个层面的优化及外部条件的影响与优化策略，内中插入了有关优化专题的部分案例；第三篇的第十一～十四章则是四个优化案例的全面介绍与分析。

关于设计优化，存在这样一个怪圈：越是经济、信息发达的国家或地区越重视设计优化，发达国家早在 20 多年前就推行设计优化，比如 Design and Build（简称 D&B，即设计施工总承包）及 Engineering Procurement Construction（简称 EPC，即设计采购施工总承包）等都是以优化设计为核心的总承包模式，通过自身设计团队的优化设计能力以降低工程造价从而在低价中标的游戏规则中提高中标的几率。

深圳、广州等开放窗口城市，在10多年前也开始做设计优化，一些当地本土开发商在签订设计合同的同时一般都会找一家优化咨询单位签订优化咨询合同；上海、南京、杭州、成都等长江沿线的城市也在5年前逐渐开展设计优化；在中国的北方，除北京之外，大多数城市，对设计优化的概念还是一片空白，甚至停留在"结构优化等同于偷工减料"的粗浅认识水平上。

"建筑结构设计优化"意在提高整体结构安全度的均好性，"损有余以补不足"，并不以牺牲结构安全为代价，在减少无效的、浪费的土建成本的同时，还可消除结构设计中的错误或不周，提高结构的整体安全度。

真正好的设计，是该加强的地方一定要加强，把好钢用到刀刃上；不该加强的地方一定不要加强，甚至要故意弱化。所谓强柱弱梁、强剪弱弯、强节点弱杆件、强锚固等都是这一设计理念的具体体现。剪力墙结构连梁刚度折减也是有意将连梁弱化，基于同一理念。

同样，从整个工程建设项目的全局出发，高品质与低成本也并不一定是矛盾，二者可以实现统一。

建筑结构优化不仅仅是成本降低的过程，也是成本再分配的过程，可将有限的建造成本从隐性转移到显性，实现降本增效，使成本价值最大化。

成本管控应落实到最有价值的地方，即将成本分布和管控的重点放在客户能够鲜明体验和感受到的地方，在这些地方，用高品质和精心细心去铸就；而在一些客户很少感知的边缘化和非重点区域以保证安全、经济的工程质量为标准，在这些领域则用低成本来实现。

对于岩土、结构而言，超出满足结构安全的成本投入都是无效的成本，是无法获得补偿的成本。而肥梁胖柱、密梁密柱、横梁贯顶等负面效果却常常受人诟病。也正因如此，结构作为整个建筑物最重要的部分及作为整个建造周期中最主要的环节，却是首当其冲被优化的对象。

建筑结构优化不一定会影响设计与施工进度。真正高水平的优化设计，优化的不仅仅是设计，而是充分考虑施工机械、施工工艺的特点后，最大限度地考虑如何方便施工、简化工艺流程、加快施工进度的设计优化。所谓"磨刀不误砍柴工"。

此外，设计优化很难由设计院自身来完成，这是由于其优化设计的责任与利益相背离的根本原因所致；而房地产开发企业的设计管理部门同样难以胜任，这是由于其重管理而轻技术的根本原因所致，大多数企业所配备的人员素质及工具设备条件（主要是各种用于优化设计的结构设计软件）都不具备做专业的优化设计的条件。因此优化设计最好引入"外脑"型团队，让更专业的人来做更专业的事，往往能收到事半功倍的效果。

本书从编著到出版历经两载，除个别针对有关专题的案例外，所有素材均源自本人的工程实践，且由本人独自编著并整理完成。

本书编著本着开卷有益及对读者高度负责的原则，是在多而全与精而深之间反复权衡、多次取舍的结果，然而限于篇幅所限，有关地下结构优化的内容将单独整理，择机作为本书姊妹篇出版。

本书在案例整理过程中，得到了亨利宝建筑设计咨询有限公司总经理刘宏宇女士的大力支持，李国胜、闫明礼、刘金波等岩土结构专家对部分专题内容给予了指点与支持，许多有关成本造价的数据内容得到了首钢建设集团李亚强的大力支持，有关建筑与设备专业的部分内容得到了秦彬高级工程师与张富亮高级工程师的支持，吴利利工程师、祝天瑞高级工程师也给予了不同程度的支持，李玉东负责终稿的图表编号与页面整理工作，在此一并表示感谢。

也感谢我的家人对我写书提供的全力支持，尤其是时间上的保障与精神上的鼓励。

由于作者理论水平与实践经验有限，书中难免有不当之处，恳请读者批评指正。作者邮箱：1244935042@qq.com，276256527@qq.com。

目录

第一篇
建筑结构优化的意义与必要性

第一章　建筑结构优化的本质

　　建筑结构设计优化是利用过硬的技术和经验，以价值工程为评价工具，从成本与效益两个方面出发，对其组成要素进行分析对比，对成本进行合理取舍或再分配，实现安全、品质与经济性的统一，低成本与高效益的统一。涉及设计、营销、成本、工程与物业管理等多个板块。建筑结构的设计优化不仅仅是建筑结构的本身，还有建筑的经济效益、居住舒适度与建筑空间使用率，是从建筑结构两方面去评价建筑方案与营销卖点的结构可行性、施工便利性与经济合理性，算的是大账、总账。建筑结构优化的本质是成本控制，是不以牺牲效益为代价的成本控制，是降本与增效的统一。

　　建筑结构优化是追求最大性价比的成本配置方案，以期实现成本效益的最大化。

　　图 1-1-1 为优化前后的安全储备与规范要求安全储备的对应关系。从图中可以看出：优化前安全储备的离散性很大，材料用量多但没有使整体安全度得到提高，甚至有些构件的安全储备低于规范要求；而通过损有余以补不足的设计优化，使优化后的安全储备达到了比较理想的均好性，各个构件的安全储备大致相当且均不低于规范要求的安全储备，对于柱子这类相对比较重要的结构构件甚至适当增大了安全储备，从而实现了安全与经济的统一、企业效益与社会效益的统一。

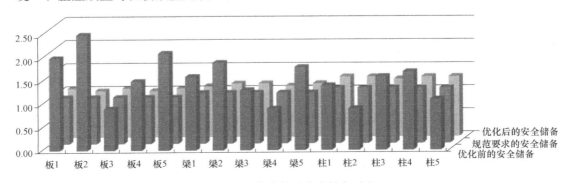

图 1-1-1　优化前后安全储备对比

第二章　建筑结构优化的意义与必要性

设计成本仅占开发总成本的很小一部分（不足 1%），但对开发总成本的影响巨大（70%~90%），建筑结构优化设计对成本控制起到四两拨千斤的作用。

其中建安成本占总投资的 40%~60%，而在建安成本中，岩土结构成本占比达 40%~60%。在工程实践中，岩土结构成本往往因为方案选择及设计精细化程度而产生非常大的波动，增加许多无效成本，既不能增加结构的整体安全性，也未能给开发商与消费者带来实际的价值。在满足同样功能的前提下，高水平的优化设计可降低工程造价 5%~10%，甚至可达 10%~30%。

第一节　建筑结构优化的社会意义

建筑活动对人类自然资源和环境影响很大，占用人类使用自然资源的 40%，能源 40%，产生垃圾 40%。钢铁、水泥是基本建设中最主要建筑材料，而钢铁、水泥的生产活动既消耗不可再生的自然资源，也消耗了大量的能源。减少建筑活动的初始投入，既是节材也是节能。控制建设成本、提高材料使用效率就是在建设领域走节能、环保集约型的可持续发展之路，契合时代要求。

钱或许是企业或个人的，但资源是全社会的，任何企业或个人都没有随便浪费的理由。

我们倡导优化设计，就是要节能、节材、节地，省的不仅仅是开发商的钱，也是全社会的资源。

第二节　建筑结构优化设计对房地产开发企业的意义

当前房地产公司普遍存在对施工图设计精细化不够重视的问题，设计单位缺乏成本控制意识，一般的结构设计都有进一步优化的空间和必要。设计上的每一环节，每一步骤都可以挖掘出经济效益。

在材料、人工等刚性成本居高不下，价格疲软、销售乏力的大背景下，绝大多数开发商的盈利能力都受到重创，甚至跌到行业平均利润以下的水平，个别项目管理不良的开发商甚至出现零利润、负利润。成本控制就成为企业盈利的主要途径，成本控制的好就能度过危机并能脱颖而出，成本控制不利的企业就可能丧失竞争力，被淘汰出局。

一、建筑结构优化对成本控制具有四两拨千斤的作用

设计成本仅占开发总成本的很小一部分（不足 1%），但对开发总成本的影响巨大

（70％～90％），建筑结构优化设计对成本控制至关重要。

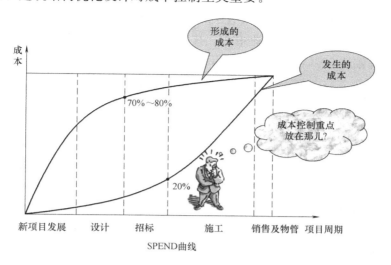

图 2-2-1　成本的形成与发生曲线

　　规划、设计是控制成本的关键环节，规划对工程成本的影响是以千万计的，建筑结构设计是以百万计的，在控制工程成本方面起到了"四两拨千斤"的作用。

二、优化设计与成本控制是开发商的主要盈利模式与途径

　　如今房地产行业已经告别黄金十年，房地产的大环境也已经从以土地与资金为主的粗放型向以技术、人才为主的集约型转变，有钱有地就可以赚大钱的时代一去不复返了，房地产必须向以技术及人才为主的精细化管理要效益。当行业利润从暴利转向平均利润的时候，成本控制将具有战略意义，是企业核心竞争力的具体体现。面对疲软的销售市场及不断攀升的土地与建安成本，利润空间被严重压缩，如何有效降低建安成本，且不影响建筑产品的功能与品质，实现效益的最大化，关键在于设计优化。如能通过"建筑结构设计优化"降低不必要的土建成本，就一定能在房地产市场的价格战中占据先机。

　　房地产的一切改变，都源于市场，源于消费者，当市场发生变化的时候，一切都将随之而变，思路决定出路，穷则变，变则通。当房地产终于告别暴利时代时，才发现光鲜的销售额与销售排名背后，是微薄的利润，开发商辛苦了一年，都是在为合作伙伴打工，才幡然醒悟原来以前的辉煌都是房地产暴利时代的余晖，自己的企业在市场面前一无是处、脆弱得不堪一击，与一线地产商的差距不是越来越近，而是越来越远。再沿袭过去发展的老路，再不改弦易辙，连企业的生存都成问题，更不要说发展了，所谓赶超就更成了笑话。

　　结构、设备成本是"见不到的成本"，是客户不关注的成本；设计优化节省的工程造价就是项目新增的利润。

　　唐山市相距不足 2km 的两个地块，同样是 18 层的高层住宅，由两个不同设计院设计出来的结果，地上结构含钢量竟相差 17.7kg/m²，假使钢材综合单价按 5000 元/吨计算，对单方造价的影响达到 88.5 元/m²，对于一个地上建筑面积为 20 万 m² 的楼盘，则总价差异就是 1873 万。应不应该重视？

哈尔滨某城市综合体项目，主楼改变桩基参数及布局、裙楼改钢筋混凝土灌注桩为CFG桩复合地基，则整个项目即可节省1200万元以上；

同样是唐山，某25万 m² 商业中心，其基础底板优化前后含钢量从124kg/m² 降到62.4 kg/m²，降幅达50%，仅钢筋一项可节省工程造价1200多万元。

三、设计质量的低劣与设计水平的参差不齐产生了极大的结构优化空间

过去的10年无疑是房地产的黄金10年，也是房地产及其相关行业赚得盆满钵满的10年，设计行业无疑是其中的直接受益者。但遗憾的是，在这个唯利是图的年代，设计单位及设计师们在行业利益的驱使下，在时间就是金钱、效益就是生命的口号感召下，整体设计水平在这10年来不是更严谨、更科学、更精细了，而是更粗糙、更随意、更粗犷了。不是提高了，而是实实在在地降低了。这不能不说是这个行业的悲哀。

不信请看表2-2-1，这还是同一设计院，只是具体的结构设计人员不同而已，总含钢量就能差20kg/m² 之多。将这样的设计定性为粗糙、随意，相信没有人会觉得冤枉。

不同设计人员设计的同一类型别墅工程的钢筋用量 表2-2-1

| 型号 | 层数 | 建筑面积 m² | 各部位钢筋含量（kg/m²） | | | | | | | 总含钢量 kg/m² | 基础钢筋量 t | 设计人 |
			承台	地梁	柱	梁	板	斜屋面板	楼梯及饰线			
A1	2	379	7.83	5.22	11.12	23.60	12.76	8.30	5.23	74.06	4.90	A
B1	2	352	4.26	8.52	11.12	18.70	12.05	7.33	5.30	67.53	4.50	B
A2	3	465	4.06	5.10	12.33	12.69	11.46	3.53	4.20	53.37	4.26	C
B2	3	568	3.06	3.93	13.68	19.90	12.10	7.33	4.20	64.20	3.97	D

也正因此，才缔造了结构优化的生存与发展空间。尤其在房地产由黄金时代转为白银时代的背景下，面对低劣化的建筑结构设计，结构优化这一概念及其相关产业便应运而生。

河北沧州某项目地下车库的出入口坡道顶板，最大覆土厚度不大于1200mm，设计师采用单向板梁板式体系，所有梁垂直于车道侧壁布置，梁间距2700mm，见图2-2-2。

就这样一个车道顶板的施工图设计，其板厚及所有配筋信息，设计师仅用一句话就能表达："板厚 $h=400$mm，板底与梁底平齐，配筋 Φ14@150 双层双向"。这样的设计及图面表达方式确实既方便了设计，也方便了施工，但开发商的利益也被"方便"掉了。

四、优化设计与成本控制关系到三四线城市中小开发商的生死存亡

众所周知，我国根据房地产市场状况将城市划分为一二三四线城市，虽没有固定标准，但也在业界内被广泛接受和认可。一些标杆企业甚至据此制定了不同的产品系列及产品标准。但从各城市房地产市场对建安成本的敏感程度，又可分为成本型城市及产品型城市。

成本型城市对工程建安成本的控制要求较高，重点是控制设计阶段的成本优化、招投标、现场签证等。成本型城市对工程管理、工程成本管理的要求较高。因此，时下对于大多数开发商来说，在三四线城市开发如同鸡肋，成本控制得好可以收获薄利，成本控制较

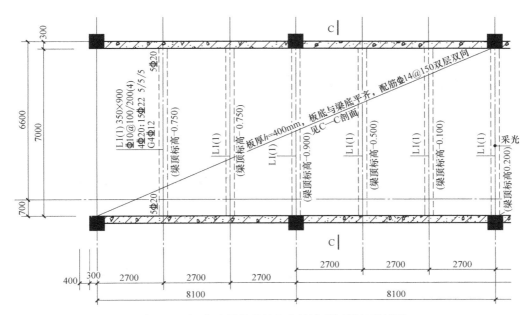

图 2-2-2　河北沧州某项目车库坡道顶板梁板配筋图

差的就可能亏本。恒大集团转战一二线城市，或许就是对这一处境的最好诠释。因此可以说，如果开发商想继续留在三四线城市、深耕三四线城市，就必须加大成本控制力度，否则生存都难，更不要说发展。

第三章 聘请专业优化咨询单位的必要性

第一节 房地产开发企业的设计部门难以取代优化设计咨询公司

房地产开发企业设计部门的职能职责是和企业内部各个部门的协调对接，与勘察设计等对外单位的对接，以及施工现场的配合与管控。重在设计管理，而非设计工作本身。这些管理职能及事务性工作占据了设计部人员绝大部分时间与精力，很难潜下心来去认真审图，更不要说去做更复杂、更专业的结构优化工作。

做优化设计咨询需要很多专业的结构设计软件，而这些软件绝大多数房地产开发企业都不配备，因此结构人员只能做定性的审图工作，而无法做到定量的优化。即便甲方结构工程师发现了结构设计的浪费问题，也提出了优化设计意见，但如果设计院不想修改，只需一句"计算需要"就能搪塞过去，在琐事缠身的工作状态下，也难有时间与精力去对此较真，最后就只能听之任之，乃至不了了之了。

此外，建筑结构优化也需要深厚的理论基础与丰富的结构设计经验，尤其是与工程、成本相关的结构优化设计经验。结构优化设计不是随随便便就能做的。能做结构设计的很多，但能做结构优化设计的很少，这也是国内类似优化咨询公司数量较少的原因之一。

第二节 不要指望设计院主动进行成本控制与优化设计

建筑结构设计既是一种技术行为，同时也是一种商业行为。是商业行为就要讲究效益，说白了就是以最小的投入获取最大的收益。在技术行为方面，开发商与设计院的诉求能实现较好的统一，但在商业行为方面，二者的诉求是根本对立的。设计院也讲究自身的成本控制，其内部管理也把人效比、人均产值等作为重要经济指标进行评价，并直接与利益分配挂钩。因此在利益最大化的诉求上，设计院的利益与甲方的利益是背离的。很简单，无论是甲方要求的多方案技术经济比较还是设计的精细化，都需要更多的时间、更多的人力投入，势必降低设计院的效率与效益，影响个人与团队收益。因此设计院是没有内在动力来做设计优化的。基本上，甲方对设计院的管控就如同挤牙膏，内部动力只有在外部压力下才会启动。

其次，设计单位中具体的设计团队或团队中的每个设计师，往往都是多个项目在交叉设计，设计人员工作繁忙在设计行业中是普遍现象。而在快速开发的大背景下，设计周期尤其是施工图设计周期被压缩得极短，又经常受到上游方案深度不足及下游甲方内审及施工图外审的双重挤压，因此设计师及其团队能保证按期交图都很难，更别提抽出时间和精力去进行经济方面的分析及精细化设计。时下更多的设计师尤其是结构设计师都把主要精力放在结构安全和攻坚克难上，认为这方面才是业绩、资本，才能体现自己的高水平，成本意识薄弱，没有优化设计与精细化设计的内在需求和动力。

最后就是思维局限性的问题，不是设计师不想优化、不做优化，而是因所处的立场不同、看问题的眼界与高度不同，对待实际问题的思考方式与处置方式也有可能不同。房地产的设计管理是要跳出设计看设计，需要考虑营销、策划、工程、成本、物业管理等诸多领域的问题及与设计本身的互相影响，其设计管理范围远远大于建筑设计院。

第三节　施工图审查不能取代设计优化

很多房地产开发商可能会认为，已有施工图审查了，结构优化设计是多余的。其实这是不理解及放大了施工图审查的目的与作用。

国家建立施工图审查制度的目的是：确保设计文件符合国家法律、法规和强制性标准；确保工程设计不损害公共安全和公众利益；确保工程设计质量以及国家财产和人民生命财产安全。施工图审查与结构设计优化完全是两回事，它们的着眼点不同、侧重面不同，目的及工作方法也不同。施工图审查并没有义务审查设计的经济性，而结构设计优化最主要的目的是控制成本，并尽量做到技术先进性、经济合理性与施工便利性的统一。换句话说，施工图审查主要以安全性为主；而建筑结构优化则是要实现降本增效，确保甲方利益的最大化。当然，结构设计优化的结果也必须通过施工图审查。

即便甲方同时委托施工图审查单位进行经济性审查，但施工图审查单位点到为止的心态也可能限制其优化咨询效果。对于施工图审查单位来说，这类优化咨询服务也不是其主营业务，而是作为副业对待，态度决定一切，态度上不重视，很难期望其有好的工作成果。而优化设计咨询单位就是以优化设计咨询为生，公司的经营宗旨就是一切为了优化设计，因此施工图审查单位或其他第三方设计院的优化设计肯定不会像优化咨询单位那样尽心尽力、不遗余力。

此外，建筑结构优化设计也有其一套理论与工作方法，也是需要不断地积累经验并不断地总结，这些都不是一朝一夕的产物，而是一个长期的积累过程。

第四节　结构设计优化不是简单的审图与提意见

很多房地产开发商的老板，虽然知道建筑结构优化的重要性，也知道设计优化不能指望设计单位与施工图审查单位，于是在公司内部开展轰轰烈烈的降本增效运动，甚至寄希望于监理与施工单位来做优化。效果如何呢？不能说没有效果，但这种所谓的优化往往是与项目档次及品质感的降低紧密联系的，优化的都是表面的东西如装修标准和园林景观等远离结构的一些东西，在砍掉成本的同时，也砍掉了项目的品质。

真正的结构优化不但要审图，还需要计算、论证及多方案的技术经济比较，用基本理论、规范条文及详尽的数据去对设计院做说服和解释工作。只有高水平的设计顾问公司和结构工程设计专家，才有可能做好结构设计优化工作。仅仅找人看看图、提提意见并不能算是真正的结构设计优化，其效益和效果也会大打折扣。

第四章 对建筑结构优化的常见误解与担心

第一节 建筑结构优化不会导致结构安全度的降低

"建筑结构设计优化"意在提高整体结构安全度的均好性,"损有余以补不足",并不以牺牲结构安全为代价,在减少无效的、浪费的土建成本的同时,还可消除结构设计中的错误或不周,提高结构的整体安全度。

结构设计并不是材料用的越多结构越安全,通过减轻重量、和顺刚度、增大延性等措施反倒会使结构更趋合理,从而提高结构安全度。在钢筋混凝土结构中,减少不必要的混凝土用量,可减轻结构自重,降低结构刚度,从而减小地震作用,减轻结构的地震反应,使墙、柱等抗侧力构件及基础的安全度增加。

保守设计与结构安全是完全不同的两个概念。众所周知,木结构与钢结构的抗震性能比钢筋混凝土结构与砖石砌体结构要好,为什么?除了木结构与钢结构比较柔,有延性,不易倒塌外,还有一个重要因素是重量轻。重量轻则地震作用小,结构柔则地震响应小。

对于钢筋混凝土结构,比如刻意加大楼板厚度,不但对整体结构的抗震性能毫无益处,反倒会增加层间质量,导致地震作用增加,使梁柱基础的安全度降低,对整体结构只有危害。同时,增加的重量又会通过梁、柱、基础传给地基,导致整个传力路径上的所有结构构件都需要加强,势必产生额外的结构成本。

结构大师 AL. Fred. E 曾经说过,"把简单的事情复杂化很容易,把复杂的事情简单化却很难"。越是简单的结构,其传力路径越短,传力路径也越明确。而传力路径越短、传力路径越直接越明确的结构,其结构的可靠性也就越高。传力路径复杂迂回或传力路径不直接不唯一,都会给构件受力带来不确定性,从而导致结构材料用量的增加。

局部做强,可能就造成了更重要部位的相对薄弱。众所周知的是梁刚度、配筋加大导致地震作用下梁柱塑性铰易位的问题。过大的截面还有可能导致构件跨高比及剪跨比过小,出现脆性破坏的情况。而且部分构件截面的加大会使结构体系各部分间的刚度比例发生变化,导致内力重分配,往往会出现一些难以预料的结果(比如扭转相应增大、出现薄弱层等)。

图 4-1-1～图 4-1-3 是某真实工程的建筑与结构施工图设计成果(包括结构计算结果)。其中框架柱 KZ18、KZ19、KZ25、KZ26 均存在少配现象,而 KZ19 更是少配 17.7％之多。主框架梁 KL13 左起第二跨的跨中下侧,按原设计模型计算所需为 36cm²,实配 5Φ25 (24.55cm²),少配 31.8％;第三支座负筋所需 37cm²,实配 4Φ25＋3Φ22 (31.04cm²),少配 16.1％。这些均是优化设计所发现的不安全因素,等于给结构设计多了一道安全防线。

与上述钢筋少配情况相对应,在同一张图上,同时存在严重的超配现象:如主框架梁

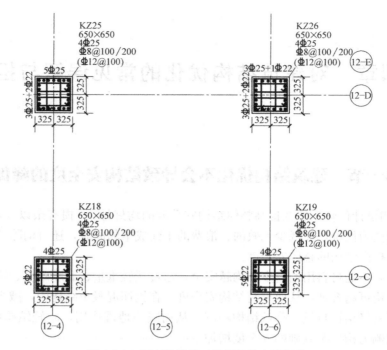

图 4-1-1　河南鹤壁某工程框架柱实配钢筋

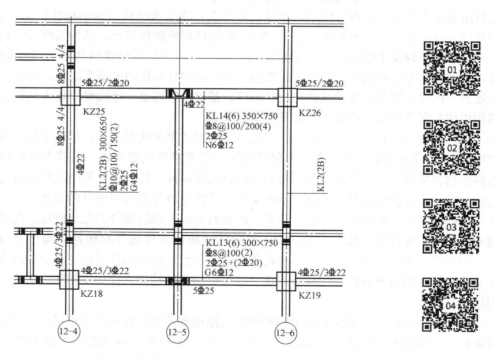

图 4-1-2　河南鹤壁某工程框架梁实配钢筋

KL2，两个支座负筋计算所需分别为 24cm² 及 33cm²，但实配分别为 4Φ25 ＋ 3Φ22 （31.04cm²）及 8Φ25（39.28cm²），分别超配了 29.2% 及 19.0%。

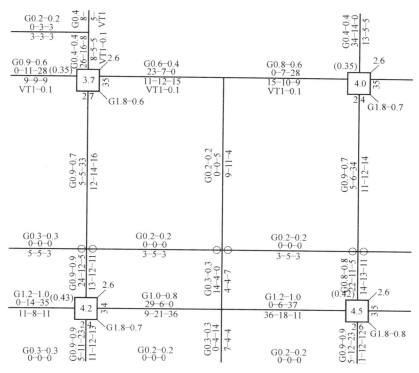

图 4-1-3　河南鹤壁某工程框架梁柱计算配筋

那么，这种钢筋超配是否意味着结构安全呢？答案是否定的！为什么呢？是因为这种框架梁端的钢筋超配违背了'强柱弱梁'的抗震设计原则。

所谓"强柱弱梁"，就是在结构设计上要求柱子不先于梁破坏。因为梁破坏属于构件破坏，是局部性的，且在破坏过程中会吸收、消耗大量的地震能量，能起到减轻震害、延缓倒塌的作用；而柱子先行破坏将危及整个结构的安全，可能会整体倒塌，后果严重。

上述主框架梁 KL2 支座负筋超配后，其支座负筋 8Φ25（39.28cm²）已远大于框架柱 KZ26 的单侧配筋 5Φ25＋1Φ22（28.35cm²），超出 38.6% 之多。再加上楼板截面及配筋对框架梁端的加强作用，实际上梁端承载力比柱端承载力超出更多。导致在大震作用下，结构无法形成以梁端先出现塑性铰的延性破坏机制，代之以柱端先行破坏的整体垮塌事故。

强震是不可硬抗的，强震时地震力可能是设计值的几十倍甚至上百倍，在强震下没有安全储备，一切构件都是有可能破坏的，但我们仍然可以通过控制构件破坏的顺序和结构整体破坏形态达到减少地震伤害的目的，即以柔克刚，这才是延性设计的精髓。延性设计的本质是通过构造措施提高结构整体变形能力，通过变形耗能，延长抵抗地震的时间，实现大震不倒的目的。延性设计的关键是通过控制构件破坏顺序（次要构件先坏，弯曲先于剪切破坏）实现控制结构整体破坏形态。因此构件过分强大不一定有益，延性好才更安全。延性包括两个层面：构件延性和结构整体延性。构件延性是结构延性的前提，但只满足构件延性是不够的，满足后者更重要。

真正好的设计，是该加强的地方一定要加强，把好钢用到刀刃上，不该加强的地方一定不要加强，甚至要故意弱化。所谓强柱弱梁、强剪弱弯、强节点弱杆件、强锚固等都是这一设计理念的具体体现。剪力墙结构连梁刚度折减也是有意将连梁弱化，基于同一理念。

第二节　建筑结构优化不会降低营造品质

高品质与低成本并不一定是矛盾，二者可以实现统一。

建筑结构优化不仅仅是成本降低的过程，也是成本再分配的过程，可将有限的建造成本从隐形转移到显性，实现降本增效，使成本价值最大化。

一、规划、建筑、内外装修与园林景观方面

1. 好钢用在刀刃上

成本管控应落实到最有价值的地方，即将成本分布和管控的重点放在客户看得见、摸得着、能够鲜明体验和感受到的地方，在这些地方，用高品质和精心细心去铸就，而在一些客户很少感知的边缘化和非重点区域，则以保证安全、经济的工程质量为标准，在这些领域则用低成本来实现。

2. 精确捕捉客户需求，避免功能过剩的成本浪费

正如我们常用的很多电子产品如手机等，其实很多功能根本用不上，这些功能就成为无效成本。其实地产项目成本管控也是如此。地产公司应站在客户价值维度，努力将产品设计与客户需求尽量匹配，在设计上充分实现先进的高品质设计与成本节约双目标共存。

不同需求的客户其关注点是不一样的。企图满足所有客户的需求是一种没有战略的且成本极高的表现。客户的需求是可以排序的，在一定的成本约束下，只能满足主要客户群的关键需求，并尽量满足次要的需要。

二、岩土、结构设计方面

对于岩土、结构而言，超出满足结构安全的成本投入都是无效的成本，是开发商无法获得补偿的成本。而肥梁胖柱、密梁密柱、横梁贯顶等负面效果却常常被诟病。也正因如此，结构作为整个建筑物最重要的部分及作为整个建造周期中最主要的环节，却是最首当其冲被优化的对象。

第三节　建筑结构优化不一定会影响设计与施工进度

优化设计可与设计同步进行。设计优化工作也可以按工程进度要求分阶段进行。而真正高水平的优化设计，优化的不仅仅是设计，而是充分考虑施工机械、施工工艺的特点

后，最大限度地考虑如何方便施工、简化工艺流程、加快施工进度的设计优化。

河北邢台某项目2号楼，原设计采用CFG桩复合地基，从打桩开始至静载检测结束再到清桩间土、截桩头及铺设褥垫层，一般需要2～3个月工期，优化设计取消了CFG桩复合地基，改为天然地基，不但省去了CFG桩复合地基的全部费用，还可缩短2～3个月的工期。

哈尔滨某城市综合体项目，上部结构与桩基设计完全相同的两栋楼，采用桩基优化设计的3号楼桩基比1号楼晚开工半个月，但却比1号楼早半个月结束，工期整整缩短了30天。

第五章　建筑结构优化的时机选择

在房地产开发过程的各个阶段与环节，都存在成本控制的课题，但不同阶段的成本控制，其效益与效果截然不同。

规划设计环节的成本控制所占权重最大，具有"一锤定音"的地位和作用；在规划设计环节进行成本控制是实现事前控制的关键，可以最大限度地减少事后变动带来的成本增加。

图 5-1-1 横坐标为时间轴，纵坐标为成本轴，从图中可以看出，成本控制越早越好，越是在项目的前期，对成本的控制力度越大，一般在产品策划定位阶段，对成本的控制效果达 80％～90％甚至更高，控制成本的阻力最小，控制成本所需要的代价最低；在规划与方案设计阶段，通过对规划设计方案的技术经济比较，对成本的控制效果可达 75％～80％，成本控制的阻力很小，成本控制的代价较低；在深化设计及施工图设计阶段，通过技术标准、技术方案、技术措施等的优化比选，对成本的控制效果约为 15％～20％，在施工图设计初期的成本控制阻力与代价尚小，而在施工图设计后期的成本控制阻力与代价就相对较大；施工图设计结束至施工阶段，甲方通过招标采购与合同谈判，对成本的控制效果约为 5％，成本控制的阻力较大、代价较高。因此，成本控制越早越好，重点在事前控制。

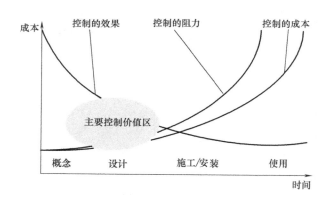

图 5-1-1　成本控制曲线

事前控制是项目成本管理的重中之重。而事前控制原则，就是将成本管理的重心前移，从"成本核算型"到"成本控制型"再向"价值创造型"成本管控模式转变。

第二篇
建筑结构优化方法综述

建筑结构优化之所以加"建筑"二字，就不是单纯的结构优化，是与建筑相关的优化，是针对建筑对结构的影响而有针对性的优化，甚至是直接面向建筑方案的优化，当然也包括结构自身的优化。

建筑结构设计优化有三个层次，第一个层次是构件层面的优化，可以用混凝土含量与钢筋含量来评判其效果，是最容易量化的，这个优化量级一般是几万、几十万的造价，是微观层面的优化，是最狭义的结构优化；第二个层面是岩土、结构整体层面的优化，是地基基础与主体结构方案与体系层次的优化，是宏观层面的优化，评价指标不单单是钢筋混凝土的含量，可能还会涉及模板、土方、防水、护坡（支护）、降水以及人工、机械等方面的节约，甚至是地基基础形式的改变，获益往往不仅仅是经济层面，还有结构性能的改进、工期的缩短、施工的便利等，优化量级在几十万、几百万之间，这是广义的结构优化；第三个层面是综合建筑方案对结构设计、工程施工、成本与营销的影响而对建筑结构总体方案进行的优化，是从建筑专业入手，通过结构专业来实现的，有利于降本增效、又方便施工的设计优化，这是宇观层次的优化，其评价指标已远非结构专业本身，还有适用、舒适、美观等建筑功能，以及建筑品质提高与营销卖点的突出，是岩土结构等隐性成本向建筑功能与营销品质等显性成本转移，实现单位成本价值最大化的过程。

第六章　建筑结构总体方案的优化

建筑与结构两个专业具有高度的关联性，建筑的主要功能如适用、美观等要求主要靠结构来保证，一个优秀的建筑结构方案一定是建筑、结构两个专业精诚合作、共同努力的结果。除非那些赋予了政治含义或城市地标意义的建筑，绝大部分建筑在满足建筑自身适用、美观、新颖、创意等建筑学意义上的要求的同时，均要考虑结构的可行性、合理性与经济性。

建筑方案对结构成本影响巨大，建筑方案一经确定，即已决定了结构成本的 $60\%\sim70\%$，另外的 $30\%\sim40\%$ 通过结构方案的优化和构件层面的精细化设计来实现。

建筑设计好比结构设计的先天性，好的建筑方案对于结构设计来说就是先天条件好，既没有结构安全问题的风险点，也没有技术上的难点，结构设计得心应手，能够很轻松实现结构设计限额指标。糟糕的建筑方案对于结构设计来说就是先天不足，结构实现起来都很困难，更不要说经济性了，甚至有些建筑方案刻意追求体型立面的新奇特，连建筑方案最核心的功能性都大打折扣，对可销售物业的销售与自持物业的经营没有任何贡献，综合性价比很低。

所以，优秀的建筑设计方案，一定是充分考虑结构可行性、合理性与经济性的方案，是建筑与结构两个专业共同推敲的结果。闻道有先后，术业有专攻。建筑师即便有一定结构功底，但毕竟有专业局限性。单打独斗不如强强联合，将两个专业整合在一起，往往能发挥 1＋1 大于 2 的效果。因此方案创作绝不仅仅是建筑师的事，结构工程师的参与是必要的，也是有价值的。

近些年，西风盛行，很多房地产公司盲目崇外，对施工图设计费用压缩得低之又低，但却肯花大价钱聘请国际知名设计单位进行规划与方案设计。这些设计单位虽拥有出色的产品创意，往往天马行空、不拘一格，但其结构和机电方面的设计经验明显不足，容易出现设计方案虽然很炫很前卫，但落地性较差，在后期施工图完成以后，要么有些精彩的设计亮点无法实现，要么建造出来的效果与当初的设计创意相去甚远。待到施工图设计阶段，发现很多建筑方案存在先天局限甚至设计缺陷，有些缺陷甚至是致命的，不仅仅是结构合理性与经济性的问题，甚至建筑的功能性都难以保证，表面光鲜，但华而不实、外强中干，严重影响销售与客户的使用。无论站在结构合理性角度、建筑功能性角度、营销角度、成本角度乃至客户使用及物业管理角度，都存在不同程度的缺陷，犹如鸡肋，食之无味，弃之可惜。先天不足，后天难补，要么漠视容忍这些缺陷，要么推倒重来，无论哪种都是痛苦的选择，代价都非常大。

因此，成本控制是全方位、全寿命周期的成本优化，不是某一专业、某一阶段的成本节约。结构成本的控制必须是全过程的，重点关注方案、扩初阶段。重在事前控制、过程控制，这正是建筑结构总体方案优化的意义。

第一节　总平面与竖向设计优化

总图设计是针对基地内建设项目的总体设计，依据建设项目的使用功能要求和规划设计条件，在基地内外的现状条件和有关法规、规范的基础上，人为地组织与安排场地中各构成要素之间关系的活动。是在限定条件下，满足基地工程项目使用功能要求的并成为有机整体的总体布局。

总平面图全面表达基地内的所有建、构筑物，表达和相邻基地及其建构物、城市公共用地的各种平面关系（地面、空间和地下）；是当地各主管部门重点审查的主要图纸（城市规划条件的落实、与城市道路及现状的关系，以及规划、土地、交通、消防、人防、园林、文物、教育、环保、卫生、房产、市政、水利等）；控制其他专业和专业内的工作，是其他工作的基础，其他工作和总平面有关系时，必须在总平面图上反映（如建筑物出入口的确定，地下车库的范围、地勘布点等）；是各专业同步进行设计的基础条件和先行的控制因素（场平、勘探、改造现有管线等）；是后续专业设计的依据，制约周边的建筑项目。是施工和指导施工的文件，工程决算的文件之一；是具有法律约束的文件和建设项目后期管理的基础资料。

总图设计的主要内容有总平面布局、竖向设计、道路设计及管线综合设计。在做总平面设计时必须考虑到竖向设计的合理性，在进行竖向设计时，反过来对总平面设计进行检验，二者必须协调，同时道路设计是平面设计与竖向设计的连接纽带，各建筑单体在平面与竖向的关系都必须通过道路进行有效沟通与连接，竖向设计中必须同步考虑道路与建筑物、场地平台的交通组织关系；而各类管线均出入建筑单体、大多与道路伴行，故管线综合对建筑单体及道路都具有高度依赖性，因而总图设计中平面、竖向、道路、管线不是孤立的设计，而是有机的、整体的、综合的设计，构成了互相影响、互相依存的关系。

总图设计应该是各专业负责人运筹于帷幄之中，经过缜密思考、周密布局，才可做到万无一失、决胜千里，绝不容有误！一招失误，很可能满盘皆输。损失的何止千万。所以总图设计需慎而又慎，将各种复杂的因素都考虑周全，便可从容应对，有备而无患。

若项目研发设计阶段决定了项目总投资的 90%，那么总图阶段就已决定了总投资的 80%；若项目研发设计阶段已将成本控制了 70%，那么总图阶段就已将成本控制了 50%。总图决定了产品的形态和空间的品质；总图决定了景观的构架与格局；总图决定了物业管理成本的基础。总图设计对所有其他设计活动起到提纲挈领的作用，对设计阶段的成本控制起到至关重要的作用。

下面将针对总平面与竖向设计从降本与增效两个方面展开讨论。

一、基础资料尽可能全面、准确

总图设计的基础资料非常重要，但收集齐全又十分困难，关键的必不可少。无基础资料的设计往往出现颠覆性的修改。要通过各种途径收集，要有敏锐的眼光和准确预判能力。

除了基础资料要尽量齐全外，还必须仔细分析、核实资料的准确性、可用性，否则会后患无穷。甄别基础资料真伪的能力对总图设计师提出更高的要求和考验，关系到项目建设的顺利与否及代价大小。

二、争取最有利的规划设计指标

通过与政府的博弈，获得最有利的规划设计指标，获得最大的经济效益，从而降低开发成本。有利的规划设计指标绝对不是坐等来的，必须积极争取，多方面协调、沟通，才能争取到于己有利的规划要点，如适当提高容积率以摊薄地价；在有利于商业的地方适当提高商业面积的比例等，以期实现项目收益的最大化。

这是现实可行的，于己有利的规划设计指标，对于地方政府而言有如毫发，但对于开发商而言则是千钧，意义非常重大。比如容积率、建筑密度、建筑限高能否突破的问题，如北京海淀区西北旺的融创西山壹号院，就通过调整控规获得了巨大的收益，是单纯的设计优化所无法比拟的。

2009 年 10 月 20 日北京市规划委员会网站贴出关于西北旺新村三期居住项目调整规划指标事宜的公示：

"西北旺新村三期居住项目位于海淀区西北旺镇，四至范围为：北临东北旺南路、南临西北旺南路、东临西北旺东路、西临京密引水渠，用地面积约 20.27 公顷，地块规划控制高度 9～18m。

近日，北京首钢融创置地有限公司提出拟将该项目建筑高度调整至 18.45～30m，其他规划指标不变。"

调整后的总平面图如下：

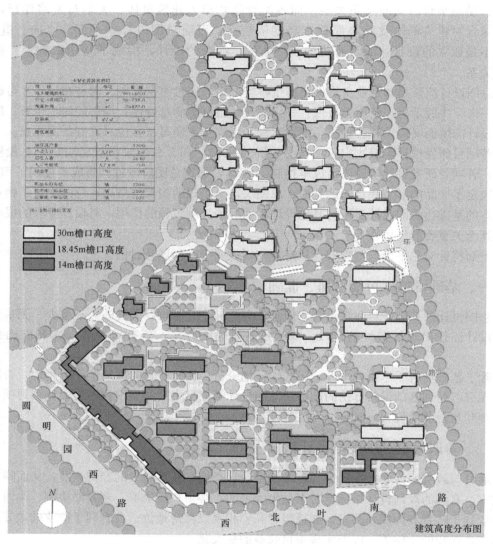

图 6-1-1　融创北京西山壹号院调整后建筑控高分布图

从图中能够看出，除了建筑限高拔高以外，容积率也由土地出让条件中的 1.46 变为 1.5。地上建筑规模可由此增加 8112m²，增加货值 4.056 亿元。

调整限高表面上看似乎和总货值无关，但仔细推敲不难发现，如果按照规划设计条件给定的建筑密度不超 30% 的指标，再结合项目的档次，9m 限高只能做 2 层，12m 限高只能做 3 层，这样原控规中 9～18m 的限高连 1.46 的容积率都无法做到，更不要说想方设法提高容积率了。这样，建筑限高就成为做满容积率进而提高容积率的先决条件。

作为融创西山壹号院的竞品项目，其北侧的万科如园也调整了控规。建筑控高与容积率都有较大幅度提升。

居住用地 18 公顷，建筑高度 18m，容积率 1.37～1.5；商业金融用地 6 公顷，建筑高度 30m，容积率 1.5。

居住用地规划指标调整为：建筑高度 30m，容积率为 2.0，绿地率 30%。商业金融用地规划指标调整为：建筑高度 36m，容积率 3.0。

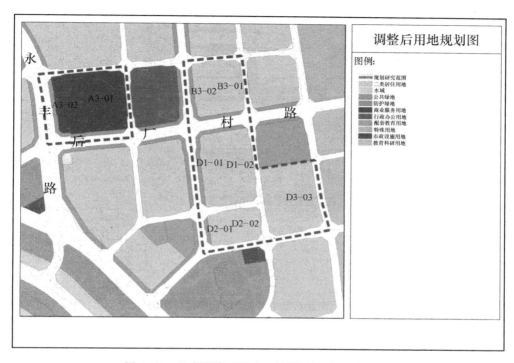

图 6-1-2　北京海淀区西北旺新村调整后用地规划图

在首都北京，规划设计条件尚可向有利于开发商的方向调整，在三四线城市，理论上更具备博弈与争取的空间。

此外还要分析规划设计指标的合理性，避免落入规划设计指标的数字陷阱，在项目推进中根本无法实现。比如规划设计条件中容积率虽给的较高，但有限高或日照方面的限制，可能无法做足容积率。

石家庄市未来时间项目，处于中心城区核心位置，坐拥黄金双干线（中山路、中华大街），是真正的黄金地段（图 6-1-3）。规划指标为：用地性质为商业办公用地，规划建设用地面积 6788.27m²，容积率≤6.5，建筑密度≤48%，绿地率≥15%，建筑高度需满足机场净空。

如果该规划设计能够顺利实施，则项目收益情况还是不错的。但在项目推进过程中出现了两大难题：其一，南侧临中山路一侧在施地铁对本项目基坑支护提出更高更严的要求；其二，该项目对北侧现状的中学及居民楼产生较严重的日照影响，项目在完成基坑支护桩之后就被迫停工。

如果按完全满足日照要求来设计，则可能要削去十几层，可售面积会大大降低，土地成本大幅上升，项目就会亏损。政府方面把土地卖出去后就撒手不管了，容积率做不足也只能开发商自己想办法。深陷高容积率的陷阱而不能自拔，只能迎难而上。

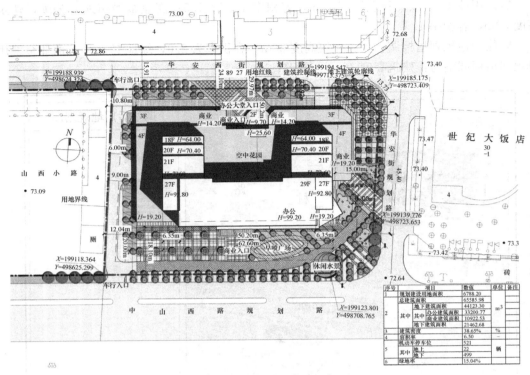

序号	项目			数值	单位	备注
1	规划建设用地面积			6788.20		
2	总建筑面积			65585.98	m³	
	其中	地上建筑面积		44123.30		
		其中	办公建筑面积	33200.77		
			商业建筑面积	10922.53		
		地下建筑面积		21462.68		
3	建筑密度			38.65%	%	
4	容积率			6.50	-	
5	机动车停车位			521	辆	
		地上		22		
		地下		499		
6	绿地率			15.04%		

图 6-1-3　河北石家庄市未来时间项目总平面图

三、容积率的挖潜与利用

影响容积率有如下客观因素，如日照间距、楼间距要求、建筑密度、限高、退红线要求等，也有主观人为因素，如产品定位、不利地块的利用度、单体楼型选择等。

在用足建筑密度与容积率方面，龙湖北京唐宁 ONE 项目堪称经典，挖掘发挥到极致。该项目占地仅 82 亩，但容积率高达 3.8，且地块形状不规则，属综合用地性质。为了用足容积率，总平面采用了多元化产品、多业态混合的平面布局。在地块西北角布置一栋 L 形住宅楼，大大提高了容积率，仅一栋楼就占住宅总面积的 36％，并将底部几层无法满足日照要求的住宅作为商业指标。而其他住宅单体采用大进深多单元的平面组合，单层建筑面积大但对其他建筑物的日照影响小，对容积率的拉升也有很大贡献。在被住宅遮挡的阴影区域，也见缝插针布置了商业。见图 6-1-4。

本书在此提醒和强调，用足容积率并不是放之四海而皆准的固定法则，必须结合城市类型、地块区位特点及规划条件等具体情况进行具体分析。对于产品型城市，用足容积率几乎是首要原则，不但要用足容积率，还要想方设法扩大容积率或采用偷面积等手段变相增加容积率。但对成本型城市，用足容积率在某些情况下就不具有必然性，必须进行成本测算、货值对比及利润分析。

所谓产品型城市，是指项目的盈利主要依靠产品品质的城市，比如北京、上海、杭州、深圳、广州等一二线城市，其特点是房价较高，房价差异性较大，产品差异性也较大。客户的收入水平、购买能力差异性大，产品具有较大溢价空间。产品型城市对工程建

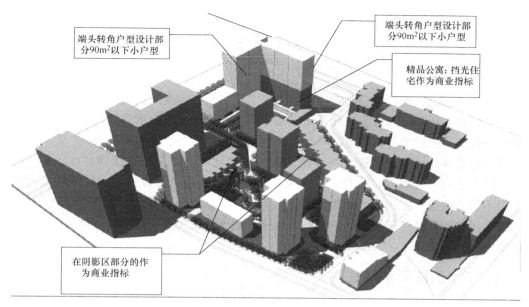

端头转角户型设计部分90m²以下小户型

端头转角户型设计部分90m²以下小户型

精品公寓:挡光住宅作为商业指标

在阴影区部分的作为商业指标

图 6-1-4　龙湖北京唐宁 ONE 项目空间关系图

安成本的控制要求相对较低,对项目档次定位、开发节奏的把握反而更重要。产品竞争性虽有价格的成分,但更有效益的是产品的品质。

成本型城市是指建安成本对项目的盈利有较大影响的城市,比如部分二线城市及绝大多数的三四线城市。其特点是房价普遍偏低,房价差异性小。客户的收入水平、购买能力差异性小,产品的溢价空间有限。产品竞争性虽有品质的成分,但最主要的竞争性是来自价格。成本型城市对工程建安成本的控制要求较高,重点是控制设计阶段成本优化、招投标、现场变更签证等。开发商间比拼的是成本控制能力。

容积率的确定不能简单地以容积率高或者低来定,众多实际案例表明,容积率对项目利润的影响不能完全成正比。世联顾问总结了容积率与项目利润之间的关系见图 6-1-5。确定合适的容积率,最终目的是为了在可以筹备的资源条件下、可实现的市场环境下,保证利润最大化实现。

容积率决定不同的产品类型之间的配比,决定了不同的产品形态,决定了不同的面积区间,决定了不同的产品户型的使用功能,决定了项目的售价和盈利表现,决定了项目能否盈利、盈利难度及如何盈利的问题。容积率对应了不同的产品,决定了项目不同的客户层面,进而决定了不同的竞争格局。

当容积率从 1.6 到 2.2 的时候,产品类型发生了变化,客户层面发生了变化,面积上去了,可是市场上比较难以接受的小高层和高层占据了项目的大多数,开发商想做市场认可度高的叠拼别墅没有了,增加出来的面积所销售

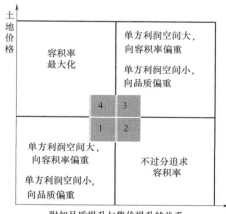

图 6-1-5　土地价格与品质对售价提升的关系

的金额反而没有增加出来的成本大！面积越多，利润越低！当容积率从 2.8 到 3.4 的时候，一般只能做出市场难以接受的一梯四户的产品，开发商想要的一梯两户很难做出来，做不出来想要的产品，虽然面积上去了，但销售受阻，现金流与利润目标都未能实现，值得深思。

容积率的确定原则：结合开发风险、市场实现、利润额度及实现难易度等因素来综合确定。利润最大化和市场可实现度是确定物业组合和容积率的追求目标；企业自身资源状况和资金状况是限定条件；企业战略导向和项目品牌因素是兼顾因素。

所以笔者在此提醒广大读者，即便是业界公认规则甚至是金科玉律，也不要一味盲从，包括本书的一些观点，也都是在一定条件下成立，当条件改变时，结论也有可能改变。但不能否认这些规则或者经验的实用价值，最重要的是读者要读懂这些规则，多问一些为什么，也即知其然还要知其所以然，这样才能灵活运用这些规则，活学活用，才不会被规则所害、所累。

四、不平衡使用容积率

不平衡使用容积率所遵循的原则就是货值最大化。高业态用于实现高溢价，低业态用于补足容积率。高溢价通过提高产品的附加值来实现，而产品附加值的提升有助于达到开发商与客户之间的双赢，开发商所追求的产品溢价也可从中得到真正的实现。

不平衡使用容积率，是提高总货值的有效办法，做总图之前要进行行业业态组合比例模型推演；运用两种业态之间的产品类型，卖高一级业态的价格，提升溢价空间，相应间接降低了低业态的成本；资源利用最大化，尽可能多的扩大优质资源户型比例，扩大溢价范围。

【案例】 成都郫县项目净用地面积 126139.64m²，地上可建设面积 520300m²，容积率 4.1，建筑密度≤30％，其中住宅≤26％，绿地率≥30％，场地情况及规划设计条件见图 6-1-6。

图 6-1-6　成都郫县某项目鸟瞰图

采用不平衡容积率方案，花园洋房区与高层区的占地面积比为 6.3/3.7，花园洋房与高层可售住宅面积比（含下跃赠送）为 3.1/6.9。经成本测算对比分析，不平衡使用容积率后的总货值为 40 亿左右，而仅做高层的总货值仅为 36.5 亿左右，大于单一产品的总货值近 3.5 亿。

在相同容积率的前提下，通过巧妙的建筑规划布局，也能够突破容积率的局限，不仅能在产品类型上突破、创新，而且也能够获得意想不到的舒适度。

对于一个具体项目来说，仅仅通过容积率这一简单数字远不能概括社区的建筑类型，尤其当社区的建筑类型有明显差异的时候。比如一些综合性的社区，不同的建筑类型之间，其容积率相差非常大。在实际操作过程中，这样的项目往往可以利用项目自身不同容积率的不同产品类型，灵活地针对同一区域内的竞争性项目做差异化的营销推广。

如福州的三盛中央公园，就有两种产品类型。它借低密度联排别墅提升项目档次，与周围竞品楼盘形成明显的档次差别；其高密度的高层住宅，则作为二期待市场成熟时推出并回收利润。如此一来，虽然总容积率与周边竞品项目相同，但社区环境和品质却与周边竞品项目拉开了距离（图 6-1-7）。

图 6-1-7　福州三盛中央公园鸟瞰图

与三盛中央公园相似的例子还有很多，如同在福州的中天金海岸（图 6-1-8）、泰禾红树林、海润公园道一号等，这些项目，其低密度部分大多为叠拼和联排别墅，在当时市场上，此类产品迎合了市场需求，一路旺销；其高密度部分为高层住宅。这两种差异化的产品定位，充分利用了地块的特性和需求的阶段性，很好地挖掘了土地的价值潜力。

廊坊香邑廊桥项目，则既是一个未用足容积率的实际案例，也是不平衡使用容积率的实际案例。规划条件限定的容积率为不大于 3.0，但实际只用到 1.95，也是采用高层住宅与花园洋房高低配的业态配比模式，此外还在两个主要沿街面布置了独立的低密度沿街商业（图 6-1-9）。

五、变相提高容积率的设计技巧

这就是常说的"偷面积"或"赠送面积"。所谓"偷面积"就是钻建筑面积与容积率

图 6-1-8　中天金海岸鸟瞰图

图 6-1-9　廊坊香邑廊桥鸟瞰图

计算规则的空子,将可以不计入建筑面积或容积率的套内平面面积或其他可以利用的空间,批量制造出来,"送"给客户。"偷面积"的好处是开发商不用支付土地成本,仅需支付建安成本,"制造"出可赠送的建筑面积,从而以较低的成本赠送给客户一定数量的建筑面积,进而提高可售面积的单价,提高利润并促进销售。相当于间接增加容积率,从而增大销售总价,实现降本增效。由于高效采用"灰空间",其得房率将大大提高,即使单价提高,与同板块楼盘溢价比仍然可达到较高水准,开发商与客户得到双赢,摊薄地价的同时达到整体溢价的大幅度提升。

(一)偷面积的缘由

1. 房价高企使许多居民相对购买力降低,造成户型建筑面积不断变小;

2. 土地成本在开发成本中比重增加,建筑成本比重下降;

3. 市场竞争的烈度在加强，对产品创新不断提出新的挑战；

4. 70/90政策限制了户型面积，使偷面积成为必要；

5. 计算建筑面积的标准存在利用空间。

（二）偷面积的政策研究

能不能偷面积，要研究好有关政策。无论采取何种偷面积形式，在决策之前必须全面通盘熟悉有关的国家、地方及行业规范、规程、标准以及政策性文件、规定、规则、通知等，甚至包括一些非书面的规定、规则等。而且需要提前去沟通、协调，这样可以少走弯路。

（三）偷面积的决定性因素

1. 所处的城市类型，是产品型城市还是成本型城市。

对于产品型城市，不但要用足容积率，还要想方设法扩大容积率或采用偷面积等手段变相增加容积率。

但对成本型城市，用足容积率在某些情况下都不具有必然性，就更没有偷面积的必要。对于三四线城市及某些二线城市，是否要搞面积赠送，决策前必须进行成本测算、货值对比及利润分析，算好经济账。

2. 地块限制条件，如用地性质及容积率限值等。

虽然是在产品型城市，但规划条件给定的容积率过低，而地块区位条件及周边环境、配套等又不太适合做低密度高端产品，这时可以考虑多做一些赠送面积，增加货值，稀释地价，降低单位面积总投资。

3. 政策限制，比如70/90的户型比例限制。

时至今日，很多城市对70/90仍然没有松绑。如果想做更多的大户型，除了与政府去博弈、去争取外，剩下的就只能是"偷面积"。

如图6-1-10建筑面积约79m²的Loft，可分隔成四室两厅两卫一厨的大户型，实际使用面积可达110m²，相当于建筑面积130～140m²的平层户型的使用面积。

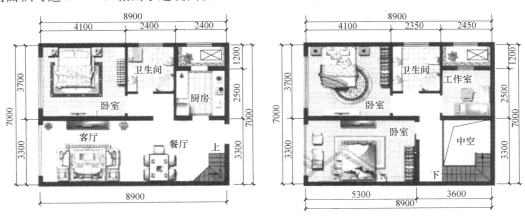

图 6-1-10　保利金香槟 L2 四室两厅两卫约 79m² 户型

4. 赠送面积的溢价能力对成本的支持。

这是最本质、最核心的问题。面积赠送无论是为了促销还是溢价，其前提都是要获得成本的支持。现实的项目运作当中，不见得是赔与不赔那样容易决策，而是去化率与去化速度、利润率的高低及回现速度快慢等经营性问题，是销售、成本、财务等经营指标如何取舍的问题，是规划设计如何契合销售、成本、财务等经营指标的问题。

在一线城市，由于房价很贵，容积率限制之内的每个平方米都很珍贵，一定要做足容积率，在容积率做足的情况下再考虑合理赠送，因其成本与售价之间的空间很大，赠送面积的成本与其收益相比甚至可以忽略，因此是有利可图的。

但对于三四线城市来说，一些精明的开发商为了提高货值和利润，会刻意降低容积率，增加一些洋房、别墅类低密度产品，也即采用"高低配"的规划布局。一来可以提高货值及利润空间（见前文不平衡容积率提高总货值的案例），二来可以整体提升项目品质，促进销售。在这种情况下，容积率尚无法做足，也就没必要去偷面积。

因此在二三线城市做面积赠送时，一定要进行成本与售价的对比分析。如果产品溢价大于成本支出，就可以做。如果产品溢价与成本支出持平，若当地市场对面积赠送的接受程度较高，有利于促进销售，也可以搞面积赠送，但如果产品溢价不抵成本支出，就要慎重考虑面积赠送事宜。

（四）偷面积的常用手法

如何将小房子做得更大，更合理？哪些是在政策"规定动作"下为业主创造更多空间的偷面积？关键看是报建方案和最终的验收交楼时其户型是否一致，如果是一致的，业主就能拥有相应的产权，不存在任何的法律法规问题，如果不一致，则可能是开发商在验收交楼后再组织人力物力进行改建的，业主不能拥有相应的产权，可能会存在一定的法律法规问题。

而且法律法规也是动态的，也在不断地填补漏洞与修改完善之中，也在与各种偷面积行为隔空斗法，因此各种偷面积手法合规与否、是否计入建筑面积及容积率等都不是一成不变的，不但随时间可能会改变，随地域不同也可能会改变，因此一定要辩证地、动态地看待偷面积问题及本书所述内容，不可将其绝对化。

本书在此总结并整理了以下几种偷面积的方法，供读者借鉴与参考。

1. 利用层高偷面积的 Loft 产品

最明目张胆且大规模偷面积的是 Loft 产品，号称买一层送一层。Loft 产品层高都较高，一般可以达到五六米，单元内所有不承重的轻质墙体都可以拆除，空间可以重组。空间重组不仅包括在开敞式的空间里隔出不同的房间，更包括在五六米高的空间中加出一层楼板，这样一来，一层就可以变成两层了。

在计算容积率时 Loft 是按单层面积计算的，配套设施的规划也是按照单层批复的，但在销售时价格却往往是平层户型的 1.3 到 1.6 倍。这样一来，开发商在原来报批的容积率下，收益被实际放大了。实质是变相增加建筑的容积率，是在钻政策的空子。对于开发商来说，建设 Loft 增加层高的成本有限，但是销售业绩却可以大幅提高。一般来说建设成本仅增加 30%，但房子价格却可以上涨 50% 以上。

对于消费者而言，虽然按建筑面积的单价要高出 40%～50%，但加楼板分割后的实际使用面积却增加了 80% 以上（考虑楼梯及挑空区的面积损失），性价比还是很高的。而且 Loft 产品一般都具有高单价、低总价的特点，非常契合刚需客户及追求经济效益最大化的务实主义者的实际需求。90m² 的 Loft 住宅，如果按 10000 元/m² 计算，总价 90 万元，但一旦分割成上下两层，面积就超过 160m²；比同等面积、单价 8000 元/m²、总价

120 万元左右的商品房要划算得多。

图 6-1-11～图 6-1-13 为珠江·摩派的主力户型，其中图 6-1-11 按 SOHO 办公用途 Loft 设计，图 6-1-12、图 6-1-13 按住宅用途 Loft 设计。

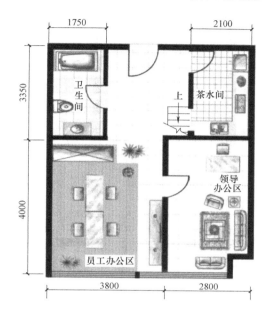
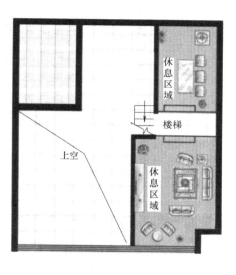

图 6-1-11　珠江·摩派 SOHO 办公 Loft

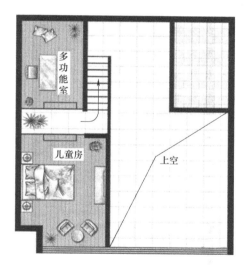

图 6-1-12　珠江·摩派三室两厅一卫 63m² 住宅 Loft

其实 Loft 作为一种变相提高容积率来实现货值最大化的手段，不仅仅只适用于住宅用途。对于办公用途项目，同样可做成 Loft 来搞赠送。北京的乐栋 300 就是实例之一，户内底层设计了 6 个标准工位及卫生间，上层则为领导办公及午餐区，很适合起步、创业阶段的公司办公，见图 6-1-14。该项目一层层高 4.9m，二三层 4.5m，四层 4.6m。买一层送一层，销售面积 49m²，实得面积 70m²，2012 年 10 月份的总价是 110 万/套，赠家

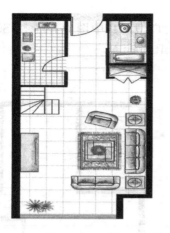

图 6-1-13 珠江·摩派两室两厅一卫 58m² 住宅 Loft

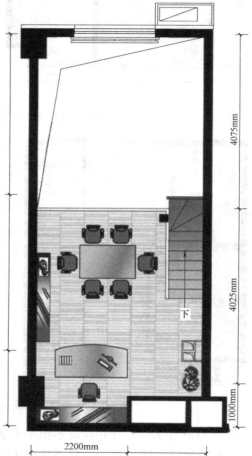

图 6-1-14 乐栋 300 户型图

电，不限购，不限贷。属于比较典型的办公立项仍为办公用途的 Loft，当然，作为住宅用途也是没有问题的。

当然，上述的 Loft 产品是偷面积的一个特例，但除此以外，在每一种销售型物业的设计中，都存在偷面积的可能，这已不是一个技术问题，而是经济问题，更准确地说是价值问题，是值得与不值得的问题。

Loft 实质是利用"层高"偷面积的一种，如果规划条件中有限高要求，将房屋层高做大意味着整个项目的建筑面积可能减少。

新版《建筑工程建筑面积计算规范》GB/T 50353—2013 没有关于超高楼层的建筑面积计算规定，但各地容积率计算规则中大多会有超高楼层的容积率计算规定，需要特别留意。

2. 双层高阳台、双层高空中庭院或双层高入户花园"偷面积"

在新版《建筑工程建筑面积计算规范》GB/T 50353—2013 实施之前，将阳台或入户花园按错层设计，使其均为两层通高，可实现 100% 的"偷面积"。实质是将两层通高的阳台视为露台，因而不计建筑面积。空中庭院两层通高，也不计算建筑面积（图 6-1-15～图 6-1-17）。

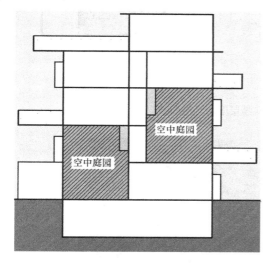

图 6-1-15　双层高空中庭院偷面积

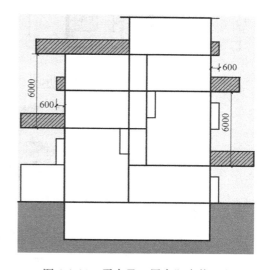

图 6-1-16　露台及双层高阳台偷面积

阳台和露台是有一定区别的，但由于各个规范讲述不同，混淆的人也很多，在新版《建筑工程建筑面积计算规范》GB/T 50353—2013 实施之前，公认或比较权威的解释是：没有上盖或上盖高度大于等于两个自然层的，按露台考虑，不计建筑面积；有永久性上盖且上盖高度小于两个自然层的，按阳台考虑，计一半建筑面积。

利用阳（露）台偷面积的优势是，可"偷"出更大实惠；增加有力卖点；满足客户与室外更大接触的心愿。对地产商而言，灵活多变的阳（露）台设计带来的户型美感成为楼盘新的卖点，减少了销售压力。且偷面积的收益远大于其投入的成本，可为开发商获得更大利润。对业主而言，不但获得了更多实惠，也可让小区景致和房间形成有机的结合（图6-1-18 和图 6-1-19）。因此阳（露）台成为小户型置业群体最喜爱的户型结构之一。阳（露）台的出现，在买房者求实惠的心理与高房价之间，找到了一个很好的平衡点。

双层高阳（露）台首先在从室内空间向外界的自然延伸上，对居住的舒适性肯定有所帮助。在新版《建筑工程建筑面积计算规范》GB/T 50353—2013 实施之前，对于错层露

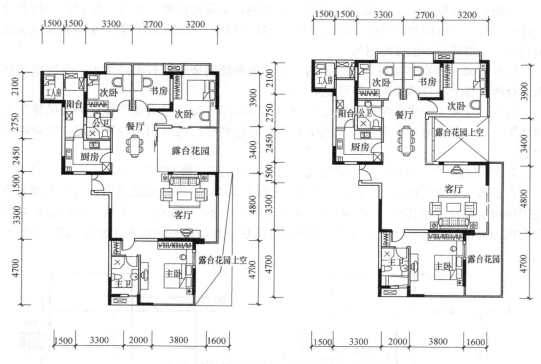

图 6-1-17 香蜜山露台（隔层阳台）偷面积

图 6-1-18 西岸观邸实景图

台如果加楼层板使上下两家都增加面积，可实现 200％偷面积，实用率大大提高。

新版《建筑工程建筑面积计算规范》GB/T 50353—2013 虽然在其 3.0.27 条中维持"露台不计建筑面积"的规定，但在其第 2.0.28 条中对露台进行了重新定义："设置在屋面、首层地面或雨棚上的供人室外活动的有维护设施的平台"。并在其条文说明中明确了露台应满足的四个条件：一是位置，设置在屋面、地面或雨棚顶；二是可出入；三是有维护设施；四是无盖。这四个条件必须同时满足。因此上述双层高阳（露）台及两层通高的空中庭院会被视为阳台，应按阳台的规则计算建筑面积："在主体结构内的阳台，应按其

图 6-1-19　西岸观邸实景图

结构外围水平面积计算全面积；在主体结构外的阳台，应按其结构底板水平投影面积计算1/2 面积"。

　　3. 层高做大，赠送夹层（变成挑高房源与 Loft 不同）

　　将房屋层高设计到 4.8m、4.9m 甚至更高后，在一些次要功能房间的上空加一个层高低于 2.2m 的夹层，营造出小复式的概念。夹层的层高低于 2.2m，可以不计算建筑面积。但因高度有限，一般用于卧室、儿童活动场所、储藏室、更衣间等，主要功能区如客厅、餐厅、主卧等房间则为通高，可获得更大的层高（图6-1-20）。

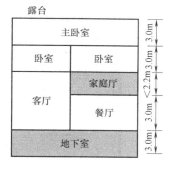

图 6-1-20　夹层空间示意

　　也有的将层高做到 3.9m 左右，将局部要做夹层的区域每隔一个标准层与标准层按错层设计，将相邻两个 3.9m 层高的楼层拆分成三个楼层，其中中间层设计为层高小于2.2m 的夹层，分配给上下两家，相当于每家均赠送一部分夹层。这样做的好处是夹层上下的空间可保证 2.8m 左右的正常层高，不影响舒适度与品质，而客厅、餐厅等重要空间，则可获得 3.9m 左右的高大空间，可有效提升舒适度与品质。夹层部分作为次要空间，可作为儿童房、儿童娱乐场所或储藏室等（图 6-1-21）。

　　挑高房是利用"层高"偷面积的一种。虽然丰富了功能，业主也拥有相应的产权，但极大地降低了居住的舒适度。故一般多用于小户型中。而且由于规划中每个项目均有总限高，将房屋层高做大的同时意味着标准层数的减少，整个项目的建筑面积可能减少。所以挑高房源的单价往往也更高。但考虑赠送面积后，单价还是有较大优势。

　　图 6-1-22 是在两个次卧及厨卫区域上空隔出一个层高小于 2.2m 的夹层，可以作为儿童房或儿童活动空间使用。

　　赠送夹层与 Loft 户型有很多相似之处，但最大的区别是：在新版《建筑工程建筑面积计算规范》GB/T 50353—2013 实施之前，前者是利用夹层层高不足 2.2m 不计建筑面

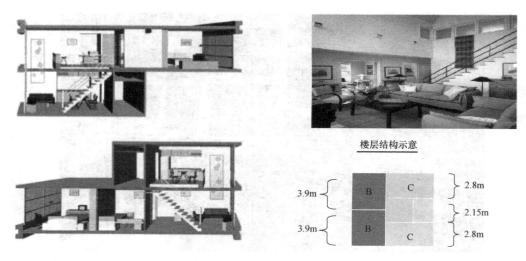

楼层结构示意

图 6-1-21 有错层设计的夹层

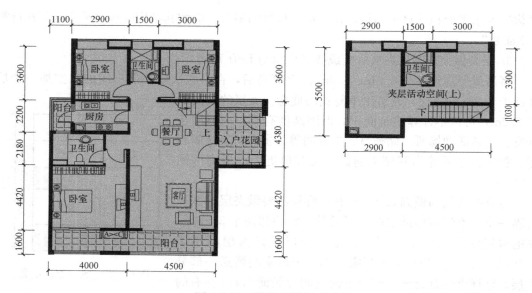

图 6-1-22 赠送夹层户型图

积而进行偷面积，具有充分的合法性；后者则是报批报建验收环节按大层高设计，验收后加装夹层形成 Loft 的方法来偷面积，合法性常受到质疑，也常常会受各地地方政策的围堵、打压。

但新版《建筑工程建筑面积计算规范》GB/T 50353—2013 规定：结构层高在 2.2m 以下的，应计算 1/2 面积。因此 2.2m 以下夹层的做法只能偷到一半的建筑面积。

4. 利用镂空花架偷面积

如果说各地禁偷令"禁"的是"板"，而深圳"双御雅轩"项目"偷"的则是"架"！"双御雅轩""偷面积"的构架，也可以说是"花架"，事实上又可以作为楼板的梁，开发商负责在验收后将这些部分统一搭好楼板，隔成房间，业主无需再费力费神，就可以多得到 M 间房。此即"双御雅轩"的"N＋M"户型。尽管其按建筑面积的销售单价出奇的高，但因其按实际使用面积的单价仍然大大低于市场价格，购房者仍然趋之若鹜。

如户型图（图6-1-23）可以看到，一条只计算一半面积的通道，两边的花架是不计算建筑面积的"赠送部分"，这些花架，以后可全部搭上板，隔成房。这可整整送出两个大房间及一个超大阳台，在偷面积方面发挥到了极致。

图 6-1-23 "双御雅轩"的"N＋M"户型

现场的样板房则将通道的两侧花架，全部铺板隔房，这些在毛坯房可以看到的"花架"无影无踪，连同通道，一并成为堂而皇之的"赠送面积"与"赠送房间"。开发商在竣工验收后统一为业主进行改造（图6-1-24～图6-1-26）。

图 6-1-24 现场毛坯房入户通道两侧的花架

图 6-1-25　改造后的"花架"

图 6-1-26　改造后的"花架"

这种"偷面积"的手法确实高明，达到购销双赢的效果。开发商赚足了钱，业主赚足了面积。在房价高企的深圳，对于开发商而言，偷面积的收益远大于所增加的成本；而对于业主而言，偷来的每个平方米都是实实在在的利益，虽然按建筑面积的单价高了，但实际使用面积大大增加，按实际使用面积的单价则大大降低，还是要实惠得多。

更有趣的是，新版《建筑工程建筑面积计算规范》GB/T 50353—2013 对利用花架偷面积的手法似乎也无可奈何，在其 3.0.27 条第 4 款中，"花架"仍列入"不应计算建筑面积"之列。

5. 利用大露台、大进深阳台、空中庭院、设备平台偷房间

大露台不计入建筑面积，不少开发商通过赠送大露台来增大使用空间也属于"偷"面积之列。大露台作为住宅建筑的"灰空间"，承担了室内空间与户外空间的过渡空间的作

用，扩大了人们对室外自然环境空间的交流，在多层或高层住宅建筑中，对改善居家环境功不可没。这一招不但能"偷"到很大面积，更有甚者能"偷"出一个房间。

传统意义的露台是指"与建筑衔接供人们活动的无顶盖室外平台"，一般是在建筑物顶层或退台处才有。顶层露台赠送为较常见方式；非顶层露台通常采用退台的方式实现，多用于花园洋房或别墅类产品中；在新版《建筑工程建筑面积计算规范》GB/T 50353—2013 中，阳台的上盖高度达到或超过两个自然层不再视为露台，同样需要按阳台的规则计算建筑面积。

根据《建筑工程建筑面积计算规范》GB/T 50353—2005 第 3.0.18 条及其条文解释"建筑物的阳台，不论是凹阳台、挑阳台、封闭阳台、不封闭阳台均按其水平投影面积的一半计算"，故所有阳台包括大进深阳台均计一半建筑面积。对于小户型，大进深阳台可改造为房间利用；对于大户型中的大进深阳台（有时会标注为空中花园），可与客厅结合，便于改造为家庭厅或休闲空间。其实质就是将某个房间的外窗拿掉当做阳台，验收后再加上外窗变回房间的做法。

空中庭院只计算一半建筑面积，可封玻璃成为房间，赠送另外一半面积，如图 6-1-27 所示。

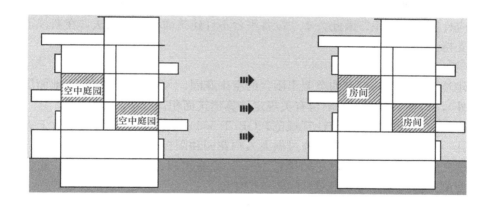

图 6-1-27　空中庭院改房间

但在新版《建筑工程建筑面积计算规范》GB/T 50353—2013 中及部分地区的容积率计算规则中，大进深阳台及空中庭院可能部分或全部按全面积计算。

设备平台不计建筑面积，可实现 100% 赠送。在小户型中及有 70/90 限制的地块，可在平面上将建筑面积超过 90m² 户型的某个靠外墙的卧室标注为设备平台，并去掉外墙，使其看起来像一个真正的设备平台，且将不考虑设备平台的建筑面积控制在 90m² 以内，以满足 70/90 的户型配比要求。待规划验收完毕再将外墙封起来形成一个真正的卧室，实现做大户型的目的。这个不算建筑面积的"设备平台"，就作为赠送面积送给客户。可实现高效利用。

但笔者认为，在一栋楼内，如果设备平台过多，有违常识，容易受到质疑。

图 6-1-28 为设备平台改书房的案例。

新版《建筑工程建筑面积计算规范》GB/T 50353—2013 在其 3.0.27 条第 5 款中规

客厅区域整体示意

原设备平台

玻璃房隔成书房

图 6-1-28　设备平台变书房

定："建筑物内的操作平台、上料平台、安装箱和罐体的平台"不应计算建筑面积，但条文说明中强调这些平台不应构成结构层；第 6 款中明确"主体结构外的空调室外机搁板（箱）"不应计算建筑面积。因此关于"设备平台不计建筑面积"的做法，在新规范中没有得到明确支持。

6. 赠送入户花园

住宅建筑中属于一户专有的类似于阳台的空中花园、入户花园等（位于地面层、裙楼顶层的除外），均视为阳台，按阳台有关规定计算建筑面积。

在新版《建筑工程建筑面积计算规范》GB/T 50353—2013 实施之前，由于入户花园和阳台只计一半建筑面积，开发商通过做大入户花园和阳台也属"偷面积"之举。有的楼盘为了表现其阔绰舒适，其入户花园接近 10m²，完全可以改造成一个房间。此方法一般只在大户型单元且自然资源景观较好的楼盘中使用。

入户花园作为私人空间，增大了房屋的舒适度。

图 6-1-29 二梯四户的户型组合平面图中，每户均设计了入户花园，在新规之前可获赠一半的建筑面积。其中交通核两侧的入户花园完全可改造为室内房间。

但在新版《建筑工程建筑面积计算规范》GB/T 50353—2013 实施之后，图 6-1-29、图6-1-30 中的入户花园会视为"在主体结构内的阳台，应按其结构外围水平面积计算全面积"。

7. 管道井变客厅

这种做法主要用于小户型产品，发展商为了"偷"得面积，增加卖点，在报建方案上以管道井等理由进行报批报建，且故意加大管道井的面积，按照现行设计规范，此部分不计算面积。

图 6-1-31 中的"客厅偷面积"，在楼书上被称为"可延展客厅"，是将原设计的两户之间的管道井面积，两家各分一半（据说每家有 9m²）。如此一来，这套原本建筑面积仅54m² 的二房单位，加上"可延展客厅"和"落地凸窗"所"偷"的面积，使用面积将大大超过其建筑面积。待验收后、交楼时，将管道井与客厅毗邻的墙体打掉，增加客厅面积，也可以装上一扇门后改造成内部房间，但只能是暗屋，无法自然采光和通风。

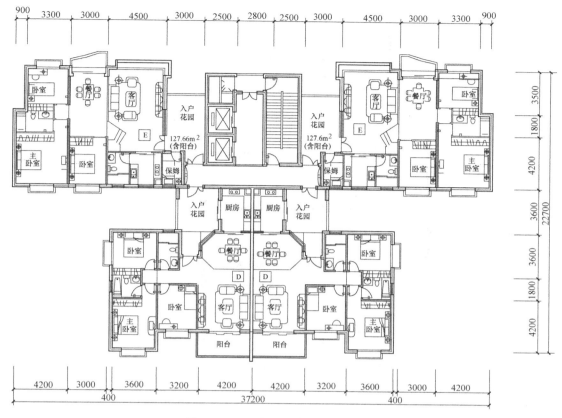

图 6-1-29　入户花园偷一半建筑面积

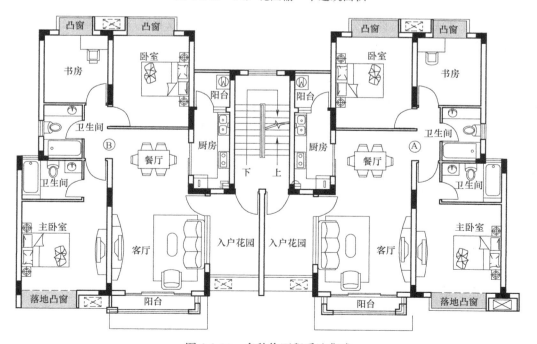

图 6-1-30　多种偷面积手法集成

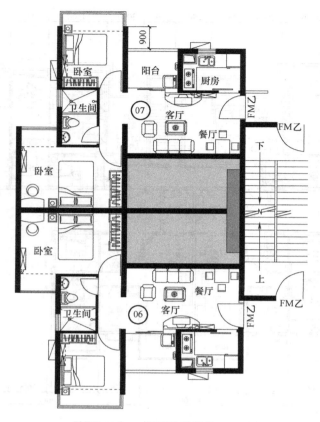

图 6-1-31　利用管道井偷面积

　　该做法业主无法拥有此部分的产权，而且改建后的房间或者客厅都不能得到良好的采光透风，既降低了居住的舒适度，又属于非法之"偷"，建议购房者购房时要明察秋毫。

　　8. 赠送阁楼

　　这一"偷"法适用于坡屋顶的顶层，坡屋顶檐口以上的空间（即阁楼），可以赠送给业主。由于《建筑工程建筑面积计算规范》GB/T 50353—2005 第 3.0.4 条明确规定："多层建筑坡屋顶内和场馆看台下，当设计加以利用时净高超过 2.10m 的部位应计算全面积；净高在 1.20m 至 2.10m 的部位应计算 1/2 面积；当设计不利用或室内净高不足 1.20m 时不应计算面积"，与新版《建筑工程建筑面积计算规范》GB/T 50353—2013 的规定基本相同。且均对顶层与坡屋顶通高时的层高没有限制规定，因此为了偷得更多面积，在报批报建图中应该把水平板拿掉，按顶层与坡屋顶通高考虑，在竣工验收后，再加上水平板及楼梯，进行阁楼改造。此时可实现阁楼层 100% 偷面积。改造后的阁楼层，可作为儿童房或儿童娱乐场地、储藏室等，但靠近檐口处因净高过低而无多大利用价值（图6-1-32）。

　　9. 赠送半地下室

　　《建筑工程建筑面积计算规范》GB/T 50353—2005 第 3.0.5 条："地下室、半地下室（车间、商店、车站、车库、仓库等），包括相应的有永久性顶盖的出入口，应按其外墙上口（不包括采光井、外墙防潮层及其保护墙）外边线所围水平面积计算。层高在 2.20m

及以上者应计算全面积；层高不足 2.20m 者应计算 1/2 面积"，与新版《建筑工程建筑面积计算规范》GB/T 50353—2013 的规定基本相同。

因此，层高超过 2.2m 的地下室、半地下室需计入建筑面积是肯定的，但是否计入容积率，没有国家层面的统一规定，由地方政府行政管理部门自行规定。但为了鼓励地下空间的开发利用，大多数省市对层高超过 2.2m 的地下室、半地下室只计建筑面积，计算容积率时则区别对待。

全埋地下室不计容积率，半地下室视其顶板高出地面的多少决定是否计入容积率：对于层高 2.2m 以上的半地下室，一般以室外地坪为基准，当半地下室的顶板

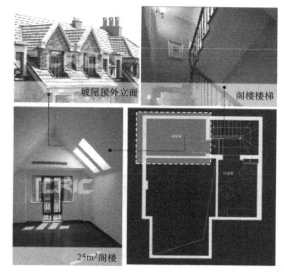

图 6-1-32　英式风格阁楼改造

面高出室外地面不超过 1.5m 时，该层建筑面积不计入容积率；当地上部分大于 1.5m 时，该层建筑面积计入地块容积率。目前北京、深圳等地大都按此执行，但上海、福建等地则以半地下室的顶板面高出室外地面不超过 1.0m 来作为是否计入容积率的界限。故具体应用时还必须详细了解当地有关规定。

万科的半地下室"偷面积"，事实上其层高多在 2.2m 以上，其钻的空子不是"低于 2.2m 的空间不计建筑面积"条款，而是正负零以下结构空间不计入容积率面积。万科的半地下室的高明之处在于其"半"字，使得所送的空间可以自然通风和采光。依此类推，凡是有一楼的住宅建筑，都可以抬高其正负零标高，为一楼（甚至二楼）业主赠送其半地下室，使一楼住宅增加卖点，使消费者得到实惠。但一定要熟练把握地方政策，如果半地下室的外露高度超过规定高度（北京、深圳等地 1.5m，上海、福建等地 1.0m），则按规定需计入容积率，就得不偿失了（图 6-1-33 和图 6-1-34）。

如果万一层高超过 2.2m 的半地下室需要计入容积率，可以将地下室底板上的垫层加厚，将半地下室垫高至 2.2m 以内，赠送给客户，带来销售溢价。验收后再将垫层清除，改回层高超过 2.2m 的半地下室。

10. 低台凸窗和落地凸窗

把带窗外墙向外推移，把窗台放到最低，做成大玻璃窗，这样在外立面上会凸出一部分，形成凸窗。只要凸窗部分层高不超过 2.2m，便可有效"偷"到面积。这样通过低台凸窗变落地凸窗的做法，使得房屋的空间更舒适，有效地将内部空间结合起来。

目前，"偷术"又有了很大改进，在设计图纸中和毛坯房交付时可能会有"低台"，但客户装修时，这个"低台"往往可以打掉。由于本身凸窗有 2.2m 的层高，加上打掉的那部分"低台"，凸窗部分的层高可以达到 2.3m 甚至更高（图 6-1-35 和图 6-1-36）。

大凸窗设计在深圳属于比较普遍的设计方式，在广州、东莞一代也较多见。使得户内空间更宽敞、明亮、舒适。不足之处是这样大凸窗设计可能会带来诸如外墙保温、外墙渗漏等问题，开发商需要在材料、建筑设计上下功夫。

图 6-1-33　半地下室有独立的采光通风口

图 6-1-34　室外外露 1m 左右，可加窗实现自然采光与通风

新版《建筑工程建筑面积计算规范》GB/T 50353—2013 仍规定："窗台与室内地面高差在 0.45m 以下且结构净高在 2.10m 以下的凸（飘）窗，窗台与室内地面高差在 0.15m 及以上的凸（飘）窗"不应计算建筑面积。

但深圳"禁偷令"实施后，对凸窗部位的层高计算及建筑面积算法进行了明确规定，此前一些盛行的偷法已不适用。必须对有关规定仔细研读、正确解读，以免出偷鸡蚀米之尴尬。

11. 隐藏式衣橱

隐藏式衣橱的设计方法有点类似于低台凸窗，通过外墙外移并将其做成凸窗完成，只是这里的凸窗改成了"衣橱"。和凸窗一样，隐藏式衣橱的高度通常也在 2.2m 以下，不

图 6-1-35　可拆卸凸窗拆卸前

图 6-1-36　可拆卸凸窗拆卸后

用计入建筑面积，但业主却可以使用。

此种"偷"面积方式和步入式飘窗、低台凸窗有异曲同工之处，所带来的问题也同样是外墙保温问题。

12. 外挂廊

按国家的建筑面积计算规范："有永久性的室外楼梯，应按建筑物自然层的水平投影面积的1/2计算"。外挂廊既能节省建筑面积，又能够形成一梯两户的格局。一般来说，外挂廊建筑大多属于板楼。走廊外挂，既减少面积公摊，又保证了户型的通透性，不足之处是私密性不佳。

与山海家园相比，金地名京的外挂廊在造型上丰富了一些，通过凹凸不平的外墙设计，增强了走廊的趣味性，对业主私密性的保护也有所提升（图6-1-37和图6-1-38）。

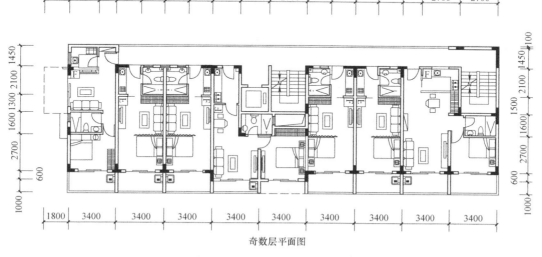

奇数层平面图

图 6-1-37　深圳山海家园外挂廊

13. 内庭院改造

通过对内庭院的改造，可以增加功能空间，而且由于内庭院一般在户型中处于中间位置，因此可更改房间内部功能布局。如图6-1-39、图6-1-40将内庭院部分改造为餐厅，同

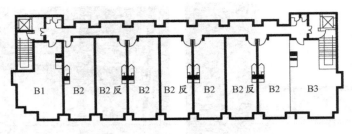

图 6-1-38　北京金地名京

时将原餐厅改造为卧室。

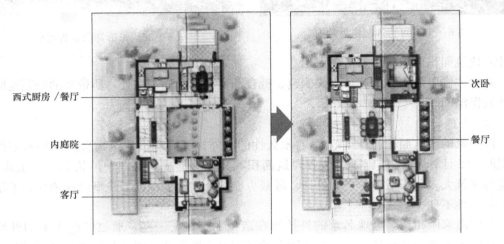

西式厨房／餐厅

内庭院

客厅

次卧

餐厅

图 6-1-39　内庭院改造前　　　　　图 6-1-40　内庭院改造后

偷面积能实现开发商与客户的双赢，因此一线城市的开发商对此趋之若鹜、乐此不疲。随着偷面积花样的增多，新的规定也随之产生，不过中国人最会钻政策的空子，总是上有政策，下有对策！魔高一尺道高一丈。因此，任何理论与实践经验都有其局限性及适用条件，需要因时因地制宜，不可生搬硬套，一定要具体情况具体分析。

六、地下空间综合利用以实现降本增效

地下空间综合利用既可以是总平竖向设计阶段需要考虑的问题，也可能是进入技术设计阶段后需要进一步进行技术经济比较从而进行决策的问题。但即便是技术设计阶段才能决策的问题，在总图设计阶段，提前对各种可能的情况进行预估和预判，同时做好一定的预留和预设条件，也可为技术设计阶段突然出现或面对的情况有所准备，从而从容应对，不致慌乱，更快更好地做出技术经济分析，从而更迅速更准确地做出决策。

因此，地下空间利用不仅仅是总图设计必须要考虑的问题，而且是总平竖向设计中一个非常关键的影响因素。这种影响有技术层面的，也有经济层面的。从技术层面，地下空间利用不仅仅是规划、总图和建筑专业需要重点考虑的问题，还会牵涉岩土、结构、小区道路、综合管网及环境景观等多方面因素。是牵一发而动全身的影响因素，因此必须在总图设计阶段就进行谋划。从经济层面，地下空间利用与否、利用的好与坏，对成本造价的

影响往往数以千万计。大量地下空间的存在也会对工程施工产生制约，如果项目分期或施工顺序安排不当，可能对项目工期及交房带来拖累。

地下建筑相比地上建筑而言，因在建造环节多出土方开挖、边坡支护、基坑降水、地下室防水及肥槽回填等，故建造地下空间的成本要大大高于地上空间。而地下空间又存在阴暗潮湿、采光通风不好、环境友好性差等先天不足，而且存在漏水灌雨等隐患，对消防的要求较高等，故利用地下空间的综合效益大都不佳，尤其是三四线城市的地下车库大多赔钱。因此原则上以少建为宜、不建最好。

因此在总图设计阶段，主要是对是否利用地下空间及地下空间体量进行决策，以及在既定配置量的前提下，如何尽可能利用岩土结构原因而必然存在的地下空间、人防建设所要求的地下空间，并处理好其与主体建筑、景观、道路、管线等错综复杂的相互关系，从而采取综合经济效益最好的地下空间形式。

关于地下空间综合利用等的更多内容，会在后文中以及笔者下一部专著中有详细论述。

七、优化车位数量、配比及车库方案，控制成本造价

地下车库作为建筑物的附属建筑，已成为建筑物必不可少的配套设施。地下车库造价较高，但受市场的影响，去化率低且售价不高，一般情况下均为亏本销售。但若不做或少做，则又满足不了政府相关部门的规划要求。于是，在现有政策法规及地方政府要求的框架下，如何争取到于己有利的车位配置总量及配比，如何在满足车位总数及停车位尺寸等相关要求的情况下，尽量减少地下车库的面积，或者在相同地下面积的情况下尽量多排车位，是每一个开发商所追求的目标。

地下停车库的面积大小，还直接影响到人防面积的大小，故尽量减少其面积，对控制成本有着非常积极的意义。严控地下车库面积，动辄可节省上千万元造价，是省大钱的地方，但往往被甲方所忽视。而设计院在地下车库设计（方案阶段）的习惯做法是尽可能多地把面积划进来，从理论上没什么问题，但往往这样做出来的地下室有很多无效的面积，既不能做车位又不能做设备用房，反而增加了成本，这就要求我们在做方案的时候就要对地下室布置作合理的优化。地下室的单方造价要比地上建筑单方造价高得多，应进行精细化设计。

根据住宅小区建设情况看，车库建设规模一般达到项目总规模的20%～25%，车库建造成本占项目总建造成本的20%左右。在车库本身的价值贡献有限的情况下，合理降低车库成本，将是提升项目利润的重要手段。

降低车库成本，首先要争取在合理范围内较少的停车位配比数量，其次要合理控制地下停车位和地面停车位的比例，多做地面停车位、较少地下停车位。一个地下停车位建安成本约8～12万元（2000～2500元/m^2×40～50m^2），一个地面停车位建安成本不到1万元（250元/m^2×20～25m^2），建议在满足规划要求停车位数量前提下，结合产品品质，尽量增加地面停车位从而减少地下停车位。

地下车库停车数量：1）结合当地情况，与政府部门沟通，多做地面停车；2）对地面停车进行精细设计与统计，做到地下停车数量最少；3）当地政府允许时，宜利用塔楼下方等不便布车的空间做摩托车位，来折减规定的停车位数。

地下室范围及层数：1）地下室层数越少越好；2）确定地下室的范围，宜使上部建筑尽量分布在地下室的周边；3）地下室的边线应结合车库内车位布置而定，尽量靠外墙布置一排垂直车位，避免贴墙布置车道的情况，车位以外无用的面积一定要剔除；4）地下车库边线尽量与上部建筑平行，并且方正简洁。

房地产开发项目的配建车库，根据配建停车位的多少，一般有与主楼脱开及与主楼连体两种形式，当主楼楼间距不符合停车位布置模数时，也可采用一侧连体、另一侧脱开的形式。当标准柱网尺寸为 8.1m×8.1m 时，符合停车位布置模数的楼间距为 $L=5.1×2+8.1×n$，其中 n 为奇数。在总平面设计阶段，当采用主楼与车库连体方案时，建筑间距宜结合地下车库的停车位布置模数来综合考虑，尽量符合停车位模数，否则会使停车效率大打折扣，地下车库成本随之上升。

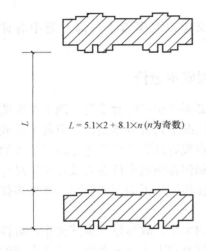

$L = 5.1×2 + 8.1×n\,(n\text{为奇数})$

图 6-1-41　符合紧凑车位
布置模数的主楼间距

人防面积及布置：1）结合项目情况，综合分析是否异地建设或缴纳费用更有利；2）与当地政府部门沟通，尽量不做或少做五级人防地下室；3）按当地人防办规定计算应建人防地下室面积，不要多做；4）人防区应安排在最底层，并尽量利用塔楼下方及其他不便布车的空间布置人防口部设施。

在地下停车数量及车库范围已经确定的情况下，提高车库的利用率，降低车均面积是节约成本的关键，是任何后期降低含钢量结构优化所不能比拟的，有关内容详见笔者下一部专著。本节仅就方案设计及总图设计阶段所涉及的车位数量、停车方式、车库范围与布置、车库层数、人防地下室面积与布置方式等进行阐述。有关地下车库平面布局、层高与竖向设计、结构体系与布置、构造做法及装修等将在笔者下一部专著进行阐述。房地产开发项目的配建车库一般都是按停微型车及小型车来设计，故本文只对微型车及小型车的停车库进行分析。

1. 车位数量与配比

车位总量及地面与地下停车的配置比例，是影响地下车库面积的决定性因素。因此，控制地下车库的面积，选择经济合理的车库方案，首先要进行指标设定。通过合理计算，以及与政府部门合理沟通。在既定住宅量的前提下尽可能降低各种与地下空间有关的功能的配置量，包括地下车位配置数量。

一个小区应该配置多少车位？虽然合适的车位配比，有助于提升小区品质，但从收益角度讲，首先，车位价格和成本基本持平甚至低于成本，多做车位必将冲淡销售利润率；其次，车位往往在交房后才销售，这将降低内部收益率。

小区规划争取最有利于开发需求的车位比例，降低车位总量，是解决地库经济性问题的根本。首次置业以小户型为主的居住小区，宜按每百平方米来控制车位比较合理；再次改善以大户型为主的居住小区，宜按每户来控制车位比较合理。

车位建造成本由低到高的顺序为：地面露天车位→首层架空车位→地上独立车库→半

地下车位→地下车位。但首层架空车位及地上独立车库可能存在占用容积率的问题，一定在充分了解地方政策并与规划部门充分沟通后采用。当确定需要占用容积率时，应结合容积率情况综合考虑。

对不考虑人车立体分流的小区，应坚持地面露天车位最大化原则，且地面停车按照最大边线原则布置。地下停车数量等于规划停车总量扣除地面停车数量。首先要根据规划要求计算出需要的总停车数量，然后减去地面的停车数量就是需要建设的地下停车数量，再结合住宅的主体进行地库的范围设计，在地库设计时做到心中有数。

一般可考虑10%的车位为地面停车，以减少地下停车数从而减小地下车库的面积；对于完全人车立体分流，则在地面上不留停车位。但当存在对外经营的地面商业，则可适当考虑少量地面停车。尽可能多地利用地面及架空层停车。

在采用部分地面停车方案时，应尽可能通过以下方式减少除停车以外的地面占地，以扩大地面停车的面积：

1) 准确计算绿地率；
2) 减少集中硬景面积；
3) 避免8m宽以内的绿地；
4) 设计中尽量将人行道计入绿化面积内；
5) 按最小值设定道路宽度；
6) 尽可能在双车道边设置停车位；
7) 需增加道路宽度时，可仅在停车位区域增加，以减少道路面积；
8) 还可以在地面上采用双层机械停车架的方式，尽可能多地解决车位数量。

车位数量与配比需考虑四个方面的问题：

1) 必须满足当地政府对车位配比的有关规定，如果低于有关规定的配置标准，需做好充分的事前沟通工作，不沟通而想单方面降低标准，会给项目带来麻烦，甚至可能带来颠覆性的结果。坚持沟通，就有可能带来意想不到的结果；

2) 必须考虑经济性原则，尤其是对于中低档次的居住类建筑，要坚持最少的车位配比原则；高档住宅若不能从高车位配比获得溢价和去化速度，也应坚持适度配置原则；

3) 对于可售类物业，车位配比应与档次定位相匹配。高端高配，低端低配，总量平衡。不要因为车位配比偏低而降低品质，影响购房意愿；

4) 对于持有类物业，必须考虑后期运营期间客户造访的停车需求，不要因为停车难而将驱车购物的高端客户拒之门外。

车位配比没有国家统一的有关规定，不同城市甚至同一城市的不同区域的车位配比规定可能都有所不同。一般大城市要求的车位配比较高，小城市要低一些。但也有例外，比如河北保定、邢台等地的停车位配建指标就非常高，而且比北京等一线城市的停车配比指标高出很多，更为特别的是，保定地区的停车配比指标还不允许计入地面停车位，也就是说强制要求项目的配建车位都必须通过地下停车位来解决，是相当特殊的一个城市。

项目的车位配比不能低于政府规定的最低标准，但是可以超过。而且高档的楼盘一般都要超过，高档写字楼也是。车位配比该设置多少，必须根据不同城市、不同项目的具体情况来定。从实际需求出发，在技术层面，最好的解决办法是去调查周边的商铺、超市、写字楼和其他剧院的车位比，然后判断具体项目的人流和停车比例跟那些地方比较是会更多还是更少，再根据这个来确定车位比到底该设置成多少。

从实际需求角度，住宅机动车位需求量与户型面积成正比，而自行车位需求量则与户型面积成反比。但不同城市甚至同一城市的不同地块对机动车位的配置要求也可能不同。有的城市或地块是按住宅地上建筑面积配车，此时除了降低容积率之外，在降低车位配置数量方面难有作为；有的城市或地块是按户配车，如 0.8 车位/户等，此时从减少车位配置数量出发应尽量减少小户型的数量及比例；有的城市或地块是按户型建筑面积大小分档给出车位配比，此时当面积与分档面积相差不多时，可以进行微调来实现配车比例的降档变化。

对于其他物业类型，配车比例从高到低依次为：餐饮→商业→办公→宾馆。

餐饮比一般商业配车要求更高，如有餐饮也应按照一般商业报建。

商业对于汽车和自行车的配车要求都较高。应对策略是尽量减小商业报建的面积。且商业车位配比一般也根据商业面积进行分档，当商业面积与分档面积相差不多时，也可以进行微调来实现配车比例的降档变化。如一些城市当商业面积由 10000 平方米以上减到以下时，配车比例即降低一个档次。

办公比一般商业配车要求低，可以用一部分商业报办公的办法来减小商业车位配置数量。

对于认可微型车位的城市，可在无法布置小型车位或布置小型车位会造成较多无效面积的区域布置微型车位，或以小型车＋微型车的组合，增加车位，补齐报建车位数。如将车库总车位的 30% 变为微型车位，车库面积将减少 10%，车库减少成本将占到总建造成本的 2%～3%。

除了上述政策法规的硬性要求之外，从市场需求的角度，车位的配置标准，应与客户需求匹配。市场良好时，客群等级高，高配置可获得高溢价。市场疲软时，客群等级降低，其需求也降低。过高的配置，将成为项目的负担，带来销售和收益的压力。一个大的项目会持续多年，应随时回顾待建车库是否符合预期市场需求，不符合则调整。当市场由良好转变为疲软时，市场定位应随之而变。

综合性项目，应根据不同业态对车位的需求，合理分布车位数和车位等级。多业态项目，车位配比应向高端业态倾斜。低端业态按政府最低标准配置。

总之，车位配比既要满足政策法规、土地出让合同和规划设计指标的有关规定，又要满足实际需求，并充分考虑经济性原则。

2. 地下车库范围、层数与埋深的确定

对于低密度住宅区，停车问题比较容易解决，地面停车或辅以小范围与主楼脱开的地下车库就可以解决，比如北京市海淀区的中海枫涟山庄（容积率 1.5 以下），就采用了地面停车加 4 个小型地下车库的车位配置方案，其中 4 个小型地下车库均位于两栋主楼之间，且至少有一侧与主楼脱开。而其周边的多层回迁房，则完全采用地面停车方式，没有配建地下车库。

但对于高密度住宅区，停车问题就比较突出，很多时候设满堂的单层地下车库都无法解决，这时候可能需要采用单层机械停车位或者双层地下车库，而且同样存在与主楼连体或脱开的问题。因此地下车库范围不仅涉及水平方向的边界，还涉及沿竖向的层数问题。

而对于中等密度的住宅区，一般单层地下车库可以解决停车问题，但往往涉及车库与主楼连体或脱开的问题。

地下车库设计首先要在水平与竖向确定地下车库的范围，以停车效率最高、地下车库利用率最大化、单车位综合造价最低为原则。

影响地下车库设计范围的因素大概有如下几种。

1）地下停车数量

规划停车总量扣除地面停车数量即为地下停车数量。首先要根据规划要求计算出需要的总停车数量，然后减去地面的停车数量就是需要建设的地下停车数量，再结合住宅的主体进行地库的范围设计，在地库设计时做到心中有数。所需地下停车数量是决定地下车库范围的决定性因素，无论是单层还是多层、也无论是连体还是脱开，抑或是否要做机械车位，都因停车数量的客观需求而定。如前文所述的低密度住宅区不需配建地下车库，仅地面停车位就可满足要求，就是最好的例证。有关停车配比数量的专题在前文已有系统阐述，不再赘述。

2）与上部建筑地下室的关系，也即主楼地下与车库连体或脱开的问题

在做地库范围的设计时，要结合项目本身的定位考虑是否需要从地下车库直接入户，要否设计地下大堂等，并由此决定地下车库与住宅主体在地下是直接连体还是完全脱开，或者脱开后通过通道相连等问题。对于这一课题，历来有两种不同意见。

一种是主张完全脱开，主要理由是可以直接减小无效面积，从结构上来说就是扣除了无效面积所对应的结构底板与顶板及其防水层的造价，而且当主楼与地下车库埋深之间存在高差时，从岩土结构方面也更容易处理，比如护坡或支护结构的造价可能会减免等，对于主楼与车库分期建设或不同步建设的项目，设计与施工也可分别进行，互不干扰。但当项目档次定位要求从地下车库直接入户时，还需要增设从车库通往主楼地下的通道，其代价是车库与主楼之间原本是一道非挡土的地下室内墙，由于脱开的缘故而变成两道挡土的地下室外墙，当有从地下车库直接入户的要求时，通道两侧的墙体也是挡土的地下室外墙，而且两道外墙之间的岩土在地下室施工时也不可能会完全保留，一般都是完全挖除，待地下室施工完毕后还得再次回填。

另一种则主张完全连体，按大底盘或满堂地下室进行设计，通过调整楼间距使两楼之间的距离符合车位布置模数从而减小地下车库内大规模的无效面积，对于主楼边线不规则产生的无效面积，可尽量布置设备用房、子母车位或大车位等加以充分利用。其主要设计理念，其一是通过设计优化充分利用不易布置车位的无效面积；其二是可将脱开设计的两道地下室外墙变为一道地下室内墙，同时免除回填材料与人工成本。等于是用无效面积处顶板与底板的结构成本去置换两道地下室外墙及其回填成本与一道地下室内墙的成本差值，同时想方设法把这部分"无效面积"利用起来。这种方法对于有从车库入户要求的项目来说，具有得天独厚的便利条件，基本不用特殊处理就可实现，但对于主楼埋深与地下车库埋深存在高差时，其交接部位需特殊处理，当高差较大时，甚至需要采取支护措施。当主楼与车库分期建设或不同步建设时，也需在设计及施工中予以考虑，并采取必要措施。

究竟哪种方式更佳，需要从技术可行性、经济合理性与施工便利性等进行综合分析，而且必须结合具体项目进行分析，泛泛而谈没有意义，也难有定论。一般而言，当地下室

埋深较浅、主楼车库间高差较大、无地下停车入户要求且脱开的距离较大时，按脱开设计有利；而当地下室埋深较大、主楼车库间高差较小或无高差、有停车入户要求且脱开的距离较小时，则按连体设计有利。

对于沉降较难控制的地区，尤其是差异沉降较难控制的地区，建议地库与住宅脱开。

3）地下室的层数与埋深

这里不仅是单双层地下车库何者更经济的问题，还涉及主楼与地下车库埋深匹配的问题。

对于单双层地下室何者更经济的问题，即便是知名的品牌开发商，对这个问题的结论也迥然不同。笔者认为应该具体情况具体分析，而不应泛泛而谈，脱离了具体的限定条件而谈论何者更经济，都难免主观、片面，而盲听盲信，则容易犯教条主义错误。笔者以为，对于单双层地下室何者更经济的问题，要想得到全面、客观、真实、准确的结论，必须充分考虑以下因素：

（1）项目本身对地下空间的需求情况，也即必要性；

（2）开发地下空间的综合效益；

（3）地形地貌情况；

（4）岩土地质情况；

（5）建筑群地下部分的关系；

（6）场地限制条件；

（7）地下水的情况；

（8）人防配建指标的问题。

有关详细内容可参见"地下空间综合利用问题的综合优化"章节，在此不再赘述。

关于地下车库的埋深，在条件允许的情况下，应尽可能设计成半地下室形式，且地下停车库宜集中布置。半地下车库尽量减小地下部分埋深，并利用顶板上部绿化覆土荷载，减少或不采用抗拔桩，节省地下工程量；全地下车库设计时，应尽量综合利用水浮力和上部荷载取值的平衡，减少或不设抗浮构件，并控制绿化种植、综合管线埋设要求的最小覆土厚度，减少地库埋深。

对于主楼与地下车库埋深匹配的问题，有条件尽量埋深接近，但不要为了统一埋深而人为加大其中一方的埋深。有高差是允许的，是可以通过技术手段来解决的。笔者鼓励针对具体项目的多方案技术经济比较，多做几种方案，多出几种选择，然后用数据去说话，凭数据去做决策。有关内容可参见"地下空间综合利用问题的综合优化"章节，在此不再赘述。

4）销售和开发节奏，也即项目分期

当整个小区要做分期开发时，地库的设计也要考虑分期建设，否则会对下一期的建设和前一期的销售带来麻烦。对于主楼与车库连体的设计，分期建设就要设缝，带来部分建设成本的增加；而对于主楼与车库脱开的设计，分期建设则要灵活的多。

5）人防要求

核六级以上人防必须采用全埋地下室。人防地库一般要求的层高要比普通地下车库高，不能做半地库，也不能在地库上随意开洞进行采光或通风。

6）设备用房

必要的设备用房必不可少，一般的住宅小区肯定会有生活水泵房、消防水泵房、变电所等配套的设备用房，为了减少对土地资源的浪费，在规范允许的前提下，尽量把设备用房放在地下车库里，而且尽量放在不易布置停车位的边角部位或主楼楼下。

八、人防建设面积指标的设定及是否缴费另建的决策

地下室人防范围内建安成本比地下室其他部位高，人防区域超出非人防区域 20 ％左右，因此减少人防面积也是降低造价的一种手段。

1. 人防工程的法律依据及有关规定

自 1997 年 1 月 1 日起施行的《中华人民共和国人民防空法》规定：

第四十七条　新建民用建筑应当按照下列标准修建防空地下室：

（一）新建 10 层（含）以上或者基础埋深 3 米（含）以上的民用建筑，按照地面首层建筑面积修建 6 级（含）以上防空地下室；

（二）新建除一款规定和居民住宅以外的其他民用建筑，地面总建筑面积在 2000 平方米以上的，按照地面建筑面积的 2‰～5‰修建 6 级（含）以上防空地下室；

（三）开发区、工业园区、保税区和重要经济目标区除一款规定和居民住宅以外的新建民用建筑，按照一次性规划地面总建筑面积的 2‰～5‰集中修建 6 级（含）以上防空地下室；

按二、三款规定的幅度具体划分：一类人民防空重点城市按照 4‰～5‰修建；二类人民防空重点城市按照 3‰～4‰修建；三类人民防空重点城市和其他城市（含县城）按照 2‰～3‰修建。

（四）新建除一款规定以外的人民防空重点城市的居民住宅楼，按照地面首层建筑面积修建 6B 级防空地下室；

（五）人民防空重点城市危房翻新住宅项目，按照翻新住宅地面首层建筑面积修建 6B 级防空地下室。

新建防空地下室的抗力等级和战时用途由城市（含县城）人民政府人民防空主管部门确定。

除了以上国家层面的法律法规外，各省市自治区一般也有自己的地方规定，不再赘述。

2. 有关易地建设的问题

国家规定在因地质、地形等原因不宜修建防空地下室情况下，可以由建设单位缴纳易地建设费，并由人民防空主管部门统一就近易地建设的方式。国家规定是从客观条件不适宜的角度出发，但开发商大多从经济角度去权衡，当采用易地建设的方式更有利时，开发商往往会采用缴纳易地建设费的方式。尤其是无需修建地下车库的工程，如果将人防工程分散建在每栋主楼的地下，人防建设成本会比集中统一建设要大幅上升，因此在这种情况下宜优先考虑缴纳易地建设费的方式。当然也存在因地质、地形条件不适宜修建全埋人防地下室的情况，比如山地丘陵地带的房地产开发项目，受坡地地形影响，很多情况下的地下室均为一部分地上、一部分地下的准地下室或半地下室，想建造全埋的人防地下室势必要继续向下开凿岩层，同时在靠山一侧会形成高大边坡，土石方工程量与造价巨大，此时也应优先考虑缴纳人防工程易地建设费的方式。

第四十八条　按照规定应修建防空地下室的民用建筑，因地质、地形等原因不宜修建的，或者规定应建面积小于民用建筑地面首层建筑面积的，经人民防空主管部门批准，可以不修建，但必须按照应修建防空地下室面积所需造价缴纳易地建设费，由人民防空主管部门统一就近易地修建。

防空地下室易地建设费的收取标准，由省、自治区、直辖市人民政府价格主管部门会同财政、人民防空主管部门按照当地防空地下室的造价制定。

第五十一条　按照规定应修建防空地下室的，防空地下室建筑面积单列。所需资金由建设单位筹措，列入建设项目总投资，并纳入各级基本建设投资计划。

防空地下室的概算、预算、结算，应当参照人民防空工程概（预）算定额。

3. 沟通与争取

对于配建人防的抗力等级，因为没有明确规定，对于人防系统外的人来说就如同暗箱，因此在中国特色的人文环境下，就具备积极争取的空间。尽可能与政府职能部门沟通，采用造价较低的人防形式。首选物资库、人防车库、再选人员掩蔽。尽量争取六级人防，尽量不建5级及5级以上的人防。当必须建一部分5级人防时，也应坚持最小化原则，降低高等级人防的比例。这也算是行业的惯例或潜规则。

九、总图设计应紧密结合原始地形、地貌与地质条件

原始地形、地貌与地质条件一定要清楚、准确，以便因势利导进行有针对性的总图设计。

场地的现状，直接决定它的成本水平。

对于有明显人工地貌的场地，尤其是一些新近改变的地貌，必须仔细核实地形图与现状地貌的对应关系。有些地形图的成图时间较早，成图之后地形地貌发生了改变，这些改变不可能反映在地形图上。如果还以老地形图作为规划设计的依据，会使规划设计产生较大的偏差，因此必须进行重新测绘，得到一份真实反应现状地形地貌的地形图，再通过新老地形图的对比，可以发现地形地貌被改变的范围形式与状态，不用借助地质勘查就可以看出哪些地方是填方区，哪些地方是降方区，以及挖方与填方的深度、厚度等数据。这些数据对于建筑物平面布局、竖向设计、确定建筑物埋深及可能的地基处理形式等都有很大的帮助。这个钱一定要舍得花，是值得的。

在不知道自然地表下有多深的杂填土的情况下，贸然进行规划设计，很可能使建筑物与设计工作本身都深陷巨坑之中，其代价是难以估量的。现实中有很多这样的情况，某地原本是一个弃土坑，建筑垃圾、生活垃圾什么都往里填，成为一个公共弃土场所，久而久之坑填满了，但人们还是习惯性地往那弃土，最后坑变成了山。如果开发商有幸拿了这块地，真把它当做山去做设计了，那开发商就真的掉进坑了，这个地基处理的时间与费用可能就得让开发商难以承受。

比如重庆融侨半岛D地块，现状地形地貌为一座孤丘，但孤丘中有近一半是用建筑渣土填起来的，与给定的地形图很多地方不符。这时候的总平面与竖向设计就必须结合现状地形地貌与原始地形地貌进行综合考虑，土方平衡、地基处理、边坡挡墙、基础埋深等都在考虑之中。同样，如果地形图是最新的，也就是与现状地形地貌是吻合的，但有明显人工改造的痕迹，尤其是怀疑场地内有深填方区时，应进行场地勘察或初步勘察，明确填

方的材料及厚度，以便规划设计时能及时采取相应措施。

十、场地的竖向设计优化以实现降本增效

通过竖向设计既可表达基地与现状地形、城市、相邻基地、基地内各要素之间的竖向关系，竖向设计又是道路设计、管线设计、场地汇水排水、台阶挡土墙设计、土方量计算的依据之一。竖向设计对使用功能及造价均影响巨大，是建筑结构总体设计的重要内容。

一般来说，根据建设具体工程项目的使用功能要求，结合场地的自然地形特点、平面功能布局与施工技术条件，在研究建、构筑物及其他设施之间的高程关系的基础上，充分利用地形、减少工程填挖土方量，因地制宜合理地确定建筑、道路的竖向位置，合理地组织场地地面排水，并解决好场地内外按规划控制要求的高程衔接，这些对场地地面及建、构筑物等的高程（标高）作出的设计与安排，通称为场地竖向设计。

竖向设计是总图设计中一个重要的有机组成部分，它与区域规划、总平面布置密切联系而不可分割。当地域范围大、在地形起伏较大的场地，功能分区、路网及其设施位置的总体布局安排上，除须满足规划设计要求的平面布局关系外，还受到竖向高程关系的影响。所以。在考虑规划场地的地形利用和改造时，必须兼顾总体平面和竖向的使用功能要求，统一考虑和处理规划设计与实施过程中的各种矛盾与问题，才能保证场地建设与使用的合理性、经济性。做好场地的竖向设计，对于降低工程成本、加快建设进度具有重要的意义。

常见的竖向布置形式有平坡式和阶梯式。阶梯式的布置方式能够充分利用地形，节约场地平整土方，排水好，但是道路连接复杂。阶梯式布置通常在山区建设时使用。竖向设计中应同步考虑道路与建筑物、场地平台的交通组织关系。

竖向设计应充分利用和合理改造自然地形，合理确定建构筑物室内外地坪标高，广场和活动场地的设计标高，以及场地内道路的标高和坡度。满足各项技术规程、规范要求，保证工程建设与使用期间的稳定和安全，满足建筑基础埋深、工程管线敷设的要求，满足植物的种植土层厚度要求。解决好场地内外按规划控制要求的高程衔接，道路、场地排水及雨污管线的接驳。减少土石方挖填总量并控制好挖填平衡，避免出现高大边坡或挡墙。

切忌以平坦场地设计思路解决坡地场地设计问题。

大规模平坦场地的场地排水难度大，大规模坡地场地的场地平土复杂，在总平与竖向设计时需要格外用心，仔细推敲，稍有不慎就是成百上千万的造价。

十一、降低填、挖方总量，尽量保持土方的平衡，严控土方成本

在平原地区，土方问题很少会进入规划师或建筑师的考虑范围，但在山地丘陵地区，土方总量与平衡问题就变得尤为重要，可能会影响数以千万计的造价，设计师不可不查。谨慎确定场地平土标高，划分出取土区与弃土区，准确计算土石方工程量，力求填挖总量最小，并接近平衡。尤其在平坦场地，因为面积很大，场地设计标高稍有改动，土方量就会陡然增加，哪怕5～10cm，也影响很大。

对于坡地场地，要充分利用原始地形，将整个小区分成多个标高的台地，可大大节约土方量，既节约成本，又有利于施工，而且可增加视线的层次感（图6-1-42）。

土方管理是一门学问，也容易被大家忽视，需考虑到开挖土方的可利用性。对于开挖

图 6-1-42　坡地建筑实景

出来的土方，应考虑能否用于本期或该项目的后期回填；仍需外运的土方，若能与某些正需要大量回填的项目开展合作，就可以"变废为宝"，从而降低工程造价。目前各地区土方开挖＋外运的单价一般在 25～50 元/m³ 之间，而土方开挖的承建商之所以能赚取较多利润，很多时候也是拉 A 地的土去填 B 地，两边收钱。

十二、配套用房面积及位置

凡是不能带来销售价值的用房尽量最小化，从而控制成本。严格控制物管用房、会所、垃圾站、居委会等配套建筑面积，并尽量放到地下层，不占容积率。会所应布置在沿街位置，便于对外经营，总图报建时，会所要标注为商业用房。在可销售面积一定的前提下，尽量减少配套面积（如会所、学校等），每提高 1% 可售率，按销售面积可降低造价 20～40 元/m²，效果立竿见影。

合理确定供配电房所在小区内位置以缩短高压进线电缆、低压电缆（配电房至各栋单体）的长度；水泵房所处位置对给水管总长度有一定影响，应加以优化。

十三、减少小区出入口，降低物业管理成本

同一个地块的车库与人行入口尽量归一，便于物业减少管理人数，以入口为原点 100 米范围内不应设置第二出入口。每增加一个出入口，就至少增加 6 个保安（三班倒），例如在成都，每个保安每月的费用至少在 2000～3000 元，每年将增加 144000～216000 元。

所有物业管理用房要考虑到便于今后物业的使用。

两个相邻地块的入口应尽量相对，便于两个相邻地块人员的步行交通。

十四、赠绿规划、底层挖掘，控制景观总成本

将住宅周围的绿地尽可能地划给私家，从而减少公共景观面积。既可降低一次性的景

观投入，又可降低后期维护成本。既可降低景观成本，又可提高溢价、促进销售，一举两得。

规划在用足建筑密度的前提下，增加亲地户型的数量，增加销售总价。

如图 6-1-43 的 1、2 层为底跃户型，赠送半地下室，且有前后庭院；6、7 层为顶跃户型，赠送阁楼。这两种产品类型与中间 3、4、5 层的平层户型相比有着更高的品质感及溢价空间，很容易受到高端客户的追捧。

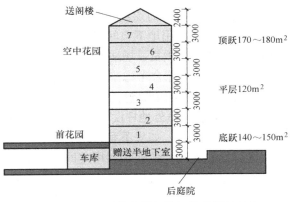

图 6-1-43　花园洋房提高附加值的设计手法

第二节　地下空间综合利用问题的综合优化

一、地下空间利用的决策原则

建造地下空间的成本要大大高于地上空间，故原则上不宜轻易开发地下空间。

以地下车库为例，普通地下一层地下车库建安成本约 2000 元/m²，人防地下室约 2300 元/m²，地下一层加地下二层普通地下车库建安成本约 2000~2200 元/m²，地下一层普通地下车库、地下二层人防地下室的建安成本约 2000~2500 元/m²。与地上建筑 1000~1800 元/m²（砌体结构住宅~高层剪力墙结构住宅）的建安成本相比还是很高的。因此在开发利用地下空间时一定要慎重决策，最重要的是要算好经济账。

然而事情并不绝对，在有些情况下，建造地下空间也能获得较好的效益。因此利用地下空间建造地下储藏室、地下停车场、地下商业广场就成为开发商主动或被动的选择。

主动选择是出于利益或减损的目的，比如一二线城市中心区域，尤其是地铁上盖物业，无论建地下商业还是地下停车场，都能获得较好的收益；城市地下铁道的建造给城市中心区域及沿线站点的房产带来了增值，因此综合性写字楼的开发商都希望建造地下室并将地下室的地下商场与地铁车站联通，通过便捷的流通来增加商业机会以及加速房产的升值和销售。

再比如低密度的住宅产品，可以利用不计容积率面积的半地下室来打造一个下跃式的空间赠送给首层客户，这样的半地下室与全埋地下室相比，既可大幅降低建造成本，又能实现自然通风与采光，同时可以给客户带来实惠及不同的居住体验，也能获得丰厚的市场回报；在高品质的小区，将小区停车及车流全部引入地下，可实现人车分流，甚至从地下车库直接入户，可有效提高小区品质，促进产品溢价。

被动选择则是出于无奈，比如建筑物嵌固深度的要求，必须保证基础有一定的埋置深度；比如人防工程的要求，也必须要建全埋的地下室；比如车位配比要求，当地上停车无法满足要求时，必须建地下停车场；还有在特定地质条件下，不建地下室可能需要更多的地基处理费用等情况。如在地势低洼地区、河湖防洪堤岸附近地区、厚填土地区、浅层土质很差不适宜做地基持力层的地区及某些特殊情况下利用地下空间更有效益的时候，都可以利用地下空间以减少土方回填及地基处理费用。

【案例】 承德某项目，场地较为平坦，东高西低，场地西侧沿河一带比沿河公路低3～5m。综合考虑小区内道路与市政道路交汇、雨污管线接驳及首层用户视野不被沿河公路遮挡等因素，将正负零标高抬高至不低于沿河公路的高度（约361.5m左右），相应室外地坪设计标高在361.0m左右，意味着室外地坪设计标高要高出自然地面标高3～5m。如果不利用地下空间，意味着场地要回填3～5m，在有建筑物的地方还要进行地基处理。但如果利用此回填高度建造地下空间，如地下车库、住宅首层下跃或地下储藏室等，不但可以省去土方回填及地基处理的费用，还可以获得销售收入。即便利用地下空间布置设备用房、社区配套用房等，也可少占地上计容建筑面积（或单建时的建筑密度）。在此情况下，利用地下空间就是比较明智的选择。见图6-2-1。

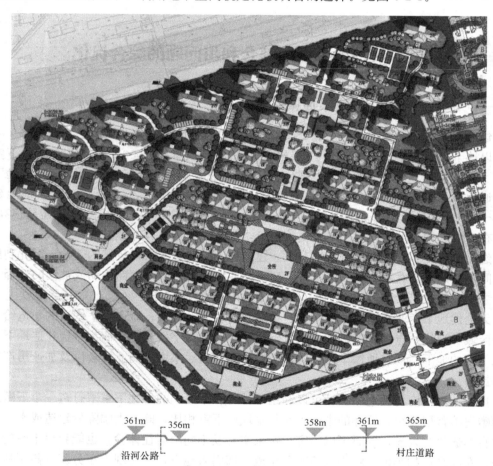

图 6-2-1 场地东西向剖面

进一步，需要确定地下空间的开发规模，结合车位配置要求及总平业态分布划定地下车库在总平面上的区位、范围及面积层数等参数，期间需考虑地下车库与主楼结合或脱开的问题，并结合人防配建要求、地质情况、主楼与车库间的埋深差异、各种可能方案间的成本对比及营销方面能否获得市场的支持与回报等进行综合比较与评估，选择最契合项目经营目标的方案作为最终的方案。这是一个高度复杂与综合的一个过程，需要做好全面详实的多方案技术经济比较。

二、地下空间利用的主要考虑因素

1. 人防配建要求

对于 9 层及以下的民用建筑，绝大多数省市都有一个埋深 3.0m 的界限值，在这个界限值上下，人防配建面积会有一个较大的突变。就以承德所在的河北省的规定为例，2012年 3 月 1 日起施行的《河北省结合民用建筑修建防空地下室管理规定》有如下规定：

> 第八条 城市规划区内的新建民用建筑（工业生产厂房及配套设施除外），按下列标准修建防空地下室：
>
> （一）十层以上或者基础埋深 3 米以上的民用建筑及人民防空重点城市的居民住宅楼，按地面首层建筑面积修建；
>
> （二）除本条第（一）项规定以外的民用建筑，地面建筑面积在二千平方米以上的，按以下比例修建：一类国家人民防空重点城市为百分之五，二类国家人民防空重点城市为百分之四，三类国家人民防空重点城市为百分之三，其他城市为百分之二；

对于本案及大多数多层建筑来说，有两个技术关键点或者两个关键限值需要熟练掌握并运用，其一是 3.0m 埋深这个限值，其二是 2000m² 地上建筑面积这个限值。但对于房地产开发项目而言，单个项目开发面积动辄在几万平方米、几十万平方米，地上建筑面积在 2000m² 以下的毕竟是少数，因此这一条基本可忽略。因此需要重点控制埋深 3.0m 的限值。若能将基础埋深限制在 3.0m 以内，则人防配建面积最多只需地上建筑面积的 5%，对于层数为 6 层的建筑，相当于只建 0.3 层的人防面积，人防配建面积可减小 70%。

就本案而言，地下车库无需多言，埋深肯定超过 3.0m，配建人防是肯定的，配建比例也比较明确；11 层与 17 层住宅必须按首层建筑面积配建人防，也无争议。最纠结的是 6 层花园洋房，要么不建地下室，要么将地下室埋深限制在 3.0m 以内，否则配建人防面积按首层建筑面积约为 16.7%（1/6），比一类防空重点城市的 5% 还要高 3 倍左右。

如图 6-2-2 所示的建筑剖面图，即便主楼筏板按 400mm 考虑，基础埋深也为 3.3 − 0.6 + 0.4 = 3.1m，刚好超过 3.0m 限值。如果想减少人防配建面积，则地下室层高以 3.1m 为宜，如此则基础埋深为 2.9m，可大幅减少人防配建面积。如果只做一层地下室，则原设计 3.3m 的层高不可取。

就本案而言，6 层花园洋房每个单元的首层建筑面积为 441.1m²，单元总建筑面积为 1987.62m²，南北两区共有 67 个单元，则首层总建筑面积为 29553.7m²，地上总建筑面积为 133170.54m²。当埋深小于 3m 时，即便按 5% 的最高标准配建人防面积，人防配建总面积也只有 6658.5m²，而埋深达到 3m 按首层面积配建人防的人防面积总数为 29553.7m²，是前者的 4.44 倍。

为便于比较，在假定地下空间总量不变的前提下，将配建人防集中设置在地下车库内，建成平战结合的人防地下车库，仅就人防地下车库与非人防地下车库进行比较，前者单方造价一般 2300～2500 元/m²，后者一般 1600～1800 元/m²，相差 700～900 元/m² 左右，则整个花园洋房的人防方案对造价的影响可达数百万乃至数千万元。详见表 6-2-1。

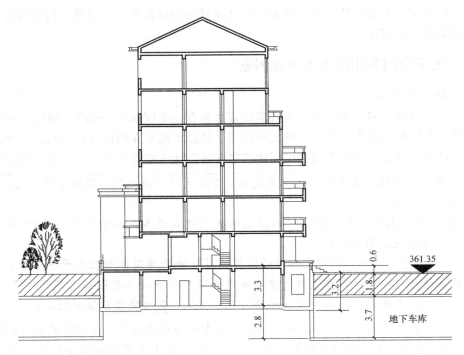

图 6-2-2 主楼与车库剖面关系图

不同人防配建方案对成本造价的影响　　　　　　　　　　表 6-2-1

埋深(m)	人防配建标准	单元首层建筑面积(m²)	单元地上总建筑面积(m²)	单元总数	人防配建面积(m²)	与非人防的单方价差(万元/m²)	与非人防的总价差(万元)
≥3.0	首层建筑面积	441.1	1987.62	67	29553.7	700~900	2069~2660
<3.0	≤5%地上建筑面积			67	6658.5		466~599

2. 地质条件的限制

前文针对场地及其周边的地形地貌，得出了正负零及室外地坪需抬高从而利用地下空间具有合理性的结论。这是地面以上能够看得到的现状对项目决策的影响，地面以下看不到的部分，对项目决策的影响也不容忽视。

从图 6-2-2 的剖面图中可看出，室外地坪设计标高为 361.35m，室内外高差 0.6m，可推算出正负零绝对标高为 361.95m。若主楼如剖面所示设一层地下室，层高 3.3m，筏板厚度取 400mm，则主楼基底标高为 358.25m。同理假定地下车库独立柱基高度为800mm，可推出地下车库基底标高为 355.05m。对照勘察钻孔柱状图（图 6-2-3）可发现：车库基础底面标高与回填土底面标高接近，意味着车库基础基本可落在第二层细砂层上，该层承载力特征值可达 120kPa，可直接采用天然地基；但主楼基底标高高于回填土底面标高，甚至高于自然地面标高达 2.69m，意味着不但要回填 2.69m，连原状的回填土层也需要挖除或进行处理，总的处理深度达 3.19m，刚好相当于一层的高度。

根据建筑方案设计意图，主楼地下一层被设计为首层下跃，布置了健身房、家庭室、

孔口高程	355.56m	坐	$x = 34066.00m$
孔口直径	127.00mm	标	$y = 66773.00m$

地层编号	时代成因	层底高程 (m)	层底深度 (m)	分层厚度 (m)	柱状图
①	Q_4^{ml}	355.06	0.50	0.50	1:100
②		352.86	2.70	2.20	

图 6-2-3 地勘钻孔柱状图

洗衣房等功能房间，为首层用户所独享，没有地下储藏间可供上层客户分配（图 6-2-4）。在河北诸城市流行将地下室分隔成若干储藏间出售的大形势下，没有地下储藏间对客户而言多少会有些遗憾。如果增加一层地下室，地下一层仍然作为首层下跃，地下二层分隔成若干储藏间销售给上层的客户，地下一层层高仍为 3.3m，地下二层层高定为 2.9m，筏板加面层厚度按 500mm 考虑，则主楼基底标高为 355.25m，再减去垫层及防水保护层的厚

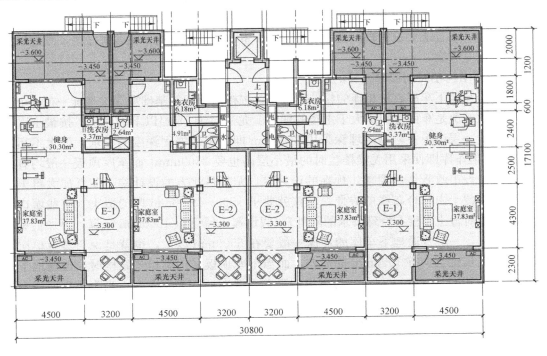

图 6-2-4 原方案地下一层平面图

度，也基本可落在第二层细砂层上。还可实现与车库基础埋深大致相同，省去护坡或支护的费用。

分析到此，情况变得复杂而精彩。其复杂之处在于，在各种可能方案中，没有哪一个方案具有压倒性优势，可以轻松做出决策；精彩之处在于，完美的决策需要建筑、结构、市场、营销、成本、工程等多个专业的完美配合，是专业能力与跨专业协作能力的精彩呈现，能够通过周密详实的技术经济比较而最终做出最佳决策的团队，一定是一个精明强干，战斗力、竞争力极强的团队。遗憾的是，这样的人才并不多，能将这样一些人才汇聚在一起的企业就更少，而能将这样的人才汇聚在一起又能完美协作的团队就更罕见。很多时候虽然知道如何决策关系重大，但基于各种主客观条件，也就到此止步不前，不再去进行技术经济分析，用数据、用一系列量化指标去作为决策依据，而仅仅是定性分析后凭主观判断去做决策，往往会造成很大偏差甚至决策失误。

就本案而言，从减少人防配建面积角度分析，以做一层地下室且将基础埋深限定在3.0m以内为优，这一点不难实现，只要将原地下一层层高从3.3m降低到2.9m就可实现。但从地形与地质方面分析，则做两层地下室为宜，既可省去回填及地基处理的费用，还可实现与车库埋深大致相同，省掉了护坡与支护费用，降低施工难度。同时增加的地下二层可分隔成储藏间销售给上层的客户。

根据地区销售经验，地下储藏间每平方米售价在1300元以上，增加一层地下室的单方造价约1600元（因无土方开挖，相当于在地面建设，故单方造价按下限取值），而建一层地下室时有3m深左右的回填土及其地基处理费用，约$250\sim350$元$/m^2$，则多建一层地下室的效益与单层地下室基本持平。在施工方面，建地下二层的工期要比一层地下室方案地基处理的工期多7天左右，但二层地下室方案可实现主楼与车库基本持平，底板防水与结构施工要方便一些。在效益相差不大的情况下，就要依据营销方面来做决策，如果地下储藏间好卖，而且能促进销售，就采用两层地下室方案，如果地下储藏间滞销，则建议采用一层地下室方案。

3. 不同结构单元间埋深差异的影响

在主楼与地下车库直接相连的整体设计中，主楼与车库的基础埋深很难统一在一个标高，大多数情况是车库的埋深大于主楼的埋深。尤其对于18层以下的住宅，按最小嵌固深度只需设一层地下室，基础埋深采用3600mm即可满足嵌固深度的要求，最大不超过4000mm。但车库即便采用无梁楼盖时的最小层高也要3300mm，而车库顶板一般均有覆土绿化及敷设市政管线的要求。现在的设计院，尤其是北方的设计院，随意加大覆土厚度，仅仅为覆土内综合布线的方便，动辄就要求1500～2000mm厚的覆土（某些城市的绿地率计算对覆土厚度有特殊要求的除外）。假设覆土厚度以1500mm计算，再加上基础自身的高度，一层普通地下车库的埋深一般要在5500mm以上，也就是说与具有单层地下室的主楼相比至少有1500mm的高差，而当车库顶板采用梁板式结构时，普通地下车库的埋深一般在6000mm左右，与主楼的高差一般在2000mm左右。当为小高层或多层洋房时理论基础埋深与车库埋深相差更多。

针对此种情况，从大的方面，解决方案有三种：

方案一：主楼与车库脱开的方案，如廊坊香邑廊桥项目及保定紫郡项目均采用此种方案，因主楼与车库脱开一定距离，无论施工阶段的放坡开挖还是使用阶段的工作状态，主楼与车库都是彼此独立的结构单元，互不影响，既可以同期施工，也可以分期施工。

方案二：主楼与车库基础做平的方案，即主楼与车库的埋深大致在同一高度，一般是将室内地面取平。这种方案又分三种情况：

1）主楼地下室层高加大的方案，如图6-2-5所示。

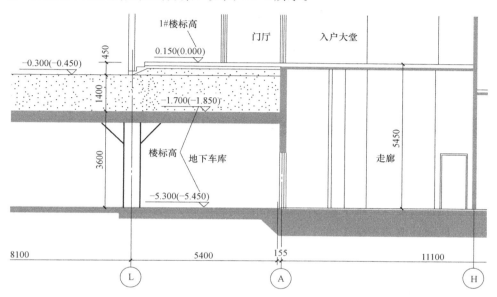

图6-2-5　高碑店香邑溪墅蔷薇园

2）主楼地下室回填至所需层高的方案，如图6-2-6所示。

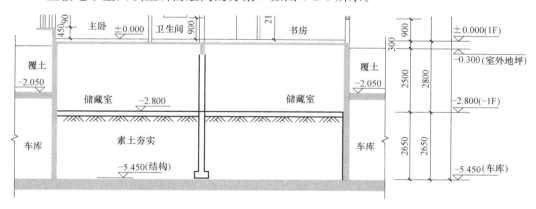

图6-2-6　高碑店香邑溪墅玫瑰园

3）主楼地下室做成两层的方案，如图6-2-7所示。

方案三：主楼与车库的埋深各取所需，通过结构手段解决高低差的问题。

方案一、二均属建筑解决方案，或者说建筑结构整体解决方案，方案三则为结构解决方案。无论采用哪个方案，都需要在建筑方案阶段进行比选和决策。尤其是方案一，对总平面及竖向设计的影响都很大，因此其他专业的介入及方案比选工作必须前置，需要从建筑功能及营销需要、实施成本及施工便利等多个方面去进行综合的对比分析，从中选取既满足功能需要且综合造价又最低的方案，既要避免功能不足，比如方案一主楼车库脱开的

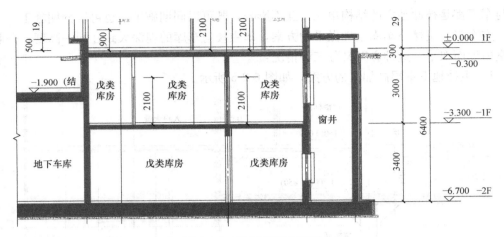

图 6-2-7　保定万和城北区

方案会减少地下停车数量，能否满足地下停车配比需要是需要重点考虑的内容；也要避免功能过剩，比如增加一层地下室变成储藏间的销售问题，若产品滞销或收不回成本，就属功能过剩；同时还要考虑施工的可实施性及便利性等问题。因此这是一个需要重点进行评估和决策的阶段，需要建筑、结构、施工、成本、营销等的及早介入及深度参与，才能做出正确的决策。而方案一旦确定，就不宜再更改，更改的代价也会很大。

4. 其他值得利用的地下空间

也有一些地下空间，不加以利用就浪费了，而且实施成本也很高，但若加以利用，增加不多的成本就可以实施，属于那种性价比很高、不用白不用的地下空间。

【案例】　河北邢台某项目主商业的地下二层在南、北、西三侧均比首层及地下一层向外扩出，扩出部分原定为 4.95m 厚覆土。优化建议将 4.95m 的覆土改为 1.5m 的覆土，并将剩下 3.45m 的空间加以利用，作为仓库卖给商户，增加的投入不多，但经济效益显著；

图 6-2-8～图 6-2-10 为 A 轴以南原方案地下二层、地下一层及首层局部平面图，从图中可看出，除从首层地面下到地下一层的自动扶梯外，地下一层相比地下二层是收进的，故该收进区域地下二层顶板有 4.95m 厚的覆土，见图 6-2-11 剖面。

优化建议认为 4.95m 厚的覆土不但导致地下空间严重浪费，而且附加荷载太大，结

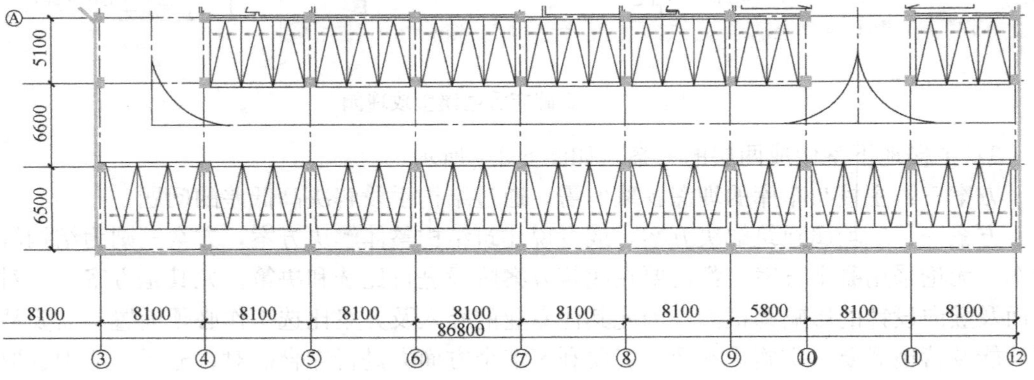

图 6-2-8　原地下二层局部平面图

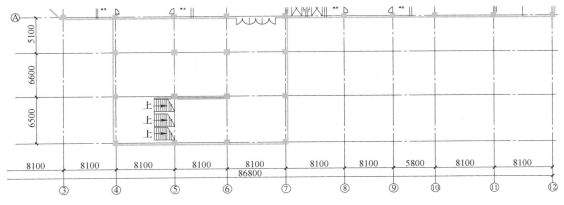

图 6-2-9　原地下一层局部平面图

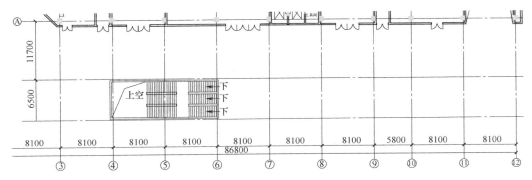

图 6-2-10　原首层局部平面图

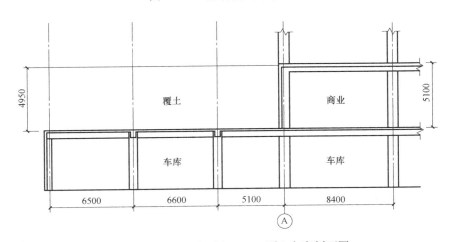

图 6-2-11　原地下一层 4.95m 覆土方案剖面图

构成本会大幅上升，且较大的梁高会进一步导致地下二层车库层高的加大。因此建议将 4.95m 厚的覆土空间加以利用，将 4.95m 厚覆土减薄至 1.5m 并增加地下一层。

通过对 A 轴以南部分进行加层前后的结构计算与对比分析（为简化结构建模及使工程量对比更简单直观，忽略了此处的自动扶梯），并通过 PKPM 系列软件 STAT-S 施工图算量软件进行自动配筋及算量，在相同设计参数、相同配筋参数及相同算量参数的前提下，加层方案的总用钢量为 118t，仅比原 4.95m 覆土方案 110t 增加 8t，单位面积用钢量

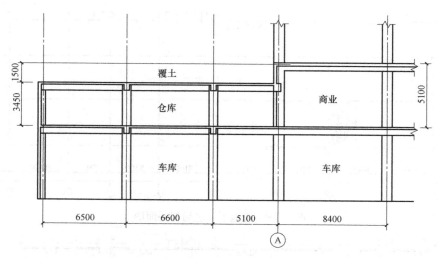

图 6-2-12　优化后地下二层 1.50m 覆土方案剖面图

则大幅降低，地下一层含钢量为 57.42kg/m²，地下二层含钢量为 32.19kg/m²，两层相加也仅比原方案的 83.78kg/m² 多出 5.83kg/m²，但使用面积却增加了 1328m²。

因板跨不大，故对新旧方案的结构顶板均采用主梁加大板结构，图 6-2-14 为结构平面布置图，计算结果对比见表 6-2-2、表 6-2-3。

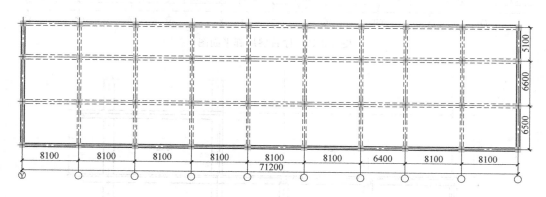

图 6-2-13　用于工程量比较的结构几何模型

原地下一层 4.95m 覆土方案钢筋用量　　　　　　　　　　　　表 6-2-2

层　　别	构件类型	钢筋总量 （kg）	单位面积用量 （kg/m²）
地下二层	梁	55017.47	41.76
	板	55354.43	42.02
	合计	110371.90	83.78
地下一层	梁	0	0
	板	0	0
	合计	0.00	0.00
梁板总计		110371.90	83.78

优化后地下二层1.50m覆土方案钢筋用量

表 6-2-3

层　　别	构件类型	钢筋总量 （kg）	单位面积用量 （kg/m²）
地下二层	梁	10277.99	7.80
	板	32136.23	24.39
	合计	42414.22	32.19
地下一层	梁	24986.78	18.97
	板	50658.34	38.45
	合计	75645.12	57.42
梁板总计		118059.34	89.61

图 6-2-14 为优化后的地下一层平面布置方案，图中粗虚线为插入的原地下一层及其

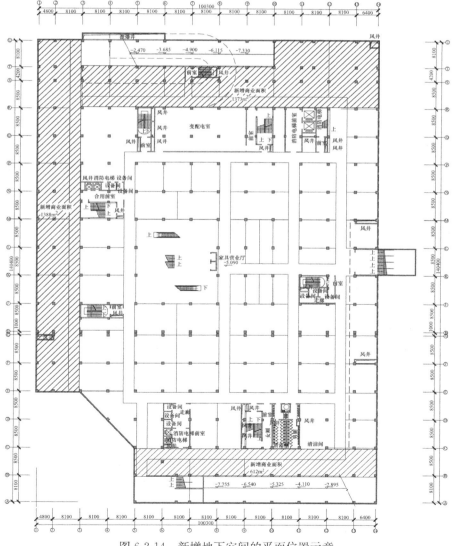

图 6-2-14　新增地下空间的平面位置示意

车道的轮廓线，图中阴影部位为新增的地下一层面积，合计 1373＋1388＋612＝3373m²，至少可增加 1700 万的营销收入。

在施工图设计阶段，施工图设计团队对建筑方案进一步优化，将覆土厚度由优化意见中的 1.5m 降为 1.25m，因此荷载进一步降低，结构实施成本也随之进一步降低，同时新增地下空间的层高相应增加 250mm，达到了 3.84m，这样就更好用了，作为商业用途都可以。见图 6-2-15。

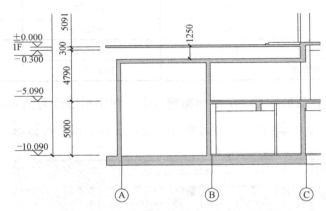

图 6-2-15 施工图设计团队的继续优化剖面图

5. 地下空间利用问题的管控思路

管控的切入点关键在于开发决策及设计控制。

开发决策：旨在通过分析住宅项目本身的情况（住宅形式）、分析各种地下空间形式的经济性等级。在既定配置量的前提下尽可能利用由于结构原因必然存在的地下空间、从而尽可能少地设置地下空间量，在既定地下空间量的前提下尽可能采用最经济的地下空间形式。

设计控制：在排除相对较不经济的地下空间形式之后，通过对最常用的单层全地下空间所涉及的多个方面进行仔细严格的权衡。在既定地下空间量和最常见的地下空间形式（单层全地下）的前提下，对地下空间本身进行经济性优化。

对住宅楼地下室的设置建议见表 6-2-4。

住宅楼地下室的设置建议

表 6-2-4

建 筑 层 数	综 合 结 论
地上 1～4 层	1. 可做住宅套内地下空间。但部分排水管会穿地下室，影响层高及使用，需具体分析。 2. 应采用不计容的半地下室。可减少基础埋深。 3. 控制地下室埋深小于 3m，多层埋深超过 3m，人防面积计算过大
地上 5～9 层	不做地下空间。
地上 10～11 层	1. 建议不做地下空间，配电间、电信间可占用底层住宅房间，故对底层房型有一定影响。 2. 其次建议做局部地下室，仅将配电间和电信间放入。 3. 当自行车位在小区其他高层地下自行车库内解决不了时，才考虑整个底层全部下落为地下室
地上 12～14 层	1. 建议做局部地下空间，配电间、电信间可放入。同时采用通道与地库（水泵房）相连，保证供水通达。 2. 当自行车位在小区其他高层地下自行车库内解决不了时，才考虑整个底层全部下落为地下室。 3. 服务于整个小区的电话机房、有线机房等也可布在其中，水泵房布置时应避免在住宅用房的直接下方

建 筑 层 数	综 合 结 论
地上 15 层及以上	1. 可放入地下自行车库、配电间、电信间。 2. 服务于整个小区的水泵房、消防安保、电话机房、有线电视机房等,可布置在其中(水泵房布置时应避免在住宅用房的直接下方)。 3. 按结构埋深设置地下空间,按各种功能的需求控制地下空间高度

6. 对车库形式的设置建议（表 6-2-5）

车库形式的设置建议　　　　　　　　　　　　　　　　表 6-2-5

地库的形式	综 合 结 论
开敞地库	尽量做开敞地库,节约设备投资
高于室外地坪的地下单层地库(浅埋深)	在无其他条件限制时,尽可能做高于室外地坪的地库,减少埋深,降低造价
低于室外地坪的全地下单层地库(深埋深)	当有绿地覆土或景观要求时,选用全埋单层地库
地下二层地库/机械停车库	这两种形式成本偏高,但机械车位没法卖 通常采取各种方式仍不满足停车数量要求时,再考虑此两种停车方式。尽量不采用

第三节　建筑平面设计优化

一、建筑设计方面的考虑

应平面布置紧凑,空间分配合理,功能分区明确,交通联系方便,私密性好。降低平面、竖向等各方向的复杂程度,选择规则的建筑平面,尽可能减小建筑专业的不合理布置所带来的成本增加。高层建筑单体应选择对称形式;考虑抗震及成本要求,外挑外挂构件宜减少;控制屋顶造型。

1. 减小公摊,增大得房率,实现降本增效

方案设计阶段应对业态和户型进行多方案设计,通过比较确定单体平面和户型;通过对建筑面积、套内面积、公摊面积的比例测算,确定最合理户型和户型搭配,从而获得最大得房率和销售面积。当总建筑面积受容积率限制时,公摊面积与可售面积之间也存在此消彼长的关系,公摊面积的增大就必然意味着可售面积的减小,此时公摊面积的大小对货值的影响就更加敏感。

对公摊面积的多少可用公摊系数来定量描述:

公摊系数＝公摊面积/套内面积

对公摊系数第一层次的影响因素是建筑业态（产品类型）。一般来说,公摊系数从高到低的大致排序如下:

高层住宅＞小高层住宅＞花园洋房＞叠拼别墅＞联排和独栋别墅;

对公摊系数第二层次的影响因素是公摊面积。

公摊面积由如下几类面积构成：

公共交通面积：楼、电梯间及其前室、电梯厅、公共走道、大堂、室外楼梯等。

设备用房和管理用房：本幢楼内共同使用的设备用房、辅助用房或管理用房，供本幢楼使用的其他共同使用的面积，如配电室、弱电间、计量间、电梯机房等。

设备竖井：强弱电竖井、水暖竖井、通风竖井、提物井、垃圾道等。

墙体面积：本幢楼各套内单元外墙的水平投影面积及套内单元与公共面积之间分隔墙水平投影面积的一半。

从开发商的角度，公摊面积不但不能直接转变为销售收入，过大的公摊面积还可能导致可售面积的降低，从而减少销售收入。同时，过大的公摊面积也无法给购房者带来实惠，从而削弱购买意愿。因此从开发商的角度，希望公摊越小越好。

从业主角度，既有图实惠的心理，希望公摊系数小而获得更多的套内面积，又希望公共空间能有更高的品质感、更好的舒适度及更大的便利性。但可以肯定的是，不同的客户群对实惠与品质的侧重点也不相同。因此就需要产品策划、营销定位，并对客户进行细分，针对项目所对应的客户群的共性需求去进行定位、取舍、平衡。以客户的敏感点及主要需求为目标，才能提高去化速度及销售溢价。

从物业公司的角度，抄水电表读数、管道检修等，也希望设备、管理用房及管道井大一些；施工单位为了管线安装的方便，也可能要求管井大一些。但物业公司及施工单位的期望与要求，很多时候都不是必然的，都可以克服困难来自行解决，毕竟管线安装的困难仅限于施工期间，抄表读数、管道检修也不是每天都发生的行为，因此这些占公摊的面积只要满足规范要求及最低使用要求即可，为了一时的方便而随意加大是得不偿失的。

因此，对于公摊，应该坚持最小化原则，但也不能绝对化。

首先要明确规范的刚性要求，不要突破规范底线；

其次，要根据项目档次定位和顾客价值敏感度，设定大堂、电梯厅、公共走道等公共活动空间的合理尺度。针对潜在客户群的特殊需求从而投其所好，以客户需求为中心，才是最好的设计。针对高端客户的高档楼盘，就不能对公共空间在面积上斤斤计较，而应做到高大上；而对于刚需客户，就需要坚持公摊最小的实惠主义原则，随意扩大公摊面积，哪怕是能直接感受到的公共活动空间的面积，也可能因为得房率的下降而成为硬伤；

第三，无论是居住建筑还是公共建筑，无论项目定位为何种客户群，都可从技术角度通过对各公摊部位相对位置的调整及局部优化而降低公摊。这是最有可为、最有技术含量、最能体现建筑师水平的一项工作，也是对品质感影响最小、效益最大的一项设计优化。比如迂回曲折的交通流线，既带来交通联系的不便，也必然伴生公摊面积的加大。但通过对公摊部位乃至整个建筑平面的调整与优化，使功能分区更加明确，空间分配更加合理，同时减少一些无效的、无必要的交通面积，使平面布置更加紧凑，在保证交通联系顺畅、通达、直接、便利的同时，又可有效降低公摊面积，可实现适用性与经济性的高度统一。

资深的老一辈建筑师在评判建筑平面布局优劣时的一个核心指标就是看交通联系的直接便利性及交通面积所占的比例。优秀的建筑平面方案一定是满足使用功能下交通面积所占比例最少又不失交通联系便利性的平面布局方案。一个比较实用的经验就是在平面设计时尽量减少廊道的数量，能不设就不设，能少设就少设，在必须设廊道的情况下，也要想办法缩短廊道的长度。厅、堂可以大，但廊道一定要少、短。

2. 控制并优化单体建筑的特征指数

一般来说，建筑平面较规则、凹凸少则用钢量就少，反之则较多，每层面积相同或相近而外墙长度越大的建筑，其用钢量也就越多，平面形状是否规则不仅决定了用钢量的多少，而且还可衡量结构抗震性能的优劣，从这点上分析得知，用钢量节约的结构其抗震性能未必就低。

(1) 体型系数

建筑物的体型系数是指建筑物与室外大气接触的外表面积与其所包围的体积的比值。外表面积中，不包括地面和不采暖楼梯间隔墙和户门的面积。体型系数不仅涉及建筑的美观与实用性，也影响到建筑的节能效果，体型系数越大，即建筑的外表面积越大，散热面积也就越大，能耗损失也相对增大，节能效果变差。

建筑的体型系数可以反映出建筑物外围护结构临空面的面积与建筑物体积比值的大小，也就可以反映出该建筑物在使用中热能损失的大小。所以说建筑的体型系数是衡量一个建筑节能效果的重要指标。我国在节能建筑标准中已对建筑物的体型系数做出限定，限定不同地区的住宅体型系数应在限定值以内。建筑的耗能量随着体型系数的加大而增加，体型系数越小，建筑物的节能效果越好。因此，从降低建筑能耗的角度出发，应将体形系数控制在一个较低的水平。见表6-3-1。

但是体形系数过小，将制约建筑师的创造性，可能使建筑造型呆板、平面布局困难，甚至损害建筑功能。

因此需合理确定建筑物的形状，避免体形复杂、凹凸面过多而使外墙面积增大从而加大体型系数。

控制体形系数可采取以下方法：宜适当减少面宽、加大进深；在可能的情况下增加建筑物的层数；体形不宜变化过多，立面不要太复杂。

严寒和寒冷地区居住建筑体型系数限值 表6-3-1

	建 筑 层 数			
	≤3层	(4~8)层	(9~13)层	≥14层
严寒地区	0.50	0.30	0.28	0.25
寒冷地区	0.52	0.33	0.30	0.26

(2) 窗墙面积比

窗墙面积比（简称窗墙比）是指窗户洞口面积与房间立面单元面积（即建筑层高与开间定位线围成的面积）的比值，是建筑和建筑热工节能设计中常用到的一种指标。外窗是建筑必不可少的组成部分，与墙体和屋面一样，对建筑能耗有重要影响。在建筑的长期使用中，窗户的能耗约占整个建筑使用能耗的40%～50%，因此，对同一建筑不同方向要选取合适的窗墙比。窗墙比越大，采光效果越好，但保温隔热性能越差，在夏季，增大了空调的冷负荷，而在冬季，大的窗墙比同样会降低建筑物的保温隔热性能，导致热负荷增加。但在晴朗的白天，大的窗墙比也会增大室内的太阳辐射量，可弥补窗墙比增大导致的热损失。

从成本控制角度，因外窗的造价高于相同面积墙体的造价，故较大的窗墙面积比会导致直接建造成本的增加；另一方面，窗墙面积比越大，节能效果越差，可能会面对两种结果，其一是无法真正满足节能设计要求从而导致建筑物使用期间的高能耗；其二是为满足节能设计要求，可能需采用更高节能性能的外窗材料，如采用Low-E玻璃、填充惰性气体的中空玻璃、真空玻璃甚至三层中空玻璃等，建造成本还会提高。

外立面门窗单价（400～600元/m²）比墙体单价（约200元/m²，包括墙体、抹灰、防水、外墙砖）高，每降低0.01开窗率约降低单位建筑面积造价3元/m²。

《严寒和寒冷地区居住建筑节能设计标准》JGJ 26—2010对严寒和寒冷地区居住建筑的窗墙面积比限值见表6-3-2。

表 6-3-2

严寒和寒冷地区居住建筑的窗墙面积比限值

朝　　向	窗墙面积比	
	严寒地区	寒冷地区
北	0.25	0.30
东、西	0.30	0.35
南	0.45	0.50

北京市地方标准《居住建筑节能设计标准》DB 11/891—2012对窗墙面积比的限值同表6-3-2的寒冷地区，但规定了最大值，见表6-3-3。

表 6-3-3

不同朝向的窗墙面积比 M1 限值和最大值

朝　　向	M1 限值	M1 最大值
北	0.30	0.40
东、西	0.35	0.45
南	0.50	0.60

（3）外墙周长系数

外墙周长系数＝单层外墙周长/单层建筑面积

周长系数主要体现了单位建筑面积的外墙工程量的大小。相同的建筑面积和层数，其外墙周长系数：圆形＜正方形＜矩形＜T形、L形、工字形、品字形＜凹凸不规则形。

随着平面形状的复杂化，外墙周长系数随之增大，外墙面积、墙身基础、墙身外表面防水、保温及内外表面装修面积依次逐渐增大，使单位建筑面积的材料费用相应增加，也同时导致体型系数增大，从而进一步增加保温材料用量及使用期间的能耗。在设计中尽量采用建筑周长系数小的形状。图6-3-1、图6-3-2为邢台某项目的标准层平面图，二者平面面积相近，但外墙周长系数相差悬殊，后者比前者高出36%，材料及运营成本均会大幅增加。而且从结构设计角度，7号楼南北两侧狭长的凹进，使楼板出现细腰，细腰处楼板宽度仅5948mm，虽高于最小5m净宽的限值，但却很接近甚至略超该层楼面宽度的50%，对结构均属不利因素。

图6-3-1为邢台某项目5号楼标准层平面图，外墙周长106.2m，面积424.89m²，外墙周长系数0.25m/m²；图6-3-2为邢台某项目7号楼标准层平面图，外墙周长149.2m，

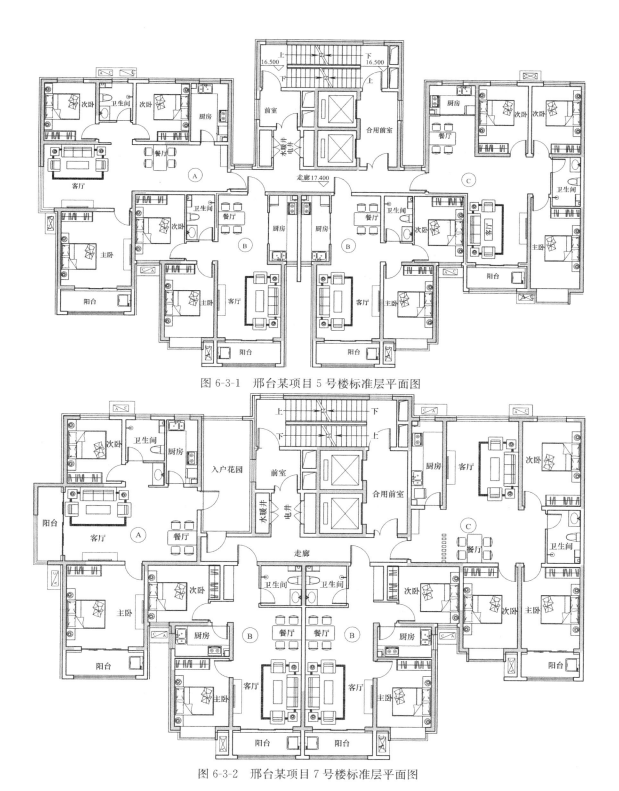

图 6-3-1　邢台某项目 5 号楼标准层平面图

图 6-3-2　邢台某项目 7 号楼标准层平面图

面积 431.02m²，外墙周长系数 0.346m/m²。外墙周长系数相差 0.096m/m²，7 号楼与 5
号楼相比增加了 36%，相当于建筑面积 100m² 的房子，7 号楼就比 5 号楼多分摊 9.6m 的外墙。因此建筑户型及楼层户型组合平面设计要尽量降低外墙周长系数，从而降低外墙的占比及工程造价。

除了平面形状对外墙周长系数有影响外，平面面积的大小对外墙周长系数也有影响，平面面积越小，周长系数越大。以比较简单的圆形与正方形为例，其周长系数分别为 $\pi D/(\pi D^2/4)=4/D$ 及 $4s/s^2=4/s$，也即周长系数与直径或边长成反比，直径或边长越小，则周长系数越大；平面面积小也意味着体型系数的增大，同样会增大单位建筑面积外墙面积及能耗。因此从节省外墙材料及节能角度，建筑平面也应规则、方正，并应使单层平面面积不致太小。具体也应该像结构设计规范一样，限制建筑平面的规则性、凹入与凸出的尺寸、建筑平面长宽比，同时可适当加大建筑平面的进深并适当减小面宽等设计手法。

（4）窗地比

开发商限制窗地比的目的与窗墙比一样，都是为减小外墙开窗面积，从而降低工程造价。只不过规范对窗墙比的要求是从节能设计角度出发，对窗地比的要求则是从自然采光的要求出发。同样的一个问题，只不过规范的关注点与出发点与开发商不同罢了。开发商要做的是在满足规范要求的前提下尽量减小窗地比，从而减小外墙开窗面积、降低工程造价。

但需要注意的是，《民用建筑设计通则》及《建筑采光设计标准》均采用采光系数作为采光的评价指标，而不是直接以窗地比作为评价指标，是因为它比用窗地面积比作为评价指标能更客观、准确地反映建筑采光的状况，但窗地面积比仍可作为在建筑方案设计时对采光进行估算的依据。窗地面积比见表6-3-4。

窗地面积比　　　　　　　　　　　　　表 6-3-4

采 光 等 级	侧面采光	顶部采光
	侧窗	平天窗
Ⅰ	1/2.5	1/6
Ⅱ	1/3.5	1/8.5
Ⅲ	1/5	1/11
Ⅳ	1/7	1/18
Ⅴ	1/12	1/27

居住建筑采光等级一般为Ⅳ级和Ⅴ级，起居室、卧室、书房、厨房为Ⅳ级，卫生间、餐厅、过厅、楼梯间为Ⅴ级。

窗地面积比就是直接天然采光房间窗洞口面积与该房间地面面积之比，简称窗地比。它是估算室内天然光水平的常用指标。例如，当房间进深为窗高的2.5倍时，单侧采光的房间要获得1%的最低采光系数需要的窗地比约为1/6。不同的建筑空间为了保证室内的明亮程度，照度标准是不一样的。离地面低于0.5m的窗户洞口面积不计入窗地比。

在住宅设计中客厅的窗地比一般稍大，可做到1/7~1/5，卧室的窗地比一般为1/8~1/6，楼梯间1/12。

表6-3-5为某标杆房企住宅项目的窗地比上限值。

项目档次		华　南　区	华东及中西部	华　北
别墅类	豪宅	0.40	0.32	0.32
	准豪宅、中档住宅	0.32	0.28	0.28
多层及高层	豪宅	0.40	0.32	0.32
	准豪宅	0.30	0.26	0.26
	中档住宅	0.28	0.24	0.24
	普通住宅	0.22	0.20	0.20

计算方式为外墙门窗洞口面积/地上建筑面积，不含入户门、装饰百叶、采光井等。

3. 户型与楼层组合平面

很多时候，同一个设计师在同一标准下的设计，在相同的层高及总高的情况下，不同单体建筑因户型与楼层组合平面的不同，钢筋用量有可能会相差很多。大概有四方面的原因：1）户型大小的差别，大户型一般开间较大，故墙率比小户型小，用钢量自然要小；2）短肢墙的数量可能存在差别，虽然新高规不再提高短肢剪力墙的抗震等级，但其抗震措施及抗震构造措施还是要高于普通剪力墙，如果建筑物的短肢墙数量较多，用钢量必然增加；3）形状复杂墙肢的数量可能存在差别。建筑平面凹凸过多，则剪力墙形状必然复杂，边缘构件的数量及尺寸都会增加，而边缘构件是剪力墙墙体乃至整个结构的用钢大户，边缘构件数量及尺寸的增加必然导致用钢量的增加；4）梁的数量可能存在差别。因剪力墙结构住宅的开间一般均不大，故板跨一般不大，增加梁的数量并不能有效降低板的用钢量，但梁本身的用钢量却是实实在在的增加。因此梁数量较多时可能会导致用钢量的增加。

以上四方面的因素，孤立起来可能某种情况对含钢量的影响均有限，但几个因素合起来，每平方米钢筋用量多出 3~5kg 就完全有可能。

目前大大小小的地产公司都在做标准化的工作，而对建筑专业而言，最急需也是最容易的就是户型的标准化。但很多做标准化的人所收集的户型往往是孤立存在的户型，这样的户型孤立地看可能很好，甚至近乎完美，但通过交通核将各种优秀户型联系起来形成单元组合平面后，可能就暴露出很多问题。而且受制于特定场地及总平面布局的各种限制，用标准化户型组合出来的建筑物的进深和面宽可能并不能满足实际要求，可能需要对标准化户型进行调整，调整的过程也会产生新问题。这可能是很多地产公司户型标准化过程中所出现的最大问题。

因此在建筑方案的平面设计中，对建筑方案的综合评估不能仅局限于户型方面，而是要充分考虑不同户型组合后的楼层组合平面是否合理。

二、结构设计方面的考虑

建筑方案一经确定，成本大势也基本确定。结构设计从方案阶段介入可以从结构设计与成本控制角度对建筑方案提出优化或改进意见，以期在不影响建筑效果的前提下消除建筑设计的先天缺陷与不足，对结构成本的控制能起到事半功倍的效果。

因此，建筑方案的确定，必须有结构工程师的参与。两专业联手则事半功倍，抛开结构单干而建筑师本身又缺乏结构常识，其结果很有可能是颠覆性的。

抗震设防的高层建筑平、立面宜简单、规则、对称；不宜采用不规则、特别不规则的结构体系；宜避免采用错层、转换层、加强层、连体、大底盘多塔楼等复杂结构体系；不应采用严重不规则的结构体系。

建筑专业尽量少采用无角柱转角窗、坡屋面、大于 8m 的柱网等结构形式。

1. 平面形状

抗震设防的高层建筑对建筑平面的总体要求是简单、规则、对称。若平面较规则、凹凸少则震害小、用钢量少，反之则较多，每层面积相同或相近而外墙长度越大的建筑，其用钢量也就越多，平面形状是否规则不仅决定了用钢量的多少，而且还可衡量结构抗震性能的优劣。一般来说建筑平面形状越简单它的单位造价就越低，以相同的建筑面积为条件，依单位造价由低到高的顺序排列建筑平面形状的顺序是：方形、矩形、L 形、工字形、复杂不规则形。仅以矩形平面形状建筑物与相同面积大小的 L 形平面形状建筑物比较：L 形建筑比矩形建筑的维护外墙增加了 6.06% 的工程数量，外墙装饰面积、外墙基础、外墙内保温等工程量也相应增大，就整幢建筑物而言单位造价增加了约 5% 左右。由此可见在满足建筑功能的前提下，充分注意建筑平面形状的简洁设计，尽量选用外墙周长系数小的设计方案，会在降低工程造价上起到很大作用。当平面不规则程度导致结构超限时，所需代价会更大，应极力避免。

2. 平面尺寸

建筑物除平面形状外，对建筑平面各部分尺寸也应有一定的要求。平面的长宽比不宜过大，以免两端相距太远，振动不同步，由于复杂的振动形态而使结构受损；平面长宽比较大的建筑物，不论其是否超长，由于两主轴方向的动力特性（也即整体刚度）相差甚远，在水平力（风力或地震）作用下，会由于两端地震波输入有相位差而容易产生不规则振动，导致震害加大，必须采取加强措施，导致成本增加。当建筑物较长，而结构又不设永久缝时就成为超长建筑。超长建筑由于必须考虑混凝土的收缩应力和温度应力，相对于非超长建筑，其单位面积用钢量显然要多些。

3. 平面轮廓

建筑平面外缘线要尽量平直，避免出现过多的凸出和凹进。当必须出现凸出与凹进时，凸出段长度应尽可能小；平面凹进后，楼板的宽度应予保证。在凹角附近，楼板容易产生应力集中，故需采取加强措施，都会带来结构成本的增加。过多的凸出与凹进还会导致边缘构件数量增多、面积加大，由此带来构造配筋的增多。在平面面积不变的情况下，过多的凸出与凹进必然导致外墙周长系数的增加，也即单位建筑面积的外墙长度增加，不但会导致外墙墙体、保温、防水及装饰装修等直接建造成本的增加，而且会使建筑物的体型系数加大，对建筑物节能也不利，冷热负荷及保温材料的厚度都有可能会增加。故在不影响户型品质和兼顾建筑造型的前提下，应尽量使建筑平面外缘线平直，避免过多的外凸与凹入，对建筑、结构及暖通专业的成本控制都有重要意义。

图 6-3-3 为唐山凤凰新城内两个项目的建筑平面轮廓，前者比后者要更简洁、平直一些，经造价咨询单位测算，在总层数同为 18 层、钢筋量计算规则相同的情况下，标准层含钢量前者比后者降低 10kg/m² 以上。当然这其中不排除设计过程中主观因素的影响，但不可否认的是，后者复杂的外轮廓线对含钢量的增加一定有贡献。

72

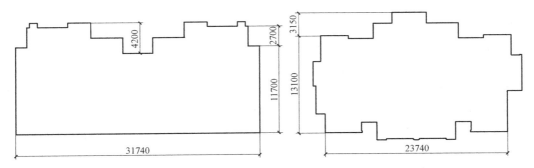

图 6-3-3 唐山两项目建筑平面外轮廓对比

4. 平面面积与高宽比

单体建筑物的平面面积也不宜过小。平面尺寸越小，建筑体型系数越小，外墙周长与平面面积之比越大，则单位建筑面积的外墙面积越大，外墙墙体、保温、防水及装饰装修等直接建造成本均相应增大；另一方面，平面面积虽小，但楼电梯间及走道的宽度却不会相应减小，必然会导致交通面积所占比例增大，使得公摊加大、得房率大大降低，于销售不利；平面面积小，必然会使建筑高宽比加大，抗侧刚度降低，可能会因增加刚度而造成浪费。

5. 交通核位置

由于交通核（楼梯间、电梯井）一般都是钢筋混凝土剪力墙结构，而且是封闭或半封闭的筒状结构，荷载集度与侧向刚度都非常大。故交通核要尽量居中或对称布置，避免将交通核偏置在建筑物的一侧。居中或对称布置可使建筑物的刚度中心与质量中心尽可能靠近，可有效减少结构偏心及由此产生扭转效应，从而降低结构造价。

第四节 建筑体型、立面设计优化

外立面设计应根据客户的敏感点进行设计，从而实现降本增效。现在很多方案设计单位为了追求立面效果而采用新、奇、特的设计手法，甚至是独出心裁、标新立异。当然从艺术创作的角度，是应该鼓励这种创新。但房地产开发中一个最重要的理念就是：建筑设计是在制造符合客户需求的产品，而不是在创造符合自己审美观点的作品。是产品就要追求效益、讲究利润，标新立异的建筑作品若没能投客户所好、不被市场认可，其所带来的高投入没能转换成市场价值，从艺术的角度或许是成功的作品，但从市场的角度却是不折不扣的失败产品。

如果说方案设计单位的建筑师为追求艺术创造及自我实现，还可以理解的话，作为房地产开发企业的设计管理部门甚至公司层面的主要决策者也过度强调建筑外观的重要性就有些奇怪了，至于地方政府规划主管部门甚至地方政府首脑直接干预建筑外观，则是公权力干预具体经济事务的典型表现，只能说政府的手伸得太长了。

体型、立面好比建筑的外衣，对建筑美起到至关重要的作用。客观而言，立面及景观均可带动形象溢价，但一定要与项目的市场定位相匹配，并能获得售价与财务的支持，也即能带来足够现金流及更高的利润，能从市场中得到回报。当然也不能太差，以免造成整个楼盘的劣质化，拖累整个楼盘的品质及销售，关键是要恰当、适当。

根据标杆房企的调查统计，消费者在购房时，依次考虑的因素分别是：①价格、②区位、③小区环境、④户型设计、⑤物业管理、⑥社区配套设施、⑦社区规模、⑧建筑美观、⑨开发商品牌。对建筑美观的关注程度仅排在第八位。与其在建筑美观方面加大投入，还不如在园林景观方面加大投入，既能增加整个小区的品质感，还能给居民提供一个更加优美、更加惬意的日常休闲与活动场所，使居民能够真正获得实惠，感受到价值。

笔者也曾走访一些三四线城市的在售楼盘，一般都会问及顾客对购房需求的敏感点或关注点，尤其是顾客对体型、立面等建筑外观的关注程度。现场销售人员给我的答案是，几乎很少有客户会关注体型、立面等问题。这一调查结果与标杆房企对建筑美观的调查统计结果相同。

从成本控制的角度，体型立面设计大致应遵循以下原则：

建筑的竖向体型宜规则均匀，避免有过大的外挑和内收，尽量控制外挑、内收的尺度在规定限值内；外挑内收尺度超限不但会造成结构直接成本的增加，亦会增加竖向不规则的数量，从而增加整体结构超限的可能性；如侧向刚度从下到上逐渐均匀变化，则其用钢量就较少，否则将增多。较典型的有竖向刚度突变的是设转换层的高层建筑；

屋面造型对建安成本的影响明显，在设计上应注意简洁；16 层以下建筑，尽可能不采用坡屋面，或控制坡屋面的面积比例；

外墙墙身造型及装饰线条应简洁，避免各类结构性装饰构件。外立面线条、小构件之类零星工程，施工单价偏高，尽量予以简化。

【案例】 保定某项目 C7 楼采用构造柱做出立面装饰线条，导致构造柱钢筋含量高达 7.535kg/m²，后经优化，取消了 80 根 150mm×150mm 构造柱，同时将保留的构造柱纵筋与箍筋调低，含钢量降低了 3.45kg/m²，真是不算不知道，一算吓一跳。图 6-4-1 为优

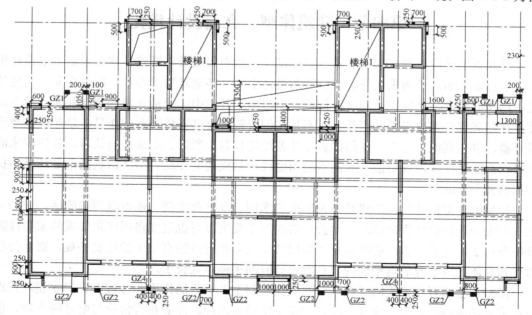

图 6-4-1 保定某项目 C7 号楼采用构造柱做装饰线条

化前的构造柱布置图，其中未标注的构造柱即为优化去掉的 150mm×150mm 构造柱。图 6-4-2 为优化后的构造柱布置图，立面线脚处 150mm×150mm 的构造柱已全部取消。

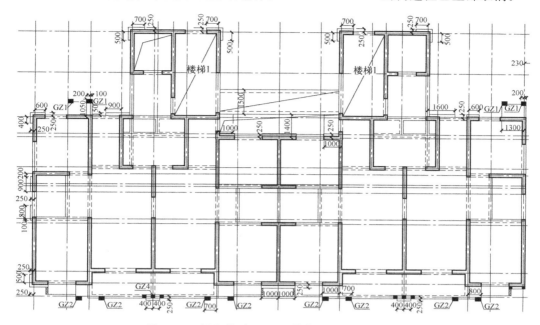

图 6-4-2　保定某项目 C7 号楼优化后构造柱布置

【案例】　唐山凤凰新城内相距不足 2 公里的两个项目，同为总层数为 18 层的剪力墙结构住宅，在相同的含钢量计算规则下，唐山铂悦山的标准层含钢量比铂悦派标准层含钢量高出 11～18kg/m² ，差距可以用惊人来形容。表 6-4-1、表 6-4-2 分别为唐山铂悦山 103

唐山铂悦山 103 号楼 10/18 层含钢量分析　　　　　　　　　　　　　表 6-4-1

层号	构件类型	钢筋重量	含钢量（kg/m²）		钢筋用量百分比
		kg	按不含阳台面积	按含阳台面积	
第10层	柱	2167.66	3.61	3.02	5.83%
	暗柱\端柱	13626.99	22.67	19.01	36.63%
	构造柱	1898.58	3.16	2.65	5.10%
	墙	4833.65	8.04	6.74	12.99%
	砌体墙	431.49	0.72	0.60	1.16%
	连梁	2844.73	4.73	3.97	7.65%
	过梁	213.68	0.36	0.30	0.57%
	梁	4097.03	6.81	5.71	11.01%
	圈梁	786.32	1.31	1.10	2.11%
	现浇板	6010.34	10.00	8.38	16.16%
	栏板	289.71	0.48	0.40	0.78%
	合计	37200.20	61.88	51.89	100.00%
	层建筑面积（m²）		601.20	716.94	

层号	构件类型	钢筋重量	含钢量(kg/m²)		钢筋用量百分比
		kg	按不含阳台面积	按含阳台面积	
第 10 层	暗柱\端柱	6312.4	15.59	14.78	36.12%
	构造柱	1069.8	2.64	2.50	6.12%
	墙	2638.2	6.52	6.18	15.10%
	砌体墙	309.1	0.76	0.72	1.77%
	连梁	1545.0	3.82	3.62	8.84%
	过梁	215.6	0.53	0.50	1.23%
	梁	2146.6	5.30	5.03	12.28%
	现浇板	3162.1	7.81	7.40	18.09%
	板洞加筋	20.3	0.05	0.05	0.12%
	栏板	56.9	0.14	0.13	0.33%
	合计	17476.1	43.17	40.91	100.00%
	层建筑面积(m²)		404.81	427.18	

号楼与唐山铂悦派 104 号楼第 10 层的含钢量分析，两栋楼均为 18 层，建筑面积根据是否计入阳台、设备平台、庭院及空调板分别为，铂悦山 103 号楼：716.94m² 及 601.2m²；铂悦派 104 号楼：427.19m² 及 404.81m²。从表中可看出，当按不计入阳台及空调板等不计容面积计算时，含钢量分别为 61.88kg/m²（铂悦山）及 43.17kg/m²（铂悦派），相差 18.71kg/m²；当按计入阳台及空调板等不计容面积计算时，含钢量分别为 51.89kg/m²（铂悦山）及 40.91kg/m²（铂悦派），相差 10.98kg/m²。采用全面积法计算的差值由 18.71kg/m² 缩小到 10.98kg/m²。

上述结果至少说明了两个问题：第一，含钢量结果与计算规则有很大关系，在谈及含钢量时必须首先明确含钢量的计算规则，含钢量只有在相同计算规则下才具有比较意义。以上述铂悦山项目为例，仅仅是作为分母的面积的计算口径不同，就产生了如此大的差距；第二，无论怎样计算，即便扣除非计容面积的影响，铂悦山项目也比铂悦派项目含钢量高出 10kg/m² 以上。

本书在这里不谈项目设计是否保守的问题，也不考虑铂悦山项目不计容面积占比大的不利影响，仅从体型立面对比分析，铂悦山项目复杂的墙身大样、诸多的悬挑构件对铂悦山项目标准层的含钢量有不小的贡献。见图 6-4-3。

铂悦山项目立面墙身上的各种水平悬挑板、竖向悬挑板均需要采用钢筋混凝土结构，而且还要有更长的锚固长度，配筋量都不亚于板的配筋，这些钢筋用量都要摊入标准层含钢量中。见图 6-4-5、图 6-4-6。

此外，铂悦山项目复杂坡屋顶与其下面的闷顶水平板构成两层板，分摊到建筑面积中也会导致含钢量增加，且总层数越少增加的越多。见图 6-4-7。

屋顶的装饰架高度高且外凸尺寸大，均在外伸挑梁上起单片的墙体，还要进行地震计算采取诸多结构措施保证其抗震性能及结构稳定性，造成用钢量增大。

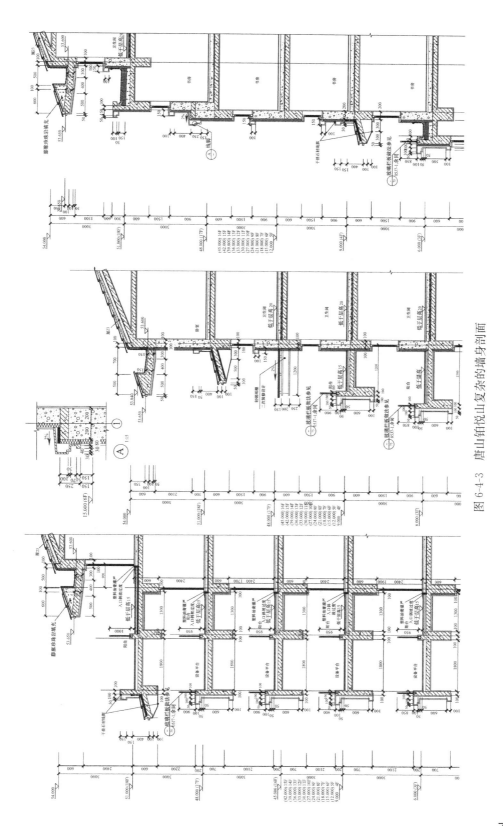

图 6-4-3 唐山铂悦山复杂的墙身剖面

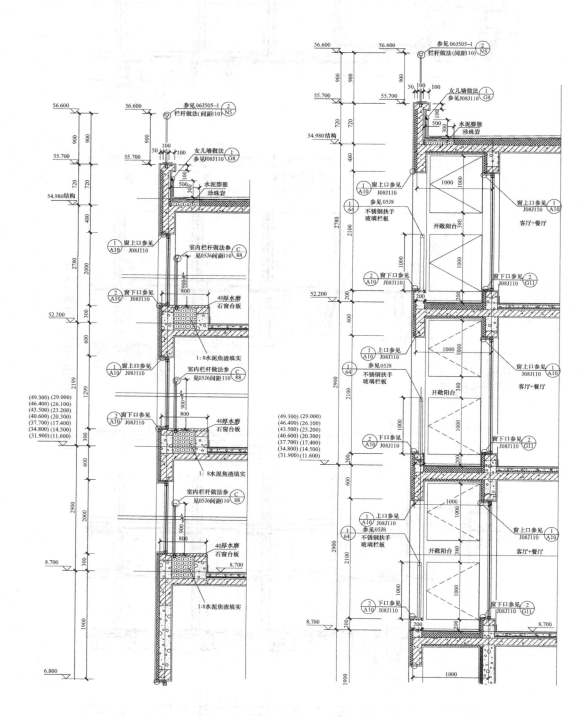

图 6-4-4　唐山铂悦派相对简单的墙身剖面

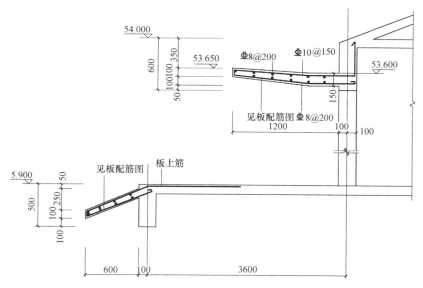

图 6-4-5　唐山铂悦山立面悬挑构件大样图

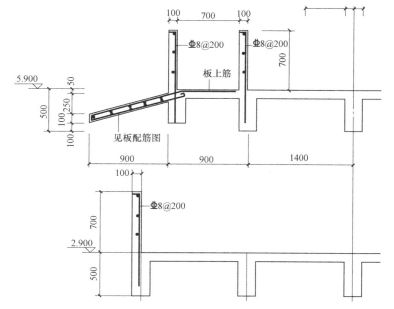

图 6-4-6　唐山铂悦山立面悬挑构件大样图

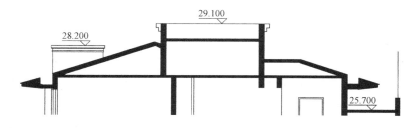

图 6-4-7　唐山铂悦山复杂的坡屋面

第五节　层高的控制与设计优化

一、控制层高的意义

1. 结构成本

地上部分：

1）减少所有结构柱、剪力墙等竖向构件的长度和体积；

2）缩短楼梯的长度；

3）减少建筑的总高度、降低结构的竖向荷载，间接降低结构成本；

4）降低上部结构所承受的地震力、风荷载，间接降低结构成本；

5）降低建筑物自重，减小基底总压力与附加压力，对地基承载力与变形控制的要求也会随之降低，可间接降低地基基础的成本；

地下部分：

6）降低地下结构层高可直接降低地下室土方开挖及运输的数量；

7）可降低基坑支护的深度、面积及基坑支护的单价；

8）可减小地下室外墙、人防墙体的计算跨度，减小地下室外墙的水土压力，从而减小地下室外墙与人防墙体的截面及配筋；

9）可减小作用于地下结构的设计水头及净水浮力，降低抗拔桩、抗拔锚杆的费用；

10）可降低基坑降水的数量及费用；

11）缩短机动车、自行车坡道的长度。

2. 其它建安成本

1）减少所有外维护砌体墙、内分隔墙、装饰隔断的数量；

2）减少门窗、幕墙、粉刷、涂料、瓷砖、石材、防水材料等数量；

3）采暖、卫生、空调、电气等，垂直管道长度及管径的减小。

3. 施工成本

1）墙体脚手架及水、暖、电空调安装脚手架的降低；

2）墙柱等竖向构件的模板数量的减少等。

4. 设备及运营成本

1）可更好地满足节能规范的要求；

2）可降低空间体积从而减少供暖、空调等设备的负荷量；

3）减少后期设备的运营成本。

5. 层高对成本的影响程度

以深圳普通高层住宅为例（地震设防烈度 7 度、50 年一遇基本风压 $0.75kN/m^2$），地上：大于 30～40 元/10cm，其中结构成本 5 元/10cm；地下：一般是地上的两倍。

根据不同性质的工程综合测算：建筑层高每增加 10cm，相应造成建筑造价增加 2%～3%左右。这是因为层高和净高的降低可以使基础、墙体、柱、内外装修、管线、采暖等工程量减少，从而降低工程造价。一般住宅层高可控制在 2.7～2.8m。

以普通住宅 2.8m 层高为例，在扣除 120mm 厚现浇混凝土楼板和 50mm 厚楼地面面层后，室内净高为 2.63m，若层高提高 10mm，室内净高为 2.73mm，其对居住的舒适度影响也不大，对住宅的使用功能改善也不明显，但成本却提高了。投资增加了，产品的功能却未明显改变，从价值工程的角度来看，增加层高对提高住宅使用功能的效果是不明显的，因此，建筑在满足使用功能的前提下，不要轻易增加层高，合理降低层高必然会降低工程造价。但过低的层高会降低建筑产品的档次，故要处理好建筑物档次、品位与经济性的关系。

此外，在总的限高不变的情况下，降低层高可增加层数，在成本相近或增加不多的前提下，增加可售面积，提高销售利润。比如限高为 99.9m 的建筑，当层高为 2.9m 时可建 34 层，结构总高约 99m，但若将层高降低到 2.8m，即可增加一层，总高约 98m，若进一步将层高降低到 2.7m，则可增加两层做到 36 层，结构总高约 97.5m，等于增加了 5.9% 的可售面积，相当于将利润率提高了 5 个百分点，而可售面积的增加又可进一步降低单方造价，故经济效益相当显著。

二、有关层高的规范规定

1. 《住宅设计规范》GB 50096—1999（2003 年版）

> 3.6　层高和室内净高
>
> 3.6.1　普通住宅层高宜为 2.80m。
>
> 3.6.2　卧室、起居室（厅）的室内净高不应低于 2.40m，局部净高不应低于 2.10m，且其面积不应大于室内使用面积的 1/3。
>
> 3.6.3　利用坡屋顶内空间作卧室、起居室（厅）时，其 1/2 面积的室内净高不应低于 2.10m。
>
> 3.6.4　厨房、卫生间的室内净高不应低于 2.20m。
>
> 3.6.5　厨房、卫生间内排水横管下表面与楼面、地面净距不应低于 1.90m，且不得影响门、窗扇开启。

2. 北京市地方标准《居住建筑节能设计标准》DB11/891—2012

> 第 3.1.4 条　普通住宅的层高不宜高于 2.8m。

3. 《住宅设计规范》GB 50096—2011

> 5.5　层高和室内净高
>
> 5.5.1　住宅层高宜为 2.80m。
>
> 5.5.2　卧室、起居室（厅）的室内净高不应低于 2.40m，局部净高不应低于 2.10m，且其面积不应大于室内使用面积的 1/3。
>
> 5.5.3　利用坡屋顶内空间作卧室、起居室（厅）时，其 1/2 面积的室内净高不应低于 2.10m。
>
> 5.5.4　厨房、卫生间的室内净高不应低于 2.20m。
>
> 5.5.5　厨房、卫生间内排水横管下表面与楼面、地面净距不得低于 1.90m，且不得影响门、窗扇开启。

《住宅设计规范》GB 50096—2011 延续了 2003 版规范对层高及室内净高的规定。但将 2003 规范的"普通住宅层高宜为 2.80m"，改为"住宅层高宜为 2.80m"，其实是将范围扩大了。

三、房地产标杆企业的层高控制

万科地产《成本优化与控制作业指引》要求"结合销售、成本等因素确定层高，一般情况下，住宅层高 2.8m 性价比较优，层高每增加 0.1m 造价增加该层造价的 3%～5%。"同时给出具体规定：采用分体空调的普通楼盘层高宜为 2.8m，档次较高的可为 3.0m；若采用中央空调不宜小于 3.3m。

在《万科分析影响上部结构含钢量的因素》一文中，认为：层高每增加 10cm，含钢量增加 $1kg/m^2$，钢筋增加 6 元 $/m^2$，整体成本增加 20 元 $/m^2$。

《恒大地产成本管理制度》中有如下要求：

> 2.3.1.2 确定合理层高：结合销售、成本等因素确定层高，一般情况下，住宅层高 2.8m 性价比较优，层高每增加 0.1m 造价增加该层造价的 3%～5%。

四、降低层高、保证净高的措施

对于民用建筑，包括地下空间，规范或者客户所真正关注的并不是建筑物的层高，而是能直接感受的内部空间在竖向的尺度，也即净高。因此层高的控制实质是在保证净高的前提下如何最大限度地去压缩层高。因此压缩层高只能从层高组成要素中除净高以外的其他要素入手，即结构所占高度、机电管线所占高度及建筑面层所占高度。

1. 结构所占层高的控制

1）设计院通常取结构本身最经济的梁高，一般为 1/8～1/12 的跨度，综合各种成本因素，取 1/12～1/18 的跨度，虽然结构自身成本有所增加，但考虑综合成本降低的因素后，由于梁截面减小而增大的含钢量一般是值得的。

2）对层高控制关键部位，如公共走道、设备管线密集处等，建议采用宽扁梁、型钢梁、预应力梁或变截面梁等。

3）进行综合成本分析后，可考虑采用实心或空心无梁楼盖。无梁楼盖应用于荷载与跨度均较大的规则柱网结构有一定的经济优势，特别是当覆土较厚（大于等于 1.5m）或有消防车荷载时更有优势。

2. 设备管线空间控制

1）设计院通常是各专业各占一个标高和空间。通常不会综合考虑结构梁、空调、水电管线的走向，由此造成空间利用率较低，对此应结合结构梁对风管、电缆桥架、给排水、消防管线进行综合考虑并统一排布，对管线密集处，采用管线综合图进行优化设计，一般可节约 200mm 的高度；

2）对公共走道、地下室、大型商业进行综合管线图设计，建议由暖通空调专业设计人员完成，以优化设备管线所占的空间高度，一般可减小层高或增加净高 200mm。管线综合一般超出了设计院的设计深度，故需在施工图设计合同予以体现并做好约定。

3. 结构梁高空间与设备管线空间的相互利用

1）结构主梁与主管线平行布置；

2）采用变截面梁，在机电管线通过处，减少梁高截面；

3）管线穿结构梁，在梁中预埋管线或预留洞口，使管线穿过，预留洞口尺寸控制在梁高的 1/3 以内；

4）采用无梁楼盖，设备管线与柱帽在同一高度空间。

4. 建筑面层的厚度与优化

楼层建筑标高与结构标高一般要有一个高差，这个高差即为预留的建筑面层厚度，是预留作为楼地面装修的厚度。对于民用建筑的一些主要功能区，一般都要预留至少50mm的建筑装修面层厚度，但对于一些次要功能区及大多数工业建筑，则并非一定要做装修面层，因此也就没必要预留装修面层的厚度。这样，就可以在保持净高不变的情况下进一步压缩层高。

比较突出的是地下车库的建筑面层，除了地面装修的要求外，很多时候还有构造垫层及垫层上非刚性地面以及排水找坡层等，会导致面层过厚，严重压缩净高或加大层高，此时控制建筑面层厚度更具有经济意义。在新加坡，地下车库10几年前就不再做建筑面层，现在国内也有很多开发商要求地下车库不做建筑面层，直接在结构混凝土表面压实赶光磨平，适用于需要做硬化地面及不需要做硬化地面等多种情况。

对于房地产开发毛坯交房的项目，地面不需做水泥砂浆找平层或面层，在浇捣混凝土楼板时随捣随抹光，既节省造价又减少客户装修铺砖时产生空鼓情况。内墙也一样，毛坯的抹灰平整度达不到客户的精装要求，往往在精装时要铲掉重抹，故内墙面分层抹灰时可只做底层，不做面层。

【案例】 保定某项目原设计层高为2.9m，在其他一切条件均不变的条件下，仅将标准层层高由2.9m降为2.7m，降层高前后的主要计算指标如下：

1. 降低层高前各项计算指标

活载产生的总质量(t):		3802.769
恒载产生的总质量(t):		48775.391
附加总质量(t):		0.000
结构的总质量(t):		52578.160
周期、地震力与振型输出文件		(总刚分析方法)

考虑扭转耦联时的振动周期(秒)、X,Y方向的平动系数、扭转系数

振型号	周期	转角	平动系数(X+Y)	扭转系数
1	2.7965	87.49	0.66(0.00+0.66)	0.34
2	2.7531	3.06	0.98(0.98+0.00)	0.02

X方向最大层间位移角： 1/1326.(第14层第1塔)
Y方向最大层间位移角： 1/1040.(第22层第1塔)
结构整体抗倾覆验算结果

	抗倾覆力矩 M_r	倾覆力矩 M_{ov}	比值 M_r/M_{ov}	零应力区(%)
X 风荷载	20321036.0	149213.8	136.19	0.00
Y 风荷载	11225593.0	379319.7	29.59	0.00
X 地震	19749670.0	490101.4	40.30	0.00
Y 地震	10909963.0	524192.2	20.81	0.00

```
                结构舒适性验算结果(仅当满足规范适用条件时结果有效)
==========================================================================
            按高钢规计算 X 向顺风向顶点最大加速度(m/s2)=   0.025
            按高钢规计算 X 向横风向顶点最大加速度(m/s2)=   0.047
                        结构整体稳定验算结果
==========================================================================

                X 向刚重比 EJd/GH＊＊2＝            3.52
                Y 向刚重比 EJd/GH＊＊2＝            3.77
```

2. 降低层高后各项计算指标

```
                活载产生的总质量(t):              3802.769
                恒载产生的总质量(t):             47866.609
                附加总质量(t):                       0.000
                结构的总质量(t):                 51669.379
        周期、地震力与振型输出文件            (总刚分析方法)
==========================================================================
            考虑扭转耦联时的振动周期(秒)、X,Y 方向的平动系数、扭转系数
 振型号        周期        转角        平动系数(X＋Y)            扭转系数
   1         2.5465      84.04      0.68(0.01＋0.67)           0.32
   2         2.5129       0.24      0.98(0.98＋0.00)           0.02
X 方向最大层间位移角:                        1/1378.(第 14 层第 1 塔)
Y 方向最大层间位移角:                        1/1078.(第 22 层第 1 塔)
结构整体抗倾覆验算结果
==========================================================================
            抗倾覆力矩 Mr      倾覆力矩 Mov      比值 Mr/Mov      零应力区(%)
 X 风荷载    19979676.0       130760.4          152.80           0.00
 Y 风荷载    11037022.0       331552.3           33.29           0.00
 X 地震      19408308.0       490918.6           39.53           0.00
 Y 地震      10721391.0       527044.3           20.34           0.00
结构舒适性验算结果(仅当满足规范适用条件时结果有效)
==========================================================================
按高钢规计算 X 向顺风向顶点最大加速度(m/s2)=   0.024
    按高钢规计算 X 向横风向顶点最大加速度(m/s2)=   0.044
结构整体稳定验算结果
==========================================================================
X 向刚重比 EJd/GH＊＊2＝          3.94
    Y 向刚重比 EJd/GH＊＊2＝          4.23
```

3. 层高改变前后各项指标对比（表 6-5-1）

对比项目	恒载质量（t）	平动系数		层间位移角		整体稳定	
		振型1	振型2	X向地震	Y向地震	X向刚重比	Y向刚重比
2.9m 层高	48775	0.66	0.98	1/1326	1/1040	3.52	3.77
2.7m 层高	47867	0.68	0.98	1/1378	1/1078	3.94	4.23
变化率	−1.86%	+3%	0	−3.92%	−3.65%	+11.93%	+12.2%

层高改变前后各项指标对比　　　　　　　　　　　表 6-5-1

从对比结果可以看出，所有与层高直接相关的材料用量在层高降低 200mm 后可降低 2%左右，周期、位移指标及整体稳定性均有好转。

【案例】 邯郸某地块 1 号、2 号楼的裙楼底商层高偏高（图 6-5-1），导致主楼层高相应增高，结构大屋面总高突破 80.0m，抗震等级从三级升为二级，剪力墙构造配筋增大，优化设计建议将底商首层层高从 4.2m 降为 3.6m，二层层高从 3.9m 降为 3.3m，则结构大屋面标高可从 80.30m 降为 79.10m，对应结构总高为 79.70m，相应抗震等级可从二级降为三级。

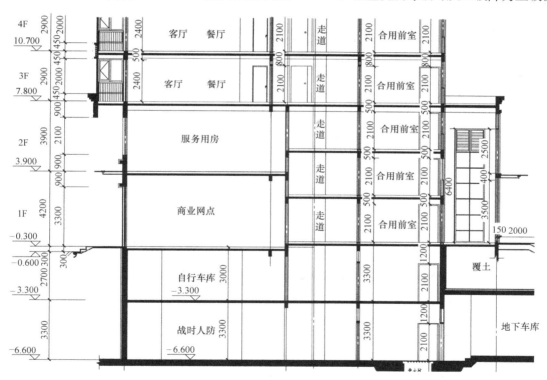

图 6-5-1　邯郸某地块 1 号、2 号楼建筑剖面图

第六节　房屋总高的控制与设计优化

房屋总高与建安成本具有较大的关联性。对于 6 层及以下的住宅，单位面积的建安成本随层数的增加而降低，因此 6 层是一个临界层数，最经济；对于 6 层以上的住宅，单位

面积建安成本随层数的增加而呈总体上升趋势，但这种上升趋势不是线性递增的，而是受各类规范人为规定的影响而存在若干层数（或高度）区间及若干临界层数（或高度）。所以有经验的建筑师及项目决策人在满足建筑限高、容积率、建筑密度及绿地率等这些客观规划限制条件下，如何最大限度降低建安成本，掌握这些建筑结构设计的临界点是非常关键的。

从《高层民用建筑设计防火规范》的表3.0.1及《建筑抗震设计规范》的表6.1.2均可看出，高层建筑的耐火等级与抗震等级都是随房屋高度而提高的，都意味着造价的增加。但应该注意到，耐火等级与抗震等级随房屋高度的提高不是渐变的过程，而是在某个层数或高度发生了突变，如防火规范的18层及抗震墙（剪力墙）结构的24m、60m、80m等，都处于临界位置，超出这个临界值，耐火等级或抗震等级就需要提高一级，导致单位成本突增。

建筑与设备专业的有关设计要求也会随层数（或高度）的增加而增加。比如达到7层要设电梯，达到12层需设消防电梯及封闭楼梯间等，在导致成本骤增的同时还会增大公摊面积，因此当建筑总高刚好处于临界高度附近时，应控制结构总高尽量不超界限高度，以免无谓的成本增加。

《高层民用建筑设计防火规范》建筑分类　　　　　　　　　　　　　　表 6-6-1

名称	一　类	二　类
居住建筑	十九层及十九层以上的住宅	十层至十八层的住宅
公共建筑	1. 医院 2. 高级旅馆 3. 建筑高度超过50m或24m以上部分的任一楼层的建筑面积超过1000m² 的商业楼、展览楼、综合楼、电信楼、财贸金融楼 4. 建筑高度超过50m或24m以上部分的任一楼层的建筑面积超过1500m² 的商住楼 5. 中央级和省级(含计划单列市)广播电视楼 6. 网局级和省级(含计划单列市)电力调度楼 7. 省级(含计划单列市)邮政楼、防灾指挥调度楼 8. 藏书超过100万册的图书馆、书库 9. 重要的办公楼、科研楼、档案楼 10. 建筑高度超过50m的教学楼和普通的旅馆、办公楼、科研楼、档案楼等	1. 除一类建筑以外的商业楼、展览楼、综合楼、电信楼、财贸金融楼、商住楼、图书馆、书库 2. 省级以下的邮政楼、防灾指挥调度楼、广播电视楼、电力调度楼 3. 建筑高度不超过50m的教学楼和普通的旅馆、办公楼、科研楼、档案楼等

《建筑抗震设计规范》GB 50011—2010 中现浇钢筋混凝土房屋的抗震等级　　表 6-6-2

结构类型		设防烈度									
		6		7			8			9	
框架结构	高度(m)	≤24	>24	≤24	>24		≤24	>24		≤24	
	框架	四	三	三	二		二	一		一	
	大跨度框架	三		二			一			一	
框架-抗震墙结构	高度(m)	≤60	>60	≤24	25～60	>60	≤24	25～60	>60	≤24	25～50
	框架	四	三	四	三	二	三	二	一	二	一
	抗震墙	三	三	三	二	一	二	一		二	一
抗震墙结构	高度(m)	≤80	>80	≤24	25～80	>80	≤24	25～80	>80	≤24	25～60
	剪力墙	四	三	四	三	二	三	二	一	二	一

根据《民用建筑设计通则》、《住宅建筑规范》、《住宅设计规范》、《高层民用建筑设计防火规范》等建筑规范的有关规定，可将7层以上的建筑物按其层数划分为以下若干个区间，每个区间的上下限即为建筑高度的临界点，设计者需要注意的就是不要随意突破这些临界点，且应使建筑层数尽量接近临界点，以最大限度降低单位建安成本。

1. 7～9层的小高层建筑

以7层界界的主要依据是7层及以上住宅或住户入口层楼面距室外设计地面的高度超过16m以上的住宅必须设置电梯。无障碍设计方面的要求也较高。

《住宅建筑规范》GB 50368—2005

5.2.5 七层以及七层以上的住宅或住户入口层楼面距室外设计地面的高度超过16m以上的住宅必须设置电梯。

5.3.1 七层及七层以上的住宅，应对下列部位进行无障碍设计：

1 建筑入口；2 入口平台；3 候梯厅；4 公共走道；5 无障碍住房。

5.3.3 七层及七层以上住宅建筑入口平台宽度不应小于2.00m。

9.5.1 住宅建筑应根据建筑的耐火等级、建筑层数、建筑面积、疏散距离等因素设置安全出口，并应符合下列要求：

1. 10层以下的住宅建筑，当住宅单元任一层的建筑面积大于650m²，或任一套房的户门至安全出口的距离大于15m时，该住宅单元每层的安全出口不应少于2个。

9.6.1 8层及8层以上的住宅建筑应设置室内消防给水设施。

《住宅设计规范》GB 50096—1999（2003版）

4.1.6 七层及以上的住宅或住户入口层楼面距室外设计地面的高度超过16m以上的住宅必须设置电梯。

注：① 底层作为商店或其他用房的多层住宅，其住户入口层楼面距该建筑物的室外设计地面高度超过16m时必须设置电梯；

② 底层做架空层或贮存空间的多层住宅，其住户入口层楼面距该建筑物的室外地面高度超过16m时必须设置电梯；

③ 顶层为两层一套的跃层住宅时，跃层部分不计层数。其顶层住户入口层楼面距该建筑物室外设计地面的高度不超过16m时，可不设电梯；

④ 住宅中间层有直通室外地面的出入口并具有消防通道时，其层数可由中间层起计算。

6.5.7 每套住宅宜预留门铃管路。高层和中高层住宅宜设楼宇对讲系统。

但从结构设计角度，对于框架结构、框架-剪力墙结构及剪力墙结构，存在24m的界限高度，超过界限高度，框架与剪力墙的抗震等级可能会提高一级，对结构成本影响较大。而24m的房屋高度，一般对应的是7～8层的建筑，因此在设计7～8层的建筑，尤其是8层的建筑时，一定要控制好层高与室内外高差，使房屋总高尽量不超24m。这里的房屋高度是指室外地面到主要屋面板板顶的高度（不包括局部突出屋顶部分）。

2. 10～11层的高层建筑

住宅层数达到10层后，根据有关建筑及结构规范均已列入高层建筑范畴，需执行更严格的标准如《高层民用建筑设计防火规范》及《高层建筑混凝土结构技术规程》，其他仍然适用的标准也在很多方面针对高层建筑提出更高的要求。如抗震等级、耐火等级、防火间距、安全出口、消防供电、公共区应急照明、消防车道，甚至建筑功能布局及建筑构造等方面都较 10 层以下住宅建筑有较高或较新的要求。

《住宅设计规范》GB 50096—1999（2003 版）

> 1.0.3　住宅按层数划分如下：
>
> 一、低层住宅为一层至三层；
>
> 二、多层住宅为四层至六层；
>
> 三、中高层住宅为七层至九层；
>
> 四、高层住宅为十层及以上。
>
> 4.1.8　高层住宅电梯宜每层设站。当住宅电梯非每层设站时，不设站的层数不应超过两层。塔式和通廊式高层住宅电梯宜成组集中布置。单元式高层住宅每单元只设一台电梯时应采用联系廊连通。
>
> 6.1.8　高层住宅的垃圾间宜设给水龙头和排水口。其给水管道应单独设置水表，并应采取冬季防冻措施。
>
> 6.2.1　严寒和寒冷地区的高层、中高层和多层住宅，宜设集中采暖系统。采暖热媒应采用热水。

《住宅建筑规范》GB 50368—2005

> 9.2.2　四级耐火等级的住宅建筑最多允许建造层数为 3 层，三级耐火等级的住宅建筑最多允许建造层数为 9 层，二级耐火等级的住宅建筑最多允许建造层数为 18 层。
>
> 9.3.2　住宅建筑与相邻民用建筑之间的防火间距应符合表 9.3.2（本书表 6-6-3）的要求。当建筑相邻外墙采取必要的防火措施后，其防火间距可适当减少或贴邻。

住宅建筑与相邻民用建筑之间的防火间距（m）　　　　　　　　　　　表 6-6-3

建筑类别			10 层及 10 层以上住宅或其他高层民用建筑		10 层以下住宅或其他非高层民用建筑		
			高层建筑	裙房	耐火等级		
					一、二级	三级	四级
10 层以下住宅	耐火等级	一、二级	9	6	6	7	9
		三级	11	7	7	8	10
		四级	14	9	9	10	12
10 层及 10 层以上住宅			13	9	9	11	14

> 9.5.1　住宅建筑应根据建筑的耐火等级、建筑层数、建筑面积、疏散距离等因素设置安全出口，并应符合下列要求：
>
> 2.10 层及 10 层以上但不超过 18 层的住宅建筑，当住宅单元任一层的建筑面积大于 650m^2，或任一套房的户门至安全出口的距离大于 10m 时，该住宅单元每层的安全出口不应少于 2 个。
>
> 9.7.1　10 层及 10 层以上住宅建筑的消防供电不应低于二级负荷要求。
>
> 9.7.3　10 层及 10 层以上住宅建筑的楼梯间、电梯间及其前室应设置应急照明。
>
> 9.8.1　10 层及 10 层以上的住宅建筑应设置环形消防车道，或至少沿建筑的一个长边设置消防车道。

《高层民用建筑设计防火规范》GB 50045—95（2005 版）

4.1.7 高层建筑的底边至少有一个长边或周边长度的 1/4 且不小于一个长边长度，不应布置高度大于 5.00m、进深大于 4.00m 的裙房，且在此范围内必须设有直通室外的楼梯或直通楼梯间的出口。

4.1.9 高层建筑内使用可燃气体作燃料时，应采用管道供气。使用可燃气体的房间或部位宜靠外墙设置。

5.2.6 高层建筑内的隔墙应砌至梁板底部，且不宜留有缝隙。（类似的要求很多，不再引述）

3. 12～18 层的高层建筑

以 12 层划界的主要依据是规范规定住宅建筑达到 12 层后需设置消防电梯，且每栋楼设置电梯的台数不得少于 2 台，对建筑平面布局及成本影响较大。11 层及 11 层以下单元式住宅可不设封闭楼梯间，但开向楼梯间的户门应为乙级防火门，且楼梯间应靠外墙，并应直接天然采光和自然通风。而 12～18 层的单元式住宅应设封闭楼梯间；19 层及 19 层以上的单元式住宅应设防烟楼梯间。

《民用建筑设计通则》GB 50352—2005

6.8.1 电梯设置应符合下列规定：

1 电梯不得计作安全出口；

2 以电梯为主要垂直交通的高层公共建筑和 12 层及 12 层以上的高层住宅，每栋楼设置电梯的台数不应少于 2 台；

《住宅建筑规范》GB 50368—2005

9.8.3 12 层及 12 层以上的住宅应设置消防电梯。

《住宅设计规范》GB 50096—1999（2003 版）

1.1.7 十二层及以上的高层住宅，每栋楼设置电梯不应少于两台，其中宜配置一台可容纳担架的电梯。

《高层民用建筑设计防火规范》GB 50045—1995（2005 版）

6.2.3 单元式住宅每个单元的疏散楼梯均应通至屋顶，其疏散楼梯间的设置应符合下列规定：

6.2.3.1 十一层及十一层以下的单元式住宅可不设封闭楼梯间，但开向楼梯间的户门应为乙级防火门，且楼梯间应靠外墙，并应直接天然采光和自然通风。

6.2.3.2 十二层及十八层的单元式住宅应设封闭楼梯间。

6.2.3.3 十九层及十九层以上的单元式住宅应设防烟楼梯间。

6.2.4 十一层及十一层以下的通廊式住宅应设封闭楼梯间；超过十一层的通廊式住宅应设防烟楼梯间。

4. 19～34 层的高层建筑

以 19 层划界主要是因为超过 18 层后，住宅建筑的耐火等级及安全出口都有较高要求。

《住宅建筑规范》GB 50368—2005

9.2.2 四级耐火等级的住宅建筑最多允许建造层数为3层，三级耐火等级的住宅建筑最多允许建造层数为9层，二级耐火等级的住宅建筑最多允许建造层数为18层。

9.5.1 住宅建筑应根据建筑的耐火等级、建筑层数、建筑面积、疏散距离等因素设置安全出口，并应符合下列要求：

3.19层及19层以上的住宅建筑，每个住宅单元每层的安全出口不应少于2个。

《高层民用建筑设计防火规范》GB 50045—1995（2005版）

3.0.1 高层建筑应根据其使用性质、火灾危险性、疏散和扑救难度等进行分类。并应符合表3.0.1的规定。（见上文）。

3.0.2 高层建筑的耐火等级应分为一、二两级，其建筑构件的燃烧性能和耐火极限不应低于表3.0.2的规定。各类建筑构件的燃烧性能和耐火极限可按附录A确定。

3.0.4 一类高层建筑的耐火等级应为一级，二类高层建筑的耐火等级不应低于二级。裙房的耐火等级不应低于二级。高层建筑地下室的耐火等级应为一级。

3.0.5 二级耐火等级的高层建筑中，面积不超过100m²的房间隔墙，可采用耐火极限不低于0.50h的难燃烧体或耐火极限不低于0.30h的不燃烧体。

3.0.6 二级耐火等级高层建筑的裙房，当屋顶不上人时，屋顶的承重构件可采用耐火极限不低于0.50h的不燃烧体。

但从结构设计角度，在这个房屋高度范围内，对于框架-剪力墙结构存在60m的界限高度，而对剪力墙结构则存在80m的界限高度。超过界限高度，框架与剪力墙的抗震等级可能会提高一级，结构成本会产生突变。60m的房屋高度，一般对应的是19～20层的建筑，而对于80m的房屋高度，一般对应的是26～27层的建筑。因此在设计19～20层的建筑及26～27层的建筑时，一定要控制好层高与室内外高差，使房屋总高尽量不超60m和80m。换句话说，房屋层数（或高度）接近建筑与结构某一层数（或高度）区间下限值的情况要尽量避免。比如19～20层的建筑，刚好突破防火规范二级耐火等级的上限而进入一级耐火等级，若房屋高度也刚好突破60m，则框架与剪力墙的抗震等级又将提高一级，建造成本从建筑、结构及与消防有关的设备专业方面都比18层的建筑要产生一个比较明显的突变，是非常不经济的。在具体设计实践中，有经验的建筑师会尽量避免19层、20层建筑的出现，要么降低房屋层数（或高度）至18层以下，要么增加层数（或高度）以摊薄所增加的成本。这也是住宅类建筑很少采用19层、35层这些总层数的主要原因。

深圳市高层住宅标准层钢筋、混凝土成本比较　　　　　　　　　　表6-6-4

建筑物高度	10～18层 （H<60m）	19～25层 （60m≤H<80m）	26～32层 （80m≤H<100m）
钢筋用量（kg/m²）	43	46	50
混凝土用量（m³/m²）	0.34	0.36	0.39
结构成本（元/m²）	327	348	374
结构成本比较（元/m²）	—	+21	+47

注：1. 钢筋及混凝土用量包括楼板、楼梯、梁、墙柱、空调板、构造柱、过梁、圈梁、女儿墙等构件的总用量，包括钢筋损耗、钢筋搭接，不包括施工措施钢筋；
2. 钢筋综合单价按照4600元/t，混凝土综合单价按照380元/m³计算。

第七节　建筑高宽比的控制与设计优化

规范对建筑高宽比给出了最大限值，但高宽比超限则不属于超限审查的范围。高宽比超限可直接导致结构整体抗侧刚度的减弱，从而带来侧向位移的增加，为控制侧向位移满足规范要求，通常需要增加竖向抗侧力构件的数量或增大其截面尺寸等结构措施，对于超高层建筑有时甚至需要增设刚度很大的水平抗侧力体系，如加强层、伸臂桁架或腰桁架等，这些增强整体刚度的措施都是通过增加材料用量来实现的，因此过大的高宽比必然导致结构整体刚度必须增强而造成材料浪费。

高宽比越大，结构的倾覆力矩也越大，导致建筑物的抗倾覆能力差，需要采取增强抗倾覆稳定性的结构措施；过大的高宽比还可能产生重力二阶效应，从而使结构内力增加，材料成本增加；在总建筑面积相等的情况下，高宽比越大的建筑物外墙长度也越长。

因此，过大的高宽比一定会导致成本的增加，不但结构成本会增加，建筑与设备成本也会增加。对建筑与设备成本的影响主要受建筑物表面积与其体积比值的影响，高宽比越大，则前文所述的体型系数及外墙周长系数越大，不但与外表面积相关的建筑结构材料用量增加，还会导致能耗的加大，冷热负荷加大，设备一次投入的成本及运营维护成本都会增加。对结构成本的影响主要是看高宽比超限的程度以及风荷载与地震力的大小，基本是由计算决定的。

《高层建筑混凝土结构技术规程》JGJ 3-2010：在 6 度及 7 度抗震设防区，剪力墙结构及框架-剪力墙结构的高度与宽度比不宜大于 6，框架-核心筒结构的高度与宽度比不宜大于 7。详见《高规》表 3.3.2。

【案例 1】　深圳项目，高层住宅，7 度抗震，基本风压 0.75kN/m²，地面粗糙度 B 类，高度为 99.8m，进深为 12.2m，高宽比达 8.2。分析结果：增加结构成本 67 元/m²。

【案例 2】　无锡项目，高层住宅，6 度抗震，基本风压 0.45kN/m²，地面粗糙度 C 类，高度为 99.9m，进深为 12.5m，高宽比达 8.0。分析结果：增加结构成本 17 元/m²。

【案例 3】　深圳花港项目：结构高度为 99.8m 的高层剪力墙结构住宅，抗震设防烈度 7 度，50 年一遇基本风压 0.75kN/m²，地面粗糙度 C 类，结构进深 13.0m，高宽比达 7.6，比规范限值 6 高出很多。经成本测算后比当地正常高宽比建筑，增加结构成本约 45 元/m²，见表 6-7-1。

花港项目与正常高宽比项目标准层钢筋、混凝土成本比较　　　　　表 6-7-1

项 目 名 称	正常高宽比项目	深圳花港项目
钢筋用量（kg/m²）	50	56
混凝土用量（m³/m²）	0.39	0.4
结构成本（元/m²）	488	533
结构成本比较（元/m²）	—	45

注：1. 钢筋及混凝土用量包括楼板、楼梯、梁、墙柱、空调板、构造柱、过梁、圈梁、女儿墙等构件的总用量，包括钢筋损耗、钢筋搭接，不包括施工措施钢筋；

　　2. 钢筋综合单价按照 6800 元/t（2008 年年中），混凝土综合单价按照 380 元/m³ 计算。

【案例 4】　重庆某项目：其他条件同深圳花港项目，但抗震设防烈度 6 度，50 年一遇基本风压 0.40kN/m²，经成本测算后比当地正常高宽比建筑，增加结构成本约 15 元/m²。

第八节　结构转换的规避与设计优化

在房地产开发项目中，经常会出现地上标准层为剪力墙结构住宅，底部 2～3 层为商业，地下为车库的结构形式，住宅的剪力墙平面布局不规则，对空间的分隔比较凌乱，而商业及车库一般要求比较规则的柱网结构，因此落地的剪力墙对商业及车库的使用具有很大的破坏作用。在处理类似结构问题时，设计师的习惯性思维往往是结构转换。无疑，结构转换是解决矛盾的方式之一，能够兼顾上下不同功能对主要结构承重构件的布置要求，但所付出的代价也是比较大的。

转换层结构材料用量大。转换层的钢筋含量、混凝土含量、模板含量分别是标准层的 6～8 倍、2～3 倍及 2～3 倍，综合起来一般约相当于 3 个标准层的材料用量，且对相邻楼层也有不利影响。更重要的是，转换层的存在会使整个结构抗震等级提高，抗震措施与抗震构造措施的用钢量必然增加。转换层的存在一般会使全楼的综合含钢量增加 15～20kg/m²。

转换层的结构构件高度增大，必然导致层高加大。转换层结构高度与自然层高相当的比比皆是，因此在相同的结构总高度下，可售面积会大大降低。

转换层的存在会导致结构沿竖向的刚度、内力及传力途径产生突变，并易形成薄弱层，因此转换层对相邻楼层会产生影响，相邻楼层有可能也需要加强。当转换层位置较高时，转换层下部的框支结构易于开裂和屈服，转换层上部几层墙体也容易发生破坏。因此应尽量避免高位转换，且需对转换层相邻的上下几层采取必要的加强措施。

转换层的存在也容易导致结构超限，超限审查的时间与成本也是重要考虑因素。

因此从结构设计的角度，没必要的结构转换要尽量避免。尤其是高层住宅带底商的情况，完全可让上部住宅的剪力墙落地，并以剪力墙作为商铺间的自然分隔，同样可保证铺面空间的完整和正常使用，没必要为追求底商的大空间而采取结构转换。必要时可通过比较转换层所增加的投入与其带来的销售效益来进行决策。若采用结构转换层产生的经济效益高于转换层所增加的工程成本时，可以考虑采用结构转换层。

【案例】　重庆某项目 B1 区东北侧 5 栋高层剪力墙结构住宅，底部带两层底商，还有地下车库，上部结构剪力墙落在底商之内，见图 6-8-1。地产公司商营部门对此无法接受，要求设计部门取消落在底商内的剪力墙，区域项目公司设计部于是向设计院提出采用结构转换的处理方案。

设计院经过论证，认为转换结构不合理、不经济，给地产公司发文要求维持剪力墙落地的方案，并系统详细地阐述了设置转换层的种种弊端，如下：

1. 项目 B1 区高层，相关参数详见表 6-8-1。

若采用转换层，结构体系由全部落地剪力墙结构变为框支剪力墙结构，1 号楼底部加强部位抗震等级将由三级提高至二级；2 号、3 号楼结构高度超过了 A 级高度钢筋混凝土工程建造的最大适用高度 120m，须按 B 级高度钢筋混凝土高层建筑进行设计，其底部加强部位抗震等级将由三级提高至一级；4 号、5 号楼转换层位于三层，属高位转换，其底部加强部位抗震等级将由三级提高至一级，非底部加强部位剪力墙抗震等级也应相应提高，详见表 6-8-1。

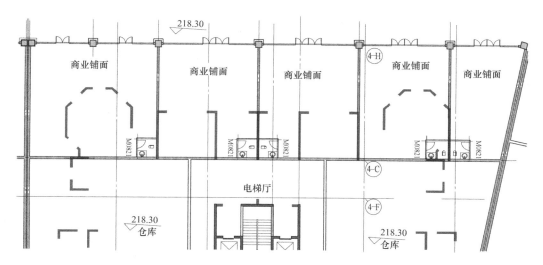

图 6-8-1　原剪力墙落地方案

融侨城 B1 区高层相关参数表　　　　　　　　　　表 6-8-1

		栋号	1 号	2 号	3 号	4 号	5 号
抗震等级	设转换层时	层数	24F/-2F	35F/-3F	35F/-3F	29F/-3F	20/-4FF
		结构总高度	91.6m	133.8m	135.5m	113.4m	86.1m
		转换层设置楼层	二层	三层	三层	三层	四层
		非底部加强部位剪力墙	三级	二级	二级	二级	二级
		底部加强部位剪力墙	二级	一级	一级	一级	一级
		框支框架	二级	一级	一级	一级	一级
	不设转换层时		三级	三级	三级	三级	三级

根据工程经验，以 3 号楼为例，转换层以上 35 层，高度约 120m，转换梁高约为 3m，转换层层高须加大以满足建筑功能要求；同时，核心筒及部分剪力墙必须落地，以满足规范对结构刚度的要求。

2. 根据我院设计的工程经验，高层建筑用钢量比较详见表 6-8-2。

用钢量比较表　　　　　　　　　　表 6-8-2

结构高度	不设转换层时高层建筑综合用钢量	设转换层时	
		转换层以下用钢量	转换层以上用钢量
100m 高层	42～45kg/m²	130～140kg/m²	52～55kg/m²
135m 高层	47～50kg/m²	150～160kg/m²	57～60kg/m²

综合以上因素，若本工程采用转换层结构，用钢量增大较多，不经济。我院建议本工程不宜采用框支剪力墙结构，仍采用落地剪力墙结构。

××××××设计研究院

2011 年 2 月 17 日

对于设计院发文的核心内容，从技术层面，地产公司高度认可，但如何解决地产公司商营部门所关心的问题，让商铺更好用、更好卖，则没有给出解决方案。

总公司经全面了解情况并进行了深入的研究分析后认为，地产公司商营部门关于商铺铺面完整性的要求必须正视且要尽量满足，否则商铺确实不好用也不好卖，一个卖不出去的产品肯定是失败的产品，最主要的是设计的失败；其次要调整设计思路，尽量避免结构转换，在不做结构转换的前提下寻求其他可能的解决方案。

在此原则下，总公司设计研发中心提出了如下的解决思路：

1) 2号、3号、4号楼两端"八字形"剪力墙取消，改采用层层悬挑板支承砌体墙的结构形式，从而避免剪力墙落地严重影响商铺的使用或迁就商铺而必须采用结构转换，见图6-8-2；

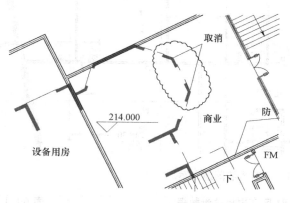

图 6-8-2　商业内"八字形"落地剪力墙

2) 所有落在商铺区域的剪力墙保留其横墙并加端柱（框支柱），同时去掉纵向墙肢（翼墙），个别对商铺建筑分隔无影响的纵墙（翼墙）可保留；

3) 商铺分隔可根据落地剪力墙的布置零活划分，但每个独立商铺必须提供上下水、供电、排烟、天然气（天然气需地方公司调研确认是否可行）。

经过总公司、分公司与设计单位的深入交流，设计院的主观能动性也得到了激发，经过结构模型调整和试算，设计院提出了更为优化的解决方案，即在上部住宅层及下部商铺层不去掉落在商铺内的纵向墙肢（此处的纵向是指建筑物纵向，在图面上则为水平方向），而是将其缩短至750mm，保证外纵墙即便加厚至250mm后也有3倍墙厚的墙肢长度，可满足规范中对翼墙长度不小于3倍翼墙厚度的要求。在下部商铺层则变为750mm×750mm的端柱，这样相当于所有的剪力墙都可直接落地，不需要梁板等横向转换构件就可直接将荷载传至基础。见图6-8-3。

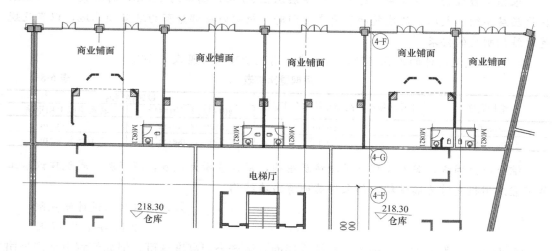

图 6-8-3　住宅层剪力墙减短、商业层加端柱方案

同时设计院还按甲方要求取消了两个端开间的"八"字形剪力墙，改为普通砌体填充墙由各层悬挑结构支承的方式。在商铺层也将带拐脖的剪力墙端部改为端柱，使商铺空间看起来更加整齐划一。见图6-8-4、图6-8-5。

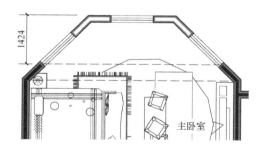

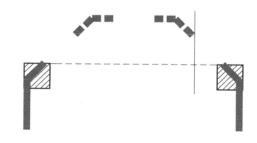

图 6-8-4　住宅层取消八字形剪力墙，改为层层悬挑　　图 6-8-5　商业层取消八字形剪力墙，加端柱

同时根据落地剪力墙的位置再次优化了商铺的划分，尽量以落地剪力墙作为划分铺面的分隔墙，从而保证铺面空间的完整和使用。

换一种思路，没有采用结构转换层，但尽量满足了商铺的功能和使用要求，受到了地产公司商营部门的肯定，在解决了问题的同时又避免了结构转换，既达到了降本的目的，也满足了增效的要求。

第九节　结构超限的规避与设计优化

结构超限有三种情况，即高度超限、复杂程度超限及高宽比超限，其中高宽比超限不在超限审查的范围，但会对结构成本有较大影响。建筑物最大高度一般是在项目策划阶段甚至更前期的土地拓展阶段由项目决策者甚至土地规划等行政管理部门决定的，一般轮不到设计管理部门来做决策，因此不在本章讨论范围，因此本节的重点讨论内容就剩下了复杂程度超限，这也是设计师能够控制的超限内容。

对于高度超限问题，重点关注建筑限高与规范中 A 级高度限高的要求。但当建筑物限高接近《高层建筑混凝土结构技术规程》JGJ 3—2010 中 A 级高度的限值时，设计管理部门及设计院则必须留意，不要轻易突破 A 级高度限值，否则就会导致高度超限。而高度超限是一定需要进行超限审查的。《超限高层建筑工程抗震设防专项审查技术要点》2015 版规定了超限高层建筑的主要范围，现抄录如下：

附录一：超限高层建筑工程主要范围的参照简表

房屋高度（m）超过下列规定的高层建筑工程　　　　表 6-9-1

结构类型		6 度	7 度 (0.1g)	7 度 (0.15g)	8 度 (0.20g)	8 度 (0.30g)	9 度
混凝土结构	框架	60	50	50	40	35	24
	框架-抗震墙	130	120	120	100	80	50
	抗震墙	140	120	120	100	80	60
	部分框支抗震墙	120	100	100	80	50	不应采用
	框架-核心筒	150	130	130	100	90	70
	筒中筒	180	150	150	120	100	80
	板柱-抗震墙	80	70	70	55	40	不应采用
	较多短肢墙	140	100	100	80	60	不应采用
	错层的抗震墙	140	80	80	60	60	不应采用
	错层的框架-抗震墙	130	80	80	60	60	不应采用

结构类型		6度	7度 (0.1g)	7度 (0.15g)	8度 (0.20g)	8度 (0.30g)	9度
混合结构	钢外框-钢筋混凝土筒	200	160	160	120	120	70
	型钢(钢管)混凝土框架- 钢筋混凝土筒	220	190	190	150	150	70
	钢外筒-钢筋混凝土内筒	260	210	210	160	140	80
	型钢(钢管)混凝土外筒- 钢筋混凝内筒	280	230	230	170	150	90
钢结构	框架	110	110	110	90	70	50
	框架-中心支撑	220	220	200	180	150	120
	框架-偏心支撑(延性墙板)	240	240	220	200	180	160
	各类筒体和巨型结构	300	300	280	260	240	180

注：当平面和竖向均不规则（部分框支结构指框支层以上的楼层不规则）时，其高度应比表内数值降低至少10%。

同时具有下列三项及三项以上不规则的高层建筑工程（不论高度是否大于表 6-9-1） 表 6-9-2

序号	不规则类型	简 要 涵 义	备注
1a	扭转不规则	考虑偶然偏心的扭转位移比大于1.2	参见 GB 50011-3.4.3
1b	偏心布置	偏心率大于0.15或相邻层质心相差大于相应边长15%	参见 JGJ 99-3.2.3
2a	凹凸不规则	平面凹凸尺寸大于相应边长30%等	参见 GB 50011-4.3.2
2b	组合平面	细腰形或角部重叠形	参见 JGJ 3-4.3.3
3	楼板不连续	有效宽度小于50%，开洞面积大于30%，错层大于梁高	参见 GB 50011-3.4.3
4a	刚度突变	相邻层刚度变化大于70%（按高规考虑层高修正时，数值相应调整）或连续三层变化大于80%	参见 GB 50011-3.4.3 JGJ 3-3.5.2
4b	尺寸突变	竖向构件收进位置高于结构高度20%且收进大于25%，或外挑大于10%和4m，多塔	参见 JGJ 3-5.5.5
5	构件间断	上下墙、柱、支撑不连续，含加强层、连体类	参见 GB 50011-3.4.3
6	承载力突变	相邻层受剪承载力变化大于80%	参见 GB 50011-3.4.3
7	局部不规则	如局部的穿层柱、斜柱、夹层、个别构件错层或转换，或个别楼层扭转位移略大于1.2等	已计入1～6项者除外

注：深凹进平面在凹口设置连梁，其两侧的变形不同时仍视为凹凸不规则，不按楼板不连续中的开洞对待；序号a、b不重复计算不规则项；局部的不规则，视其位置、数量等对整个结构影响的大小判断是否计入不规则的一项。

具有下列两项或同时具有表 6-9-3 和表 6-9-2 中某项不规则

的高层建筑工程（不论高度是否大于表 6-9-1） 表 6-9-3

序号	不规则类型	简 要 涵 义	备注
1	扭转偏大	裙房以上的较多楼层考虑偶然偏心的扭转位移比大于1.4	表 6-9-2 之 1 项不重复计算
2	抗扭刚度弱	扭转周期比大于0.9，超过A级高度的结构扭转周期大于0.85	
3	层刚度偏小	本层侧向刚度小于相邻上层的50%	表 6-9-2 之 4a 项不重复计算
4	塔楼偏置	单塔或多塔与大底盘的质心偏心距大于底盘相应边长20%	表 6-9-2 之 4b 项不重复计算

具有下列某一项不规则的高层建筑工程（不论高度是否大于表 6-9-1） 表 6-9-4

序	不规则类型	简 要 涵 义
1	高位转换	框支墙体的转换构件位置：7度超过5层，8度超过3层
2	厚板转换	7～9度设防的厚板转换结构
3	复杂连接	各部分层数、刚度、布置不同的错层，连体两端塔楼高度、体型或沿大底盘某个主轴方向的振动周期显著不同的结构
4	多重复杂	结构同时具有转换层、加强层、错层、连体和多塔等复杂类型的3种

注：仅前后错层或左右错层属于表 6-9-2 中的一项不规则，多数楼层同时前后、左右错层属于本表的复杂连接。

序号	简称	简要涵义
1	特殊类型高层建筑	抗震规范、高层混凝土结构规程和高层钢结构规程暂未列入的其他高层建筑结构,特殊形式的大型公共建筑及超长悬挑结构,特大跨度的连体结构等
2	超大跨屋盖建筑	空间网格结构或索结构的跨度大于 120m 或悬挑长度大于 40m,钢筋混凝土薄壳跨度大于 60m,整体张拉式膜结构跨度大于 60m,屋盖结构单元的长度大于 300m,屋盖结构形式为常用空间结构形式的多重组合、杂交组合以及屋盖形体特别复杂的大型公共建筑

注:表中大型公共建筑的范围,可参见《建筑工程抗震设防分类标准》GB 50223。

说明:具体工程的界定遇到问题时,可从严考虑或向全国超限高层建筑工程审查专家委员会、工程所在地省超限高层建筑工程审查专家委员会咨询。

一般来说,结构复杂或不规则就意味着结构的不合理,不合理的结构本身就会导致材料用量的增加,此外复杂或不规则的结构又存在先天不足的问题,会存在一些先天缺陷,因此也需要采取一定的加强措施,如抗震等级的提高及薄弱部位的加强等,由此造成结构成本的增加,而结构超限,尤其是复杂程度超限,一般是由若干项不规则导致,因此更需要对结构主体采取加强措施,由此造成结构成本的增加及设计周期的加长。此时应该通过超限后的投入产出比来权衡和控制结构超限。一旦确定方案,结构超限不可避免后,要做好与设计院及审图公司等职能部门的沟通工作,以便后续工作的顺利进行。

结构超限除了导致结构直接成本的增加,很多时候还需提供一些试验型资料,如风洞试验、振动台试验,所增加的不仅仅是费用,还有时间因素。此外,超限审查本身也需要时间与费用。

复杂程度超限多数因为方案本身的新奇特及超常规所致,故在设计阶段,尤其是方案设计阶段是比较容易控制和纠偏的。即便在某些情况下方案已经确定,不能改变的情况下,初步设计阶段甚至是施工图设计阶段也能有所作为,对结构超限进行必要的控制。

首先要做好事前控制,应与建筑专业甚至方案创作单位充分沟通,采取一些建筑上或结构上的处理措施,尽量避免超限,比如某些建筑表现效果,能够做到形似即可,没必要做得很夸张而导致一项超限。同时应提前引入施工图审查单位,在施工图设计初期就让审图单位介入,对于超限项次的认定及加强措施的采用尽早达成共识,并集合双方的力量努力规避超限问题,如果设计、审图双方均认可结构不超限,项目就可照常进行。如果双方存有疑虑,可及时引入专家资源,特别是省市级超限审查专家委员会的成员,能够规避审查更好,不能规避也能及时吸取专家的意见并改进设计,确保超限审查会的顺利通过。

其次是要做好过程控制。一旦认为超限审查不可避免,则要关注结构加强措施引起的成本增加,根据结构超限的严重程度,评估对成本的增加量,同时要关注超限审查报告中的结构加强措施对成本的增加量,避免安全过剩。此外也应加强与审图单位及评审专家的事前沟通,不但要有效控制结构加强措施成本,还要确保超限审查会能顺利通过。

【案例】 石家庄某综合体项目是石家庄区域在施的商业综合体。项目规划用地 6788.2m²,容积率为 6.5,地上共 29 层,其中 1~4 层为商业,5~29 层为酒店式公寓,地下 4 层为车库。结构体系为钢筋混凝土框架-剪力墙结构,存在平面凹进不规则、楼板开洞、局部转换等结构复杂性,计算指标也存在不理想的情况,按正常程序走极有可能会被列入超限审查的项目。但在甲方、设计单位及专家资源的共同努力下,及时规避了结构超限的问题。见图 6-9-1~图 6-9-5。

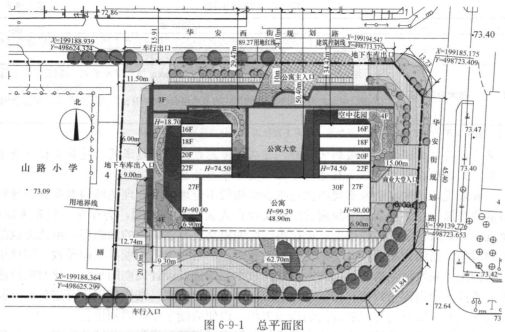

图 6-9-1 总平面图

图 6-9-2 北立面图

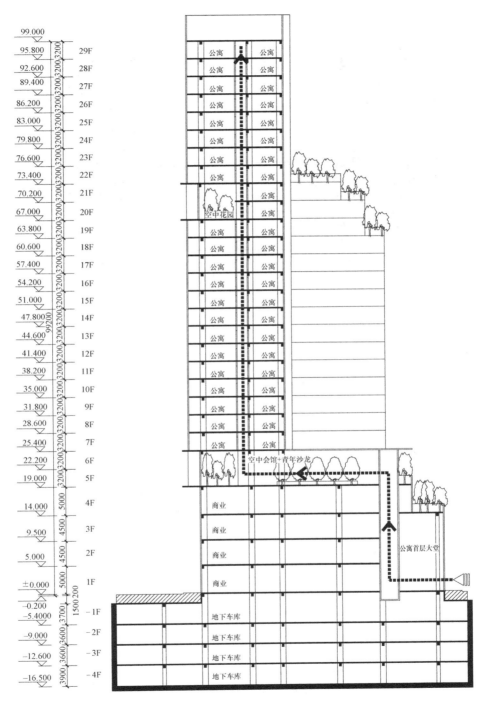

图 6-9-3 剖面图

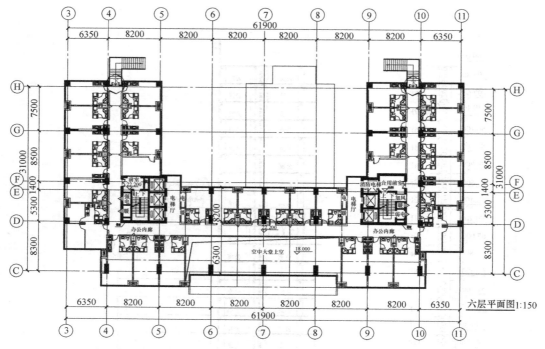

图 6-9-4　六层平面图（Y 向开洞比例 43.4%，X 向开洞比例=49.4%）

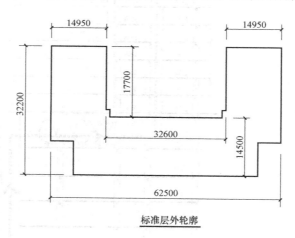

标准层外轮廓

设防烈度		L/B	l/B_{max}	l/b	H/B
7	规范限值	≤6	≤0.35	≤2.0	≤6
	本工程结果	62.5/14.5 =4.31	17.7/32.2 =0.55	17.7/14.95 =1.18	(99.2-19.2)/14.5 =5.52

图 6-9-5　标准层外轮廓及各部位尺寸关系（凹进尺寸 17.7/(17.7+14.5)=54.97%>30%）

设计单位提出的抗震加强措施如下：

1. 确保结构类型为框架—剪力墙：首层及裙房屋面框架抗倾覆力矩均小于 50%。

2. 楼面开洞部位均加梁，且增强梁板配筋。

3. 竖向收进部位增强楼板设计，包括裙房屋面和21层收进部位。

4. 局部转换构件均设置在1层，降低转换对结构不规则的影响。

5. 采用型钢混凝土柱，控制轴压比，增强延性。

同时利用"专家论证会"为公司节约成本与时间。专家论证会不是走过场，善于利用各种专家论证会，会给房地产公司带来巨大的时间和成本收益。本项目由于用地紧张，周边现状复杂，市政规划条件苛刻，造成了建筑的平面形状只能是凹字形；方案设计院为了体现生态的设计理念，在5层和6层之间设计了两层通高的生态大堂；为了减少对于北侧现有住宅的影响，顶部处理成层层退台的形式。根据《超限高层建筑工程抗震设防专项审查技术要点》、《建筑抗震设计规范》等相关规范要求，以上三种因素直接导致了本项目被判定为结构抗震超限，如果按照正常手续，须委托"全国超限高层建筑工程抗震设防专家委员会"进行抗震设防专项审查，仅此一项设计周期至少增加2个月。为此，地产公司借助施工图设计院的力量，聘请了河北省结构超限委员会的专家（其中有两位专家为本项目外审单位领导），组织召开了结构超限论证专家会，在会上，专家对本项目的结构形式进行了充分的论证，并提出了非常好的技术改进措施，在不影响使用功能和平立面的基础上，完美地规避了结构超限的问题。为工程节省了将近2个月的设计周期，使得项目按原计划顺利推进。

专家评议结论：本项目结构设计方案有超限内容，但不属于超限结构，可不进行超限审查。

此外，该项目由于需要500多个停车位，地下设计了4层车库，基础埋深较大。在地基处理专家论证会上，专家结合项目的地质情况，建议本项目可采用天然地基，无需再做地基处理，直接为本项目节省造价近70多万元，节省施工周期2个多月。

第十节　跨度、柱（墙）距的设计优化

跨度是针对梁板等水平构件的表述，但影响梁板跨度的则是墙、柱等竖向构件的布置与间距。从结构设计的经济性而言，首要的是竖向构件在平面上布置的规则性与均匀性，其次是竖向构件间距的大小。

一、竖向构件平面布置的规则性与均匀性

作为房地产开发主流产品的高层住宅，大多数为钢筋混凝土剪力墙结构，竖向承重与抗侧力构件全部为钢筋混凝土剪力墙。受户型的限制，结构专业的可调性不大，剪力墙只能在建筑专业有分隔墙的部位设置，因此想保证剪力墙布置的绝对规则与均匀不大可能。

因此一个有经验的建筑师或者设计团队，在进行户型设计及户型组合平面设计时，就应纳入结构因素，其中最重要的就是剪力墙的布置。户型及户型组合平面不但要有利于剪力墙的布置，而且要使剪力墙的布置尽量规则、均匀，这在建筑方案设计阶段是可以做到的。建筑师只要有一些结构素养就可以，即便没有结构素养，只要多一分结构专业的考虑，在确定户型及户型组合平面设计时征询一下结构专业的意见也不难办到。

对实施方案中的户型平面要进行详细论证，在保证户型内各功能及空间效果的前提下，对墙柱布局进行调整，使之经济合理。这一工作需要建筑、结构两个专业的密切配合、精心合作，并与成本专员反复讨论、充分论证，才能取得好的效果。进行这项工作可遵循以下原则：不能强求设计做出很大牺牲来迁就成本，而应该从那些不大影响设计效果，能显著节省成本的方面或本来设计效果就有问题、同时成本也不合理的部分来入手。

退一步说，即便在建筑专业户型及组合平面既定的前提下，结构专业并非无所作为，因为并不是所有建筑隔墙处都需要设置剪力墙，因此在哪些建筑隔墙处设剪力墙、哪里不设剪力墙，不同的结构工程师就会有不同的布置方式，对剪力墙布置的规则性与均匀性就产生了影响，也就有了优劣之分。

所谓优劣，也没有一个绝对标准。在满足建筑功能与结构整体分析指标（周期、位移等）的前提下，剪力墙数量相对较少、平面布置规则、均匀者为佳。剪力墙布置的规则、均匀，不但可使梁的布置比较规则，也可使梁板跨度比较均匀，可降低各层楼盖的用钢量。对于剪力墙结构下的筏型基础，均匀的剪力墙布置可有效降低筏板厚度及计算用钢量。

对于框架、框剪及框架-核心筒结构，竖向构件间距一般要比剪力墙结构大很多，故竖向构件平面布置的规则性与均匀性对结构成本的影响更大。从结构角度来说，规整的柱网更合理，结构受力明确而均匀，结构逻辑关系清晰。柱网尺寸较均匀一致不仅使结构（包括柱和梁）受力合理，而且其用钢量要比柱网疏密不一的要节省，这点似乎不难理解。竖向构件布置的不规则，势必导致水平构件布置的不规则、传力路径的复杂化或跨度的增大等；而竖向构件布置的不均匀，不但会导致梁跨度不均匀，还有可能产生个别区域的大跨度，导致局部梁高加大压缩房屋净高，或因局部梁高的加大而增大整个层高。

图 6-10-1 为河北保定某项目的地下车库局部结构平面图，仅仅由于个别柱位没在柱列上，即导致梁跨度由标准柱距 8100mm 增大到 8477mm 及 9025mm，跨度增大的梁截面尺寸由 500mm×1000mm 增大到 550mm×1100mm，梁高增加了 100mm，而此处恰为主车道位置，因此必然导致整个地下车库层高增加 100mm。同时还出现了梯形与平行四边形等非标准板块，均会导致含钢量的增加。

二、竖向构件的水平间距

对于剪力墙结构，受限于房间开间大小，只要剪力墙布置合理，剪力墙间距一般不会超过 5.0m，梁高一般不超过 500mm，而且住宅结构的梁一般只允许设置在房间分隔处或门窗洞口上方，对于 2.8～2.9m 层高的住宅来说，一般不会因为梁高而影响房屋净高。因此剪力墙间距对于楼盖结构的用钢量影响不大，但当剪力墙较密、间距较小时，不但墙体自身的混凝土与钢筋用量增大，楼板也会因跨度较小而导致配筋由构造控制，导致楼盖设计的不经济。

对于大型商业建筑或地下停车库（地上停车楼）等框架结构（或含少量剪力墙的框架结构），除了前文所述柱网的规则性与均匀性之外，对结构成本影响较大的因素是柱网尺寸。柱网尺寸直接影响到楼盖梁板的结构布置。一般而言，柱网大的楼盖用钢量较多，但可使建筑获得更大的空间及更灵活的布置；反之柱网小则楼盖用钢量较少，但柱网尺寸的

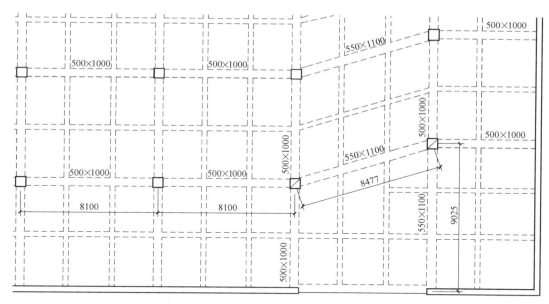

图 6-10-1　柱列错位对结构布置及构件截面尺寸的影响

减少必然导致柱子数量的增多,从而使柱构件的混凝土与钢筋用量增加,其中柱端及梁柱节点区内加密箍筋的增加量几乎占全部增加量的 50%。同时较小的柱网尺寸会使建筑布局的灵活性大大降低,较多的柱子会导致使用的不便及空间利用率的降低。

对于单一功能的建筑的柱网尺寸,主要由具体的使用要求来决定。

比如办公建筑,柱网尺寸由单间办公室的合适开间大小决定,比较合适的开间尺寸一般为 3.6m 左右,这就决定了框架的柱网尺寸采用 7.2m 比较合适。办公建筑常用的开间大多不小于 3.0m,因而采用 6.0m 以下的柱网也就很少。

书库的柱网与书架尺寸及存取书的方式有关。不同的图书存取和查找方式,有不同的尺度要求,柱网尺寸应当依据这些尺寸来确定。选择 6.0m×6.0m 的柱网,无论对于闭架方式还是开架方式都是比较合适的,这一柱网尺寸,还使得梁高较小,易于和阅览部分形成 2 比 1 或 3 比 2 的关系,能较好地连接阅览部分,是一个比较合适的柱网尺寸。

对于商业建筑,柱网尺寸根据柜台、货架、店员通道、购物顾客所占宽度、顾客行走的人流股数等来确定,我们要根据商场规模、商场所处的环境、顾客人流等计算出应选择的柱网大小。柜台布置的形式和尺寸不同,需要相应的柱网与之配合,以便在使用合理的情况下布置更多的柜台,取得最佳的经济效益;经营商品的品种不同,需要不同的柱网与之相适应,黄金首饰和服装销售对柱网的要求显然是不同的;商场的经营性质不同,所需的柱网尺寸也不同,批发市场、超市、特色经营和普通商场在经营尺度上会有很大差异;商场经营性质的不断变更,社会发展需要的不断变化都会对柱网尺寸提出新的要求,这还需要柱网尺寸有很大的适应性。另外,柱网尺寸的选择还与层高、设备及吊顶高度等因素有关。商场的柱网尺寸一般为 7.2～9.0m。

对于宾馆、酒店类建筑,柱网尺寸取决于合适的客房开间,而合适的客房开间又取决于合理的家具布置、卫生间大小以及相应的服务等级。对于一般标准的客房来说,3.6m 开间基本能满足合理的家具布置要求。对于装修要求较高和层高较高的高档酒店客房,入口部分因为要设置卫生间、管道井和壁柜，就会显得紧张。较高的装修标准，会占用较多的空间，较多的层数会使柱子的断面增大，因此做 7.5～8.1m 的柱网尺寸会比较合适。

在实际工程中，柱网大小往往不是通过单一的平面关系就能确定的，尤其是对于比较复杂的建筑物。建筑物经常是多功能的，一幢高层建筑中，有的楼层可能是办公房间，有些楼层是宾馆，有些楼层是公寓，底层可能会是商场或某行业的营业大厅，地下室还要作停车场及设备用房等。这时，确定建筑物的柱网，就不能仅从单一的功能去考虑，必须对建筑物的各种功能进行权衡，找出既适应各种功能，又最经济合理的柱网。对于这样一幢建筑物，如果对地下室的停车需求不高，停车需求不是主要矛盾时，就可以以地上建筑对柱网尺寸的需求为主，而采用 7.5m 的柱网。

随着国民消费水平的不断提高，汽车保有量不断攀升，各地对民用建筑的停车配比指标也不断提高，除了别墅、花园洋房等低密度住宅外，其他建筑业态光靠地面停车已经难以满足停车配比的要求（有些城市在计算停车配比指标时还不允许计入地面停车位），因此一般都需要配建地下停车库。对于多高层商业建筑或多高层办公类建筑，一般是地上为商业或办公用途、地下为停车用途的整体设计，因此在设计柱网时，不但要上下兼顾，避免柱网上下错位形成转换，还要兼顾上下不同使用功能对柱网的不同要求。

对于车库建筑，交通流线的组织以及停车数量的多少，与柱网的尺寸有密切关系。柱网尺寸符合停车位模数，会使相同面积下的停车效率大大提高；柱网尺寸不符合停车位模数，则会产生大量的无效面积，使停车效率大大降低。

以小轿车为例，7.8m 的柱网是每个柱距可以放 3 辆车的下限值，如果采用 7.5m 的柱网，就意味着每一个柱距要少放一部车。同理，对于高层框架结构，随着柱子断面的增大，7.8m 的柱网也可能满足不了每个柱距停放 3 辆车的要求，这时，8.0m 或更大一点的柱网才比较合适。可见，寻求合适的柱网尺寸，必须根据具体的工程、具体的功能需求、具体的建筑规模和层数来选择合适的柱网大小，必须尽可能全面地考虑所有会影响到柱网合理尺寸的因素，并对它们进行权衡。

商业或办公类建筑对开间或进深的要求一般不高，因此，对于地下为停车需求、地上为商业、办公类需求且停车配比要求比较高的工程，柱网尺寸应该依地下停车库的经济柱网而定，当一个柱距按停 3 辆车考虑时，柱网尺寸可从 7.8m～8.4m 不等。7.8m 为一个柱距停 3 辆车的下限，对应于层数较少时 600mm×600mm 的柱截面尺寸及 2.4m×5.3m 的标准车位尺寸；而 8.4m 柱距一般是车库结构柱网尺寸的上限，对应于建筑层数较多时 800mm×800mm 及以上的柱截面尺寸、机械停车库或个别城市对车位尺寸要求较大的情况（如杭州要求标准车位按照 2500mm×5500mm 进行设计）。无特殊情况，柱网尺寸尽量靠近 7.8m 的下限，必要时可改方形柱为矩形柱也是可行的，比如将 600mm×600mm 柱改为 500mm×700mm 柱，甚至 400mm×900mm 柱等。河北省秦皇岛市铂悦山项目即采用 600mm×700mm 的柱截面尺寸，横向柱网尺寸为 7800mm，见图 6-10-2。

以上分析的是等跨柱网尺寸的确定问题，实际工程中，不等跨柱网是经常用到的。比如，用于普通办公建筑的框架结构，横向和纵向因为分别满足开间和进深的需要，一般是不等跨的。对于旅馆建筑来说，我们前一部分主要分析的是柱网尺寸和开间的关系，其进深也往往作成与开间不同的柱网尺寸，以适应旅馆功能的需要。前面提到的停车库，变化较大的也只是横向柱网尺寸，纵向柱网尺寸对于标准车位长度为 5300mm 普通停车库来

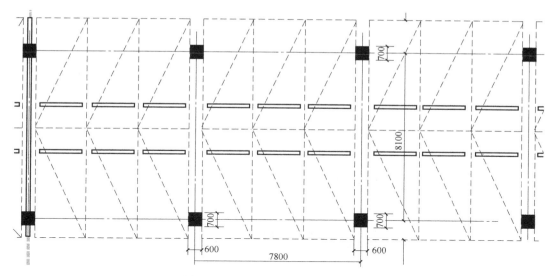

图 6-10-2　非正方形柱与紧凑型柱网

说，基本可锁定在 8100mm，如果纵向柱网尺寸也随横向柱网尺寸增大，浪费的面积就比较多了，因此采用纵横两个方向不等距的柱网尺寸会比较经济。上述秦皇岛铂悦山项目，采用的即是 7800mm×8100mm 纵横两个方向不等距的柱网尺寸。还有就是车库的边跨，因边跨只能停一排车，车位长度也只需 5300mm，若也采用 7.8～8.4m 的大柱距，则浪费的面积就太大了。

至于哪种柱网更合理，就要根据特定功能、设备情况、建筑标准等来具体考虑，不能一概而论。但合适的柱网有其内在规律，需要针对不同的功能要求、发展的需要、建筑设备、建筑经济、建筑标准等各种因素综合分析。最主要的是结构和功能应当兼顾，在确保功能要求的前提下确定经济合理的柱网尺寸。既不要先确定好柱网尺寸，然后再往里面塞功能；也不能先做平面，定型之后再往里面点柱子。只有这样，才能确定出符合功能要求、经济适用的柱网尺寸，使建筑设计取得更好的经济和社会效果。

第七章　岩土、结构方案对成本的影响

建筑方案一经确定，结构成本即已确定了 60%～70%，另外的岩土结构方案优化和结构精细化设计占 30%～40%，在这 30%～40% 的比例中，岩土结构方案的占比又在 70% 以上。因此岩土结构方案的优化是结构优化的重点。

第一节　基坑支护、边坡挡墙结构设计优化

基坑开挖及地下水控制方法与支护结构形式对工程造价及施工周期的影响巨大。而基坑支护与地下水控制措施作为服务于基坑开挖过程的一种临时措施，其作用与价值仅仅体现在基坑开挖与地下结构施工期间，一旦结构出地面及肥槽回填后，其生命周期即宣告终止（采用逆作法两墙合一的地下连续墙除外）。因此站在营销角度对其成本效益与价值进行评价，属于低效甚至是无效成本，是首当其冲要进行成本控制与设计优化的对象。但基坑支护体系又关系到生命财产的安全，因其安全性又和许多影响因素有关，因此理论上与实际上发生安全事故的几率都比主体结构大。因此，结构安全与经济性的尖锐矛盾在基坑支护方面表现得最为充分，但并不是不可调和，周密的、优秀的基坑支护设计仍然能够做到安全与经济兼顾，只不过难度大一些。

基坑支护同其他的岩土工程设计一样，主要研究对象也是岩土。因此就存在地域性的差别，在基坑、边坡的设计中，计算往往只占 30%，而经验要占 70% 甚至更多，因此在当地找一个经验丰富的设计单位和设计人员是相当关键的。但即便如此，也需要设计师具有开放性思维，不能沉溺于经验主义而故步自封，毕竟具体的工程是千差万别的，虽然更多的是共性的问题，但每个工程都有其特性存在，也许其特殊性就是决定基坑支护形式的关键因素所在。下文讲述的长江道基坑支护项目就是设计单位思维定式的典型案例。

基坑支护需根据地下建筑物（群）的埋深、土质情况、地下水情况、周边环境的限制及开发分期与施工顺序等情况确定基坑开挖的方式，是放坡开挖还是支护开挖。对于支护开挖，还需结合土质情况、开挖深度、地下水及截水帷幕的情况、周边环境的情况来综合确定采用何种支护形式。

基坑支护虽因岩土的区域特性而具有地域性，但在基坑支护形式的决策过程中，基本原则还是共性的，基本可按如下顺序选用：

1）当坑深较浅，土质较好，且无地下水影响时可选择直立开挖；

2）不具备直立开挖条件时，优先采用放坡开挖；

3）当不具备放坡开挖条件而需要支护时，优先采用土钉墙、重力式挡土墙（兼止水帷幕）等简单支护方式；

4）当简单支护无法解决问题时，可采用悬臂单排桩、单排桩加锚杆或悬臂双排桩

体系；

5）不具备锚杆使用条件或锚杆提供的支撑刚度无法满足位移控制要求时，采用排桩—内支撑体系；

6）排桩的承载能力或刚度难以满足要求时，采用地下连续墙—内支撑体系，此时为提高地下连续墙的综合利用率，平抑其高昂的造价，应优先采用与地下室外墙两墙合一的逆作法。

对于宗地内各单体建筑埋深不一且存在分期开发等情况，需结合实际情况具体问题具体分析，从最大限度降低支护工程造价的角度出发，有可能需要采取多种支护形式并存的基坑支护形式。

【案例】 天津某项目多种支护形式。

工程概况：该工程位于天津市区，南侧紧邻长江道，高层建筑退线距道路红线的最近距离为26.5m，拟建地下车库边线距道路红线的最近距离为14.4m，其中地下室边线可调整；东临南开六马路，建筑退线距道路红线最近距离为11.2m，地下车库边线距道路红线的最近距离仅为9.8m，其中地下室边线待调整；北侧紧邻天宝路，多层建筑退线距道路红线的最近距离为16.5m，商业建筑退线距道路红线的最近距离为8.5m，地下室边线待定；西侧紧邻一条无名小路，路对面现状多层居住宅楼及公司生产办公用房，与拟建建筑边线的最小垂直距离为12.7m，其中西南角会所区域地下室边线可调整。

总规划用地49180.80m²，总建筑面积221052m²，其中住宅建筑面积103278m²，商业金融建筑面积73774m²，地下建筑面积约44000m²。东侧为4栋临街33层的高层建筑，南侧临长江道有2栋限高99m的商业金融类建筑，西侧为4栋5层高的花园洋房，北侧为2栋7层高的普通住宅。其中东、南两侧临街建有商业，西南角为会所。地下室层数、边线待定，但需考虑能容纳1400个机动车停车位的要求，仅做一层地下室已经无法满足车位数的要求，因此必须考虑建两层地下室的问题。

从施工周期与销售计划方面考虑，由于东侧4栋高层建筑中有两栋受制于拆迁进度，无法短期内开工，而南侧两栋商业金融建筑属于政府回购的项目，虽在同一宗地内综合开发，但政府已另行委托其他单位开发，西侧4栋5层花园洋房及北侧2栋普通住宅因为具备开发条件且施工周期相对短，故拟第一期开发，西南角会所及商业作为临时售楼处也随同划入第一期。

从工期方面及人防建设面积考虑，西侧、北侧多层建筑只能做一层地下室且需将地下室埋深控制在3.0m以内，故无法直接与地下一层车库直接连通（二者存在较大高差，只能通过坡道或楼梯连接），因此便形成了同一场地内各建筑物地下室埋深高低错落，以及矮的浅的先建、高的深的后建等一系列工程难题。其中影响最大的是基坑支护设计。

该项目基坑支护不是一个常规的项目，有其特有的复杂性，其复杂性就在于具备节省支护造价的一些客观条件，也就说其复杂性与经济性密切相关，而要实现这种经济性，则必须及早从整体的建筑结构方案入手，通过调整建筑结构方案去实现节省支护造价的目的。也许这是甲方与设计单位的最大分歧，也是设计院积极性不高的主要原因之一。

对于基坑支护方式，设计院与基坑支护设计单位的思维方式很定式，内支撑方案似乎是唯一方案。作为设计院，其合同范围是主体工程的设计，也不愿意在基坑支护方面花费太多的时间与精力。如果抛开经济性，单从技术层面考虑，那设计院在进行建筑结构总体

图 7-1-1 天津某项目总平面图

设计时不愿考虑基坑支护与土方开挖等问题是完全合理的，反正是要采用内支撑方案，前期设计阶段考虑那么多完全是多余的。"排桩加内支撑方式，在天津比这更大的基坑有的是，这个坑不算大，做内支撑一点问题没有"，设计院的老总如是说。

很显然，在这个问题上，甲方比设计院站的更高、看的更远，甲方有更高标准的要求，甲方要的不是一个普通的基坑支护设计，而是一个高质量、高技术含量、最为优化的设计。而要实现这一目标，必须从主体工程设计就开始入手，通过调整各单体建筑的竖向设计，尤其是地下室层高及与其相关的埋深才能实现，需要的是主体工程设计院、基坑支护设计单位与甲方的紧密配合。

以往天津许多项目都采用水平内支撑，是因为项目本身的特点排除了其他的选择，没有可替代的方案，因此水平内支撑就成为唯一的、也是必然的选择，这也是天津同行们最本能的选择，一遇到基坑支护项目，条件反射般的首先想到的是水平内支撑。

但天津该项目有其特殊情况，其一是基坑有深有浅、工期有先有后，西、北侧基坑浅但要先期施工，虽然在总体施工顺序上不合理，但较浅的西侧、北侧基坑刚好处于邻近东侧较深基坑的中间深度处，刚好为分级放坡创造了条件，即便不能自然放坡，也可使支护系统的造价大为降低；其二是基坑周边环境敏感程度及基坑与敏感建筑物（或市政管线）的距离各异。如西侧用地界线虽紧邻既有建筑物，但既有建筑物距拟建 5 层洋房的最近直线距离也在 14m 以上，北侧 7 层洋房距既有道路也有 20m 之多，南侧虽然紧邻市政干线，道路及市政管线等敏感目标都是重点保护的对象，但用地界线距我们的建筑物退线则在26m 以上，距地下室边线也在 14m 以上。

因此，甲方一直认为存在一个能保证安全、技术可行、经济合理的替代方案，在寻找水平内支撑的替代方案过程中，斜抛撑的设想逐渐成型并越来越清晰。但斜抛撑的使用有一定的条件，其中最重要的限制条件就是支护深度，斜撑相比悬臂桩方案，支护深度能够提高许多，对控制桩顶位移也起很大作用，但斜撑与水平支撑相比刚度较弱，当支护深度超过一定量值时，在位移控制方面就显得力不从心，但对于天津这类的软土地区，这个临界深度到底是多少，我们心里没底。

在这个过程中，甲方找到了上海大宁商业中心的基坑支护设计资料，与本工程非常类似，东侧有地铁管线和高架路，且距离较近，北侧地下管线众多，保护要求也较高，故东、北侧采用钻孔灌注桩加水泥土搅拌桩止水帷幕体系，并用少量钢管做斜撑，以达到控制地铁隧道、地下管线沉降、位移的目的。西、南侧为老旧公房，且与坑边距离相对较远，故支护方案采用搅拌桩重力坝围护体系，以达到既能保证安全，又能降低支护造价、提高挖土效率的目的。其中重力坝的支护深度为6.2～7.0m，排桩斜撑体系的支护深度为7～8m，与该项目也比较类似。

对于基坑支护设计单位而言，他们的理论水平与实践经验是毋庸置疑的，关键是要转变他们的观念，启动他们多方案比较的思维。在接下来的基坑支护方案讨论会中，甲方提出了在基坑西、北侧采用水泥土搅拌桩重力坝、东侧（必要时南侧）采用排桩加斜撑的方案。对于甲方的提议，基坑支护单位不再表达反对意见，而是提出了经济合理性与施工便利性可能并不理想等一般性意见。这也在意料之中，于是甲方顺便提出了进行两个方案技术经济比较的建议。

事实胜于雄辩，基坑支护设计单位在其一期工程的施工图设计中，最终采纳了甲方建议的重力坝方案，见图7-1-2～图7-1-4。而其每延米不到4000元的造价，更是排桩方案所不可能实现的。如果按照常规思路，不管西侧北侧埋深如何，只要做内支撑方案，则沿整个基坑周围一圈排桩就打下去了，势必造成很大的浪费。

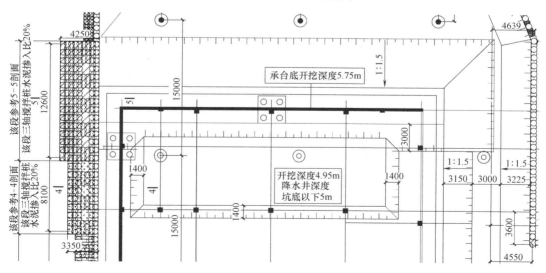

图 7-1-2 一期会所附近支护形式（平面）

对于二三期基坑支护形式，基坑支护单位也针对水平内支撑方案与斜撑方案进行了技

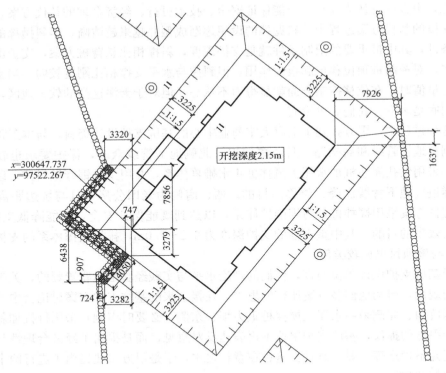

图 7-1-3　一期洋房附近支护形式（平面）

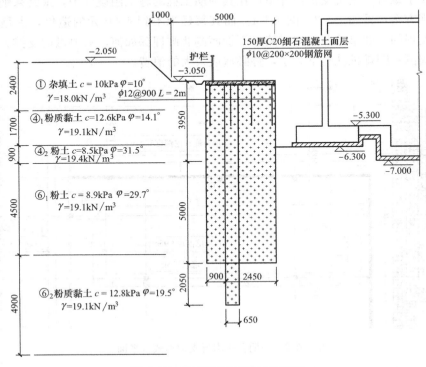

图 7-1-4　会所附近支护结构剖面

术经济比较，比较结果如下：

图 7-1-5　水平内支撑布置示意　　　图 7-1-6　斜抛撑布置示意

1. 经济性比较

方案一：钢筋混凝土圆环撑

表 7-1-1

项目	工程量	单价	总价(万)
帷幕	5873m³	220	129.2
围护桩	4507m³	1200	540.8
支撑	2995m³	1200	359.4
冠梁	754m³	1200	90.5
合计			1119.9

方案二：斜抛撑方案

表 7-1-2

项目	工程量	单价	总价(万)
帷幕	5873m³	220	129.2
围护桩	4507m³	1200	540.8
钢支撑	206t	5000	103
冠梁	628m³	1200	75.4
腰梁	882m³	1200	105.8
角撑	156m³	1200	18.8
护坡垫层	840m³	800	67.2
合计			1040.2

2. 施工周期及难易度

（1）圆环支撑

施工方便，便于土方开挖，大底板不需要分开浇筑，施工周期较短。

（2）斜抛撑

抛撑下土方机械开挖困难，需要人工挖土，工期较长。大底板在牛腿处分开两次浇筑。

3. 综合比较

表 7-1-3

方案	变形控制	经济性	施工难易度	施工周期
圆环支撑	较好	较差	较易	短
斜抛撑	较差	较好	较难	长

从对比表中可看出，两个方案的排桩工程量相同，其实对于斜撑方案而言，因西、北侧一期工程洋房已经开挖至 $-4.2m$，会所甚至已经开挖到 $-6.3m$，而车库埋深按设计院对覆土厚度及两层地下室层高的估算，最深也不超 9.5m，因此与一期洋房基础埋深相差 5.3m、与一期会所埋深只相差 3.2m，假若车库与一期主楼脱开 5m 以上，就有可能不再需要排桩。但内支撑方案则不同，即便在计算上不需要，在构造上也需要形成闭合状从而与水平支承形成完整的支撑体系。因此这方面存在变数。其次，斜撑方案的护坡垫层也不是必要的，完全可以取消，因此斜撑方案的实际经济性要比上述估算的要大。

【案例】 重庆某项目 B1 区边坡挡墙优化调整建议。

重庆属山地丘陵地貌，高大边坡比比皆是，不足为奇。但该项目的特别之处在于，虽然项目坐落在一座小山之上，山顶到山脚的垂直高度不过 11～12m，本不足为虑，但其地下车库位于坡下，且需在坡上继续向下挖深 12m 左右，这样在地下车库开挖施工时的边坡高度就达到 23～24m，需要同时考虑临时支挡结构与地下车库回填后永久边坡的关系。设计单位虽然用的是本地设计院，但考虑到项目管控的便利性，边坡支护设计没有聘请当地专业的岩土工程设计单位，而是由主体工程设计院一并来完成。这样一来，在面对这种比较复杂的岩土工程设计时，就明显感觉到力不从心，表现出考虑不周、设计深度不足、保守设计甚至实施可行性等诸多问题。

图 7-1-7 为第一版设计的边坡剖面，展示的是地下车库建成回填后的永久边坡状态，但地下车库开挖施工期间最为关键的临时边坡或支挡情况，则没有体现。

而图 7-1-8 则为第一版临时支护的锚杆挡墙，高大威猛，从地下车库底的 216.5m 一直到坡顶的 239.0m，仅结构高度就达 23.0m，在沿墙身纵向 270～280m 的长度内，只有两种截面。而且稍加对照该锚杆挡墙剖面与图 7-1-7 的边坡剖面，不难发现锚杆挡墙上部会有很大一部分出露在永久边坡之外，因此两个剖面是矛盾、不交圈的。

甲方经对设计院的边坡挡墙图纸进行分析，并结合总平面图与地质剖面，发现边坡挡墙存在设计深度、可行性与经济性等问题，遂提出如下优化或审图意见：

1）提供含环境边坡与地下室剖面的整体建筑剖面（最好在勘察报告地质剖面的基础上绘制），以方便比较永久环境边坡、临时开挖边坡（或支护）与地下室永久外墙之间的关系，方便结构专业进行有针对性的边坡、挡墙设计；

2）鉴于地形地貌与地质条件沿挡墙轴线方向变化较大，结构挡墙设计应根据各地质剖面及挡土高度等进行区别化设计，仅分成两类挡墙过于粗糙。可考虑勘察报告中的建议：对地下室范围的岩质边坡可采用直立开挖配合喷浆临时支挡，待地下室结构完成后再采用地下室侧墙进行永久支挡；

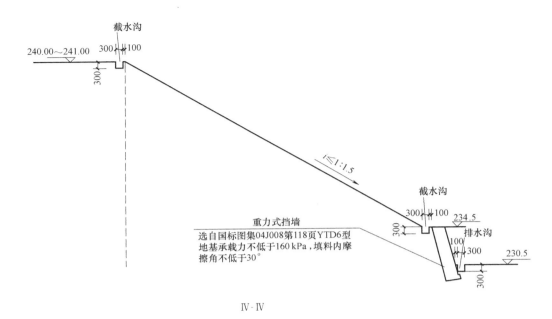

截水沟

240.00~241.00 300 100

300

≤1:1.5

截水沟

重力式挡墙
选自国标图集04J008第118页YTD6型
地基承载力不低于160 kPa，填料内摩
擦角不低于30°

300

300 100

234.5

100 300

排水沟

230.5

300

Ⅳ-Ⅳ

图 7-1-7　第一版设计的边坡剖面

3）应在总平面图中标出各阶挡墙的坡顶线与坡底线，重点核查最上阶挡墙坡顶线与道路、建筑物或其他设施的关系；

4）重点核查最上阶挡墙与永久环境边坡的关系，部分最上阶挡墙可能已经突出永久环境边坡之外，将直接影响景观效果；

5）鉴于车库外延至坡顶建筑物（道路）边缘的水平距离非常有限，结构挡墙的坡底线宜尽量靠近地下室外缘，可仅预留排水沟的距离；

6）环境边坡中的重力式挡墙应以原状土为持力层而不应坐落在回填土中，请据此核查 Ⅶ-Ⅶ 剖面坡顶重力式挡墙的可行性。

通过甲乙双方的深入交流并结合专业岩土设计单位的意见，设计单位进行了大力度优化，基本采取了两段式的边坡支挡方式，即地下车库顶板以上标高全部采用放坡开挖，一直放坡到车库顶板，地下车库埋深范围内因土质较好（下部为岩层，上部为有胶结物填充的卵石层），采用直立开挖并及时做锚杆挡墙。与原设计相比，省了近一半的锚杆挡墙，地下车库开挖及回填土方量也大大减少。见图 7-1-9～图 7-1-11。

优化无止境，只有更优，没有最优，设计单位又在第二版方案的基础上提出了第三版方案，该方案为全放坡方案，完全取消了锚杆挡墙。省了锚杆挡墙的钢筋与混凝土用量，但土方开挖量大大增加，而且因临时坡顶越过了永久边坡的坡顶很多，待地下车库肥槽及顶板覆土回填完毕后，还需从临时边坡回填至永久边坡，回填土方量巨大。但因机械挖填土方的效率很高、成本相对较低，改为全放坡方案还是能降低造价、缩短工期。

但该方案的最大劣势是边坡太宽，以致坡顶线越过了坡上建筑物边线，甚至中间平台都已越过个别坡顶建筑边线，即便坡顶建筑物有埋深4m左右的地下室，坡顶建筑物仍会有一部分坐落在临时边坡与永久边坡之间的回填土上。因此除非坡顶也随之进行场地降方，降低坡顶建筑物的正负零标高及周围道路的标高，否则将成为该方案的最大缺陷。综合整个场地的竖向设计，降低坡顶场地标高不但能解决车库这一侧的高大边坡问题，也能给山的另一侧提供一个更加平坦的场地设计，有可能是一举两得的。见图 7-1-12、图7-1-13。

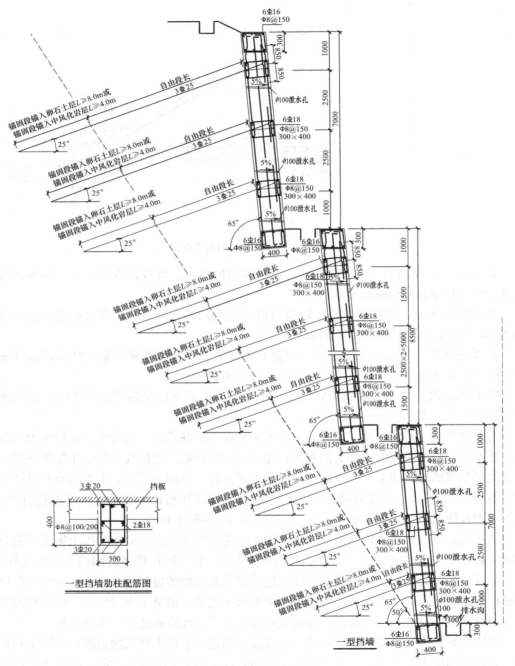

图 7-1-8　第一版设计的高大锚杆挡墙

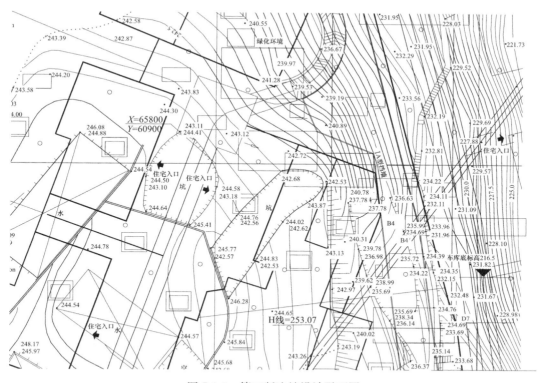

图 7-1-9　第二版边坡设计平面图

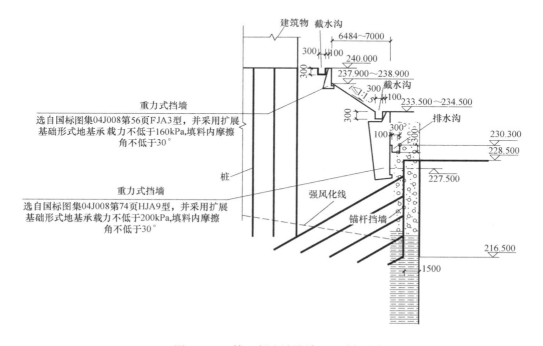

图 7-1-10　第二版边坡设计 V-V 剖面图

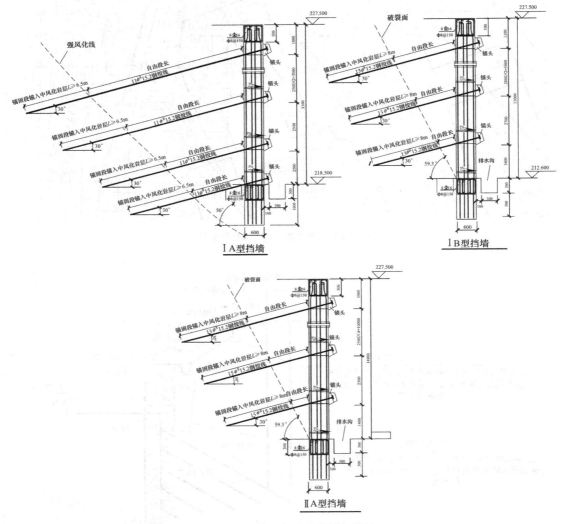

图 7-1-11　第二版设计的锚杆挡墙

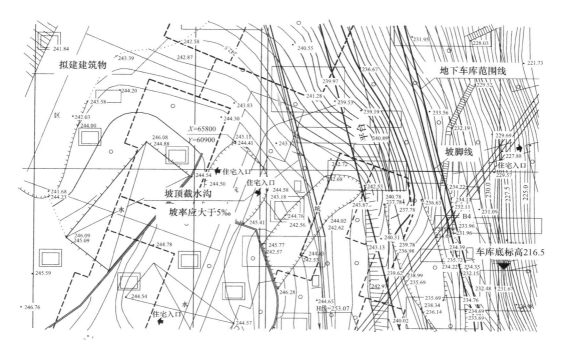

图 7-1-12　第三版边坡设计平面图

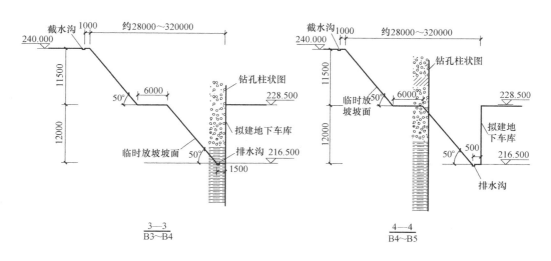

图 7-1-13　第三版边坡设计 3-3、4-4 剖面图

对于第三版设计，个人认为针对现场那种很好的土质来说坡度过缓，经现场踏勘发现，在类似土质的边坡开挖中，对于 3～4m 的边坡以近乎直立的角度开挖都具有很好的稳定性，对于这种高大边坡，虽然出于安全考虑要稍缓一些，但 60°左右的坡度还是很安全的，尤其是土质较好的下半部分，坡度更陡一些都没问题。但毕竟安全第一，设计需考虑施工中各种不利因素，因此坡度平缓一些也无可厚非。

第二节　地基基础选型的技术经济比较

地基与基础是两个不同的概念。地基是支承基础的土体或岩体，而基础则是将结构所承受的各种作用传递到地基上的结构组成部分。建筑物的全部荷载均由其下的地层来承担。受建筑物影响的那一部分地层称为地基；建筑物向地基传递荷载的下部结构称为基础。

建筑物分上部结构、基础和地基三部分，各自功能不同，研究方法各异，所以作为工程师必须对三者有清晰的概念，不能混淆。但它们又是建筑物的有机组成部分，缺一不可，既彼此联系、又相互制约。很难将地基与基础割裂开来去单独研究，所以本文在此采用地基基础选型而不是基础选型或地基选型。

如前文所述，不同的地基基础形式，其造价差别可能在成百上千万的级别，优化空间远比上部结构大。因此岩土结构优化的首要目标和任务就是要做好地基基础的选型。而这一点恰是许多结构优化大师所漠视和忽略的，反倒是建研院地基所在这方面拥有相当多的成功经验，尤其是其灌注桩后注浆工艺及伴随长螺旋钻孔灌注桩工艺而诞生的 CFG 桩复合地基处理方式，使地基所在与甲方合作当中每一项目都可为甲方节省了成百上千万的工程造价，有关工程案例比比皆是。

岩土工程具有高度的复杂性及不确定性，必须坚持"因地制宜"、"具体情况具体分析"，不能形成思维定式，按经验行事。在确定岩土工程设计方案时，必须坚持多方案技术经济比较，从中选择结构可靠、经济合理、施工方便的岩土设计方案。

在地基基础选型中，大体可按天然地基—换填、强夯等地基处理—复合地基—桩基础顺序优先选择，并综合考虑加大埋深后的地下空间利用及与地基处理、桩基方案的技术经济比较，从中选择适合特定项目的最优方案。但同样不可将此教条化，同样需遵循"因地制宜"及"具体情况具体分析"的原则。比如在沿海一带，就存在预应力管桩方案比地基处理甚至天然地基还经济的案例。

针对较复杂的地形，可在详勘及上部荷载计算出来后进行基础形式论证。基础论证要综合考虑地基处理及基础承台或筏板的总费用。如：一般来说，强夯地基较便宜，但由于承载力低，基础体积较大；预制桩稍贵，承载力稍高，基础承台体积减小；挖孔桩最贵，承载力却数倍于预制桩，基础承台体积有时能显著小于前两者。因此，需要根据地基承载力及上部荷载情况进行具体计算，才能得出最优化的方案。

鉴于岩土工程的复杂性、不确定性及地域的差异性，很难为各类建筑制定一套通用的地基基础方案，这就为岩土工程设计的标准化带来很大障碍。但同一地域的工程地质条件往往具有一定的类似性，这或许能为标准化工作提供一些思考，并为类似工程提供借鉴。但需注意的是，同一地域的工程地质条件虽然具有广义上的共性，但个体区域间的差异性还是普遍存在，在某些情况下甚至差异很大。因此关于岩土工程标准化的任何结论都只是经验之谈，只能作为有限的参考而不能忽视个体差异来照抄照办。处理岩土工程问题的基本原则只能是"因地制宜"、"具体情况具体分析"。但通过笔者多年来的理论与实践经验，还是可以总结出一些规律性的东西供大家探讨。

以下将结合北京地区有代表性的工程地质与水文地质条件对各类建筑（主要是不同层数或高度）的地基基础方案进行总结和梳理，以期做到心中有数。

北京地区的地下水位较低，各地层承载力相对较高，属中、低压缩性土，且地基承载力基本呈随深度增长的态势，基本无软弱下卧层，因此地质条件对建筑工程比较有利。因整体建筑结构方案对地基基础方案影响很大，故本文只针对不与裙房或地下车库相连的单体建筑作为研究对象。对于与裙房或地下车库连为整体的大底盘建筑的地基基础方案，因情况复杂多变，无规律可循，故不在本章节的研究范围之内。

一、三层及以下的别墅类建筑

三层及以下的别墅类建筑，属于低层住宅的范畴。从适用高度及造价考虑，本应是砌体结构的适用范围，但因别墅类产品往往追求新、奇、特，体型、立面及平面布局灵活多变，砌体结构有时难以适应，故往往采用钢筋混凝土结构。当然，也不乏有较为规则的砌体结构别墅类建筑。

对于 1～3 层的低层住宅，基底总压力较小，对持力层土质的要求一般不高。除基础埋深范围内为淤泥、淤泥质土或回填土等软弱土层外，大多数别墅类建筑均可采用天然地基。是否设地下室对基础形式影响较大，现分别讨论。

1) 不设地下室时

一般来说采用墙下条基/柱下独基均可满足天然地基承载力要求，无非是基础宽度与埋深大小的问题。当地基承载力高时可减小基础宽度或埋深，而当地基承载力低时则需增加基础宽度或埋深。总之均可通过调整基础埋置深度及基础宽度而采用天然地基。当然，也可通过增加基础埋深来减小基础宽度，反之亦然。当持力层土质较好时，基础宜尽量浅埋。

2) 设地下室

当建筑设计要求设地下室时，基础形式一般有两类，即整体式筏基方案及独立柱基/条基加防水板方案。

当采用整体式筏基方案时，理论上任何土质均可满足承载力要求，但当持力层土层为淤泥、淤泥质土或回填土等软弱土层时，除需满足承载力要求外，尚需考虑地基变形与差异变形的影响；

当采用独立柱基/条基加防水板方案时，若持力层承载力较高（不小于 130kPa），采用基础与防水板顶部平齐的方法可基本满足天然地基承载力的要求；但若持力层承载力不高（不大于 110kPa）时，可能需采取特殊措施（如增加基础高度或将基础下沉与防水板分开设置）才可满足天然地基承载力要求。

二、4～6 层的多层建筑

4～6 层的多层建筑，因基本在砌体结构的适用高度范围之内，且砌体结构较钢筋混凝土结构有明显的成本优势，故 4～6 层的多层建筑的上部结构多以砌体结构为主。但对于高档多层花园洋房，出于产品创新等营销方面的考虑，体型、立面、平面布局往往较为复杂，砌体结构有时难以应付，故而采用钢筋混凝土结构。

因多层住宅的总基底压力不大，故应优先考虑天然地基。当持力层为砂质土层且承载力较高（不小于 150kPa）时，可不设地下室，直接在天然地基上做柱下独基/墙下条基即可满足承载力要求，且砂质土层颗粒越粗所需基础埋深或基础宽度越小，但最小基础埋深应大于嵌固深度及冻结深度。

当天然地基承载力不满足要求时，也不必急于考虑地基处理或桩基方案，此时应综合考虑增加基础埋深与地下空间应用的综合经济效益。如果地下空间有开发利用价值，且增加基础埋深或设地下室后能避免地基处理或桩基，不妨采取增设地下室或增加地下室层数的方案。

从结构工程角度，增加基础埋深对地基承载力的贡献有二：其一，可能使基础落在更好的持力土层上；其二，可增大天然地基承载力的深度修正值。对变形控制而言，增加基础埋深可降低基底附加压力（准永久组合下的基底总压力减去原状土的自重应力），从而减小地基变形。

但建筑场地狭窄或周边建筑物、市政管线距离较近时则要慎重采用，因为支护结构的费用及风险可能会因此大幅增加。

三、7～9 层的小高层建筑

在此高度范围内的小高层建筑，如果持力层土层为承载力特征值在 180kPa 以上的中砂、粗砂、砾砂或碎石土，则仍可不做地下室，直接在天然地基上做独立柱基/条基即可满足承载力的要求。

当不满足上述条件时，如果持力层为非软弱土层且承载力特征值在 100kPa 以上，通过设单层地下室并采用整体式筏基方也可满足天然地基承载力要求。或不设地下室而采用柱下独基/墙下条基下局部地基处理的方案。二者需要结合项目实际情况及地下空间的有效利用进行综合的技术经济比较来确定适合特定项目的最优方案。

如果持力层土质较差（如淤泥、淤泥质土、人工填土、e 或 I_L 大于等于 0.85 的黏性土），通过设单层地下室也无法满足天然地基承载力要求时，可考虑两种解决方案：其一是单层地下室下采用人工地基，其二是设双层地下室将基础置于更好的土层上。需结合项目实际情况及地下空间的有效利用对上述两方案进行综合的技术经济对比，从中选择最优方案。

四、10～11 层的高层建筑

住宅层数达到 10 层后，根据有关建筑及结构规范均已列入高层建筑范畴，需执行更严格的标准如《高层民用建筑设计防火规范》及《高层建筑混凝土结构技术规程》，其他仍然适用的标准也在很多方面针对高层建筑提出更高的要求。如抗震等级、耐火等级、防火间距、安全出口、消防供电、公共区应急照明、消防车道，甚至建筑功能布局及建筑构造等方面都较 10 层以下住宅建筑有较高或较新的要求。

有关地基基础方案与 7～9 层住宅建筑类似，但采用天然地基时对有关持力层的承载力要求会稍高一些。即持力层土层为承载力特征值在 200kPa 以上的中砂、粗砂、砾砂或碎石土，可不做地下室，直接在天然地基上做独立柱基/条基；承载力特征值在 120kPa 以上的其他非软弱土层，通过设单层地下室并采用整体式筏基方可满足天然地基承载力要求。

五、12～18 层的高层建筑

对于 12～18 层的高层建筑，不设地下室而采用天然地基的方案几乎不可能。而建筑物达到这个高度后，规范规定的最小嵌固深度也差不多 3.0m 左右，因此做单层地下室可能会是综合技术经济效果较高的选择。在此前提下，如果持力层土质为砂质土层且承载力特征值不小于 100kPa，则天然地基上的整体式筏基方案可满足承载力要求，不必考虑地基处理，但有软弱下卧层或地基主要受力范围内存在中高压缩性土时，需验算地基变形是否满足要求。如果持力层土质为黏性土，即便承载力较高，单层地下室方案也很难满足天然地基承载力要求，需要考虑地基处理或地下室加层的方案。最终选取何种方案，应该通过综合的技术经济比较后决定。

六、19～34 层的高层建筑

对于 19～34 层的高层建筑，规范规定的最小嵌固深度约为 3.6～6.5m 左右，设地下室是必然的，甚至可能需要设置双层地下室。

在这个高度范围内，除非持力层土质为中砂以上粒径的粗颗粒土层，且承载力特征值在 200kPa 以上，或持力层土质为粉砂以上粒径的砂质土层、承载力特征值在 170kPa 以上且采用双层地下室外（这两种情况仍可采用整体式筏基下的天然地基），其他情况均无法满足天然地基承载力的要求，而需采用地基处理或桩基方案。但采用天然地基时需验算地基变形是否满足要求。

当天然地基无法满足承载力要求时，应优先考虑地基处理，地基处理的方式较多，北京地区最常用为 CFG 桩复合地基。当基底持力层土质较差或长螺旋钻成孔比较困难时，可考虑桩基。

七、35 层、100m 以上的超高层建筑

对于超高层建筑，天然地基与地基处理一般都难以满足承载力与变形要求，故北京的超高层建筑基本都采用桩基。超高层建筑因对承载力与变形要求更高，采用后注浆技术可在桩长不变的情况下大幅提高单桩承载力，从而可起到减少桩数、加大桩距、减小群桩效应等综合效应，且对变形控制非常有利。因此北京的高层、超高层建筑当采用桩基方案时大都采用后注浆技术，就北京的地质情况而言，后注浆技术可将单桩承载力提高 50%～100%，由此增加的费用不到 10%，技术经济效果比较显著。故北京的超高层建筑桩基大都采用后注浆技术。

以上是针对北京地区比较有代表性的岩土地质情况所做的概括分析。对于岩土地质情况较差的地区，思考方法又有所不同。

天津属于比较典型的沿海地区软弱地基，地下水位相对较高。因此，天津地区的地基基础型式以天然地基、减沉复合疏桩基础及桩基为主。由于土质较差，尤其是浅层土的地基承载力不高，持力层土层桩间土的承载力对复合地基的总承载力贡献有限，故在北京广泛应用的 CFG 桩复合地基在天津地区则较为少见（但也并不绝对，位于天津空港物流加工区的宝硕门窗发展有限公司的厂房地基即采用 CFG 桩复合地基，虽然复合地基检测时承载力与变形都满足要求，但其长期沉降是否满足要求则有待于观察）。

一般单层、低层、多层建筑，当建筑结构对整体沉降要求不严、对差异沉降不敏感时，且基础埋置深度附近有较理想的持力土层且无软弱下卧层时，可考虑采用天然地基。

当承载力基本能满足要求、或虽不满足要求但相差不多，但地基变形不满足要求时，可采用减沉复合疏桩基础。此时疏桩的作用以控制建筑物变形为主，以提高承载力为辅。天津华明工业园有一车间即采用减沉复合疏桩基础，试桩检测及建筑沉降观测结果都满足要求。

当天然地基及减沉复合疏桩基础都无法满足地基承载力或变形要求时基本是采用桩基，这也是天津地区应用最广的基础型式。桩基又有多种桩型及成桩工艺可供选择，应结合适宜性、经济性及外界限制条件综合确定，具体可见下一节有关内容。

综上所述，高层建筑若场地适合优先考虑天然地基，其次考虑地基处理，当地基处理仍然无法满足承载力与沉降要求时，可考虑桩基础。采用桩基础时，桩基选型至关重要。应根据规范规定、建构筑物结构特点、地质情况、工期要求、成本分析及现场条件等，用科学的方法来选择桩型、设备和成桩工艺，用最佳的设备、工艺，在保证质量、工期、安全的情况下产出最佳的效益。

当采用桩基方案时，应优先选用承台梁加防水板型式，尽量采用墙下布桩。当墙下布桩方式无法实现时，可考虑桩筏基础。梁板式筏基的筏板厚度以满足抗冲切要求进行控制，平板式筏基的筏板厚度应结合结构抗弯配筋量大小及抗冲切要求综合确定，当荷载较大时应增设柱墩以解决抗冲切的问题，不应单纯采取加厚筏板的方式去解决冲切问题；当地下水位埋藏较深，防水板为构造设置时，防水板厚度可取 250mm；高层建筑最底层地下室的后砌隔墙基础应明确从筏板上砌筑。

高层建筑采用筏板基础时，尽量采用平板式筏基，不设地梁，采用筏板有限元法进行计算。

当采用独立柱基加防水板体系时，防水板应与基础顶平。

当主楼基础埋深较深，且周边有贴建裙房时，裙房基础应落在原状土层上，并应与主楼基础同期施工。避免二次开挖、二次回填。特殊情况当经过成本测算有更为经济的解决方案时，择优选用。

第三节 地基处理方案的技术经济比较与优化

当天然地基难以满足承载力或变形控制要求时，则需要考虑地基处理甚至桩基方案，一般来说，地基处理较桩基要经济，但也不能绝对化（在某些情况下，当采用预应力管桩墙下布桩或柱下承台一柱一桩时，能收到比地基处理更经济的效果）。

地基处理方法的正确选择至关重要，必须做到安全适用、技术先进、经济合理、确保质量。且需做到因地制宜、就地取材、保护环境和节约资源。从设计优化的角度，就是在保证安全适用的前提下最大限度地降低工程造价。

所以选择地基处理方案，必须进行多方案的技术经济比较，并结合质量控制及工期要求优选最佳方案。需结合上部结构与基础形式、基底压力与分布情况、地基主要受力层的土质及其承载力与变形参数情况、地下水位的高低及其埋藏情况、场地的地形、地貌及其地上附着物的情况、场地周边建筑与市政管线的情况、项目工期的要求等进行综合的技术经济比较与分析，且必须坚持因时因地制宜的原则。

地基处理的方法很多，《建筑地基处理技术规范》JGJ 79—2012 给出了换填垫层、预压地基、压实地基和夯实地基、复合地基、注浆加固及微型桩加固共六大类地基处理方法。而《地基处理技术发展与展望》则列出了 8 大类共 45 种地基处理方法。往往令岩土/结构工程师眼花缭乱、无所适从。但如果从各种地基处理方法的适宜性（最适宜与最不适宜）及经济性出发，可以迅速地进行排除和优选。比如预压法耗时长且处理后的承载力有限，故工期紧不能用，对承载力要求高时不能用，最适合大范围地面荷载下的地基处理，如堆场、仓库地面、机场、码头、路基、储油罐等，房地产开发类项目由于工期紧且一般对地基承载力要求较高，很少采用预压法；强夯法最适合处理地下水位以上的深厚杂填土地基，对于较为松散的碎石土、砂土、低饱和度的粉土与黏性土、湿陷性黄土及素填土也比较适合。但对于饱和度较高的粉土和黏性土因处理效果不佳而不适合；对于浅层土质较差的地基则因经济性不佳而不适合；当周围环境对振动或噪声比较敏感且距离场地较近时，强夯法也不适合。

因此地基处理的核心问题不是具体某种地基处理方法自身的问题，而是如何选择最佳地基处理方式的问题，重在过程而不是结果。处理方法一经确定，有关造价、工期等开发商、投资商最关键的指标及对质量、安全的控制程度也基本确定，不会有大的变化。在选择时，需要综合考虑如下各种影响因素：

1）建筑物的体型、结构受力体系、建筑材料的使用要求，负荷承载的大小、布局和深度，基底压力、天然地基承载力、稳定安全系数、变形容许值。

2）地基土的类别、加固深度、上部结构要求、周围环境条件、材料来源、施工工期、施工队伍技术素质与施工技术条件、设备状况和经济指标。

3）对地基条件复杂、需要应用多种处理方法的重大项目还要详细调查施工区内地形及地质成因、地基成层状况、软弱土层厚度、不均匀性和分布范围、持力层位置及状况、地下水情况及地基土的物理和力学性质。

4）施工中需考虑对场地及邻近建筑物可能产生的影响、占地大小、工期及用料等。只有综合分析上述因素，坚持技术先进、经济合理、安全适用、确保质量的原则拟定处理方案，才能获得最佳的处理效果。

地基处理方法选择的基本步骤如下：

1）做好详细资料收集与分析整理工作。

收集并了解地方标准、地方性法规、地方政府规章对某些地基处理方法、工艺或材料的否定性、限制性要求；搜集详细的岩土工程勘察资料、上部结构及基础设计资料等；根据工程的要求和采用天然地基存在的主要问题，确定地基处理的目的、处理范围和处理后要求达到的各项技术经济指标等；结合工程情况，了解当地地基处理经验和施工条件，对于有特殊要求的工程，尚应了解其他地区相似场地上同类工程的地基处理经验和使用情况；调查邻近建筑、地下工程和有关管线等情况；了解建筑场地的周边环境情况。

2）从适宜性出发初选几种可行方案。

应根据建筑的结构类型、荷载大小及建筑的使用要求，结合地形地貌、地层结构、土质条件、地下水特征、环境情况和对邻近建筑物的影响等因素进行综合分析，初步选出几种可供考虑的地基处理方案，包括两种或多种地基处理措施组成的综合处理方案，尤其是当岩土工程条件较为复杂或建筑物对地基要求较高时，采用单一的地基处理方法往往满足不了设计要求或造价较高时，两种或多种地基处理措施组成的综合处理方法有可能会是最佳选择。

3）对初选方案进行综合的技术经济比较以确定最终方案。

对初步成型的各种地基处理方案，分别从加固原理、适用范围、预期处理效果、耗用材料、施工方式、工期要求和对环境的影响等方面进行技术经济分析和对比，选择最佳的地基处理方法。

4）测试方案。

对已选定的地基处理方法，需按建筑物地基基础设计等级和场地复杂程度，在有代表性的场地上进行相应的现场试验或试验性施工，并进行必要的测试，以检验设计参数和处理效果。如达不到设计要求时，应查明原因，修改设计参数或调整地基处理方法。

以下介绍几种常用地基处理方法的适宜性与经济性分析。

一、换填垫层法

换填垫层法适用于浅层软弱土层或不均匀土层的地基处理，换填厚度不宜超过 3.0m，否则就不经济。而且换填垫层的地基承载力有限，采用碎石、卵石及矿渣等优质换填材料时，其承载力特征值最大不超过 300kPa，而且如果没有现场载荷试验作为支撑，一般的勘察设计单位不敢采用 300kPa 的上限值，某些城市的质监部门有时也会干预。虽然规范对换填垫层法也允许进行深度修正，但规定宽度修正系数取 0，深度修正系数取 1.0，且一般的勘察设计单位都不敢或不愿进行深度修正。综上所述，当换填深度大于 3.0m 或基底压力大于 250kPa 时，就要慎用换填垫层法。

对于较深厚的软弱土层，当仅用垫层置换基底以下一定深度的软弱土层时，下卧软弱土层在附加压力作用下的长期变形可能依然很大。尤其是对于淤泥、淤泥质土、泥炭、泥炭质土等饱和软黏土，虽然采用垫层置换上层软土后可解决承载力的问题，但不能解决长期变形过大的问题。尤其当建筑物体型复杂、整体高度差、荷载分布不均及对差异变形敏感的建筑，均不能采用浅层局部换填的处理方法。

一般而言，当浅层地基存在素填土、杂填土而需要处理，或局部土质情况有异存在薄弱层时，若建筑物对地基承载力要求不高、采用浅层换填可满足地基持力层与下卧层承载力要求时，可优先选用换填法；或者建筑物基底范围内存在松软填土、暗沟、暗塘、古井、古墓或其他坑穴时，可优先选用换填法。

换填材料可选用砂石、灰土、矿渣、粉煤灰甚至粉质黏土。当本场地存在适宜作为换填材料的岩土层时，应优先考虑就地取材，以节省换填材料外购及运输成本。

【案例】　邯郸某项目，均为三层别墅带一层地下室，基底标高−4.44m，基底压力约为 70kPa，设计拟定基础持力层为第②层粉土层，承载力特征值为 100kPa。由于该项目存在较厚的杂填土层，多数别墅开挖至基底未到持力层，故原设计的换填措施是："将基底杂填土全部挖出，基础垫层下设 600mm3：7 灰土，以下为 1：9 灰土，压实系数为 0.97"。由于集中车库防水板埋深比主楼筏板底深 1.50m、独立柱基处比主楼筏板深

2.10m，故车库基槽开挖时挖出大量的第②层粉土。因别墅对地基承载力的要求并不高，只要能将压实系数控制在0.97以上，粉质黏土换填垫层也可达到130～180kPa的承载力。故车库挖出的第②层粉土层（塑性指数$I_p=9.7$，接近粉质黏土，天然含水率为26.8%）很适合作为别墅主楼的换填材料，且可实现车库基坑弃土就地消纳、就地取材。故优化设计便将换填材料由3∶7灰土（600mm以内）及1∶9灰土（超出600mm深的部分）改为粉土或粉质黏土，仅此一项即节约造价数百万元。

换填垫层的地基承载力与回填材料及压实系数直接相关，各种换填材料的压实系数要求见表7-3-1，相应的承载力特征值与压缩模量分别见表7-3-2和表7-3-3。

各种垫层的压实标准 表 7-3-1

施工方法	换填材料名称	压实系数
碾压 振密 或、夯实	碎石、卵石	0.94～0.97
	砂夹石（其中碎石、卵石占全重的30%～50%）	
	土夹石（其中碎石、卵石占全重的30%～50%）	
	中砂、粗砂、砾砂、角砾、圆砾、石屑	
	粉质黏土	
	灰土	0.95
	粉煤灰	0.90～0.95

注：1. 压实系数 λ_c 为土的控制干密度 ρ_d 与最大干密度 ρ_{dmax} 的比值；土的最大干密度宜采用击实试验确定；碎石或卵石的最大干密度可取 $2.1t/m^3～2.2 t/m^3$；
   2. 表中压实系数 λ_c 系使用轻型击实试验测定土的最大干密度 ρ_{dmax} 时给出的压实控制标准，采用重型击实试验时，对粉质黏土、灰土、粉煤灰及其他材料压实标准应为压实系数 $\lambda_c \geqslant 0.94$。

垫层的承载力 表 7-3-2

换填材料	承载力特征值 f_{ak}(kPa)
碎石、卵石	200～300
砂夹石（其中碎石、卵石占全重的30%～50%）	200～250
土夹石（其中碎石、卵石占全重的30%～50%）	150～200
中砂、粗砂、砾砂、圆砾、角砾	150～200
粉质黏土	130～180
石屑	120～150
灰土	200～250
粉煤灰	120～150
矿渣	200～300

垫层模量 表 7-3-3

模量 垫层材料	压缩模量	变形模量
粉煤灰	8～20	
砂	20～30	
碎石、卵石	30～50	
矿渣		35～70

注：压实矿渣的 E_0/E_s 比值可按 1.5～3.0 取用。

二、强夯法

强夯法根据单击夯击能的大小（1000～12000kN·m），处理深度在3.0～11.0m不等，单击夯击能越大，有效加固深度越大。具有加固效果显著、适用土类广、设备简单、施工方便、节省劳力、施工期短、节约材料、施工文明及施工费用低等优点。对于碎石土、砂土、低饱和度的粉土与黏性土、湿陷性黄土、素填土和杂填土等地基，处理效果良好。但对于高饱和度的粉土与软塑～流塑的黏性土地基，不宜采用，当工程对变形控制不严时，也可采用强夯置换法。

强夯法施工中的振动和噪声会对环境造成一定影响，这一点在某些地区甚至成为限制使用主要原因。当附近有建筑物或市政管线时，强夯施工所引起的振动和侧向挤压会对邻近的建筑物、市政管线等产生不利影响，应采取挖隔振沟等隔振或防振措施。

当场地地下水位高时，可能会影响施工或夯实效果，此时应采取降水或其他技术措施进行处理。

目前国内强夯工程应用的夯击能已经达到 18000kN·m，使其有效加固深度进一步提高（夯击能超过 12000kN·m，其有效加固深度应通过试验确定）；在软土地区开发的降水低能级强夯和在湿陷性黄土地区采用的增湿强夯，进一步拓宽了强夯法的应用范围。

强夯法最适宜处理深厚填土地基。对于深厚填土地基，换填垫层法的经济性大大降低，而复合地基或桩基又存在负摩阻力的问题，预压法则耗时长、效果差，强夯法就成为首选方案。

强夯法一般采用先点夯后满夯的处理方式。夯击遍数应根据地基土的性质确定，可采用点夯 2～3 遍，对于渗透性较差的细颗粒土，必要时夯击遍数可适当增加。最后再以低能量满夯 1～2 遍，满夯可采用轻锤或低落距锤多次夯击，锤印搭接。

夯击点位置可根据基底平面形状，采用等边三角形、等腰三角形或正方形布置。第一遍夯击点间距可取夯锤直径的 2.5～3.5 倍，第二遍夯击点位于第一遍夯击点之间，以后各遍夯击点间距可适当减小。对处理深度较深或单击夯击能较大的工程，第一遍夯击点间距宜适当增大。

每遍夯击中各夯点的夯击次数，应按现场试夯得到的夯击次数和夯沉量关系曲线确定，并应同时满足下列条件：

1）最后两击的平均夯沉量不宜大于下列数值：当单击夯击能小于 4000kN·m 时为 50mm；当单击夯击能为 4000～6000kN·m 时为 100mm；当单击夯击能大于 6000kN·m 时为 200mm；

2）夯坑周围地面不应发生过大的隆起；

3）不因夯坑过深而发生提锤困难。

两遍夯击之间应有一定的时间间隔，间隔时间取决于土中超静孔隙水压力的消散时间。当缺少实测资料时，可根据地基土的渗透性确定，对于渗透性较差的黏性土地基，间隔时间不应少于 3～4 周；对于渗透性好的地基可连续夯击。

强夯处理范围应大于建筑物基础范围，每边超出基础外缘的宽度宜为基底下设计处理深度的 1/2 至 2/3，并不宜小于 3m。

【案例】 山东章丘某居住类项目，总建筑面积 20 万 m^2，业态类别有 Townhouse（3 层无地下室）、花园洋房（5 层无地下室）、点式住宅（8 层无地下室）及小高层住宅（11、12 层带 1～2 层地下室）等。持力层因基础埋深不同而不同，分别为第②层黄土状粉质黏土、③层黄土状粉土和第④层粉质黏土。其承载力特征值分别为 $f_{ak}=130$kPa、$f_{ak}=135$kPa 和 $f_{ak}=155$kPa。

勘察报告建议采用天然地基，片筏基础，基础持力层可选用第②层黄土状粉质黏土、

③层黄土状粉土和④层粉质黏土及其夹层，为提高地基承载力，减小建筑物沉降，消除黄土状土湿陷性，建议采用强夯法处理地基；当地基软硬不均，建议采用换填强夯法处理，若相邻基底高差较大，需填方时，可采用强夯法处理。对 Townhouse 和公建，可直接采用天然地基，如需填方时，可采用强夯法处理。

图 7-3-1 为 8 层点式住宅第一遍与第二遍强夯布点施工图。与勘察报告建议不同的是，因为没有地下室，基础形式采用了条形基础，进一步降低了工程造价。图中圆圈内的数字 1、2 分别为第一遍夯点与第二遍夯点。最外圈的闭合轮廓线为强夯范围轮廓线，内圈的闭合轮廓线为基础外缘线，二者距离不小于 3.0m。

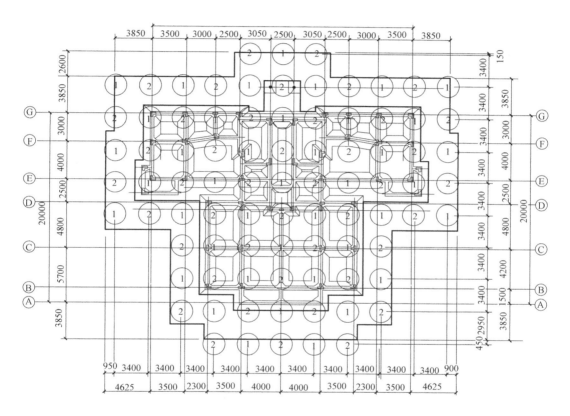

图 7-3-1　山东章丘强夯布点平面图

【案例】　国际上用强夯法处理的第一个工程用于处理滨海填土地基。该场地表层为新近填筑的约 9m 厚的碎石填土，其下是 12m 厚疏松的砂质粉土。场地上要求建造 20 栋 8 层居住建筑。由于碎石填土为新近填筑，当采用桩基时，负摩阻力将占单桩承载力的 60%～70%，很不经济。后采用堆载预压法处理地基，堆土高度 5m，历时 3 个月，只沉降 200mm。最后改用强夯法处理，单位夯击能为 1200kN·m/m²，只夯击一遍，整个场地平均夯沉量达 500mm。建造的 8 层居住建筑竣工后，其平均沉降仅为 13mm。

在工程实践中，采用强夯处理后的表层土密实度往往比下层土差，这主要与施工工艺有关。建议在最后的低能量满夯阶段，采用质量较小的夯锤，多次锤击，锤印搭接，且低能量满夯的遍数不宜少于 2 遍。

三、预压地基

预压法包括堆载预压法和真空预压法。通常，当软土层厚度小于 4.0m 时，可采用天然地基堆载预压法处理，当软土层厚度超过 4.0m 时，为加速预压过程，应采用塑料排水带、砂井等竖井排水预压法处理地基。必要时可采用真空加堆载联合预压。对真空预压工程，必须在地基内设置排水竖井。

真空预压是在软土地基一定深度内制作一系列竖向排水体，地面铺设砂垫层，再用不透气的薄膜覆盖在砂垫层上，使之成为一个封闭区，然后通过抽气系统抽排封闭区的气水流体，使密封膜内外产生一定压力差，此压力差即施加于地基表面的外荷载。土体随压力差的增加和预压时间的延续而固结，从而使地基强度增加，压缩性减小。真空预压能达到的预压荷载一般不大于 80kPa，预压力可一次加上，也不致产生地基失稳破坏。

真空与堆载联合预压是在抽真空的基础上进行堆载，以达到更高的承载力。

排水竖井的间距可根据地基土的固结特性和预定时间内所要求达到的固结度确定。设计时，竖井的间距可按井径比 n 选用（$n=d_e/d_w$，d_w 为竖井直径，对塑料排水带可取 $d_w=d_p$）。塑料排水带或袋装砂井的间距可按 $n=15\sim22$ 选用，普通砂井的间距可按 $n=6\sim8$ 选用。

排水竖井的深度应根据建筑物对地基的稳定性、变形要求和工期确定。对以地基抗滑稳定性控制的工程，竖井深度至少应超过最危险滑动面 2.0m。对以变形控制的建筑，竖井深度应根据在限定的预压时间内需完成的变形量确定。竖井宜穿透受压土层。

预压法处理地基必须在地表铺设与排水竖井相连的砂垫层，砂垫层厚度不应小于 500mm。砂垫层砂料宜用中粗砂，黏粒含量不宜大于 3%，砂料中可混有少量粒径小于 50mm 的砾石。砂垫层的干密度应大于 1.5g/cm³，其渗透系数宜大于 1×10^{-2}cm/s。砂井的砂料应选用中粗砂，其黏粒含量不应大于 3%。

预压荷载大小应根据设计要求确定。对于沉降有严格限制的建筑，应采用超载预压法处理，超载量大小应根据预压时间内要求完成的变形量通过计算确定，并宜使预压荷载下受压土层各点的有效竖向应力大于建筑物荷载引起的相应点的附加应力。

堆载预压处理地基设计的平均固结度不宜低于 90%，且应在现场监测的变形速率变缓时方可卸载。

预压法适用于处理淤泥质土、淤泥和冲填土等饱和黏性土地基。对于在持续荷载作用下体积会发生很大压缩、强度会明显增长的土，而又有足够时间进行预压时，这种方法特别适用。对超固结土，只有当土层的有效上覆压力与预压荷载所产生的应力水平明显大于土的先期固结压力时，土层才会发生明显的压缩。竖井排水预压法对处理泥炭土、有机质土和其他次固结变形占很大比例的土效果较差，只有当主固结变形与次固结变形相比所占比例较大时才有明显效果。

就工程应用而言，预压法比较适合大面积荷载如堆场、路基、机场场道、码头、储油罐等地基的处理，或者作为多种处理方法复合方案的预处理工艺。

淤泥、淤泥质土等饱和软黏土的天然孔隙比大（大于 1）、天然含水量高（大于液限，呈流塑状态），压缩性高，渗透性小，承载力低，触变敏感以及受力后沉降稳定时间长。要想将软土的承载力提高，压缩性降低，只有将土中的水排出，使土中固体颗粒压密才能达到目的。故饱和软黏土自身的改良与加固关键在于排水固结。

刚性桩复合地基与桩基虽然可以应用，但需要穿透饱和软黏土层而进入更好的土层，所利用的是软黏土层以下更好土层的侧阻与端阻贡献，而无法有效利用软黏土层深度范围内软黏土的侧阻承载力，也无法改良或加固软黏土的土质。

非但如此，一旦地下水位降低或软黏土层的上覆压力大于其先期固结压力，饱和软黏土即会发生以固结为主的沉降，相对于复合地基的竖向增强体或桩基发生向下的位移。对于复合地基会使桩间土与基础脱空，原本由桩间土分担的荷载全部转移到增强体，且桩间土下沉还会对增强体产生额外的下拉力，当超出增强体的承载能力时，增强体会首先失效破坏，导致结构安全问题；对于常规桩基，虽不会因桩间土与基础脱空而产生严重的质量安全问题，但软黏土层的侧摩阻力同样不能利用，而且需考虑负摩阻力，尤其当饱和软黏土层较厚时，所需的桩长较长但有效部位的桩长却占比不大，很不经济。

而且对饱和软黏土而言，即便对于场地内各建筑物之间的景观、道路、广场等无上覆荷载的地区，不经处理而直接应用也存在很大的地面沉降风险，对广场、道路及埋置的各类管线都有可能造成破坏。

这种风险主要来自饱和软黏土内含水率的降低。地下室开挖会形成排水竖井效应，会导致饱和软黏土中的孔隙水向基坑内流动，而且这一进程在基坑回填后、建筑物使用期间仍会持续。大气降水减少、地表土水分的蒸发、植物的吸收及蒸腾作用，均会导致软黏土含水率的降低，与之相伴的就是软黏土的固结沉降。因此对于饱和软黏土场地，如果不加处理就直接利用，地面沉降就是必然的。当饱和软黏土存在上覆压力时，地面沉降会更明显。

【案例】 福建莆田市某滨海化纤厂项目，2-1淤泥层和2-2淤泥质层相加厚度在1.8～16.2m。9号勘探孔孔淤泥厚度为1.8m，上覆土层厚度为3.15m，仅在3.15m厚上覆土层压力下的变形即为185mm。

9号勘探孔沉降计算 表7-3-4

孔号	9	V-V剖面									
土层	深度(m)	浮重度(kN/m³)	上覆压力(kPa)	附加压力(kPa)	压力之和(kPa)	土层厚度(mm)	e_{0i}	e_{1i}	ξ	沉降量(mm)	总沉降量(mm)
1-1填土层	1.0	8.84	4.42	56.7	61.12	1000	0.811	0.764	1.00	25.84419	184.99
2-1淤泥	2.8	6.43	15.994	56.7	72.694	1800	1.434	1.275	1.35	159.14095	

148号勘探孔淤泥和淤泥质厚度为16.2m，上覆土层厚度为5.50m，仅在5.5m厚上覆土层压力下的变形高达1320mm，即便对于场地内的景观种植区，也难以承受这么大的沉降量。

148号勘探孔沉降计算 表7-3-5

孔号	148	Ⅶ-Ⅶ剖面									
土层	深度(m)	浮重度(kN/m³)	上覆压力(kPa)	附加压力(kPa)	压力之和(kPa)	土层厚度(mm)	e_{0i}	e_{1i}	ξ	沉降量(mm)	总沉降量(mm)
1-1填土层	0.6	8.84	2.652	99	101.652	600	0.813	0.743	1.00	22.93	
2-1淤泥	6.5	6.43	40.589	99	139.589	5900	1.358	1.159	1.35	674.31	1320.68
2-2淤泥质	16.8	6.52	107.745	99	206.745	10300	1.107	1.009	1.30	623.44	

以上计算仅仅是上覆土的荷载导致淤泥和淤泥质的压缩变形引起的地面沉降，如果场地存在填方、料场堆载或其他附加荷载时，地面沉降还会增大。故不对饱和软黏土（淤泥和淤泥质土）进行预处理，将会产生很多难以预料的不利影响。

预处理的最佳方案就是预压法的排水固结。预压法对消除饱和软黏土的主固结沉降尤其有效，是其他地基处理方法所难以企及的。

预压法最大的缺陷是工期长，一般需 3～6 个月甚至更长时间，在建设周期的计划安排上必须充分考虑预压处理的时间，否则将会付出高昂的建造成本，形成花重金买时间的局面。表 7-3-6 为上述福建莆田项目不同软土厚度及排水板间距下达到 85％固结度所需要的堆载时间。

不同排水板间距达到 85％固结度所需时间

表 7-3-6

软黏土厚度	排水板间距 1.0m		排水板间距 0.9m		排水板间距 0.8m	
	堆载天数	差值(天)	堆载天数	差值(天)	堆载天数	差值(天)
5.9m	170	0	140	30	113	57
7.5m	173	0	142	31	114	59
10.5m	178	0	145	33	117	61
13.7m	185	0	151	34	122	63

从表 7-3-6 可看出，即便采用 0.8m 间距的排水板，对于 5.9m 厚的软黏土当达到 85％固结度时也需 113 天。而对于 10.5m 厚的软黏土，当排水板间距为 1.0m 时，达到 85％固结度则需要 185 天。

此外，预压处理后的承载力有限，对于饱和软黏土一般也就在 80～90kPa 左右，难以满足大多数建构筑物对承载力的要求。因此对于较厚的饱和软黏土场地，一般仅将预压法作为一种"预处理"的手段，消除大部分的主固结沉降、减小工后沉降，同时可满足景观、道路、广场及荷载较轻的建构筑物和设备基础的地基承载力要求。

对于荷载较重或对变形要求较高的建构筑物，则根据建构筑物对承载力及变形的不同要求，可在预压处理的基础上再采用分层碾压、低能量强夯、水泥土搅拌桩复合地基、高压旋喷桩复合地基、CFG 桩复合地基等二次处理方式，或直接采用桩基等。因此对于饱和软黏土地基上的建设项目，其地基处理方案注定是多种处理方法复合的综合处理方案。

堆载预压所用堆载一般就地取材采用回填土，这也是最低廉的堆载方式。但预压法与其他处理方法不同之处还在于，其他地基处理方法一般均按建筑物或道路等分区进行处理，也即有需要处才处理，而预压法因适用的是饱和软黏土，故一般需对整个场地进行处理，动辄数万平方米的处理面积，而且为了增强预压效果或加快预压进程，一般需要增大预压荷载甚至超载预压，故作为堆载的回填土一般较厚，往往需要天量的土方。为了减少预压处理后的土方挖运量，一般在进行总平面与竖向设计时就应考虑堆载增高的影响，在确定正负零标高及室外场地标高时应适当抬高，既可减少土方挖运总量，还可利于场地内的排水，减少洪涝灾害。但总平与竖向设计一般在方案阶段就已完成，一般的方案设计单位很难照顾到场地内地基处理的问题，也缺乏相关的专业知识和经验，造成建筑方案与工程实施之间的脱节。因此，在方案设计阶段应该有岩土/结构工程师的参与，往往可收到事半功倍的效果。

【案例】 福建省莆田市某化工项目，濒临湄洲湾，拟建场地现状由 1/3 平地、1/3 沼泽和 1/3 水塘组成。总占地面为 2006 亩。招标文件中原地基处理方案如下：

第一标段除 2 区绿化带暂不处理外，1 区～15 区的其他分区均采用真空-堆载联合预压处理方案，在堆载的上面修建 2m 多深的水池作为超载进行预压处理，总处理面积为 424300m²。

其中道路经过的各加固区分隔带经过真空-堆载联合预压处理结束后，再进行高压旋喷桩加土工格栅二次地基处理，处理面积 5444m²。

西侧道路区在预压结束后采用水泥土搅拌桩复合地基进行二次处理，处理面积为 9823m²。

除上述加固区分隔带及道路外，对于地基承载力要求为 80kPa 的区域，在预压结束后采用分层碾压二次处理；对于地基承载力要求为 100kPa 的区域，在预压结束后采用低能量强夯二次处理。

1. 地层概况

根据钻探测试（原位测试、土工试验），在钻孔揭露深度范围内，按岩土层的岩性特征、力学性质将其划分为 7 个大的地层单元，13 个亚层。地层分布及承载力与变形参数见表 7-3-7。

地基土承载力与变形参数一览表

表 7-3-7

层号	地层名称	建议值	
		f_{ak}(kPa)	E_{s1-2}(MPa)
2-1	淤泥	55	1.8
2-2	淤泥质黏土	60	2.2
2-3	中粗砂混淤泥	80	2.8
3-1	粉质黏土	200	6.0
3-2	中粗砂	250	20(E_0)
4-1	残积砂质黏性土	250	6.5
4-2	残积砾质黏性土	280	7.0
5	全风化花岗岩	400	8.0/38(E_0)
6-1	砾砂状强风化花岗岩	500	70(E_0)
6-2	碎块状强风化花岗岩	800	100(E_0)
7	中风化花岗岩	2000	

2. 工程水文概况

勘察期间地下水位埋深在 0.30～0.80m 之间，标高在 -0.134～0.69m 之间。目前的地下水位同地表水位较接近，相差在 0.20～0.50m。勘察时所测得的水位基本为混合水位。场地地下水位随季节和天气变化，估计年度内干旱季节可能下降 1.0m，丰雨季节可能上涨 0.5m，其年变化幅度约为 1.0～1.5m。

3. 软基处理要求

依据设计图纸，技术要求概括如下：

（1）地基固结度要求≥85%（热电厂固结度要求≥90%）；

（2）工后沉降要求见表 7-3-8；

工后沉降要求

表 7-3-8

序号	单位工程名称	工后沉降(cm)	备注
1	酸站	5	不均匀沉降≤20mm/20m
2	原液车间	5	
3	热电厂（动力部分）	5	
4	成品库、浆粕库	5	
5	冷冻站、变电所	5	不均匀沉降≤20mm/20m
6	其他车间、厂房	8	

（3）高压旋喷桩桩身强度：3.0MPa；

（4）水泥土搅拌桩桩身强度：1.0MPa；

（5）填土密实度（压实系数 0.94）应达到 94％以上，最大干密度（重度）≥ $18.5kN/m^3$；

（6）施工工期要求：动力（热电厂）区、酸站、原液车间等要求接到业主通知后立即组织开工，工期要求 150 天内完成。成品库因需要先投入使用，必须确保工期在 120 天之内。其余各车间、厂房、办公楼等依次由北往南进行地基处理，从开工之日起 130 天内完成。

根据《低能量结合真空堆载加充水联合预压加载进度图》，加载就需要 180 天，铺设砂垫层，施工排水板和铺真空膜，在 8 个月较为合理，即施工工期 240 天。但标书要求的上述工期在 120～150 天，减少至原正常工期的 50％～62.5％，很难满足标书工期的要求。

如果要减少施工工期，可采用以下几个方法：

（1）减小塑料排水板间距；

（2）增加超载量；

（3）减小固结度要求（增大允许沉降量）；

（4）其他方法。

表 7-3-9 为不同软土厚度，排水板间距分别为 1.0m、0.9m 和 0.8m 达到 85％固结度所需要的堆载时间。

不同排水板间距达到 85%固结度所需时间   表 7-3-9

软土厚度	排水板间距 1.0m		排水板间距 0.9m		排水板间距 0.8m	
	堆载天数	差值(天)	堆载天数	差值(天)	堆载天数	差值(天)
5.9m	170	0	140	30	113	57
7.5m	173	0	142	31	114	59
10.5m	178	0	145	33	117	61
13.7m	185	0	151	34	122	63

从理论计算，大约排水板间距缩短 100mm，堆载时间减少 30 天左右。但施工塑料排水板倾斜度一般控制在 1％左右，很难控制在 1％以下。如果排水板的间距太密，很可能在底部相交，这样没有预期的效果好，且造价会大幅上升。在实际工程中，减少排水板间距，并没有理论计算的效果明显。因此，一般将排水板的最小间距控制在 1.0m 左右为宜。本项目由于工期的特殊要求，排水板间距可由 1.0m 减至 0.9m 以缩短工期，但不建议缩减至 0.8m。

超载预压，即增加竖向压力，加快软土的固结。相同的沉降量，超载越多，固结时间越少。表 7-3-10 为沉降量相同，不同超载下所需要的固结度。

不同超载下所需要的固结度（沉降量相同）   表 7-3-10

加载（kPa）	80	90	100	110	120	130
超载（kPa）	0	10	20	30	40	50
最终沉降量(mm)	1126.67	1165.30	1203.94	1242.58	1281.13	1319.36
沉降 957.67mm 时的固结度	85.00％	82.18％	79.54％	77.07％	74.75％	72.59％

本场地本身需要回填土方量很大，增加超载量会需要更多的土方。原设计即因土方量及土方来源问题，而在堆载顶部代之以 2m 深的水池作为超载。故增大超载量的设想也难以实现。

降低固结度，允许工后沉降量大些。由于该工业厂房的特殊性，设计要求工后沉降量为 5~8cm，不能变动。

固结度不能降低，超载有限，可供减少塑料排水板间距范围也有限，要想满足招标文件的条件，只有另辟蹊径。

在软土中设置竖向增强体，使大部分荷载通过该竖向增强体穿过软土层，传到下部好土层上。由于荷载大部分由增强体承担，减小对软土的压力，使软土变形也减小了。地基处理变得很简单了，让增强体承受全部上部荷载，软土只承受自身重量的荷载。

该方法最大的缺点是工程造价很高。

4. 最终实施方案

通过以上分析，考虑到施工工期、施工质量和经济效益等因素，对赛得利（福建）纤维有限公司提供《赛得利（福建）纤维有限公司年产 20 万吨/差别化化学纤维工程项目一期场地软基处理工程图》进行如下修改：

排水板间距由 1.0m 改为 0.9m，缩短堆载预压时间；取消低能量强夯仍采用分层碾压处理回填土；用 CFG 桩取代高压旋喷桩，并在桩顶设置桩帽和土工格栅。

如果电厂厂房内有小型筏板设备基础，该处 CFG 桩上的桩帽和土工格栅可取消。

塑料排水板按正方形布置，间距 0.90m，真空预压加载时间按 5 天，加载至 80kPa 后持续 10 天，再开始填土堆载，堆载时间为 40 天（包括施工水池及充水时间）。整个加载时间为 55 天。表 7-3-11 是第一标段各区堆载高度、堆载时间。

各区堆载标高、堆载最少持续时间表 表 7-3-11

区号	工后要求场地标高（m）	施工期间沉降量（mm）	填土标高（m）	超载土方高度（m）	充水高度（m）	加载时间（天）	持续时间（天）
1	4.45	686.2	5.2	0	2.0	55	85
2	—	—	—	—	—	—	—
3	3.83	1046.67	4.9	0	2.0	55	105
4	4.45	753.03	5.2	0	2.0	55	90
5	3.99	895.84	4.9	0	2.0	55	95
6	3.79	734.12	4.6	0	2.0	55	90
7	3.55	547.8	4.1	0	2.0	55	85
8	3.92	1030.82	5.6	0.6	2.0	55	105
9	3.71	806.83	4.5	0	2.0	55	95
10	3.47	838.34	6.0	1.7	2.0	55	100
11	3.79	1317.53	5.7	0.6	2.0	55	110
12	3.59	1247.04	6.6	1.7	2.0	55	110
13	3.35	942.86	4.3	0	2.0	55	100
14	3.47	1240.84	5.4	0.6	2.0	55	110
15	3.23	1062.58	4.3	0	2.0	55	100

四、复合地基

天然地基、复合地基和桩基础已经成为土木工程中常用的三种地基基础形式。复合地基是介于天然地基和桩基础之间的一种基础形式，它既有别于天然地基和桩基础，又与它们有着必然的联系。从受力性能上看，复合地基与天然地基相比，具有承载力高、沉降和差异沉降小等优点，与桩基等深基础相比，节省费用。从适用范围上看，复合地基适用范围大，可根据土性、地下水位、承载力要求、地方材料和工业废料供应条件、施工环境等，选择不同类型、不同桩体强度的复合地基处理方法。由于复合地基的上述特点，使其受到学术界和工程界的广泛关注。

复合地基是通过对部分土体的增强与置换作用，形成由地基土和竖向增强体共同承担荷载的人工地基。根据竖向增强体组成材料的不同，又可进一步分为散体材料桩复合地基及有黏结材料桩复合地基。

散体材料桩复合地基的桩体是由散体材料组成的，桩身材料没有黏结强度，单独不能形成桩体，只有依靠周围土体的围箍作用才能形成桩体，如碎石桩复合地基、砂桩复合地基等。散体材料桩在荷载作用下，桩体较易发生鼓胀变形，靠桩周土提供的被动土压力维持桩体平衡，承受上部荷载的作用。

有粘结材料桩在荷载作用下靠桩周摩擦力和桩端端阻力把作用在桩体上的荷载传递给地基土体。有粘结材料桩又可进一步分为柔性桩和刚性桩。柔性桩的桩体刚度较小，在外荷载作用下桩体会产生一定的变形，如水泥土搅拌桩；刚性桩的桩体刚度较大，在荷载作用下桩体变形很小，通常是通过桩体向上刺入垫层或向下刺入下卧层达到桩土共同承担外部荷载作用，如 CFG 桩、素混凝土桩等。

1. 振冲碎石桩法

振冲碎石桩法是旧版《建筑地基处理技术规范》JGJ 79—2002 中振冲法与砂石桩法（旧版规范分列为两种不同工法）的合一，在新版《建筑地基处理技术规范》JGJ 79—2012 中则将振冲法与砂石桩法两种工法合并为振冲碎石桩法，并与沉管砂石桩并列一节。

振冲碎石桩法适用于处理松散砂土、粉土、粉质黏土、素填土、杂填土等地基，以及用于处理可液化地基。对不同性质的土层分别具有置换、挤密和振密等作用。对黏性土主要起到置换作用，对砂土和粉土除置换作用外还有振实及挤密作用。当场地存在较为深厚的松散的液化砂土层或粉土层时，应首选振冲碎石桩。通过在振冲孔内加填碎石回填料，制成密实的振冲桩，而桩间土则受到不同程度的挤密和振密。桩和桩间土构成复合地基，使地基承载力提高，变形减少，并可消除土层的液化。

振冲碎石桩加固砂土地基的效果非常显著。一般情况下复合地基承载力可比天然状态提高 1.5～3.5 倍，沉降减少 30%～70%。一般来说，土的黏粒（粒径小于 0.005mm）含量越高，振动加密的效果越低，当黏粒含量超过 30% 时，振动加密效果显著降低，主要靠置换及振动挤密作用；当粒径大于 0.075mm 的颗粒质量不超过总质量的 50% 且塑性指数 I_p 等于或小于 10 时（粉土），振动挤密效果也显著降低；当为黏性土时，则主要靠置换作用；当为软黏土时，由于含水量高、透水率差，很难发挥挤密作用，其主要作用是通过置换与软黏土形成复合地基，同时形成排水通道加速软土的排水固结。但由于软黏土的抗剪强度低，且在成桩过程中桩周土体产生的超孔隙水压力不能迅速消散，天然结构受到扰动将导致其抗剪强度进一步降低，故碎石桩的单桩承载力较低，如果置换率不高，其提高的承载力幅度较小，很难获得可靠的处理效果。如不经过预压，处理后的地基仍将发生较大的沉降，难以满足建（构）筑物的沉降控制要求。故对饱和黏性土和饱和黄土地基要慎用，仅当变形控制不严格时才可应用。

大量工程实践表明，在塑性指数较大、挤密效果不明显的黏性土中，采用碎石桩加固，承载力提高幅度不大。可通过下式及各参数的经验值范围得出砂石桩复合地基在黏性土中的承载力提高幅度：

$$f_{spk} = [1 + m(n-1)]\alpha f_{ak} = \xi f_{ak} \qquad (式 7-3-1)$$

式中 m 为面积置换率，黏性土一般取 $m=0.07\sim0.25$，n 为桩土应力比，黏性土一般取 $n=1.4\sim3.8$，α 为桩间土强度提高系数，黏性土一般取 $\alpha=0.6\sim1.2$，f_{ak} 为天然地基承载力特征值。代入上式得 $\xi=1.2\sim1.6$，也就是说，对黏性土承载力提高一般为 20%～60%。

砂石桩系散体材料，本身没有粘结强度，主要靠周围土的约束传递基础传来的竖向荷载。土越软，对桩的约束作用越差，传递竖向荷载的能力越弱。

通常距桩顶 2～3 倍桩径范围为高应力区，当大于 6～10 倍桩径后轴向力的传递收敛很快，当桩长大于 2.5 倍基础宽度后，即使桩端落在好的土层上，桩的端阻作用也很小。碎石桩作为散体材料，置换作用很弱。

振冲碎石桩桩径一般取 800～1200mm，振密深度及桩间距根据振冲器功率而定，对于 75kW 振冲器振密深度一般可达 15～20m、桩间距可采用 1.5～3.0m。加固砂土地基时振冲器激振频率以 1500 次/min 效果最佳，最佳留振时间 60～120s。

振冲碎石桩复合地基承载力特征值在初步设计时可按下式计算

$$f_{spk} = [1+m(n-1)]f_{ak} \qquad\qquad \text{（式 7-3-2）}$$

从上式可看出，有三个参数影响复合地基承载力，其中 $m=A_p/A_e$ 为面积置换率，与桩径及桩间距有关，是振冲碎石桩复合地基设计的重要变量，处理后桩间土承载力特征值 f_{sk} 对于特定工程的特定土层是个常量，但其取值对计算结果影响巨大。尤其对于砂类土地基，由于振冲工艺对桩间土有振密及挤密作用，故处理后的桩间土承载力 f_{sk} 较天然状态的承载力特征值 f_{ak} 有较大提高，若仍然像 CFG 桩复合地基那样取 $f_{sk}=f_{ak}$，会使计算结果严重偏低；桩土应力比 n 是一个依据若干项目实测桩土应力比统计出来的经验参数，多数为 2～5，2002 版地基处理技术规范的建议值为 2～4，2012 版新规范未给建议值，可按地区经验确定。

从上式还可看出，振冲碎石桩复合地基承载力与振冲碎石桩的桩长没有直接关系，故无法像 CFG 桩或素混凝土桩那样通过加大桩长来提高单桩承载力及复合地基承载力。因此桩长主要依据地基处理深度来定，当相对硬土层埋深较浅时，桩长可取硬土层埋深；当相对硬土层埋深较深时，桩长应以建筑物的地基变形不超允许值为原则；对于消除液化的地基处理，桩长应按要求处理液化的深度确定。

此外需注意的是，虽然在承载力要求不高时，振冲碎石桩复合地基较刚性桩复合地基有较大的成本优势，且具有消除液化的特殊优势，但即便在砂土地基中，碎石桩的单桩承载力较 CFG 桩或素混凝土桩仍然低的多，如果置换率不高，其处理后的复合地基承载力仍然有限，难以满足高层建筑对高承载力的要求。

【案例】 北京市通州区某项目，其 C、D、E 区总共有 10 栋 6～11 层的多高层居住类建筑，设计要求的承载力对应不同层数区间分别为 180kPa、200kPa 和 220kPa。持力层为第②砂质粉土，天然地基承载力特征值为 80kPa，不满足设计要求。拟建场区的地震基本烈度为 8 度，场区 15m 深度范围内存在液化土，液化指数为 11.43～44.52，液化等级属中等～严重。稳定地下水位埋深为 4.60～6.10m，埋藏较浅，年变化幅度一般为 1～2m，近 3～5 年最高水位接近自然地面。

从地质勘察报告可知，该场地以新近沉积（①～⑤层）和一般第四纪沉积（⑥～⑬）的砂类土为主，尤其是新近沉积的砂类土，其物理力学性质相对较差，且为严重液化土层，对于多层和高层建筑，不宜直接作为持力层。一般第四纪沉积的⑥层砂层，密实度大，标贯锤击数较高，可以作为地基持力层，但埋深较大，至少需要做三层地下室，也不现实。

概括起来，该工程地基处理有如下特点：

（1）第①～⑤层为新近沉积层，不仅其物理力学性质及强度相对较差，且为严重液化土层；

（2）需要处理的液化土层深度较深，最深处达地面下 15m；

（3）需要处理的面积大，约两万余平方米；

（4）需要处理的液化土层主要为十几米厚的粉细砂，地基处理的方法和使用的设备受到限制；

（5）地下水埋藏较浅。

因此，地基处理既要满足消除砂土液化，又要满足地基承载力的要求。地基处理工艺则需考虑松散的新近沉积砂层及高地下水位的不利影响。振冲碎石桩方案就成为最理想的选择。

振冲碎石桩方案设计：振冲桩桩径为 1.0m，桩间距取 3.0m，等边三角形布置。桩间土（粉细砂）挤密后的地基承载力按 165kPa 考虑；初步估算的处理后的复合地基承载力特征值为 193.7kPa，仍然无法满足 8 层以上建筑物的承载力要求。

确定地基处理方案的核心原则是在保证结构安全情况下，尽可能地节省地基处理的造价。没有必要为了提高地基承载力，通过缩小碎石桩的桩间距，增加桩的数量来达到设计要求。故优化设计单位没有按惯常的设计思路采取加密桩距、增加桩数的做法，而是另辟蹊径，采取用重锤夯实的方法进行二次处理（比碾压造价低，对环境影响较小），使基底下 3～5m 范围内经振冲碎石桩处理后地基土承载力提高到 200kPa～220kPa。而且一般碎石桩顶部 1～2m 范围内，由于该处地基土的上覆压力小，施工时桩体的密实程度很难达到设计要求，也须另行处理。因此该工程地基处理采用了振冲碎石桩加重锤夯实的复合处理方案。即采用间隔法施工，按碎石桩布桩形式，采用夯级能≤1000kN·m 的低能量强夯工艺夯击碎石桩桩顶，每桩夯击 3～4 击。经复合地基静载试验，复合处理方案的复合地基承载力全部满足设计要求。

2. 水泥土搅拌桩法

水泥土搅拌法是适用于加固饱和黏性土和粉土等地基的一种方法。它是利用水泥（或石灰）等材料作为固化剂通过特制的搅拌机械，就地将软土和固化剂（浆液或粉体）强制搅拌，使软土硬结成具有整体性、水稳性和一定强度的水泥加固土，从而提高地基土强度和增大变形模量。根据固化剂掺入状态的不同，它可分为浆液搅拌和粉体喷射搅拌两种。前者是用浆液和地基土搅拌，后者是用粉体和地基土搅拌。

水泥土搅拌法加固软土技术具有其独特优点：（1）最大限度地利用了原土；（2）搅拌时无振动、无噪声、无污染，可在密集建筑群中进行施工，对周围原有建筑物及地下管沟影响很小；（3）根据上部结构的需要，可灵活地采用柱状、壁状、格栅状和块状等加固形式；（4）与钢筋混凝土桩基相比，可节约钢材并降低造价。

水泥固化剂一般适用于正常固结的淤泥与淤泥质土（避免产生负摩擦力）、黏性土、粉土、素填土（包括冲填土）、饱和黄土、粉砂以及中粗砂、砂砾（当加固粗粒土时，应注意有无明显的流动地下水，以防固化剂尚未硬结而遭地下水冲洗掉）等地基加固。

根据室内试验，一般认为用水泥作加固料，对含有高岭石、多水高岭石、蒙脱石等黏土矿物的软土加固效果较好；而对含有伊利石、氯化物和水铝石英等矿物的黏性土以及有机质含量高，pH值较低的黏性土加固效果较差。

在黏粒含量不足的情况下，可以添加粉煤灰。而当黏土的塑性指数 I_p 大于 25 时，容易在搅拌头叶片上形成泥团，无法完成水泥土的拌合。当 pH 值小于 4 时，掺入百分之几的石灰，通常 pH 值就会大于 12。当地基土的天然含水量小于 30% 时，由于不能保证水泥充分水化，故不宜采用干法。

在某些地区的地下水中含有大量硫酸盐（海水渗入地区），因硫酸盐与水泥发生反应时，对水泥土具有结晶性侵蚀，会出现开裂、崩解而丧失强度。为此应选用抗硫酸盐水泥，使水泥土中产生的结晶膨胀物质控制在一定的数量范围内，借以提高水泥土的抗侵蚀性能。

在我国北纬 40° 以南的冬季负温条件下，冰冻对水泥土的结构损害甚微。在负温时，由于水泥与黏土矿物的各种反应减弱，水泥土的强度增长缓慢（甚至停止）；但正温后，随着水泥水化等反应的继续深入，水泥土的强度可接近标准强度。

水泥土搅拌法的设计，主要是确定搅拌桩的置换率和长度。竖向承载搅拌桩的长度应根据上部结构对承载力和变形的要求确定，并宜穿透软弱土层到达承载力相对较高的土层；为提高抗滑稳定性而设置的搅拌桩，其桩长应超过危险滑弧以下 2m。湿法的加固深度不宜大于 20m；干法不宜大于 15m。水泥土搅拌桩的桩径不应小于 500mm。

水泥土桩是介于刚性桩与柔性桩间具有一定压缩性的半刚性桩，桩身强度越高，其特性越接近刚性桩；反之则接近柔性桩。桩越长，则对桩身强度要求越高。但过高的桩身强度对复合地基承载力的提高及桩间土承载力的发挥是不利的。为了充分发挥桩间土的承载力和复合地基的潜力，应使土对桩的支承力与桩身强度所确定的单桩承载力接近。通常使后者略大于前者较为安全和经济。

对软土地区，地基处理的任务主要是解决地基的变形问题，即地基是在满足强度的基础上以变形进行控制的，因此水泥土搅拌桩的桩长应通过变形计算来确定。对于变形来说，增加桩长，对减少沉降是有利的。实践证明，若水泥土搅拌桩能穿透软弱土层到达强度相对较高的持力层，则沉降量是很小的。

对某一地区的水泥土桩，其桩身强度是有一定限制的，也就是说，水泥土桩从承载力角度，存在一"有效桩长"或曰"临界桩长"，超过"临界桩长"，单桩承载力在一定程度上并不随桩长的增加而增大。但当软弱土层较厚，从减少地基的变形量方面考虑，桩应设计较长，原则上，桩长应穿透软弱土层到达下卧强度较高之土层，尽量在深厚软土层中避免采用"悬浮"桩型。从承载力角度，当桩长接近或超过临界桩长时，提高置换率比增加桩长的效果更好。

为了探讨置换率及桩长（搅拌桩截面面积的总和与承台面积之比）对复合地基承载力的影响，做了 240mm×240mm 方形承台下 4 桩与 6 桩不同桩长及置换率下的对比试验，桩径均为 40mm，桩长分别为 240mm 与 400mm，置换率分别为 8.7% 及 13.1%。

由表 7-3-12 可见，在桩长不变的情况下，置换率从 8.7% 提高到 13.1%，置换率增加了 50.6%，复合地基承载力则增加了 15.4%（240mm 桩长）及 10.8%（400mm 桩长），同时单位桩长所提供的承载力略有下降；当置换率不变而将桩长从 240mm 增加到 400mm

（增加了 66.7%）时，复合地基承载力分别增加了 25%（4 桩承台，对应 8.7% 置换率）及 20%（6 桩承台，对应 13.1% 置换率），同时单位桩长所提供的承载力有较大幅度的提高（分别提高了 55.2% 及 51.4%）。

表 7-3-12

承台面积(cm²)	24×24	24×24	24×24	24×24
桩数（根）	4	6	4	6
桩长（cm）	24	24	40	40
复合地基极限承载力(kN)	13.00	15.00	16.25	18.00
复合地基平均压力(kPa)	225.7	260.4	282.1	312.5
单桩承载力(kN)	0.512	0.500	1.324	1.262
单位桩长的承载力(kN/cm)	0.02133	0.02084	0.03311	0.03155

由此可以得出结论：对于水泥土搅拌桩复合地基，当桩长小于临界桩长时，增加置换率可以有效提高复合地基的承载力，但效果不如增加桩长明显，且会导致单位桩长所能提供的承载力降低；而随着桩长的增加，复合地基的承载力有较为明显的增加，尤其是单位桩长所能提供的承载力明显增加。所以就提高复合地基承载力而言，增加桩长要比提高置换率的经济效果好。

但正如前文所提及的，水泥土搅拌桩从应力传递的角度存在"临界桩长"，也就是在桩顶荷载作用下，桩身应力向下传递，由于桩侧摩阻力的作用，桩身应力逐渐降低，在桩身一定深度处，桩身应力为零。桩顶到该深度处的桩长称为临界桩长。超过该长度的桩对承载力的增加没有贡献。对于直径 0.5～0.7m 的搅拌桩，临界桩长约 8～10m。当软土层的厚度超过临界桩长时，以往有些工程设计从承载力及经济性角度出发，而忽略了变形控制要求，未能将搅拌桩穿透软土层，形成"悬浮桩"，导致一些工程因沉降或差异沉降过大而失败。

对于此类穿透软土层而超越临界桩长的工程，因超出临界桩长部分仅仅是变形控制要求而对承载力没有贡献，自然会导致水泥土搅拌桩复合地基经济性的降低。尤其当桩长增加较多时，水泥土搅拌桩复合地基可能就不再是最优方案。此时采用直径更细、桩长更长、桩身强度更高的 CFG 桩（或素混凝土桩）复合地基可能会收到更经济的效果。

竖向承载搅拌桩复合地基应在基础和桩之间设置褥垫层。褥垫层厚度可取 200～300mm。其材料可选用中砂、粗砂、级配砂石等，最大粒径不宜大于 20mm。在刚性基础和桩之间设置一定厚度的褥垫层后，可以保证基础始终通过褥垫层把一部分荷载传到桩间土上，调整桩和土荷载的分担作用。特别是当桩身强度较大时，在基础下设置褥垫层可以减小桩土应力比，充分发挥桩间土的作用，即可增大 β 值，减少基础底面的应力集中。

竖向承载搅拌桩复合地基中的桩长超过 10m 时，可采用变掺量设计。在全桩水泥总掺量不变的前提下，桩身上部三分之一桩长范围内可适当增加水泥掺量及搅拌次数；桩身下部三分之一桩长范围内可适当减少水泥掺量。设计者往往将水泥土桩理解为桩基，因此要求其像刚性桩那样，在桩长范围内强度一致，而且桩强度越高越好。这是违反复合地基基本假定的。根据室内模型试验和水泥土桩的加固机理分析，其桩身轴向应力自上而下逐渐减小，其最大轴力位于桩顶 3 倍桩径范围内。因此，在水泥土单桩设计中，为节省固化剂材料和提高施工效率，设计时可采用变掺量的施工工艺。现有工程实践证明，这种变强度的设计方法能获得良好的技术经济效果。

桩身强度亦不宜太高，应使桩身有一定的变形量，这样才能促使桩间土强度的发挥。否则就不存在复合地基，而成为桩基了。

固化剂与土的搅拌均匀程度对加固体的强度有较大的影响。实践证明采取复搅工艺对提高桩体强度有较好效果。

目前搅拌桩常用于下列深层软土的加固工程中：

（1）组成水泥土桩复合地基，提高地基承载力、增大变形模量、减少沉降量。水泥与软土经充分搅拌后形成水泥土，其抗压强度比天然软土提高几十倍至数百倍，变形模量也增大数十到数百倍。因此由水泥土桩和周围天然土层组成的复合地基能较大程度地提高承载力、减少沉降量，所以可应用于：1）建构筑物的地基加固：如6～12层的多高层住宅，办公楼、单层或多层工业厂房，水池储罐基础等；2）高速公路、铁道、机场跑道以及高填方堤基等；3）大面积堆场地基，包括室内和露天。

（2）形成水泥土支挡结构物：软土层中的基坑开挖、管沟开挖或河道开挖的边坡支护和防止底部管涌、隆起。当采用多排水泥土桩形成挡墙时，常采用格栅状的布桩形式。

（3）形成防渗止水帷幕：由于水泥土结构致密，其渗透系数可小于 1×10^{-9}～1×10^{-11} cm/s，因此可用于软土地区基坑开挖和其他工程的防渗止水帷幕。当基坑为封闭状且地下水位较高需要采取止水防渗措施时，常将支挡与止水功能合一做成连续的壁状重力式挡墙兼止水帷幕。

（4）其他应用：对桩侧或板桩背后软土的加固以增加侧向承载能力；对于较深的基坑开挖还可将钢筋混凝土桩与水泥土桩构成复合壁体共同承受水土压力并发挥止水帷幕作用。见图 7-3-2。

由于水泥土搅拌桩复合地基的承载力水平仍然有限，一般处理后的地基特征值难以达到 250kPa（《建筑地基处理技术规范》JGJ 79—2012 条文说明 7.3.3-3 要求"当桩中心距为1m时，其特征值不宜超过 200kPa，否则需要加大置换率，不一定经济合理"），无法适用于有更高承载力要求项目的地基处理，且其造价水平一般

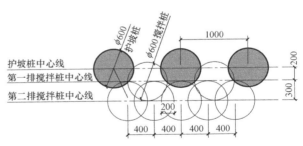

图 7-3-2　护坡桩与止水帷幕

与振冲碎石桩相当，略高于砂石垫层换填（取决于换填厚度），故水泥土搅拌桩用于复合地基的项目数量虽然不少，但占比不多。其应用最广之处是基坑工程，广泛应用于重力式挡墙、止水帷幕或二者兼而有之，以及支护结构被动土压力区加固及基底防突涌加固等。

3. 夯实水泥土桩

夯实水泥土桩复合地基工法伴随旧城区危房改造而产生，是顺应特殊场地条件下地基处理的需要而开发出来。随着我国房地产业的发展，旧城区危房改造工程往往涉及地基处理，但场地条件中有时不具备动力电源和充足的水源供应；场地施工条件复杂，不具备大型设备进出场条件，场地土层在某些情况下不能适合水泥土搅拌桩的施工；城区内施工对噪声、污染的控制较严等。急需开发一种工效高、造价低、占地小、设备轻便、工艺简单、质量容易控制、施工文明的地基处理方法，以克服上述困难，满足旧城区危房改造的需要。于是，夯实水泥土桩复合地基工法便应运而生，并取得了很好的社会效益和经济效益。仅在北京、河北等地便有近1200多项工程应用此工法，为建设单位节省了大量建筑资金。

目前，由于施工机械的限制，夯实水泥土桩法适用于地下水位以上的粉土、素填土、杂填土、黏性土等地基。

夯实水泥土桩处理地基的深度，应根据土质情况、工程要求和成孔设备等因素确定。处理深度不宜超过10m。当采用洛阳铲成孔时，处理深度宜小于6m，主要是由于施工工艺决定，大于6m时，效率太低，不宜采用。

桩长的确定：当相对硬层的埋藏深度不大时，应按相对硬层埋藏深度确定；当相对硬层埋藏深度较大时，应按建筑物地基的变形允许值确定。对于采用夯实水泥土桩法处理的地基，如存在软弱下卧层时，应验算其变形，按允许变形控制设计。

夯实水泥土桩是将水泥和土料在孔外充分拌合，其桩体在桩长范围内基本是均匀的。夯实水泥土桩的现场强度和相同水泥掺量的室内试验强度，在夯实密度相同条件下是相等的。由于成桩是将孔外拌合均匀的水泥土混合料回填孔内并强力夯实，桩体强度与天然土体强度相比有一个很大的增量，这一增量既有水泥的胶结强度，又有水泥土密度增加产生的密实强度。因此相同水泥掺量的夯实水泥土桩的桩头强度是水泥土搅拌桩桩体的2～10倍。由于桩体强度较高，可以将荷载通过桩体传至下卧较好土层，且夯实水泥土桩复合地基的均匀性好，地基承载力提高幅度较大。一般可满足多层及小高层房屋的地基承载力要求。

夯实水泥土桩确保质量的关键工序在于水泥土的制备及夯填成桩。制备水泥土的水泥一般可用32.5级普通硅酸盐水泥或矿渣水泥，土料可就地取材，基坑内挖出的粉细砂、粉土、粉质黏土等均可做水泥土的原料。淤泥、淤泥质土、耕土、冻土、膨胀土及有机质含量超过5%的土不能使用。

水泥与土的体积配合比宜为1∶5～1∶8，土料需控制含水量，当含水量过多或不足时，应晾晒或洒水湿润。一般以手握成团、两指轻弹即碎为宜（基本接近最优含水量）。设计前必须进行配比试验，针对现场地基土的性质，选择合适的水泥品种，为设计提供各种配比的强度参数。夯实水泥土桩体强度宜取28d龄期试块的立方体抗压强度平均值。

夯实水泥土桩可只在基础范围内布置，基础平面外的护桩对竖向荷载的传递并无大的帮助。桩孔直径宜为300～600mm，可根据设计及所选用的成孔方法确定。桩距宜为2～4倍桩径。

夯实水泥土的变形模量远大于土的变形模量，故需在桩顶面铺设100～300mm厚的褥垫层，以调整基底压力分布，使荷载通过垫层传到桩和桩间土上，保证桩间土承载力的发挥。垫层材料可采用中砂、粗砂或碎石等，最大粒径不宜大于20mm。

【案例】 北京方庄某多层住宅楼地基处理。该项目为6.5层砖砌体结构，采用墙下条形基础，要求处理后的地基承载力标准值$f_k \geq 180$kPa。场地地层由人工堆积及第四纪沉积土组成，人工堆积杂填土及素填土厚度达3.5～6.0m。地基处理采用夯实水泥土桩复合地基方案，有效桩长5.0m，桩径350mm，桩端在2层粉质黏土层上。混合料配合比1∶5（质量比）。施工工艺采用螺旋钻机成孔，人工洛阳铲清孔，人工夯实施工方案，控制混合料压实系数不小于0.93。施工结束后10天，进行单桩复合地基静载荷试验，确定处理后复合地基承载力$f_k \geq 180$kPa。

4. CFG桩（素混凝土桩）复合地基

水泥粉煤灰碎石桩是由水泥、粉煤灰、碎石、石屑或砂加水拌合形成的高粘结强度桩

（简称 CFG 桩），桩、桩间土和褥垫层一起构成复合地基。CFG 桩与素混凝土桩的区别仅在于桩体材料的构成不同，而在其受力与变形特性方面没有什么区别，故本文的 CFG 桩亦同时适用于素混凝土桩。

1）CFG 桩复合地基的特点

① CFG 桩复合地基承载力提高幅度大。刚性桩与前文所述的散体材料桩（振冲碎石桩）及柔性桩（水泥土搅拌桩）不同，一般情况下不仅可以全桩长发挥桩的侧阻，当桩端落在好土层时也能很好地发挥端阻作用。因此具有承载力提高幅度大，地基变形小等鲜明特点。如哈尔滨某城市综合体项目，地下三层，埋深接近 20m，地基持力层为粉细砂，修正前的天然地基承载力特征值为 280kPa，采用柱下独立基础下的 CFG 桩复合地基处理方案，处理后的复合地基承载力特征值为 935kPa，承载力提高 3.34 倍，桩承担的荷载占总荷载的比率为 70%。

② CFG 桩复合地基的可调性强。CFG 桩桩长可从几米到 20 多米，目前的设备能力可施工 40m 孔深的 CFG 桩，桩承担的荷载占总荷载的比率一般在 40%～75% 之间变化。故 CFG 桩复合地基在设计上具有很大的可调性。当地基承载力较高但荷载水平不高时，可将桩长设计的短一些；反之则可将桩长设计的长一些。特别是天然地基承载力较低而设计要求的承载力较高时，用柔性桩复合地基一般难以满足设计要求，CFG 桩复合地基则比较容易实现。

③ CFG 桩复合地基具有更大的适用范围。就基础形式而言，既可适用于条基、独立基础，也可适用于箱基、筏基；既有工业厂房，也有民用建筑。就土性而言，适用于处理黏土、粉土、砂土和正常固结的素填土等地基。既可用于挤密效果好的土，又可用于挤密效果差的土。当 CFG 桩用于挤密效果好的土时，承载力的提高既有挤密分量，又有置换分量；当 CFG 桩用于不可挤密土时，承载力的提高只有置换作用。

对淤泥质土及承载力标准值 $f_k \leqslant 50kPa$ 的土应慎用，应通过现场试验确定其适用性。但如果是挤密效果良好的砂土、粉土时，采用振动挤土成桩法可使土挤密，桩间土承载力可有较大幅度提高，CFG 桩复合地基仍具有适用性，可不受 50kPa 的限制。

如河北唐山港海员大酒店工程，天然地基承载力标准值 $f_k \leqslant 50kPa$，地表下 8m 又有较好的持力层，采用振动沉管机成桩，仅振动挤密分量就有 70kPa～80kPa，加固后桩间土承载力可达 120kPa～130kPa。

对于塑性指数高的饱和软黏土，成桩时土的挤密分量为零。承载力提高的唯一途径是桩的置换作用。由于桩间土承载力太小，土的荷载分担比太低，而且饱和软黏土一旦失水后会产生很大的固结沉降变形，不但桩间土承担的荷载会全部转移到桩上，而且过大的沉降变形还会对桩产生下拉作用，因此不宜再做复合地基。此时可采用预压法进行大范围预处理，消除大部分的主固结变形并将地基承载力提高到一定水平后（80kPa 左右），再在承载力要求较高的建筑物下采用 CFG 桩复合地基进行二次处理。其综合经济效益一般仍大于直接采用桩基的方案。

④ CFG 桩刚性桩的性状明显。对于柔性桩，特别是散体材料桩，如碎石桩、砂石桩等，主要是通过有限的桩长（一般 $6d \sim 10d$）来传递竖向荷载。当桩长大于某一数值后，桩传递荷载的作用已显著缩小。CFG 桩像刚性桩一样，可全桩长发挥侧阻，当桩端落在好的土层上时，具有明显的端承作用。对于上部软下部硬的地质条件，碎石桩将荷载向深

层传递非常困难。而 CFG 桩因具有刚性桩的性状，很容易将荷载向深层传递，这也是其重要的工程特性。

如河北邯郸某工厂，建筑物基底在一层 2.4～4.8m 厚的粉质黏土层上，天然地基承载力标准值 f_k＝90kPa～100kPa，设计要求承载力不低于 150kPa。原设计为碎石桩复合地基，桩长 6.0m，桩径 400mm，桩距 1.0m。施工后经检测承载力只有 130kPa，不满足设计要求。后改为 CFG 桩复合地基方案，桩径 360mm，桩距 1.30～1.45m，桩长 7.5～8.0m，桩端落在坚硬的土层上，经检测，复合地基承载力大于 180kPa。

⑤ CFG 桩复合地基变形小。复合地基的复合模量大，建筑物沉降量小也是其主要优点。建筑物沉降量一般可控制在 20～40mm。CFG 桩复合地基不仅用于承载力较低的土，对承载力较高（如承载力 f_{ak}＝200kPa）但变形不能满足要求的地基，也可采用水泥粉煤灰碎石桩以减少地基变形。对于上部和中间有软弱土层的地基，用 CFG 桩加固，将桩端穿越软土层置于较好的土层之中，可以获得模量很高的复合地基，建筑物的沉降都不大。

目前已积累的工程实例，用水泥粉煤灰碎石桩处理承载力较低的地基多用于多层住宅和工业厂房。比如南京浦镇车辆厂厂南生活区 24 幢 6 层住宅楼，原地基土承载力特征值为 60kPa 的淤泥质土，经处理后复合地基承载力特征值达 240kPa，基础形式为条基，建筑物最终沉降多在 4cm 左右。

北京航天部某所 6 层砖混结构住宅楼工程，基础下面有 0.7～1.0m 厚度的素填土，其下是 0.6～4.3m 厚的碳化粉土及 0.5～2.3m 厚的粉质黏土，承载力均只有 60kPa，再下面是承载力为 180kPa 的粉质黏土及承载力为 200kPa 的粉土。原设计采用 8m 长 35cm×35cm 预制方桩基础，为节省投资改为桩长 8m 直径 400mmCFG 桩复合地基，桩端落在下面的好土层上，承载力特征值为 180kPa，沉降观测的平均值为 19mm，节省投资 14 万元。

⑥ CFG 桩的排水、挤密与时间效应。CFG 桩在饱和粉土或饱和砂土中施工时，由于沉管、拔管或螺旋钻成孔及泵压混凝土时的振动挤压，会使土体产生超孔隙水压力。当含水层上覆不透水或弱透水层时，刚刚施工完毕的 CFG 桩会是一个良好的排水通道，孔隙水将沿着桩体向上排出，直到 CFG 桩体结硬为止，一般要延续数小时。这种排水作用经解剖检验及静载试验并没有明显削弱桩体的强度，但对桩间土的密实度大为有利。

对于挤密效果良好的砂土、粉土，采用振动挤土成桩法可使土挤密，桩间土承载力可有较大幅度提高。对于松散砂土、松散粉土，当采用挤土成桩工艺时，处理后桩间土承载力特征值可取天然地基承载力特征值的 1.2～1.5 倍。目前 CFG 桩成桩最常用的长螺旋钻孔压灌桩工艺，属于部分挤土成桩工艺，取下限 1.2 倍应该是有保障的。

现在很多岩土工程师在做 CFG 桩复合地基设计时，思维过于保守僵化，不但单桩与桩间土承载力发挥系数（λ、β）取值过低，所用的单桩承载力特征值也往往要打一个折扣，更不会考虑成桩工艺对桩间土承载力提高的有利影响，即便对于砂质土中的挤土成桩工艺，处理后的桩间土承载力仍取天然地基承载力，如此计算出来的复合地基承载力，不但不考虑深度修正的提高，而且往往会再乘以一个折减系数。笔者很不理解这些设计人员为何还要在规范规定的基础上层层打折。是对自己的设计没有自信？还是对勘察报告没有信心？岩土工程师的质量安全责任固然重要，但也有杜绝浪费的社会责任，毕竟对于投资主体来说，超出结构安全的岩土与结构成本都是沉没成本，是无法发挥价值的。

无论是振动沉管机施工还是长螺旋钻孔压灌桩工艺，都会不同程度对桩周土产生扰动，特别是灵敏度较高的土，会破坏桩周土自身的结构性，导致强度降低。施工结束后，会有一定的恢复期，结构强度会缓慢增长，之后会恢复到甚至超过原来的强度。有资料显示，南京某工业项目，地基持力层为淤泥质粉质黏土，天然地基承载力为87kPa，施工后14天测得桩间土承载力为49kPa，降低了43.8%，32天后承载力增长至92kPa，较天然地基承载力增长了5.5%，至第53天增长至105kPa，较天然地基承载力增长了20.4%。

　　对一般黏性土、粉土或砂土，桩端具有好的持力层，经水泥粉煤灰碎石桩处理后可作为高层或超高层建筑地基，如北京华亭嘉园35层住宅楼，天然地基承载力特征值为$f_{ak}=$200kPa，采用水泥粉煤灰碎石桩处理后建筑物沉降3~4cm。对可液化地基，可采用碎石桩和水泥粉煤灰碎石桩多桩型复合地基，一般先施工碎石桩，然后在碎石桩中间打沉管水泥粉煤灰碎石桩，既可消除地基土的液化，又可获取很高的复合地基承载力。

　　水泥粉煤灰碎石桩具有较强的置换作用，其他参数相同，桩越长，桩的荷载分担比（桩承担的荷载占总荷载的百分比）越高。设计时须将桩端落在相对好的土层上，这样可以很好地发挥桩的端阻力，也可避免场地岩性变化大可能造成建筑物沉降的不均匀。

　　水泥粉煤灰碎石桩系高粘结强度桩，需在基础和桩顶之间设置一定厚度的褥垫层，保证桩、土共同承担荷载形成复合地基。

　　2）CFG桩复合地基设计优化

　　① 桩长/桩径/桩距设计优化

　　由于CFG桩的适应性及可调性强，在满足承载力要求方面就存在调整桩长、改变桩径或调整桩距等多种选择，虽然增加桩长、增大桩径与减小桩距都可以提高承载力，但在具体工程中的技术经济效果却有可能存在很大差别。岩土工程的困难之处就在于很多时候没有标准答案，也没有唯一解，而必须因地制宜，具体情况具体分析。但这也正是体现岩土工程师学识、水平、经验及自身价值之处，也是岩土工程优化设计的魅力所在。

　　确定桩长必须考虑承载力与变形控制要求，涉及所穿越的土层的性状及桩端持力层的选择，以及施工作业条件与施工设备能力等问题。

　　确定桩长首要的考虑因素是承载力的水平。如前文所述河北邯郸某棉纺厂及北京航天部某所的案例，地基承载力只要求180kPa，8.0m桩长即可满足承载力要求，就没有必要加大桩长。一般来说，需结合设计要求的承载力、持力层天然地基承载力并按400mm桩径3~5倍桩间距来估算所需单桩承载力的水平，再根据桩侧摩阻力推算大致桩长范围，然后对照勘察报告的地质剖面图或柱状图，在这个大致桩长范围内确定一个相对较好的桩端持力层，持力层一定则桩长基本确定。也可以根据勘察报告直接锁定某一较好的桩端持力层，然后计算单桩承载力，再通过调整桩间距来得到设计要求的承载力，但这样直接确定的桩长有可能导致算得的桩间距过小或过大。

　　确定桩长必须考虑沉降控制问题。尤其是对于上硬下软或中间存在较厚软夹层的地层，由于持力层土质较好，桩间土的贡献较大，较短的桩长就可能满足承载力的要求，但由于下卧土层土质较差，此时就不能仅以承载力来确定桩长，而需考虑变形控制要求而加大桩长，尽量将桩穿越软弱土层进入相对较好土层，或者桩长能满足沉降控制要求为止。

　　确定桩长要选择一个相对较好的桩端持力层，桩端落在好土层时有明显的端承作用。要选择承载力与压缩模量相对较高的土层作为桩端持力层，可以很好地发挥端阻力，也可避免场地岩性变化大可能造成建筑物的不均匀沉降。桩端持力层承载力和压缩模量越高，建筑物沉降稳定越快。

确定桩长要考虑施工机械的最大成孔深度及施工作业条件。施工作业条件主要需明确是开槽后在槽底成桩还是开槽前在地面成桩，前者成孔深度与有效桩长仅相差保护土层、褥垫层、混凝土垫层、防水层与防水保护层的厚度，一般不超过1.0m；后者成孔深度与有效桩长之间相差一个基础埋深，对于有多层地下室的建筑，相差可能达10m以上，对于有效桩长较长的桩来说是对设备能力的严峻考验。目前国产长螺旋钻机的最大成孔深度已达40m，但市场比较多的还是成孔深度30m以内的钻机。在使用成孔深度超过30m的长螺旋钻机时，必须进行市场调查，而且一般来说设备越大，施工的单方造价也会越高。

确定桩长要结合单桩承载力特征值及混凝土强度等级。较长桩长对应较长的单桩承载力，设计时应充分利用桩体部分的承载力，高值低用必然导致浪费。但较高的单桩承载力必然要求较高的混凝土强度等级，混凝土每提高一个等级，单方造价增加15~30元（因地区差异及混凝土强度等级高低而定）。新版《建筑地基处理技术规范》进一步提高了CFG桩桩身强度的安全储备，当单桩承载力发挥系数λ取0.9时，对400mm直径桩，单桩承载力特征值R_a不超过695kN时，桩身混凝土强度等级可采用C20；超过870kN时，需要提高到C25，混凝土提高一个等级，单桩承载力提高了25.2%；超过1045kN就需要C30，混凝土提高一个等级，单桩承载力提高了20.1%；超过1215kN就需要C35，混凝土提高一个等级，单桩承载力提高了16.3%。基本上单桩承载力特征值每提高170kN，混凝土强度等级就需要提高一级。从另一方面，由于长螺旋成孔CFG桩工艺需要采用泵送混凝土工艺，低强度混凝土（C10、C15）由于胶凝材料（水泥）用量少，水泥浆在填充骨料间隙后很难再起到润滑泵管的作用，故长期以来人们一直认为低强度混凝土强度的可泵性较差，用于长螺旋钻孔成桩工艺时容易堵管。但并不绝对，采用C15混凝土如果配比得当，比如采用低强度等级水泥、适当提高砂率及粉煤灰用量，也能实现较好的可泵性，用于CFG桩是没有问题的。这样一来，对于单桩承载力特征值不超过520kN的桩就可以采用C15的混凝土，可充分发挥桩身材料的利用效率。

桩径选择则要考虑施工工艺、桩间距、长径比及材料利用效率（单位材料用量的承载力贡献）等问题。由于大直径桩的比表面积小，单位体积材料所提供的承载力小，且大直径桩的桩间距较大，独立基础或条形基础下布桩时的基础尺寸变大，相应计算配筋也大；满堂布桩时则有可能发生桩布不下的问题。因此除非成桩工艺所限无法减小桩径，或加长桩长后的长径比过大，或受桩间距所限已无法再减小桩距，否则不宜采用增大桩径的方法来提高复合地基的承载力。对于长螺旋钻孔和振动沉管工艺，一般以350mm、400mm桩径最为经济。承载力水平较低（低于200kPa）可取350mm，其他情况取400mm。当采用400mm桩径的长径比过大或桩距过密时，再考虑增大桩径的方案。

桩间距需综合考虑桩长、桩径、承载力要求及布桩方式而定。桩间距在规范建议的桩距范围内宜大不宜小。当不同桩长的桩端处于同一土层中时，增加桩长与减小桩距在满足相同承载力要求的情况下的桩身材料用量相同，但增加桩长比减小桩距对沉降控制更为有利。从施工角度，增加桩长可减少桩数，相应减少移机次数，整体效率更高；因桩间距较大，挤土效应、窜孔概率也会降低。当增加桩长可将桩端置于更好土层时，由于更好土层的承载力与压缩模量都较高，且能更好的发挥CFG桩的端阻作用，故综合技术经济效益

144

要比减小桩距大得多，此时宜在设备成孔深度允许范围内尽量加大桩长，同时相应加大桩距。

② CFG桩复合地基的布桩方式优化

CFG桩复合地基既可以采用整体筏基、箱基下的满堂布桩，也可以仅在独立基础或条形基础下布桩。现在很多岩土工程师，不论建筑类型如何，也不论天然地基承载力多高，一律采用筏板基础、满堂布桩。往往造成桩长过短或桩距过稀，或者在桩长不能再短、桩距不能再大情况下存在很大的安全储备。

当荷载水平不高或计算所需的CFG桩数量不足以在基础底板下满布时，无论是对框架结构、框剪结构还是剪力墙结构，均可采用柱下布桩或墙下布桩的布桩方式，并根据墙柱传给基础的内力大小采取数量多少或疏密有致的差别化布桩方式，既符合规范"变刚度调平"的设计原则，也能实现较好的经济效益。图7-3-3为保利常营的筏板布桩，图7-3-4为保利冷泉项目的条形基础布桩。

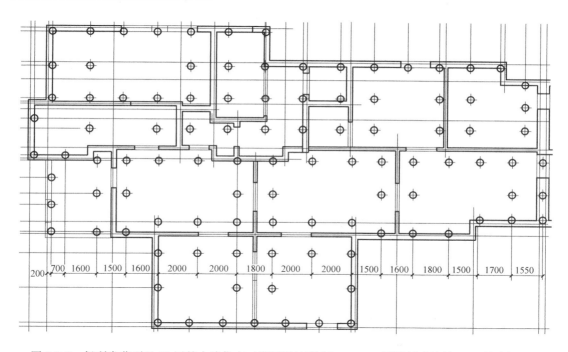

图 7-3-3 保利常营项目11层剪力墙住宅（带两层地下室）600mm厚平板式筏基CFG桩布桩图

采用柱下和墙下布桩时，处理后的地基承载力特征值与基础平面尺寸是一对变量，且存在此消彼长的关系。从减小基础尺寸与配筋的角度，桩径与桩间距均不宜过大，在保持最小桩距不变的情况下增加桩长是比较经济的选择，可通过提高处理后的承载力水平进一步减小基础尺寸及配筋。

【案例】 某地上5层地下3层大型商业建筑框架柱下拟采用柱下独立基础，并在基础下采用CFG桩复合地基进行局部处理，上部结构传至基础顶面的竖向力标准值为9200kN，基础持力层为中密细砂层，天然地基承载力为150kPa，桩端持力层为13m厚的粗砂层，承载力与压缩模量均较高，是比较理想的桩端持力层。CFG桩直径采用400mm，因桩端持力层土质好且较厚，桩长的可调性大，故采用固定桩间距并反推桩长

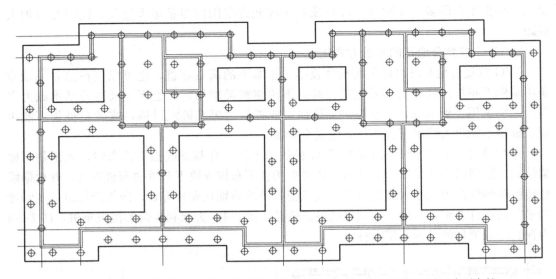

图 7-3-4　保利冷泉项目 8 层剪力墙住宅（无地下室）CFG 桩平面布置图（墙下布桩）

的设计手法。桩间距分别采用 4d 桩距与 3d 桩距两种方案，并结合独立基础进行了全面的技术经济比较。根据基础下布桩相同置换率的原则，桩边距均取桩间距的一半，故 4d 桩间距的基础尺寸为 4.8m×4.8m，3d 桩间距的基础尺寸为 3.6m×3.6m，见图 7-3-5、图 7-3-6。

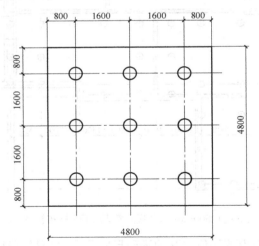

图 7-3-5　4d 桩距 13.5mm 桩长布桩方案

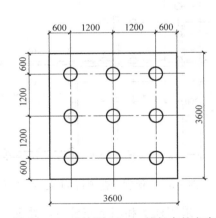

图 7-3-6　3d 桩距 16.0m 桩长布桩方案

　　根据竖向力合力及基础平面尺寸算出的承载力特征值分别应不低于 435kPa 及 770kPa，再根据所需要的承载力特征值及桩间距反推单桩承载力特征值应分别不低于 885kN 及 1035kN，混凝土强度等级均需 C30，由单桩承载力特征值反推的桩长分别为 13.5m 及 16.0m，两种桩长均落在粗砂层上，进入粗砂层的长度分别为 1.65m 及 4.15m。两种布桩方案均满足承载力要求，但综合技术经济效果存在较大差异。从技术层面，16m 桩长进入粗砂层的长度较长，承载力更有保障，从控制地基变形角度，长桩比短桩的效果更好；从经济方面，虽然 16m 桩长的桩体混凝土用量有所增加，但独立基础的混凝土用量大大减少，桩与基础合计的混凝土用量可减少 11.3m³，降幅达 23.7%；此外，因基础尺寸变小、力臂变短，尽管基底压力增大，但基础配筋仍然减少很多，在基础高度相同的情况下，用钢量可从 32Φ22（825kg）降为 21Φ22（406.1kg），降幅达 50% 以上。技术经济指标对比见表 7-3-13。

两种复合地基方案技术经济指标对比 表 7-3-13

桩长（m）	单桩承载力（kN）	桩间距（m）	复合地基承载力（kPa）	地基承载力合力（kN）	基础及其上覆土重（kN）	总竖向荷载（kN）	基础混凝土用量（m³）	桩混凝土用量（m³）	混凝土用量合计（m³）	基础钢筋用量（kg）
13.5	885	1.6	435	10022	806	10006	32.3	15.3	47.5	825.0
16.0	1035	1.2	770	9979	454	9654	18.1	18.1	36.2	406.1

无论是筏板下的满堂布桩还是柱下、墙下的局部布桩，CFG 桩均可只在基础范围以内布桩。对墙下条形基础，在轴心荷载作用下，可采用单排、双排或多排布桩，且桩位宜沿轴线对称。在偏心荷载作用下，布桩可采用沿轴线非对称布桩。

柱下独立基础局部处理的 CFG 桩布桩还可能存在的误区是桩边距。一些初出茅庐的岩土工程师往往会像常规承台桩的布置方式一样，先根据总的竖向力与单桩承载力特征值确定桩数，然后再按最小桩间距与最小桩边距确定承台尺寸。但对于柱下独立基础下的复合地基布桩则不同，一旦确定桩间距后，桩边距就应与其匹配，否则就会导致实际置换率的增大或减小而影响到基础下复合地基的承载力。所谓匹配的概念就是考虑桩边距后的基础尺寸要使基础范围内的等效桩间距 $s=\sqrt{A/n}$（s 为等效桩间距，A 为基础底面积，n 为基础下的 CFG 桩数）与实际采用的桩间距相等，对于 4 桩、6 桩、9 桩等矩形布桩方案，就是取桩边距为桩间距的一半。

桩边距过小也会导致桩群受力不合理。上部结构通过基础将荷载传给复合地基，并在桩与桩间土间按一定比例分配，桩间土会承担一部分竖向荷载从而产生竖向附加应力，同所有土中结构物一样，该竖向附加应力会在桩侧施加水平压力，对桩的侧阻有增大作用，附加应力越大、作用范围越广，桩的侧阻力也越大。对于边桩，侧向约束及水平压力本就比中间桩小，如果再取一个很小的桩边距，其侧阻力会进一步削弱，故过小的桩边距是不合理的。

【案例】 独立基础下 CFG 桩复合地基承载力计算与布桩错误。

表 7-3-14 为某实际工程的施工图中的 CFG 桩复合地基设计参数，图 7-3-7 为该工程 CFG 桩复合地基平面布置截图。其中单桩承载力特征值为 560kN，持力层中砂层天然地基承载力为 280kPa，处理后复合地基承载力要求为 900kPa。

某工程 CFG 桩复合地基设计参数 表 7-3-14

符号	桩型	桩径	桩长（m）	桩距（m）	桩身混凝土强度等级	桩端持力层	单桩竖向承载力特征值 R_a	复合地基承载力特征值
$\oplus$	钻孔灌注桩	ϕ400	14.0	1.6	C25	第⑪层粗砂层	560kN	900kPa

1）桩间距与桩边距不匹配

桩边距取得过大或过小，都会影响独立基础处理范围内的等效面积置换率，从而影响处理后的复合地基承载力。本工程如要达到 900kPa 的复合地基承载力，则正方形布桩时

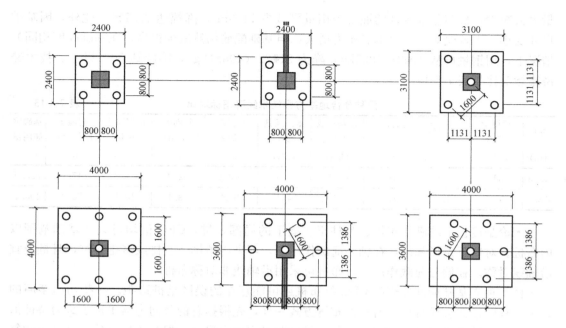

图 7-3-7　某工程 CFG 桩复合地基平面布置截图

桩间距需为 1200mm，正三角形布桩时桩间距需为 1300mm。对于正方形布桩，如果基础的桩边距取 600mm，则整个基础下各桩的等价置换率与不考虑桩边距因素下 1200mm 间距单根桩的实际置换率相同，我们称此时的桩边距与桩间距是匹配的。反之，如果桩边距大于或小于 600mm，都会影响基础下各桩的实际等价置换率，从而影响复合地基承载力。如图 7-3-7 正方形布桩的桩间距为 1600mm，桩边距为 400mm，如果不考虑桩边距影响直接按 1600mm 桩间距计算，则复合地基承载力只能达到 617kPa，考虑桩边距的影响，则 4 桩基础下各桩的等效桩间距为 1200mm（$s=\sqrt{A/n}$，s 为等效桩间距，A 为基础底面积，n 为基础下的 CFG 桩数），复合地基承载力为 912kPa；9 桩基础下各桩的等效桩间距为 1333mm，复合地基承载力为 784kPa，达不到复合地基承载力要求。后经甲方结构工程师优化，将正方形布桩的桩间距改为 1200mm，桩边距改为 600mm；正三角形布桩桩间距改为 1300mm，桩边距按使整个基础下各桩的等价桩间距不小于 1300mm 确定。

2）不同布桩方式间的承载力不匹配

当同一工程的独立柱基下同时有正方形布桩与正三角形布桩时，为了得到相同的复合地基承载力，正三角形布桩的桩间距要大于正方形布桩的桩间距。当采用同一桩间距时，会导致二者的复合地基承载力不匹配，当处理后承载力要求相同时，会出现正方形布桩承载力不足或三角形布桩承载力有余的情况。如图 7-3-7 的正方形布桩与正三角形布桩的桩间距均为 1600mm，则不考虑桩边距影响的处理后的复合地基承载力分别为 617kPa 及 680kPa，二者并不匹配，考虑桩边距的影响，则 4 桩基础的复合地基承载力为 912kPa，5 桩基础的复合地基承载力为 743kPa，7 桩基础的复合地基承载力为 710kPa，9 桩基础的复合地基承载力为 784kPa，数值差距较大，除 4 桩基础的复合地基承载力能达到设计要求外，其他均达不到 900kPa 的设计承载力要求。如果想使处理后的复合地基承载力不小于 900kPa 且大致相等，则正方形布桩的桩间距可为 1200mm，正三角形布桩桩间距可为

1300mm，同时应按上述第1）条的要求使桩边距与桩间距匹配。

3）CFG桩复合地基变刚度调平设计优化

对于高层建筑基础，按传统设计理念是只重视满足总体承载力和沉降要求，忽略上部结构、基础、增强体与土的相互作用共同工作特性，大都采用均匀布桩或等承载力布桩，甚至对边角桩实施加强。以总的承载力不小于总荷载及沉降量和整体倾斜满足规范要求为控制条件，解决差异沉降主要靠增加上部结构及基础刚度来实现，对于不同结构单元之间则通过设置沉降缝或沉降后浇带等方式来解决。由此导致基础沉降呈蝶形分布、反力呈马鞍形分布，主裙楼差异变形显著，基础整体弯矩和核心区冲切力过大，并引发上部结构次应力。虽然基础筏板较厚、配筋较多，但国内一些工程的基础板和上部结构仍有裂缝出现乃至影响正常使用。

变刚度调平设计是基础设计的新理念，其基本思路是：考虑地基、基础与上部结构的共同作用，对影响沉降变形场的主导因素——桩土支承刚度分布实施调整，"抑强补弱"，促使沉降趋向均匀。具体而言，包括高层建筑内部的变刚度调平和主裙楼间的变刚度调平。对于前者，主导原则是强化中央，弱化外围。对于荷载集中、相互影响大的核心区，实施增大桩长（当有两个以上相对坚硬持力层时）或调整桩径、桩距；对于外围区，实施少布桩、布较短桩，发挥承台承载作用。调平设计过程就是调整布桩，进行共同作用迭代计算的过程。对于主裙楼的变刚度调平，主导原则是强化主体，弱化裙房。裙房采用天然地基是首选方案，必要时采取增沉措施。当主裙楼差异沉降小于规范容许值，不必设沉降缝，连后浇带也可取消。最终达到上部结构传来的荷载与桩土反力不仅整体平衡，而且实现局部平衡。由此，最大限度地减小筏板内力，使其厚度减薄变为柔性薄板。

控制差异沉降的途径有以下三种：

（1）加强上部结构的刚度；

（2）加大基础底板厚度和配筋量以增大筏板的整体强度和刚度；

（3）调整地基的刚度，使其刚度分布规律与荷载分布规律相吻合。

增加上部结构刚度可以减小基础沉降差，并且上部结构的刚度越大，这种作用就越明显。作为共同工作体系中的上部结构和箱筏基础的刚度，对碟形差异沉降将起到平抑作用。

但上部结构刚度的贡献具有有限性，随着层数的增加，上部结构的刚度矩阵各分量几乎不再增加，趋于常数，因此对于不是绝对刚性的基础底板而言，无法通过增加上部结构刚度而消除差异沉降。对于剪力墙结构，由于其自身刚度很大，凝聚于基础（承台）顶面的上部结构刚度贡献较大，且剪力墙的布置一般比较均匀，传至基底的荷载分布也比较均匀，由荷载因素导致的差异沉降小，基础与结构刚度对差异沉降的平抑能力强，因此碟形差异沉降往往不明显。但对于框剪、框筒结构则不然，一是其场效应（群桩效应的应力叠加）导致桩土支承刚度分布由外向内递减，往往是内低外高，二是荷载集度是内大外小，因而碟形差异沉降往往较明显。这一点从理论计算与实际观测都得到了证明。另外，在地基、基础和荷载条件不变的情况下，增加上部结构刚度虽然可以减小差异沉降，但却是以增加自身次应力为代价。且由于受到使用功能的制约，在结构设计中增加上部结构的刚度的做法也是有限的。

增加筏板厚度对调整基底压力和桩反力、减小差异沉降可起到一定作用，但这是以高投入为代价，且效果不理想。根据薄板理论，板的刚度同板的厚度的三次方成线性关系。增加基础板厚度，其"跨越作用"加强，使荷载向筏板边缘转移，迫使基础沉降趋于均匀，但却加剧了基底反力外大内小的马鞍形分布态势（增加上部结构刚度也一样），引起筏板的整体弯矩和冲切力趋向增大，属于不利状态。加大筏板厚度，虽然可以减小差异沉降和上部结构的次应力，但基础变得很敏感，微小的不均匀沉降将导致巨大的内力，而且会使基础的造价大幅度提高。因此增加筏板的厚度并不是一种很好的减小基础差异沉降的方法。中信国际大厦箱基为双层高11.8m，北京某大厦箱基高4m，北京南银大厦桩基筏板厚2.5m，昆明某大厦梁板式承台梁高2.3m，但差异沉降均超出规范允许值一倍以上。

以上理论与实际工程经验表明，通过加大基础和上部结构刚度并不能有效克服差异沉降，而通过优化布桩，调整复合地基支承刚度分布，则完全可以实现减小乃至消除差异沉降的目标。

复合地基变刚度调平设计的总体原则是：以调整复合地基桩土支承刚度分布为主线，根据荷载、地质特征和上部结构布局，考虑相互作用效应，采取增强与弱化结合，减沉与增沉结合，刚柔并济，局部平衡，整体协调，实现差异沉降、承台（基础）内力和资源消耗的最小化。

复合地基的布桩原则对基础的沉降特性和内力分布有明显的影响，外强内弱的加固方式虽可略微减小基础的沉降，却大大地增大了基础筏板的弯矩和差异沉降，增加了基础造价和上部结构的次生应力。而内强外弱的处理方式在少量增大基础沉降的情况下，可有效地减小基础差异沉降和筏板内力，从而降低基础造价和对上部结构的不利影响，可有效地避免上部结构因不均匀沉降而产生的裂缝。

良好的地基处理方案应该是通过调整地基在建筑物平面内的刚度分布，在保证结构安全性和使用性的前提下，充分发挥材料性能，达到经济上的优化。复合地基刚度在平面上的分布原则是地基刚度大的区域与基础沉降大的区域相对应，即在沉降大的地方按长、粗、密的原则布桩，在沉降小的地方按短、细、疏的原则布桩。以上述原则为指导，人为调整地基刚度可以通过合理地增减复合地基的桩长、桩径和桩距来实现，共有八种基本组合情况，见图7-3-8。

王伟等人基于FLAC3D岩土工程数值分析软件，对改变桩长、桩径和桩间距等6组变刚度调平方案进行数值分析，对比结果见表7-3-15。

各调平方案经济性对比 表 7-3-15

序号	调平方案	设计参数					平均沉降 (mm)	最大差异沉降 (mm)	混凝土用量 (m³)
		桩长 (m)	桩径 (mm)	桩距 (m)	置换率 (%)	桩数			
1	均匀布桩	2	150	见图7-3-9	5.6	18	156	16	0.540
2	变桩距	2	150	见图7-3-10	4	13	163	15	0.389
3	变桩长变桩距	2、3、4	150	见图7-3-11	4	13	152	8	0.530
4	变桩长变桩径	2、3	150、250	见图7-3-12	5.5	10	144	5	0.592
5	中心布桩	2	150	见图7-3-13	1.8	6	176	12	0.177

注：图7-3-9～图7-3-13仅作为布桩方式与桩间距的参考，不作为桩数的参考。

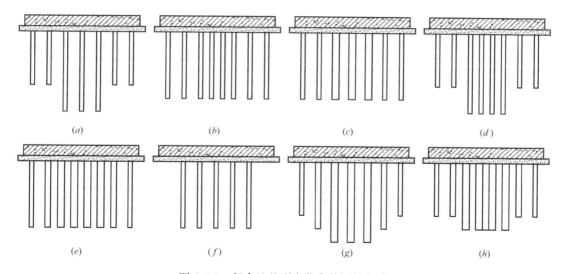

图 7-3-8 复合地基刚度分布的调整方式

(a) 变桩长；(b) 变桩距；(c) 变桩径；(d) 变桩长变桩距；(e) 变桩径变桩距；
(f) 中心布桩；(g) 变桩长变桩径；(h) 变桩径变桩距变桩长

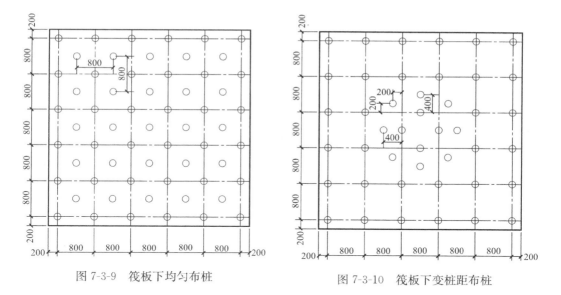

图 7-3-9 筏板下均匀布桩   图 7-3-10 筏板下变桩距布桩

归纳起来可以得出以下几点结论：

（1）筏板基础的沉降分布，总体上呈现中间大、边缘小的"蝶形"分布；桩距的变化对地基的沉降有明显的影响，但是不能够有效地控制基础的差异沉降；变桩长与变桩距结合、变桩长与变桩径结合的方案都能够有效地减小基础的差异沉降。相对于均匀布桩方案，最大差异沉降分别降低 43% 和 52%。但是由于桩径变化范围具有局限性，且当增大桩径但不增大桩心距时会使桩间净距变小，挤土效应与群桩效应更加突出，同时变桩径往往需要更换钻头甚至设备，会使施工的便利性降低，故变桩长与变桩径相结合的调平方案不易推广。因而，变桩长与变桩距相结合的调平方案为就成为最理想的调平方案。但当桩端土与桩间土模量比大于 10 后，沉降减小趋势不再明显，故工程设计中也不能一味地增

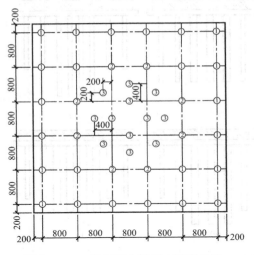

图 7-3-11 筏板下变桩长变桩距布桩

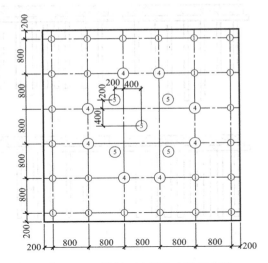

图 7-3-12 筏板下变桩长变桩径布桩

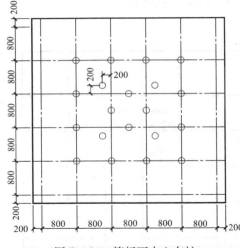

图 7-3-13 筏板下中心布桩

大桩长，同样会造成浪费。仅在中心布桩、外围不布桩调平方案虽然最经济，但接受程度较差，也不太容易推广。

（2）差异沉降随荷载的增加先增大后减小。这是由于随荷载的增加基底中部沉降发展迅速，差异沉降渐渐变大。由于基础的"架越"作用，致使荷载向基础边缘转移，实现了荷载的重新分布。当荷载增加到一定程度后，基础边缘处土体承担了较大的荷载，致使土体局部进入塑性状态，变形加大，这样就导致了差异沉降随荷载的增加先增大后减小的现象。

（3）由于布桩方式的不同，桩顶反力的分布也是不一样的，但是均呈中间大、周围小的分布特点。且随着荷载的增加，中间桩与角桩的桩顶反力差逐渐减小。这是由桩所分担的荷载面积，以及桩与桩、桩与土相互作用的不同而造成的。通过对比各方案间的桩顶反力分布，得出变桩长变桩距、变桩长变桩径有利于改善筏板的内力状况，降低筏板的弯矩，减小不均匀沉降，而变桩距方案则会增加筏板的弯矩，不利于不均匀沉降的减小。

（4）不同调平方案在各剖面上土反力的分布基本上是一致的。均呈现中间小、周围大的分布特点，且在筏板的角点处最大。随着荷载的增加，筏板角点下土体提前一步进入塑性状态。

（5）均匀布桩、变桩距、变桩长变桩距、变桩长变桩径、中心布桩这五种方案的混凝土用量分别 0.540m²、0.389m³、0.530m³、0.592m³、0.177m³。从混凝土用量上来看，中心布桩方式最省，但是总的沉降量却大大增加，且控制差异沉降的效果也不是很理想。

总的来说，桩长是复合地基变刚度调平设计中的核心要素，同时改变桩长与桩距及同时改变桩长与桩径的调平方案均能收到较好的技术经济效果。从降低筏板内力、减小差异沉降等技术关键点及各调平方案的经济性出发，并综合考虑挤土效应、群桩效应及施工的便利性，同时改变桩长与桩距的调平方案是最佳布桩方式，是变刚度调平设计的首选方案。

【案例】 威海某大厦在基础设计中用复合地基方案代替桩筏基础方案，在复合地基布桩时采用地基变刚度调平理论进行优化布桩，采用 PKPM 软件中 JCCAD 软件模块进行上下部结构共同作用分析计算并与实测结果进行对比，实测结果与计算值总体相近并偏小，计算结果偏安全。

（1）主要技术问题

本工程为大底盘三塔楼结构型式，基础平面荷载分布很不均匀。工程由主楼与裙楼组成，主裙楼连体。主楼建筑物地上 30 层，裙楼地上 4 层，地下 2 层，建筑高度 99.90m，外框内筒结构，平面呈矩形，整个建筑物东西长 142.5 m，南北宽 44 m，建筑面积约 12 万 m^2。核心筒与外围框架柱范围的荷载平均压差很大，从而造成差异沉降。所以，控制主楼核心筒与外围框架之间的差异沉降，降低基础筏板内力及上部结构次内力，增强结构耐久性，减少材料消耗，是本工程地基基础设计中应重点考虑的问题。

（2）变刚度调平原则布桩

按强化核心筒桩基的支承刚度、相对弱化外围框架柱桩基支承刚度的总体思路，核心筒与外围框架柱的桩基础分别取不同桩长和持力层，相应的筏板形式与厚度也有区别：①核心筒部分刚性桩桩长 22m，桩径 400mm，桩间距 1.6m 左右，单桩承载力特征值为 800kN，桩数为 182 根。②柱下刚性桩桩长 19m，桩径 400mm，桩间距 1.6m 左右，单桩承载力特征值为 700kN，桩数为 451 根。其余部分均匀布桩，桩长 19m，桩径 400mm，桩间距 1.6m。③主楼部分基础底板厚 1.6m，核心筒部分板厚 2.2m。④裙房部分采用梁板式基础，梁尺寸是 800 mm 宽 1400mm 高，板厚 0.5m。桩基础布置图见图 7-3-14。

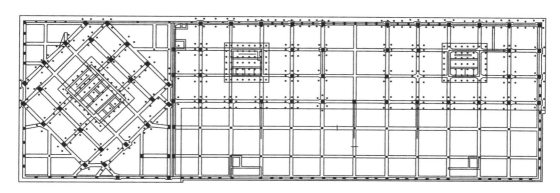

图 7-3-14　桩基础布置图

（3）沉降实测

由于主楼部分与裙房部分荷载相差大且采用不同的基础，主裙楼之间设后浇带，沉降观测很有必要。建筑物沉降观测应测定建筑物基础的沉降量、沉降差及沉降速率并计算基础整体倾斜、底层柱（墙）的相对差异沉降。

沉降观测点的布置点位选设在下列位置：①建筑物的四角、沿外墙壁每 10～15m 处及每隔1～2根柱基上。②主楼部分与裙房部分相邻处。③主体结构的核心筒部分四角及部分内柱。

沉降观测的周期和观测时间，可按下列要求确定：建筑物施工阶段的观测，应随施工进度及时进行，在基础底板完工后开始观测，每建一层观测一次。施工过程中如暂时停工，在停工时及重新开工时应各观测一次。停工期间，可每隔2～3月观测一次。建筑物使用阶段的观测次数，在第一年观测3～4次，第二年观测2～3次，第3年后每年1次，直至稳定为止。

该工程共布3个水准基准点，分别位于西门山大路花坛，北门文化西路花坛及旅游房地产办公楼体。大厦共设25个沉降观测点（其中部分遭到严重破坏）。此工程采用拓普康AT—G2型自动安平水准仪和铟瓦水准标尺，按二等水准实施。实测沉降分布（见图7-3-15）与计算分布总体相近，实测数值较小。

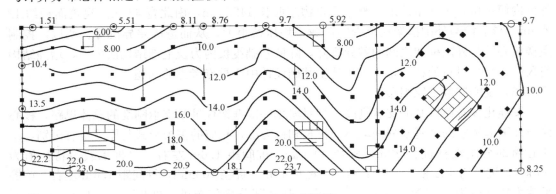

图 7-3-15　实测沉降

高层建筑地基基础变刚度调平设计方法与处理技术是设计理念和方法的一项重要创新，JCCAD软件充分利用相关研究成果，使设计从定性的概念设计发展为更加实用、定量化的设计，使设计人员更加方便地将这种先进的设计理念运用于工程设计中，这只是应用的实际工程之一。实际工程证明，变刚度调平设计既可减小建筑物差异沉降，避免基础和结构裂缝的发生，延长建筑物正常使用寿命，又可充分发挥桩、土的承载潜能，节约材耗和水资源，缩短工期，经济效益、社会效益和环境效益很好。

5. 预制桩复合地基

预制桩也可以作为竖向增强体与桩间土一起构成复合地基。对于欠密实或可液化的砂土、粉土及湿陷性黄土，还可同时起到挤密、消除液化及黄土湿陷性的作用，较CFG桩或素混凝土桩具有一定优势。

山西太原市某住宅小区，有两栋28/29层剪力墙结构住宅，梁板式筏基。地基持力层为湿陷性马兰黄土，埋深15m内均具有自重湿陷性，地基的湿陷等级为Ⅱ级。按《湿陷性黄土地区建筑规范》，甲类建筑（高度大于60m或层数大于等于14层的体型复杂建筑）应消除全部湿陷量或基础穿透全部湿陷性土层。采用灰土挤密桩是黄土地区行之有效的地基处理方法，但因该项目对地基承载力的要求较高，需达460kPa以上，灰土挤密桩复合地基无法满足地基承载力要求，故在设计中采用了静压预制短桩复合地基方案。

根据山西地区多年资料，当土的干密度≥1.65g/cm³时，土的湿陷性完全消失。设计时以干密度 1.65g/cm³ 为目标，根据处理前干密度的最小平均值 1.392g/cm³，计算得出所需置换率为 0.13。最后确定采用边长 400mm 方桩，按桩距 1.2m 正三角形布桩。有效桩长 12m，桩端进入第③层混合土。桩间土经挤密消除湿陷性后，桩侧摩阻力特征值取 30kPa，桩端阻力特征值取 1000kPa，单桩承载力特征值为 736kN，复合地基承载力特征值为 687kPa，大于基底压力 550kPa，不必考虑深度修正即可满足设计要求。下卧层验算及变形计算也均满足要求。

经单桩复合地基检测，承载力特征值为 688kPa；经湿陷性检测，桩间土样湿陷系数在 600kPa 及以下均小于 0.015，即湿陷性已完全消除。土样干密度平均值为 1.66 g/cm³，达到了设计要求。

与常规 CFG 桩复合地基的砂石褥垫层不同，本工程褥垫层采用 300mm 厚 3：7 灰土作为褥垫层。

该工程预制桩入土深度内存在局部砾砂层，对静压桩的成桩可行性是一挑战，经估算，当采用 2000kN 的压桩力时，有可能穿透该砾砂夹层，并以预钻孔法钻透夹层，回填素土后再压桩作为预案。

采用静压预制桩复合地基进行处理，既可消除湿陷性又可提高承载力，可谓一举两得，再加上静力压桩无噪声、无污染、施工进度快、桩身质量好，与其他复合地基处理方法相比具有一定优势。

6. 多桩型复合地基

复合地基因能充分利用桩和桩间土的共同作用而具有经济合理性，且具有适用范围广及施工便利的优势，因此在工程实践中得到了非常广泛的应用，取得了非常显著的经济效益与社会效益。但在工程实践中，绝大多数的岩土/结构工程师都倾向于采用单桩型复合地基，但当场地地质情况比较复杂和特殊时（如湿陷性黄土、可液化砂土及粉土等），单一桩型复合地基可能无法满足设计要求，多桩型复合地基就有可能成为比较合理的地基处理方案，也由此成为地基处理设计最重要的优化设计手段之一。

比如，对可液化地基，为消除地基液化，可采用振动沉管碎石桩或振冲碎石桩方案。但当建筑物荷载较大而要求加固后的复合地基承载力较高，单一碎石桩复合地基方案不能满足设计要求的承载力时，可采用碎石桩和刚性桩（如 CFG 桩）组合的多桩型复合地基方案。这种多桩型复合地基既能消除地基液化，又可以得到很高的复合地基承载力。如太原市华宇·绿洲项目 12～22 层住宅楼即采用该方案，经济效益较高。

又如，当地基土有两个好的桩端持力层，分别位于基底以下深度为 Z_1（Ⅰ层）和 Z_2（Ⅱ层）的土层，且 $Z_1 < Z_2$。在复合地基合理桩距范围内，若桩端落在Ⅰ层时，复合地基不能满足设计要求。若桩端落在Ⅱ层时，复合地基承载力又过高，偏于保守。此时，可考虑将部分桩的桩端落在Ⅰ层上，另一部分桩的桩端落在Ⅱ层上，形成长短桩复合地基，需说明的是，多桩型复合地基和长短桩复合地基意义一致，设计计算方法完全相同。

此外，当基底下持力层土质较差，桩间土地基承载力对 CFG 桩地基的承载力贡献较小，采用 CFG 桩复合地基无法满足承载力要求时，有时会用水泥土桩补强，以调整整个复合地基承载力和模量的均匀性，也形成了多桩型复合地基。

多桩型复合地基是指由两种及两种以上不同材料增强体或由同一材料增强体而桩长不同时形成的复合地基，适用于处理存在浅层欠固结土、湿陷性土、液化土等特殊土，或场地土层具有不同深度持力层以及存在软弱下卧层，地基承载力和变形要求较高时的地基处理。

一般地，将复合地基中荷载分担比高的桩型定义为主控桩（桩的模量相对较高，桩相对较长），其余桩型为辅桩，并按荷载分担比由大到小排序。工程中常用的是两种桩型组成的复合地基（或长短桩复合地基）。

多桩型复合地基的设计应符合下列原则：

1）应考虑土层情况、承载力与变形控制要求、经济性、环境要求等选择合适的桩形及施工工艺进行多桩形复合地基设计；

2）多桩型复合地基中，两种桩可选择不同直径、不同持力层；对复合地基承载力贡献较大或用于控制复合土层变形的长桩，应选择相对更好的持力层并应穿越软弱下卧层；对处理欠固结土的桩，桩长应穿越欠固结土层；对需要消除湿陷性的桩，应穿越湿陷性土层；对处理液化土的桩，桩长应穿越液化土层；

3）对浅部存有较好持力层的正常固结土选择多桩型复合地基方案时，可采用刚性长桩与刚性短桩、刚性长桩与柔性短桩的组合方案；

4）对浅部存在欠固结土，宜先采用预压、压实、夯实、挤密方法或柔性桩等处理浅层地基，而后采用刚性或柔性长桩进行处理的方案；

5）对湿陷性黄土应根据黄土地区建筑规范对湿陷性的处理要求，选择压实、夯实或土桩、灰土桩、夯实水泥土桩等处理湿陷性，再采用刚性长桩进行处理的方案；

6）对可液化地基，应根据建筑抗震设计规范对可液化地基的处理设计要求，采用碎石桩等方法处理液化土层，再采用刚性或柔性长桩进行处理的方案；

7）对膨胀土地基采用多桩型复合地基方案时，应采用灰土桩等处理膨胀性，长桩宜穿越膨胀土层及大气影响层以下进入稳定土层，且不应采用桩身透水性较强的桩。

多桩型复合地基的布桩应满足以下原则：

1）多桩型复合地基的布桩宜采用正方形或三角形间隔布置；

2）刚性桩可仅在基础范围内布置，柔性桩布置要求应满足建筑抗震设计规范、湿陷性黄土地区建筑规范、膨胀土地区建筑技术规范对不同性质土处理的规定。

多桩型复合地基的施工应符合下列要求：

1）后施工桩不应对先施工桩产生使其降低或丧失承载力的扰动；

2）对可液化土，应先处理液化，再施工提高承载力增强体桩；

3）对湿陷性黄土，应先处理湿陷性，再施工提高承载力增强体桩；

4）对长短桩复合地基，应先施工长桩后施工短桩。

【案例】 碎石桩与CFG桩消除液化多桩型复合地基案例。

介休某技改工程焦炉采用筏板基础，基础尺寸93.5m×13.75m，埋深3.2m，基底准永久组合压力250 kPa。设计除满足承载力要求外，还要求建筑物变形不大于规范容许值。地基土物理力学指标如表7-3-16所示。地下水埋深0.5m，地基液化等级为严重。

本工程经过多种方案技术、经济对比，决定采用多桩型复合地基。

辅桩为桩径400mm的碎石桩、桩长9.3m。采用振动沉管打桩机施工，目的是用振动沉管成桩工艺加密地基饱和粉土，部分或全部消除地基液化，又通过碎石桩在地基中设置竖向排水减压通道，便于孔隙水排出，可有效地消散和抑制超孔隙水压力的增高，利于饱和粉土密实，加速地基土固结。

地层的物理力学指标　　　　　　　　　　　　　　表 7-3-16

土层及编号	含水量 $w(\%)$	天然重度 $\gamma(kN/m^3)$	孔隙比 e	液性指数 I_L	压缩模量 E_s(MPa) 建议值	地基承载力特征值 f_{ak}(kPa)
①粉土	28.6	19.3	0.916		4.1	70
②粉土	25.0	18.7	0.811		5.6	90
③细砂					10.0	120
④粉土	24.8	19.9	0.797		7.1	120
⑤粉质黏土	20.6	20.7	0.723	0.33	9.9	140
⑥粉质黏土	22.3	20.1	0.702	0.30	8.0	180

主控桩为桩径不小于 500mm、桩长 22.5m 的素混凝土桩，桩身强度等级为 C20，桩端进入⑤粉质黏土层中。采用 ϕ400 桩管振动沉管全桩长复打成桩工艺。施工时，先打沉管碎石桩，待超孔隙水压力消散，再打素混凝土桩。

施工后经现场素混凝土桩静载试验得：$Q_{uk}=1500kN$，则 $R_{a1}=750kN$。

按单向分层总和法计算复合地基变形量为 68.1mm。沉降观测表明，焦炉建成一年后沉降量为 51.1～75mm，与计算结果相吻合。

【案例】 土挤密桩与 CFG 桩消除黄土湿陷多桩型复合地基。

焦作市某高层建筑，地上 27 层，地下 1 层，钢筋混凝土剪力墙结构，筏板基础，基础埋深 5.5m，设计要求的复合地基承载力特征值不小于 400kPa。土层物理力学参数见表 7-3-17。

地基主要土层的物理力学参数　　　　　　　　　　　表 7-3-17

层号	土质	厚度(m)	$\omega(\%)$	ρ (g·cm^{-1})	e	W_L (%)	W_P (%)	ρ_d (g·m^{-3})	c (kPa)	f_a (kPa)
①	素填土	0.5～2.8								
②	黄土状粉质黏土	2.6～4.9	21.0	1.76	0.877	28.9	16.8	12.4	32.3	160
③	黄土状粉质黏土	3.7～5.0	22.1	1.86	0.982	29.2	16.7	8.6	28.9	160
④	粉质黏土	8.4～10.5	22.4	1.94	0.711	29.4	16.9	6.6	25.6	170
⑤	粉质黏土	5.4～7.0	24.3	1.95	0.732	28.0	16.5	5.3	20.9	160

表中第②、③层土为新近堆积的黄土状粉质黏土，具有湿陷性，为Ⅰ级非自重湿陷性黄土场地，最大湿陷量为 196.83mm。因基础埋深较大，地下室范围内第②层土将被全部挖除，故只需考虑第③层土的湿陷性，其湿陷系数 δ_s 为 0.038。

地基处理采用土挤密桩消除湿陷并用 CFG 桩补强的多桩型复合地基处理方案。其中土挤密桩用来消除黄土的湿陷性，可仅在湿陷性黄土质粉质黏土层深度范围内布桩，一般较短，CFG 桩用来提高地基的承载力控制变形，根据承载力及变形控制要求，CFG 桩一般较长。两种桩型并存的区域为第 3 层湿陷性黄土的深度范围，桩体的置换率高，桩间土的挤密效果明显，可有效消除湿陷性并提高浅层地基土的承载力。

土挤密桩桩径 500mm，采用正三角形布桩方式，桩间距根据完全消除湿陷性要求取 1.2m，桩长可取 5m；CFG 桩桩径为 500mm，桩间距 1.2m，有效桩长 15m，桩端落在第5层粉质黏土上，正三角形布桩，总桩数194根，桩身混凝土强度等级为C20，褥垫层厚度取250mm。

施工过程中，先用沉管法进行土挤密桩施工，以消除黄土的湿陷性，然后用长螺旋钻孔法在土挤密桩之间插打CFG桩，提高地基的承载力。

处理后土挤密桩桩体土的平均ρ_d均大于$1.80g/cm^3$，η_c均大于0.970，满足设计要求；土挤密桩桩间土的η_c最小值为0.938，挤密后ρ_d的最小值为1.78，δ_s均小于0.015，全部消除了黄土湿陷性，满足规范和设计要求。

本项目进行了3根单桩静载荷试验及3组单桩复合地基静载荷试验，单桩承载力特征值不小于850kN，单桩复合地基承载力特征值不小于400kPa，满足规范及设计要求。

土挤密桩与CFG桩组合形成的多桩型复合地基，利用土挤密桩的振动、挤密作用解决地基土的湿陷性，并对浅层土层进行初步加固；CFG桩的后续施工可对桩间土进行二次挤密，使土体更加密实，使桩间土的物理力学性质进一步得到改善，同时利用刚性桩的特点来大幅提高复合地基的承载力，在满足承载力与变形控制要求的同时，还可有效降低工程造价。

【案例】 长短桩CFG桩多桩型复合地基。

北京朝阳区某高层建筑，地上22层地下2层，剪力墙结构、箱形基础。基础埋深4.46m，基底压力标准值为370kN/m²，设计除满足承载力要求外，还要求建筑物变形不大于50mm、倾斜不大于0.002。地基土物理力学指标如表7-3-18所示。

地层的物理力学指标

表7-3-18

土层及编号	含水量 $w(\%)$	天然重度 $\gamma(kN/m^3)$	孔隙比 e	液性指数 I_L	压缩模量 E_s(MPa)			地基承载力特征值 f_{ak}(kPa)
					100~200	200~300	300~400	
①填土								
②粉质黏土、粉土	25.9	19.8	0.73	0.72	8.0	10.0	12.0	170
③中、细砂					20	22	24	220
④粉土	21.4	20.6	0.60	0.22	10.0	12.0	14.0	190
⑤黏土粉土互层	26.9	19.3	0.80	0.23	9.0	11.0	13.0	180
⑥中、细砂					25	27	30	280
⑦黏土、粉土	21.8	20.8	0.58	0.23	9.0	11.0	13.0	180
⑧砾砂					30	33	36	340

本工程采用多桩型复合地基（图7-3-16）。辅桩为桩径400mm的CFG桩，桩长6.2~7.2m，桩端进入③层中、细砂，桩身强度等级为C15。采用振动沉管打桩机施工，目的是用振动成桩工艺加固基底下面的填土。

主控桩为桩径400mm、桩长18~18.5m的CFG桩，桩身强度等级为C20，桩端进入⑥层中、细砂。采用长螺旋钻管内泵压混合料成桩工艺。

施工时，先打沉管CFG桩，后打长螺旋钻管内泵压CFG桩。

施工后经现场静载试验得：$R_{a1}=650kN$，$R_{a2}=190kN$；基础底面下填土承载力和压缩模量经验值分别为$f_{ak}=90kPa$，$E_s=4MPa$。主控桩与天然地基形成的复合地基承载力特征值$f_{spk1}=330kPa$，长短桩复合地基承载力特征值$f_{spk}=428kPa$。求得加固区Ⅰ的模量

158

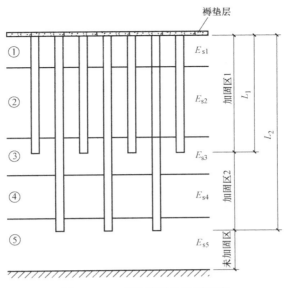

图 7-3-16 多桩型复合地基示意

提高系数为 $\eta=\xi_1/\xi_2=428/90=4.76$，加固区 II 的模量提高系数为 $\xi_1=330/90=3.67$。计算的复合地基变形量为 35.7mm。沉降观测表明，建筑物封顶时建筑物沉降量为 13.4～20mm，根据北京地区经验，封顶时沉降量为最终沉降量的 50%～70%，该建筑物最终沉降量为 30～40mm，与计算结果相吻合。工程取得了良好的技术、经济效益。

第四节 桩基方案的技术经济比较与优化

一、桩基分类

桩基有多种分类方式，如桩基规范中按承载性状、按挤土效应及按桩径的分类。但从桩基设计优化角度，本书倾向于按成桩方法分类。按成桩方法从大的方面可分为打（压）入式桩及灌注桩。打（压）入式桩又可细分为钢桩（H 型钢桩及敞口或闭口钢管桩）及预制混凝土桩（混凝土实心方桩、预应力混凝土管桩及预应力混凝土空心方桩等）；灌注桩可细分为人工挖孔桩，沉管灌注桩，长螺旋钻钻孔灌注桩，潜水钻成孔灌注桩，正反循环钻成孔钻孔灌注桩，旋挖成孔灌注桩，冲击成孔灌注桩等。其中人工挖孔桩、沉管灌注桩和长螺旋钻钻孔灌注桩属于干作业成孔灌注桩；潜水钻成孔灌注桩，正反循环钻成孔钻孔灌注桩，旋挖成孔灌注桩，冲击成孔灌注桩属于泥浆护壁钻孔灌注桩。

二、桩型与成桩工艺选择

桩基选型是桩基设计中至关重要的一环，选型正确与否，既是技术可行性问题，又直接关系经济合理性与施工便利性。然而桩基选型与优化却没有一定之规，需综合各种资料信息进行多方案、多方面的综合技术经济比较才能最终确定。需考虑的因素包括：单桩承载力的范围值、项目所在地的工程地质与水文地质情况、材料设备供应情况、地方标准或行政管理部门的规定与限制情况、场地四周的环境条件、各种桩型与成桩工艺的造价对比情况等。必须因时因地制宜，无法一概而论。比如在沿海一带因适宜性与经济性而应用甚广的预应力管桩，在内地某些地区除了适宜性可能存在问题外，经济性也不见得比长螺旋钻孔灌注桩有优势。比如天津辖区的汉沽（抗震设防烈度为 8 度），根据天津市地方标准《预应力混凝土管桩技术规程》DB 29—110—2010，即便预应力管桩再有经济优势，也在天津地标的禁用范围。

在因时因地制宜的大原则下，首先从技术角度进行桩型适宜性选择。在多种桩型与成桩工艺均适宜的情况下，选型的重点就落在经济性方面，但也要结合项目本身对施工进度的要求及施工单位技术水平、管理能力进行综合决策。

根据笔者多年的实践经验并结合前人总结成果，大致可按如下原则进行桩型选择。虽然不具有普遍适用性，但可适用于大多数情况，供读者参考。

1. 基岩埋藏较浅地层

对于山地丘陵地区，当上覆土层较软且基岩埋深较浅时，在确定选用桩基方案时，应优先选用人工挖孔桩方案，以充分发挥大直径桩高极限端阻的承载力贡献，并尽量采用扩底桩。

一般情况下，基岩的风化程度沿深度递减，从上到下依次为残积土、全风化岩、强风化岩、中风化岩、微风化岩及新鲜岩石，各风化层的厚度有厚有薄，有时分界并不十分明显，且有缺失的情况。设计时应根据建筑结构对单桩承载力的要求并结合各风化层的厚度及力学现状来确定桩长及桩端持力层所在的岩土层。当单桩承载力要求不高时，可选择全风化层甚至残积土作为桩端持力层；但当单桩承载力要求非常高而需要嵌岩时，应通过计算并经过技术经济比较来决定是采用强风化或中风化甚至微风化来作为桩端持力层。一般来说，如果强风化及中风化岩层均较薄，则优先选择微风化作为桩端持力层；如果强风化岩层较薄、中风化岩层较厚且为硬质岩时，则宜选择中风化岩层作为桩端持力层；同理，如果强风化岩层较厚且为硬质岩时，则优先选择强风化岩层作为桩端持力层，当选择强风化岩作为持力层但单桩承载力不足时，应优先采用扩底桩，若还不足则加大桩长直至下一个风化层。

需要说明的是，《建筑桩基技术规范》JGJ 94—2008 对嵌岩段的侧阻与端阻采用了合并简化的计算方法，这对嵌岩段由单一岩层构成的嵌岩桩来说无疑是简化了计算，但对嵌岩段是由两种及以上岩层构成的嵌岩桩来说，因各岩层的饱和单轴抗压强度不同甚至有很大差异，简单套用规范式（5.3.9-3）就不合时宜了。有的岩土/结构工程师为图省事，干脆用各嵌岩层中最小的 f_{rk} 去计算嵌岩段总极限阻力，安全当然是没有问题了，但却带来严重的浪费。

笔者建议此时嵌岩段应按桩基在最下一个岩层的入岩深度来考虑并用公式（5.3.9-3）计算嵌岩段总极限阻力，其上各嵌岩段可只计入侧阻，当勘察报告只给出以上各嵌岩段的岩石饱和单轴抗压强度而未给出侧阻力时，可按 $\zeta_s f_{rk} \pi d h_r$ 来计算以上各嵌岩段的侧阻，其中 ζ_s 为以上各嵌岩段的侧阻力系数，可查《建筑桩基技术规范》JGJ 94—2008 条文说明 5.3.9 表 9（P263），f_{rk} 为以上各嵌岩段的岩石饱和单轴抗压强度标准值，d 为桩径，h_r 为以上各嵌岩段的桩长。

当地下水位较高时，应视人工挖孔桩所穿过的土层性状来决定是否采用人工挖孔桩。当地下水为承压水且为砂土层时，不得采用人工挖孔桩；当桩长范围存在厚度较大的流塑状淤泥或淤泥质土时，也不得采用人工挖孔桩。除此外，只要安全措施做足，并确保护壁混凝土浇筑密实，规范是没有禁止地下水位以下的人工挖孔桩的。如重庆融侨城项目，外有江，内有湖，地下水位非常高，但因基岩相对较浅，仍大量采用人工挖孔灌注桩工艺。

2. 深厚细颗粒土地层

对于河流冲积平原及三角洲等以深厚细颗粒土层为主的地带，应在规范允许的情况下优先选用预应力空心方桩或预应力管桩，因空心方桩的周长/面积比较大且承台尺寸较小，综合经济效益占优；当预应力管桩或空心方桩因单桩承载力不足或超出规范允许范围时，应优先选用长螺旋钻孔灌注桩，并可采用后注浆工艺来提高单桩承载力及减少桩基沉降；当长螺旋钻孔灌注桩也无法满足桩长或承载力要求时，应选择泥浆护壁成孔灌注桩，并采用后注浆工艺来提高单桩承载力及控制变形。作为设计院的工程师可能就到此为止了，但作为甲方及施工单位的工程师、造价师则需进一步细分，应明确具体的施工工艺（潜水钻、回转钻或旋挖），因河流冲积平原及三角洲地带一般地下水位较高，此时应优先选用潜水钻成孔灌注桩工艺，其次是正循环和反循环钻成孔灌注桩工艺；当施工大直径桩（大于1500mm）或超长桩（大于100m）时，应优先选用反循环钻成孔灌注桩。

3. 含卵石层的地层

对于桩基工程施工而言，复杂而令人纠结的不是岩层，而是卵石层。对于岩层来说，基本上是软钻硬冲（较软岩或风化程度严重的岩层可机械钻进，潜水钻、反循环钻、旋挖甚至长螺旋钻都可在软岩或全风化岩、强风化岩层中钻进；硬质岩或风化程度不严重的岩层则采用冲击钻）；但对于卵石层尤其是桩基需要穿透的卵石层来说，一般比较纠结。需要根据卵石的最大粒径、大粒径分组所占比例、卵石层厚度、填充材料性状来定。一般来说，当碎石土比较松散且最大粒径不超过50mm时，长螺旋钻孔灌注桩仍可适用；当最大粒径不超过钻杆内径的3/4时，反循环钻成孔灌注桩仍可适用；当最大粒径超过100mm时，常规的泥浆护壁钻孔桩工艺（潜水钻与正反循环钻）都难以胜任，一般来说会选择旋挖工艺，也可选择冲击反循环工艺。冲击反循环在卵石层中的钻进速度不逊于旋挖，粒径越大越有优势，但在细颗粒土中的速度则远逊于旋挖，甚至比常规反循环的速度还要慢。因此当卵石层的厚度较大或沿孔深的厚度占比较大时，冲击反循环占优，但当卵石层较薄或卵石层沿孔深的占比较小时，旋挖工艺具有优势。对于旋挖工艺，当卵石粒径大于25cm，需采用特种钻头，如短螺旋截齿钻头、捞渣钻头、单门钻头或双侧门钻头等，三门峡文体中心桩基施工即在卵石粒径大于25cm的地层使用了上述钻头；唐山万达广场A、B塔桩基施工，施工工艺采用旋挖钻机成孔水下灌注混凝土施工工艺，嵌岩部分采用更换冲击钻头、冲抓锥钻头进行钻进。但遇大块卵石（漂石）时，三门峡文体中心是更换冲孔钻机将大块卵石（漂石）冲碎，再换回旋挖钻机继续成孔作业。而冲击反循环遇到此种情况则无需更换设备，可直接冲碎，然后用反循环排渣法排出。当卵石层存在胶结现状时，旋挖工艺会比较吃力，可选择冲击反循环工艺。

4. 湿陷性黄土地层

黄土是一种特殊类土，是在干燥气候条件下形成的多孔性具有柱状节理的黄色粉性土，具有结构性、欠压密性及湿陷性的特点。我国的黄土的分布，西起甘肃祁连山脉的东端，东至山西、河南、河北交接处的太行山脉，南抵陕西秦岭，北到长城，面积达54万平方公里，故需引起足够重视。

黄土最显著的工程特性是其欠压密性与湿陷性，对工程带来很多不利的影响。因此《湿陷性黄土地区建筑规范》GB 50025—2004 第5.7.2 规定："在湿陷性黄土场地采用桩基础，桩端必须穿透湿陷性土层，并应符合下列要求：1 在非自重湿陷性黄土场地，桩端应支承在压缩性较低的非湿陷性黄土层中；2 在自重湿陷性黄土场地，桩端应支承在可靠的岩（或土）层中。"第5.7.5 条还规定："在非自重湿陷性黄土场地，当自重湿陷量的计算值小于70mm时，单桩竖向承载力的计算应计入湿陷性黄土层内的桩长按饱和状态下的正侧阻力。在自重湿陷性黄土场地，除不计自重湿陷性黄土层内的桩长按饱和状态下的正侧阻力外，尚应扣除桩的负摩擦力。对桩侧负摩擦力进行现场试验确有困难时，可按表5.7.5 中的数值估算。"

因此对于非自重湿陷性黄土场地，湿陷性黄土层虽然可提供正向的摩阻力，但其数值会大打折扣，尤其是自重湿陷性黄土场地，自重湿陷性黄土层不但不能计入正向摩阻力，而且需要计入负摩阻力，使单桩承载力大大降低，严重损害桩基方案的经济性。因此对于湿陷性黄土场地，应该首先考虑地基处理而不是桩基，当单纯采用地基处理措施不能满足要求或经技术经济比较采用地基处理不合理时，才会考虑桩基方案。当考虑桩基方案时，也应考虑地基处理与桩基相结合的方案，虽然多了一道地基处理的程序，但综合技术经济效益可能更高。

甘肃庆阳某24层框剪结构酒店式公寓及24层剪力墙住宅，除表层0.8～4.0m厚填土外，整个场地均按Ⅱ级自重湿陷性黄土考虑，地基土湿陷带分布深度为6.25～11.00m，基础埋深大于6.0m，故基底以下湿陷性土层厚度不大于5.0m。

对于大厚度自重湿陷性黄土而言，采用桩基既要满足承载力要求又要降低造价，应采取地基处理与桩基结合的方案。可首先采用素土或灰土挤密桩工法消除土层的全部湿陷性，再用桩基础穿透全部自重湿陷性黄土层，此时已消除湿陷性的黄土层内桩侧的负摩阻力已转为正摩阻力，设计桩长相应减小，由此节约的费用远大于挤密桩的费用，从而使整个地基与基础工程造价更经济合理。

具体设计时，考虑到后期灌注桩施工的便利性，没有采用灰土挤密桩，而是采用了7.5m有效桩长的素土挤密桩，并采用沉管法施工以增强挤密效果，桩径400mm，桩距1000mm，按正三角形布置。经过各项检测，经处理后的湿陷性黄土层的湿陷性已基本消除。

桩基设计采用了桩长40.0m、直径700mm的灌注桩，桩端持力层落在相对较好的离石黄土④层上。经挤密桩处理后的地基土层，消除了负摩阻力，正极限侧阻力标准值按70kPa～90kPa取值，单桩极限承载力标准值可达5000kN。设计时还考虑了干作业旋挖成孔工艺，并采用了后注浆技术，单桩极限承载力标准值可提高到8000kN，进一步提高了经济效益。

5. 桩端有可能入岩的地层

机械成孔嵌岩桩的选用要谨慎。根据笔者的经验，在泥浆护壁成孔灌注桩中，机械成孔嵌岩桩是出现质量事故几率最高的桩型，这一点与人们对嵌岩桩的一般认知可能不同。人们习惯认为，嵌岩桩嵌入岩层里，也就是生根于岩层，按理应该是非常坚固的。其实不然，原因有二：其一，嵌岩桩端阻所占比重过大，有时甚至按完全端承桩设计，一旦端阻无法按预期发挥，就会导致承载力不足，而沉渣的存在及沉渣厚度对嵌岩桩端阻的发挥影响巨大；其二，机械成孔嵌岩桩的孔底沉渣同样难以控制，很难控制在规范规定的 50mm 以内。沉渣的存在无疑是桩端混凝土与岩石两种高强材料之间的软弱垫层，在桩端高应力的作用下，其压缩变形也会非常显著，对端阻的削弱非常显著，尤其当试桩以桩顶沉降 40mm 作为终止试验条件之一时，过厚的沉渣往往导致试桩在未达预定加载量时提前达到 40mm，单桩承载力实质变为由沉降控制，使单桩承载力严重降低，导致试桩失败。

从施工工艺角度，只要是泥浆护壁，孔底沉渣就难以避免，虽然沉渣厚度可以控制，但离散性大、保证率低，清孔过甚还可能适得其反，故短期内很难通过机械、工艺手段解决沉渣问题。因此笔者建议在设计中应尽量避免采用机械嵌岩桩，采用细而密及稍短的普通摩擦端承桩来取代较大直径的嵌岩桩，承载力不足时可采用后注浆工艺来提高单桩承载力并控制变形。当嵌岩桩无法避免时，应配合采用后注浆工艺，后注浆工艺可有效加固桩底沉渣，消除桩身混凝土与基岩之间的软弱夹层，在提高单桩承载力的同时，质量保证率也大大提高。

河北唐山某综合体项目，公建区域主楼采用 800mm 直径嵌岩桩，设计要求进入中风化岩层 400mm。施工采用旋挖工艺并采用更换钻头的方式进行嵌岩段的施工，试桩结果有 70％以上的试桩不合格，其中孔底沉渣是罪魁祸首。

6. 后注浆工艺

后注浆是灌注桩的辅助工法，通过桩底桩侧后注浆固化沉渣（虚土）和泥皮，并加固桩底和桩周一定范围的土体，以大幅提高桩的承载力，增强桩的质量稳定性，减小桩基沉降。可用于除沉管灌注桩之外的各种钻、挖、冲孔灌注桩。

大量工程实践证明，采用后注浆工艺可将承载力提高 40％～100％，沉降减小 20％～30％。在以粗颗粒为主的土层中，后注浆对承载力的提高更为显著，承载力提高幅度大于 100％的案例也很多。北京北辰大厦承载力提高 100％，北京电视中心承载力提高 120％。即便在天津等软土地区，承载力也能提高 30％～40％，综合经济效益非常显著。

采用后注浆辅助工艺的费用一般不到造价的 10％，但在大幅提高承载力、减小沉降的同时，可使质量保证率大大提高，即便一些沉渣过厚或有轻微质量缺陷的桩，经后注浆加固后其性能也能满足设计要求，是经济适用、性价比非常高的一种辅助工艺。比如上文提到的机械成孔嵌岩桩，若辅以后注浆工艺，便似如龙得水，再无质量隐患之忧。因此笔者建议：只要是机械成孔灌注桩，除沉管灌注桩外，均应采用后注浆工艺，无论在技术上、经济上及成桩质量上都具有综合优势，是机械成孔灌注桩优化设计的首选。

国贸三期、国家体育场（鸟巢）、中国尊及天津 117 大厦等地标建筑也均采用了后注浆技术，其他工程案例则不计其数，自其诞生之初至今累计节省造价可达数十亿元。

三、常用桩型与成桩工艺适用性、经济性评价

1. 打（压）入式桩

打（压）入式桩按桩体材料可分为钢桩与预制混凝土桩。因钢桩造价较高，除了可重复利用的临时护坡用桩外，作为建（构）筑物基础则很少采用钢桩。故本书重点讨论预制混凝土桩。

预制混凝土桩因桩身混凝土强度高且采用工厂化生产与养护，桩身质量易于保证和检查，桩身混凝土的密度大，抗腐蚀性能强，相比灌注桩坚固耐久；因其打（压）入桩的施工工艺较灌注桩简单，工效较高，且适用于地下水位以下的施工；预制混凝土桩属挤土桩，桩打入后桩周围的土层被挤密，故其侧阻与端阻均比灌注桩要高，尤以端阻的提高更为明显，差不多在一倍以上，单位混凝土用量的承载力很高。因此预制混凝土桩在其诞生之初便拥有强大的生命力，并经历产品与成桩工艺的更新换代而有了更大的发展。

1）预制钢筋混凝土实心方桩

预制混凝土桩的先驱是预制钢筋混凝土实心方桩，最早诞生于 20 世纪 50 年代，截面边长介于 200～500mm，当时的设计桩长普遍较短，多在 30m 以内，单桩承载力也普遍较低，故应用范围受到一定限制。80 年代开始，长桩的使用开始增多，长桩有效地提高了单桩承载力，减少了建筑物沉降，使预制桩的应用范围逐渐增大。且因运输堆放比较方便，桩身质量稳定可靠，承载力较高，耐久性较好，施工便利，工期短，无泥浆排放，节水环保等特点，故在很长一段时间内，不但预制钢筋混凝土桩占据主导地位，也促进了桩基础的发展。当时的施工工艺基本是锤击沉桩，以蒸汽锤或电动落锤为主，80 年代开始柴油锤取代蒸汽锤而普遍使用。但随着高强混凝土、预应力技术及制桩工艺的发展，作为后起之秀的预应力混凝土管桩逐渐取代了预制混凝土实心方桩的江湖地位，并最终占据了桩基市场的大半壁江山。

2）预应力混凝土管桩

预制混凝土管桩的发展道路也并不平坦。新中国成立之初，铁道部从苏联引进离心法生产管桩技术，50 年代初期在丰台桥梁厂生产空心管桩。当时混凝土技术落后，没有外加剂来改善混凝土性能，使得混凝土强度等级低，承载力低；而且打桩设备昂贵，全靠从苏联进口，只能有限用于铁路建设。因此预制混凝土管桩未能得到推广，就被更符合国情的人工挖孔桩与人工钻孔桩所取代。

到 80 年代，我国混凝土技术迅猛发展，已经可以制备高强混凝土。1984 年，广东省构件公司、广东省基础公司、广东省建科所研制成功预应力混凝土管桩。1987 年，交通部第三航务工程局混凝土预制厂引进日本先张法预应力高强混凝土管桩（即 PHC 桩）全套生产设备和技术，生产 $\phi 600$mm 及以上直径 PHC 桩，从此开启了我国高强混凝土管桩生产和应用的新纪元。由于其优势明显，如单桩承载力显著提高、施工速度快、桩身质量好、桩身强度高、混凝土用量少、重量轻、造价低等特点，受到了开发商和建设单位的普遍欢迎，并逐渐取代了预制混凝土实心方桩。

高强混凝土预制管桩的引进，对我国预制桩的发展具有划时代的意义。自其引进后很长一段时间内，始终占据桩基的大半壁江山。90 年代中期至今，管桩的生产装备已全部实现国产，并且还出口东南亚等国家。质量稳定性和加工工艺水平有了长足提高，目前国内已建有 80 多条生产线，生产厂家达 500 多家。

管桩在其运用的 20 年中，虽然在实际应用中经历了爆发式增长，但技术方面并没有太大的发展进步，抗弯能力差、破损率高仍然是其发展与应用方面的软肋。预应力混凝土空心方桩的出现，结合了预应力管桩和预制方桩二者的优点，同时克服了其大部分缺点，成为一种新型桩型，是预制桩技术的一个提升，是一种进步。在美国、日本等国际市场上已大力开始推广使用，在国内市场上也是方兴未艾，大有后来者居上的态势。

3）预应力混凝土空心方桩

与预应力管桩相比，预应力空心方桩具有以下优点：

（1）在相同承载力下空心方桩的边长更小、混凝土用量更低

因相同面积下圆形的周长较正方形的周长要短，故同截面混凝土下方桩外表面积大于管桩，且方形或多边形的外形比圆形的摩阻系数要大得多，意味着空心方桩比管桩在同等地质条件下能获得更大的承载力，因此一般来说可用边长 300mm 的空心方桩代替直径 400mm 的管桩，可用边长 400mm 的空心方桩代替直径 500mm 的管桩，用边长 450mm 的空心方桩代替直径 600mm 的管桩等。

以《建筑桩基技术规范》JGJ 94—2008 附录 B 中 PHS400 方桩与 PHC500 管桩的对比为例，PHS400 方桩截面周长为 1.6m，混凝土截面面积为 0.1109m²，周长面积比（可评价单位混凝土用量所提供的侧摩阻力指标）为 14.43m/m²；PHC500 管桩截面周长为 1.57m，混凝土截面面积为 0.1257m²，周长面积比（可评价单位混凝土用量所提供的侧摩阻力指标）为 12.49m/m²。即意味着相同混凝土材料用量的前提下，空心方桩的外表面积比管桩

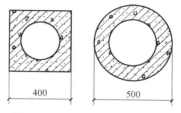

图 7-4-1 PHS400 空心方桩比 PHC500 管桩

增大了 15.5%，即便在单位面积侧摩阻力不变的情况下，相同混凝土用量下 PHS400 空心方桩的承载力也比 PHC500 管桩的承载力要大，或者说提供相同承载力下 PHS400 空心方桩比 PHC500 管桩节省混凝土材料 15.5%。

（2）方桩桩基承台尺寸更小、配筋量更低

由于在相同周长下方形截面的边长比圆形截面的直径要小（$L = \frac{\pi}{4}d$），故可用边长较小的方桩代替直径略大的管桩。如边长 400mm 方桩可代替直径 500mm 管桩等。对于多桩承台来说，无论桩心距取多少（$3.5d \sim 4.5d$），桩心距都与圆桩设计直径或方桩设计边长成正比，因方桩边长较圆桩直径要小，故方桩多桩承台的平面尺寸比圆桩多桩承台的平面尺寸要小。以四桩承台为例，当桩心距取 $4.0d$、桩边距取 $1.0d$ 时（桩基规范明确此处的 d 为圆桩设计直径或方桩设计边长），若采用 400mm 边长的方桩，承台边长为 $1.0d + 4.0d + 1.0d = 1.0 \times 0.4 + 4.0 \times 0.4 + 1.0 \times 0.4 = 2.4m$，承台面积为 $2.4 \times 2.4 = 5.76m²$；但若采用直径 500mm 的管桩，则承台边长为 $1.0d + 4.0d + 1.0d = 1.0 \times 0.5 + 4.0 \times 0.5 + 1.0 \times 0.5 = 3.0m$，承台面积为 $3.0 \times 3.0 = 9.0m²$，面积增大了 56.25%。同时由于桩距变小使得桩反力作为作用于承台上集中荷载的力臂变短，故柱边或墙边截面的计算弯矩也会变小，可使承台截面高度或配筋进一步减小。

对于满堂布桩的桩筏基础，由于相同承载力下方桩的边长较管桩直径要小，故桩心距较管桩要小，非常有利于工程桩的排布。尤其是对那些桩端持力层较为理想、单桩承载力满足要求，但受限于桩心距的要求而布不下足够桩数的情况，若能将稍大直径的管桩改为稍小边长的方桩，可有效减小桩心距从而满足布桩数量与规范要求而不必加大桩长。否则就只有加大桩长，通过提高单桩承载力而减少桩数。

南京象山和园项目，高层剪力墙结构，桩筏基础并满堂布桩，原设计拟采用 ϕ600mm 预应力管桩，持力层拟落在土质较好的 ③₃ 层。但根据桩基规范，最小桩心距需要 3 倍桩

径即 1800mm，按此桩距筏板下布不下足够数量的桩，致使筏板下桩基承载力的合力无法满足设计要求。但若采取加大桩长从而提高单桩承载力的方法，则桩端会落在土质较差的土层，桩端阻力会大大削弱，桩长增大较多但效果不明显，因此曾一度想采用钻孔灌注桩。后优化设计提出采用边长 450mm 的空心方桩取代 ϕ600mm 管桩，二者单位长度的承载力接近，但由于边长只有 450mm，相应桩心距可从 1800mm 降为 1350mm，从而在筏板范围内顺利布下所需的桩数，在桩长不必增加的情况下解决了原 ϕ600mm 管桩所无法解决的难题。

（3）空心方桩的抗弯、抗剪能力较强

空心方桩的理论计算抗剪力是同混凝土用量管桩的 2～3 倍，据日本建设省的实际测试是管桩的 4.5 倍，这说明空心方桩的抗震性能非常优越，很值得在多震的区域及高层建筑、大面积地下室的建筑物基础中推广使用，大大拓宽了其应用范围。比如深基坑的支护，一般管桩的抗弯能力都不能满足要求，只能使用钻孔灌注桩，但运用方桩取代钻孔桩，不仅完全满足工程技术要求，而且大大地提高了施工的速度。在受水平力较大的地质工程中使用方桩都具有很强的优势，而且在未来的工程中将广泛使用后张法制作的预制构件，如将后张技术用在方桩的生产制作上，将会使其应用范围更广。

（4）方桩在储存、运输及施工方面比管桩有优势

空心方桩作为摩擦桩使用，其挤土效应小，开口空心方桩可以有效产生"土塞效应"，减小挤土量，有效降低对自身及周边建筑地基的影响。空心方桩的混凝土强度高，且角部混凝土厚实，更具有耐冲击性能，使得空心方桩在施工中断头破损率低。方形比圆形更大的焊接周长能有效地保证接桩处的焊接强度。空心方桩外形规则，不易发生滚落事故，因此可多层堆放，更易确保堆放和运输的安全。

（5）工程费用的节约

① 边长 300mm 空心方桩与边长 300mm 实心方桩的对比：

边长 300mm 空心方桩在力学性能上可以替代 300mm 实心方桩，但从经济角度上来看，300mm 空心方桩较 300mm 实心方桩可节省造价 20％以上。当采用承台桩基础时，根据《建筑桩基技术规范》JGJ 94—2008，实心方桩作为挤土桩在非饱和黏性土中各桩间中心距不宜小于桩边长的 4.0 倍，但敞口空心方桩作为部分挤土桩在非饱和黏性土中各桩间中心距不宜小于桩外边长的 3.5 倍，故承台尺寸可减小，大约可节省 10％的承台费用。

② 边长 300mm 空心方桩与直径 400mm 管桩的对比：

边长 300 空心方桩在力学性能上可以替代 ϕ400 管桩，同时因桩尺寸变小，在施工速度、挤土影响等方面又可大大改进，其性能甚至超越管桩。从经济角度上来看，选用边长 300mm 空心方桩较直径 400mm 管桩相比可节省 8 元/m 左右材料费用，打桩费可节约 3 元/m。当采用承台桩基础时，根据桩基技术规范，各桩间中心距不宜小于桩外边长的 3.5 倍，边长 300mm 空心方桩的承台尺寸可大大减小，大约可节省 43％的承台费用。

由此可见，空心方桩基础可有效减小桩径、混凝土用量及承台尺寸，具有较好的经济性。对于满堂布桩的桩筏基础可减小桩间距而易于工程桩排布。抗弯、抗剪能力较强，应用范围更广。在施工、运输、储存方面更有优势。当软弱土层较厚，单桩承载力主要以摩擦力为主的桩基础可优先使用空心方桩。

当然，预应力混凝土空心方桩也存在如下不足：空心方桩不如管桩受力均匀，对坚硬

土层的穿透力较管桩弱。特别是对有硬夹层的土层，空心方桩的穿透力要逊于管桩；预应力管桩的厂家多、产量大，一般能保证及时、充足的供应，而空心方桩的生产企业相对较少，部分地区恐难以保证及时、充足的供应；空心方桩接桩时需注意角度问题，管桩则无需考虑角度问题。

4）空心桩共同弱点

预应力混凝土管桩与预应力空心方桩也有共同的弱点需要克服，也是未来研究和攻关的主要方向：

（1）不管是方桩还是管桩，其延性都比较差，而抗震材料要求延性较好。材料的强度和塑性是一对矛盾，一般材料的强度高，延性就差，呈脆性，而抗震地区都对预制桩提出延性要求。方桩的抗弯、抗剪性能较其他桩型好，但桩基和承台连接处是其薄弱环节，抗震性能如何，破坏模式是什么样的，是其研究方向。目前，中技和清华大学正致力于此方面的研究，难度很大，脆性材料在地震下的破坏模式很难模拟，这对方桩应用范围的拓宽起着至关重要的作用。

（2）不管方桩还是管桩，其接头的耐久性是研究重点、难点。一般预制桩的接头都是焊接，其耐久性对整个桩的性能影响非常巨大。因此预制桩在做抗拔桩时，必须尽量采用一节桩，避免存在接头的腐蚀，影响其耐久性。

鉴于空心桩延性差不利抗震的弱点，有关规范对预制混凝土空心桩的应用进行了限制。其中，《建筑桩基技术规范》JGJ 94—2008：

> 3.3.2-3 抗震设防烈度为8度及以上地区，不宜采用预应力混凝土管桩（PC）和预应力混凝土空心方桩（PS）。

很多读者容易误解，误以为此处的预应力混凝土管桩和预应力混凝土空心方桩是泛指所有的预应力混凝土管桩和空心方桩，其实不然。这里的预应力混凝土管桩是特指桩基规范附录B的PC系列预应力混凝土管桩及PS系列预应力混凝土空心方桩。对于与PC系列并列的PHC系列的预应力高强混凝土管桩及与PS系列并列的PHS系列预应力高强混凝土空心方桩则并未包括在3.3.2-3的不宜之列。

对预应力混凝土空心桩限制最为严厉的天津市地方标准《预应力混凝土管桩技术规程》DB 29—110—2010及《预应力混凝土空心方桩技术规程》DB 29—213—2012也有类似规定，且某些方面的规定更为严格。

> 3.1.4 抗震设防区的管桩设计应符合下列规定：
> 3 抗震设防烈度为8度地区的管桩基础及高层建筑桩基础应采用高强预应力混凝土管桩（PHC桩）；厚层软土地区抗震设防烈度为8度时，不宜采用预应力管桩；

该条款前半部分是对桩基规范的呼应，后半部分是针对厚层软土地区抗震设防烈度为8度时更严格的控制，该处的预应力管桩则是泛指，包括PHC、PC及PTC系列的所有管桩。

除了针对地震烈度的限制条件外，天津地标也根据是否为厚层软土地区及有无地下室规定了采用预应力混凝土管桩房屋的适用高度及层数。

> 3.1.1 预应力混凝土管桩的使用及适用范围应符合下列规定：
> 1 民用建筑使用预应力混凝土管桩时，其适用层数应符合表3.3.1（本书表7-4-1）的规定：

民用建筑适用层数			表 7-4-1
区域	无地下室	有地下室	
厚层软土地区	≤3层(高度不超过10m)	≤12层(高度不超过40m)	
其他地区	≤9层(高度不超过30m)	≤18层(高度不超过55m)	

注：1. 厚层软土地区是指软土厚度≥5m的地区。
　　2. 预应力薄壁混凝土管桩（PTC桩）不能用于建（构）筑物的桩基础及腐蚀性地区。
　　3. 桩径300mm的预应力混凝土管桩不能用于大跨度公建、厂房及四层以上的民用建筑桩基础。

该条规定对预应力混凝土管桩的应用影响很大，且为强制性条文，致使该地标所列的某些桩型甚至整个系列被打入冷宫。多数工程将不再适用管桩，特别是那些不做地下室，但层数又超过3层（厚层软土地区）或9层的小高层（其他地区）以及虽有地下室但层数超过12层（厚层软土地区）或18层（其他地区）的高层建筑。

对于预应力薄壁混凝土管桩（PTC）则基本判了死刑，既不能用于建筑物的桩基础也不能用于腐蚀性地区，只能用于无腐蚀性（根据《岩土工程勘察规范》GB 50021—2009 第12.1.4条文说明，认为"无腐蚀"的提法不确切，在长期化学、物理作用下，总是有腐蚀的，因此将"无腐蚀"改为"微腐蚀"，不知此处的腐蚀性如何定义）地区的地基处理。如果按"长期化学、物理作用下，总是有腐蚀"来理解，PTC将因为腐蚀性被彻底废止。

直径300mm的管桩，不能用于大跨度公建厂房和四层以上民用建筑，基本否定了PTC和300mm直径管桩在天津地区的使用。只有小型公建、别墅和地基处理能用300mm管桩，而在厚层软土地区，只能用作地基处理。

此外，天津地标还要求长径比大于50的桩应进行桩身压曲验算。比老规范的长径比80收紧了很多，对于直径400mm的管桩，超过20m就要做压曲验算。

对于承受水平力和抗拔力的管桩，单桩承载力应根据水平静载和抗拔静载确定，不能采用估算值进行设计，必须提前试桩以确定承载力。

对于抗压管桩，灌芯深度不得小于3.5m；对于抗水平和抗拔力的管桩，灌芯深度不得小于4.5m；灌芯混凝土中的箍筋体积配筋率不应小于0.4%；对灌芯长度提出了更高的要求，不再是从前的1.2m；灌芯混凝土内的箍筋也不再是从前φ6@200构造配筋，而需满足体积配箍率的要求；使得管桩的桩顶抗水平力的承载能力大大加强。

另一预应力管桩应用大省江苏省的工程建设标准《预应力混凝土管桩基础技术规程》DGJ 32/TJ109-2010也对管桩的适用范围做出了规定：

1.3.1 管桩的适用范围：

1 管桩适用于下列条件：

1）抗震设防烈度为7度和7度以下地区的一般工业与民用建（构）筑物基础工程；抗震设防烈度8度的地区，仅适用于非液化土、轻微液化土场地，且结构高度不超过24m的多层建（构）筑物；

3）多层和结构高度不大于100m的高层建（构）筑物桩基础；结构高度大于60m的高层建筑宜选用外径不小于600mm的管桩；

3 下列条件下不应采用管桩：

3）抗震设防类别为特殊设防类（甲类）的高层建筑，30层以上、结构高度超过100m的高层建筑；

由此可见，地方标准的有关要求是桩型选择中必须要考虑的因素，而且很多时候具有一票否决性，设计者在做异地工程时必须事先熟悉当地的地方标准，以免产生不切实际甚至颠覆性的结果。

5）施工工艺与设备

打（压）入式桩按桩贯入方法又可分为锤击沉桩与静压沉桩。与预制桩空心化的进程相呼应，预制桩的沉桩工艺也经历了由锤击沉桩向静压沉桩的过渡。一方面是空心桩较实心桩的锤击破损率大大增加，另一方面也是因为对城市噪声的控制日益严格，锤击沉桩的噪声、振动为城市居民生活、生产所不容。而静压沉桩低噪声、无振动、无污染，可以24小时不间断施工，从而缩短工期，节约时间成本，降低工程造价；同时施工工艺简单，施工工效高，场地整洁，施工文明程度高。

综上所述，锤击沉桩因噪声、振动等因素而常被禁止，故在城市市区施工时一定要慎重采用；静压沉桩则没有噪声、振动等污染，且具有施工速度快、综合造价低的特点，宜优先采用。

预应力混凝土空心桩具有施工速度快、质量保证率高、环境污染小、单位材料用量的承载力高、综合造价低等优势而广受欢迎并取得了广泛的应用，但其应用也面临多种限制条件，如国家、行业与地方规范的限制，地质条件适宜性的限制，单桩承载力的限制，桩长桩径的限制等，当受限于这些限制条件而不再适用时，就只能采用灌注桩。

2. 混凝土灌注桩

一般而言，灌注桩的造价较预应力混凝土空心桩高，但其最突出的优点是对地质条件的适应性强，且可实现大直径（超过2000mm）、大桩长（120m）及非常高的单桩承载力，这是包括预应力混凝土空心桩等打（压）入式桩所无法企及的，也是预制桩无法完全取代灌注桩的主要原因。尤其是随着长螺旋钻孔灌注桩配合后插钢筋笼工艺的推广应用及长螺旋钻机成孔深度的不断增加，使得长螺旋钻孔灌注桩在施工速度、质量保证率、环境污染及综合造价等方面具有了一定的比较优势。当单桩承载力要求较高而需要采用稍大直径的桩（≥600mm）时，长螺旋钻孔灌注桩已可取代相同外径的预应力管桩，当桩端土质为砂性土时，配合后注浆工艺可收到更好的技术经济效果。

混凝土灌注桩按有无泥浆护壁可分为干作业成孔灌注桩与泥浆护壁成孔灌注桩。人工挖孔桩、机动洛阳铲成孔灌注桩、沉管灌注桩、长螺旋钻孔灌注桩均属于干作业成孔灌注桩。当地质条件适宜时，旋挖成孔灌注桩也可采用无需泥浆护壁的干法作业，此时也应归为干作业成孔灌注桩；潜水钻成孔灌注桩、正反循环钻成孔灌注桩、冲击成孔灌注桩均属于泥浆护壁成孔灌注桩，旋挖成孔灌注桩除特殊情况可干作业成孔外，大多数情况也需要泥浆护壁，此时应按泥浆护壁成孔灌注桩对待。

同一地质条件下，干作业成孔灌注桩与泥浆护壁成孔灌注桩的桩侧阻力与桩端阻力存在差异。干作业成孔因为没有泥皮对侧阻的削弱及沉渣对端阻的削弱，故其侧阻与端阻均比泥浆护壁成孔灌注桩要高，尤以端阻最为明显，前者一般要比后者高出一倍左右。

因此一份理想的勘察报告应该针对混凝土预制桩、干作业成孔灌注桩及泥浆护壁成孔灌注桩给出三组不同的桩基设计参数，当勘察报告只给出一种桩基设计参数，而实际设计时采用了混凝土预制桩或干作业成孔灌注桩时，应该要求勘察单位补充提交相应的桩基设计参数，否则会因桩基设计参数偏低而导致浪费。

以中密、密实的中砂为例，根据《建筑桩基技术规范》JGJ 94—2008 表 5.3.5-2，当桩长为 20m 时，干作业成孔灌注桩的极限端阻力标准值为 3600kPa～4400kPa，而泥浆护壁成孔灌注桩的极限端阻力标准值仅为 1500kPa～1900kPa，尚不足前者的一半。

很多岩土/结构工程师对干作业成孔的概念不慎了解，经常将干作业成孔与地下水位高低联系起来，似乎在地下水位以上的灌注桩才是干作业成孔灌注桩，一旦桩长范围存在地下水就不是干作业成孔灌注桩了。其实这是没有弄清楚干作业成孔与泥浆护壁成孔的本质区别。灌注桩与基坑开挖一样，都需要护壁，否则也容易塌孔。而干作业成孔灌注桩是与泥浆护壁成孔灌注桩相对应的、不需要泥浆来护壁的成桩工艺。之所以按是否采用泥浆护壁来区分，最本质的因素是有无桩侧的泥皮及桩底的沉渣。干作业成孔灌注桩没有泥皮及桩底沉渣，而泥浆护壁成孔灌注桩则不可避免的要有泥皮及沉渣，因而会影响到桩侧阻与端阻的发挥，与地下水位高低并无多大关系。表面上是将泥浆护壁成孔工艺与水下浇筑混凝土工艺相混淆，实则是对不同成桩工艺对灌注桩承载性状的影响不甚了解。水下浇筑混凝土的不利之处主要体现在桩身混凝土质量上，具体体现在《建筑桩基技术规范》JGJ 94—2008 第 4.1.2 条的保护层厚度及 5.8.3 条的成桩工艺系数上，或《建筑地基基础设计规范》GB 50007—2011 第 8.5.11 条的工作条件系数上。两本规范均通过成桩工艺系数或工作条件系数对桩身混凝土强度进行了折减，因此有关"水下浇筑混凝土宜将混凝土强度等级提高一级"的做法或规定就显得有点多余和保守了。这种不利影响的程度对不同成桩工艺也有所不同，对泥浆护壁成孔灌注桩影响较大，但对干作业非挤土灌注桩的影响则小的多。尤其是长螺旋钻孔灌注桩，其通过中空钻管泵压混凝土的工艺可使混凝土浇筑质量有较高的保障，故《桩基规范》5.8.3 条的成桩工艺系数也较高。

1）长螺旋钻孔灌注桩

长螺旋钻孔灌注桩属于干作业成孔灌注桩，利用其与机架几乎等高的空心钻杆护壁、利用空心钻杆的旋转带动钻杆端部可拆卸可卸料的空心钻头实现钻进成孔，并通过钻杆外侧的连续螺旋叶片将钻出的土带到地表，当钻头钻到指定的持力土层并达到设计桩长后，停止下钻并通过与空心钻杆上部相连的泵送软管向空心钻杆内泵送混凝土，当钻杆芯管内充满混凝土后（开泵后停顿 10～20s）开始缓慢提钻，在泵送压力配合下打开钻头的活瓣阀门，然后边泵送边提钻，提钻速度应根据土层情况而定，且应与混凝土泵送量相匹配，确保管内始终有不小于 2000mm 的混凝土高度，一般提钻速度控制在 2.0～3.5m/min 为宜，直到整根桩浇筑完成。混凝土浇筑完毕，应立即用专用插筋器将预先制作好的钢筋笼振动下沉到指定深度并进行固定，从而完成长螺旋钻孔灌注桩的整个成桩过程。

从长螺旋钻孔灌注桩的成桩过程可以看出，该成桩工艺简单、快捷，成孔、成桩由一机一次完成，且不受地下水位的影响，当采用专用振动插筋器并配以吊车相辅助时，沉放钢筋笼也比较顺畅，因此具有施工速度快、效率高的特点；采用自身的钻杆护壁，没有泥浆，因此环境污染小；由于不采用泥浆护壁，且混凝土出料口位于钻头端部，因此桩侧无泥皮、桩底无沉渣，只要提钻不早于泵压混凝土，桩底就不会有虚土存在，故质量保证率高；同时由于其工效较高，且不需要泥浆制备等措施费用，故相比其他类型的灌注桩综合造价要低，适用于黏性土、粉土、素填土、中等密实以上的砂土。可以说，长螺旋钻孔灌注桩的出现，拉近了预应力混凝土空心桩与传统泥浆护壁成孔灌注桩的距离，或者说，长螺旋钻孔灌注桩成了预应力混凝土空心桩与传统泥浆护壁成孔灌注桩的一种过渡桩型。在预应力混凝土空心桩不适宜的场合，可优先考虑长螺旋钻孔灌注桩，当长螺旋钻孔灌注桩因地质条件的适宜性、单桩承载力的要求及桩长桩径等而不适宜时，再考虑泥浆护壁钻孔灌注桩。

从上文可看出，长螺旋钻孔灌注桩的成孔深度受限于其钻杆的长度，而钻杆的长度受限于机架的高度。长螺旋钻机由于机架及钻杆高长，整个钻机的重心较高，由于自身稳定性及场地内地表土的承载力的因素，机架高度不能无限地增高，因此钻杆长度也不能无限地加长，故成孔深度终有一定限度。目前所知的成孔深度已经经历了 30m 及 36m 两次突破，现在可达到 40m，虽然不能说到此为止，但成孔深度的继续增加必然导致机架高度及机身重量的增加，对地表土的承载力要求会更高。同时成孔深度的增加必然伴随功率的加大，对电机功率及钻杆的抗扭剪强度也都有更高的要求。

除了桩长受限外，长螺旋钻孔灌注桩的桩径也有限制，一般为 300～800mm。800mm 直径桩虽然理论上可行，但钻头的切削面积大、钻杆与周围土体的接触面积大、通过钻杆螺旋叶片的排土量也大，因此钻进过程的阻力很大，成孔效率较小直径桩大大降低，当遭遇硬塑黏土层及密实砂层时常发生钻进困难；而且桩径大的桩一般桩长也较长（短粗的桩经济性差），故单桩混凝土用量大，假设施工桩长为 28m 时（《建筑桩基技术规范》JGJ 94—2008 提供的最大桩长，目前已可达 40m），则 800mm 直径桩单桩混凝土用量不低于 14m³，当采用商品混凝土泵送施工时，需要 3 台混凝土罐车，一旦第一罐车混凝土浇筑完毕而第二、第三辆罐车未及时到场时，轻则造成泵送系统导管堵塞（俗称堵管），重则先浇筑的混凝土凝固导致钢筋笼无法插入。长螺旋钻孔灌注桩工艺导管堵塞时有发生，在日益拥堵的城市即便商品混凝土厂家能保证充足供应，也难以保证混凝土罐车能及时到场，无疑会加重导管堵塞的几率，一旦导管堵塞，在疏通导管的过程中，已浇筑的混凝土正在逐渐失去塑性，而罐车内及滞留在导管内的混凝土也在逐渐降低流动性，会使整个情况继续恶化。

哈尔滨华鸿国际中心 1 号楼，由于优化设计介入时已经按原设计施工了一根桩，故整楼桩基未进行优化，仍然采用原设计 800mm 长螺旋钻孔灌注桩。不但成孔效率低，而且由于前述的一些原因，导管堵塞情况经常发生，甚至一根桩发生 2～3 次堵管的情况都屡见不鲜。再加之施工单位为降低费用而在沉放钢筋笼时不肯配备吊车，不但混凝土浇筑非常不顺，钢筋笼沉放也非常困难，能完全沉放到位的反倒是少数，实在沉不下去就只好截断，给结构安全带来隐患。总共 320 根桩，用了 45 天的时间，而上部结构完全相同、原桩基设计也完全相同的 3 号楼，优化后采用 457 根 600mm 直径长螺旋钻孔灌注桩，仅用 15 天时间即全部施工完毕，而且节省了 1045m³ 的混凝土。

由此可见，长螺旋钻孔灌注桩虽然有工艺简单、无泥浆污染、噪声小、效率高、无泥皮沉渣、承载力高、质量稳定等较为突出的优点，但桩长、桩径相比其他类型的灌注桩有一定限制，因而单桩承载力也同样受限，一般难以满足超高层建筑对单桩承载力的要求。对于沿海软土地区无法在槽底成桩而又有较深的地下室时，地下室深度范围内的空孔长度会使有效桩长进一步缩短，单桩承载力进一步降低，而且空孔段属于无效钻孔深度，桩长越短，空孔段所占比例越大，综合效益越低，因此过短的桩长会导致综合造价的提高。这也正是天津地区对长螺旋钻孔灌注桩的应用比临近的北京、河北两地要少的主要原因（北京、河北基本是先开挖基槽，保留 500～800mm 的保护土层，然后在槽底成桩，天津因为地下水位较高、浅层土质较差，只能在地面成桩）。

　　假设一80m高度的剪力墙结构住宅，按最小嵌固深度以做两层地下室为宜，两层地下室层高再加筏板厚度，基础埋深在8.0m左右。如果按《建筑桩基技术规范》JGJ 94—2008中最长28m的成孔深度，则扣除8.0m的空孔长度后有效桩长只有20m，以天津的土质情况，一般难以满足承载力及沉降控制要求。而且空孔段所占的比例过大，达有效桩长的40%，经济性较差。但如果换做现如今的40m成孔深度的钻机，则有效桩长可达32m，情况会好得多，一般能够满足楼高80m以下的桩基设计要求。

　　如天津中海·御湖翰苑项目，其1~4号楼为32层钢筋混凝土剪力墙结构住宅，采用直径700mm钻孔灌注桩加后注浆工艺，有效桩长39m，桩顶标高—9.95m，灌注桩施工作业面标高—2.45m，故空孔段长度7.5m，施工桩长46.5m。对于这样的工程，长螺旋钻孔灌注桩无法满足桩长及承载力要求，只能采用正反循环钻或旋挖成孔灌注桩工艺。

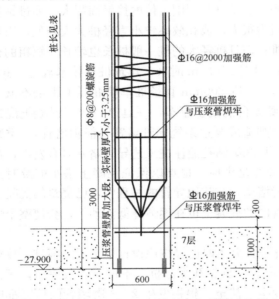

图7-4-2　长螺旋钻孔灌注桩压浆管与钢筋笼连接构造

　　还有一个因素，使用其他泥浆护壁机械成孔灌注桩工艺，因钢筋笼是在成孔后、浇筑混凝土前沉放，故钢筋笼沉放位置、深度比较容易控制，很容易采用能大幅提高承载力及变形能力的后注浆工艺，同时注浆管的破损率低、桩端注浆筏的成活率比较高，后注浆工艺比较稳定可靠。而长螺旋钻孔灌注桩采用的是后插钢筋笼工艺，钢筋笼不容易沉放到底，桩端注浆阀的位置也不容易控制，很容易发生注浆管折断或注浆阀失效等事故。虽然建研院地基所有大量长螺旋钻孔灌注桩后插钢筋笼采用后注浆工艺的成功项目经验（图7-4-2），但不可否认的是，该项技术对管理团队及实操团队的要求都很高，技术与管理水平很重要，经验更重要，不是随便哪个团队都能做的，因而难以大面积推广。对大多数桩基分包单位而言，长螺旋钻孔灌注桩后插钢筋笼采用后注浆工艺仍然存在难以逾越的技术障碍。

　　长螺旋钻孔灌注桩因其直径、桩长及单桩承载力都受到限制，故天津地区一般也只是应用于多层及小高层建筑。而且由于天津属于典型的软土地基且地下水位较高，故一般均采用地面打桩方案而很少采用开挖后打桩的方案，所以当多高层建筑带有地下室时，虽然设备工艺条件能满足有效桩长的要求，但加上较长的空孔段，则实际钻进深度会较长，往往超过设备的最大进尺能力而不可行。

　　2）潜水钻、正循环钻、反循环钻成孔灌注桩
　　潜水钻成孔灌注桩及正、反循环钻成孔孔灌注桩都属于湿作业成孔，需要泥浆护壁及利用泥浆的循环将钻渣排出孔外，且需经常接换钻杆，因而工效大为降低，相应工程造价提高，但可施工大直径桩及超长桩，如潜水钻成孔最大桩径可达1500mm、最大桩长可达100m；而反循环钻成孔最大桩径已达4000mm、最大桩长已超120m，滨海新区高新区的

117 大厦，施工桩长 120m（有效桩长 95m），适用于高层或超高层建筑或其他对单桩承载力要求较高的工程。值得一提的是，潜水钻和回转钻成孔灌注桩因钢筋笼是在混凝土浇筑前沉放，故很容易采用后注浆技术，就天津地区的地质情况，采用后注浆技术后一般可将单桩承载力提高 30% 以上，经济效益明显。如 117 大厦、天津环球金融中心等均采用了后注浆技术。

各种成桩工艺的优缺点是相对的，因比较对象的不同而不同。没有哪种钻机和成桩工艺具有压倒一切的优势，否则其他钻机及成桩工艺就不会有生存空间，也就不会有岩土/结构工程师在选择桩型与成桩工艺时的纠结。

对潜水钻及正、反循环钻成孔灌注桩而言，与长螺旋钻孔灌注桩相比，其优点是可施工大桩长、大直径桩，钢筋笼沉放方便、就位准确，可方便后注浆施工等。但其缺点也非常明显：①因钻孔需泥浆护壁，现场需挖掘沉淀池和处理排放的泥浆，施工场地泥泞，不节水，不环保；②存在泥皮及沉渣，对桩侧阻及端阻削弱较大；③桩径易扩大，使灌注混凝土超方；④施工速度较慢，工效较低；⑤单方造价及单位承载力的造价偏高。基本上长螺旋钻孔灌注桩的优点即是泥浆护壁成孔灌注桩的缺点。

（1）潜水钻机成孔灌注桩

潜水钻机的工作部分由封闭式防水电机、减速机和钻头组成，工作部分潜入水中，由孔底动力直接带动钻头钻进。排渣方式有正循环和反循环两种。钻孔直径 600～1500mm，钻孔深度可达 100m。

与潜水钻成孔灌注桩最相近、最易产生比较优势的是正、反循环钻机成孔灌注桩，因二者都采用泥浆护壁，均采用泥浆循环排渣。

潜水钻与正反循环钻相比，优缺点如下：

优点：

① 潜水钻机钻进速度快（0.3～2m/min），施工效率高，在适宜的地质条件下较转盘式钻机钻孔效率可提高 40%～50%；

② 潜水钻设备简单，体积小，重量轻，施工转移方便，适合于城市狭小场地施工；

③ 整机采用钢丝绳悬吊潜入水中钻进，地面震动小，噪声低，不扰民，劳动条件较好，适合于城市住宅区、商业区施工，社会效益显著；

④ 钻杆不需要旋转，改善了钻杆受力状态，除了可减小钻杆的断面外，还可避免钻杆折断事故；

⑤ 动力传递损失小，节省能源，适合于超深孔钻进；避免了转盘式钻机通过钻杆传递动力，随着钻孔深度的增加，能量传递损失增大的弱点，较转盘式钻机动力损失可减少 30% 以上；

⑥ 与全套管钻机相比，其自重轻，拔管反力小，因此，钻架对地基容许承载力要求低；

⑦ 采用悬吊式钻进，只需钻头中心对准孔中心即可钻进，对底盘的倾斜度无特殊要求，安装调整方便；

⑧ 成孔垂直度高，孔壁规则，扩孔率小，一般无需回钻即可满足沉渣厚度要求，节材效果明显（与正反循环钻相比，实测 $\phi1.5m$、深 40m 的桩每根桩节省混凝土 $10m^3$ 左右，一般可节省 5%～15% 的混凝土用量），经济效益比较显著，桩越长经济效益越明显；

⑨ 可配合采用潜水砂石泵排渣，特别适合于深孔排渣，技术性能优于其他排渣法。

缺点：

① 不宜用于碎石土层；

② 由于不能在地面变速，且动力输出全部采用刚性传动，对非均质的不良地层适应性较差，加之转速较高，不适合在基岩中钻进；

③ 遇孤石或旧基础时，只能用带硬质合金齿的筒式钻头钻穿，而无法配备冲击钻头击碎。

适用范围：潜水钻成孔适用于填土、淤泥、黏土、粉土、砂土等地层，也可在强风化基岩中使用，但不宜用于碎石土层。

（2）正、反循环钻成孔灌注桩

正循环钻成孔施工法是由钻机回转装置带动钻杆和钻头回转切削破碎岩土，钻进时用泥浆护壁、排渣；泥浆由泥浆泵输进钻杆内腔后，经钻头的出浆口射出，带动钻渣沿钻杆与孔壁之间的环状空间上升到孔口溢进沉淀池后返回泥浆池中净化，再供使用。这样，泥浆在泥浆泵、钻杆、钻孔和泥浆池之间反复循环运行。

反循环钻进成孔的方法是由转盘带动主动钻杆旋转，从而使钻头钻进。在钻进过程中，冲洗液（水或泥浆）从钻杆和孔壁间的环状间隙中流入钻孔底部，并携带被钻头切削下来的钻渣，由钻杆内腔返回地面，与此同时，经过过滤后的冲洗液再次返回钻孔内形成冲洗液循环，这种冲洗液循环的钻进方法称为反循环钻进。反循环钻进成孔按照冲洗液循环输送钻渣的方式、动力来源和工作原理，可分为泵吸、喷射和气举反循环三类。

正循环工艺较简单，体积小，重量轻，工程费用低，但专用设备不多，由于泥浆上返速度低，排除钻渣能力差，受其排渣方式的局限性，对土层的适应性及成孔深度均有局限，比较适用于粉细砂、粉土、黏性土等细颗粒土，钻孔深度一般以 40m 为限，在某些情况下，当采用优质泥浆，选择合理的钻进工艺与合适的钻具及加大冲洗液泵量等措施，正循环钻成孔工艺也可以完成 100m 以上的深孔施工（山东东营市利津黄河大桥钻孔灌注桩，其桩径为 1.50m，桩长 115m）。桩孔直径一般不宜大于 1000mm，直径越大，泥浆上返速度越低，排渣能力越差。对泥浆质量要求严格。

反循环成孔，对土层的适应性较强，从软土直至砂卵石层，甚至岩层，但在填土中施工时，块体材料粒径不应大于钻杆内径的 3/4，否则容易引起排渣管路堵塞，影响冲洗液的正常循环。目前反循环钻的成孔深度已达 130～150m 甚至更多，主要受排渣能力与排渣效果的制约，一些采用反循环工艺的水井钻机，最大成孔深度已达 400m；而用反循环工艺成孔的灌注桩，直径之大远超其他成孔工艺施工的灌注桩，国外已打 4.5m，国内也已能施工直径 4.0m 的灌注桩（三一重工 SP400、上海金泰 GD-40）。采用反循环成孔工艺的桩径不宜太小，一般不宜小于 600mm。

在孔底沉渣排除方面，反循环较之正循环有利，但当使用普通泥浆从维护孔壁的稳定来看，正循环成孔较之反循环成孔有利。反循环成孔，是以通过钻杆向孔内压入清水或稀泥浆为主，在孔壁周围较难形成泥皮，主要靠孔内的泥浆柱压力来平衡孔壁地层的压力。但当地下水位很高接近自然地面时，孔壁两侧的压力差很小，很难维护孔壁的稳定，故比较容易发生塌孔及径缩现象。

针对此种情况，目前国内已有正、反循环钻进两用回转钻机，可快速实现正、反循环

174

的转换。如郑州勘机厂的 KP3500 型、QJ250 型、QJ250-1 型、KP2000 型、KP2000A 型和 2J150-1 型，武汉桥机厂的 BRM-08 型、BRM-1 型、BRM-2 型和 BRM-4 型及双城钻机厂的 S2-50 型等。因此，在地下水位较高或一些特定的地层条件下，采用正循环成孔、反循环清渣会是比较理想的工艺。

3）冲击反循环成孔灌注桩

冲击反循环钻机是一种将传统冲击钻进方法和反循环连续排碴技术结合在一起的新型钻孔桩施工设备。冲击反循环钻机采用反循环泵进行排渣，改变了普通冲击钻需要将钻头提出孔口后，再用捞渣筒进行捞渣的方式。

冲击反循环钻机不需要提出钻头，在冲击状态下可以由反循环泵连续排渣，由于排渣及时，钻进效率得到了提高。采用反循环泵排渣，在施工卵石层、岩石层时，直径小于10cm 的卵石、岩石可直接吸上来，不需要像普通冲击钻施工时，卵石、岩石需要击碎再捞渣，施工效率可提高一倍左右。非常适用于卵砾石、胶结卵砾石和嵌岩等复杂的桩基工程施工。

冲击反循环钻进过程稳定，扩孔系数较小，单桩混凝土用量低；而普通冲击钻是采用卷扬机提升进行冲击钻进，晃动较大，扩孔系数较大。采用冲击反循环工艺可比普通冲击钻工艺节省混凝土约 5% 左右。虽然机械台班费用较高，但考虑材料消费及能源消耗方面仍具有成本优势，如果再考虑工效提高因素，综合经济效益更具优势。尤其在以卵砾石、胶结卵砾石或漂石为主的土层中施工且桩长较长（超过 40m）时，应首选冲击反循环成孔工艺。

若将冲击反循环钻机与正反循环回转钻机成孔相比，则根据土层性质而各有优缺点：一般在淤泥质土、黏性土、粉土、粉细砂等细颗粒土层施工时，回转钻机要比冲击反循环钻机施工快 1.2 倍，但在卵砾石层、基岩施工中，冲击反循环钻进明显比回转钻机要快，一般 5cm 以下砾石要快 2 倍以上，5～10cm 砾石要快 3 倍以上，而钻进 5 级以下的岩石层时，钻进速度比回转钻进要快 5～6 倍。因此冲击反循环在施工复杂地层（即卵石层、岩层）成孔速度上优点明显，尤其在一些丘陵山区地带较为适用，优势更加显著。如福建福宁高速霞浦段就是一个典型的例子，整个桩成孔时间比回转钻机快 3 倍以上。

对桩孔成型方面，在卵、砾石层施工中采用冲击反循环钻进，由于冲击力较大，容易塌孔，充盈系数偏大，一般在 1.25 左右。而回转钻机的平均充盈系数一般为 1.15 左右；在土层中的充盈系数二者基本接近在 1.1。

在成本消耗方面，在淤泥质土、黏性土、粉土、粉细砂等细颗粒土层施工时，冲击反循环的成本消耗要比回转钻机消耗大，主要是冲击钻机动力功率大、耗电量高，再则钢丝绳消耗大、自身重量大、搬迁运输成本高；但在卵、砾石层、漂石、块石、基岩施工时，冲击钻进效率高，而回转钻机研磨材料消耗大，钻进速度慢，成孔周期长，成本比冲击钻进大 5 倍以上。如遇大漂石、大块石、硬度较高的花岗岩，则回转钻机无法钻进，只有用冲击反循环钻机来完成。

在环境影响方面，冲击反循环钻进振动及噪声对周围环境影响比回转钻进要大，特别是冲击坚硬岩石时，冲击振动及噪声对周围影响非常大，扰民现象严重。

4）旋挖成孔灌注桩

旋挖成孔灌注桩技术被誉为"绿色施工工艺"，其自动化程度高、机动性能好、对地层的适应性广、钻进效率高、成桩质量好且具有节材、节水、环保等特点。可施工大直径、大桩长灌注桩，目前旋挖钻机的最大钻孔直径已达 3.5m，最大钻孔深度达 120m，最大钻孔扭矩达 620kN·m。在桩基施工特别是城市桩基施工中具有非常广阔的前景。

旋挖钻孔施工是通过动力头驱动可自动伸缩钻杆，利用钻杆带动钻斗的旋转，以钻斗自重并加液压作为钻进压力进行挖土，使土屑装满钻斗后提出孔外排土。通过钻斗的旋转、挖土、提升、卸土，并利用泥浆护壁，反复循环而成孔。

与其他泥浆护壁成孔工艺相比，其优点如下：

① 成孔速度快、效率高。旋挖钻最大的优点是成孔的速度非常快，最高能比回旋钻机快 10 倍，施工周期缩短，降低了施工的成本。与常规钻机相比，旋挖钻机回转扭矩大，并可根据地层情况自动调整；钻压大，并易于控制；同时，由于旋挖钻进钻头直接从孔内提取岩土，再通过伸缩钻杆将渣土提出地面卸下，而不像回转钻机那样通过泥浆循环置换出渣土及频繁接换钻杆，故其钻进速度非常高；

② 对地层的适应性广泛。可在卵石较大，用正、反循环及长螺旋钻无法施工的地层中施工；也可在高地下水位的地层中施工；

③ 泥浆用量少。旋挖钻机所用的泥浆为静态泥浆，泥浆用量与钻渣基本是等量置换，且可重复使用；而传统循环钻则需要大量的泥浆，与钻渣量相比甚至高达 5：1。土质条件适宜，孔壁自立性较好时，旋挖钻机还可干作业成孔；

④ 行走移位方便。旋挖钻机的履带机构可将钻机方便地移动到所要到达的位置，而不像传统循环钻机移位那么繁琐；

⑤ 桩孔对位方便准确。这是传统循环钻机根本达不到的，在对位过程中操作手在驾驶室内利用先进的电子设备就可以精确地实现对位，使钻机达到最佳钻进状态；

⑥ 自带柴油动力，缓解施工现场电力不足的矛盾，并排除了动力电缆造成的安全隐患。

旋挖钻机成孔的缺点：

① 最大缺点及应用推广的最大障碍在于设备昂贵，一般是反循环钻机的 10 倍左右，设备购置或租赁的机械台班费用均较高，拉升单方造价；

② 因钻斗需反复提升至地面卸土，极易碰撞孔壁而产生塌孔、扩孔现象，孔壁不规则，扩孔率高，因土层情况不同，实际孔径比钻头直径大 7%～20%，混凝土用量高；

③ 因为不易形成泥皮，泥浆护壁的稳定性相对较差，容易缩径、塌孔；

④ 孔底沉渣处理较困难，一般需用清渣钻头；

⑤ 在硬岩层、较致密的卵砾石（卵石粒径超过 100mm）、孤石层施工比较困难，钻斗磨损、斗齿损坏严重，并容易发生孔内事故和机械事故；

⑥ 对黏性较高的黏性土，由于黏土吸附在钻斗侧壁不易卸下，往往需加振动或用人工才能清出，故成孔效率不高。

旋挖工艺适用范围：旋挖钻机一般适用黏土、粉土、砂土、淤泥质土、人工回填土及含有部分卵石、碎石的地层，配合不同钻具，可适应于干式（短螺旋）、湿式（回转斗）及岩层（岩心钻）的成孔作业。根据不同的地质条件选用不同的钻杆、钻头及合理的斗齿刃角。对于具有大扭矩动力头和自动内锁式伸缩钻杆的钻机，可以适应微风化岩层的施工。

旋挖钻机可供选配的钻头种类很多，常见的有螺旋钻头、旋挖斗、筒式取芯钻头、扩底钻头、冲击钻头、冲抓锥钻头和液压抓斗。影响旋挖钻头选用的因素很多，概括起来主要有三个方面：地层情况；钻机功能；孔深、孔径、沉渣厚度、护壁措施等具体要求。科学地选择钻头及合理的使用钻头，在一定程度上能丰富旋挖钻机的施工工艺，拓宽旋挖钻机的施工领域。

桩基选型及成桩工艺的选择至关重要，对施工质量、作业安全、工期保证及成本控制起到决定性作用。以上介绍了各种成桩工艺的特点、优缺点及适用范围，目的是帮助岩土/结构工程师能根据现场条件、地质情况、工期要求及成本分析等，用科学的方法来选择桩型、设备和成桩工艺，用最佳的设备、工艺，在保证质量、工期、安全的情况下产出最佳效益。

四、复合桩基

在采用桩基方案的前提下，当满足一定条件时，可利用承台/筏板下土的竖向抗力来分担一部分竖向荷载，从而可以减少桩的数量或长度，达到优化设计的目的。

由于桩基规范第 5.2.5 条提到了"复合基桩"的概念，同时规范中又多次提到"复合桩基"及"基桩"的概念，为便于读者能厘清之间的关系，有必要在此解释一下：

由设置于岩土中的桩和与桩顶连接的承台共同组成的基础或由柱与桩直接连接的单桩基础，称为桩基础。桩基础中的单桩称为基桩。在考虑承台效应时由基桩及其影响范围内承台下地基土共同组成的承载复合体称为复合基桩。由承台、承台下所有基桩及承台下地基土共同承担荷载的桩基础称为复合桩基。以上是桩基础的四个基本概念。

考虑承台效应的基本条件是确保在上部荷载作用下，承台底土能永久地发挥承载力，即要求承台底土与桩顶始终协调变形、等量沉降。当桩身的弹性压缩变形可忽略时，桩的沉降只有桩端土被压缩的变形及桩端发生刺入的变形，因此必须是摩擦型桩基，且应有一定的沉降。

在此前提下，《建筑桩基技术规范》JGJ 94—2008 提供了复合桩基的设计依据，并规定了可采用复合桩基设计理念与方法的条件：

> 5.2.4　对于符合下列条件之一的摩擦型桩基，宜考虑承台效应确定其复合基桩的竖向承载力特征值：
>
> 1　上部结构整体刚度较好、体型简单的建（构）筑物；
>
> 2　对差异沉降适应性较强的排架结构和柔性构筑物；
>
> 3　按变刚度调平原则设计的桩基刚度相对弱化区；
>
> 4　软土地基的减沉复合疏桩基础。

上部结构刚度较大、体形简单的建（构）筑物，由于其可适应较大的变形，承台分担的荷载份额往往也较大；对于差异变形适应性较强的排架结构和柔性构筑物桩基，采用考虑承台效应的复合桩基不致降低安全度；按变刚度调平原则设计的核心筒外围框架柱桩基，适当增加沉降、降低基桩支承刚度，可达到减小差异沉降、降低承台外围基桩反力、减小承台整体弯矩的目标；软土地区减沉复合疏桩基础，考虑承台效应按复合桩基设计是该方法的核心。以上四种情况，在近年工程实践中的应用已取得成功经验。

当承台底为可液化土、湿陷性土、高灵敏度软土、欠固结土、新填土时，沉桩引起超孔隙水压力和土体隆起时，由于这些条件下承台底土很容易发生大于桩顶沉降的沉降，使承台与承台底土脱离，承台土抗力随时可能消失，故不应考虑承台效应，取 $\eta_c=0$。也即不应该按复合桩基设计。

考虑承台效应的复合基桩竖向承载力特征值可按下列公式确定

不考虑地震作用时　　　　　　　　　　$R=R_a+\eta_c f_{ak}A_c$　　　　　　　　（式 7-4-1）

考虑地震作用时　　　　　　　　　　$R=R_a+\dfrac{\xi_a}{1.25}\eta_c f_{ak}A_c$　　　　　　（式 7-4-2）

$$A_c=(A-nA_{ps})/n$$

式中，f_{ak} 为承台下 1/2 承台宽度且不超过 5m 深度范围内各层土的地基承载力特征值按厚度加权的平均值，A_c 为计算基桩所对应的承台底净面积，A_{ps} 为桩身截面面积，A 为承台计算域面积，η_c 为承台效应系数。关于承台计算域 A、基桩对应的承台面积 A_c 和承台效应系数 η_c，具体规定如下：

（1）柱下独立桩基：A 为全承台面积。

（2）桩筏、桩箱基础：按柱、墙侧 1/2 跨距，悬臂边取 2.5 倍板厚处确定计算域，桩距、桩径、桩长不同，可分区计算，或取平均值计算 η_c。

（3）桩集中布置于墙下的剪力墙高层建筑桩筏基础：计算域自墙两边外扩各 1/2 跨距，对于悬臂板自墙边外扩 2.5 倍板厚，按条基计算 η_c。

（4）对于按变刚度调平原则布桩的核心筒外围平板式和梁板式筏形承台复合桩基：计算域为自柱侧 1/2 跨，悬臂板边取 2.5 倍板厚处围成。

采用复合桩基设计的核心是承台效应系数 η_c 的确定，所谓承台效应系数，是指摩擦型群桩在竖向荷载作用下，由于桩土相对位移，桩间土对承台产生一定竖向抗力，成为桩基竖向承载力的一部分而分担荷载，也即承台底地基土承载力特征值发挥率。其可按桩基规范表 5.2.5 取值。承台效应和承台效应系数随下列因素影响而变化。

（1）桩距大小。桩间距越大，桩间土承载力发挥值越高。桩顶受荷载下沉时，桩周土受桩侧剪应力作用而产生竖向位移。桩周土竖向位移随桩侧剪应力和桩径增大而线性增加，随与桩中心距离增大，呈自然对数关系减小，当距离达到（$6\sim10$）d 时，位移降为零，随土的变形模量减小而减小。显然，土竖向位移愈小，土反力愈大，对于群桩，桩距愈大，土反力愈大。

（2）桩长大小：桩越短，桩的刚度越低，承台底土承担的荷载越大。承台土抗力随承台宽度与桩长之比 B_c/l 减小而减小。当承台宽度与桩长之比较大时，承台土反力形成的压力泡包围整个桩群，由此导致桩侧阻力、端阻力发挥值降低，承台底土抗力随之加大。在相同桩数、桩距条件下，承台分担荷载比随 B_c/l 增大而增大。

（3）承台土抗力随区位和桩的排列而变化。承台内区（桩群包络线以内）由于桩土相互影响明显，土的竖向位移加大，导致内区土反力明显小于外区（承台悬挑部分），即呈马鞍形分布。对于单排桩条基，由于承台外区面积比大，故其土抗力显著大于多排桩桩基。

（4）承台土抗力随荷载的变化。一般来说，桩基承台土抗力的增速持续大于荷载增速。

从以上规律可看出，当具备采用复合桩基设计条件而采用复合桩基设计时，为了更大程度地发挥承台底土的作用，应该采用小桩长、大桩距的方案。但桩距加大意味着在桩数不变的情况下承台尺寸也会增大，但考虑到采用复合桩基设计方法后桩数一般会有所降低，故承台尺寸可能变化不大。

对于桩数少于 4 根的承台桩，由于承台面积小，承台效应对承载力的贡献有限，不建议采用复合桩基设计方法。

【案例】 天津海益国际中心，四栋主楼一字排开，最高的一栋 80m 高，其余 3 栋 60m 高，均为框架剪力墙（筒体）结构，四栋塔楼之间为 3 层框架结构裙房，主楼采用常规桩基，裙房则采用复合桩基，在桩长及单桩承载力不变的情况下，考虑裙房框架柱承台下土的贡献，柱下承台桩的桩数由 7 根减为 5 根，桩数减少了 25％以上，同时减小了主裙楼之间的沉降差，具有技术与经济双重效益。该项目在工程实施前，又进一步将主裙楼桩基采用了后注浆技术，主裙楼桩长又有不同程度的缩短。

【案例】 福建汕头某小高层住宅，采用复合桩基设计方法，预应力管桩承担 70％的竖向荷载，其余 30％由桩间土承担。主体结构竣工验收前的最大沉降不超 25mm，预估最终最大沉降约 35mm，与计算的预计沉降 30～40mm 比较接近。

五、减沉复合疏桩基础

对于多层建筑，当天然地基承载力不满足要求但相差不多，或者天然地基基本满足要求而沉降又比较大时，如果直接改用桩基则造价会大幅攀升，即便采用复合桩基，用桩量也偏大，此时可采用减沉复合疏桩基础。

《建筑桩基技术规范》JGJ 94—2008 提供了减沉复合疏桩基础的设计方法，可按式（7-4-3）和式（7-4-4）计算承台面积、桩数及基础中点沉降。限于篇幅及必要性，本文在此仅给出确定承台面积及桩数的计算公式：

$$A_c = \xi \frac{F_k + G_k}{f_{ak}} \qquad\qquad (式 7\text{-}4\text{-}3)$$

$$n \geqslant \frac{F_k + G_k - \eta_c f_{ak} A_c}{R_a} \qquad\qquad (式 7\text{-}4\text{-}4)$$

其中 A_c 为桩基承台总净面积；ξ 为承台面积控制系数，$\xi \geqslant 0.6$；η_c 为桩基承台效应系数，同复合桩基按桩基规范表 5.2.5 取值。桩数除满足承载力要求外，尚应经沉降计算最终确定。

减沉复合疏桩基础应用时要注意把握三个关键技术，一是桩和桩间土在受荷变形过程中始终确保两者共同分担荷载，因此单桩承载力宜控制在较小范围，且桩端持力层不应是坚硬岩层、密实砂、卵石层，以确保基桩受荷能产生刺入变形，承台底基土能有效分担份额很大的荷载；二是桩距应在（5～6）d 以上，使桩间土受桩牵连变形较小，确保桩间土较充分发挥承载作用；三是由于基桩数量少而疏，桩的横截面尺寸不宜太大，一般宜选择 $\phi 200\sim400$（或 200mm×200mm～300mm×300mm），成桩质量可靠性应严加控制。

减沉复合疏桩基础承台型式可采用两种，一种是筏式承台，多用于承载力小于荷载要求和建筑物对差异沉降控制较严或带有地下室的情况；另一种是条形承台，但承台面积系数（承台与首层面积相比）较大，多用于无地下室的多层住宅。

对于复合疏桩基础而言，与常规桩基相比其沉降性状有两个特点：一是桩的沉降发生塑性刺入的可能性大，在受荷变形过程中桩、土分担荷载比随土体固结而使其在一定范围变动，随固结变形逐渐完成而趋于稳定；二是桩间土体的压缩固结受承台压力作用为主，受桩、土相互作用影响居次。

【案例】 天津某工业园区某研发楼及立体车间项目，地上6层、地下1层，框架剪力墙结构，天然地基承载力95kPa，上部结构（不含基础底板荷载）传至基底按地下室外墙围合面积计算的平均压力为115kPa，虽经深度修正后的承载力可满足要求，但计算沉降量偏大。后采用桩长18m、外径500mm的钢管桩减沉复合疏桩基础，按一柱一桩布置，计算沉降大大降低，基础中点沉降仅20mm。投入使用后未发现任何由于沉降或差异沉降引发的问题。

六、桩基的变刚度调平设计

前面在复合地基章节中提到的变刚度调平设计，是在复合地基框架下的变刚度调平，所能做的仅仅是调整桩长、桩径与桩间距，但广义的变刚度调平，则是要根据建筑物体型、结构、荷载和地质条件，选择桩基、复合地基、刚性桩复合地基，合理布局，调整桩土支承刚度分布，使之与荷载匹配。

总体思路：以调整桩土支承刚度分布为主线，根据荷载、地质特征和上部结构布局，考虑相互作用效应，采取增强与弱化结合，减沉与增沉结合，刚柔并济，局部平衡，整体协调，实现差异沉降、承台（基础）内力和资源消耗的最小化。

1. 变刚度调平设计原则

（1）对于荷载分布极度不均的框筒结构，核心筒区宜采用常规桩基，外框架区宜采用复合桩基；中低压缩性土地基，高度不超过60m的框筒结构，高度不超过100m的剪力墙结构可采用刚性桩复合地基或核心筒区局部刚性桩复合地基；并通过变化桩长、桩距调整刚度分布。

（2）为减小各区位应力场的相互重叠对核心区有效刚度的削弱，桩土支承体布局宜做到竖向错位或水平向拉开距离。采取长短桩结合、桩基与复合桩基结合、复合地基与天然地基结合以减小相互影响，优化刚度分布。

（3）考虑桩土的相互作用效应，支承刚度的调整宜采用强化指数进行控制。核心区强化指数宜为 1.05～1.30，外框为二排柱者应大于一排柱，满堂布桩者应大于柱下和筒下布桩，内外桩长相同者应大于桩长不同、桩底竖向错位、水平间距较大的布局。外框区的弱化指数宜为 0.95～0.85，增强指数越大，相应的弱化指数越小。在全筏总承载力特征值与总荷载标准值平衡的条件下，只需控制核心区强化指数，外框区弱化指数随之实现。

核心区强化指数 ξ_s 为核心区抗力比 λ_R^c 与荷载比 λ_F^c 之比：

$$\xi_s = \lambda_R^c / \lambda_F^c \tag{式 7-4-5}$$

$$\lambda_R^c = R_{ak}^c / R_{ak} \tag{式 7-4-6}$$

$$\lambda_F^c = F_k^c / F_k \tag{式 7-4-7}$$

其中，R_{ak}^c、R_{ak} 分别为核心区（核心筒及核心筒边至相邻框架柱跨距的 1/2 范围）的承载力特征值和全筏基承载力特征值；F_k^c、F_k 分别为核心区荷载标准值和全筏荷载标准值。当桩筏总承载力特征值与总荷载标准值相同时，核心区增强指数 ξ_0 即为核心区的抗力/荷载比。

（4）对于主裙连体建筑，应按增强主体，弱化裙房的原则设计，裙房宜优先采用天然地基、疏短桩基；对于较坚硬地基，可采用改变基础形式加大基底压力、设置软垫等增沉措施。

（5）桩基的基桩选型和桩端持力层确定，应有利于应用后注浆增强技术，应确保单桩承载力具有较大的调整空间。基桩宜集中布于柱、墙下，以降低承台内力，最大限度发挥承台底地基土分担荷载作用，减小柱下桩基与核心筒桩基的相互作用（图 7-4-3）。

（6）宜在概念设计的基础上进行上部结构-基础（承台）-桩土的共同作用分析，优化细化设计；差异沉降控制宜严于规范值，以提高耐久性可靠度，延长建筑物正常使用寿命。

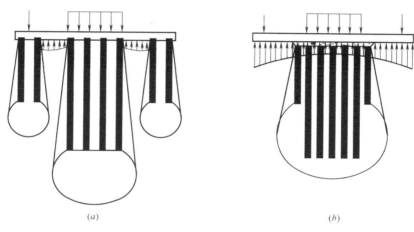

图 7-4-3　框筒结构变刚度优化模式
（a）桩基；（b）刚性桩复合地基

2．桩基变刚度设计细则

（1）对于主裙连体建筑基础，应按增强主体（采用桩基）、弱化裙房（采用天然地基、疏短桩、复合地基、褥垫增沉等）的原则设计。当高层主体采用桩基时，裙房（含纯地下室）的地基或桩基刚度宜相对弱化，可采用天然地基、复合地基、疏桩或短桩基础。

（2）框架-核心筒结构

对于框架-核心筒结构高层建筑桩基，应强化核心筒区域桩基刚度（如适当增加桩长、桩径、桩数、采用后注浆等措施），相对弱化核心筒外围桩基刚度（采用复合桩基，视地层条件减小桩长）。

核心筒和外框柱的基桩宜按集团式布置于核心筒和柱下，以减小承台内力和减小各部分的相邻影响。荷载高集度区的核心筒，桩数多桩距小，不考虑承台分担荷载效应。对于非软土地基，外框区应按复合桩基设计，既充分发挥承台分担荷载效应，减少用桩量，又可降低内外差异沉降。当存在 2 个以上桩端持力层时，宜加大核心筒桩长，减小外框区桩长，形成内外桩基应力场竖向错位，以减小相互影响，降低差异沉降。

以桩筏总承载力特征值与总荷载效应标准组合值平衡为前提，强化核心区，弱化外框区。对于框剪、框支剪力墙、筒中筒结构型式，可按照框筒结构变刚度调平原则布桩，对荷载集度高的电梯井、楼梯间予以强化，其强化指数按其荷载分布特征确定。

框架-核心筒结构高层建筑在天然地基承载力满足要求的情况下，宜于核心筒区域局部设置增强刚度、减小沉降的摩擦型桩。

（3）剪力墙结构

剪力墙结构不仅整体刚度好，且荷载由墙体传递于基础，分布较均匀。对于荷载集度较高的电梯井和楼梯间应强化布桩。基桩宜布置于墙下，对于墙体交叉、转角处应予以布桩。当单桩承载力较小，按满堂布桩时，应适当强化内部弱化外围。

（4）桩基承台/筏板设计

由于按前述变刚度调平原则优化布桩，各分区自身实现抗力与荷载平衡，促使承台/筏板所受冲切力、剪切力和整体弯矩降至最小，因而承台/筏板厚度及配筋可相应减小。但不应小于规范规定的最小厚度，并应尽可能接近经济厚度。所谓经济厚度，即配筋量最小但混凝土用量与构造配筋控制时的混凝土用量又相差不大时的筏板厚度。

筏型基础的选型，对于框筒结构，核心筒和柱下集团式布桩时，核心筒宜采用平板，外框区宜采用梁板式；对于剪力墙结构，宜采用平板式。承台/筏板配筋，在实施变刚度调平布桩时，可按局部弯矩计算确定。

（5）共同作用分析与沉降计算

对于框筒结构宜进行上部结构-承台-桩-土共同作用计算分析，据此确定沉降分布、桩土反力分布和承台/筏板内力。当计算差异沉降未达到最佳目标时，应重新调整布桩直至满意为止。

当不进行共同作用分析时，应按规范规定计算沉降，据此分析检验差异沉降等指标。

变刚度调平概念设计旨在减小差异变形、降低承台内力和上部结构次内力，以节约资源，提高建筑物使用寿命，确保正常使用功能。《建筑桩基技术规范》JGJ 94—2008 第 3.1.8 条及其条文说明对"传统设计存在的问题"、"变刚度调平设计原理与方法"、"试验验证"、"工程应用效果"等着墨颇多，其中，采用变刚度调平设计理论与方法结合后注浆技术对北京皂君庙电信楼、山东农行大厦、北京长青大厦、北京电视台、北京呼家楼等 27 项工程的桩基设计进行了优化，取得了良好的技术经济效益。最大沉降 $S_{max} \leqslant 38mm$，最大差异沉降 $\Delta S_{max} \leqslant 0.0008L_0$，节约投资逾亿元。有兴趣的读者可参阅规范原文，本文在此不再赘述。

本书前文提到的天津海益国际中心的桩基设计及本书案例篇的哈尔滨某综合体项目的桩基优化，均采用了变刚度调平设计理论。

第五节　载荷试验的优化策略

试桩分为场前试桩与工程桩试桩。场前试桩是在工程开工前进行的试桩，主要是为获得经济可靠的设计施工参数，本质上是为桩基设计服务的。对于何种情况应采用场前试桩，我国规范对此均有明确规定。

《建筑地基基础设计规范》GB 50007—2011

8.5.6　单桩竖向承载力特征值的确定应符合下列规定：

1　单桩竖向承载力特征值应通过单桩竖向静载荷试验确定。在同一条件下的试桩数量，不宜少于总桩数的 1‰ 且不应少于 3 根。单桩的静载荷试验，应按本规范附录 Q 进行。

2　当桩端持力层为密实砂卵石或其他承载力类似的土层时，对单桩承载力很高的大直径端承型桩，可采用深层平板载荷试验确定桩端土的承载力特征值，试验方法应按本规范附录 D 的规定。

3　地基基础设计等级为丙级的建筑物，可采用静力触探及标贯试验参数结合工程经验确定单桩竖向承载力特征值。

4　初步设计时单桩竖向承载力特征值可按下式进行估算：（略）

《建筑桩基技术规范》JGJ 94—2008

5.3.1　设计采用的单桩竖向极限承载力标准值应符合下列规定：

1　设计等级为甲级的建筑桩基，应通过单桩静载试验确定；

2　设计等级为乙级的建筑桩基，当地质条件简单时，可参照地质条件相同的试桩资料，结合静力触探等原位测试和经验参数综合确定；其余均应通过单桩静载试验确定。

　　既然施工前的试桩是为桩基设计服务的，所以获得充分的试验数据对桩基设计（或者优化设计）至关重要。对此，英国规范 BS8004 建议施工前试桩加载至破坏，通过足够数量的前期试桩（或虽数量不足但场地勘察足以表明场地内地质条件均匀、单一）来推断桩的极限承载力。欧洲规范 EN 1997-1：2004 也建议施工前试桩加载至破坏（原文：For trial piles，the loading shall be such that conclusions can also be drawn about the ultimate failure load）。我国《建筑基桩检测技术规范》JGJ 106—2014 第 4.1.2 条也规定：为设计提供依据的试验桩，应加载至桩侧与桩端的岩土阻力达到极限状态；当桩的承载力以桩身强度控制时，可按设计要求的加载量进行。

　　就笔者在新加坡的工作经验，一般场前试桩至少加载至单桩承载力特征值的 3 倍，对于中、小直径桩甚至做破坏性试验。这样就能清楚表明按勘察报告及经验公式算得的承载力有没有安全储备？有多少安全储备？设计承载力能否提高？能提高到多少？就可以据此做出定量分析，继而对原设计进行改进与优化，达到既安全又经济的优化设计效果。

　　国内许多开发商，由于对场前试桩的目的与作用缺乏了解，仅仅当作一个固定的程序，片面追求试桩本身的经济性，仅要求场前试桩加载到 2 倍的承载力特征值，一旦试桩成功也就完成了任务。至于原设计是否浪费？桩有多大的安全储备？就都成了未知数。失去了桩基优化设计的机会，也失去了场前试桩的本意，是因小失大之举。假如场前试桩能加载至破坏，就可据此得出该桩的真实极限承载力，如果该值比设计极限承载力高出较多，便可据此修改或优化原设计（如减小桩长或提高单桩承载力等），从而缩减桩基成本。

　　工程桩的试桩，主要是对桩施工质量的检验，同时也是对原设计的复验。至于何种情况需对工程桩进行单桩静载试验，不是本文重点，可参见《建筑地基基础设计规范》GB 50007—2011 第 10.1.8 条及《建筑桩基技术规范》JGJ 94—2008 第 9.4.2、9.4.3 条。本文在此着重讲述静载试桩承载力的确定原则及在试桩方案中所应采取的对策。

> 《建筑基桩检测技术规范》JGJ 106—2003
>
> 4.4.3 单桩竖向抗压极限承载力统计值的确定应符合下列规定：
>
> 1 参加统计的试桩结果，当满足其极差不超过平均值的30%时，取其平均值为单桩竖向抗压极限承载力。
>
> 2 当极差超过平均值的30%时，应分析极差过大的原因，结合工程具体情况综合确定，必要时可增加试桩数量。
>
> 3 对桩数为3根或3根以下的柱下承台，或工程桩抽检数量少于3根时，应取低值。
>
> 4.4.4 单位工程同一条件下的单桩竖向抗压承级力特征值应按单桩竖向抗压极限承载力统计值的一半取值。

《建筑基桩检测技术规范》JGJ 106—2014 第4.4.3条将上述2003版规范的相关条款限定为"为设计提供依据的单桩竖向抗压极限承载力的统计取值"，但对工程桩却只给出了单桩的承载力确定原则，而对各个试桩的整体评价结果如何确定却没有做出规定，尤其是当某个单位工程（一般按楼栋划分单位工程）各个试桩的试桩结果与设计要求的单桩极限承载力相比有高有低时，如何确定该单位工程的单桩承载力，如何对该单位工程的工程桩质量进行评价，新版规范没有做出规定，这给工程桩试桩结果评价带来了新的争议与不确定因素，规范编制单位与编委们应予以重视。

如果工程桩的总体承载力评价仍以统计值作为评价依据，且工程桩极限承载力统计值是按极差不超平均值30%时的平均值来确定的，试桩最大加载量只取规范规定的下限值（即2倍的单桩承载力特征值），当其中有一根试桩荷载达不到极限荷载时，就会拖累整组试桩的评估结果，使试桩评估的极限荷载值降低，甚至导致试桩不合格的结果。而如果试桩荷载能多加一级荷载，当该组试桩中极限承载力有高有低时，只要极差不超过30%，就可取平均值作为试桩极限荷载，客观上减少了人为因素导致的试桩承载力降低。

因此，在制定试桩方案时，最大加载量不一定刚好等于单桩承载力特征值的2倍，应根据桩身强度等级大小，适当加大。本书建议：开工前作为设计依据的试验桩，最好要加载至3倍的特征值；工程桩的试桩，最好多加一级。

哈尔滨某城市综合体项目1号主楼，共有工程桩320根，试桩4根，桩径800mm，桩长30m，单桩极限承载力特征值为4700kN，原试桩方案所定最大加载量为9400kN，分10级加载，每级940kN。不料第一根试桩（1027号桩）即告失败，加载至第9级8460kN时沉降已达37.59mm，加载至最后一级9400kN时，沉降高达57.61mm，故该试桩的极限承载力可定为8460kN，达不到设计要求的极限承载力，见图7-5-1。对此，施工单位、试桩单位会同甲方迅速做出决定，将其后的3根试桩的最大加载量提高一级至10340kN。不幸的是，第二根试桩（1022号桩）的结果更差，加载至7520kN时沉降就已达41.99mm，试桩极限承载力只能取到7520kN，如图7-5-2。所幸第三（1211号桩）、第四（1262号桩）根试桩没有出现意外，加载至10340kN时累计沉降分别为20.8mm及25.2mm，试桩极限承载力可定位10340kN，如图7-5-3、图7-5-4所示。

因此4根试桩的平均值为（8460＋7520＋10340＋10340）/4＝9165kN，极差为（10340－7520）＝2820kN，极差与平均值之比2820/9165＝30.8%，比30%略多一点，可以取平均值作为极限承载力。因此试桩所得的单桩承载力特征值为9165/2＝4582.5kN。

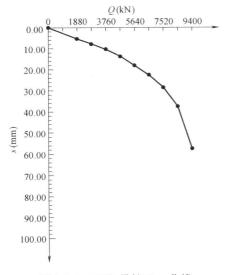

图 7-5-1 1027 号桩 $Q\text{-}s$ 曲线

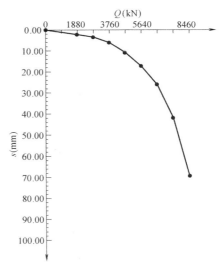

图 7-5-2 1022 号桩 $Q\text{-}s$ 曲线

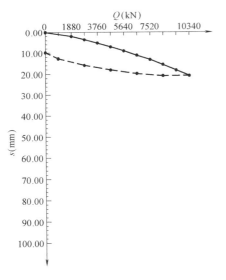

图 7-5-3 1211 号桩 $Q\text{-}s$ 曲线

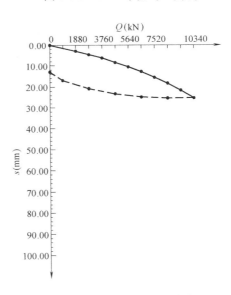

图 7-5-4 1262 号桩 $Q\text{-}s$ 曲线

虽然未达到设计要求的承载力，但所幸降低不多，经 JCCAD 再分析且适当考虑桩间土作用后，单桩承载力特征值降为 4582kN 也可满足设计要求。

倘若第三、第四根试桩没有加大试桩荷载，或者先进行的是 1211 号与 1262 号的试桩，则以上结果将会被改写，试桩的极限承载力将进一步降低为 (8460＋7520＋9400＋9400)/4＝8695kN，试桩所得的单桩承载力特征值仅为 8695/2＝4347.5kN，比设计要求承载力特征值降低幅度近 10%。如果降低承载力后的再分析结果无法通过，后果将不堪设想。

因此，在试桩最大加载量时应留有余地，适当加大试桩荷载，不应片面追求试桩的经济性而选择尽可能小的试桩荷载。

其他静载荷试验，包括浅层平板试验、深层平板试验、地基处理后的静载荷试验、复合地基增强体的单桩及复合地基静载试验，也均规定取极差不超过30%时的平均值，同样道理也不宜刚好加载到2倍的特征值，也应根据试验目的不同而选用不同的最大加载量。对于为设计提供依据的静载试验，宜加载至预估特征值的3倍甚至是破坏性试验；而对于施工结果检验的静载试验，则宜在2倍特征值最大加载量的基础上再多加一级荷载。

第六节　结构抗浮设计优化

当地下结构物的自身重量（包括顶板覆土）不能抵抗地下水浮力时，地下结构物产生上浮，导致结构变形损坏。设计人员一般都会进行抗浮设计，但考虑不全面也会造成事故，我国每年都有抗浮设计考虑不全面而造成的工程事故，如2001年上海市徐汇区某住宅小区因在设计时未进行局部抗浮稳定验算而造成地下车库柱严重开裂的情况，2010年南宁某水利电业基地地下车库在使用一年后突然开裂，究其原因是设计单位对抗浮设计未进行全面的考虑。

关于抗浮设计这方面全面系统的研究和文献资料并不多。结构工程师们通常对此类情况感到十分的困惑，主要原因之一是有关的设计规范规程中未提出明确的设计标准或设计依据，在具体应用时尚存在很多问题，引起很多的争议。

一、结构抗浮计算的主要内容

结构抗浮包括两部分内容：其一是地下水浮力作用下的整体与局部抗浮稳定计算的问题，也就是结构抗漂浮的稳定性计算；其二是结构构件（筏板、防水板、地下室外墙等）在水压力作用下的强度计算（截面尺寸与配筋）。严格来说，二者计算所采用的水浮力大小（水头）并不一定相同，抗浮稳定计算的水头一般要高于结构构件强度计算的水头。此处重点讨论结构抗浮稳定计算的有关内容。

抗浮计算应包括整体抗浮稳定计算、局部抗浮稳定计算、自重 G_k 与上浮力 F_w 作用点是否基本重合等内容（如果偏心过大，可能会出现地下室一侧上抬的情况）；如果采用抗浮桩或抗浮锚杆，还须计算抗拔承载力、裂缝宽度等。

《建筑地基基础设计规范》GB 50007—2011有关基础抗浮稳定性验算的规定如下：

5.4.3　建筑物基础存在浮力作用时应进行抗浮稳定性验算，并应符合下列规定：

1　对于简单的浮力作用情况，基础抗浮稳定性应符合下式要求：

$$\frac{G_k}{N_{w,k}} \geqslant K_w \qquad\qquad (式7\text{-}6\text{-}1)$$

式中：G_k——建筑物自重及压重之和（kN）；

$N_{w,k}$——浮力作用值（kN）；

K_w——抗浮稳定安全系数，一般情况下可取1.05。

2　抗浮稳定性不满足设计要求时，可采用增加压重或设置抗浮构件等措施。在整体满足抗浮稳定性要求而局部不满足时，也可采用增加结构刚度的措施。

通过整体抗浮验算虽然可以保证地下结构物不会整体上浮，但不一定能保证结构物底板不开裂等变形现象，因此，必要时还需对结构物底板进行局部抗浮验算。

二、主裙楼联体应考虑变形协调问题

对于主裙楼联体建筑，当裙楼不满足抗浮要求时，在确定裙楼抗浮方案时，应考虑主裙楼的变形协调。因为一些抗浮方案如抗浮桩会约束裙楼的沉降，造成主裙楼更大的差异沉降。从变形协调的角度出发，设计须注意以下几点：

（1）应首选通过配重解决抗浮问题；

（2）其次采用竖向抗压刚度较低的抗浮锚杆；

（3）当必须采用抗浮桩解决抗浮问题时，应尽可能采用短桩、桩端虚底等措施。

三、抗浮的常用方法介绍

1. 配重平衡法

即增加结构物自身重量及其上附加恒载的量值，从而使结构物所受的总水浮力被全部平衡或部分平衡的处理手法。配重平衡法既可单独使用，也可结合其他抗浮方法使用，如与抗拔桩或抗拔锚杆结合使用等。

增加配重法可通过增加结构构件的截面尺寸来实现，比如刻意增大底板及各层楼板的厚度，当混凝土墙的间距不大于 9m 时，增加墙的厚度也有一定效果。其中以增加底板厚度综合效益最佳，因为水压力直接作用于基础底板，增加底板厚度不仅有利于整体抗浮，而且增加的底板自重可直接平衡掉一部分净水压力，使用于结构底板强度计算的净水压力降低，这是通过增加顶板厚度及墙厚无法实现的。另外，增厚的底板对自身的局部抗弯、抗剪、抗冲切也比较有利，当增加底板厚度后配筋仍由计算控制而非构造控制时，可有效降低钢筋用量。但依靠增加结构自重抗浮的效果有限，板、墙的厚度的增加范围也应有一个合理范围，当构造配筋比计算配筋还大时，继续增加截面厚度可能就不再经济，不能再通过继续加大截面尺寸来抗浮，此时可考虑增加附加恒载的方法。

增加配重的另一途径就是增加作用于结构上的附加恒载，对于底板，可采用上返梁、上返柱墩或上返基础等底平上返结构并在上返结构构件之间填充回填材料的做法。为了增大附加恒载，必要时可采用重度较大的材料回填，如钢渣垫层、钢渣混凝土等。底平上返式结构虽然会使作用于底板上的水头加大 $\gamma_w h$，但可相应使附加恒载增加 $\gamma_s h$，从而使净水浮力降低（$\gamma_s - \gamma_w$）h。填充材料的重度越大，效果越明显。同增加底板厚度一样，底板上的附加恒载也可直接抵消一部分静水压力，使用于结构底板强度计算的净水压力降低，具有整体抗浮与局部抗弯的双重作用，经济效益最好。

除了底板外，顶板及中间各层楼板上的附加恒载也能参与结构的整体抗浮。对于纯地下结构，可结合绿化种植要求加大覆土层厚度来增大附加恒载进行抗浮，单层、多层建筑也可考虑屋顶覆土绿化来增加抗浮配重。对于中间层楼板，可通过增加建筑面层厚度来增加抗浮配重。但除底板外的各层楼板的附加恒载，是通过板、梁、柱传给基础，以基底压力的形式来平衡水浮力的。因此除了对整体抗浮有利外，对其所在的各层楼板及基础底板都是不利作用。

下文所述的延伸底板法也属于配重抗浮的范畴，但因为延伸底板不仅仅是覆土荷重增大的因素，还有抗浮楔体的侧摩阻力问题，故单列为一种方法。

配重抗浮法无论增大板厚还是增加面层厚度，都会导致净高被压缩，或在净高不变的情况下增加层高，会使成本进一步上升，如果是地下结构，除了增大层高的负面效应外，还会导致地下室的埋深加大，相应土方、降水、支护及防水的费用均会增加。因此，配重平衡法抗浮虽然在设计及施工方面都比较简单，不占或少占工期，直接成本也相对降低，但所引发的其他成本的增加则必须纳入考虑，需要进行综合的技术经济比较后确定。

2. 摩擦抗浮法

地下结构物侧壁与土壤间存在摩擦力，可以抵抗地下结构物的上浮。该力的大小依土壤的侧压力、各土层物理力学性质（c、ϕ）及墙背的光滑程度而定，也与回填深度、回填质量等有关。但是这种侧压力的数值影响因素较多，很难准确确定，可靠度一般不高。当地下室面积较大时，外墙与土之间摩擦力与整个地下室的水浮力相比也往往是杯水车薪，微不足道，故在实际工程中，对规模较大的地下结构物的抗浮，很少采用此法作抗浮措施。

3. 延伸底板法

延伸底板法是将地下结构物的底板向外延伸而形成悬臂底板，由悬臂底板承托覆土以抵抗上浮力。本质上也是配重平衡法的一种。因为悬臂底板的覆土厚度较深，从底板顶面直到自然地面，故作用于悬臂底板上单位面积的附加恒载较大，能起到有效的局部抗浮作用。但因只能作用于地下室外墙周圈，影响范围有限，当地下室面积较大时，只能在地下室外墙附近局部使用，在地下室内部还必须采取其他可靠的抗浮措施。

此外，为了延伸底板，基槽开挖面积会增大，占地面积、挖填土方量及支护结构周长都会增大，水浮力也会相应增大。因此，该法比较适合于不受场地限制的规模较小的地下结构物的抗浮，对面积较大的地下结构物的抗浮，不应单独采用，可配合其他抗浮措施在地下室外墙附近局部采用。

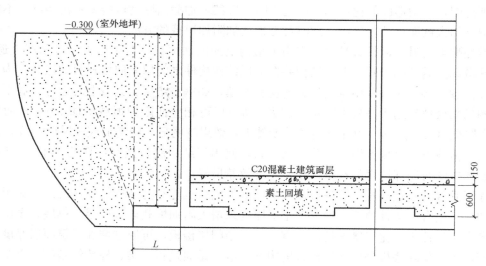

图 7-6-1 配重抗浮示意

4. 利用已有支护结构抗浮

当基坑支护结构为钢筋混凝土排桩或地下连续墙时，除了采用逆作法且两墙合一的设计施工方法外，一般来说支护结构仅用做基坑开挖及地下结构施工期间临时挡土之用，一旦地下结构施工完毕基坑回填之后，支持结构即失去利用价值。若能将地下结构物与支持结构妥善连接或直接与地下结构物结合，即可利用支持结构来抵抗地下水浮力。采用该方法需先验算排桩或地下连续墙的抗拔承载力，并视排桩或地下连续墙与地下结构物外墙之间的距离而定，如间距过大，则难以实现二者的有效连接及荷载的传递，如果通过混凝土将二者整浇在一起则材料浪费严重，因此一般适用于支持结构的抗拔承载力足够，且支持结构与地下结构物外墙之间的距离较小的情况。同延伸底板法相似，该法也只能解决与支持结构相邻的地下结构外墙附近的局部抗浮，而无法解决较大面积的地下结构内部的抗浮。

5. 抗拔桩法

抗拔桩，也叫抗浮桩，是指当建筑工程地下结构物承受向上的净水压力时，为了抵消净水压力对结构物产生的上浮作用而设计的基桩。抗拔桩主要靠桩身与土层的摩擦力来承受上拔力，并以抵抗轴向拉力为主，试桩中的锚桩也是一种抗拔桩。本文在此只研究承受地下水浮力的抗拔桩。

6. 抗拔锚杆法

抗拔锚杆与抗拔桩类似，都是采用附设抗拔结构构件的抗浮设计方法。但二者又有非常明显的区别，其中最大的区别是，抗拔桩属刚性抗拔构件，在抗拔同时仍可承压，可在抗拔的同时发挥其承压作用。而抗拔锚杆属柔性抗拔构件，只能受拉而不能承压。

在谈到抗拔桩的竖向受压承载力时，有的人问：既然是抗拔桩，为何要考虑其受压承载力的问题？甚至同一根桩还要同时考虑其抗拔承载力与受压承载力？其实这是对结构设计中荷载组合与工况的概念还不十分理解。结构设计需要考虑施加在结构上的各种作用（荷载），众所周知的有恒荷载、活荷载、风荷载、雪荷载、地震荷载等，对于地下结构，除了上述各种荷载以结构内力形式传下来并最终体现为地基反力外，还有作用于地下结构侧壁的土压力、水压力及作用于基础底板向上的水浮力。所有这些作用并非同时发生，也并非对结构都起不利作用，有些荷载也并非一直存在。因此便有了各种荷载组合从而形成了不同的工况。

以水浮力为例，当其合力小于传至基底的荷载时，水浮力因对结构有浮托作用，可减小基础与地基间的接触压力，对结构是有利的；但当水浮力合力超出传至基底的荷载时，水浮力会导致建筑物上浮，水浮力就变为不利因素。

当我们在考虑抗拔桩设计时，对结构不利的荷载为水压力、恒荷载、活荷载及其他荷载均起有利作用，由于恒荷载一直存在，可以利用其有利作用，活荷载及其他可变荷载无法保证一直存在，故忽略其有利作用，因此主要考虑水浮力与恒荷载两种荷载的组合，其中水浮力应按最不利水位（抗浮设计水位）考虑。我们称这种工况为向上的工况，向上的工况就是以水浮力为主、上拔力最大化的工况。

但实际情况是，地下水位不能保证一直那么高，活荷载及其他可变荷载也不能忽略，故需要一种或几种向下的工况来考虑以向下荷载为主的组合。此时水浮力变为有利作用，如果勘察报告未提供最低水位，或无法确保水浮力的有利作用一直存在时，一般不能考虑水浮力的有利作用。这也是正常设计时的荷载工况。

因此，对于同一个结构、同一个构件，在不同的荷载组合下，同一承台桩会有上拔或下压两种受力模式，也就不足为奇了。

7. 混合方案

实际工程中，可根据实际情况，采用以上 2 种或多种混合方案。最常见的便是抗拔桩或抗拔锚杆与建筑物恒荷载共同参与抗浮的混合方案，忽视恒荷载的抗浮作用必然导致较大的浪费。

四、抗拔桩的设计与优化

1. 抗拔桩的受力性状

抗拔桩与抗压桩受力性状存在差异，主要包括以下几个方面：

1）抗拔桩的摩阻力受力方向向下，抗压桩摩阻力受力方向向上。

2）抗拔桩和抗压桩的受力特性与桩顶荷载水平有关，在小荷载情况下，U-δ 曲线和 Q-s 曲线均表现为缓变型，即位移随荷载的增加变化不大。不过在接近极限荷载时，抗压桩曲线变化明显，而抗拔桩变化较缓。确定其极限承载力时，应考虑抗拔桩的 δ-$\lg t$ 曲线和 U-δ 曲线，并结合桩顶上拔量进行分析。

3）在荷载较小时，抗拔桩和抗压桩的轴力变化均集中在桩身的上部，同时，轴力沿深度的变化也十分相似。但随着荷载的增加，抗压桩端部轴力逐渐变大，在极限荷载条件下，抗压桩常表现为端承摩擦桩或摩擦端承桩；而抗拔桩桩身下部轴力的变化明显大于抗压桩，端部轴力为零，表现为纯摩擦桩。

4）抗拔桩和抗压桩的侧阻的发挥均为异步的过程，即侧阻都是从上到下逐渐发挥的，但抗压桩上部侧阻普遍比下部土层小，而抗拔桩桩身中部侧阻大，两端侧阻小；同时，抗压桩端部侧阻随相对位移的增大，增加很快，而抗拔桩端部侧阻在达到一定值后，只出现很小的增幅。

5）抗压桩的桩身弹性压缩引起桩身侧向膨胀使桩土界面的摩阻力趋向于增加，摩阻力的增加则随桩身位移由上而下逐步发挥；而抗拔桩在拉伸荷载作用下桩身断面有收缩的趋向，使桩土界面摩阻力减小。

6）抗拔桩与抗压桩的配筋不同。抗拔桩桩身轴力主要是靠桩内配置的钢筋承担，混凝土裂缝宽度起控制作用，因而配筋量比较大，桩自身的变形占总的上拔量的份额较小。而抗压桩轴力主要靠桩的混凝土承担，桩身压缩量较大。

7）抗拔桩桩身自重起到抗拔作用，抗压桩桩身自重起到压力作用。

8）抗拔桩的极限侧阻约为抗压桩极限侧阻的 0.5～0.8 倍，与土性密切相关。

2. 抗拔桩承载力计算

抗拔桩单桩承载力的计算需考虑群桩效应及抗拔系数的影响，因此相同桩长桩径的抗拔承载力较抗压承载力大大降低，因其破坏形式存在单桩破坏与群桩整体式破坏两种情况，故应分两种情况单独计算。

1）单桩或群桩呈非整体破坏时，基桩的抗拔极限承载力标准值可按下式计算：

$$T_{uk} = \sum \lambda_i q_{sik} u_i l_i \qquad (式 7\text{-}6\text{-}2)$$

式中：T_{uk}——基桩抗拔极限承载力标准值；

u_i——破坏表面周长，对于等直径桩取 $u = \pi d$，对于扩底桩按表 7-6-1 取值；

q_{sik}——桩侧表面第 i 层土的抗压极限侧阻力标准值；

λ——抗拔系数，按表 7-6-2 取值，一般灌注桩高于预制桩，长桩高于短桩，黏性土高于砂土；

l_i——各土层中桩长。

扩底桩破坏表面周长 u_i 表 7-6-1

自桩底起算的长度 l_i	$\leqslant (4\sim10)d$	$>(4\sim10)d$
u_i	πD	πd

注：D 为桩端直径，d 为桩身直径。

抗拔系数 λ_i 表 7-6-2

土类	λ 值	土类	λ 值
砂土	0.50~0.70	黏性土、粉土	0.70~0.80

注：桩长 l 与桩径 d 之比小于 20 时，λ 取小值。

2) 群桩呈整体破坏时，基桩的抗拔极限承载力标准值可按下式计算：

$$T_{gk} = \frac{1}{n} u_l \sum \lambda_i q_{sik} l_i \qquad (式 7-6-3)$$

式中：u_l——桩群外围周长。

3. 抗拔桩桩型选择

抗拔桩可以是灌注桩，也可以是预制桩或钢桩。预制桩可以选择预应力混凝土实心方桩、预应力混凝土管桩或预应力混凝土空心方桩，选择空心桩做抗拔桩时，应优先选用 PHC（预应力高强混凝土管桩）或 PHS（预应力高强混凝土空心方桩）。预应力混凝土空心桩作为抗拔桩本身不存在问题，关键在于构造措施，构造措施合理就没有问题，否则就容易出问题。天津等地发生的采用预应力管桩结构上浮事故，均是构造措施不合理所致，并非管桩本身存在问题。因此天津地标明确规定，当采用预应力管桩作为抗拔桩时，管桩桩顶必须用混凝土灌芯并预留插筋，灌芯长度应通过试验确定并不得小于（8~10）d 及 4.5m，并满足下式要求：

$$Q_{ct} \leqslant R_{ct}/\gamma_{ct} \qquad (式 7-6-4)$$

式中，Q_{ct} 相应于荷载效应基本组合时的单桩竖向抗拔承载力设计值，R_{ct} 为按设计灌芯深度确定的灌芯混凝土从管桩中拔出的抗拔极限承载力，γ_{ct} 为灌芯混凝土抗拔分项系数，$\gamma_{ct} \geqslant 1.7$。

管桩桩顶灌芯混凝土中的插筋数量应满足下式要求：

$$A_s \geqslant R_{ct}/f_y \qquad (式 7-6-5)$$

式中，A_s 为管桩内孔受拉钢筋面积，R_{ct} 为相应于荷载效应基本组合时的单桩竖向抗拔承载力设计值，f_y 为钢筋抗拉强度设计值。

管桩或空心方桩用做抗拔桩时，应进行桩身结构强度、接桩连接强度、端板孔口抗剪强度、钢棒及其墩头抗拉强度、桩顶（采用填芯混凝土）与承台连接处强度等承载力计算。当管桩或空心方桩处于一般环境或设计一般要求不出现裂缝时，根据桩身结构强度确定的单桩抗拔承载力应满足下式要求：

$$N_l \leqslant (\sigma_{pc} + f_t)A \qquad\qquad (式\ 7\text{-}6\text{-}6)$$

N_l 为管桩单桩上拔力设计值，σ_{pc} 为管桩混凝土有效预压应力，一般为 $4\sim10$MPa，A 为管桩有效横截面面积，f_t 为桩身混凝土轴心抗拉强度设计值。

接桩连接强度、端板孔口抗剪强度、钢棒及其墩头抗拉强度、桩顶（采用填芯混凝土）与承台连接处强度等承载力计算可参考《江苏省预应力混凝土管桩基础技术规程》DJG32/TJ 109—2010 第 3.6.4 条。

采用预应力管桩或空心方桩做抗拔桩时，应尽量采用一节桩、不接桩，当水浮力较大时，应优先选择加密抗拔桩而不是加长桩长的做法。同时加密桩距可使边界条件（支座）的分布模式与荷载的分布模式越趋接近，可降低整体弯矩与局部弯矩。管桩接桩处金属表面须刷沥青两遍防腐。

抗拔桩虽然可采用预应力管桩或方桩，但应用最多的还是灌注桩。

因抗拔桩为 100% 的摩擦桩，桩端阻不发挥作用。故从材料节约角度应该优先选择细而长的桩型，小直径桩的周长/面积比较大，单位混凝土用量的承载力高；此外，抗拔系数也随长径比的增加而增加，因而细长型的抗拔桩性价比高。以相同长度直径 700mm 与直径 350mm 的抗拔桩为例，由于长径比的不同，虽然前者周长为后者的 2 倍，但前者的抗拔承载力不足后者的 2 倍，而前者的混凝土用量却是后者的 4 倍。

此外，由于水浮力为均匀作用于地下结构物底板底面的面荷载，在进行底板结构强度计算（抗弯、抗剪、抗冲切）时，作为底板计算模型中边界条件（支座）的抗拔桩越密，板的计算跨度越小，局部弯矩、剪力及冲切力也越小，板厚和配筋也会相应减小，最后可能变为构造厚度及构造配筋。故选择细长而密的抗拔桩方案综合经济效益最优，具体的桩长、桩径及桩间距应根据水浮力的大小通过计算确定。

4. 抗拔桩布桩原则

上文已提到，抗拔桩应尽量选择细而长的桩型，并尽可能均匀布桩。最忌像受压桩那样，将抗拔桩集中布于柱下，尤其当地下结构采用天然地基时，更不应该仅将抗拔桩集中布于柱下。图 7-6-2 为邯郸某项目局部抗浮的抗拔桩布置方案。该工程为天然地基，采用平板式筏基带上柱墩的基础底板形式，在几个下沉广场区域，因为缺失了一层结构顶板及其上的种植覆土，下沉广场局部区域的抗浮能力不足，故在几个下沉广场区域采用了局部抗拔桩方案。但其没有采用均匀布桩的方式，而是将抗拔桩集中布置在了本身抗浮能力最强的柱下。

这种布置抗拔桩的方式有诸多弊端：1）在最不该布桩的地方布桩。柱下的荷载集度最大，若论局部区域的抗浮能力，柱附近区域的抗浮能力最强，当抗拔桩的间距小到一定程度时，上部结构传给柱的恒载就足以抵抗其受荷范围的水浮力，在此种情况下可不必在柱下布抗拔桩，见图 7-6-3 济南开元广场抗拔桩局部布置图；2）抗拔桩的布置方式没能起到减小板的计算跨度、缩短水压力荷载传递路径的作用，完全是通过大跨度底板的抗弯能力将净水压力传给柱下的抗拔桩，底板厚度及配筋丝毫没能因抗拔桩的存在而减小，也就没能发挥抗拔桩的综合效益；3）无须抗浮的相邻基础为柱下独立基础、天然地基，地基土的支承刚度较小，在向下荷载工况下的基础沉降会比较大，而抗拔桩区域却是柱下承台集中布置的抗拔桩，其支承刚度远大于天然地基，再加之其竖向荷载比相邻区域小，故在向下荷载工况下的沉降要比相邻柱列小得多，会导致与相邻柱列间较大的差异沉降。

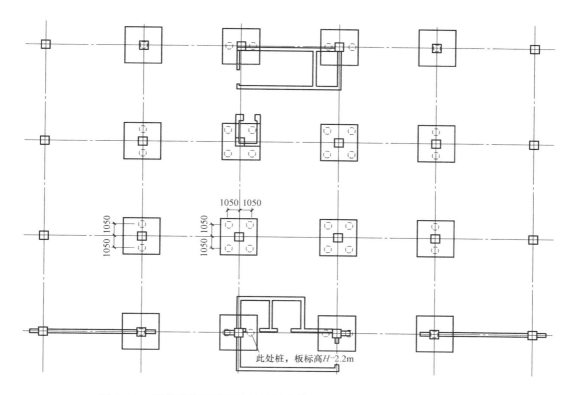

图 7-6-2　邯郸某项目天然地基平板式筏基（上柱墩）加局部抗拔桩方案

图 7-6-3 同为天然地基平板式筏基（带上柱墩）的抗拔桩布桩方案，采用的是桩长 10m、直径 600mm 的抗拔灌注桩。抗拔桩基本按 4.2m 等间距布置，在柱下则根据竖向荷载的大小来决定是否布桩，当柱作为支座之一其 4.2m×4.2m 受荷范围内的净水浮力合力不大于柱底竖向恒载时，就不必在柱下布抗拔桩，否则对于一些竖向荷载较小的柱下则布置了抗拔桩。经如此布桩后，在计算结构底板时，板跨由原来的 8.4m×8.4m 降为 4.2m×4.2m，板厚及配筋均可大幅降低。

以上二例均为天然地基上筏板基础的抗拔桩案例。对于采用桩基承台加防水板的工程，抗拔桩的平面布置同样需遵循均匀布桩的原则。但因为向下工况的竖向荷载由桩承受，故柱底承台下必须布桩，但柱下的承台桩既可能是抗压桩，也可能是抗压抗拔两用桩，也同样依柱底承台桩受荷（仅指水压力）范围内的净水压力合力与传给柱下承台桩的竖向恒载的关系而定。即便是抗压抗拔两用桩，其所受上拔力也与相邻的抗拔桩相比小得多，应该单独指定一种桩型并根据其实际承受的上拔荷载配筋。

图 7-6-4 为北京某项目的抗拔桩布桩方案。该工程采用的是独立桩基承台加防水板方案。柱下承台桩为直径 400mm、桩长 13m 的受压灌注桩，因上部恒载已平衡掉其受荷范围的净水浮力，故柱下承台桩仅受压不受拉，单桩抗压承载力特征值为 600kN；承台外的桩为直径 350mm、桩长 13m 的抗拔灌注桩，单桩抗拔承载力特征值为 380kN。平面布桩综合考虑柱下承台桩及抗拔桩后采用均匀密集布桩的方案，桩间距 2000～2200mm，呈行列式布置。采用此种布桩方式后，防水板跨度最大仅为 2200mm，采用构造厚度、构造配筋即可。

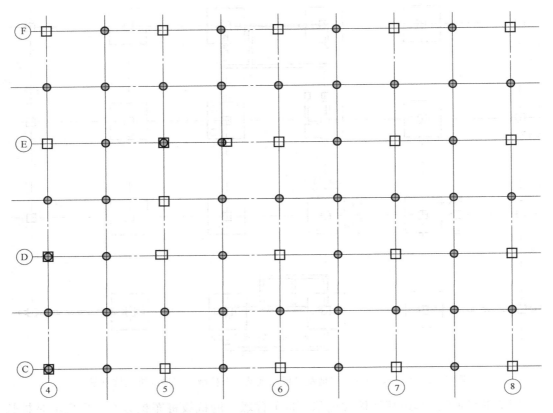

图 7-6-3 济南某项目天然地基平板式筏基（带上柱墩）加 600mm 直径抗拔桩

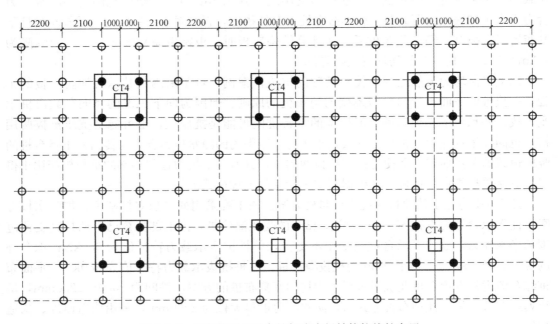

图 7-6-4 北京某项目承台桩加防水板结构抗拔桩布置

对于钢筋混凝土抗拔桩，截面配筋数量应根据净水浮力及每根桩的受荷面积按轴向拉伸构件由计算确定，但对于普通钢筋混凝土抗拔桩而言，配筋量一般不是由抗拉承载力控制，而是由裂缝宽度控制。因此抗拔桩的裂缝宽度限值如何取值，对纵向钢筋的用钢量影响极大。比如武汉某项目 800mm 直径抗拔桩，抗拔承载力特征值 2000kN，按桩身抗拔承载力计算的钢筋数量为 24φ20（7540mm²），实配 24φ28（14778mm²）仅将裂缝计算宽度控制在 0.241mm，但用钢量几乎翻倍；而若想将裂缝宽度控制在 0.2mm 以内，则实配钢筋需增加到 22φ32（17693mm²），算得的裂缝宽度为 0.198mm，钢筋用量又增大了 19.7%。

为了减少抗拔桩的普通受拉钢筋用量，可根据岩土与地下水的腐蚀性及水位变动情况对抗拔桩的实际工作环境进行详细分析，在设计、图审与甲方取得共识的情况下适当降低裂缝控制标准。上述实配 24φ28 抗拔钢筋就是三方一致将裂缝宽度限值降低到 0.25mm 后的结果。

其次是采用环氧树脂涂层钢筋或镀锌钢筋来代替普通钢筋，虽然环氧树脂涂层及镀锌处理的费用会有所上升，但与用钢量翻倍的效应相比仍具有经济优势。此时需进行经济性对比，择优选用。

抗拔桩均为摩擦桩，桩顶轴向拉力最大，桩端降为 0，桩身轴力从桩顶到桩端依次递减，故桩身配筋也应根据桩身轴力的变化采用分段配筋的方式。当桩长较短时可分两段配筋，到 1/2 桩长时可截断 1/3 或 2/5 的钢筋；当桩长较长时，可分三段配筋，1/3 桩长时截断 1/4 的钢筋，2/3 桩长时截断一半的钢筋。或者根据计算确定钢筋截断位置及截断数量。

降低抗拔桩钢筋用量效果最显著的是采用预应力现浇混凝土灌注桩。不但可充分发挥预应力钢筋的高强作用，还因预压应力的作用使裂缝宽度大大降低，可起到事半功倍的作用。有资料显示，预压应力的存在，还可提高抗拔桩的侧摩阻力，甚至能获得比抗压桩更大的侧摩阻力。

武汉某项目，总计有 954 根桩长 32m 直径 800mm 抗拔桩，原设计采用通长配筋 24φ28（14778mm²），裂缝计算宽度为 0.262mm（我方计算值为 0.241mm），纵向主筋总用钢量 3360t；优化设计采用 10φ15.2mm 预应力钢绞线另配 12φ18（3054mm²，配筋率 0.608%）HRB400 普通钢筋，用钢量分别为预应力筋 339t、普通钢筋 748t。论用钢量减少了 2272t，论综合造价节省了 1228 万元。从技术层面，预应力抗拔桩的裂缝计算宽度大大降低，仅为 0.05mm，因而结构的耐久性大大增强。技术、经济效果均非常显著。

采用抗拔桩方案可配合使用后注浆技术，可在单桩抗拔承载力不变的情况下缩短桩长，从而达到优化设计的目的。此种优化方法可不改变桩的平面布置，也不需改变桩的直径及配筋，是最简单，也是最容易被甲方及设计单位接受的优化设计方法。

天津某广场抗拔桩优化方案：采用桩底后压浆技术，在桩径不变的条件下（桩径 600mm），将有效桩长从原设计 27m 改为 20m，抗拔承载力特征值均不小于设计要求的 850kN，其中抗拔系数及后注浆桩侧阻增强系数均取规范规定的下限值。相应混凝土及钢筋用量可下降约 26%。

五、抗拔锚杆的设计与优化

锚杆抗浮关键的一步在于锚杆的布置，锚杆的布置绝不是一个简单的画图过程，而是一个交互设计的过程，锚杆布置的合理与否，直接关系到抗浮设计的技术经济效果。

有很多采用抗浮锚杆的工程，无视上部结构传至基础荷载的分布特征、基础底板结构刚度的变化、基础底板的受力变形特点及水浮力荷载传力路径，一律采用均匀布置的方式，是存在很大问题的，有两种情况比较具有代表性：

1. 忽略上部建筑结构恒载的有利作用，所有水浮力全部由抗浮锚杆承受

其计算方法为：总的水浮力设计值/单根锚杆设计值＝所需锚杆根数。

具体做法：底板下（包括柱底或混凝土墙下）均匀满布锚杆，水浮力全部由锚杆承担，既不考虑上部建筑自重，也不考虑地下室底板自重及其上附加恒载对水浮力的直接抵消作用，保守且不合理。

2. 利用上部结构自重和锚杆共同抗浮

其计算方法为：（总的水浮力设计值—底板及上部结构恒载设计值）/单根锚杆设计值＝所需锚杆根数。

具体做法：将锚杆均匀满布在底板下（包括柱底或混凝土墙下），锚杆间距用底板面积除所需锚杆根数确定。

以梁板式筏基下均匀满布抗浮锚杆为例。

从上部结构传至基底的反力分布来看，上部结构荷载首先通过竖向构件（柱）传至柱底，并以集中荷载的方式作用于梁板式筏基的梁柱节点上，然后通过筏基基础梁的刚度向基础梁跨中扩散，基础梁的荷载再通过筏板刚度向筏板跨中方向扩散。基础梁及筏板刚度越大，扩散作用约明显，当基础梁及筏板的跨高比小于 1/6 时，可认为基础梁及筏板下的反力均按直线分布，可认为上部荷载已充分扩散，基底反力分布大致均匀。此时梁板式筏基的结构计算可采用均布反力作用下的倒楼盖模型计算。其实这也只是一种理想情况，为了能够采用简化计算方法而进行的人为假定。从上部结构-基础-地基土的共同作用分析结果来看，即便梁板跨高比再小，基底反力分布也难以达到均匀分布的目的，只可能是无限趋于均匀。

从水浮力荷载的作用方式及传力路径来看，水浮力是以均布荷载的方式满布于基础底板底面。当没有锚杆时，是以上部结构的墙柱作为支座，大部分的水压力是通过筏板传给基础梁，再由基础梁传给墙柱；锚杆的存在改变了底板受力的边界条件，也改变了水浮力荷载的传递路径，锚杆受荷范围内的水浮力会直接传给锚杆，然后通过锚杆的锚固力传至地层深处。因此即便在整体平衡的条件下，虽然不会发生整个地下结构物的整体上浮的现象，但若局部平衡不满足，仍然会发生局部破坏，而且这种局部破坏会很容易引发连续破坏，造成整体失衡，引起整个地下结构物的上浮。

从底板结构的受力变形特点来看，在均匀满布的水压力荷载作用下，筏板跨中受梁柱刚度的约束影响最弱，是跨中弯矩最大的点，也是受力变形最大的点。在抗拔锚杆均匀满布的情况下，即便锚杆的直径、长度、锁定力等都完全相同，各锚杆的受力也不相同，越靠近跨中受力越大，远离跨中的梁下或者柱下，锚杆往往实际受力很小，甚至不受力。这是由上部结构荷载分布、基础底板刚度分布及基础底板的受力变形特点共同决定的。

因此，合理的抗拔锚杆布置方式应该是在筏板区格的中间部位均匀布置，并在必要时适当加长跨中附近几根锚杆的长度，在墙柱梁下及其影响区域内不布或少布抗拔锚杆，并保证上部结构恒载与抗拔锚杆所提供的抗浮荷载之和不小于结构所受的水浮力的合力，兼

顾整体平衡与局部平衡。

如图 7-6-5 所示，由于与柱、墙相连的梁板一定范围内具有一定的刚度，水浮力可直接与上部结构自重平衡，而上部自重很难传递至远离梁、柱、墙的区域。因此，上述第一种方法全部采用锚杆抗浮，上部结构恒载未充分利用，浪费比较严重。第二种方法，减去上部结构恒载后的水浮力由锚杆平均承担，存在安全隐患。因为，中间区域的锚杆实际受力不会是减去上部结构恒载的净水浮力（整体抗浮的净水浮力），而是作用于底板底面的水压力减去底板及其面层自重后的净水浮力（局部抗浮的净水浮力）。而局部抗浮的净水浮力要比整体抗浮的净水浮力大得多。一旦地下水达到抗浮设计水位，筏板跨中附近的锚杆首先破坏和失效，而后退出工作，其所承担的水浮力荷载迅速传给相邻锚杆，各个击破，慢慢延伸至柱、墙、梁影响区域的锚杆，轻者造成底板因局部失衡而隆起、开裂，重者造成大部分锚杆失效，结构因整体失衡而上浮。

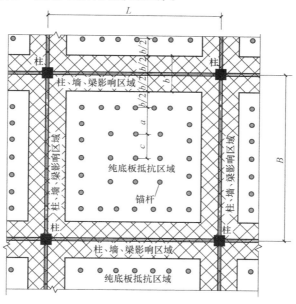

图 7-6-5　合理的抗拔锚杆布置方式

合理做法是：抗浮力与水浮力平衡计算可分成两种区域：柱、墙、梁影响区域和纯底板抵抗区域。纯底板抵抗区域的计算方法应是抗浮锚杆设计承载力除以每平方米净水浮力（减去每平方米底板自重及其上的附加恒载），得到抗浮锚杆的受力面积及间距；而柱、墙、梁影响区域应充分利用上部建筑自重进行抗浮，验算传递的上部建筑自重是否能平衡该区域的水浮力，或者根据整体平衡所需的锚杆总数及纯底板抵抗区域的锚杆总数的差值确定。

总体原则：既要保证结构整体的总体平衡，又要兼顾各区域、各部位的局部平衡。在满足结构安全的前提下尽量做到经济。此外，还应计算水浮力工况下梁板等结构构件承载力极限状态与正常使用极限状态的各项设计。

六、抗拔桩与抗拔锚杆的选择

当配重抗浮等其他抗浮设计手段无法完全解决抗浮问题时，设计者经常要面临抗拔桩

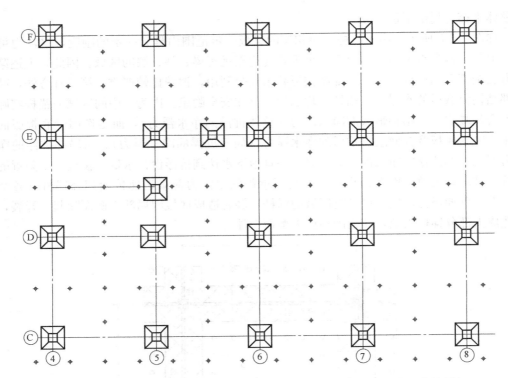

图 7-6-6　济南某项目天然地基平板式筏基（带上柱墩）加 170mm 直径抗拔锚杆

与抗拔锚杆的选择。但二者的比选不是一个简单的问题，不能仅通过桩与锚杆两种抗拔结构构件之间的直接比较而得出结论，而需要结合基础底板的设计及工期要求等进行综合的技术经济分析。

一般来说，当天然地基承载力能满足建筑物对地基承载力的要求，且基岩埋藏较浅时，可优先考虑抗浮锚杆；当天然地基承载力不满足建筑物对地基承载力的要求时，则应优先考虑抗拔桩，以同时发挥抗拔桩的承压作用。

此外，抗拔桩施工需在筏板基础施工前完成，锚杆施工可在筏板基础施工后进行，故不占关键线路上的工期。抗拔桩一般不施加预应力，需配置较多的受拉钢筋以控制其工作状态的裂缝宽度；抗浮锚杆可施加一定预应力，可控制其一般要求下不出现裂缝。

第七节　基础底板设计优化

一、基础底板结构选型

当有地下室时，基础底板的结构选型及各种选型下的结构形式对成本的影响非常大。因此在进行基础底板设计时，最重要的是做好基础选型，对结构成本控制可收到事半功倍的效果。

（一）基础底板选型需遵循以下主要原则

1. 应综合考虑建筑场地的工程地质情况及水文地质情况、上部结构类型、荷载大小及分布状况、使用功能、施工条件、相邻建筑物、市政管线及环境的相互影响，以保证建筑物不致发生过量沉降或倾斜，并能满足正常使用要求，同时减轻或避免对周边环境的影响，比如充分考虑到临近地下构筑物及各类地下设施的位置和标高，以保证基础的安全和确保施工中不发生问题。

2. 应选用整体性好，能满足地基承载力和建筑物容许变形的要求的基础底板形式，并能调节不均匀沉降，达到安全实用和经济合理的目的。根据上部结构类型、层数、荷载及地基承载力，可采用独立柱基、墙下条基、柱下条形基础、满堂筏形或箱形基础。

（二）各种结构形式的基础选型

1. 砌体结构住宅

当无地下室时，采用砌体墙下条形基础，有地下室时，采用墙下条形基础加防水板体系。

2. 多层剪力墙结构住宅

1）当无地下室时优先采用剪力墙下条形基础，当有地下室时，优先采用条形基础加防水板的底板结构体系（图 7-7-1）；

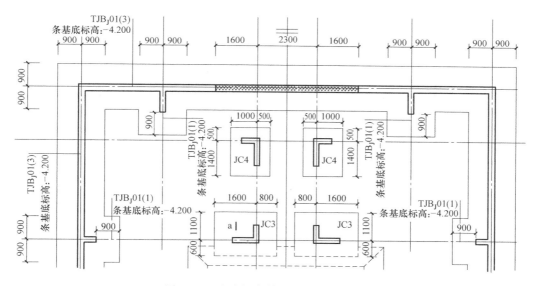

图 7-7-1 山东烟台某项目墙下条形基础

2）当墙下条基的天然地基承载力不满足要求时，可采用天然地基下的满堂式筏板基础，或者采用条形基础下局部地基处理的方式，有地下室时再加上防水板，如北京海淀区某 8 层剪力墙住宅（无地下室）即采用墙下条形基础下局部布桩的复合地基处理方式（图 7-7-2）；

3）当为软土地区时，可采用桩基础，并采用在墙下条形承台梁下布桩的方式，有地下室时再加上防水板（图 7-7-3）。

3. 小高层剪力墙结构住宅

1）当地质条件较好时仍然有可能采用天然地基上的条形基础，有地下室时再加上防水板；

2）当条形基础下的天然地基承载力不满足要求时，可采用天然地基下的满堂式筏板

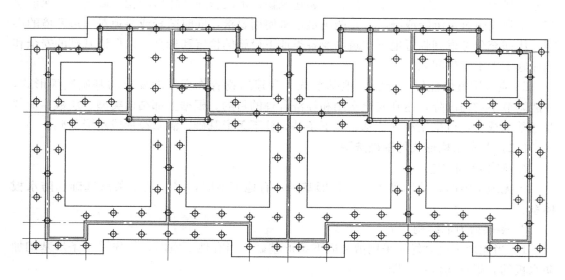

图 7-7-2　北京某项目条形基础下局部地基处理

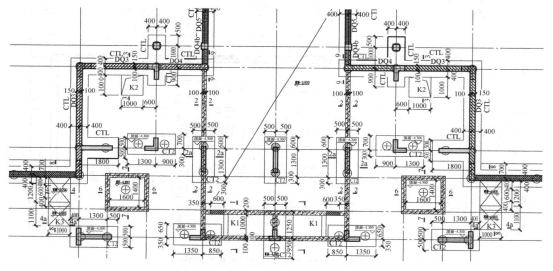

图 7-7-3　山东烟台某项目墙下布桩的桩基础

基础，或者采用条形基础下局部地基处理的方式，有地下室时再加上防水板；

3）当基底压力较大或持力层天然地基承载力较低，采用满堂式筏形基础也不满足天然地基承载力要求时，可在筏板范围内进行地基处理，在人工地基上做筏形基础；

4）当为软土地基时，应优先采用桩基础，并尽量采用墙下布桩加防水板的方式。

4. 高层剪力墙结构住宅

1）持力层土质好或基底压力较小，天然地基承载力能满足要求时，可采用天然地基上的筏形基础；

2）天然地基不满足要求时，可采用地基处理，做人工地基上的筏形基础；

3）软土地区则采用桩筏基础。

5. 框架结构

1）对于多层建筑的地下室底板，当地基承载力较大时，优先采用独立柱基或墙下条基加防水板的形式；

2）当主体结构为框架结构时，若天然地基承载力不足，可仅在柱下独立基础范围内局部进行地基处理，然后在人工地基上做独立基础，在天然地基上做防水板，一起组成独立柱基加防水板体系（图7-7-4）；

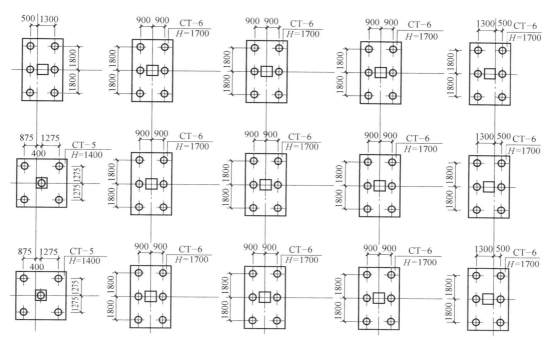

图 7-7-4　哈尔滨某项目独立基础下局部地基处理

3）当上述局部地基处理方案经评估后经济效益不明显时，从缩短工期角度出发，也可采用天然地基上的整体式筏形基础。两个方案应经过综合的技术经济比较最终确定。防水板应按无梁板设计，不宜采用梁板式；

4）当地下水位较高，净水压力对底板计算不容忽视时，采用防水板时的厚度及配筋均由净水浮力工况的计算控制，故不宜再采用独立基础加防水板体系，而应采用整体式筏形基础。

（三）常用基础底板形式

综上所述，房地产开发项目中有地下室的基础底板形式最常用的有两种，即柱下独基/墙下条基加防水板体系及整体式筏形基础。前者多用于商业及车库建筑，后者则多用于高层剪力墙结构住宅。

柱下独基/墙下条基加防水板体系具有传力路径简单直接、刚柔相济、材料用量少、施工方便等优点，一般综合技术经济效益较高，有条件时应尽量采用。当有人防时，作用于防水板上的人防等效静荷载与整体式筏形基础相比还可大幅降低。

筏形基础有梁板式和平板式。以往不少结构设计人员认为梁板式筏基比平板式筏基经济性好，其实不然，就底板结构自身而言，因梁板式筏基的地梁需配箍筋及腰筋等构造钢筋，而平板式筏基则只有上下表面钢筋，当平板式筏基的厚度取值适当，配筋采用按最小配筋率钢筋拉通并在不足处附加短筋的配筋方式时，平板式筏基的用钢量可能会比梁板式的省。而如果再结合对相关因素的影响而进行综合比较并考虑施工因素的话，平板式筏基的综合造价要比梁板式筏基低很多。

如北京顺义某项目，就上返式梁板式筏基与下返式平板式筏基的经济性问题，甲方及顾问公司与设计院产生严重分歧，甲方认为下返平板式筏基省，而设计院则认为正好相反，于是设计院又另做了一版平板式筏基算量图，然后一并交给第三方造价咨询单位去进行工程量的核算，同时设计院自己也进行了核算，最终结果都显示平板式筏基比梁板式筏基要省，只不过造价公司算出来的省得多，而设计院自己算的没有那么多而已。

采用梁板式筏基时，基础梁截面大必然增加基础埋置深度，导致结构层高加大、挖填土方量增大、护坡高度加大、墙柱高度加大、墙柱高度加大还会导致有横向荷载作用的墙体计算配筋加大、防水面积加大，此外还有基础梁间回填材料的费用及对工期的影响等，当水位高时埋深加大还会导致水浮力加大，因而更为不利，梁板式筏基自身的施工也比平板式麻烦，梁板的混凝土需分层浇注，还涉及基础梁的支模等，无论成本与工期都没有优势，综合经济效益不如比平板式筏基。因此无论对于剪力墙结构的主楼还是框架结构的地下车库，均宜优先采用平板式筏基。

箱形基础具有整体刚度大的特点，能较好地调节地基不均匀沉降。但箱形基础的地下室开间较小，不利于设备用房或停车位的布置，空间利用率较低，而且筏形基础（尤其平板式）与剪力墙或地下车库外墙相组合，整体刚度也很大，没有必要采用箱形基础。

基础底板可有多种结构体系与方案，可以是梁板式或平板式筏形基础，也可以是独立基础或桩基承台加防水板。无论何种体系与方案，都存在板（筏板或防水板）与基础（或柱墩、承台、基础梁）在竖向的位置关系问题，或板与基础顶平（下返式），或板与基础底平（上返式），特殊情况板也可能居中设置。

大多数的设计院都习惯采用板与基础底平的下返式，其最大的优点是可利用梁格（或上返基础）间的回填土布置排水设施（集水井、排水沟）及排水找坡，可有效减少结构坑的数量（一些坑深小于覆土厚度的小坑可在覆土深度内做建筑坑，不做结构坑）及深度，底板垫层与防水施工也更加方便。

但其劣势也非常明显。

首先就是增加了地下室外墙及人防墙的计算跨度及室内其他结构墙的竖向高度（墙下不设地梁的情况）。因为在确定地下室外墙及人防墙几何模型与边界条件时，墙体是以基础底板作为墙底的有效约束，而不是以基础（或柱墩、承台、基础梁）作为有效约束，因此势必会使计算跨度增加。

其次，结构板上覆土的存在，不但增加房心回填的材料与人工成本，还必须考虑防止回填土沉降的面层抗裂措施，设计院习惯采用200mm厚C20细石混凝土配$\phi6@200$钢筋网的做法，既增加了面层厚度压缩了室内净高，又增加了抗裂面层的材料与人工成本。

从施工工序的安排方面，一般结构底板浇筑完毕，都会尽快施工结构墙柱以争取尽早出地面，而房心回填与地面面层的施工无疑会影响下道工序的施工，占用关键线路的工期。但如果车库结构封顶后再进行房心回填，则土方运输就只能通过楼梯、坡道、吊装孔等处进行，人工成本与工期又会拉长。

有些精明的承包商，为了降低结构封顶后土方的运输成本，在结构封顶前突击抢工将回填土方提前运到车库内，但却没有土方分层回填的时间，因此运入的土方只能在那里堆着。这样做的风险极大，一旦地下水渗入、地表水流入或雨水灌入，则所有运入的土方就会和成稀泥，全部废掉，必须挖出运走再运入适合回填的土方，将为此付出双倍的代价。

如果将板抬升至与基础顶平：1）地下室墙柱高度缩短，可减少混凝土量、钢筋量与模板工程量；2）承受侧向荷载的地下室外墙及人防墙体的计算跨度相应减小，水土压力随之降低，可降低由计算控制的钢筋用量；3）降低基坑开挖深度，相应减少基坑开挖土方量及肥槽回填土方量；4）可取消底板顶面以上房心回填土，消除回填土质量因素所产生的车库地面质量问题；5）有条件取消车库地面的排水找坡垫层及 200mm 厚的细石混凝土配筋（$\phi6@200$ 钢筋网片）耐磨面层，代之以同厚度的结构找坡，并直接在结构层上做耐磨地面，效果更佳（结构混凝土强度大大高于耐磨地面面层混凝土的强度 C20；6）地下室外墙外防水工程量降低。

当然，顶平下返式的基础底板也存在如下弊端：1）垫层及防水工程量增加，施工略为复杂；2）基础底板上所有的设备坑都必须做结构坑，且集水坑、电梯基坑等所增加的混凝土与钢筋用量会比较多；3）当存在抗浮问题时，无法利用覆土压重平衡水浮力。但如果没有抗浮问题，其综合经济效益明显高于底平上返式的基础底板形式。

当地下水位较高，扣除底板自重后的净水浮力为正，底板计算由净水浮力工况控制时，则宜优先采用底平上返式，此时可在上返结构之间填充配重材料平衡水压力，减小净水浮力。

邯郸某项目的梁板式筏基方案，经甲方内审后，即提出如下优化建议："鉴于地下水位较高，请将车库底板"梁板式筏基"改为"独立柱基＋防水板"并采用防水板与基础底平的方式，优势有五：1）防水板以独立柱基边缘作为边界条件，计算跨度可大幅降低；2）利用基础顶至防水板顶的高差作为覆土配重，可降低防水板结构计算时的净水压力；3）在有人防的区域，可降低底板上的人防等效静荷载；4）独立柱基可只配下部钢筋，防水板钢筋进入基础 L_a 即可；5）柱下钢筋混凝土独立基础的边长和墙下钢筋混凝土条形基础的宽度大于或等于 2.5m 时，底边受力钢筋的长度可取边长或宽度的 0.9 倍。综上所述，改为独立柱基加防水板后可使含钢量大幅降低，也是该项目其他地块的常用做法"。

二、防水板的模拟分析与计算

防水板的荷载与边界条件均比较复杂，想要得到比较准确的结果建议采用有限元法，而且最好采用通用有限元软件来计算，将柱下独基及墙下条基一同模拟进去，此时只要荷载及荷载组合正确，将墙、柱作为点、线刚性支座即可得到满意的内力计算结果，当柱网比较规则时取几处典型内力进行截面验算及配筋计算即可。当软件具备结构配筋设计时就更简单。当有针对性的软件且性能优良、使用方便、计算结果稳定可靠时，也可采用这样的软件来计算。

当采用简化计算方法时，可提取下图中的两种典型板块进行计算，并采用差别化配筋方式。

其一是两独立柱基间的单向板模型（矩形阴影区域），根据独立柱基与防水板的厚度比决定是采用固接于基础或铰接于基础，见图 7-7-6（a）；其二是四个独立柱基间的双向

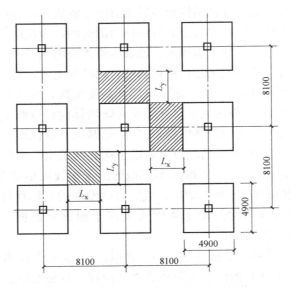

图 7-7-5　防水板简化计算模型中的板块

板模型（正方形阴影区域），假定该双向板在四个角点支承于独立柱基，见图 7-7-6（b），再查静力计算手册的弯矩系数求得内力并配筋。

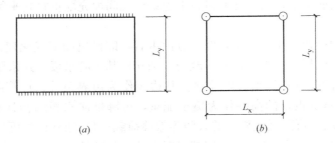

(a)　　　　　　　　　　(b)

图 7-7-6　防水板的简化计算模型

采用独立柱基加防水板方案的另一优势是，当底层地下室需进行人防设计时，采用独立柱基加防水板方案还可大幅降低作用于防水板上的人防等效静荷载。

> 《人民防空地下室设计规范》GB 50038—2005
>
> 4.8.16　当甲类防空地下室基础采用条形基础或独立柱基加防水底板时，底板上的等效静荷载标准值，对核 6B 级可取 15kN/m²，对核 6 级可取 25kN/m²，对核 5 级可取 50kN/m²。

与同抗力级别的筏形基础相比约降低一半左右，设计时要充分考虑这一有利因素。

三、筏板的模拟分析与计算

对于天然地基或复合地基上的筏形基础，结构计算模型有两种：倒楼盖模型和弹性地基梁板模型。

倒楼盖模型为早期手工计算常采用的模型，是以墙柱等竖向构件作为支座，而以地基反力作为荷载施加于筏板上。其基本假定主要有两点，其一，作为支座的墙柱没有竖向位移，即其竖向约束为完全刚性，因此基础底板没有整体弯曲，只有局部弯曲；其二，地基反力平均分布，对于地基反力相对集中于墙柱下的实际分布模式，局部弯矩会比实际状态偏大。对于上部结构刚度较高的结构（剪力墙结构或没有裙房的高层框架剪力墙结构），差异还不算大，甚至是比较符合实际的，但对于上部结构刚度较弱的框架结构或荷载分布不均匀的结构，模型差异就会比较显著。因此现行《建筑地基基础设计规范》GB 50007—2011限定了倒楼盖模型的适用条件，当不符合条件时，则必须采用弹性地基梁板模型进行计算。规范要求如下：

> 第8.4.14条　当地基土比较均匀、地基压缩层范围内无软弱土层或可液化土层、上部结构刚度较好，柱网和荷载较均匀、相邻柱荷载及柱间距的变化不超过20%，且梁板式筏基梁的高跨比或平板式筏基板的厚跨比不小于1/6时，筏形基础可仅考虑局部弯曲作用。筏形基础的内力，可按基底反力直线分布进行计算，计算时基底反力应扣除底板自重及其上填土的自重。当不满足上述要求时，筏基内力应按弹性地基梁板方法进行分析计算。

　　弹性地基梁是指搁置在具有一定弹性的地基上，各点与地基紧密相贴的梁，如条形基础、铁轨下的枕木等。由于梁的各点都支承在弹性地基上，除了受墙柱等竖向构件的变形约束外，还会在一定程度上受到地基土的变形约束，因而可使梁的变形减少、刚度提高及内力降低。

　　弹性地基梁与普通梁的区别：

　　1. 普通梁只在有限个支座处与基础相连，梁所受的支座反力是有限个未知力，因此，普通梁是静定的或有限次超静定的结构；弹性地基梁与地基连续接触，梁所受的反力是连续分布的，弹性地基梁具有无穷多个支点和无穷多个未知反力，因此弹性地基梁是无穷多次超静定结构。因此，超静定次数是有限还是无限，是普通梁与弹性地基梁的主要区别；

　　2. 普通梁的支座通常看作刚性支座，即略去地基的变形也即整体弯曲变形，只考虑梁的局部弯曲变形。弹性地基梁则必须同时考虑地基的变形。实际上，梁与地基是共同变形的。一方面梁给地基以压力，使地基沉陷，同时地基给梁以反向压力，限制梁的位移。而梁的位移与地基的沉陷在每一点又必须彼此相等，才能满足变形连续条件。因此，地基变形是考虑还是略去，是弹性地基梁与普通梁的另一主要区别。

　　具体一点：弹性地基梁板模型采用的是文克尔假定，地基梁内力的大小受地基土弹簧刚度的影响，而倒楼盖模型中的梁只是普通混凝土梁，其内力的大小只与筏板传递给它的荷载有关，而与地基土弹簧刚度无关。由于模型的不同，实际梁受到的反力也不同，弹性地基梁板模型支座反力大，跨中反力小。而倒楼盖模型中梁上的反力只是均布线荷载。

　　由于弹性地基梁搁置在地基上，梁上作用有荷载，地基梁在荷载作用下与地基一起产生沉陷，因而梁底与地基表面存在相互作用反力，其大小与地基沉降y有密切关系，沉降y越大，反力也越大，因此弹性地基梁的计算理论中关键问题是如何确定地基反力与地基沉降之间的关系，或者说如何选取弹性地基的计算模型问题。

　　因此，弹性地基梁板模型中又因地基模型的不同而分为局部弹性地基模型与半无限体弹性地基模型。二者均可考虑地基梁与地基间的变形协调问题，但前者未能反映地基的变形连续性，后者虽然反映了地基的连续整体性，但模型在数学处理上比较复杂，因而应用上受到一定限制。

对于满堂布桩的桩筏基础，因上部结构的墙柱及支承筏板的基桩对筏板都有足够大的轴向刚度，对筏板的变形都能起到很强的约束作用，故其受力特点与天然地基或复合地基上的筏形基础有很大不同，当桩筏基础采用非均匀布桩且基桩相对集中的布于墙下或柱下时，筏板内力也相对集中于墙柱附近，远离墙柱的区域的筏板内力很小甚至为零，其作用仅相当于防水板，其厚度与配筋均可大幅降低。当桩数减少为墙下单排桩或柱下单桩的极端情况时，墙柱附近的局部弯矩也变为零。因此对于桩基工程，有条件时尽量采用墙下或柱下布桩的方式，当所需桩数较多需要满堂布置时，也尽量采用疏密有致的布桩方式，即多在墙下、柱下布桩，少在跨中布桩。

桩筏基础因墙柱及桩均可对筏板提供支承作用，故存在"正算"与"反算"两种结构计算模型。类似于承台设计的"正算法"与"反算法"。正算模型是以桩为固定或弹性支座、以墙柱内力为荷载并施加于筏板上的模型，该模型相对比较直观，但忽略了墙柱的竖向支承刚度及墙柱尺寸对内力计算的影响，仅仅取用墙柱传至筏板的荷载；反算模型则是以墙柱为支座，而将桩顶反力作为荷载施加于筏板上的计算模型，该模型类似于倒楼盖模型，并能考虑墙柱支座的支承宽度及计入上部结构的刚度。

反算模型是国内岩土结构工程师所熟悉的模型，国内有关计算独立基础、桩承台或筏板的结构计算软件基本都采用反算模型；正算模型在国内很少应用，但在国外应用的较多。一般是通过 ETABS 等整体分析软件算出墙柱底部内力后，再接力 SAFE 软件（SAFE 是建筑结构楼板系统（包括基础底板）的专用分析与设计程序，是美国 CSI 公司的系列产品之一）进行筏板的有限元分析。此时一般将桩作为弹性支座，并可由用户指定其轴向与弯曲刚度，将 ETABS 导出的墙柱底部内力作为集中荷载或线荷载施加于筏板上。正算模型采用 SAFE 软件的解算精度较高，但忽略墙柱尺寸的模型误差较大，设计结果总体偏于保守。

无论是正算模型还是反算模型，均可考虑桩间土的承载贡献。对于反算模型，是将桩顶反力及地基土的反力一起施加到筏板上进行计算；而对于正算模型，除了输入桩的刚度外，还可施加等效于地基土支承刚度的面弹簧，并指定其刚度。

以上谈的是筏形基础的结构计算模型，计算模型的构成有三大要素，即几何模型、边界条件与荷载。对于墙柱或桩位均确定的情况下，筏形基础几何模型主要需要关注的是地梁的截面尺寸与筏板的厚度，包括变厚度筏板及柱墩等处筏板局部加厚等问题。边界条件即前述以何者为支座的问题，倒楼盖模型以上部结构的墙柱作为支座，并指定其位移边界条件为竖向位移为零；弹性地基梁板模型则以地基土为弹性支座，并指定其每一点处的地基反力为其竖向位移的线性函数 $\sigma(x)=ky(x)$，其中 k 为地基土的弹簧高度，也即基床反力系数；荷载则如前文所述，因正算模型及反算模型而不同，在此不再赘述。

但需要强调的是，无论采用何种模型，均不需考虑筏板自重及其上覆土的自重，对于天然地基及复合地基上的筏形基础来说，这一点不难理解。对于桩筏基础，尤其是不考虑桩间土承载力贡献的桩筏基础，情况可能会稍为复杂一些。但在实际计算时，作为荷载的桩顶反力仍可按规范扣除筏板及其上覆土自重。因为无论哪种筏形基础，均是在地基土上直接浇筑，故筏板自重在筏板混凝土浇筑完毕即完全施加到地基土上，即便有可能存在不均匀沉降导致的局部弯矩，也在筏板混凝土凝结硬化前的塑性状态中得到释放，故在筏板硬化后不会有筏板自重导致的附加弯矩产生。另一方面，筏板自重及其上覆土自重均以均布面荷载的形式施加于筏板上，而给筏板提供支承作用的地基土也是面支承，荷载与边界条件的分布完全相同，二者可以直接平衡，自然不会在筏板中产生整体或局部弯矩，就像平板玻璃放在平整的桌面上一样。

计算模型一经确定，甚至是在确定计算模型的同时，就需要考虑采用何种解算方法的问题，因为不同的解算方法对几何模型的要求也可能不同。

筏形基础的计算方法从大的方面有"手算法"及"机算法"两种，手算法即传统的结构力学方法（如力法、位移法及弯矩分配法等）及查《建筑结构静力计算手册》的方法，因手算工作量巨大，对简单的倒楼盖模型还有可能，对于弹性地基梁板模型及稍为复杂的倒楼盖模型就不具有现实性，故不在本书讨论范围之内。本书重点讨论的是机算法。

机算法有工具箱软件法、梁元法及板元法三种。

工具箱软件法基本只能适用于倒楼盖模型，采用和上部结构楼盖一样的计算方法，但对于弹性地基梁板模型就显得力不从心。

梁元法及板元法均为有限元计算方法，均可适用于弹性地基梁板模型，当然也适用于倒楼盖模型。

所谓梁元法是指筏形基础的交叉梁系采用梁单元的有限元法，其首要前提是必须设置通过梁柱节点的交叉梁系，并通过交叉梁系将筏板分隔成一个个独立的板块，梁元法中的梁可以是肋梁，也可以是与筏板等厚的暗梁，或者是平板式筏基的板带。但无论是肋梁、暗梁还是板带，必须在模型中明确设置并形成交叉梁系，否则程序将无法进行计算。

梁元法的解算程序是对梁及筏板分别进行的，这和 PKPM 软件对普通梁板式楼盖的计算方法相同，在计算梁时只考虑筏板传给梁的荷载而不考虑筏板的作用，而对筏板的计算则采用另一套方法，对于 PKPM 系列软件 JCCAD 而言，筏板的计算采用了三种方法：对于矩形板块采用《建筑结构静力计算手册》中的查表法计算，对外凸异形板块采用边界元法计算，而对内凹异形板块则采用有限元法计算。当然这三种方法也都是由程序自动完成的，不需要用户人工干预。

梁元法计算程序根据是否考虑上部结构刚度及刚度取值的不同，又可分为 5 种计算模式：

模式 1，普通弹性地基梁计算：是指进行弹性地基梁结构计算时，完全不考虑上部结构刚度影响，墙柱等竖向构件仅作为荷载施加于弹性地基梁板上，该模式是最常用的计算模式，一般情况下推荐采用该计算模式，仅当采用该模式计算后，梁的截面无法满足要求而又不宜再扩大截面时，再考虑其他计算模式；

模式 2，等代上部结构刚度的弹性地基梁计算：是指进行弹性地基梁结构计算时，可考虑一定的等代上部结构刚度的影响。上部结构刚度影响的大小可用上部结构等代刚度为基础梁刚度的倍数 N 来表达，N 与上部结构层数、结构跨数及地基梁与上部结构梁的刚度比有关，其计算公式可参阅有关用户手册，JCCAD 软件也提供自动计算功能，但需要输入上述 3 个基本参数；

模式 3，上部结构为刚性的弹性地基梁计算：是指进行弹性地基梁结构计算时，将等代上部结构刚度考虑的非常大（200 倍），以至于除整体倾斜的位移差外，各节点的位移差很小。此时几乎不存在整体弯矩，只有局部弯矩，其结果类似于传统的倒楼盖法。一般来说，如果地基梁的跨度相差不大，考虑上部结构刚度后，各梁的弯矩相差不大，配筋会更加均匀；

模式4，SATWE上部刚度进行弹性地基梁计算：是指进行弹性地基梁结构计算时，将SATWE（或TAT）计算的上部结构刚度用子结构方法凝聚到基础上的计算模式。该方法最接近实际工作状态，非常适用于框架结构。对于剪力墙结构，由于在整体分析时剪力墙墙体本身已考虑了刚度放大，故纯剪力墙结构可不必再考虑上部刚度，如要考虑剪力墙结构的上部结构刚度，宜按上述模式3进行计算。使用模式4的条件是在进行SATWE或TAT整体分析时，必须勾选"生成传给基础的刚度"项，否则程序将无法运行；

模式5，普通梁单元刚度矩阵的倒楼盖方式计算：该模式与前述4种模式有本质不同，其地基梁为普通梁单元而不再是弹性地基梁，是传统的倒楼盖模型，梁单元取用了考虑剪切变形的普通梁单元刚度矩阵。该模式由于墙柱节点没有竖向位移，因此没有考虑到梁的整体弯矩，同时由于地基反力采用了直线分布的假定，梁跨中处的地基反力较弹性地基梁模型的跨中反力大，故计算得到的局部弯矩较弹性地基梁法大。如前文所述，仅当实际工程符合《建筑地基基础设计规范》GB 50007—2011第8.4.14条关于倒楼盖法的适用条件时才可采用，一般情况不推荐使用该方法。

板元法是将筏形基础划分为有限个厚板单元的有限元分析方法。其适用范围非常广泛，几乎没有适用条件的限制，可适用于有桩或无桩的筏板、有肋梁或无肋梁的筏板及变厚度筏板；可以将独基、桩承台按筏板计算，用于解决多柱承台及复杂的围桩承台；可以将独基、桩承台与防水板一起计算，用于解决独基、桩承台之间的防水板的计算；还可计算没有板的基础拉梁等。

JCCAD的桩筏筏板有限元程序即为板元法解算程序，该程序对筏板基础按中厚板有限元法计算各荷载工况下的内力、桩土反力、位移及沉降，根据内力包络求算筏板配筋。程序提供了多种计算模型方式，包括弹性地基梁板模型、倒楼盖模型及弹性理论-有限压缩层模型。程序也提供了适用多种规范的计算方法，包括天然地基、常规桩基、复合地基、复合桩基以及沉降控制复合桩基等。该程序可接力上部结构计算模块（包括SATWE、TAT及PMSAP），并能考虑上部结构刚度的影响。

板元法与梁元法的最大区别是板元法可将梁板结合起来进行整体计算，且对梁的布置没有要求，可不必像梁元法那样必须形成交叉梁系且只能对梁与板分别进行计算。因此板元法比梁元法的适用范围更广，且因梁板均采用有限元法进行计算，梁板之间以及相邻板块之间的内力、位移都是协调的，模型精度与解算精度也均比梁元法要高。但板元法的单元数量较多、计算参数也较多，因此对使用者的要求也更高，而且目前板元法计算软件的网格划分不尽如人意，容易出现狭长三角形等畸形单元，人为加辅助线等干预手段也很难奏效，造成有限元计算结果失真，其后处理程序也不够直观友好，既无法实现自动配筋，内力及配筋计算结果也比较凌乱，整理配筋数据的工作量很大，是很多结构工程师不愿采用板元法计算程序的主要原因。因此传统的板元法计算软件还存在较大的优化修改空间。

图7-7-7为北京顺义某项目平板式筏基采用筏板有限元的配筋输出结果，在剪力墙的阳角以外出现两个狭长三角形单元，导致周围单元配筋计算结果严重失真。

相比之下，盈建科基础设计软件则做出了很大的改进，网格划分以四边形为主，即使出现三角形单元也尽量接近等边三角形单元，从而保证了计算结果的精确性及稳定性。同时盈建科软件的筏板有限元计算结果以等值线加数字来表达（图7-7-8、图7-7-9），分布

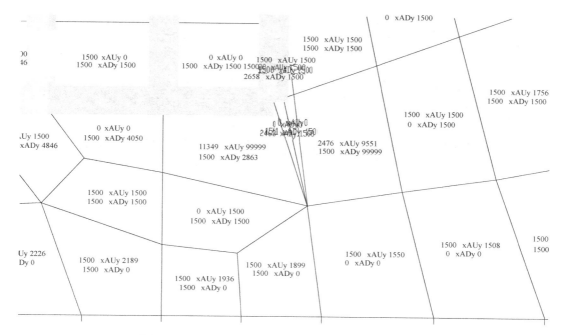

图 7-7-7 JCCAD 畸形有限元网格导致的计算结果异常

趋势及薄弱环节直观明显，根据配筋结果等值线图可仅在局部计算配筋大的位置补强，减少通长钢筋的比例，从而可大幅降低实际配筋量。某工程设置局部补强钢筋前，筏板顶部钢筋 388t，设置局部补强钢筋后，筏板顶部钢筋 270t，减少 31%。

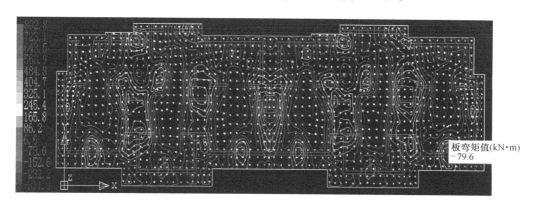

图 7-7-8　等值线与数字表示的弯矩图

《北京地区建筑地基基础勘察设计规范》8.6.3 条文说明：数十年来大量工程的箱形基础及筏板基础的钢筋应力实测表明，其钢筋应力都不大，一般只有 20～50MPa，远低于钢筋计算应力，并且实测的地基土反力反映了地基、基础和上部结构共同工作的综合结果。

造成筏形基础钢筋应力较小的因素很多，如：

1. 设计人员计算基础底板与基础梁时，一般采取地基反力均匀分布的计算模型。这种计算方法会使基础梁板钢筋计算结果偏大，实际上对于跨厚比大于 6 的基础板底和跨高

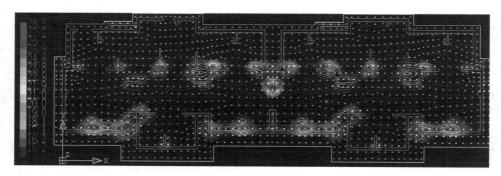

图 7-7-9　等值线与数字表示的 Y 向配筋图

比大于 6 的基础梁来说，地基反力不均匀分布的程度较大，越靠近支座地基反力越大。

2. 基础梁板一般较高或较厚，其起拱作用会减少钢筋应力，使钢筋实际应力小于计算结果。

3. 基础底面与土壤之间的摩擦力也会减少梁、板钢筋应力。

4. 一般设计中没有考虑上部结构和筏基以及地基土共同参与工作。

5. 筏形基础端部下的土壤出现塑性变形。

鉴于这种事实，在基础梁、筏板及无梁平板配置钢筋时，不宜在计算结果基础上再人为加大，为优化设计减少用钢量，基础梁支座弯矩应取柱边（当柱截面较大时，梁柱边弯矩比柱中小很多）。

传统基础设计软件的稳定性差、出异常的情况较多，加之设计参数较多，设计者对于参数的取值难于准确把握，计算结果也不唯一，因此需要调整参数甚至变换模型进行多次试算，直到得到满意的结果为止。这个"满意结果"，首先是计算结果的合理性，其次是经济性。但因没有客观标准，因此主要取决于用户自身的理论水平、对软件的熟悉程度及工程经验。传统基础设计软件的用户手册中也明言"对计算结果不满意，可随时调整参数重新计算"。对于桩筏筏板有限元分析软件来说，对给定的参数进行合理性校核，主要通过沉降试算来完成，其主要指标是基础沉降值。在桩筏有限元计算中，桩弹簧刚度及板底土反力基床系数的确定等均与沉降密切相关，因此基础计算的关键是基础的沉降问题。合理的沉降量是筏板内力及配筋计算的前提，在沉降量合理性的判断过程中，工程经验起着重要作用。

鉴于传统筏板有限元计算软件的缺陷及筏板钢筋的实测应力较低的事实，在采用筏板有限元进行设计时，配筋计算结果经工程判断为比较经济合理时即可，不必太过纠结于筏板有限元输出结果中个别区域配筋很大的问题，这些峰值内力并非总是真实的，除了上述单元异常的因素外，在有限元模型简化的假设环节也会引起较大的模型误差。如程序中假设柱的荷载为点荷载，墙的荷载是线荷载，桩与筏板的接触是点接触，忽略了柱子、墙及桩的截面尺寸，而这些假设又是有限元的通用方法，这些假设会造成内力在墙柱形心处产生尖锐的峰值甚至是无穷大值。但实际上墙柱都是有一定宽度的，在墙柱边截面，内力会急剧衰减到一个相对合理的数值，因此采用峰值内力进行配筋是严重浪费的，也是没有意义、没有必要的。软件用户手册也明言："在工程应用中除了对计算模型进行简化外，更重要的是如何对计算结果的分析，进行去伪存真"。

此外单元大小对内力与配筋输出结果影响也比较大，对于 JCCAD 软件，一般以 2～3m 为宜，当网格划分小于 0.5m 时，内力的峰值变化会比较大。对于盈建科软件，单元尺寸以 1.0m 为宜。两种软件均建议不要采用过小或过大的网格。

无论是梁元法还是板元法，因其均为有限元法计算程序，故均可计算弹性地基梁板模型，当然也可计算倒楼盖模型。因此均会涉及一个重要设计参数，即弹性地基基床反力系数。基床反力系数 K 是基础设计中非常重要的一个参数，它的大小直接影响到地基反力的大小和基础内力。因此，合理地确定此参数的大小就显得至关重要。这个基床反力系数同上部结构刚度一样，是对筏形基础内力及配筋计算结果影响最大的两个设计参数。

1. 基床反力系数 K 值的物理意义

基床反力系数为单位面积地表面上引起单位下沉所需施加的力。基床反力系数可以理解为土体的刚度，基床系数越大，土体越不容易变形。基床反力系数 K 值的大小与土的类型、基础埋深、基础底面积的形状、基础的刚度及荷载作用的时间等因素有关。试验表明，在相同压力作用下，基床反力系数 K 随基础宽度的增加而减小。在基底压力和基底面积相同的情况下，矩形基础下土的 K 值比方形的大。对于同一基础，土的 K 值随埋置深度的增加而增大。试验还表明，黏性土的 K 值随作用时间的增长而减小。因此，K 值不是一个常量，它的确定是一个复杂的问题。

2. 基床反力系数 K 值的计算方法

（1）静载试验法：静载试验法是现场的一种原位试验，通过此种方法可以得到荷载-沉降曲线（即 P-S 曲线）。根据所得到的 P-S 曲线，则 K 值的计算公式如下：

$$K=(P_2-P_1)/(S_2-S_1) \qquad (式 7\text{-}7\text{-}1)$$

式中：P_2、P_1——分别为基底的接触压力和土自重压力；

S_2、S_1——分别为相应于 P_2、P_1 的稳定沉降量。

需注意的是，静载试验法计算出来的 K 值是不能直接用于基础设计的，必须经太沙基修正后才能使用，这主要是因为此种方法确定 K 值时所用的荷载板底面积远小于实际结构的基础底面积，因此需要对 K 值进行折减，但折减要适当且有依据。

（2）按基础平均沉降 S_m 反算：用分层总和法按土的压缩性指标计算若干点沉降后取平均值 S_m，得

$$K=P/S_m \qquad (式 7\text{-}7\text{-}2)$$

式中：P——基底平均附加压力。

这个方法对把沉降计算结果控制在合理范围内是非常重要的。用这种方法计算的 K 值不需要修正，JCCAD 在"桩筏筏板有限元计算"中使用的就是这种方法。一般来说，如果有附近相似工程的沉降观测值，根据其荷载与沉降的关系预估出本工程的沉降量，再用本工程的基底平均附加压力除以预估沉降量，则计算出的 K 值是最合理的。但要做到这一点，需要长年累月的资料积累及丰富的工程经验，因此比较准确地预估沉降量在实际工程中是存在一定困难的。

（3）经验值法：JCCAD 说明书附录二中建议的 K 值。但该表格摘自中国建筑科学研究院地基基础研究所关于《工业与民用建筑地基基础设计规范》TJ 7—74 修改专题报告的一个附件，故个别专业术语与现行规范不一致，对一些年轻工程师会造成困扰。如表格

中的"亚黏土"与"轻亚黏土"，就是现行规范已经摒弃的专业术语。

"亚黏土"与"轻亚黏土"是《建筑地基基础设计规范》GBJ 7—89 规范及以前规范的专业术语，2001 版《建筑地基基础设计规范》GB 50007 便废弃了这两个术语，将亚黏土改为粉质黏土，将轻亚黏土改为粉土。但《公路桥涵地基与基础设计规范》及《铁路桥涵地基与基础设计规范》在术语更新方面相对滞后，在 GB 50007—2001 颁布实施后的相当长一段时间内仍在沿用老规范的术语，因此其并非像某些人所说是公路桥梁规范的专用术语，但现行的公路桥涵与铁路桥涵规范也已更新了专业术语。这一点老一辈岩土结构工程师都比较清楚，但年轻工程师往往不明所以。为方便读者使用，本书将新规范术语的表格奉上，供读者参考。在同一类土中，相对偏硬的土取大值，偏软的土取小值。若考虑垫层的影响 K 值还可取大些。当有多种土层时，应按土的变形情况取加权平均值。

基床反力系数 K 的推荐值

表 7-7-1

地基的一般特性	土的种类		K（kN/m³）
松软土	流动砂土、软化湿土、新填土		1000～5000
	流塑性黏土、淤泥及淤泥质土、有机质土		5000～10000
中等密实土	黏土及粉质黏土	软塑	10000～20000
		可塑	20000～40000
	黏质粉土	软塑	10000～30000
		可塑	30000～50000
	砂土	松散或稍密	10000～15000
		中密	15000～25000
		密实	25000～40000
	碎石土	稍密	15000～25000
		中密	25000～40000
	黄土及黄土粉质黏土		40000～50000
密实土	硬塑黏土		40000～100000
	硬塑粉土		50000～100000
	密实碎石土		50000～100000
极密实土	人工压实的填粉质黏土、硬黏土		100000～200000
坚硬土	冻土层		200000～1000000
岩石	软质岩石、中等风化或强风化的硬岩石		200000～1000000
	微风化的硬岩石		100000～1500000
桩基	弱土层内的摩擦桩		1000～50000
	穿过弱土层达密实砂层或黏性土层的桩		5000～150000
	打至岩层的支承桩		800000

目前国内较常用的基础设计软件，不同的软件对同一工程的计算结果不同，有的甚至相差悬殊，即便采用同一个软件，采用不同参数计算结果也有差别。鉴于基础梁、筏板钢筋实测应力远小于设计值，因此，设计时不必采用偏于保守的设计软件。

四、塑性设计及裂缝控制

梁板式筏基的筏板可按塑性设计进行配筋，可以较大幅度地减少用钢量。《北京地区建筑地基基础勘察设计规范》DBJ 11—501—2009 第 8.6.5 条及其条文说明对塑性设计及其可能导致的裂缝宽度较大的问题给出了比较详细的解释。

> 8.6.5 梁板式筏形基础底板可按塑性理论计算弯矩。
>
> 8.6.5 条文说明：当基础为梁板式筏形基础或平板式筏形基础时，其基础底板考虑以下因素一般可不进行裂缝宽度验算，但应注意支座弯矩调幅不要太大。
>
> 1 如 8.6.3 条条文说明所述筏形基础及箱形基础钢筋的实测应力都不大，一般只有 20～50MPa，远低于钢筋计算应力；
>
> 2 设计人员计算基础底板时，一般采取地基反力均匀分布的计算模型，与实际地基反力分布不符，会使板裂缝宽度计算结果偏大；
>
> 3 目前设计人员一般采用现行国家标准《混凝土结构设计规范》GB 50010 中裂缝计算公式进行裂缝宽度验算，而该公式只适用于单向简支受弯构件，不适用于双向板及连续梁，因此采用该公式计算的裂缝宽度不准确；
>
> 4 目前北京地区习惯的地下室防水做法是基础板下面均有防水层，因此对底板有较好的保护作用，这时对其裂缝宽度的要求可以比暴露在土中的混凝土构件放松。一般来说，只要设计时注意支座弯矩调幅不太大，混凝土裂缝宽度不致过大，而且数十年来大量工程有关筏形基础及箱形基础的钢筋应力实测表明，其钢筋应力都不大，混凝土实际上很少因受力而开裂，所以不会影响钢筋耐久性。

梁板式的筏板可按塑性双向板或单向板计算。筏板的裂缝可不必计算，因双向板的裂缝实际上是无法计算的，规范中裂缝宽度计算公式只适用于杆式构件，如梁和桁架等，而双向板则为面式构件，其弯矩即便沿截面宽度方向的分布也是不均匀的，无论是支座截面还是跨中截面，都是截面宽度方向的中线处弯矩最大，向截面边缘处逐渐减小，但实际配筋则是在截面内不分弯矩大小一律按最大弯矩处均匀满跨配筋的，因此裂缝计算以截面宽度方向最大弯矩点的弯矩去计算整个板块或板带的裂缝宽度是偏大且不真实的。但针对双向板目前还没有比较准确真实的裂缝宽度计算方法，但借用杆式构件的裂缝宽度计算公式又缺乏足够的理论依据，且真实性不足，因此实际工程的双向板可以不验算裂缝，即便计算出的裂缝宽度较大，也不能简单地认为裂缝宽度超限而随意加大配筋甚至增大截面。有关双向板裂缝宽度限值与计算的内容可参见李国胜老师的《多高层钢筋混凝土结构设计优化与合理构造》（第二版）第四章。

对于基础梁，鉴于实测钢筋应力比设计应力小很多的事实，也没有必要计算裂缝。而且如果在设计时梁支座负弯矩筋是按柱中截面的弹性弯矩计算的话，配筋本身就会超配很多，此时如果仍按柱中弯矩去计算裂缝，将不只是计算失真，而是计算错误。

其实我国规范对于混凝土结构裂缝宽度限值的规定与国外相比是偏于严格的，表 7-7-2 为欧洲混凝土规范 EN1992-1-1：2004 的裂缝宽度限值，对于普通钢筋混凝土及预应力混凝土结构，其值如下：

欧洲规范裂缝宽度限值 表 7-7-2

环境类别	钢筋混凝土构件及无粘结预应力混凝土构件	有粘结预应力混凝土构件
	准永久荷载组合	荷载长期组合
X0,XC1	0.4	0.2
XC2,XC3,XC4	0.3	0.2
XD1,XD2,XS1,XS2,XS3	0.3	不出现拉应力

表 7-7-2 中，X0 为无腐蚀风险的构件、干燥环境下的钢筋混凝土构件；XC1、XC2、XC3、XC4 为碳化腐蚀类别，其中 XC1 为干燥或永久水下环境、XC2 为潮湿、偶尔干燥的环境（如混凝土表面长期与水接触及多数基础）、XC3 为中等潮湿环境（如中等湿度及高湿度室内环境及不受雨淋的室外环境）、XC4 为干湿交替的环境；XD1、XD2 为氯盐腐蚀类别，其中 XD1 为中等湿度环境（混凝土表面受空气中氯离子腐蚀）、XD2 为潮湿、偶尔干燥的环境（如游泳池、与含氯离子的工业废水接触的环境）；XS1、XS2、XS3 为海水氯离子腐蚀类别，其中 XS1 为暴露于海风盐但不与海水直接接触的环境（如位于或靠近海岸的结构）、XS2 为持久浸没在海水中的结构、XS3 为受海水潮汐、浪溅的结构。

从以上欧洲规范相关规定可以看出：欧洲规范的环境类别分得要更细，对裂缝控制宽度也比我们宽松。对于钢筋混凝土构件及无粘结预应力混凝土构件即便在潮汐浪溅等极端恶劣环境类别下也只是 0.3mm，相比之下，我国规范对室内潮湿环境及室外环境下的限值也要求 0.2mm，相比之下确实过于严格了。

现在很多有识之士及一些负责任的设计院已经认识到这一点，因此在设计院内部对裂缝宽度的限值都做了放松，对于二 a、二 b 类环境类别，有的放松到 0.25mm，有的放松到 0.3mm，也有的将二 a 类放松到 0.3mm、二 b 类放松到 0.25mm 等。

一些省市的地方规范也对裂缝宽度限值做出了放松的规定，如《北京地区建筑地基基础勘察设计规范》DBJ 11—501—2009 第 8.1.13 条：

> 8.1.13　当地下室外墙外侧设有建筑防水层时，外墙最大裂缝宽度限值可取 0.4mm。

对于受力较大的一些构件，确实能收到很好的经济效果。

由于裂缝宽度与保护层厚度有关，保护层越厚裂缝宽度越宽，而规范规定基础类构件下表面的保护层厚度不小于 40mm（有垫层）及 70mm（无垫层），因此保护层厚度均较大，有可能会因为保护层过厚的原因导致裂缝宽度过大，此时，可参照《混凝土结构耐久性设计规范》的相关规定，当保护层设计厚度超过 30mm 时，可将厚度取为 30mm 计算裂缝的最大宽度。

对于《地下工程防水技术规范》中迎水面钢筋保护层厚度≥50mm 的规定，现在绝大多数的设计院选择忽视，《北京地区建筑地基基础勘察设计规范》DBJ 11—501—2009 更是明确规定了基础及地下墙体与土接触一侧的钢筋保护层厚度：

> 8.1.10　钢筋的混凝土保护层厚度：对基础底部与土接触一侧钢筋，有垫层时不小于 40mm，无垫层时不小于 70mm；对地下墙体与土接触一侧钢筋，无建筑防水做法时不小于 40mm，有建筑防水做法时不小于 25mm，且不小于钢筋直径。

五、筏形基础其他方面的优化

1. 材料选用

筏型基础因厚度大，水化热高，容易在温度应力作用下产生裂缝，故应采取各种降低水化热的措施，如采用低水化热水泥，减小水泥用量等措施，而减小水泥用量的设计举措就是采用粉煤灰混凝土，并采用混凝土 60 天或 90 天的强度作为设计依据。

根据《高规》12.1.11 条，基础及地下室的外墙、底板，当采用粉煤灰混凝土时，其设计强度等级的龄期宜为 60 天或 90 天，在满足设计要求的条件下，地下室内、外墙和柱子采用粉煤灰混凝土时，其设计强度等级的龄期也可采用相应的较长龄期。

筏形基础的配筋量较大，尤其是梁板式筏基的地梁及平板式筏基的柱墩配筋极大，应优先采用性价比高的四级钢，既可有效降低钢筋用量，还可减少或避免 2 排钢筋甚至 3 排钢筋的情况，降低施工难度，提高混凝土浇捣质量。

2. 平面尺寸

筏形基础的平面尺寸，应根据地基承载力、桩基布桩承台、上部结构布置以及荷载情况等因素确定。当地基承载力满足时，筏板不宜从边墙外挑，以方便施工和减少挖土量；但当上部为框架结构、框剪结构、内筒外框和内筒外框筒结构时，筏板适当外挑可使底板的地基反力趋于均匀，并可减小筏板的跨中弯矩。当需要扩大筏基面积来满足地基承载力要求时，对于梁板式筏基，底板挑出的长度从基础梁外侧算起，横向不宜大于 1200mm，纵向不宜大于 800mm；平对于板式筏基，基挑出长度从柱外皮算起不宜大于 2000mm。

3. 筏板的经济厚度

筏形基础分为梁板式筏基与平板式筏基两种，两种筏基的设计都首先要确定筏板厚度，而筏板厚度对于结构安全及造价都有很大影响，对于某一特定的结构，筏板并非越厚越好也非越薄越好，而是存在一个合理厚度。取值时注意以下几点：

1）满足各种情况下的受力要求

基础底板的作用是将上部结构的荷载传递给地基或桩基，作为传力构件，其应该满足传力所需的所有要求，包括抗冲切要求、受剪承载力的要求、正截面抗弯承载力的基本要求。在计算中，上部结构体系、柱距（或剪力墙间距）、工程地质条件、地基处理方法、地基变形情况都是影响筏板计算厚度的因素。

2）满足构造要求

基础底板最小厚度应满足构造要求，对于 10 层及以上或房屋高度大于 28m 的住宅建筑以及房屋高度大于 24m 的其他高层民用建筑混凝土结构，无论平板式筏基还是梁板式筏基，2002 版《建筑地基基础设计规范》规定筏板最小厚度都不应小于 400mm，但 2011 版规范将平板式筏基最小厚度加大到 500mm。对于梁板式筏基，底板厚度与最大双向板格的短边净跨之比尚不应小于 1/14。这是规范规定的最小厚度的构造要求。对于不属于高层建筑的基础底板，筏板厚度可不受 400mm 限制，但一般不宜小于 250mm，不应小于 200mm。

墙下筏形基础的底板宜为等厚度钢筋混凝土平板，其与计算区段的最小跨度比不宜小于 1/20。多层民用建筑的板厚，可根据楼层层数每层按 50mm 估算，但不得小于 200mm。当边跨有悬臂伸出的筏板，其悬臂部分可做成坡度，边缘厚度不应小于 200mm。

3）满足经济要求

基础底板板过薄，则计算配筋偏大，虽然混凝土用量减少，但钢筋用量偏大，不经济；相反，如果筏板偏厚，以致构造配筋比计算配筋还要大时，很显然混凝土及钢筋用量都会增大，也不经济。

剪力墙间距较小且分布比较均匀时，筏板厚度可相应减小。基底持力层承载力较高（则地基的刚度越大、基床系数越高）时，筏板厚度可适当减薄。此外，上部结构刚度及上部荷载的均匀性等对筏板厚度也都有影响，因此要综合分析来确定最优筏板厚度。

4）满足抵抗不均匀沉降的要求

基础底板最难考虑的是由于地基变形产生的内力对基础底板厚度的影响，由于影响地基变形的因素众多，准确计算存在很大困难。

有些结构工程师，为图省事方便，把筏板做的很厚，钢筋配置全由构造控制，图面表达简单的不得了，一句"按φ××@×××双层双向拉通配置"就完成了整个筏板的配筋图。但这样的设计，明眼人一看就知道有问题。

第八节　主体结构选型与设计优化

一、以竖向构件为主的竖向承重与抗侧力体系的选择与优化

1. 高层住宅类建筑的常用抗侧力体系

1）普通剪力墙结构

目前来说，普通剪力墙结构还是高层住宅类建筑的主流结构体系。剪力墙承受竖向荷载与水平荷载的能力都比较大，整体性好，侧向刚度大，在水平力作用下侧移较小，经合理设计后具有良好的延性及耗能能力，即便在大震作用下的破坏程度也较轻，因而具有优良的抗震性能，而且普通剪力墙结构一般没有梁柱等外露与凸出，室内空间规整，好用且美观。缺点是适用于以小房间为主的房屋，如住宅、公寓、宾馆、单身宿舍等，不能提供大空间房屋。当在地下室或底部一至数层需要大空间时（如商业、车库等），即形成框支剪力墙结构。框支剪力墙结构的抗震性能较差，一般均是在不得已的情况下采用。从结构安全与经济性出发，高层住宅应尽量设计成普通剪力墙结构。

普通剪力墙结构即是以长肢剪力墙也即普通剪力墙为主的结构，普通剪力墙是指截面长宽比大于8的剪力墙，而截面长宽比为4～8的剪力墙即为短肢剪力墙。

2）短肢剪力墙结构

首先需区分"短肢剪力墙"与"短肢剪力墙结构"的概念。

短肢剪力墙的严格定义见《高层建筑混凝土结构技术规程》JGJ 3—2010 第7.1.8条注1，即：短肢剪力墙是指截面厚度不大于300mm，各肢截面高度与厚度之比的最大值大于4但不大于8的剪力墙。所指的是墙肢。

对于短肢墙的认定，不应过于简单化。首先，对于L形、T形、十字形剪力墙，仅当剪力墙各肢的肢长与截面厚度之比的最大值大于4且不大于8时，才认定为短肢剪力墙，此处的肢长均是指墙肢的外缘长度。有的软件在计算墙肢长度时，取的是翼墙中线到墙肢另一端的距离，等于将墙肢长度少取了翼墙厚度的一半，有时就会因为这一点长度而

将普通剪力墙认定为短肢剪力墙。因此在设计时要注意此类情况。其次，如《高规》7.1.8条文说明中所言："对于采用刚度较大的连梁与墙肢形成的开洞剪力墙，不宜按单独墙肢判断其是否属于短肢剪力墙"。《北京细则》则更加明确的规定：当墙肢截面高度与厚度之比虽为5~8，但墙肢两侧均为较强的连梁（连梁净跨与连梁截面高度之比≤2.5）相连时或有翼墙相连的短肢墙（翼墙长度不应小于翼墙厚度的3倍），可不作为短肢剪力墙。

而"短肢剪力墙结构"不是规范中的用词，对应规范的用词为"具有较多短肢剪力墙的剪力墙结构"，准确定义见《高规》第7.1.8条注2，即："具有较多短肢剪力墙的剪力墙结构"是指，在规定的水平地震作用下，短肢剪力墙承担的底部倾覆力矩不小于结构底部总地震倾覆力矩的30%的剪力墙结构。通俗的表述是指大部分墙肢截面高度与厚度之比为4~8的剪力墙与筒体或普通剪力墙组成的结构体系。所指的是结构体系。

下文中出现的"短肢剪力墙结构"均是指"具有较多短肢剪力墙的剪力墙结构"。

在短肢剪力墙的界定中，要明确两种错误认识：

第一种错误认识：短肢剪力墙结构就是全部由短肢剪力墙组成的结构。这是仅从字面理解的严重错误，实际上这种结构体系是不被规范允许的。

《高层建筑混凝土结构技术规程》JGJ 3—2010

7.1.8 抗震设计时，高层建筑不应全部采用短肢剪力墙；……当采用具有较多短肢剪力墙的剪力墙结构时，应符合下列规定：

1 在规定的水平地震作用下，短肢剪力墙承担的底部倾覆力矩不宜大于结构底部总地震倾覆力矩的50%。

第二种错误认识：有短肢墙出现就是短肢剪力墙结构。这是将短肢剪力墙结构范围扩大化的错误认识，会导致设计的极大浪费，是结构设计经济性要求所不允许的。在剪力墙结构中，只有少量不符合墙肢截面高度与厚度之比大于8的墙肢，不属于短肢剪力墙与筒体（或普通剪力墙）共同抵抗水平力的剪力墙结构，也即短肢剪力墙结构。

因此从规范的规定可以看出，短肢剪力墙过多，承担的倾覆力矩超过50%不被规范允许；短肢剪力墙过少，所承担的倾覆力矩不足30%时会被视为普通剪力墙结构，因此允许采用的短肢剪力墙结构就应该是短肢剪力墙承担的底部倾覆力矩不小于30%但又不大于50%结构底部总地震倾覆力矩的结构。

在高层住宅中，剪力墙不宜过少、墙肢不宜过短，因此，不应设计成仅有短肢剪力墙的高层建筑，要求设置剪力墙筒体（或一般剪力墙），形成短肢剪力墙与筒体（或一般剪力墙）共同抵抗水平力的结构。

短肢剪力墙结构的抗震性能比普通剪力墙结构要差，甚至比框架-剪力墙结构也要差，因此《高规》对其最大适用高度适当降低，7度、8度（0.2g）和8度（0.3g）时分别不应大于100m、80m和60m，即比普通剪力墙结构降低了20m高度。且通过短肢剪力墙承担的倾覆力矩不大于结构底部总倾覆力矩50%的规定，间接限制了短肢剪力墙的数量。

短肢墙主要布置在房间分隔墙的交点处，根据抗侧力的需要及分隔墙相交的形式而确定适当数量，并在各墙肢间设置连系梁形成整体。这种结构体系属于剪力墙结构的一种，之所以有市场，是因为它有如下一些特点，其中一些特点恰恰是其优势所在。

（1）可结合建筑平面利用间隔墙布置墙体；

（2）短肢墙数量可根据抗侧力的需要确定；

（3）使建筑平面布置更具有灵活性；

（4）连接各墙的梁，主要位于墙肢平面内；

（5）由于减少了剪力墙而代之轻质砌体，可减轻房屋总重量。

尤其是建筑平面布置的灵活性，是普通剪力墙结构所欠缺的，也正是短肢剪力墙结构比较受开发商及建筑师欢迎的主要原因，也是短肢剪力墙结构体系的生命力所在。

短肢剪力墙与一般剪力墙相比较，存在如下不利因素：

（1）短肢剪力墙结构的抗震性能比一般剪力墙结构要差，也不如框架-剪力墙结构，尤其设防烈度为 8 度、房屋层数较多时，采用短肢剪力墙结构需要慎重；

（2）短肢剪力墙结构的边缘构件占比较大，而剪力墙边缘构件是剪力墙结构中绝对的用钢大户，因此在结构墙体截面积相同的情况下，短肢剪力墙结构的用钢量也要比普通剪力墙结构要多；当肢长在 1000mm 左右时，会将相邻边缘构件合并设置，造成边缘构件截面较大，边缘构件的面积占比还要增大；

（3）新《高规》虽然不再提高短肢剪力墙的抗震等级，但其墙身的全部竖向钢筋的配筋率要求却远远高于普通剪力墙结构。其中底部加强部位的一、二级抗震等级不宜小于 1.2%，三、四级不宜小于 1.0%；其他部位一、二级不宜小于 1.0%，三、四级不宜小于 0.8%。而普通剪力墙结构一、二、三级抗震等级剪力墙的水平与竖向分布钢筋最小配筋率仅为 0.25%。而且不论是否短肢剪力墙较多，所有短肢剪力墙都要求满足本条规定。对于一、二级抗震等级的底部加强部位，以 200mm 厚墙为例，短肢剪力墙墙身的全部竖向钢筋配筋率为 1.2%，每米宽度配筋需 2400mm²/m，相当于 $\Phi18@200$ 双排筋的配筋量，而普通剪力墙墙身全部竖向钢筋的配筋率仅为 0.25%，每米宽度配筋只需 500mm²/m，相当于 $\Phi8@200$ 双排筋的配筋量。直观感受一下就能体会到差异的悬殊；

（4）短肢剪力墙的轴压比限值与普通剪力墙相比降低了 0.05~0.10，一字形截面短肢剪力墙的轴压比限值降低得更多。由于墙肢短，为满足轴压比限值及构造需要，同样高度的房屋墙体厚度就比一般剪力墙大。而分隔墙一般采用轻质砌体或轻质隔墙板，其厚度一般比墙肢小，因此必然房间一侧或两侧见梁，造成不简洁，同时砌体隔墙需要抹灰，湿作业较多；

（5）采用短肢剪力墙结构，房屋总重量会比一般剪力墙结构减轻一些，但数值相差有限，因此当地基土质较好（如北京等地）时，对 20 层以内的建筑，采用短肢剪力墙结构对降低基础造价的优势并不明显；对于主体结构，短肢剪力墙结构的混凝土用量虽然会少一些，但总用钢量却会增大，而且因隔墙较多，抹灰等湿作业也较多，隔墙的造价、工期均会增加，因此，短肢剪力墙结构的综合经济效益无明显优势，甚至可能存在劣势；

（6）短肢剪力墙结构由于非承重墙较多，结构墙、梁与非承重墙之间的接缝也较多，由于不同材料墙体交接处易产生裂缝，初装修所需采取的防裂措施也会导致造价增加。

综合考虑短肢剪力墙结构的优缺点，除非甲方对平面布局的灵活性有特殊要求，否则一般情况下不要轻易采用短肢剪力墙结构，在地震高烈度地区更要慎用。

3）异形柱结构

异形柱为截面几何形状为 L 形、T 形和十字形，且截面各肢的肢高肢厚比不大于 4 的柱，异形柱结构是采用异形柱的框架结构和框架-剪力墙结构。

异形柱框架结构及异形柱框架-剪力墙结构中的异形柱就是顺应建筑平面布局而出现的柱截面形状，也有行业规范《混凝土异形柱结构技术规程》JGJ 149—2006作为指导。但异形柱结构抗震性能差是共识，会降低结构的安全度，《混凝土异形柱结构技术规程》也因异形柱的抗震性能不佳而降低了异形柱结构的最大适用高度及高宽比限值，见表7-8-1、表7-8-2。

异形柱结构适用的房屋最大高度（m）　　　表7-8-1

结构体系	非抗震设计	抗震设计			
		6度	7度		8度
		0.05g	0.10g	0.15g	0.20g
框架结构	24	24	21	18	12
框架-剪力墙结构	45	45	40	35	28

异形柱结构适用的房屋最大高宽比　　　表7-8-2

结构体系	非抗震设计	抗震设计			
		6度	7度		8度
		0.05g	0.10g	0.15g	0.20g
框架结构	2.5	4	3.5	3	2.5
框架-剪力墙结构	5	5	4.5	4	3.5

异形柱结构对结构布置、结构计算及构造措施都有更严格的要求，因此其结构成本比普通柱结构要高，一般会增加成本5%～10%，在结构设计中还是要尽量少用或不用。

异形柱结构可采用框架结构和框架-剪力墙结构体系。根据建筑布局及结构受力的需要，异形柱中的框架柱，可全部采用异形柱，也可部分采用一般框架柱及矩形柱。即便采用了异形柱结构，从优化设计角度，有条件时尽量多采用矩形柱。除了一些必须采用异形柱的部位外，其他部位还是尽量多用方柱，如户内隔墙端部、门后位置、可与立面造型结合的位置、公共空间及其他不影响建筑功能与美观的位置皆可用方柱。

异形柱结构体系应通过技术、经济和使用条件的综合分析比较确定，除应符合国家现行标准对一般钢筋混凝土结构的有关要求外，还应符合下列规定：

（1）异形柱结构中不应采用部分由砌体墙承重的混合结构形式；

（2）抗震设计时，异形柱结构不应采用多塔、连体和错层等复杂结构形式，也不应采用单跨框架结构；

（3）异形柱结构的楼梯间、电梯井应根据建筑布置及结构抗侧向作用的需要，合理地布置剪力墙或一般框架柱；

（4）异形柱结构的柱、梁、剪力墙均应采用现浇结构。

异形柱结构主要适用于多层及小高层住宅建筑，其填充墙应优先采用轻质墙体材料。

异形柱结构平面布置原则：在独立的结构单元内，宜使结构平面形状和刚度均匀对称，柱网尺寸力求均匀，纵向及横向柱位尽量对齐，避免扭转对结构受力的不利影响，保证结构的整体受力性能。

异形柱结构竖向布置原则：竖向体型应力求规则均匀，不应有错层，避免有过大的外挑、内收和楼层刚度沿竖向的突变。

抗震设计时，异形柱结构应根据结构体系、抗震设防烈度和房屋高度，按表 7-8-3 的规定采用不同的抗震等级，并应符合相应的计算和构造措施要求。

异形柱结构的抗震等级 表 7-8-3

结构体系	非抗震设计	抗 震 设 计						
		6 度		7 度				8 度
		0.05g		0.10g		0.15g		0.20g
框架结构	高度(m)	≤21	>21	≤21	>21	≤18	>18	≤12
	框架	四	三	三	二	三(二)	二(二)	二
框架-剪力墙结构	高度(m)	≤30	>30	≤30	>30	≤30	>30	≤28
	框架	四	三	三	二	三(二)	二(二)	二
	剪力墙	三	三	二	二	二(二)	二(一)	一

注：括号内所示为 7 度（0.15g）时建于Ⅲ、Ⅳ类场地的异形柱结构抗震等级。

抗震设计时，异形柱的轴压比限值一般要低于矩形柱结构，不宜大于表 7-8-4 的限值。

异形柱的轴压比限值 表 7-8-4

结构体系	截面形式	抗 震 等 级		
		二级	三级	四级
框架结构	L形	0.50	0.60	0.70
	T形	0.55	0.65	0.75
	十字形	0.60	0.70	0.80
框架-剪力墙结构	L形	0.55	0.65	0.75
	T形	0.60	0.70	0.80
	十字形	0.65	0.75	0.85

2. 花园洋房、多层普通住宅的结构体系

4～6 层的多层建筑，因基本在砌体结构的适用高度范围之内，且砌体结构较钢筋混凝土结构有明显的成本优势，故 4～6 层的多层建筑的上部结构多以砌体结构为主。如多层建筑的经济适用房、回迁房等基本采用砌体结构。

对于花园洋房、叠拼别墅等档次较高的多层住宅，由于购买人群的特殊性，这类产品大多对品质敏感而对建安成本不敏感，出于市场定位及营销策划方面的考虑，往往对产品创新的要求较高，追求酷、炫、新、奇、特，体型、立面、平面布局往往较为复杂，对平面内空间的灵活性也有较高要求，砌体结构有时难以应付，故而多采用钢筋混凝土结构。

多层钢筋混凝土结构可以采用以下形式：

（1）内外墙均为现浇混凝土墙结构；

（2）内墙纵横墙均为现浇混凝土墙，外墙为壁式框架或框架；

（3）短肢剪力墙较多的剪力墙结构；

（4）异形柱框架结构或异形柱-剪力墙结构。

3. 别墅类住宅的结构体系

三层及以下的别墅类建筑，属于低层住宅的范畴。从适用高度及造价考虑，本应是砌体结构的适用范围，但因别墅类产品对品质的要求更高，对建安成本更加不敏感，对产品创新的要求更高，往往追求新、奇、特，体型、立面及平面布局灵活多变，上下层墙体很多时候都难以对位，甚至需要结构转换才能实现，因此砌体结构大多难以适应，故稍为上档次的别墅大多采用钢筋混凝土结构。当然，对一些中规中矩的别墅，当对空间分隔的灵活性没有要求且上下墙体能对位时，也可以通过砌体结构来实现。

别墅建筑当采用钢筋混凝土结构时可采用以下形式：

(1) 普通剪力墙结构；

(2) 短肢剪力墙较多的剪力墙结构；

(3) 异形柱框架结构或异形柱-剪力墙结构。

【案例】 烟台某项目，为地上三层、地下一层的别墅类建筑，结构设计采用了异形柱-剪力墙结构体系。由于异形柱-剪力墙结构的抗震等级（框架三级、剪力墙二级）较普通剪力墙结构的抗震等级（框架四级、剪力墙三级）普遍提高一级，导致内力调整的计算配筋及构造配筋要求均有所提高；同时异形柱-剪力墙结构中异形柱的截面宽度要求最小为 200mm，其中的剪力墙厚度为与异形柱取齐也需 200mm，而普通剪力墙结构的墙厚可做到 160mm，故边缘构件截面积较小，因而相同配筋率情况下的配筋量也会减小。因而对于本工程而言，异形柱-剪力墙结构虽然表面上墙柱等竖向结构构件的水平投影面积较小，但结构的含钢量较普通剪力墙结构的含钢量反倒会有所上升。根据计算比较，在相同的钢筋级配与配筋原则下，异形柱-剪力墙结构较普通剪力墙结构的含钢量高出约 2.6kg/m^2（采用 PKPM 算量软件 STAT-S 接力 SATWE 进行自动配筋与算量，配筋参数与算量参数均做到完全相同）。

该项目建筑方案未充分考虑到结构的可实施性与简洁性，上下层墙体既不对位、也无交叉（连小柱都布不上），导致一个三层的结构出现上下两层转换。事实上，建筑方案设计师的结构概念或结构工程师的及早介入均可在满足建筑功能与美观的前提下使结构实施起来更简单易行。一般来说，别墅建筑通过建筑与结构两个专业的密切配合，不采用结构转化照样能够实现建筑所需的外挑与内收，不但结构简单，而且功能合理、错落有致。

4. 商业与停车库建筑的常用竖向承重与抗侧力体系

商业建筑有商业服务网点（俗称住宅底商）、零星商业（独立小商业、临街商业及商业街等）以及集中商业（商场、购物中心等）之分，三者区别主要在于是否独立以及层数与规模。商业服务网点为设置在住宅建筑的首层或首层及二层，每个分隔单元建筑面积不大于 300m^2 的商店、邮政所、储蓄所、理发店等小型营业性用房，即俗称的住宅底商；商业服务网点是附着在住宅底层的商业用房，不具有独立性，这是与零星商业及集中商业的主要区别。零星商业与集中商业的主要区别是规模与层数，零星商业一般层数不超过 3 层，超过 3 层则商业价值大大降低，不适合经营；集中商业规模一般均较大，虽然商业价值也是随层数向上递减，但因规模大、商业氛围浓厚、人气旺，故做到地上 5～6 层的也比较常见，还有个别大型购物中心甚至做到地上 8 层。

住宅底商因主体结构为剪力墙结构，剪力墙落地后的商业空间不好用，故一般均会从住宅边缘扩出 1～2 跨，外扩部分作为商业的营业部分，住宅下的部分可以作为车库或自住。因此这种附建的底商一般均采用将住宅的剪力墙全部落地，并与外扩框架一起组成的框架-剪力墙结构。

当受限于建筑退线或总平面布局而无法外扩或外扩不多时，落地的剪力墙尤其是外纵墙对商业空间的破坏很大，会严重影响商业价值，此时应优先考虑将落地的剪力墙横墙作为划分商业铺面的分隔墙，并将落地的外纵墙从上至下全部减短的方案，尽量避免在底商顶部做转换层。除非经综合评估认为采用结构转换后商业部分的价值增值能完全弥补结构转换的损失时才可采用。

零星商业因层数少，可以采用框架结构，必要时也可结合楼电梯间布置少量的剪力墙，形成框架-剪力墙结构或带有少量剪力墙的框架结构。

集中商业对空间的自由灵活性要求更高，层数也多，防火疏散要求的楼梯间数量也较多，再加上电梯井，都是可以布置剪力墙的地方，因此最适合采用框架-剪力墙结构，当层数少时也可考虑纯框架结构或带有少量剪力墙的框架结构。

停车库与集中商业类似，也适合采用框架-剪力墙结构，但车库的疏散楼梯数量较集中商业少，且配建的停车库一般层数较少或位于地下，抗侧力不是主要矛盾，竖向构件主要起承重作用，因此也可做成纯框架结构或带有少量剪力墙的框架结构。

5. 商住两用型建筑的常用抗侧力体系

商住两用型高层建筑一般是以商业立项但在建筑设计中具有住宅化倾向的一类建筑，受《建筑工程建筑面积计算规范》的限制及各地容积率计算规则的影响，以商业立项的最大允许层高一般较大，如北京市规划委员会 2006 年 7 月 10 日发布的《容积率指标计算规则》对各类物业类型的层高给出了上限要求，超出上限者，不论层内是否有隔层，建筑面积的计算值一律按该层水平投影面积的 2 倍计算。以住宅立项的层高需在 4.9m 以内，办公立项的层高需在 5.5m 以内，商业立项的层高需在 6.1m 以内，超出限值者即按 2 倍面积计算。

这样的规定还是比较宽松的，对于以商业办公立项的项目，将层高做到 5.49m 改为套内上下两层的商住两用型 LOFT 产品，等于是变相增加了容积率及使用面积，是性价比较高的一种选择。但同时也降低了居住及办公的品质。为了使该类产品具有吸引力，并适应商住两用的自由转换及平面空间的自由分合，故在空间分隔的灵活性方面对设计提出了较高要求。

2012 年 10 月发布的《北京地区建设工程规划设计通则》规定：商业、办公建筑标准层为单间式的层高不应超过 4.2m，并应采用公共走廊、公共卫生间的平面布局，不得采用单元式或其他类似住宅的布局形式；商业、办公建筑标准层为大空间式的层高一般不应超过 4.5m。此后北京地区的商改住 LOFT 层高大多限定在 4.2m。

为适应这种要求，故 LOFT 产品大多采用框架-剪力墙结构体系，外围布置框架柱，在楼电梯间处布置剪力墙形成筒体，并在数量有限的固定位置分隔墙处布设的剪力墙，共同组成框架-剪力墙结构体系。也有根据对空间分隔灵活性的不同要求及房屋高度的不同而采用短肢剪力墙较多的剪力墙结构或异形柱框架-剪力墙结构。因普通剪力墙结构无法实现平面房间的自由分隔，故此类功能的建筑不宜采用普通剪力墙结构。

6. 公寓、酒店类建筑的常用抗侧力体系

这类建筑标准层以上大多为客房及小户型公寓，开间小、横墙多，具备布置普通剪力墙的条件，因一般层高较矮，也不允许存在跨度及梁高较大的框架梁。因此标准层及以上采用普通剪力墙结构是比较适宜的选择。但这类高层酒店一般底层多为商业或要求有餐饮或会议用房，对大空间及灵活隔断有较强的需求。当客观上确实需要这些大空间时，首先考虑在与酒店主楼毗邻的裙房中解决，不得已而在主楼下采用大空间时，主体结构也可以考虑框架-剪力墙或框架核心筒结构，并对房间之间的分隔墙采用轻质隔墙，其综合造价可能会优于部分框支剪力墙结构。若经评估框架-剪力墙结构的经济性不佳时，可采用部分框支剪力墙结构，在底层需要大空间处取消剪力墙的落地，用框支转换梁支承不落地的剪力墙。

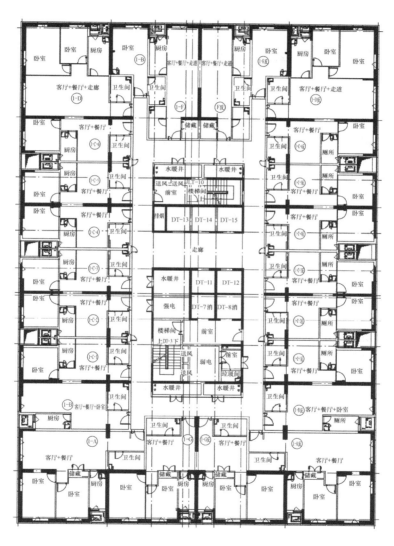

图 7-8-1　公寓标准层采用普通剪力墙结构

7. 高层办公类建筑的常用抗侧力体系

办公楼有板式与点式之分，板式办公楼大多为有廊式办公楼，房间分隔墙大多比较固定，以企事业单位自用者居多；点式办公楼大多为全开敞式，要求空间开敞，可自由分隔，除了核心筒结构墙体（根据需要，在不影响房间自由分隔的前提下，在核心筒外围也可以布

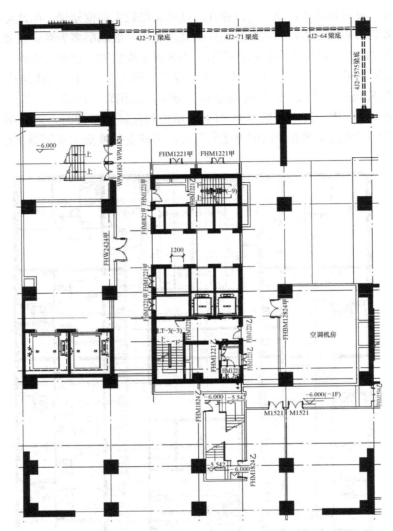

图 7-8-2 转换层以下商业车库为框支柱与落地剪力墙组成的框支剪力墙结构

置少量的结构墙）外，只有与交通核围合成廊道的相对固定的分隔墙，其主要作用是将公共交通区与用户产权区分隔开来，同时兼做不同防火分区间的防火墙，但这个分隔墙也是可以拆除的，当把整层或半层租售给用户时，用户大多选择将此墙拆除，直接面向电梯厅开门。

　　传统有廊式办公楼一般在走廊两侧布置一系列封闭、独立的办公室，一般多见于企事业单位自用的办公楼，房间分隔基本是为单位内部量身定做的，对自由分隔的需求不大，因此对于多层有廊式办公楼可采用砌体结构，当然也可采用框架结构；对于高层有廊式办公楼，大多采用框架剪力墙结构，因对平面自由分隔的要求不大，也可采用普通剪力墙结构。图 7-8-3 为北京顺义某 13 层办公建筑，虽然不是为某企业量身定做，但也采用了普通剪力墙结构。

　　点式高层办公楼一般也是档次较高的办公楼，或叫写字楼，与传统的有廊式办公楼有很大不同。其最大特点是空间分隔近乎绝对的自由，用户可以在产权区内随意进行分隔。虽然从产权关系出发也会划分出一个个相对较小的产权单位，并彼此间加设了分隔墙，但

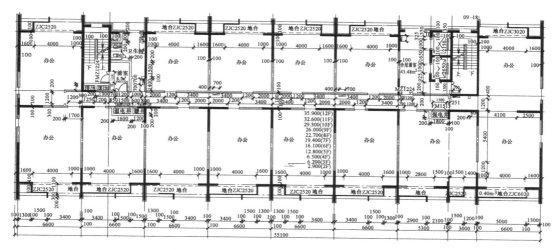

图 7-8-3　北京顺义某高层内廊式办公楼

也只是为了从法律上界定产权关系而人为划定的界线及人为加设的界墙，用户既可以将若干产权单位组合起来并拆除内部的界墙，也可以在一个产权单位内部进行自由分隔。甚至可将仅服务于同一家客户的公共廊道纳入内部使用空间，将廊道与办公区间的分隔墙移至电梯厅边缘，直接面向电梯厅开门。只要不影响同层内其他客户的使用（如卫生间、茶水间等）并满足消防要求，一般开发商与物业公司都会默许这种改造。

　　鉴于以上可自由分隔的功能要求，点式高层办公楼的结构体系基本上只能选择框架-剪力墙或框架-核心筒结构体系。而且写字楼的层高一般均较高，最适宜大跨度的框架核心筒结构。当结构高度在框架结构最大适用高度范围内时，也可采用框架结构。超高层建筑可采用筒中筒结构。

　　当一栋楼内存在不同功能的楼层时，特别是地上建筑沿竖向存在两个或以上不同的功能分区时，竖向承重与抗侧力体系的选择及结构布置应该从严要求，比如重庆融侨广场项目，地上总计 26 层，14 层到顶为酒店功能，5～13 层为办公功能，1～4 层为会议、餐饮与商业娱乐功能，因此在选择结构体系时就必须服从办公功能对大空间及灵活分隔的要求，因此就不能采用普通剪力墙结构或部分框支剪力墙结构，而需采用框架-核心筒结构。

　　8. 超高层建筑的结构体系

　　超高层建筑以高端写字楼居多，高星级酒店次之，其次为高档公寓，或者以上两三种功能的组合。

　　超高层建筑结构的类别常采用两种方法进行分类，一种方法是根据主要结构所用的材料进行分类，如人们常说的钢结构、钢筋混凝土结构等等；另一种是根据抗侧力结构的力学模型及其受力特性，也即结构体系进行分类，如人们常说的框架结构、剪力墙结构等等。

　　1）按主要结构材料划分

　　（1）钢结构

　　（2）钢—混凝土结构

　　（3）钢管混凝土结构

　　（4）钢骨混凝土结构

　　（5）钢筋混凝土结构

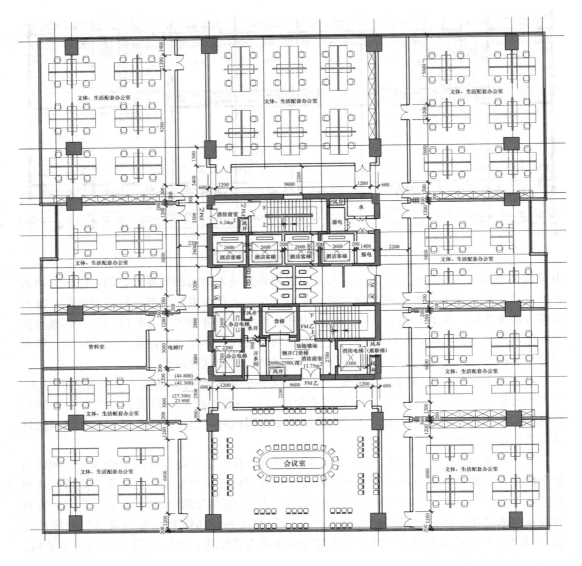

图 7-8-4　重庆某项目 5F~13F 办公层

（2）、（3）、（4）又称为混合结构，但实际上，高层建筑的上部结构较少以单一的钢骨混凝土构件（或单一的钢管混凝土构件）构成各类结构体系，而是结合工程的具体情况采用各种不同材料的组合，从而又派生出以下几种常用的结构类型：

（6）上部为钢结构下部为钢骨混凝土结构

（7）钢框架—钢骨混凝土内筒结构

（8）钢骨混凝土柱和钢梁组成框架

（9）钢管混凝土柱与钢梁组成框架

2）按材料及结构体系划分

（1）钢结构的主要结构体系

① 框架体系

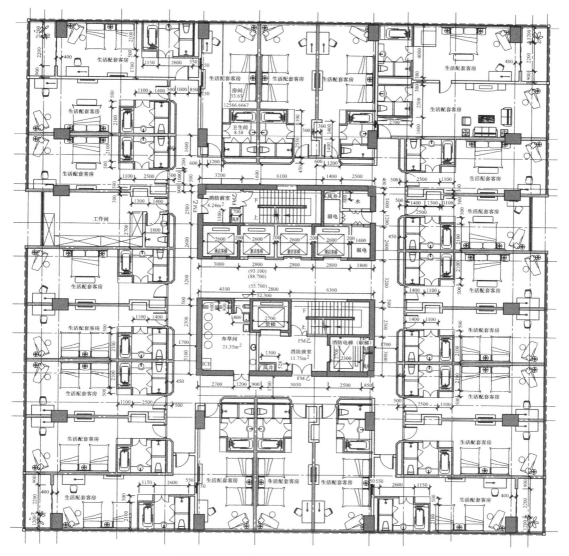

图 7-8-5　重庆某项目 14F～26F 酒店层

与钢筋混凝土框架结构体系不同，钢框架结构体系的最大适用高度有大幅提高，如 6、7 度地震区可达 90～110m，8 度地震区也可达 70～90m。

典型建筑物为北京长富宫饭店，高度 90.9m，地上 26 层，地下 3 层（虽 2 层以下为钢骨混凝土框架柱，但整体结构仍可归为钢结构）。

1931 年建造的美国帝国大厦（102 层、381m），1961 年建造的美国万蔡斯曼哈顿广场（60 层、248m）也都是全钢框架结构体系。此二者用钢量分别为 206kg/m²、270kg/m²，属于超高层建筑采用不经济的结构体系的典型案例。

② 框架—支撑体系（包括嵌入式墙板）

最大适用高度 6、7 度地震区可达 200～240m，8 度地震区也可达 150～200m。

中石油驻乌鲁木齐办公主楼，总高度 146.1m，地上 36 层、地下 2 层，为钢框架—钢支撑结构体系（其中 1~4 层为钢骨混凝土—混凝土核心筒结构）。

京广中心，总高度 208m，地上 52（57）层、地下 3 层，基本上为全钢结构框架—支撑体系，竖向支撑主要采用带竖缝的预制墙板，但层高较高部位则采用钢支撑，其中大部分钢支撑采用人字形中心支撑，局部采用偏心支撑（因带竖缝预制墙板是作为等效支撑的嵌入式墙板，与钢筋混凝土剪力墙的受力机理完全不同，故有的文献将其归为混合结构不恰当）。

③ 框架—内筒体系

最大适用高度 6、7 度地震区可达 280~300m，8 度地震区也可达 240~260m。

中关村金融中心，总高度 150m，地上 35 层、地下 4 层，地上部分为钢框架—钢筒体结构体系，地下部分采用现浇钢筋混凝土结构，并对地面以上 1~3 层的框架柱与核心筒采用钢骨混凝土结构做过渡层。该工程基础采用天然地基。

蒙特利尔加拿大国家银行，总高度 127.08m，地上 38 层、地下 7 层，地下 7 层为钢筋混凝土结构，地上为全钢结构框架—内筒体系。内筒四侧周边的人字形支撑与四根角柱组成空间桁架式内筒，内筒中的其他柱子仅承担竖向荷载，支撑则为跨越 3 个层高的跨层支撑。

④ 带伸臂桁架的框架—支撑（内筒）体系

最大适用高度同上。

天津环球金融中心（俗称津塔），为总高度 336.9m 的钢结构超高层建筑，地上 75 层、地下 4 层，采用钢管混凝土框架＋核心钢板剪力墙结构体系，在 15、30、45、60 层设置了伸臂桁架与腰桁架组成的加强层。

上海新锦江大酒店，总高度 153m，地上 43 层、地下 1 层，第 23 层及顶部 43 层各设一道伸臂桁架，故为全钢结构带伸臂桁架的框架—支撑（局部为钢板剪力墙）体系。

京城大厦，总高度 182.8m，地上 52 层、地下 4 层，抗震设防提高一度按 9 度设计，地上为钢框架—钢板偏心支撑预制混凝土剪力墙结构体系（地下 4 层为钢骨混凝土柱—现浇钢筋混凝土剪力墙体系），在第 27 层、第 48 层对应竖向支撑平面内共设置 8 榀伸臂桁架与外框柱相连，并在同层设置腰桁架和帽桁架，故应归为全钢结构带伸臂桁架的框架—支撑体系。

北京盘古大观写字楼 A 座，总高度 191.5m，地上 40 层、地下 5 层，采用带伸臂桁架加强层的钢框架支撑筒结构体系。结构外框架采用箱形钢柱与 H 型钢梁组成，内筒采用箱形柱、H 型钢梁与 H 型钢支撑构成支撑筒，并利用 16、31 层的设备层在外框架与内筒之间设置伸臂桁架。为满足"龙头"造型，35 层以上布置了大挑空、大悬臂及转换构件。

⑤ 外筒体系

最大适用高度同上。

前纽约世界贸易中心，最高 411m，地上 110 层、地下 6 层，其抗侧力结构体系属单一的外筒体系（内筒只承担竖向荷载），外筒的每一外墙有 59 根箱形截面柱，柱距 1.02m，裙梁的截面高度 1.32m，故为典型密柱深梁的外筒体系。

外筒体系又包括密柱深梁外筒结构体系及巨型支撑外筒结构体系两种。

⑥ 筒中筒及成束筒结构体系

最大适用高度同上。

北京国贸中心一期，总高度 155.2m，地上 39 层、地下 2 层，外筒及内筒的柱距均为 3m，从而形成密柱距的筒中筒结构。

上海国贸中心，总高度 129.55m，地上 35 层、地下 2 层，外筒及内筒的柱距均为 3.2m，亦属全钢结构筒中筒结构体系。

芝加哥西尔斯大厦，总高度 443m，地上 11 层、地下 3 层，是由 9 个小方筒组成一个大筒的成束筒结构。大筒和小筒的柱距均为 4.58m，是典型的全钢结构成束筒结构。

⑦ 巨型支撑外筒体系

最大适用高度同上。

芝加哥汉考克中心，总高度 344m，地上 100 层、地下 2 层，为全钢结构带巨型支撑的外筒体系（内筒仅承担竖向荷载）。外筒的巨型支撑由每个立面由下而上 5 道 X 形交叉支撑及最上一道人字形支撑构成，支撑与柱子及横向大裙梁构成主要的抗侧力结构。

达拉斯第一国际大厦，总高度 217m，地上 56 层、地下 2 层，为全钢结构采用巨型支撑的外筒体系。巨型支撑为每个立面上下两道 X 形支撑，每个 X 形支撑的高度有 28 个楼层高度。巨型支撑与外筒的柱子及大裙梁构成主要抗侧力体系，内筒仅承担竖向荷载。

⑧ 巨型框架体系

最大适用高度同上。

由柱距较大的立体桁架柱及立体桁架梁构成，且立体桁架柱及立体桁架梁是由四片桁架形成的立体构件。立体桁架梁宜利用设备层或避难层设置空间桁架层。

北京电视中心综合业务楼，主体结构总高度 200m，地上 41 层、地下 3 层。本工程结合建筑功能要求，在建筑的 4 角布置 4 个 L 形复合巨型柱，复合巨型柱之间用大型钢桁架形成的巨型梁相连，组成巨型钢框架结构体系。

日本的 NEC 大楼及东京市政厅大厦，都属于巨型框架体系。

当框架柱或外筒柱采用钢管混凝土柱时仍可归为钢结构体系，此时，钢管混凝土柱又可分为圆钢管和方钢管两种截面型式。

（2）钢—混凝土结构的主要结构体系

① 钢框架—混凝土内筒（或剪力墙）结构体系

北京国贸中心二期，总高度 156m，地上 39 层、地下 3 层，外框架采用钢框架（1～4 层为钢骨混凝土），柱距 9m，为典型的钢框架—混凝土内筒结构体系。

石家庄北国开元广场，为 5 栋 100m 高的办公、公寓类建筑，为钢管混凝土柱、H 型钢梁组成的钢框架—混凝土核心筒结构体系。

② 带伸臂桁架的钢框架—混凝土内筒体系

北京财富中心二期，总高度 265m，地上 59 层、地下 4 层，外框架为由圆钢管混凝土柱与钢梁两端刚接构成，核心筒底部加强区的主要墙体内置了钢板，形成组合钢板剪力墙，整个结构利用 3 个避难层及屋顶层设置了由伸臂桁架与腰桁架组成的加强层。故为典型的带伸臂桁架的钢框架—混凝土内筒体系。

北京雪莲大厦，总高度 146.3m，地上 36 层、地下 4 层，外框架由巨型钢管混凝土柱及 H 型钢梁组成，核心筒采用钢筋混凝土结构，为便于与框架梁连接，核心筒角部埋置了型钢。在 15 与 31 层利用避难层设置了钢伸臂桁架加强层。

③ 巨柱框架—混凝土内筒体系

巨柱框架—混凝土内筒体系是通过设置巨型柱，使带伸臂桁架的钢框架—混凝土内筒体系的侧向刚度得到进一步加强的一种结构体系。

北京冠城园 A 楼，总高度 139.7m，标准层层高 3.6m，地上 36 层、地下 2 层。在外框中共设置了 8 根钢骨混凝土巨型柱及 8 根箱形截面钢柱，并通过 21、35 层的加强层设置钢骨混凝土伸臂桁架。

休斯敦西南银行大厦，总高度 372m，层高 3.96m，地上 82 层、地下 4 层，为巨柱框架—钢内筒体系，底部钢骨混凝土巨柱尺寸达 2.9m×6m，巨柱之间设桁架式竖向支撑，内筒采用钢框架，主要承担竖向荷载。沿外侧四边每边设一榀巨柱支撑框架，由 2 根钢骨混凝土巨柱及跨层桁架组成，跨层桁架高度达 9 个楼层。

上海金茂大厦，总高度 421m（主体结构高度 383m），地上 88 层、地下 3 层。外框架由 8 根巨型钢骨混凝土柱、8 根钢柱和钢框架构成，内筒为钢筋混凝土筒，在 24～26、51～53 及 85～87 设置 3 个层高的伸臂桁架，巨柱最大尺寸达 1.5m×5m。为带伸臂桁架的巨柱框架—混凝土内筒体系。

④ 钢框筒—混凝土内筒结构体系

实际上是由两种结构材料组成的筒中筒结构体系，在实际工程中较少采用。

当上述的钢框架柱或外框筒柱代之以钢管混凝土柱与钢框架梁组合时，仍可视为钢框架或钢框筒。此时，钢管混凝土柱又可分为圆钢管和方钢管两种截面型式。上述的石家庄北国开元广场、北京财富中心二期等的钢框架均采用了钢管混凝土柱。

（3）钢骨混凝土结构的主要结构体系

① 钢框架—钢骨混凝土内筒体系

在实际工程中较少采用，但钢框架柱采用钢管混凝土柱的此类结构较多。

深圳地王商业大厦，总高度 294m，地上 68 层、地下 3 层，标准层层高 3.75m，为矩形钢管混凝土柱与焊接 H 型钢梁组成的钢框架—钢骨混凝土核心筒结构体系，竖向利用设备层设置 4 道钢结构伸臂桁架（仅沿横向设置），且沿横向设置两道斜跨两个层高的单斜杆竖向支撑。核心筒暗柱采用焊接 H 型钢，普通楼面梁及核心筒连梁均采用 H 型钢。外框柱与核心筒之间为两端铰接热轧 H 型钢梁。

② 钢框筒—钢骨混凝土内筒体系

在实际工程中较少采用。

③ 钢骨混凝土框架—混凝土内筒体系

上海高宝金融大厦，总高度 178.35m，地上 42 层、地下 3 层，框架核心筒结构体系。框架由钢骨混凝土梁、柱组成，核心筒墙体为混凝土结构，核心筒连梁采用型钢混凝土梁，型钢混凝土框架梁与核心筒采用刚接，为此在连接处的剪力墙内设置了型钢，但不参与整体计算，故核心筒仍可视为混凝土结构，整个抗侧力体系则为典型的钢骨混凝土框架—混凝土内筒体系。

④ 组合式框架—混凝土内筒（剪力墙）体系

广州珠江新城广晟大厦，总高度 311.9m，地上 59 层，地下 6 层，框架—核心筒结构体系。其中框架部分为 8 根 D1800 钢管混凝土柱、6 根 1.3m×3.4m 钢筋混凝土柱与钢筋混凝土梁组成的组合式框架，核心筒为钢筋混凝土结构。楼面结构为钢筋混凝土主次梁板体系。

天津市地铁大厦，总高度176m，地上42层、地下3层。为钢管混凝土柱、型钢混凝土梁组合式框架—混凝土核心筒结构体系。

大连远洋大厦A楼，总高度200.8m，地上51层、地下4层，结构体系基本为钢框架—混凝土内筒体系（主墙肢设置钢暗柱及钢连梁），外框架梁柱由下而上采用了钢筋混凝土、钢骨混凝土及全钢三种结构材料的多种组合形式，其中全钢部分采用箱形截面柱。

⑤ 组合式框架—钢骨混凝土内筒体系

框架部分由钢骨混凝土框架柱及钢框架梁组成。

北京LG大厦，总高度141m，地上31层、地下4层，为圆形钢骨混凝土柱及钢桁架梁组成的组合框架—钢骨混凝土核心筒结构体系。标准层桁架间距4500mm，高度950mm，设备和电气管线可在其中穿越。

⑥ 组合式外筒体系

外筒由钢骨混凝土框架柱及钢框架梁组成。外筒承担全部水平荷载，内筒仅承担竖向荷载。

休斯敦美洲大厦，总高度188m，地上42层，为钢骨混凝土密柱距外筒体系，内筒仅承担竖向荷载。外筒柱在2层及以下采用钢柱，3层以上则采用钢骨混凝土柱，与一般工程的结构选材正好相反。

⑦ 带伸臂桁架的组合式框架—钢骨混凝土内筒体系

大连国贸中心，总高度341m，地上78层、地下5层，主要抗侧力体系由方钢骨混凝土柱及钢梁组成的框架与内置型钢的钢筋混凝土内筒组成，并延高度方向利用设备层与避难层设置4道水平伸臂桁架，为典型的带伸臂桁架的钢框架—钢骨混凝土内筒体系。

南京新华大厦，总高度182m（檐口高173m），地上50层、地下2层。外框架柱为核心钢管混凝土柱（CECS 188：2005称为钢管混凝土叠合柱），柱距为4.0、4.2m，框架梁为400mm×600mm无粘结预应力混凝土宽扁梁，核心筒及4角L形剪力墙内也埋置了钢管，在16层和30层，利用避难层设置两道钢筋混凝土伸臂桁架，同时设置了钢筋混凝土腰桁架。属带伸臂桁架的组合式框架—钢骨混凝土核心筒结构体系。

⑧ 带伸臂桁架的巨柱框架—钢骨混凝土内筒体系

上海中心大厦，未来中国最高建筑，总高度632m，地上124层、地下5层。结构标准楼层为圆形，设备层处为曲边三角形，为巨型框架—核心筒—伸臂桁架抗侧力结构体系。巨型框架结构由8根巨型柱、4根角柱以及8道位于设备层2个楼层高的箱形空间环带桁架组成，巨型柱与角柱均采用钢骨混凝土柱。核心筒为钢筋混凝土结构，但20层以下的核心筒翼墙和腹墙中设置钢板，形成钢板组合剪力墙结构。沿结构竖向共布置6道伸臂桁架，并贯穿核心筒的腹墙与两侧的巨型柱连接。在每个加强层的上部设备层内，设置了多道沿辐射状布置的径向桁架，用于承担和传递竖向荷载。

⑨ 带伸臂桁架的巨型支撑组合式框架—钢骨混凝土内筒体系

深圳京基金融中心，总高度439m，地上98层、地下4层，为外部巨型支撑框架、核心筒和伸臂桁架三重组合的结构体系。巨型斜支撑采用X形交叉布置于大楼东西垂直立面上，周边框架由型钢混凝土柱及型钢组合梁组成。核心筒局部设置了型钢，部分核心筒到77层以上终止，由内钢框架取代。5道腰桁架沿塔楼高度均匀分布，中间3道伴随设置伸臂桁架。

对于钢骨混凝土柱，其内置钢骨又分为实腹式与格构式两种，其中实腹式截面又分开敞形截面与封闭形截面两种，封闭形钢骨混凝土柱又称为钢管混凝土叠合柱。

（4）钢筋混凝土结构体系

① 框架结构体系

因最大适用高度有限，不适于超高层建筑。20 世纪 60 年代建造的北京民航办公大楼（15 层）及 20 世纪 80 年代建造的北京长城饭店（22 层）均为典型的框架结构。

② 框架—剪力墙结构体系

公共类建筑应用较多。

③ 剪力墙结构体系

大量用于高层住宅类建筑。

④ 部分框支剪力墙体系

应用于底部需要大空间的剪力墙结构，如上部为住宅，底部为商业、办公或停车库的建筑。

深圳国际名苑大厦，总高度 100.8m，地上 34 层、地下 2 层，地上 1～4 层为商场，5 层为屋顶花园，6 层以上为住宅。为满足底部几层商场大空间的需要，采用部分框支剪力墙结构，大部分剪力墙通过第 5 层布置的交叉主次大梁进行结构转换。转换梁（框支梁）采用钢纤维混凝土，截面尺寸为 800mm×1800mm。

鲁能集团北京财富时代，地下 4 层，地上部分包括 2 栋高层酒店及 4 层商业裙房，酒店 1 号楼地上 16 层，酒店 2 号楼地上 22 层，利用 5 层的设备层做箱形转换层，属于高位转换的复杂高层建筑。转换层以上为剪力墙结构，转换层以下为商业需要大空间，部分剪力墙不能落地，故整体结构为典型的部分框支剪力墙结构。

⑤ 框架—核心筒结构体系

由周边稀柱框架与核心筒组成的结构，广泛应用于高层办公及公共建筑。

北京富盛大厦，总高度 99.9m，地上 27 层、地下 4 层，标准层层高仅 3.6m，为钢筋混凝土框架—核心筒结构体系。外框架柱柱距 4.1m，与核心筒之间采用 600mm×600mm 预应力混凝土梁相连，梁跨度 12.8m。

北京数码大厦，总高度 124.85m，地上 28 层（局部 31 层）、地下 3 层，建筑平面呈橄榄形，采用全现浇钢筋混凝土框架—核心筒结构体系。

⑥ 带伸臂桁架的框架—核心筒结构体系

一般而言，钢筋混凝土框架—核心筒结构体系的抗侧刚度都较大，设伸臂桁架加强层的必要性不是很大，故实际应用较少。

⑦ 筒中筒结构体系

由密柱深梁组成的外筒及钢筋混凝土核心筒构成，多用于超高层办公、酒店类建筑。筒中筒结构型式和平面变化不多，且由于柱距较小而建筑立面受限制，故近些年筒中筒结构的应用较少。

北京银泰中心，由 1 栋 227m（62 层）高纯钢结构酒店及 2 栋 172m（42 层）的钢筋混凝土结构办公楼构成。其中 2 栋办公楼采用了钢筋混凝土筒中筒结构。结构平面外形为边长 42.5m 的正方形，内筒为 18.05m×21.2m 的矩形，外框筒在结构层 2 设置了转换大梁，自转换层以上由钢筋混凝土密柱组成，柱距 4.5m，转换层以下柱距为 13.5m，内外钢筋混凝土筒体之间以 H 型钢梁铰接连接。转换层相邻各层柱还设置了型钢和芯柱以改善结构的抗震性能。

⑧ 多筒结构体系

广州南航大厦主楼，总高度 204.3m（塔尖 233.5m），地上 61 层、地下 3 层，为现浇钢筋混凝土多筒结构。主要抗侧力体系由钢筋混凝土内筒和 4 个角筒构成，为了减少外框架梁的跨度，在每侧两角筒间各设 2 根承重柱，承重柱仅承担竖向荷载。内筒与角筒在标准层通过 400mm×1600mm 无粘结部分预应力混凝土扁梁连接，并在 23、40 层利用避难层设置了整层 4.5m 高的钢连系桁架。承重柱在 6 层及以下采用钢管混凝土、7～20 层采用钢管混凝土芯柱，20 层以上采用钢筋混凝土柱。

⑨ 外筒结构体系

卡塔尔外交部大楼，总高度 231 米，地上 44 层、地下 4 层，平面呈圆形，底部直径约 45m、顶部直径约 33m，楼层半径随着高度不断缩小。主抗侧力结构则为钢筋混凝土交叉柱外网筒结构，由交叉斜柱、环梁和楼板构成，斜圆柱截面直径由底层的 1.7m 变化到顶层的 0.9m。交叉斜柱每 4 层相交一次，中线交点位于楼面标高，环梁楼板每层与斜柱连接。内设偏北布置的较小核心筒，核心筒主要承受竖向荷载，是一种新颖的抗侧力结构体系。

⑩ 板柱—剪力墙结构体系

一般指由板柱、周边框架与剪力墙组成的抗侧力结构体系，因最大适用高度有限，不适用于超高层建筑。2010 版抗震规范提高了板柱—剪力墙结构体系的最大适用高度，但对 6 度及非抗震区也仅为 80m。

中国建筑科学研究院行政办公主楼即为典型的钢筋混凝土板柱—剪力墙结构。

二、以水平构件为主的楼盖结构选型

1. 剪力墙结构标准层楼盖结构形式

住宅类标准层水平构件布置相对简单，基本由楼板及为板提供竖向支承的剪力墙、连梁、普通框架梁及一般次梁组成。其中为降板、隔墙而专门设置的普通次梁应尽量少设或取消，可将降板边界的次梁取消改为折板，隔墙下的梁取消改为板内附加钢筋的方式。

2. 框支剪力墙结构转换层结构选型

带转换层的建筑结构属于复杂高层建筑结构，对抗震不利，而高位转换更易导致转换层上下结构的震害加剧，因此转换层的位置不能过高，并应符合《高层建筑混凝土结构技术规程》JGJ 3—2010 的规定：

> 10.2.5　部分框支剪力墙结构在地面以上设置转换层的位置，8 度时不宜超过 3 层，7 度时不宜超过 5 层，6 度时可适当提高。

梁式转换，即采用框支转换梁承托上部不落地剪力墙的转换结构，是最常用的转换结构形式。梁式转换具有传力路径简单、明确、直接的特点。转换梁也具有受力性能好、工作可靠、构造简单和施工方便的优点，结构计算也比较容易。梁式转换在框支墙与框支柱存在偏心时，会导致框支墙与框支梁也存在偏心，会使框支梁在偏心荷载下承受很大的扭矩，对框支梁的受力非常不利；此外，当柱网复杂或不规则，尤其是上下层柱网不对位时，采用梁式转换会导致转换次梁数量及级别过多，甚至难以实现的情况。

箱式转换，当转换梁所需截面高度较大时，可将转换梁连同其上下层较厚的楼板共同组成一个整层的箱式结构承托不落地墙柱的结构转换形式。箱式转换因存在上下两层楼板对梁身侧向变形的约束，侧向弯曲刚度及扭转刚度都要比梁式转换大得多，故抵抗偏心荷载甚至整体受力性能都比梁式转换为佳。当然造价也比梁式转换结构高。

厚板转换，很好理解，就是用一块厚度很大的板承托所有需转换的竖向构件从而进行结构转换。如上文所述，当柱网复杂或不规则，尤其是上下层柱网不对位时，采用梁式转换一般很难应付，此时采用厚板转换就可以轻松实现。厚板转换不但转换构件本身结构简单，而且对上部转换构件及下部支承构件的布置也带来了方便，基本上可以随心所欲，而且构造简单，施工方便。厚板转换的最大弊端是转换结构过于厚重，不止材料用量多，自重也大，不但增加了结构的竖向荷载，也加大了水平地震力，还使结构沿竖向产生很大的刚度突变，这些不利因素虽然对厚板本身影响较小，但对与转换层相邻的上下楼层的影响非常不利，因此《高层建筑混凝土结构技术规程》JGJ 3—2010 限定了厚板转换的使用范围，7、8 度抗震设计的地上结构不宜采用厚板转换。

> 10.2.4 转换结构构件可采用转换梁、桁架、空腹桁架、箱形结构、斜撑等，非抗震设计和 6 度抗震设计时可采用厚板，7、8 度抗震设计时地下室的转换构件可采用厚板。

转换厚板的受力复杂且传力路径不明确，但当采用有限元法进行内力分析计算，且充分考虑支承构件的尺寸影响及上部结构的刚度后，也能得到比较理想的结果。桩筏基础的筏板本质上也是一种厚板转换，模拟分析及设计工具选取的恰当同样能得到比较满意的结果。

桁架转换，是高位转换优先采用的转换结构形式，转换桁架可采用等节间空腹桁架、不等节间空腹桁架、混合空腹桁架、斜杆桁架、叠层桁架等形式。采用空腹桁架宜满层设置。采用转换桁架将框架-核心筒结构、筒中筒结构的上部密柱转换为下部稀柱时，转换桁架宜满层设置，其斜杆的交点宜为上部密柱的支点。

3. 商业与停车库建筑的楼盖结构选型

如前文所述，此类建筑的竖向承重与抗侧力体系大多为框架结构或框架-剪力墙结构，对应的楼盖结构形式从大的方面分可分为有梁楼盖与无梁楼盖。有梁楼盖又分为主梁大板结构、单次梁结构、双平行次梁结构、十字梁结构、井字梁结构与密肋楼盖等，还有比较另类的宽扁梁大板体系；无梁楼盖又可细分为带柱帽或不带柱帽的钢筋混凝土平板结构、带柱帽或不带柱帽的预应力混凝土平板结构、现浇混凝土空心楼盖结构及叠合箱网梁楼盖等。这是广义的无梁楼盖，狭义的无梁楼盖或平时所说的无梁楼盖一般特指带柱帽或不带柱帽的钢筋混凝土平板结构。下文所提及的无梁楼盖也是特指带柱帽或不带柱帽的钢筋混凝土平板结构。

从理论上，楼盖结构所采用结构体系的空间作用越强越省材料，就像拱结构、膜结构比普通平板结构省材料，空间网架结构比平面桁架省材料是一样的道理。但因为板的厚度和配筋都存在最小构造的规定而不能像理论上那样采用适合特定楼盖体系的最经济的板厚与配筋，因此在具体工程实践中的经济性与理论上的结论存在偏差，甚至是颠覆性的结论。

以井字梁、十字梁与双平行次梁为例，理论上井字梁结构的空间作用最强，十字梁次之，双平行次梁空间作用最弱。当柱距为8100mm时，商场及车库中间层的楼面荷载不大，此时若采用井字梁楼盖，则双向板的板跨只有2700mm，但板厚又不能随之任意减小，因此其配筋往往由构造控制，板的配筋降不下来，而梁的数量又较多，造成混凝土与钢筋用量反而比十字梁和双平行次梁要多。但随着柱距及荷载的加大，达到井字梁结构楼板的厚度与配筋由计算控制而不是构造控制时，井字梁结构因空间性能好而省材料的优势就会得以体现。

对于十字梁与双平行次梁的比较，理论上十字梁的空间作用确实比双平行次梁要强，但十字梁在主梁的荷载作用位置恰恰在主梁跨中，是最不利荷载位置，与双平行次梁相比，其支座反力在主梁上产生的弯矩虽然是双平行次梁体系一个方向主梁弯矩的9/16左右，但却是双平行次梁体系另一方向主梁弯矩的3倍。此外，十字梁与双平行次梁体系的次梁的数量长度相同，但双平行次梁的板跨为十字梁板跨的2/3，而且前者为单向板，另一个方向的钢筋可仅按构造配置。因此从理论上双平行次梁体系应比十字梁体系经济。

无梁楼盖体系对于商场及车库中间层的楼盖来说，因荷载不大，跨度基本在8.0～8.4m之间，结论应该是明确且少有争议的，基本认同其材料用量比有梁楼盖要大，但其降低层高的综合经济效益要大于材料成本的增加。因此当采用无梁楼盖确实能把层高降下来时，应优先选择无梁楼盖体系。但现在有很多的地下车库设计虽然采用了无梁楼盖，但层高与有梁体系没有差别，有的还采用无梁与有梁混搭的楼盖体系，即中间部位为无梁楼盖体系，而与主楼连接的部位却采用了有梁楼盖体系，层高受有梁楼盖的主梁控制，当然无法降下来。与其如此，还不如全部采用有梁楼盖体系，比如双平行次梁楼盖体系。

对于有较厚覆土又作用有消防车荷载的地下一层车库顶板来说，问题就复杂得多，可变因素也比较多，既有不同楼盖体系客观因素的影响，也有荷载标准值取值随楼盖类型及板跨变化的影响，还有荷载取值随覆土厚度的折减以及单双向板主次梁计算时的折减。一系列的内插和折减后，光消防车荷载取值一项就存在很大变数，会受到板的传力模式（单、双向板）、板的跨度及覆土厚度等多种因素的影响，而且计算板、次梁及主梁时又会有不同的折减系数。因此想得出一个放之四海而皆准的结论是不可能的，只能在具体而特定的条件下才能得出某一具体结论。

万达针对8.1m×8.1m的柱网尺寸、2.5m厚的顶板覆土及有消防车荷载的既定设计条件，分别采用无梁楼盖、主次梁（双平行次梁）及主梁大板体系进行了测算，得出了采用无梁楼盖结构成本最低的结论。

这一结论，应该是只适用于有消防车荷载的情况，因其板跨大于6m，消防车荷载的标准值与井字梁、十字梁及双平行次梁相比降低$15kN/m^2$，再考虑覆土厚度折减后，最终采用的消防车活荷载还是会比有梁楼盖的低，而且随着覆土厚度的减小，最终荷载取值低得越多，因此荷载因素影响较大；当没有消防车荷载时，仍然是双平行次梁结构成本最低。

但采用无梁楼盖能够降低层高，考虑层高降低对基础埋深的降低、挖填土方量的减少、地下室墙柱高度的减小、水土压力的降低、外防水面积及竖向管线长度的减短等多方面因素后，采用无梁楼盖的综合经济效益应属最优。

4. 公寓、酒店类建筑楼盖结构选型

这类建筑由于开间一般较小，方便剪力墙的布置，因此当竖向承重与抗侧力体系采用普通剪力墙结构时，楼盖形式也比较简单，与剪力墙结构住宅的楼盖类似。但当竖向承重与抗侧力体系采用框架-剪力墙或框架-核心筒体系时，楼盖结构形式就比较丰富。可以采用传统的主次梁结构（井字梁、十字梁、双次梁等），可以采用宽扁梁-预应力大板结构，也可以选择有柱帽无梁楼盖结构，甚至现浇混凝土空心楼盖结构。如前述融侨广场项目，在办公层及酒店层均采用扁梁空心楼盖结构，梁限高 600mm；顶层屋面和 1F-4F 为普通梁板式楼盖，主梁限高 800mm；主楼地下区域为扁梁空心楼盖，梁限高 600mm。

选择酒店主楼的标准层来做普通楼盖和扁梁空心楼盖的计算对比，见表 7-8-5、表 7-8-6。

含钢量对比表（单位：kg/m²）　　　　　　　　　　表 7-8-5

楼层	楼盖类型	层高 （mm）	本层面积 （m²）	梁	板 （含柱帽）	柱	墙	含钢量
13~24	普通楼盖	3700		27.2	7.5	8.6	6.18	49.48
13~24	扁梁空心楼盖	3500		17.5	17	8.1	5.85	48.45

混凝土用量对比表（单位：m³/m²）　　　　　　　表 7-8-6

楼层	楼盖类型	层高 （mm）	本层面积 （m²）	梁	板 （含柱帽）	柱	墙	混凝土 含量
13~24	普通楼盖	3700		0.112	0.119	0.042	0.058	0.331
13~24	扁梁空心楼盖	3500		0.094	0.15	0.042	0.058	0.344

5. 办公类建筑的楼盖结构选型

板式办公楼的楼盖体系根据开间大小可选择主次梁结构，当开间在 6000mm 以内时，优先采用主梁大板结构；点式写字楼因竖向承重与抗侧力体系大多为框架-核心筒结构，故楼盖结构形式同样很丰富。采用传统的主次梁结构（井字梁、十字梁、双次梁等）、宽扁梁-预应力大板结构、有柱帽无梁楼盖结构及扁梁-现浇混凝土空心楼盖结构等，与上述公寓、酒店类建筑采用框架-核心筒结构的情况类似，不再重复论述。

第九节　结构布置设计优化

一、刚性桩复合地基竖向增强体及桩基的平面布置优化

1. 单桩承载力取值应以每个单体建筑为单位，各单体建筑的桩型（主要是桩长、桩径）可以不同，当地质剖面图显示场地内不同区域的地质情况存在差异、且单体建筑的桩数超过 100 根时，应优先在各单体建筑内采用不同桩型；即便各单体建筑采用了相同的桩型（相同桩长、桩径），单桩承载力也可以不同，不应按整个场地最不利的勘探孔的取值；对于面积较大的地下车库，同一桩型也应分区给出单桩承载力，不应整个地下车库统一按最低值取值。

2. 无论是桩基还是刚性桩复合地基中的竖向增强体（也经常俗称为桩），都存在经济

性与精细化的平面布桩方案。除了前文所述的变刚度调平设计外，从经济性角度，能局部布桩就不要全面布桩，能集中在墙下或柱下布桩就不要满堂布桩、均匀布桩；当桩集中在墙下布置时，矩形承台或条形承台梁可避免受剪及受弯，故其厚度可较小，甚至可采用构造配筋率配筋，故其配筋量就较少。但大多情况下，桩无法都布设在墙体下，而使承台受剪受冲切，为了满足其受剪受冲切要求，设计中应从加大承台厚度或提高承台混凝土强度等级着手，而不宜采用增加配筋来满足其抗剪或抗冲切要求，否则将使用钢量大增。

3. 当采用柱下布桩或墙下布桩方案时，有条件时应考虑承台下土的贡献按复合桩基设计；当不考虑承台下土的贡献时，桩间距及边距应取规范的下限值，尤其以端承为主的桩型更不要随意加大桩间距。

4. 在设计人工挖孔灌注桩时，直径不应小于800mm，否则在孔下难于操作；当上部结构荷载及单桩承载力要求不需要直径大于等于800mm的桩时，可利用承台或筏板的跨越作用采用 m 柱 n 桩（$m>n$）的布桩方案，也可采用减短桩长或机械成孔小直径桩方案，并应进行技术经济比较。

5. 当因两柱距离较近而采用椭圆桩时，若单桩承载力富余较多，应尽量采用小直径圆桩＋桩帽，以充分利用单桩承载力，提高单桩工作效率，节约桩基造价。

6. 布桩时应尽量提高桩基承载力利用率：桩基承载力利用率＝作用于承台或筏板下各桩顶的竖向力合力（$F+G$）标准值/承台或筏板下各单桩承载力特征值之和（$\sum R_a$），应控制在85%～95%，个别承台桩的承载力利用率高于95%但不大于100%时，也不必因此而增加桩数。当存在偏心受力的情况时，受力较大基桩的承载力验算应按特征值校核应按 $1.2R_a$ 控制；当上部荷载考虑地震作用效应组合时，桩基承载力特征值应考虑提高系数1.25。以上系数可以连乘。

二、普通剪力墙结构的平面布置

剪力墙的布置受建筑平面布局及开间的影响不能过于随意，但并不意味着剪力墙的平面布置就没有可操作性。在既定的户型及单元组合平面下，剪力墙平面布置的优劣不但对结构的承载性能与抗震性能有较大影响，对结构设计的经济性影响也不容低估。影响建筑物结构用钢量的微观因素（宏观因素为建筑方案与结构方案）主要体现在结构工程师对结构设计的具体操作上，首先是结构布置，其次是构件的配筋构造。好的平面布置方案甚至能做到结构性能与经济性兼顾，达到两全其美的效果。

剪力墙结构用钢量的大小与建筑平面关系很大，建筑平面复杂，往往导致剪力墙形状复杂，结构受力不好，会导致计算配筋与构造配筋双双增加。此外，刚度中心与质量中心相重合或靠近，或者抗侧力构件所在位置能产生较大的抗扭刚度，结构的抗扭效应小，因而结构整体用钢量就少，反之则多。

1. 优化剪力墙布置的位置

建筑物的两端和周边重点布置，建筑物的内部和中间位置减少布置，以保证结构的抗震扭转指标满足要求。剪力墙结构应双向布置，形成空间结构。应避免单向布置剪力墙，并宜使两个方向刚度尽量接近；剪力墙沿竖向的门窗洞口应上下对齐并呈行列式布置，以便形成明确的墙肢和连梁，应尽量避免墙洞错位。

2. 优化剪力墙布置的数量

剪力墙的抗侧刚度及承载力均较大，为充分利用剪力墙的能力，减轻结构重量，增大剪力墙结构的可利用空间，墙不宜布置太密，使结构具有适宜的侧向刚度即可。具体设计时应以位移指标来控制。普通剪力墙结构的层间位移角限值为1/1000，在结构设计时要尽可能地接近这一数值；如果计算结果相差太多（如1/1500以上），说明剪力墙数量较多，应适当减少剪力墙的数量。

3. 优化剪力墙的长度

剪力墙太长，结构本身成本增加，同时又使地震力增加，进一步加大结构成本；短肢剪力墙抗震性能不好，计算配筋较大，构造配筋率也很大，总体用钢量会增大较多，应尽量少布短肢墙；最优化的剪力墙长度是其宽度的8倍+100mm。

当墙的长度很长时，为了满足每个墙段高宽比大于3及墙长不大于8m的要求，可通过开设洞口将长墙分成长度较小、较均匀的联肢墙或整体墙，洞口连梁宜采用约束弯矩较小的弱连梁（其跨高比宜大于6），使其可近似认为分成了独立墙段。此外，墙段长度较小时，受弯产生的裂缝宽度较小；墙体的配筋能够较充分地发挥作用。为了使一个结构单元内各墙肢受力均匀，因此墙肢的长度（即墙肢截面高度）不宜大于8m。剪力墙结构的一个结构单元中，当有少量长度大于8m的大墙肢时，计算中楼层剪力主要由这些大墙肢承受，其他小的墙肢又无足够配筋，使整个结构可能形成各个击破，这是极不利的。

当墙肢长度超过8m时，应采用施工时墙上留洞，完工时砌填充墙的结构洞方法，把长墙肢分成短墙肢，或仅在计算简图开洞处理。计算简图开洞处理是指结构计算时设有洞，施工时仍为混凝土墙，当一个结构单元中仅有一段墙的墙肢长度超过8m或接近8m时，墙的水平分布筋和竖向分布筋按整墙设置，混凝土整浇；当一个结构单元中有两个及两个以上长度超过8m的大墙肢时，在计算洞处连梁和洞口边缘构件按要求设置，在洞口范围仅设置竖向 $\phi 8@250mm$、水平 $\phi 6@250mm$ 的构造筋，伸入连梁及边缘构件满足锚固长度，混凝土与整墙一起浇灌。这样处理可避免洞口因填充墙与混凝土墙不同材料因收缩出现裂缝。按前一种处理大墙肢开裂不会危及安全，按后一种处理大墙肢的开裂控制在计算洞范围。

4. 优化剪力墙的形状

墙的形状要尽量简单，以一字形长墙或L形、T形长墙为主，形状复杂且墙肢较短，边缘构件数量和占比就多，用钢量也就越大。

5. 控制剪力墙的厚度取值

影响剪力墙结构刚度的主要因素有剪力墙的位置、剪力墙的数量、剪力墙的长度及剪力墙的厚度。结构的刚度与剪力墙长度的三次方成正比，而与厚度的一次方成正比，剪力墙厚度对结构整体刚度的影响最弱，故减少剪力墙截面厚度可有效减少材料用量，又不会严重影响结构刚度。同时减小墙厚还可减少短肢墙出现的几率，减少短肢墙构造配筋率高产生的浪费。

（1）标准层剪力墙厚度取值：标准层剪力墙厚度不应取为定值，而应沿竖向分段收级，底部加强部位的外墙最小墙厚可取200mm、内墙取180mm；非底部加强部位的外墙最小墙厚可取180mm、内墙可取160mm或180mm，具体收级的起始层数根据位移、轴压比等计算指标确定。

（2）对于底层层高较高的剪力墙厚度：《混凝土结构设计规范》GB 50010—2010、《建筑抗震设计规范》GB 50011—2010 及旧版《高层建筑混凝土结构技术规程》JGJ 3—2002 均规定了墙厚与层高及剪力墙无支长度之间的关联关系，但新版《高层建筑混凝土结构技术规程》JGJ 3—2010 则取消了墙厚与层高及剪力墙无支长度之间的关联关系，明确规定需满足墙体稳定验算要求及截面最小厚度的规定。因此只要稳定验算通过就不要因为层高较大或剪力墙无支长度较长而随意加大墙厚。尤其对一些墙长不是很长的剪力墙，增加墙厚还有可能使普通剪力墙变成短肢剪力墙，导致配筋大幅增加。

（3）利用竖向交通井道而形成的剪力墙筒体，其外围墙体对结构刚度的贡献最大，而内部墙体则贡献甚微。在满足结构整体刚度的前提下，筒体内部的剪力墙不宜过多、过厚。

6. 楼盖结构布置优化

剪力墙因间距相对较小，开间或板跨一般均不大，剪力墙墙身及连梁可对楼盖提供相当一部分的竖向支承，因此剪力墙结构的楼盖应尽量简化，要尽量少布次梁，一些轻质隔墙下的梁及降板处的梁能免则免，与剪力墙垂直相连的梁要尽量少设，异形房间为分隔板块的梁也可不必设置，可代之以暗梁、板带或采用有限元法计算配筋。

剪力墙平面外刚度及承载力都相对较小。当剪力墙与平面外方向的梁连接时，会造成墙肢平面外受弯，而一般情况下并不验算墙的平面外的刚度及承载力。当梁高大于 2 倍墙厚时，梁端弯矩对墙平面外的安全不利，因此当必须设置与剪力墙垂直相交的梁时，应当采取措施，以保证剪力墙平面外的安全。对截面较小的楼面梁可设计为铰接或半刚接，减小墙肢平面外弯矩。铰接端或半钢接端可通过弯矩调幅或梁变截面来实现，此时应相应加大梁跨中弯矩。

不宜将楼面主梁支撑在剪力墙之间的连梁上，因为剪力墙的连梁由约束弯矩产生的剪力较大，连梁的超筋是连梁截面剪压比不满足规范的要求。当楼面主梁支撑在连梁上，由于主梁一般反力较大，使得连梁受剪承载力更为突出。如果连梁截面较大，即使支承楼面主梁，仍有足够的受剪承载力，则楼面梁可以支撑在连梁上，否则应采取措施使楼面梁避免支承在连梁上，而直接搭在剪力墙墙肢上，或在连梁内设型钢等，保证较大地震时该连梁不发生脆性破坏。

7. 新《高规》关于楼面梁水平钢筋在墙内的锚固要求

《高层建筑混凝土结构技术规程》JGJ 3—2010

7.1.6 当剪力墙或核心筒墙肢与其平面外相交的楼面梁刚接时，可沿楼面梁轴线方向设置与梁相连的剪力墙、扶壁柱或在墙内设置暗柱，并应符合下列规定：

5 楼面梁的水平钢筋应伸入剪力墙或扶壁柱，伸入长度应符合钢筋锚固要求。钢筋锚固段的水平投影长度，非抗震设计时不宜小于 $0.4l_{ab}$，抗震设计时不宜小于 $0.4l_{abE}$；当锚固段的水平投影长度不满足要求时，可将楼面梁伸出墙面形成梁头，梁的纵筋伸入梁头后弯折锚固，也可采取其他可靠的锚固措施。

对于规范条文本身的字面理解，上述措施是针对梁与墙刚接时的锚固要求，应该说没有歧义也没有争议，作为结构设计就应该这样，也很容易实现上述锚固要求。而且规范用词为"不宜"，并非强制性要求。但麻烦就麻烦在它的条文说明：

> "当梁与墙在同一平面内时，多数为刚接，梁钢筋在墙内的锚固长度应与梁、柱连接时相同。当梁与墙不在同一平面内时，可能为刚接或半刚接，梁钢筋锚固都应符合锚固长度要求。
>
> 此外，对截面较小的楼面梁，也可通过支座弯矩调幅或变截面梁实现梁端铰接或半刚接设计，以减小墙肢平面外弯矩。此时应相应加大梁的跨中弯矩，这种情况下也必须保证梁纵向钢筋在墙内的锚固要求。"

条文说明没明确与剪力墙平面外相连的梁钢筋"锚固长度要求"是指总的锚固长度要求还是水平段的锚固长度要求，如果是指总的锚固长度必须满足要求，而水平段锚固长度可以放松的话，在实际的构造上也不难实现，但如果是水平段的锚固长度仍需满足 $0.4l_{ab}$ 或 $0.4l_{abE}$ 的要求，则即便上述楼面梁按非抗震设计，则 200mm 厚的剪力墙也无法满足 $0.4l_{ab}$ 的要求，见表 7-9-1。

与剪力墙平面外相连的梁钢筋的锚固长度计算　　　　　表 7-9-1

保护层厚度 (mm)	墙水平筋直径 (mm)	墙竖向筋直径 (mm)	梁纵筋直径 (mm)	混凝土强度等级	混凝土 (MPa)	钢筋级别	钢筋 (MPa)	钢筋外形系数	基本锚固长度 (mm)	$0.4l_{ab}$ (mm)	所需墙厚 (mm)
15	8	8	14	C25	1.27	HRB400	360	0.14	556	222	245
15	8	8	14	C30	1.43	HRB400	360	0.14	493	197	220
15	8	8	14	C35	1.57	HRB400	360	0.14	449	180	203

事实上，除非剪力墙结构楼盖按无梁平板设计，否则即便采取前述减少和简化楼盖梁布置的措施，也很难完全避免楼面梁与剪力墙垂直相交的情况，新高规虽然在同一条文中也给出了应对措施及建议做法，即"将楼面梁伸出墙面形成梁头，梁的纵筋伸入梁头后弯折锚固"的做法，但这种做法除非用在工业建筑或有吊顶的民用建筑中，而住宅类建筑是不做吊顶的，至少在粗装修交房阶段不做吊顶，如果住宅套内到处是这种梁头的话，对外观的影响将是致命性的，不但客户不能接受，开发商自己也不能接受。与其如此，还不如在墙顶设梁并将梁加宽更容易接受。

笔者曾就此向《高规》编写组前资深编委与现资深编委进行电话咨询，给出的解释也是截然不同的，前任编委认为非框架梁与墙平面外的连接可设计成铰接，只需满足非抗震设计总的锚固长度要求即可，而不必一定满足水平段 $0.4l_{ab}$ 的锚固长度要求。而现任编委则认为不存在真正意义的铰接，不应人为设铰，因此按刚接或半刚接设计时仍需满足水平段锚固长度的要求。

对于内墙减薄后与其垂直的楼面梁水平锚固段不足的问题，可以采取如下解决方案：

（1）取消一些与剪力墙垂直相交的不必要的楼面梁。如图 7-9-1、图 7-9-2 卫生间与其他房间隔墙下的梁，这些梁在结构上无存在的必要，不必为分隔墙而特意设梁，卫生间降板边界可用折板代替，其墙下的小梁去掉后可采用在墙下的板中附加钢筋的做法；再如图 7-9-3、图 7-9-4 中的梁，其下并没有建筑墙体，这些梁的存在会影响空间的完整性，把原本没有明显分界的休闲厅与餐厅一分为二，就像在一个完整的大厅上方穿过一根梁一样，这在房地产标杆企业里都是严格禁止的。

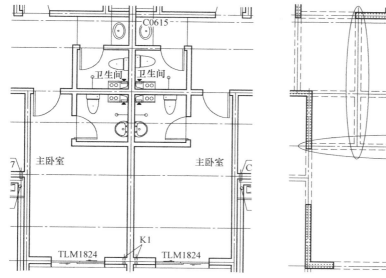

图 7-9-1 卫生间附近局部建筑平面   图 7-9-2 卫生间隔墙下的梁可取消

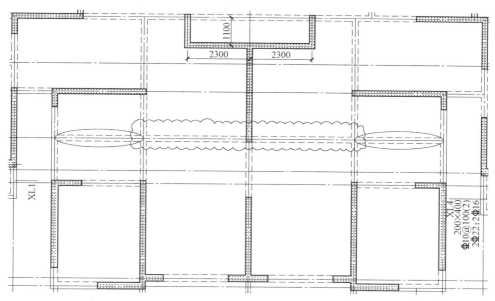

图 7-9-3 结构图大厅上方出现横梁、卫生间与厨房间梁无必要

（2）对于不能按上述 1）条取消的楼面梁，当与剪力墙垂直相交且梁下有砌体填充墙时，可将剪力墙向砌体填充墙方向伸出一个小墙垛，以满足梁在墙中的锚固要求。如图 7-9-5、图 7-9-6 中梁与剪力墙平面外相交的两处，其一为门洞边有 100mm 长的墙垛，且设计为砌体墙垛，这在实际施工时是无法做到的，所有施工单位都会用钢筋混凝土构造柱或抱框柱取代 120mm 宽的砌体门垛，与其如此，还不如直接用剪力墙做出这个门垛，还可同时解决楼面梁钢筋锚固长度不足的问题；另一处梁下为砌体墙，也可在砌体墙中加一钢筋混凝土小墙垛，以解决楼面梁钢筋锚固长度不足的问题。图 7-9-5 中阴影部位可加钢筋混凝土小墙垛。

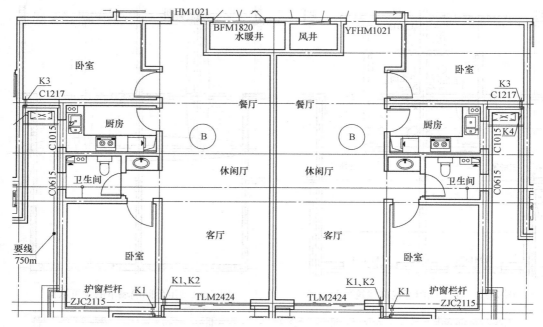

图 7-9-4 建筑图中无明显分割的餐厅、休闲厅与客厅

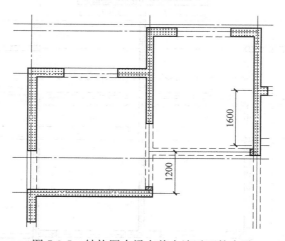

图 7-9-5 结构图中梁在剪力墙平面外支承

（3）对于在墙上跨越的连续梁，上下铁均可在剪力墙上贯通连续，不必考虑梁端钢筋锚固长度的要求，故中间支座处的墙厚可不受梁筋锚固长度的影响。

（4）当另一侧无梁也无建筑墙垛时，此时应将该梁按非框架梁设计，并将该梁上铁锚入另一侧的板内，并保证锚固长度要求，对于下铁，可按《混凝土结构设计规范》GB 50010—2010 第 9.2.2 条非抗震钢筋混凝土简支梁和连续梁简支端的下部纵向受力钢筋的锚固要求采用 $5d$（$V \leqslant 0.7f_tbh_0$）或 $12d$（$V > 0.7f_tbh_0$）。

（5）一些有建树有担当的设计院则给出如下解决方案：当锚固水平投影锚固长度略小于 $0.4l_{aE}$ 时，在梁端设置短筋，短筋直径采用 $\phi14$，长度大于等于梁宽，详见图 7-9-7。

（6）无论采用上述何种解决方案，梁纵向受力钢筋均宜尽量采用小直径钢筋，一、二

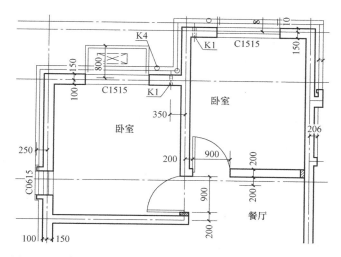

图 7-9-6　建筑图中梁与剪力墙平面外相交处可加混凝土墙垛

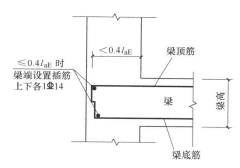

图 7-9-7　某设计院梁端锚固长度不足时的解决方案

级抗震等级的框架梁最小纵向受力钢筋直径可采用 14mm，三、四级抗震等级及非抗震设计的框架梁可采用 12mm，对于非框架梁，因一律不考虑抗震，最小钢筋直径可根据《混凝土结构设计规范》GB 50010—2010 第 9.2.1 条采用 10mm（梁高不小于 300mm）甚至 8mm（梁高小于 300mm）。

三、框架结构、框架-剪力墙结构的结构布置

框架结构应设计成双向梁柱抗侧力体系。主体结构除个别部位外不应采用铰接。抗震设计的框架结构不应采用单跨框架。框架结构抗震设计时，不应采用部分由砌体墙承重之混合形式。框架结构中的楼、电梯间及局部出屋顶的电梯机房、楼梯间、水箱间等，应采用框架承重，不应采用砌体承重墙。

框架梁柱中心线宜重合。当梁柱中心线不能重合时，在计算中应考虑偏心对梁柱节点核心区受力和构造的不利影响，以及梁荷载对柱子的偏心影响。梁柱中心线之间的偏心距，非抗震设计和 6～8 度抗震设计时不宜大于柱截面在该方向宽度的 1/4，如偏心距大于该方向柱宽的 1/4 时，可采取梁端水平加腋等措施。

根据《高层建筑混凝土结构技术规程》JGJ 3—2010 第 6.1.8 条，不与框架柱相连的次梁，可按非抗震要求进行设计。

框架-剪力墙结构可采用下列形式：

1）框架与剪力墙（单片墙、联肢墙或较小井筒）分开布置；

2）在框架结构的若干跨内嵌入剪力墙（带边框剪力墙）；

3）在单片抗侧力结构内连续分别布置框架和剪力墙；

4）上述两种或三种形式的混合。

框架-剪力墙结构应设计成双向抗侧力体系。抗震设计时，结构两主轴方向均应布置剪力墙。框架-剪力墙结构中剪力墙的布置宜符合下列要求：

1）剪力墙宜均匀布置在建筑物的周边附近、楼梯间、电梯间、平面形状变化及恒载较大的部位，剪力墙间距不宜过大；

2）平面形状凹凸较大时，宜在凸出部分的端部附近布置剪力墙；

3）纵、横剪力墙宜组成 L 形、T 形和 〔形等形式；

4）单片剪力墙底部承担的水平剪力不宜超过结构底部总水平剪力的 40%；

5）剪力墙宜贯通建筑物的全高，宜避免刚度突变；剪力墙开洞时，洞口宜上下对齐；

6）楼、电梯间等竖井宜尽量与靠近的抗侧力结构结合布置；

7）抗震设计时，剪力墙的布置宜使结构各主轴方向的侧向刚度接近。

长矩形平面或平面有一部分较长的建筑中，其剪力墙的布置尚宜符合下列要求：

1）横向剪力墙沿长方向的间距宜满足表 7-9-2 的要求，当这些剪力墙之间的楼盖有较大开洞时，剪力墙的间距应适当减小；

剪力墙间距（m） 表 7-9-2

楼盖形式	非抗震设计（取较小值）	抗震设防烈度		
		6 度、7 度（取较小值）	8 度（取较小值）	9 度（取较小值）
现浇	5.0B,60	4.0B,50	3.0B,40	2.0B,30
装配整体	3.5B,50	3.0B,40	2.5B,30	—

注：1. 表中 B 为楼面宽度，单位为 m；

2. 装配整体式楼盖的现浇层应符合《高层建筑混凝土结构技术规程》JGJ 3—2010 第 3.6.2 条的有关规定；

3. 现浇层厚度大于 60mm 的叠合楼板可作为现浇板考虑；

4. 当房屋端部未布置剪力墙时，第一片剪力墙与房屋端部的距离，不宜大于表中剪力墙间距的 1/2。

2）纵向剪力墙不宜集中布置在房屋的两尽端。

框架-剪力墙结构中，主体结构构件之间除个别节点外不应采用铰接；梁与柱或柱与剪力墙的中线宜重合；框架梁、柱中心线之间有偏离时，应符合前述框架结构的有关规定。

抗震设计的框架-剪力墙结构，应根据在规定的水平力作用下结构底层框架部分承受的地震倾覆力矩与结构总地震倾覆力矩的比值，确定相应的设计方法，并应符合下列规定：

1）当框架部分承受的地震倾覆力矩不大于结构总地震倾覆力矩的 10% 时，按剪力墙结构进行设计，其中的框架部分应按框架-剪力墙结构的框架进行设计；

2）当框架部分承受的地震倾覆力矩大于结构总地震倾覆力矩的 10% 但不大于 50% 时，按框架-剪力墙结构进行设计；

3）当框架部分承受的地震倾覆力矩大于结构总地震倾覆力矩的 50% 但不大于 80% 时，按框架-剪力墙结构进行设计，其最大适用高度可比框架结构适当增加，框架部分的抗震等级和轴压比限值宜按框架结构的规定采用；

4）当框架部分承受的地震倾覆力矩大于结构总地震倾覆力矩的 80% 时，按框架-剪力墙结构进行设计，但其最大适用高度宜按框架结构采用，框架部分的抗震等级和轴压比限值宜按框架结构的规定采用。当结构的层间位移角不满足框架-剪力墙结构的规定时，可进行结构性能分析和论证。

四、框架-核心筒结构、筒中筒结构的结构布置

筒中筒结构的高度不宜低于 80m，高宽比不应小于 3。对于高度不超过 60m 的框架-核心筒结构，可按框架-剪力墙结构设计。

核心筒或内筒的外墙与外框柱间的中距，非抗震设计大于 12m、抗震设计大于 10m 时，宜采取另设内柱等措施。

核心筒或内筒中剪力墙截面形状宜简单；核心筒或内筒的墙肢宜均匀、对称布置。筒体角部附近不宜开洞，当不可避免时，筒角内壁至洞口的距离不应小于 500mm 和开洞墙的截面厚度。

核心筒或内筒的外墙不宜在水平方向连续开洞，洞间墙肢的截面高度不宜小于 1.2m。

框架-核心筒结构的核心筒宜贯通建筑物全高。核心筒的宽度不宜小于筒体总高的 1/12，当筒体结构设置角筒、剪力墙或增强结构整体刚度的构件时，核心筒的宽度可适当减小。当内筒偏置、长宽比大于 2 时，宜采用框架双筒结构。

框架-核心筒结构的周边柱间必须设置框架梁。

筒中筒结构的平面外形宜选用圆形、正多边形、椭圆形或矩形等，内筒宜居中。矩形平面的长宽比不宜大于 2。内筒的边长可为高度的 1/12～1/15，如有另外的角筒或剪力墙时，内筒平面尺寸可适当减小。内筒宜贯通建筑物全高，竖向刚度宜均匀变化。

筒中筒结构的外框筒应符合下列规定：

1）柱距不宜大于 4m，框筒柱的截面长边应沿筒壁方向布置，必要时可采用 T 形截面；

2）洞口面积不宜大于墙面面积的 60%，洞口高宽比宜与层高与柱距之比值相近；

3）外框筒梁的截面高度可取柱净距的 1/4；

4）角柱截面面积可取中柱的 1～2 倍。

第八章 模拟、分析及设计方法的合理性与设计优化

结构设计的全过程涉及模拟（Modeling）、分析（Analysis）、设计（Design）与绘图（Drafting）四个阶段，在国外，绘图员是一个独立的职业，工程师（设计师）一般不画图，因此真正意义的设计只有前三个阶段。在结构设计主要由计算机来完成且结构分析设计软件高度集成的时代背景下，这三者的界限已经相当模糊，很多工程师甚至已经淡忘了结构设计还有模拟与分析两个阶段。

结构模拟（Modeling）是从实物形态或类实物形态（建筑图、建筑模型）经抽象化与模型化而形成可供结构分析计算的结构模型的过程，无论是简单的结构计算简图，还是通过计算机建立的三维结构计算模型，都是结构模拟的过程和结果。很显然，结构模拟永远是一个无限接近真实状态但永远也不可能做到绝对的真实。结构模拟的好坏直接关系到其与实际建筑物真实受力状态的接近程度，当然也关系到最重要的安全与经济问题，是结构设计最为关键的一步。结构模拟错了，后面的结构分析与设计环节也不可能得到正确的结果，就可能会出现既不安全、又不经济的设计结果。结构模拟涉及几何模型、边界条件与荷载三方面内容。几何模型的确定，包括构件截面尺寸、计算跨度、构件间的连接特性等；边界条件的确定，主要是支座的数量、位置、性质等；荷载则主要是取值与倒算。结构模拟在集成设计软件中即是所谓的"前处理"。

结构分析（Analysis）是根据结构模拟的结果，通过手算、查表或借助计算机软件求解内力、位移的过程。结构分析的方法很多，有结构力学与弹性力学中可以得到精确解的解析法，也有通过静力计算手册查得近似解的查表法，但现在应用最多的则是可得到更精确近似解的数值分析方法，因数值分析方法最容易通过计算机程序来实现。数值分析方法也有很多，有差分法、有限元法、边界元法、离散元法及界面元法等。在结构分析设计软件中，应用最多的是有限元法。国内应用最多的 PKPM 系列结构分析设计软件的分析求解工具即是有限元，国际知名的大型结构分析软件 ANSYS、ALGOR、SAP2000 及ETABS 等，也都是有限元分析软件。同为有限元软件，单元特性、本构关系及算法的不同，其模拟的真实性及解算精度也不同。国内结构分析软件与国际知名结构分析软件的最大差距即在于此。有关结构整体性能如周期、位移等，在这一阶段的后处理结果中就可以得到。对于结构分析来说，一旦几何模型、边界条件及荷载确定下来，任何人采用任何软件，分析的结果只存在精度方面的差异，而不应有本质上或较大的差别。因此可以说，结构分析的结果是不分国界、与规范无关的。

结构设计（Design）即是根据结构分析所得内力进行截面选择（金属结构）或截面配筋（钢筋混凝土结构）的过程，也包括节点设计及构造措施。在国产大型集成设计软件中，虽然也是分析与设计两个过程，但软件在计算时是连续进行的，二者的结果通常也都包含在同一个后处理程序之中。但国际通用结构分析设计软件则不同，虽然也是集成在一个软件里，但却是截然分开的先分析（Analysis）后设计（Design）两个阶段，并且各有

自己的后处理程序。ETABS、SAP2000、STAAD PRO 及国内熟知的 Midas 等软件，都是先用其国际通用的结构分析软件进行结构分析计算，得到周期、位移及内力等分析结果，用户可以查看并根据分析结果的合理性决定是否回到前处理程序进行修改重算；当分析结果无误后，再接力结构设计程序完成结构设计。在进行结构设计前，程序一般会提供一个结构设计的前处理界面，用户可在其中选择所适用的设计规范（如美国规范、欧洲规范等）及修改一些具体设计参数。

第一节　荷载取值与倒算的控制与优化

一、上部结构荷载取值

1. 结构自重：重度及厚度

对于板的自重，大多数程序软件可选择由程序自动计算或由用户人工输入。在 PK-PM 软件中是在荷载输入菜单中通过勾选"自动计算现浇板自重"来实现的。对于墙柱梁的自重，则大多由程序自动计算。当由程序自动计算时，需输入截面尺寸及钢筋混凝土重度两个参数，截面尺寸由计算或构造控制，虽然从减轻结构自重角度应尽量适当减小，但并非越小越好，而是存在一个最优尺寸或经济尺寸，故应综合确定构件的截面尺寸；钢筋混凝土材料的重度，按《建筑结构荷载规范》GB 50009—2012 建议值为 $24\sim25\mathrm{kN/m^3}$，但对于墙柱等竖向构件，因大多数程序软件没有输入墙柱表面附加恒载的功能，考虑到墙柱表面装修面层自重的影响，一般将钢筋混凝土材料适当放大。

在考虑墙柱表面装修面层荷载而将钢筋混凝土材料重度放大时，需结合现浇板自重是否由程序自动计算来分别考虑。当现浇板自重由人工计算并输入程序时，钢筋混凝土重度可适当放大，取 $26\sim27\mathrm{kN/m^3}$；但当现浇板自重由程序自动计算时，则钢筋混凝土重度不宜放大太多，可取 $25\sim26\mathrm{kN/m^3}$。

不加区分地将钢筋混凝土重度一律取为 $27\mathrm{kN/m^3}$ 可能会使结构自重偏大较多。

2. 楼面活荷载：取值与折减

活荷载应根据建筑功能严格按《建筑结构荷载规范》GB 50009—2012 和《全国民用建筑工程设计技术措施》取值，不要擅自放大，对于一些特殊功能的建筑（规范未做规定的），应会同甲方共同测算活荷载的取值或按《建筑结构荷载规范》条文说明 5.1.1 条酌情取值。对于《建筑结构荷载规范》第 5.1.2 条可折减的项目，应严格按所列系数折减，尤其是消防车活荷载。

对工业建筑，原则上应按工艺设计中设备的位置确定活荷载取值，活荷载不折减。如果按 GB 50009—2012 附录 D 取值，活荷载也不折减，但应分别对板、次梁及主梁取不同值进行分步计算，取各自相应的计算结果对各构件配筋。对板及次梁，还应根据板跨及梁间距的不同而取用不同的荷载；设计墙柱、基础时，楼面荷载可取与主梁相同的荷载。动力荷载应乘以相应的动力放大系数。

首层楼面宜考虑施工荷载 $\geqslant5\mathrm{kN/m^2}$。构件承载力验算时，施工荷载的分项系数可取 1.0。考虑施工荷载时可不再考虑使用活荷载。

3. 附加恒载：面层厚度与重度

先确定工程做法及预留面层厚度，再根据工程做法按不同材料重度及厚度分别计算后累加，砂浆找平层重度取 20kN/m³，细石混凝土垫层重度取 23kN/m³，聚苯板及挤塑板重度取 0.5kN/m³；面层部分因为是交房后由用户自理，具体的地面装修做法变异较大，采用复合地板、架空地板与铺地砖的差异较大，为安全考虑，对于住宅套内，可一律按铺地砖考虑，砂浆找平层与地砖的综合重度可采用 20kN/m³，厚度按预留面层厚度取值，但一般不大于 50mm。

以地板低温辐射采暖（俗称地暖）为例，初装做法厚度可控制在 70mm，预留面层厚度可取 40mm，具体做法如下：

（1）40mm 面层用户自理；

（2）50mm 厚 C15 细石混凝土垫层（含盘管）随打随抹平；

（3）盘地暖管（材质及规格详见施工图纸）；

（4）铺铝箔纸（材质及规格详见施工图纸）；

（5）20（50）mm 厚挤塑板保温层（括号内数值仅用于首层地面）重度不小于 30kg/m³；

（6）钢筋混凝土楼板。

面层按偏于保守的满铺地砖考虑，则地面附加恒载可如下计算及取值：

$$0.5×0.02+23×0.05+20×0.04=0.01+1.15+0.8=1.96kN/m^2 \quad （式 8-1-1）$$

当不采用地板低温辐射采暖时，地面附加恒载可仅取 0.8kN/m²。由于荷载取值出现了小数，很多结构工程师往往不拘小节取整，比如计算出来为 0.8kN/m²，就直接取 1.0kN/m²，其实 kN 这个重量单位较大，而且国人大多对这个单位缺乏直观感受，但换算成 kg 的话，可就是 10 倍的关系，所以不要随意进行四舍五入，尤其是小数点后第一位数字一定要保留。

4. 砌体结构承重墙荷载

应区分不同部位不同砌体材料的重度差异，区分计算，而不应简单取大值计算。如机制普通砖重度 19.0 kN/m³、灰砂砖 18.0 kN/m³、蒸压粉煤灰砖 14.0～16.0 kN/m³、水泥空心砖 9.6～10.3 kN/m³、加气混凝土砌块 5.5～7.5kN/m³、混凝土空心小砌块 11.8 kN/m³。以上重度均为块体材料的重度，砌体重度当块体材料为普通砖及灰砂砖时可近似取块体材料重度，其他块体材料重度较轻的砌体可根据砂浆重度、灰缝厚度及块体材料体积及重度按加权平均计算，其中水泥砂浆重度可取 20 kN/m³、水泥石灰混合砂浆重度取 17 kN/m³。

当砌体重度需计入单面或双面抹灰的重量时，根据抹灰层厚度及重度按加权平均法计算砌体的综合重度，其中水泥砂浆重度可取 20 kN/m³、水泥石灰混合砂浆重度取 17 kN/m³。

砌体承重墙在进行地基承载力验算、地基变形验算及基础截面与配筋计算时其荷载应扣除门窗洞口。

5. 内外填充墙、固定位置隔墙荷载

室内的填充墙及固定位置隔墙应尽量选择轻质材料，而且需提前确定，并要求设计院按指定的轻质材料进行建筑与结构设计，以防设计院荷载取值过大。

目前市场上出现的双面钢丝网珍珠岩隔墙板具有质轻、防火、耐水、隔声、保温、不变形、无裂缝、环保、价廉、施工速度快等突出优点，不仅性价比突出，综合造价也比传统加气混凝土砌块或连锁空心砌块低。其双面$\phi4@50mm$钢丝网与砂浆面层相结合，形成了高强度、高抗裂性能的配筋砂浆面层，基本可保证墙面100％不出现裂缝；而其耐水与憎水的特点，可应用于卫生间的隔墙及地下室等阴暗潮湿房间，是非常值得推广的优秀墙体材料。

当采用传统砌体填充墙或砌体隔墙时，除了应按上文精细化计算砌体综合重度及砌体荷载外，砌体线荷载应扣除梁高及门窗洞口的影响。

砌体高度应扣除结构梁高，以3.0m层高，梁高500mm，板厚100mm为例。习惯算法：砌体高度取3000－100＝2900mm；合理算法：砌体高度取3000－500＝2500mm两种算法相差16％！

门窗洞口的荷载应区分输入：外墙砌体：2.0（200厚空心砖）＋0.4（内抹灰）＋0.8（外抹灰等）＝3.2kN/m²；铝合金门窗：≤0.5kN/m²，砌体荷载是铝合金门窗荷载的6倍左右，不容忽视。

加气混凝土砌体填充墙（含灰缝不含抹灰）的加权平均重度一般在5.6～7.5kN/m³之间，不应超过8.0kN/m³，按相关规范上下限取值并计算的砌体填充墙加权平均重度详见表8-1-1。

加气混凝土砌体填充墙（含灰缝不含抹灰）的加权平均重度　　　　　　表8-1-1

加气混凝土砌体(不含抹灰)重度计算：	下限值	上限值	单位
加气混凝土砌块强度级别	A3.5		
加气混凝土砌块干密度级别	B05	B06	
加气混凝土砌块干密度	500	625	kg/m³
加气混凝土砌块长度	600		mm
加气混凝土砌块高度	300	200	mm
加气混凝土砌块厚度(选用180mm厚砌块)	180		mm
水泥砂浆重度	2000		kg/m³
加气混凝土砌体墙灰缝厚度	10	15	mm
加气混凝土砌体墙综合重度(不含抹灰)	572.2	752.1	kg/m³
	5.61	7.37	kN/m³

注：块体重度按GB 11968取值，砂浆重度按GB 50009取值，灰缝厚度按JGJ/T 17取值。

关于加气混凝土砌块块体材料重度。根据国家标准《蒸压加气混凝土砌块》GB 11968—2006，蒸压加气混凝土砌块共有七个强度级别、六个干密度级别（表8-1-2），对于砌体填充墙大多选用A3.5级砌块。A3.5居于强度级别的中间位置，是应用最为广泛的一个强度级别，也是供货最为充裕的一个强度级别，而且蒸压加气混凝土砌块生产商与供应商很多，不存在采购不到的问题。干密度级别是划分砌块品质（优等品与合格品）的重要标准，是砌块出厂质量检验必须满足的参数，根据国标图集《蒸压加气混凝土砌块、板材构造》13J104表8-1-3，A3.5强度级别对应B05与B06两个干密度级别，因此只要是正规厂商生产的A3.5级蒸压加气混凝土砌块，其重度必须满足表8-1-2的要求，不应出现A3.5级砌块重度超出规范限值的情况。所谓重度超标的产品基本可断定为非正规厂商生产的不合格品，应严禁使用。

蒸压加气混凝土砌块干密度级别

表 8-1-2

干密度级别		B03	B04	B05	B06	B07	B08
干密度(kg/m³)	优等品(A)	≤300	≤400	≤500	≤600	≤700	≤800
	合格品(B)	≤325	≤425	≤525	≤625	≤725	≤825

蒸压加气混凝土砌块强度级别

表 8-1-3

干密度级别		B03	B04	B05	B06	B07	B08
强度等级	优等品(A)	A1.0	A2.0	A3.5	A5.0	A7.5	A10.0
	合格品(B)			A2.5	A3.5	A5.0	A7.5

砌体填充墙（含灰缝不含抹灰）的加权平均重度与墙厚无关，但在计算单位面积墙体的面荷载时则与墙厚有关。表 8-1-4 与表 8-1-5 分别为 150mm 厚及 180mm 厚砌体填充内墙加双面抹灰的面荷载计算。其中内墙抹灰做法采用华北标（京津冀鲁豫蒙）做法，砌体加权平均重度采用表 8-1-1 的上限值。

150mm 厚砌体填充内墙加双面抹灰的面荷载计算

表 8-1-4

加气混凝土砌体填充墙构造做法	厚度(mm)	重度(kN/m³)	面荷载(kN/m²)
150mm 厚加气混凝土砌体墙	150	7.37	1.106
2厚配套专用界面砂浆批刮	2	20	0.04
7厚1:1:6水泥石灰砂浆	7	17	0.119
6厚1:0.5:3水泥石灰砂浆抹平	6	17	0.102
2厚配套专用界面砂浆批刮	2	20	0.04
7厚1:1:6水泥石灰砂浆	7	17	0.119
6厚1:0.5:3水泥石灰砂浆抹平	6	17	0.102
合计	180	9.0	1.63

注：砂浆重度按荷载规范 GB 50009 取值。

180mm 厚砌体填充内墙加双面抹灰的面荷载计算

表 8-1-5

加气混凝土砌体填充墙构造做法	厚度(mm)	重度(kN/m³)	面荷载(kN/m²)
180mm 厚加气混凝土砌体墙	180	7.37	1.327
2厚配套专用界面砂浆批刮	2	20	0.04
7厚1:1:6水泥石灰砂浆	7	17	0.119
6厚1:0.5:3水泥石灰砂浆抹平	6	17	0.102
2厚配套专用界面砂浆批刮	2	20	0.04
7厚1:1:6水泥石灰砂浆	7	17	0.119
6厚1:0.5:3水泥石灰砂浆抹平	6	17	0.102
合计	210	8.8	1.85

注：砂浆重度按荷载规范取值。

由此可以看出，建筑图上标注为 200mm 厚的加气混凝土砌体（含双面抹灰）的面荷载最大只有 1.85kN/m²，某些设计院动辄取 2.4kN/m² 甚至 2.5kN/m² 的面荷载就偏高较多了，若再不扣减梁高及洞口范围的荷载，则最终结果偏大更多。

之所以选用 150mm 与 180mm 两种砌块厚度，是因为这两种砌块厚度均为加气混凝土砌块的标准厚度，且加双面抹灰厚度后可对应建筑专业 200mm 厚墙体，其中 150mm 厚砌块双面抹灰的墙体厚度为 180mm，180mm 厚砌块双面抹灰的墙体厚度为 210mm。

加气混凝土砌块填充内墙的厚度可依据《蒸压加气混凝土建筑应用技术规程》JGJ/T 17 对高厚比的要求及层高来确定。也可按国标图集《砌体填充墙结构构造》12G614-1 第 7 页的表格"常用砌体自承重墙允许计算高度 $[H_0]$ 表"选用。

6. 活动隔断荷载

空间可灵活分隔的隔墙荷载可按隔墙的自重取每米墙重（kN/m）的1/3，作为楼面活荷载的附加值计入（kN/m²）。活动隔断的类型、厚度及做法在土建施工图设计阶段一般无法确定，但又不得不考虑，一般可按常用隔断类型估算荷载，并在建筑、结构施工图中对未来装修荷载提出要求，限制超过设计估算荷载的活动隔断的采用。

比如办公楼用户内部的活动隔断，一般采用C形轻钢龙骨石膏板隔墙，两层12mm纸面石膏板，中填50mm厚岩棉兼做隔声及防火隔离层，每单位墙面的自重为0.32kN/m²，当隔断净高为3.0m时，每米墙重0.96kN/m，取每米墙重的1/3即为0.32kN/m²。建筑结构施工图设计时可以指定活动隔断采用上述轻钢龙骨石膏板隔断，或其他类型隔断但荷载不得超过指定隔断类型的荷载。

7. 板底荷载：吊顶及设备管线

住宅套内不考虑吊顶荷载，当卫生间的活荷载按2.5kN/m²取值时，也可不必再考虑吊顶及设备管线荷载；中高端住宅的大堂、电梯厅等公共区域的吊顶荷载可据实考虑，当装修标准及做法待定时，若有大型灯具可按0.5kN/m²考虑，没有大型灯具按0.3kN/m²考虑。

酒店、办公楼大多采用轻钢龙骨石膏板吊顶，设计时可根据荷载规范取0.15～0.2kN/m²，设备管线荷载可取0.05～0.10kN/m²，两项合计可取0.20～0.30kN/m²。

8. 荷载估算

标准层单位面积荷载可根据结构类型按下列经验数值估算：

框架结构：12～15kN/m²；

框剪结构：13～16kN/m²；

框筒结构：14～16kN/m²；

剪力墙结构：15～17kN/m²；

地下室结构：20～25kN/m²。

并可据此来大概评估荷载的取值是否存在人为放大。

二、地下结构荷载取值

1. 顶板覆土厚度与重度

顶板覆土厚度一般需考虑种植要求、敷设雨污管线的要求及绿地率的要求。

采用覆土种植，覆土厚度可如下考虑：种植大树处可局部覆土1500mm，普通乔木1000～1200mm，灌木600mm，草坪300～400mm。

覆土厚度应结合景观进行精细化设计，不同种植区域覆土厚度应有所不同。对于高大乔木，可采用树池类景观小品，或局部堆土等景观微地形来保证种植土深，并且高大乔木尽量对准结构柱位。平均覆土厚度以1000～1200mm为宜。

当顶板覆土厚度超过1.5m时，1.0m以下的覆土应尽量考虑轻质营养土。

对于北京及北京以南地区，当单向排水的管线长度不超过200m时，一般来说1200mm的覆土厚度可满足塑料材质雨污管道起坡及管顶覆土厚度（冻土深度及车道下的覆土厚度）的要求。特殊情况下，可以适当降低管顶覆土深度、管线坡度及管道最大直径，以使覆土不因设备管线敷设原因太厚。当冻土深度较深或单坡排水的管线过长而必须增大覆土厚度时，也只需在管道起坡的最高点附近局部加厚覆土厚度，而不要普遍加大覆土厚度。

绿地率对覆土厚度的要求，对于有明确规定的城市而言是硬性要求，必须保证特定城市绿地率计算对覆土厚度的要求以满足规划设计条件的最小绿地率指标，但也是跨过门槛即可，比如上海、杭州等地要求 1500mm 覆土可以计入绿地率，就没必要取为 1600mm。

计算覆土荷载时，土的重度取 18kN/m³。

2. 消防车荷载取值与折减（板跨折减、土厚折减）

消防车道应在总平面图中明确标注，并在道边设置隔离设施，禁止消防车驶出消防车道。消防车荷载只能在消防车道范围内施加，消防车道以外的地面活荷载按 5.0kN/m² 取值，禁止顶板满布消防车荷载的情况。

对于车库最顶层有种植覆土的顶板，因一般均要考虑消防车荷载，根据最新版《建筑结构荷载规范》GB 50009—2012 第 5.1.1 条第 8 项及其条文解释，活荷载标准值不再是一个定值，而需根据板的受力条件及跨度大小综合确定。

对于单向板，板跨小于 2m 时，活荷载应取 35kN/m²，大于 4m 时应取 25kN/m²，介于 2～4m 之间时，活荷载可按跨度在（35～25）kN/m² 范围内线性插值确定；

对于双向板，板跨小于 3m 时，活荷载应取 35 kN/m²，大于 6m 时应取 20N/m²，介于 3～6m 之间时，活荷载可按跨度在（35～20）kN/m² 范围内线性插值确定。

因此不加区分的采用 35、25 或 20 的消防车活荷载标准值是不正确的。

除此之外，设计梁、墙、柱及基础时，楼面活荷载标准值还可按《建筑结构荷载规范》GB 50009—2012 第 5.1.2 条进行折减，其中对双向板楼盖的主次梁及单向板楼盖的次梁折减系数为 0.8，对单向板楼盖的主梁折减系数为 0.6。

因此，《建筑结构荷载规范》GB 50009—2012 对经济性对比及结构优化提供了很大的空间及很多变量，不同楼盖体系、不同的板跨之间因荷载标准值的取值及各类折减因素就可能导致含钢量的较大差异，再结合结构体系本身的经济性差异，不同结构方案含钢量差异在 10kg/m² 以上是完全可能的。

3. 地面活荷载取值

对于有覆土的地下室顶板，消防车道处按前文所述原则取值；非消防车道处则统一取为 5kN/m²，该值大于密集运动人群的活荷载（4.0kN/m²），可满足地面铺装绿化后人群聚集及活动健身的要求；也不小于绿化铺装过程的施工荷载，甚至可满足不大于 5t 货车的荷载水平。该值没有考虑施工堆载，因大于 5kN/m² 的施工堆载与顶板覆土不同时出现，故可与覆土荷载互为调整，当已计入覆土荷载时，自然不必再考虑大于 5kN/m² 的施工堆载。

4. 水、土压力倒算

1）地面超载取值

设计院的结构工程师在计算地下室外墙时，地面超载取值存在较大差别，有的设计院按 5kN/m² 取值，有的设计院则按 10kN/m² 甚至 20kN/m² 取值。对于地下室外墙的结构计算来说，地面超载取 10kN/m² 甚至 20kN/m² 就过大了。

首先，地下室外墙一般与地下室顶板平齐，故顶板以上的覆土厚度均作为地面超载施加到地下室外墙上，作用在覆土表面的地面超载，也是要经过板顶覆土的扩散作用再以地面超载的形式施加到地下室外墙上，地面超载传递到墙顶标高时已折减很多，无视覆土厚度仍然采用 20kN/m² 地面超载不合理。

其次，消防车荷载是通过轮压施加到覆土层表面的局部荷载，即便根据板的受力性能及跨度等效为均布荷载后，也只是有限范围内局部的均布荷载，而朗肯土压力公式 $(q+\gamma h)$ K_a 中的地面超载 q 是基于墙顶所在半无限平面内满布的均布荷载得出的，把有限范围的局部荷载当做半无限范围内满布的均布荷载来计算地下室外墙，必然导致保守的设计。

再次，消防车存在一个可达性的问题，消防车不一定就能驶近墙外侧靠近外墙的区域，消防车荷载作为局部超载随着荷载作用宽度及其距离外墙的距离对地下室外墙的影响也不同，这种局部荷载距离外墙过近或过远都会使作用于地下室外墙的荷载降低，甚至消失。从这个角度，地下室外墙不加区分的一律按 $20kN/m^2$ 的消防车活荷载计算也是不合理的；当然也可对消防车荷载按局部超载进行土压力计算，局部均布荷载下的土压力计算可参照《建筑边坡工程技术规范》GB 50330—2002 附录 B.0.1 及《建筑基坑支护技术规程》JGJ 120—2012 第 3.4.7 条计算。

基于以上原因及其他方面的考虑，《北京市建筑设计技术细则》2.1.6 条明确规定，"在计算地下室外墙时，一般民用建筑的室外地面活荷载可取 $5kN/m^2$（包括可能停放消防车的室外地面）。有特殊较重荷载时，按实际情况确定。"其中特别提到可能停放消防车的室外地面。

2）土压力系数

对于下固上铰的地下室外墙，因墙顶位移较小，不足以使墙后土体发生主动平衡状态，故理论上应取静止土压力；而对于窗井墙等悬臂墙，因墙体位移足以导致墙后土体发生主动极限状态，故理论上应取主动土压力。地下室外墙若采用主动土压力计算，将使配筋偏小，结构设计偏于不安全。

挡土墙直接浇筑在岩基上，墙的刚度很大，墙体位移很小，不足以使填土产生主动破坏，可以近似按照静止土压力计算。

国内有关规范并未对地下室外墙的设计做出明确规定，《建筑地基基础设计规范》GB 50007—2011 仅在第九章基坑工程中做出如下规定：

> 第 9.3.2 条 主动土压力，被动土压力可采用库仑或朗肯土压力理论计算。当对支护结构水平位移有严格限制时，应采用静止土压力计算。

地下室外墙可视为对水平位移有严格限制的永久支护结构，故也应采用静止土压力计算。

《全国民用建筑工程设计技术措施》结构篇荷载章中，对地下室外墙所受土压力有如下规定：

> 2.6.2 地下室侧墙承受的土压力宜取静止土压力。
> 《建筑边坡工程技术规范》GB 50330—2002

> 6.2.2 静止土压力系数宜由试验确定。当无试验条件时，对砂土可取 0.34～0.45，对黏性土可取 0.5～0.7。

《北京市建筑设计技术细则》第 2.1.6 条中，对地下室外墙的设计有比较明确的规定：

> 计算地下室外墙土压力时，当地下室施工采用大开挖方式，无护坡桩或连续墙支护时，地下室外墙承受的土压力宜取静止土压力，静止土压力系数 K 对一般固结土可取 $K = 1 - \sin\varphi$（φ——土的有效内摩擦角），一般情况可取 0.5。
> 当地下室工程采用护坡桩时，地下室外墙土压力计算中可以考虑基坑支护与地下室外墙的共同作用或按静止土压力系数乘以 0.66 计算（$0.5 \times 0.66 = 0.33$）。

3）水、土压力标准值偏大

土压力系数一经确定，影响水、土压力标准值大小的主要因素有二，其一是模型墙顶以上覆土厚度及地面超载取值随意放大，其二是设计院在水土压力计算时采用了水土分算原则但土压力计算时没有采取浮重度。有关覆土厚度及地面超载前文均已阐述，故在此重点讨论水、土压力的具体算法问题。

以简单的单层土为例，当地下室外墙墙顶与地面平齐且地下水接近自然地面时，在不考虑地面超载的情况下，采用水土分算土压力按浮重度算得的墙底部最大点处水土压力合力标准值为：

$$\gamma_w h+(\gamma_s' h)K_0=10h+11h\times0.5=15.5h \qquad (式8-1-2)$$

但若取天然重度代替浮重度计算时，所得结果为：

$$\gamma_w h+(\gamma_s h)K_0=10h+18h\times0.5=19.0h \qquad (式8-1-3)$$

水土压力合力至少增加了 22.6%，其影响绝对不容忽视。

对此，北京地区的相关规定比较明确。

> 《北京市建筑设计技术细则》
>
> 2.1.5 地下水位以下的土重度，可近似取 11 kN/m³ 计算。
>
> 《北京地区建筑地基基础勘察设计规范》2009
>
> 8.1.5 地下室外墙及防水板荷载可按以下原则取值：
>
> 1 验算地下室外墙承载力时，如勘察报告已提供地下室外墙水压分布时，应按勘察报告计算。当验算范围内仅有一层地下水时，水压力取静水压力并按直线分布计算。计算土压力时，地下水位以下土的重度取浮重度。

4）荷载分项系数取值偏大

严格意义上，水、土压力应按恒载对待，分项系数取 1.2，地面超载则按活载对待，分项系数取 1.4。如果再严谨些，可视为永久荷载效应控制的组合，则土压力、水压力的分项系数取 1.35，地面超载的分项系数取 1.4，再乘以 0.7 的组合值系数即 0.98；简化计算也可不区分恒载与活载，直接按综合分项系数 1.3 取值。但很多设计院的结构工程师习惯将水土压力按活荷载对待，与地面超载一并取 1.4 的分项系数，必然导致荷载组合设计值增大。

> 《全国民用建筑工程设计技术措施》2002
>
> 2.5.3 水位不急剧变化的水压力按永久荷载考虑；水位急剧变化的水压力按可变荷载考虑。
>
> 2.6.1 计算钢筋混凝土或砌体结构的地下室侧墙受弯及受剪承载力时，土压力引起的效应为永久荷载效应，当考虑由可变荷载效应控制的组合时，土压力的荷载分项系数取 1.2；当考虑由永久荷载效应控制的组合时，其荷载分项系数取 1.35。

《建筑结构荷载规范》GB 50009—2012 明确将土压力与水压力列为永久荷载。

> 4.0.1 永久荷载应包括结构构件、维护构件、面层及装饰、固定设备、长期储物的自重，土压力、水压力，以及其他需要按永久荷载考虑的荷载。

5）有利因素的适当考虑

建筑物基坑即便没有支护，也有简单的护坡，护坡与外墙间的土量有限，故地下室外墙实际所受土压力与理论值相比会有所降低。

基坑肥槽回填前一般要求在墙外增设聚苯板保护层，其压缩性可卸除一部分土压力；有的设计要求外墙外 1.0m 范围用 3∶7 灰土或 2∶8 灰土回填，因灰土本身具有胶结强度，也可有效降低作用于地下室外墙的土压力。

基坑肥槽回填土会在自重作用下慢慢固结，也会对地下室外墙起到卸载作用。

因此只要规规矩矩取值、规规矩矩计算，地下室外墙的结构安全有足够的保障，不必在各个环节明里暗里或有意无意地人为增大安全储备，造成不必要的浪费。

5. 人防荷载取值

防空地下室分为甲乙两类，甲类防空地下室战时需要防核武器、防常规武器、防生化武器等；乙类防空地下室不考虑防核武器，只防常规武器和防生化武器。

防常规武器抗力级别分为 5 级和 6 级（以下分别简称为常 5 级和常 6 级）；

防核武器抗力级别 4 级、4B 级、5 级、6 级和 6B 级（以下分别简称为核 4 级、核 4B 级、核 5 级、核 6 级和核 6B 级）。

仅防常规武器及生化武器的乙类防空地下室或按防常规武器设计的甲类防空地下室，地下室底板不考虑常规武器地面爆炸作用，也即地下室底板的人防等效静荷载可取 0；当防空地下室设在地下二层及以下各层时，顶板也可不计入常规武器地面爆炸产生的等效静荷载，因此防空地下室尤其是乙类防空地下室应尽量设在地下二层及以下；当防空地下室设在地下一层时，对于常 5 级当顶板覆土厚度大于 2.5m，对于常 6 级大于 1.5m 时，顶板可不计入常规武器地面爆炸产生的等效静荷载；防空地下室外墙防常规武器的等效静荷载根据土的类别、饱和度（饱和土中又因含气量而有所不同）及顶板顶面埋置深度而有所不同，可按《人民防空地下室设计规范》GB 50038－2005 表 4.7.3-1 及表 4.7.3-2 取值。

甲类防空地下室需同时考虑防核武器、防常规武器及防生化武器的要求。其中防常规武器的等效静荷载可按上述原则及《人民防空地下室设计规范》确定；防核武器的等效静荷载对于顶板、底板及外墙均需考虑，没有可以免除的规定，但在符合一定条件下可以按规定减少。比如带桩基的防空地下室钢筋混凝土底板及条形基础或独立柱基加防水底板时，底板上的等效静荷载均比其他类型底板要减小很多。

4.8.15　当甲类防空地下室基础采用桩基且按单桩承载力特征值设计时，除桩本身应按计入上部墙、柱传来的核武器爆炸动荷载的荷载组合验算承载力外，底板上的等效静荷载标准值可按表 8-1-6 采用。

有桩基钢筋混凝土底板等效静荷载标准值（kN/m²）　　　　　　　　表 8-1-6

底板下土的类型	防核武器抗力级别					
	6B		6		5	
	端承桩	非端承桩	端承桩	非端承桩	端承桩	非端承桩
非饱和土	—	7	—	12	—	25
饱和土	15	15	25	25	50	50

4.8.16　当甲类防空地下室基础采用条形基础或独立柱基加防水底板时，底板上的等效静荷载标准值，对核 6B 级可取 15kN/m²，对核 6 级可取 25 kN/m²，对核 5 级可取 50 kN/m²。

当不符合上述 4.8.15 条及 4.8.16 条的条件时，钢筋混凝土底板的等效静荷载标准值可根据防核武器抗力级别、顶板覆土厚度及顶板短边净跨按《人民防空地下室设计规范》表4.8.5取值。

防空地下室顶板与底板类似，也是根据防核武器抗力级别、顶板覆土厚度及顶板短边净跨按《人民防空地下室设计规范》表4.8.2取值。当防空地下室未设在最下层时，防空地下室底板可不考虑核武器爆炸动荷载作用，按平时使用荷载计算，但防空地下室及其以下各层的内外墙、柱以及最下层底板均应考虑核武器爆炸动荷载作用。

防空地下室外墙防核武器的等效静荷载未根据顶板顶面埋置深度进行区分，这一点与防常规武器的外墙等效静荷载不同。相同的是二者的建议值均为范围值，且上下限间的范围还比较大，因此给予设计者一定的自由空间，设计理念不同的设计师可能会存在较大差异，有的可能倾向于取下限值，但相信更多的设计师会倾向于取上限值。但在上下限间的取值，也不是没有原则，一般来说，对于碎石土及砂类土，密实、颗粒粗的取小值；对于黏性土，液性指数低的取大值。

除了顶板、底板、外墙等承受土中压缩波的人防构件外，还有一类直接或间接承受空气压缩波的人防构件，如人防门框墙、临空墙、人防隔墙、无覆土的人防顶板及上下两个防护单元间的楼板等。其中人防隔墙又可分为相邻防护单元抗力级别相同的人防隔墙、相邻防护单元抗力级别不同的人防隔墙（包括人防区与普通地下室间的隔墙）及同一防护单元内部的普通隔墙。同为人防隔墙，根据隔墙两侧抗力级别的不同，人防等效静荷载取值也不同，如6级人防与普通地下室之间的人防隔墙则为90，6级人防与6级人防之间的人防隔墙为50，而6级人防与5级人防之间的人防隔墙则对两侧取不同数值，其中5级一侧为50，6级一侧为100。同一防护单元内部的隔墙不直接承受等效静荷载，不应按人防隔墙对待。因此在人防设计时应严格区分人防隔墙的类别，不能笼统地一律按最大值取用。

当上下楼层均为防空地下室时，如果上层防护单元抗力级别不大于下层的抗力级别，则上下两个防护单元之间楼板的等效静荷载标准值也可按上述防护单元隔墙上的等效静荷载标准值确定，但只需计入作用在楼板上表面的等效静荷载标准值。

有的设计师甚至不区分临空墙与人防隔墙，所有人防隔墙均按临空墙取值，甚至同一防护单元内部的普通隔墙也按人防隔墙甚至临空墙考虑，这就太粗犷，也太不应该了。

临空墙与人防隔墙很容易区分。临空墙是直接承受空气冲击波的人防墙体，一般位于人防口部，一侧与室外空气直接连通，能直接承受空气冲击波作用，而另一侧则为防空地下室内部的人防墙体；人防隔墙则是在低等级防护单元或普通地下室先遭受破坏后，空气冲击波或其余波有可能作用于其上的人防墙体，这类墙体虽与室内空气直接连通，但却不与室外空气直接连通，因此不应按临空墙对待。

三、风荷载

在基本风压较大或地震低烈度地区，大多数高层建筑的周期和位移指标均由风荷载控制；而地面粗糙度类别对风荷载有很大影响，按影响程度从大到小共分四类：A类为近海海面和海岛、海岸、湖岸及沙漠地区，B类为田野、乡村、丛林、丘陵及房屋比较稀疏的乡镇，C类为有密集建筑群的城市市区，D类为有密集建筑群且房屋较高的城市市区；当位移指标由风荷载控制时，建筑结构相同的高层项目，主体结构成本因地面粗糙度类别不同而有较大差别，A、B 类相差约 24%，B、C 类相差约 54%，C、D 类相差约 45%；在计算时要用发展的眼光关注取值的合理性，城市郊区在以上四类中没有明确体现，但如果房屋比较密集且列入城市总体规划的发展区，就应该按 C 类对待，按 B 类对待是不合适的。同样道理，60m 以上高层建筑林立的郊区、开发区等，则应按 D 类对待，按 C 类对待也是不合适的。

垂直于建筑物表面的风荷载标准值是由基本风压乘以风荷载体型系数、风压高度变化系数及风振系数（或阵风系数）而得到。根据《建筑结构荷载规范》GB 50009—2012，基本风压应采用 50 年重现期的风压，但不得小于 $0.3kN/m^2$。

根据最新现行《高层建筑混凝土结构技术规程》JGJ 3—2010 的有关规定，对于高度大于 60m 的高层建筑，规范不再强调按 100 年重现期的风压值取用，而是直接按基本风压值增大 10% 采用。

> 4.2.2 基本风压应按照现行国家标准《建筑结构荷载规范》GB 50009 的规定采用。对风荷载比较敏感的高层建筑，承载力设计时应按基本风压的 1.1 倍采用。

对风荷载是否敏感，主要与高层建筑的体型、结构体系和自振特性有关，一般情况下，对于房屋高度大于 60m 的高层建筑，承载力设计时风荷载计算可按基本风压的 1.1 倍采用。

另需注意：此处的 1.1 倍，是指在承载力设计时对风荷载比较敏感的高层建筑需要乘以 1.1，"对于正常使用极限状态设计（如位移计算），其要求可比承载力设计适当降低，一般仍可采用基本风压值或由设计人员根据实际情况确定，不再作为强制性要求"，这是条文说明 4.2.2 中的原话。

对于临时性建筑，风荷载的取值可按 10 年重现期的风压值采用。比如临时样板间、临时售楼处等均可按 10 年重现期的风压值采用。

四、地震荷载

地震荷载，严格意义上应称为地震作用，是对建筑结构影响非常大的一类荷载（作用）。影响地震作用大小的最直接因素是建筑物的质量与地震加速度，即物理学公示 $F=ma$，此处的 a 为加速度。在抗震设计的具体计算中，建筑物的质量通常用重力荷载代表值 G 与重力加速度 g 的比值 G/g 来表示，而地震加速度则以地震影响系数 α 与重力加速度 g 的乘积 αg 来表示，因此地震力 F 即可由地震影响系数 α 及重力荷载代表值 G 来表示，即 $F=\alpha G$。因此在抗震设计的具体计算中，地震力的计算就转化为对重力荷载代表值 G 的计算及对地震影响系数 α 的确定。因此从减小地震作用的角度就是要尽量减小 α 与 G 的量值。

减小 G 的量值就是常说的降低建筑结构自身的重量，如采用轻质墙体材料、尽量减薄楼板厚度等；而 α 的量值则与诸多因素有关，最重要的是与抗震设防烈度直接对应的水平地震影响系数最大值 α_{max} 及地震影响系数曲线，地震影响系数曲线就是确定地震影响系数 α 的曲线，是以结构自振周期 T 为自变量的分段（一般四段）连续曲线，分段函数的区间一般以 0.1s、T_g、$5T_g$ 及 6s 为界。见图 8-1-1。

从上述曲线可以看出，在水平地震影响系数最大值 α_{max} 已经确定的情况下，对地震影响系数 α 影响最大的因素是结构的自振周期，准确地说应该是结构自振周期与特征周期的

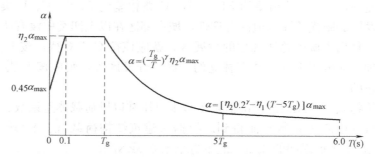

图 8-1-1　我国规范采用的地震影响系数曲线

关系，它决定着地震影响系数 α 应该用哪段曲线来计算。从上述曲线可以看出，当结构的自振周期超过特征周期后，曲线的下降速度很快，地震影响系数 α 迅速降低；当结构自振周期大于 5 倍特征周期后，曲线与峰值段相比已降低到很低的水平，地震影响系数 α 大大减小。这也正是结构越柔对抗震越有利的原因之一（地震作用降低）。结构自振周期与结构本身的刚度有关，一般由程序自动计算完成；特征周期则根据场地类别及设计地震分组来定。

此外，阻尼调整系数 η_2、曲线下降段的衰减指数 γ 及直线下降段的下降斜率调整指数 η_1 也均对地震影响系数 α 的取值有影响。而这三个系数都是阻尼比 ζ 的函数。

概括起来，从抗震设计具体计算的角度，除了重力荷载代表值及结构自振周期等由程序计算的因素外，影响地震力大小的最基本的抗震设计参数即为抗震设防烈度、设计地震分组、场地类别及结构的阻尼比。

五、荷载倒算方式的设计优化

有限元法伴随电子计算机的出现而得到极大的推广及应用，目前几乎所有的大型结构分析设计软件都是有限元软件，有限元的单元类型在不断增多、精度也在不断提高。

传统的结构整体分析软件，在处理可分层的民用建筑时，对于梁柱等杆式构件，一般采用具有 6 个自由度的梁单元。对于剪力墙及楼板等板式构件，由于早期电子计算机的计算速度及存储空间均有限，故对剪力墙一般简化为相对简单的膜单元。这种单元只有平面内的 3 个自由度，而平面外刚度为零，而对于楼板，在整体分析时要么忽略楼板的存在，板的存在仅仅是决定了荷载倒算与传递的方式，既没有考虑其平面内的刚度，也没有考虑其平面外的刚度；要么采用刚性楼面假定而将整个楼层板强制简化为只有 3 个平面内自由度的一块刚性板，但这块刚性板只是在平面内为无限刚性，而在平面外仍假定为零刚度。因此板的存在除了倒荷作用外，还会考虑其平面内刚度的贡献，但这种贡献是将刚度绝对化为无限刚的方式。

因此早期的有限元软件在构件模拟的过程即存在较大的模型误差，整体计算精度也比较有限，但对于建筑结构而言还是满足要求的。这样处理的好处是，可使单元及节点数量大大减少，使方程组的元次大大降低，计算时间与存储容量都大幅降低，是与当时的计算机发展水平相匹配的。

但随着有限元技术的发展，能够更精确模拟墙、板等板式构件真实受力状态的单元类型得以出现，伴随计算机存储容量的不断加大及计算速度的不断提高，这些高精度单元得以最终应用于有限元软件之中，但受限于计算机存储容量及计算速度，最初只能用于主要抗侧力构件——剪力墙的模拟上，且单元划分的相对较粗，但现在，不但能以较小的单元划分来模拟剪力墙，而且可以模拟楼板。

有限元法模拟楼板一般是以弹性楼板假设取代传统的刚性楼板假设而进行有限元模拟分析的方法，弹性楼板单元又分为弹性模单元、弹性板3单元与弹性板6单元。弹性模单元能真实计算楼板平面内刚度，但不考虑楼板平面外刚度，也即平面外刚度为0；弹性板3单元假定楼板平面内为无限刚性，但能真实计算楼板平面外的刚度；弹性板6单元能真实计算楼板平面内与平面外刚度。

传统设计软件限于解算方法、计算速度、计算机容量的影响以及商业方面的考虑，虽然以"特殊构件补充定义"的方式提供了"弹性楼板"的功能，但仅仅是从减小结构整体分析中模型化误差方面所做的改进，没有在整体分析程序中提供弹性楼板有限元法内力与配筋计算的功能。当需要采用弹性楼板法对不规则楼板、转换层楼板、较厚的楼板及无梁楼盖等一些特殊楼板进行内力与配筋计算时，需要采用单独模块如PMSAP等进行单独计算。但现在的盈建科软件已经可以在结构整体分析环节对全楼楼板也进行弹性楼板有限元法分析模拟，实现了板、梁、墙、柱的共同作用分析，不但能在整体分析时得到楼板的内力与配筋，而且可以通过有限元法实现楼面荷载向梁、墙的倒荷。

平面导荷方式就是以前的处理方式，作用在各房间楼板上恒活面荷载被导算到了房间周边的梁或者墙上，在上部结构考虑弹性板的计算中，弹性板上已经没有作用竖向荷载，起作用的仅是弹性板的面内刚度和面外刚度，这样的工作方式不符合楼板实际的工作状况，因此也得不出弹性楼板本身的配筋计算结果。

平面导荷方式传给周边梁墙的荷载只有竖向荷载，没有弯矩，而有限元计算方式传给梁墙的不仅有竖向荷载，还有墙的面外弯矩和梁的扭矩，对于边梁或边墙这种弯矩和扭矩通常是不应忽略的。

盈建科软件可对全楼楼板实现弹性楼板有限元法模拟，在其前处理菜单中，可选择楼板荷载不导荷到梁，而采用有限元计算传导，既可减少梁的受力（部分荷载直接传到柱上），又可直接给出弹性楼板配筋。

有限元方式是在上部结构计算时，恒活面荷载直接作用在弹性楼板上，不被导算到周边的梁墙上，板上的荷载是通过板的有限元计算才能导算到周边杆件。既使弹性板参与了恒活竖向荷载计算，又参与了风、地震等水平作用的计算，还可考虑温度作用，计算结果可以直接得出弹性板本身的配筋。

现以无梁楼盖模型来分析板有限元导荷方式与平面倒荷方式计算结果的变化。

从变形计算方面，平面导荷方式基本是柱上板带的跨中部位变形最大，而板块跨中处的变形相对较小，与理论及实际变形状态存在明显不符，见图8-1-2。

而有限元倒荷方式的计算结果则是板块跨中变形最大，柱上板带跨中部位的变形次之，与理论及实际变形状态相符，见图8-1-3。

从内力计算方面，传统平面倒荷方式在恒载作用下板块跨中的弯矩居然是负值，明显有违事实，见图8-1-4。

而有限元法倒荷的计算结果，不但板块跨中弯矩为正，数值也较大，与实际受力状态非常吻合，见图8-1-5。

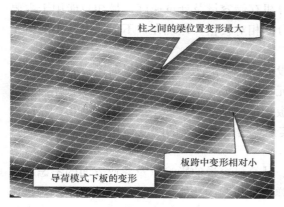

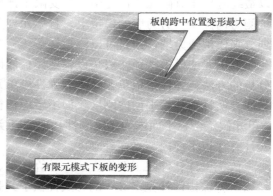

图 8-1-2　平面导荷方式计算结果　　　　　　　图 8-1-3　有限元导荷方式计算结果

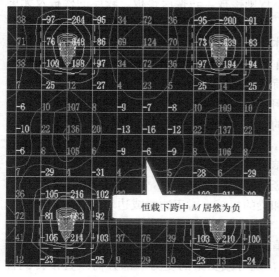

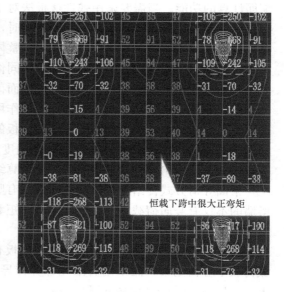

图 8-1-4　平面导荷方式计算结果　　　　　　　图 8-1-5　有限元导荷方式计算结果

　　此外，有限元计算方式还能计算出楼板传给梁墙面外弯矩和梁的扭矩，在板较厚时这种面外弯矩不应忽略。而传统的导荷方式不能考虑这种面外弯矩，会使得墙肢面外弯矩比实际情况偏小，不利于结构安全。见图 8-1-6。

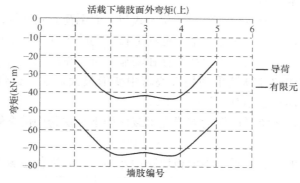

图 8-1-6　活荷载作用下墙肢面外弯矩

第二节 几何模型与边界条件的确定与优化

结构计算模型的三要素为几何模型、边界条件与荷载。因此几何模型与边界条件的正确性、准确性，直接关系到内力分析结果与结构构件实际受力状态的吻合程度，也就关系到结构安全与经济性问题。但这两方面恰恰因为计算机辅助设计的大行其道而受到结构工程师的忽略，现在让一些年轻工程师去手绘一些简单结构构件的计算简图及其弯矩分布的大致形态，相信很多人都画不出来——是电脑把人脑给废了。

一、几何模型的影响

几何模型中对内力计算结果影响最大的是计算跨度，弯矩与跨度的 2 次方成正比，挠度（位移）与跨度的 3 次方成正比。因此计算跨度的取值必须准确，取值偏小会使结构偏于不安全，取值偏大则会造成浪费。

比如地下室外墙的计算高度，当基础底板较厚时（一般大于 1.5 倍墙厚），可从底板上皮算起，但当底板厚度与外墙厚度相当时，应从底板中线算起。有的工程基础底板上有较厚的覆土，这时最下层外墙的计算高度应视该层地面做法而定。如为混凝土面层较厚的刚性地面，且在基坑肥槽回填之前完成地面做法，则外墙计算高度可算至地下室地坪。但当刚性地面施工在地下室回填以后进行时，外墙计算高度仍应算至底板上皮。此时为了减小外墙计算高度，可在外墙根部与基础底板交接处覆土厚度范围内设八字角，并配构造钢筋，作为外墙根部的加腋，加腋坡度按 1:2。这时外墙计算高度仍可算至地下室地坪。对于底层以上的其他地下楼层，计算高度可取楼板中线之间的距离。

图 8-2-1 为梁板式筏基上返梁体系，筏板与基础梁底平，地下室外墙的计算跨度从地下室顶板中线算至筏板顶面为 4400mm，图 8-2-2 改为平板式筏基顶平方案并取消建筑面层后，地下室外墙计算跨度按相同算法为 3600mm，计算跨度减小 800mm，同时土压力荷载 q_2 也按比例降至 $0.819q_1$，则最大弯矩降为图 8-2-1 最大弯矩的 $0.819 \times 3.6^2 / 4.4^2 = 0.548$ 倍，降幅达 45.2%。足见计算跨度对内力幅值的影响程度。如图 8-2-1 所示若建筑地面采用混凝土刚性地面，且在基坑肥槽回填之前完成地面做法，则外墙计算跨度仍可算至刚性地面表面，则计算模型同图 8-2-2 中的计算简图 2。

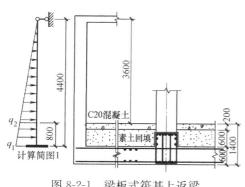

图 8-2-1 梁板式筏基上返梁

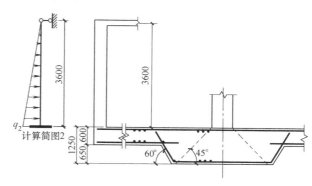

图 8-2-2 平板式筏基下柱墩

再比如宽扁梁结构。这种结构形式在国外应用较多，有时梁宽甚至做到柱距的 1/3，尤其在抽柱形成大跨而采用后张法预应力结构时，这种预应力宽扁梁既可以实现大跨又可有效降低梁高，是比较受欢迎的结构形式。但国内宽扁梁的应用还比较少见，究其原因，其一是设计习惯问题，国内往往拘泥于梁的经济高度而不愿意采用与传统设计理念相悖的宽扁梁结构，其二是虽然宽扁梁采用预应力后能改善其经济性不佳的先天不足，但板的计算当采用国内的传统软件进行设计时，并不能体现出宽扁梁对板设计的有利作用，因而配筋严重偏大。图 8-2-3 为新加坡最负盛名的休闲、娱乐、购物中心 Vivocity 地下一层的局部宽扁梁布置方案，梁高 600mm，梁宽 2800mm，板厚 250mm。

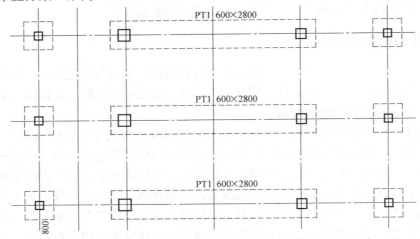

图 8-2-3 新加坡 VivoCity 无梁楼盖与宽扁梁结合的楼盖形式

对于两根宽扁梁之间的板的计算，可有多种结构计算模型，也有多种内力计算与结构配筋设计方法。

1）连续板模型弹性弯矩配筋法：将宽扁梁间的楼板简化为简支于宽扁梁中心的连续板（刚性链杆）支座，板计算跨度取梁中心的距离，用软件或结构力学方法求出连续板的最大正负弹性弯矩，用支座最大弯矩进行支座负弯矩筋的配置，用跨中弯矩计算跨中下部钢筋。这是配筋最大、最保守的设计方法。很多传统设计软件就采用这种设计方法。

2）连续板模型塑性弯矩配筋法：仍采用上述模型计算弹性弯矩，但对支座负弯矩进行塑性调幅，用塑性调幅后的弯矩进行截面配筋。该法可有效降低支座负弯矩筋用量，但跨中正弯矩筋不但不能减小，而且会略有增加，但相比方法一有进步。

3）连续板模型梁边截面配筋法：仍采用 1）、2）的连续板模型计算弹性弯矩，但板负弯矩筋计算取梁边截面的负弯矩进行计算。因负弯矩在支座附近向远离支座方向衰减较快，故板在梁边处的弯矩大大降低，对于正常梁宽的梁板结构有很高的经济意义，对于宽扁梁结构，其经济意义当然更大，但因为负弯矩衰减较快而支座较宽，板的负弯矩到梁边截面已变得很小，甚至有可能变号而成为正弯矩。因此用梁边弯矩去配置板在支座处的负弯矩筋会使配筋结果偏小，使结构偏于不安全。跨中正弯矩则同 1）、2）一样偏大，配筋结果偏于保守。

4）单块板固结模型查表法：摒弃连续板模型，因宽扁梁的截面尺寸很大，其抗扭转刚度远大于板的弯曲线刚度，故可假定宽扁梁在梁板共同受力时不会扭转，也不会发生横向弯曲（绕梁轴方向的弯曲），也即板端不会发生转动，因此将板两端简化为固结于宽扁梁上的单块板，板的计算跨度也因此变为宽扁梁间的净距，由连续板法的 8.4m 跨度变为 5.6m 跨度，在满跨均布荷载作用下，最大负弯矩可降低 63%，最大跨中正弯矩可降低 77%，可见计算跨度对内力影响的巨大。单块板的弯矩系数可通过结构静力手册查取，然后再根据算得的弯矩手算配筋。也可借助理正等小软件进行一站式的内力计算与配筋。该法与其他三种方法相比，最贴近板的实际受力状态与内力分布，也是最经济的一种设计方法。但该法模型简化的前提是宽扁梁不发生扭转与横向弯曲，因此对于一些保守而教条的工程师来说可能不太容易接受，那么可以采用第 5 种方法——有限元法。

5）有限元法：将梁板作为一个整体采用有限元法进行内力分析并配筋，此时的宽扁梁不能作为杆单元输入，而应该作为变厚度板输入，楼板则应采用具有面外弯曲刚度的弹性板 3（有面外刚度、无面内刚度）或弹性板 6（既有面外刚度，又有面内刚度，即壳单元）单元。有限元法可全面真实地模拟宽扁梁与板之间的相互影响，能够得到相对更加准确、真实的内力计算结果，因此其配筋结果可兼顾结构安全与经济问题。

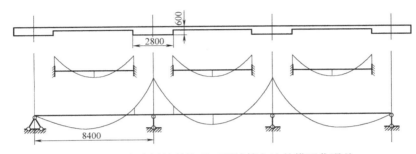

图 8-2-4　宽扁梁楼盖体系不同计算方法的模型化误差

框架结构刚域的作用也是减小框架梁的计算跨度。

构件的截面尺寸在静定结构中对内力分析没有影响，但在超静定结构中，某个构件截面尺寸的变化会导致该构件与其他构件的刚度比发生变化，对内力在各构件中的分配会产生影响，也即内力会有一个按刚度重分配的过程。因此在超静定结构中，调整任何一个构件的几何属性，都会产生牵一发而动全身的效果，在检查调整后的效果时，不能只看被调整的构件而忽略其他未做调整的构件，尤其要查看那些相对刚度较大的构件。

比如说钢筋混凝土框架-剪力墙结构，属于典型的超静定结构，内力会根据各组成构件的刚度进行分配。尤其是在主要抗侧力构件的剪力墙各墙肢之间及剪力墙与框架之间进行分配。当个别墙肢超长时，其相对刚度较大，会分配并承受更多的内力。形成"一枝独秀"或"鹤立鸡群"的局面。这种情况在结构受力中也是不利的，很容易遭遇"枪打出头鸟"而率先破坏并退出工作，则内力会迅速分配传递至其他较短墙肢及框架，导致其他墙肢及框架无力承受而发生整体破坏。因此结构设计的模型调整阶段，一般是将墙肢减短或在长墙的中间开大洞，此时墙肢的刚度会大大降低，会导致该墙肢与其他墙肢的刚度比发生变化，内力会重新按刚度分配，原本由超长墙肢所分配和承受的内力自然会加到其他墙肢上及框架上，故需对其他墙肢及框架梁柱的结果进行全面查验。

二、边界条件的影响

边界条件对结构内力的量值与分布关系影响巨大，甚至导致计算结果不可信。所谓边界条件，就是结构在某些位置位移或内力为已知的条件，又可分为力边界条件和位移边界条件。所谓力的边界条件就是结构在某些点内力为已知的条件，比如铰支座处的弯矩为零，自由端处的弯矩、剪力及轴力均为零等；位移边界条件就是在结构的某些点位移为已知的条件，比如固定铰支座在 X、Y、Z 三个方向的平动位移分量为零，而固定端支座则三个平动分量及三个转动分量均为零。施加荷载与约束，归根结底要遵循一个原则——尽量还原结构在实际中的真实约束和受力情况。

边界条件对内力影响最直观、最生动的例子是地下室外墙的结构计算模型。以单层地下室的外墙为例，因地下室的底板一般较厚，且有底板下地基土对底板变形的约束作用，故一般假定墙底为固定支承，这一点基本没有争议。但外墙顶端的边界条件，则视具体情况可由固定、铰接及自由三种可能的边界条件。

当外墙顶部没有楼板与之相连，又没有其他足够的平面外支承时，外墙顶部应按自由端考虑，如窗井墙或首层楼板开大洞的情况；当外墙顶部有楼板与之相连时，因一般地下室的顶板厚度较地下室外墙薄，认为地下室顶板对地下室外墙的转动约束可以忽略，顶板对外墙仅提供垂直于外墙的轴向支承即简支；当外墙顶部有楼板与之相连，且地下室外墙同时为主体结构的落地剪力墙时，此时首层墙体与地下一层外墙沿竖向连续，在加之首层楼板的转动约束，可以对地下室外墙顶部形成足够的转动约束，此时可将地下一层外墙顶端视为固定端。但是，当主体结构的外墙开有较大的门窗洞口时，其对外墙的约束作用有限，此时仍应将地下一层外墙顶端视为铰支座。

图 8-2-5 为单层地下室外墙在土压力作用下外墙顶部不同边界条件下的计算模型及弯矩量值对比。从中可看出，上端铰接模型的底部最大弯矩仅为上端自由模型的 40%；而上端固结模型的底部最大弯矩仅为上端自由模型的 30%，为上端铰接模型的 75%。可见边界条件类型对结构内力的分布及幅值影响巨大。

当地下室超过一层时，则中间层的楼板可作为外墙连续板模型的中间支座，按刚性链杆考虑。

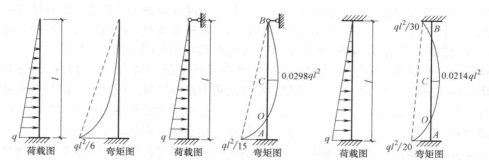

图 8-2-5 单层地下室外墙计算模型与弯矩分布

三、地下车库外墙计算模型

1. 外墙无扶壁柱的计算模型

地下室外墙的计算模型应根据其受约束情况来具体分析确定，最重要的是边界条件的确定。地下车库除人防区外，与之相连的横向剪力墙很少，甚至几乎没有，但可能会有扶壁柱。当无横墙相连也无扶壁柱时，地下室外墙可近似看作平面应变问题，可取单位宽度的竖向板带进行计算，多简化为单向受力的单向板或多跨连续板模型，只计算水平截面的内力及配筋，即竖向钢筋按计算配置，水平钢筋按构造配置。

2. 外墙有扶壁柱的计算模型

当地下室外墙设有与之整浇在一起的扶壁柱时，其传力路径、受力状态及内力分配就不再像无扶壁柱那样简单，而需根据扶壁柱的大小来综合确定。当扶壁柱的尺寸与墙厚相比较大时，扶壁柱对外墙板的约束作用不能忽略，其作用类似于竖向放置的梁，对外墙板可起到支承作用，此时外墙板在水平方向应按支承于扶壁柱上的多跨连续板考虑，扶壁柱作为多跨连续板的内支座，对外墙板提供平面外支承；当扶壁柱尺寸较小时，可忽略扶壁柱的作用，而将外墙按整块板考虑，其计算模型同无壁柱（或内横墙）的地下室外墙。

当考虑扶壁柱的支承作用而按双向板设计时，扶壁柱除了承受结构整体计算的内力之外，同时还要承受从外墙板传来的横向荷载。很多设计师习惯直接采用 PKPM 整体计算模型下的配筋结果，但却忽略了外墙传给扶壁柱的横向荷载，导致设计结果偏于不安全。

扶壁柱在外墙横向荷载作用下可简化为上下均为固接的模型或与其所支承的楼面梁形成半框架模型。在计算扶壁柱的最终配筋时，对于柱顶截面，柱顶弯矩应取外墙横向荷载模型的柱顶弯矩与整体分析模型柱顶弯矩的叠加，用叠加后的设计弯矩进行截面设计及配筋；对于跨中截面，应验算在横向荷载模型跨中弯矩作用下，PKPM 整体计算模型的配筋能否满足要求。

当有扶壁柱但忽视其作用而按单向板模型设计时，考虑到墙板在扶壁柱处确实存在刚度突变，或多或少会有一定的水平向弯曲受力特征，也即多少会存在一定的水平弯矩，故从概念设计角度应该对扶壁柱处外侧水平钢筋予以加强。理论上的确如此，但实际上很多时候不必要。主要是在实际的设计工作中，虽然水平分布钢筋为构造配置，但一般来说其构造配筋量并不低。据笔者对十几家设计院的二十多个工程的统计，对于 250mm 厚的地下车库外墙，水平分布钢筋用量最小的为 ϕ 10@200（393mm²/m，两侧合计配筋率为 0.32%），最大的为 ϕ 12@150（565mm²/m，两侧合计配筋率为 0.60%）。对于 250mm 厚的地下车库外墙，单位宽度所能承受的极限弯矩设计值，当采用 ϕ 10@200 时为 26.7kN·m，采用 ϕ 12@200 时为 38.4kN·m。一般来说均不小于双向板模型算得的弯矩设计值。

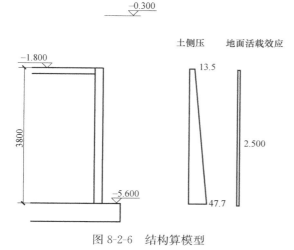

图 8-2-6　结构算模型

【案例】　图 8-2-6～图 8-2-8 为 8.0m 柱距、3.8m 层高，在 1.5m 厚覆土厚度及 5.0kN/m² 地面超载作用下，按单向板及双向板模型算得的弯矩分布，从弯矩分布情况看，在 8.0/3.8＝2.1 的长宽比下，两种模型的竖向弯矩几乎相同。而采用双向板模型的水平向最大仅为 22.36kN·m，小于 ϕ 10@200 时的极限设计弯矩 26.7kN·m，不必在扶壁柱附近考虑任何的加强措施。

但当层高较高（比如复式机械停车库）或扶壁柱间距较小时（比如一个柱距

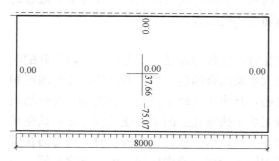

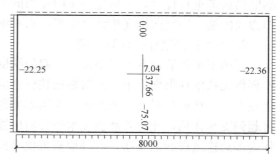

图 8-2-7　单向板模型组合弯矩　　　　　图 8-2-8　双向板模型组合弯矩

停两辆车的 5.4m 标准柱距），板块的长宽比变小，双向作用加强，情况会有所改变。以升降横移式双层机械停车库为例，一般要求净高 3.6m，当钢架置于梁下时，钢架高度需要 0.3m，再加上至少 0.9m 的梁高，则层高一般要求 4.8m。此时扶壁柱间外墙板块的长宽比为 8.0/4.8＝1.67，双向作用显现，扶壁柱的存在确能起到降低竖向弯矩及配筋的作用，但水平向钢筋相应增加。

　　【案例】　图 8-2-9、图 8-2-10 为 8.0m 柱距、4.8m 层高在 1.5m 厚覆土厚度下，按单向板及双向板模型算得的弯矩分布，从弯矩分布情况看，双向板模型的竖向弯矩明显降低，但水平向弯矩也较大，外侧钢筋由计算控制，采用双向板模型计算在理论上具有一定意义。

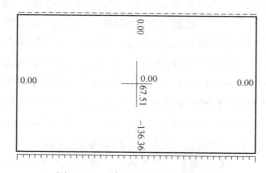

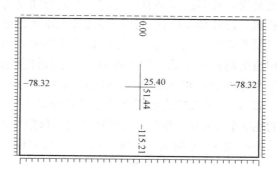

图 8-2-9　单向板模型组合弯矩　　　　　图 8-2-10　双向板模型组合弯矩

　　从以上算例的弯矩输出结果可看出，当板块的长宽比较大时，考虑扶壁柱的作用而采用双向板模型计算时，竖向弯矩并没有发生变化，几乎没有体现出双向受力效应，此时双向板模型并不具有经济性。因此，除非扶壁柱的柱距较小或层高较大，使得扶壁柱之间板块的长宽比小于 1.5，因而双向作用非常明显时需考虑双向板模型，否则采用双向板模型均属于自找麻烦、自寻烦恼，且无多大的经济效益，搞不好还容易出安全隐患。

　　进一步讲，除非层高较高采用单向板模型配筋较大而不经济时，可考虑设扶壁柱外，一般 4.5m 以下的地下车库层高均没有设置扶壁柱的必要，可仅在梁下设置与墙等厚、两倍梁宽的暗柱即可。必须设扶壁柱时，也应尽量弱化其平面外刚度。

四、剪力墙结构住宅地下室外墙计算模型

　　剪力墙住宅的地下室外墙与地下车库外墙有较大区别，主要是有许多与外墙垂直相交

的内横墙，且横墙间距一般不大，基本在 3.0~4.5m 之间。其次是主楼地下室层高一般不大，基本在 2.6~3.3m 之间，超过 3.6m 层高的很少。因此板块的长宽比基本在 1.0 左右。

当地下室外墙采取简化模型计算而非采用有限元计算时，选取合适的计算模型对地下室外墙的计算至关重要，设计时应针对工程项目的具体情况进行具体分析，必须对地下室的顶板、底板、内隔墙、垂直外墙、中间层楼板对外墙的支承作用、地下室外墙在顶板以上的延续性等进行全面客观的分析与评价，从而确定与实际工作状况最为接近的几何模型与边界条件，唯有如此，才能保证选择的计算模型最大限度的符合工程实际，才能保证地下室外墙结构的经济与安全。

地下室外墙可以看成是竖向放置的板，主要承受侧向的土压力与水压力及上部结构传下来的荷载，因此地下室外墙本质上是一个板式压弯构件。但当地下室外墙出地面后不向上延续时，此时地下室外墙仅承受顶板传来的荷载时，则沿墙板平面方向的竖向压力可忽略不计，外墙可以简化为以承受侧向压力为主的板式受弯构件。在轴向压力不大的情况下，轴向压力对裂缝宽度计算起有利作用，很多工程在裂缝宽度计算值超限时，适当考虑轴向压力的有利作用即可将裂缝宽度控制在限值以内。

板构件的支承应根据地下室的层数，与外墙相连的壁柱及内隔墙、顶板、中间楼板与底板的支承情况综合考虑。一般地下室的顶板厚度较外侧墙薄，认为顶板对外侧墙的转动约束可以忽略，顶板对外墙仅提供垂直于外墙的轴向支承即简支。地下室的底板一般较厚，外墙下一般布设条形基础或在与底板相交处设置一条较大的地梁，且底板下的地基土对底板的变形也起到一定的约束作用，当底板外伸时外伸部分的覆土也对其转动有约束作用，故在这种情况下，认为底板对外墙除了提供轴向支承以外，还提供完全的转动约束即固定支承。

当不存在顶板时，又没有其他足够的平面外支承时，相应端应按自由端考虑。当地下室外墙同时为主体结构的落地剪力墙时，首层墙体与地下一层外墙连续，可以对地下室外墙形成一定的转动约束，此时可将地下一层外墙顶端视为固定端。但是，主体结构的外墙往往开有较大的门窗洞口，其对外墙的约束作用有限，此时仍应将地下一层外墙顶端视为铰支座。

当地下室超过一层时，则中间层的楼板可作为外墙连续板的中间支座，按刚性链杆考虑。

当与外墙相连的壁柱较大或存在有垂直于外墙的内隔墙时，且壁柱或内隔墙间距与地下室层高相比差距较小（如二者之比小于等于2）时，则外墙的双向作用明显，外墙可按水平方向的多跨连续板考虑，壁柱或内隔墙可以作为多跨连续板的内支座，对外侧墙提供支承。但当壁柱较小时，可忽略壁柱的作用，而将外墙按整块板考虑。

以上均是为了计算方便而做出的简化假定，要知道在任何情况下都不可能有完全的简支与固定支承，因此在设计时对这样的假定所产生的不利影响应有足够的估计并通过构造手段处理。

如果地下室外墙的中间支座是壁柱的话，地下室外墙对壁柱的侧向作用不能忽略，此时应将壁柱对地下室外墙的支座反力反作用于壁柱，对壁柱进行压弯验算。

因此，主楼地下室外墙的一般计算模型就是：以承受水土压力为主的，以顶板、底板、垂直向外墙、内隔墙、壁柱、中间层楼板为支承的多跨连续板，如图 8-2-11 所示。

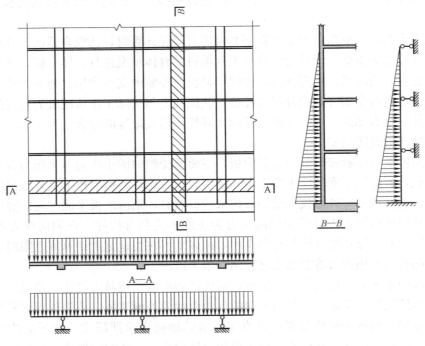

图 8-2-11 地下室外墙计算模型

该模型比较符合实际工作状况，但要按此模型计算还是比较困难，需采用有限元分析方法进行。因此在实际设计过程中，还需将上述模型继续简化，以便可以采用解析法、小软件或查静力计算手册等简单方法进行计算。

如可将多跨连续板简化为一个个单块的双向板，墙与顶板或底板相连处可以按前述方法确定其边界条件（或固支、或铰支、或自由），中间支座处可以简化为固定支承。左右两边则根据板块在该边是否连续及支承构件刚度的大小而取固支、铰支或弹性支座，当为连续边或虽为端支座但支承构件对墙板的转动约束刚度较大时可简化为固接，如图 8-2-12 中的墙板在 6 轴、12 轴及图 8-2-13 在 18 轴及 20 轴的支承条件；当为端支座且支承构件对墙板的转动约束刚度较小时可简化为铰接，如图 8-2-12 中 1 轴与 3 轴之间的墙板在 1 轴及 3 轴处的支承条件，10 轴与 14 轴之间的双跨连续板在 10 轴与 14 轴的支承条件，图 8-2-13 中三跨连续板在 16 轴及 24 轴处的支承条件。处于固接及铰接的中间状态时，理论上应简化为具有弹性转动约束的支座，如图 8-2-12 中 3 轴至 10 轴之间的墙板在 3 轴与 10 轴处的支承条件，虽然这两处均为端支座，支承墙体的厚度也不大，但因支承墙体是 T 形翼墙，其对墙板转动约束作用要比 L 形翼墙大许多，简化为铰接不是很合理，而其转动约束刚度又不足以大到简化为固接，故较理想的支承条件是弹性转动约束。但弹性转动约束的弹簧刚度不容易计算，且一般的工具箱类软件不提供弹性支座的功能，故简化为弹性支座在内力计算方面比较麻烦。一般来说对端支座仍可选固接及铰接两种支承条件，再根据端支座对墙板的实际约束情况对内力及配筋进行适当调整，比如简化为固接时适当加大跨中截面的配筋，简化为铰接时则适当加大支座截面的配筋。但对于图 8-2-12 中 6 轴、

12 轴及图 8-2-13 中 18 轴、20 轴等中间支座，若两侧墙板厚度无明显差别，简化为固接是没有问题的。

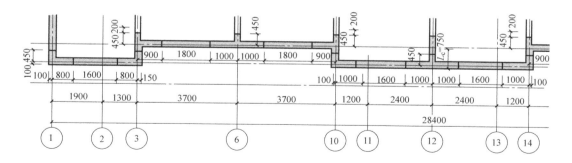

图 8-2-12　河北保定某项目地下室外墙局部平面图

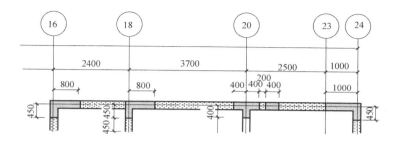

图 8-2-13　河北保定某项目地下室外墙局部平面图

结合沿竖向楼板对墙板的支承条件及水平方向横墙对外墙的支承条件，图 8-2-12 中地下一层的墙板可简化为如图 8-2-14 中的几种板块之一，而对地下二层及地下二层以下的墙板则可简化为如图 8-2-15 中的几种板块之一。图 8-2-14、图 8-2-15 中的（a）、（b）、（c）简图分别对应 1 轴～3 轴之间的板块、6 轴～10 轴之间的板块及 12 轴～14 轴之间的板块，以方便读者能直接感受之间的对应关系。

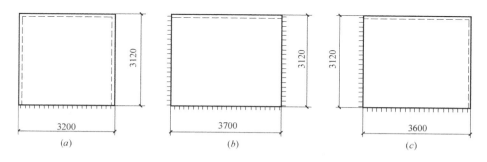

图 8-2-14　地下一层单块墙板几何模型与边界条件

值得注意的是，不同地下室的层高以及横墙或壁柱的间距是千变万化的，即使同一个工程的地下室的不同开间这些参数也不完全相同，因此对一个地下室的外墙不可能仅选用一个板块就解决整个地下室外墙的计算，而要根据不同的开间和层高选取几个不同的典型

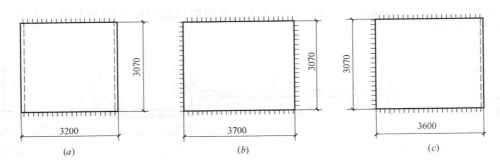

图 8-2-15   地下二层单块墙板几何模型与边界条件

板块进行计算才能保证整个外墙的经济合理与安全。有的设计院也会根据开间大小进行分档计算，但却以 1.0m 为模数进行分档，也就是说 3.0m 开间可能与 3.9m 开间在同一档，采用相同的内力和配筋，这种分档方法就太粗犷了，二者的最大弯矩比值是 $3.9^2/3.0^2 = 1.69$，对于 3.0m 开间的墙板，水平钢筋增加了 69%，个人感觉还是难以接受的。

有的结构工程师不论板块所处位置及跨度大小，也不管板块在支座处是否有相邻墙板与之连续，一律将两侧边的支承条件假定为简支，也即一律采用上述图 8-2-14 及图 8-2-15 中的 (a) 模型。理由是左右两侧相邻板块的跨度不相等，因而作用于墙板上的水平荷载总量也不相等，因而当相邻板块较小时难以对该板块起到有效的转动约束，故而应简化为铰接。

从严格意义上来说，所谓固接或铰接都是一种模型简化方法，很多情况下的边界条件既非完全的固接，也非完全的铰接，只不过是根据支座对板边的转动约束程度强弱而选择相对接近的支承模式。转动约束强就简化为固接，转动约束弱就简化为铰接。很显然，类似图 8-2-12 中的墙板在 6 轴、12 轴及图 8-2-13 在 18 轴及 20 轴的支承条件更接近于固接而不是铰接。因此假定为固接的模型偏差较小，而选择铰接的模型偏差较大。如果按该结构工程师的理解，几乎所有板类构件就都不存在固接这种支承条件了，所有楼板的支座负弯矩都是零，支座上铁都可以按构造配置，也不必考虑按弹性设计还是按塑性设计了，结构静力手册也不需要列入固定边这一支承条件了，只需简支、角点支承及自由边三种边界条件就可以了。但事实显然不是这样。

当地下室外墙计算时假定底部为固定支座时，外墙底部弯矩与相邻的底板弯矩大小相同，底板的抗弯能力不应小于侧壁，其厚度和配筋量应匹配。在地下车道的设计中尤为突出，车道侧壁为悬臂构件，车道底板当按竖向荷载产生的基底反力设计时，底板一般会较薄，有可能薄于车道侧板，此时应按底板的抗弯能力不应小于侧壁的原则加厚底板并调整配筋。当车道紧靠地下室外墙时，车道底板位于外墙中部，应注意外墙承受车道底板传来的水平集中力作用，该荷载经常遗漏。

笔者不推荐在地下室外墙设计中采用扶壁柱，除非扶壁柱为主体结构所需或有充足理由表明设扶壁柱有明显的经济优势时，否则侧墙一般按单向板计算，如此可使计算大大简化，结构设计也偏于安全，当外侧竖向钢筋采用间隔截断的分离式配筋时，也能取得不错的经济效果，还可避免漏算一些构件造成不必要的安全隐患。故在设计之初，就尽量不设扶壁柱，当竖向抗压需要必须设扶壁柱，则要尽量减小扶壁柱截面或弱化扶壁柱沿墙平面外的刚度，比如将扶壁柱扁放，即将矩形柱的长边平行于外墙放置。在计算内力与配筋时，除了垂直于外墙方向有钢筋混凝土内隔墙相连的外墙板块或外墙扶壁柱截面尺寸较大的外墙板块可按双向板计算配筋外，其余的外墙以按竖向单向板计算配筋为妥。对于竖向荷载（轴力）较小的外墙扶壁桩，其内外侧主筋也应予以适当加强。此时外墙的水平分布筋要根据扶壁柱截面尺寸大小，可适当另配外侧附加短水平负筋予以加强，外墙转角处也同此予以适当加强。

综上所述，地下室外墙计算模型一般根据其约束情况简化为单跨或多跨连续单向板、双向板计算，其中边界条件的判断最为关键，一定要具体情况具体分析，不可生搬硬套。就简化模型而言，也都是在一定条件下的简化，且适用条件的界定比较模糊，若想得到比较准确及可靠的计算结果，可采用有限元法计算。现在这类软件也比较多，可采用通用有限元分析软件，如 ANSYS、ALGOR、SAP2000、STAAD PRO、MIDAS 等，也有一些针对岩土结构的专用软件，如 PLAXIS、理正、世纪旗云等，设计者可参考使用。

五、窗井墙计算模型

《高层建筑混凝土结构技术规程》JGJ 3—2010 对此做出较大修改：

| 12.2.7　有窗井的地下室，应设外挡土墙，挡土墙与地下室外墙之间应有可靠连接。 |

从该条文可以看出，新《高规》已不允许窗井墙直接做挡土墙。

当地下室设连续窗井但无内隔墙时，整个窗井挑出部分（包括窗井底板及窗井外墙）实质为弹性力学意义上的平面应变问题，没有任何空间作用，窗井底板及外墙完全可以简化为平面模型，即窗井底板计算模型可视为从结构主体筏板挑出的悬臂板，悬臂板上作用的是窗井底板的基底反力；而窗井外墙则视为在窗井底板悬臂端向上挑出的悬臂墙，该悬臂墙同时承受着作用于窗井墙上的土、水压力。见图 8-2-16。

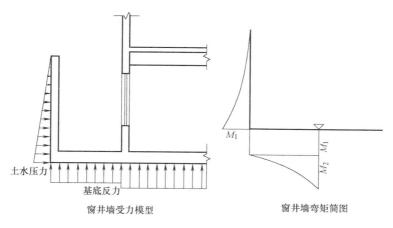

土水压力　基底反力

窗井墙受力模型　　　　　　　　　　窗井墙弯矩简图

图 8-2-16　窗井墙模型及弯矩分布

由于窗井底板与窗井外墙的交接处为刚接、连续，故窗井外墙土、水压力在其悬臂墙根部产生的弯矩 M_1 又会传递到窗井底板的悬臂板根部并与窗井底板基底反力产生的根部弯矩 M_2 叠加。这样的模型整个结构的抗弯刚度较弱，而窗井悬臂底板根部又是薄弱部位，在手算窗井悬臂底板的强度和配筋时，很容易遗漏窗井侧墙土、水压力所产生并传递过来的弯矩。所以无论从承载力还是变形角度都较为不利，应该尽量避免。

当在窗井内部按一定间隔设置内隔墙时，窗井墙的边界条件发生了根本性改变，结构计算模型就发生了根本性的改变，使窗井墙从单向受力状态变为双向受力状态，此时窗井内隔墙不只是窗井外墙的侧向支撑，将下端固定、上端自由的悬臂板模型转变为下端固定、上端自由、两侧连续的双向板模型，同时也能对窗井底板的竖向挠曲变形起到一定的约束作用。但若考虑内隔墙对窗井底板的支撑作用时要慎重，需按悬臂深梁验算内隔墙。

笔者的建议是：如果窗井挑出的宽度不是很宽（不大于 1500mm），可仅考虑内隔墙对窗井外墙的水平支承作用，不考虑内隔墙对窗井底板的竖向支承作用，窗井底板仍按挑出基础底板之外的悬臂板计算，因为窗井底板一般都与主体基础底板同厚，故自身具备较强的抗弯能力，当窗井出挑长度不是很大时，一般均能满足承载力要求。当窗井底板的抗弯抗剪承载力能满足要求时，可不必验算窗井隔墙的截面及配筋。

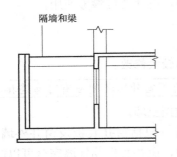

图 8-2-17　窗井内部有分隔墙

如果说单层地下室没有内隔墙而采用单向受力模型还可以算得过去的话，那么当有多层地下室，而窗井墙一直到底时，则窗井墙沿竖向的无支承长度将是多层地下室层高之和，此时若通长的窗井墙在水平方向也没有横隔墙提供侧向支承的话，则通长窗井墙沿墙长方向的无支承长度也会非常巨大，则整个窗井墙会形成高度方向若干层、水平方向若干跨、下端固定、上端自由、左右两端为铰接或固接的巨大板块，在结构上几乎是不成立的，也很难算得下来。

因此旧版《高层建筑混凝土结构技术规程》JGJ 3—2002 规定："有窗井的地下室，应在窗井内部设置分隔墙以减少窗井外墙的支撑长度，且窗井分隔墙宜与地下室内墙连通成整体。窗井内外墙体的混凝土强度等级应与主体结构相同。"

图 8-2-18～图 8-2-20 为北京顺义某项目三层地下室连续窗井墙的平面布置。在地下一层、地下二层沿轴线设置了内隔墙，在地下三层又对内隔墙进行了加密。从结构受力的角度还是比较合理的。但其内力计算及配筋方式则存在较大的缺陷。其配筋方式与窗井墙的实际受力状态相差较大，既浪费又不安全。而应采用分段计算、分段配筋的方式。

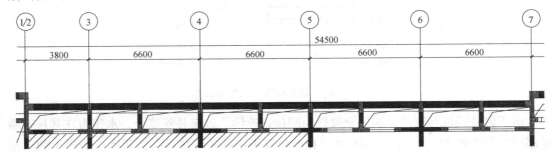

图 8-2-18　北京顺义某项目地下三层窗井墙平面图

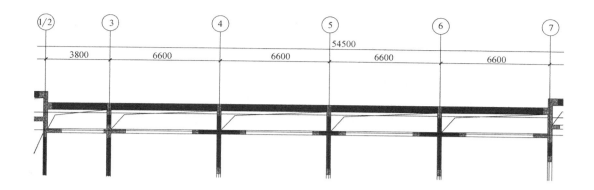

图 8-2-19　北京顺义某项目地下二层窗井墙平面图

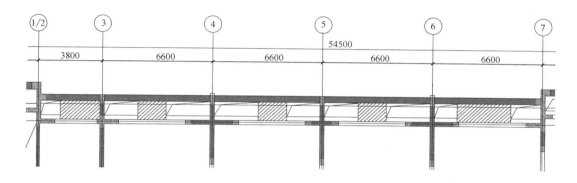

图 8-2-20　北京顺义某项目地下一层窗井墙平面图

9 号楼 1/2～7 轴窗井墙应按地下室自然层分三段进行计算和配筋，计算地下一层配筋时，可把地下一层窗井墙简化为上下均自由、左右均固接的板块（水平向板跨 6.6m）；计算地下二层配筋时，可把地下一二两层合起来简化为上下均自由、左右均固接的板块（水平向板跨 6.6m）；计算地下三层配筋时，可把地下一二三层合起来简化为上端自由、下端固接、左右均固接的板块（水平向板跨取中间最大跨 3.6m）。按上述简化方法的计算配筋量，实配钢筋可按如下进行：

地下一层：水平向内侧钢筋由 $\phi16@100$ 改为 $\phi16@200$，水平向外侧钢筋可由 $\phi16@200$ 通长改为 $\phi16@200$ 通长并在支座处附加 $\phi12@200$ 短筋的方式（原配筋略为不足）；竖向内侧钢筋维持 $\phi16@200$ 不变，竖向外侧通长钢筋由 $\phi18@200$ 改为 $\phi16@200$，无外侧附加钢筋；

地下二层：水平向内侧钢筋由 $\phi16@100$ 改为 $\phi16@150$，水平向外侧钢筋可由 $\phi16@200$ 通长改为 $\phi16@200$ 通长并在支座处附加 $\phi20@200$ 短筋的方式（原配筋严重不足）；竖向内侧钢筋维持 $\phi16@200$ 不变，竖向外侧通长钢筋由 $\phi18@200$ 改为 $\phi16@200$，无外侧附加钢筋；

地下三层：水平向内侧钢筋由 $\phi16@100$ 改为 $\phi16@200$，水平向外侧钢筋可由 $\phi16@200$ 通长改为 $\phi16@200$ 通长并在支座处附加 $\phi12@200$ 短筋的方式（原配筋略为不足）；竖向内侧钢筋维持 $\phi16@200$ 不变，竖向外侧通长钢筋由 $\phi18@200$ 改为 $\phi16@200$、附加钢

筋由 $\phi25@200$ 改为 $\phi12@200$。1/2～3 轴（边跨）可较上述水平钢筋适当增加。

六、板式构件的边界条件

当板式构件支承于钢筋混凝土墙或梁上，且墙厚或梁的截面尺寸很大时，简化为铰支座或刚性链杆支座不一定合适。尤其是边支座的边界条件，如果不加区分的一律按铰接对待，可能与其真实受力状态存在很大差别。比如 110mm 厚的板支承于 200mm 厚的外墙上，在剪力墙结构住宅中应该是一种非常普遍的现象。但就这 90mm 厚度的差距，后者的弯曲刚度已是前者的 6 倍，指望板墙连接节点能发生转动而实现板端的铰接条件已不可能，因此其边界条件更接近于刚接。当板边跨较大时，边支座刚接比铰接能大幅降低边跨板的跨中弯矩，有着比较现实的经济意义。

另一类复杂的板式构件是防水板，防水板不但受力复杂，需要同时考虑以水浮力为主的向上工况，还需考虑以恒活荷载为主的向下工况，而且由于独立柱基的存在，防水板被分隔成一个个彼此连续的"十"字形板块，见图 8-2-21 (a)。其边界条件也比较特殊复杂，难以直接简化为单块板模型而采用《结构静力计算手册》中的弯矩系数法，而且由于独立柱基尺寸一般较大，当独立柱基边长超过柱距的一半时，采用无梁楼盖板带划分的方法也存在较大的模型误差，因此只有采用考虑了独立柱基作用的有限元法才能得到准确的计算结果。但即便采用有限元法，其向上工况与向下工况不但荷载不同，边界条件也不同。向上工况是以墙柱作为支座，独立基础作为加厚的防水板即柱帽来对待；而向下模型理论上则应以基础作为防水板的支座，当把独立基础同防水板一起模拟进去时，准确的模型应在基础下施加刚性面支承或弹性面支承，简化的手法则是同向上模型一样在柱中心处施加一竖向约束，此时独立基础也同向上模型一样成了类似于柱帽一样局部加厚的防水板。

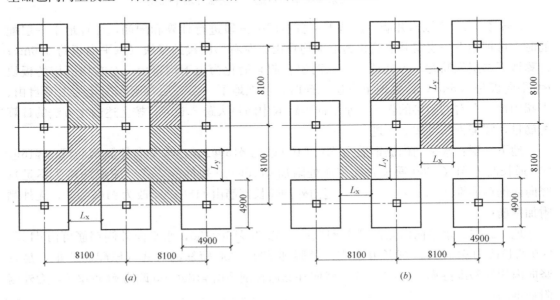

(a)   (b)

图 8-2-21　独立柱基加防水板体系的防水板计算模型

有的设计师为图省事，干脆忽略独立基础的存在而按有梁板模型取纵横柱列所围合的板块进行简化计算，对于图 8-2-21 中柱距 8100mm、基础尺寸为 4900mm×4900mm 之间

274

的防水板，忽略基础的存在而用 8100mm×8100mm 的双向板去查静力计算手册，因板跨过大，所需的板厚及配筋就太大了。这样的简化方法是明显不合理的，但因为是安全的，很多设计师也就这么做了。当然造成的浪费也是惊人的。

对于这种情况，也不是没有切实可行的简化模型及相应的计算方法，换一个角度和方式去划分板块，不难得到比较符合实际受力、偏于安全又不至于造成较大浪费的简化模型。如图 8-2-21 (b) 所示，防水板被独立柱基分隔后，基本形成了两种类型的板块，一种是介于两个独立柱基之间的板块，当防水板厚度与基础高度差异较大时，可假定为两对边固结于独立柱基，另外的两对边为自由边的单向板，见图 8-2-22 (a)；另一种是介于四个独立柱基之间的板块，可简化为四个角点支承于独立柱基的双向板，见图 8-2-22 (b)。

在均布面荷载 q 作用下，图 8-2-22 (a) 中两对边固结的单向板的支座弯矩为 $ql^2/12$，跨中弯矩为 $ql^2/24$；而根据结构静力计算手册，在均布荷载 q 作用下，图 8-2-22 (b) 中四角点支承的正方形双向板，连续边的弯矩为 $0.1505ql^2$，跨中弯矩为 $0.1117ql^2$，此处的计算跨度 l 为图 8-2-22 中的 l_x 或 l_y，且对于图 8-2-22 而言，$l=l_x=l_y=3200mm$，而非

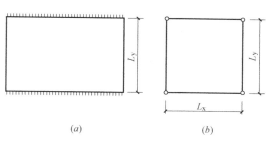

图 8-2-22　防水板的简化计算模型

柱距 8100mm。很显然，四角点支承正方形双向板模型的弯矩远大于两对边固结于基础的单向板的弯矩。因此从优化设计角度及节约成本出发，应该针对这类防水板采取差别化的配筋方式，但在现实设计中，没有一家设计院会对防水板采取差别化配筋，无一例外地采用双层双向贯通配筋的方式。因此，当防水板采用双层双向无差别的贯通配筋时，可忽略图 8-2-22 (a) 的模型，直接采用图 8-2-22 (b) 的模型去计算配筋。将实际跨度 3200mm 代入则得模型 (b) 连续边的弯矩为 $1.5411q$，跨中弯矩为 $1.1438q$。

如果采用上文所述 8100mm×8100mm 四边固支的正方形双向板，则支座弯矩为 $0.0513ql^2$，跨中弯矩为 $0.0176ql^2$，此处的 l 为柱距，其值为 8.1m，代入则得支座弯矩为 $3.3658q$，跨中弯矩为 $1.1547q$。由此可见，这种简化模型对于支座弯矩增加了一倍以上，在实际设计中不应采用。

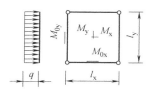

$$挠度 = 表中系数 \times \frac{ql_y^4}{D}$$

$$弯矩 = 表中系数 \times ql_y^2$$

弯矩和挠度系数

l_x/l_y	ν	f	f_{0x}	f_{0y}	M_x	M_y	M_{0x}	M_{0y}
	0	0.02820	0.01743	0.01743	0.1058	0.1058	0.1595	0.1595
1.00	1/6	0.02620	0.01720	0.01720	0.1091	0.1091	0.1547	0.1547
	0.3	0.02551	0.01775	0.01775	0.1117	0.1117	0.1505	0.1505

图 8-2-23　结构静力计算手册中四角点支承双向板的弯矩系数

275

第三节　分析与设计参数的取值与优化

分析与设计参数数量较多，对周期、位移等整体结构分析指标与结构配筋计算的影响不一，在此结合 SATWE 软件前处理部分中的"分析与设计参数补充定义"进行有选择的分析与介绍，不再一一进行介绍。

一、总信息（图 8-3-1）

1. 混凝土重度：缺省值为 25kN/m³，当需考虑梁、柱、墙上的抹灰及装修层荷载时，可以采用加大混凝土重度的方法近似考虑，以避免繁琐的荷载倒算。具体数值可参照前文"荷载取值与倒算的控制与优化"的有关章节。

2. 嵌固端所在层号：对于无地下室的结构，嵌固端一定位于首层底部，此时嵌固端所在层号为 1；对于带地下室的结构，如果地下室顶板具有足够的刚度和承载力，并满足规范的相应要求时，可以作为上部结构的嵌固端，此时嵌固端所在楼层为地上一层，此时嵌固端所在层号应该输入（地下室层数＋1），比如有 2 层地下室，就应该输入 3，而不应像无地下室那样输入 1，否则就变成了嵌固在基础顶面。如果修改了地下室层数，一定要随之修改嵌固端所在层号，程序不会自动修改。

此处还需注意：SATWE 程序在确定剪力墙底部加强部位时，与规范相比下延了一层。

《建筑抗震设计规范》GB 50011—2010

6.1.10　抗震强底部加强部位的范围，应符合下列规定：

1　底部加强部位的高度，应从地下室顶板算起。

3　当结构计算嵌固端位于地下一层的底板或以下时，底部加强部位尚宜向下延伸到计算嵌固端。

但 SATWE 程序在确定剪力墙底部加强部位时，将起算层号取为嵌固端所在层号减 1，即默认将底部加强部位延伸到嵌固端下一层，比规范保守，设计者应该留意。

3. 对所有楼层强制采用刚性楼板假定：勾选该参数，则程序不区分刚性板、弹性板或独立的弹性节点，只要位于该层楼面标高处的所有节点，一律强制从属于同一刚性板。强制刚性楼板假定可能会改变结构的真实模型，因此适用范围有限，仅在计算位移比、周期比、刚度比等指标时采用。在计算内力及配筋时，不应勾选此参数，仍应采用真实模型，才能获得正确的分析和设计结果。

新版 SATWE 程序会自动搜索全楼楼板，对于符合条件的楼板，自动判断为刚性楼板，并采用刚性楼板假定，无需用户干预。

当某些工程采用 SATWE 默认的刚性楼板假定会导致较大的计算误差时，可在"特殊构件补充定义"菜单将这部分楼板定义为弹性板 6、弹性板 3 或弹性膜。程序允许同一楼层内同时存在刚性板块与弹性板的情况。

4. 弹性板与梁变形协调：对于板柱体系及斜屋面应该勾选，否则误差较大。

5. "规定水平力"的确定方式：在扭转位移比计算时，为了使计算所得的位移比与楼层扭转效应之间存在明确的相关性，2010 版《高规》与《抗规》引入了规定水平力的概念。一般采用振型组合后的楼层地震剪力换算的水平力，并考虑偶然偏心，即程序默认的楼层剪力差方法。该参数仅对扭转位移比计算有意义，在进行结构楼层位移及层间位移控制值验算时，仍采用 CQC 的效应组合。

图 8-3-1　SATWE 总信息菜单

二、风荷载信息（图 8-3-2）

1. 地面粗糙度类别：对风荷载的影响较大，不宜随意定为 B 类，应该从发展的眼光定为 C 类或 D 类，详见"荷载取值与倒算的控制与优化"节的有关内容。

2. 修正后的基本风压：注意此处修正后的基本风压仍然是未乘三个系数（风荷载体型系数、风压高度变化系数及风振系数（或阵风系数））的风压值，即《建筑结构荷载规范》GB 50009—2012 公式 8.1.1-1 右侧的 w_0，程序会根据用户输入的结构基本周期自动计算风振系数，并根据建筑物高度自动计算风压高度变化系数，连同用户输入的风荷载体型系数，自动计算出风荷载标准值。因此在此切忌以风荷载标准值输入。

此处输入修正后的基本风压，应该结合本菜单中"承载力设计时风荷载效应放大系数"一同考虑。对于《高层建筑混凝土结构技术规程》JGJ 3—2010 中对风荷载敏感的高层建筑，承载力设计时应按基本风压的 1.1 倍采用的情况，如果在此输入放大后的基本风压值，则承载力与位移计算结果都会随之放大。但如果仅考虑承载力计算提高而位移计算不提高，则不应在此输入放大后的风压值。仅在"承载力设计时风荷载效应放大系数"中输入 1.1 即可。

尤其当风荷载控制的位移计算指标处于临界值附近且略有超出时，在计算位移指标时采用不经修正的基本风压值可获得不错的经济效果。

3. X、Y 向结构基本周期：一般来说程序会按简化计算方法赋初值，用户可以在

SATWE 计算完成后得到准确的结构自振周期，再回到此处修改并重新计算，可得到更为准确的风荷载。

4. 承载力设计时风荷载效应放大系数：对风荷载比较敏感的高层建筑，当前述修正后基本风压参数没有乘 1.1 倍系数时，可在此处填入 1.1。这样程序在计算位移时会按未放大的基本风压进行计算，而在内力与配筋计算时会自动按此系数将风荷载效应进行放大，可在一层计算完成两种不同风荷载工况的计算。

但如果在"修正后的基本风压"中已经考虑了 1.1 倍的放大，意味着位移与配筋计算都进行了放大，则此处不应填入 1.1，否则会导致两次放大。

5. 水平风体型系数：当结构立面变化较大时，不同区段内的体型系数可能不一样，应分别取值并输入。程序计算风荷载时会自动扣除地下室高度，因此分段时只需考虑上部结构，不必将地下室单独分段。

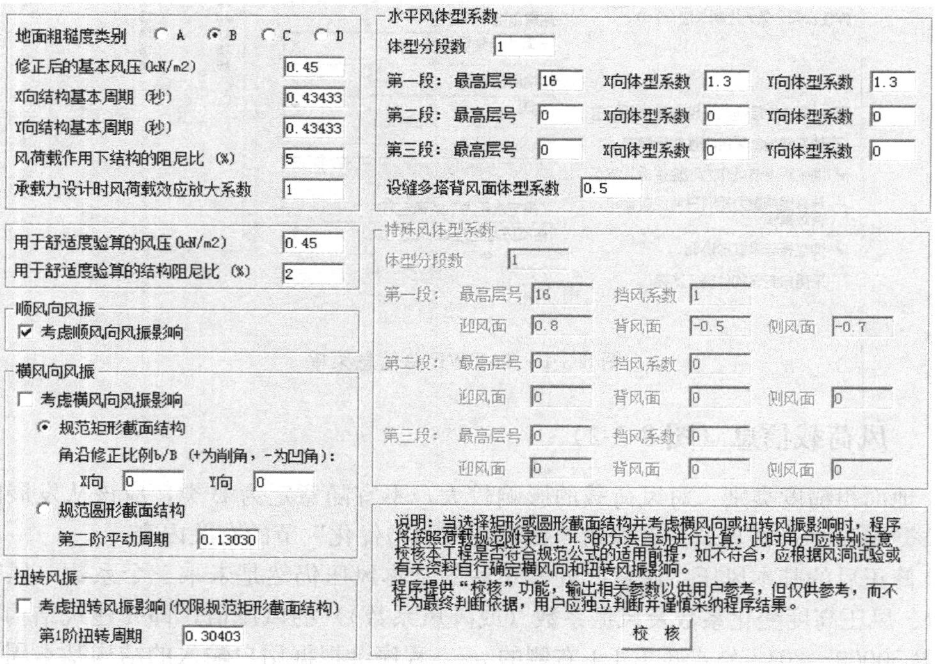

图 8-3-2　SATWE 风荷载信息菜单

三、地震信息（图 8-3-3）

"结构规则性信息"在程序内部不起作用；"设防地震分组"、"设防烈度"及"场地类别"对于具体项目均为刚性参数，不容改变，只要正确填写即可。"特征周期"及"地震影响系数最大值"会根据前面三个参数自动修改。阻尼比也基本是定值，对钢筋混凝土结构为 0.05，对钢结构为 0.02。因此上述这些参数不再讨论。

1. 混凝土框架抗震等级、剪力墙抗震等级、钢框架抗震等级：须知此处的抗震等级是全楼适用的，在此指定抗震等级后，SATWE 自动对全楼所有参与抗震构件的抗震等级赋初值。对于某些部位或构件的抗震等级需要在此基础上调整的情况，虽然 SATWE 可

278

以完成一部分构件抗震等级的调整，但用户最好去"特殊构件补充定义"中去查看并手动调整。

尤其是地下室嵌固层以下的抗震等级，SATWE默认与上部结构的抗震等级相同，当地下室层数多于一层且嵌固端为首层地面时，会造成较大的浪费，此时必须人工手动修改地下二层及以下各层的抗震等级。

《建筑抗震设计规范》GB 50011—2010

6.1.3 钢筋混凝土房屋抗震等级的规定，尚应符合下列要求：

3 当地下室顶板作为上部结构的嵌固部位时，地下一层的抗震等级应与上部结构相同，地下一层以下抗震构造措施的抗震等级可逐层降低一级，但不应低于四级。地下室中无上部结构的部分，抗震构造措施的抗震等级可根据具体情况采用三级或四级。

6.1.3 条文说明：3 关于地下室的抗震等级。带地下室的多层和高层建筑，当地下室结构的刚度和受剪承载力比上部楼层相对较大时（参见本规范第6.1.14条），地下室顶板可视作嵌固部位，在地震作用下的屈服部位将发生在地上楼层，同时将影响到地下一层。地面以下地震响应逐渐减小，规定地下一层的抗震等级不能降低；而地下一层以下不要求计算地震作用，规定其抗震构造措施的抗震等级可逐层降低。

---

2. 抗震构造措施的抗震等级：该参数同样是全楼适用的，适用于全楼抗震构造措施等级可能与全楼抗震等级不同的情况。如《建筑抗震设计规范》GB 50011—2010 第6.1.2条表6.1.2注1的情况："建筑场地为Ⅰ类时，除6度外应允许按表内降低一度所对应的抗震等级采取抗震构造措施，但相应的计算要求不应降低"。

当部分构件的抗震构造措施的抗震等级需要调整时，可在"特殊构件补充定义"中具体指定，如嵌固端以下抗震构造措施的抗震等级，当勾选本菜单中"按抗规（6.1.3-3）降低嵌固端以下抗震构造措施的抗震等级"后，仍应去"特殊构件补充定义"中去查看程序调整后的抗震构造措施的抗震等级是否满足要求。

3. 中震（或大震）设计：结构抗震性能设计时才考虑，一般情况取默认值"不考虑"。

4. 按抗规（6.1.3-3）降低嵌固端以下抗震构造措施的抗震等级：这是SATWE程序受盈建科软件的挑战与冲击后，根据《抗规》6.1.3条新增的选项。设计者可以尝试使用并去"特殊构件补充定义"中进行复核验证。

5. 考虑偶然偏心：此为必选项，一般采用程序默认的偶然偏心值即可。考虑偶然偏心后结构墙柱及梁用钢量将增加3%左右。

6. 考虑双向地震作用：质量和刚度分布明显不对称的结构，应计入双向水平地震作用下的扭转影响。对于存在两个对称轴的结构或近似对称的情况，则不需要考虑双向地震作用。程序允许同时考虑偶然偏心及双向地震作用，此时仅对无偏心地震作用效应进行双向地震作用，而左右偏心地震作用效应并不考虑双向地震作用。

在实际工程中要求在刚性楼板假定及偶然偏心荷载作用下位移比不小于1.2时应考虑双向地震作用。考虑双向地震作用后结构配筋一般增加5%～8%，单构件最大可能增加1倍左右，可见双向地震作用对结构用钢量影响较大。控制高层结构位移比不超标是是否考虑双向地震作用的关键，也是控制钢筋用量的关键环节。

7. 计算振型个数：振型个数一般可取振型参与质量达到总质量的90%所需的振型数。

振型个数最少为 3，最大为 $3n$（n 为嵌固端以上的楼层数量）。振型个数对电算分析速度及计算机存储容量影响较大，但随着计算机速度和存储容量的不断提高，振型数量对总计算时间的影响会逐渐降低，与取振型数过少发现有效质量系数不足再重新修改参数进行计算相比，多取几个振型一次性计算完毕还是更省时省力；用来判断参与计算振型数是否够的重要概念是有效质量系数，《高层建筑混凝土结构技术规程》第 5.1.13 条规定 B 级高度高层建筑结构有效质量系数应不小于 0.9，《建筑抗震设计规范》第 5.2.2 条条文说明中建议有效质量系数应不小于 0.9。一般来讲当有效质量系数大于 0.9 时，基底剪力误差小于 5%，所以满足规范要求即可，没有必要过多增加振型数。

8. 周期折减系数：该参数对抗震设计计算结果影响较大，等于直接将结构刚度放大，对地震作用与地震响应的影响均很显著。如果盲目折减，势必造成结构刚度过大，导致墙、柱、框架梁、连梁等抗侧力构件的配筋随之增大。

《高层建筑混凝土结构技术规程》JGJ 3—2010

4.3.17 当非承重墙体为砌体墙时，高层建筑结构的计算自振周期折减系数可按下列规定取值：

1　框架结构可取 0.6～0.7；

2　框架-剪力墙结构可取 0.7～0.8；

3　框架-核心筒结构可取 0.8～0.9；

4　剪力墙结构可取 0.8～1.0。

对于其他结构体系或采用其他非承重墙体时，可根据工程情况确定周期折减系数。

该条文说明明确规定此处的砌体墙"不包括采用柔性连接的填充墙或刚度很小的轻质砌体填充墙"，珍珠岩隔墙板及加气混凝土砌块填充墙应该属于柔性连接的填充墙或刚度很小的轻质砌体填充墙，当剪力墙结构采用上述两种材料作为填充墙时，可不考虑周期折减；但混凝土小型空心砌块及连锁空心砌块等恐难以列入刚度很小的轻质砌体填充墙之列，应考虑周期折减。

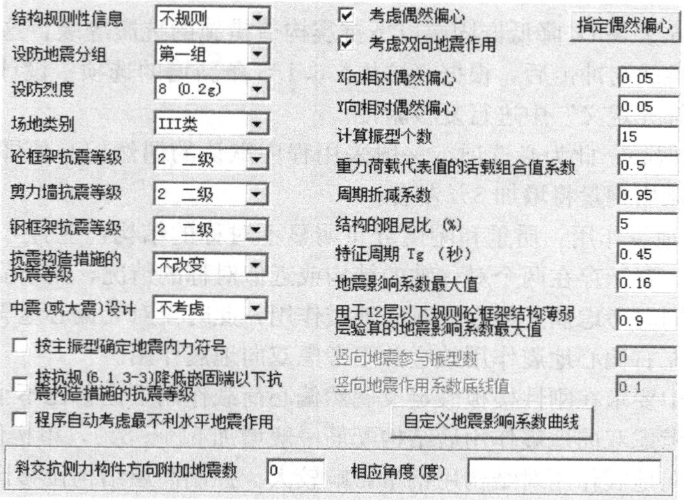

图 8-3-3　SATWE 地震信息菜单

四、活荷信息（图 8-3-4）

1. 柱墙设计时活荷载是否折减：根据《建筑结构荷载规范》GB 50009—2012 第 5.1.2 条规定：梁、墙、柱及基础设计时可对活荷载进行折减。SATWE 软件用户手册建议不要在 PMCAD 中进行活荷载折减，而是统一在 SATWE 中进行梁、柱、墙和基础设计时的活荷载折减。

2. 传给基础的活荷载是否折减：同上，也应该按规范要求折减，尤其基础设计更应折减。

另需注意：此处的折减仅用于 SATWE 设计结果的文本及图形输出，在接力 JCCAD 时，SATWE 传给 JCCAD 的内力为没有折减的内力，故用户需在 JCCAD 中另行指定折减信息。

3. 柱 墙 基础活荷载折减系数：一般可采用程序默认值。

4. 梁楼面活荷载折减设置：该参数也是适用于全楼的参数，因具体工程的楼盖形式及梁的从属面积千差万别，不建议在此处折减，用户可根据具体情况在 PMCAD 中直接输入折减后的活荷载值。

5. 梁活荷不利布置：一般可输入结构层数，按全楼所有层均考虑活荷载不利布置。

6. 考虑结构使用年限的活荷载调整系数：设计使用年限为 50 年时取 1.0，设计使用年限为 100 年时取 1.1。

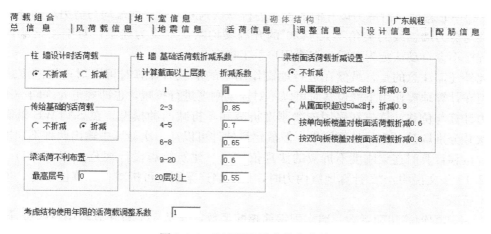

图 8-3-4 SATWE 活荷信息菜单

五、调整信息（图 8-3-5）

1. 梁端负弯矩调幅系数：可取默认值 0.85。此处的调幅系数适用于全楼的混凝土梁，部分梁的调幅系数与此不同或不调幅时，可在"特殊构件补充定义"中进行修改。

2. 梁活荷载内力放大系数：当上文活荷载信息中已考虑梁活荷载不利布置时，此处不应再放大，应取默认值 1.0；在后期施工图设计时可针对薄弱的部分比如悬挑梁等进行适当的放大，提高其安全储备。梁弯矩放大系数是程序开发早期为没有活载最不利布置功能而设定的，目前国内常用的结构计算软件如 PKPM、盈建科等均有活载不利布置的功能，故该系数不再需要放大。且楼面本身荷载和梁荷均已经乘以大于 1 的分项系数，梁计算中即使不放大也已经存在足够的安全储备，没有必要再对弯矩数及配筋进行放大。

3. 梁扭矩折减系数：是考虑现浇楼板对梁抗扭的贡献而对梁的扭矩进行折减的系数，一般可取默认值 0.4。

4. 托墙梁刚度放大系数：对于转换梁托剪力墙的情况，当采用梁单元模拟转换梁而用壳单元模拟剪力墙时，SATWE 计算模型是以转换梁的中性轴与剪力墙的下边缘变形协调，而实际情况是转换梁的上表面与剪力墙的下边缘变形协调，因此模拟结果会使转换梁的上表面与剪力墙脱开，失去应有的变形协调性，使模拟工作失真。与实际情况相比，计算模型的刚度被降低了，造成转换梁容易抗剪抗弯超限。为解决刚度偏弱的问题，SAT-WE 的解决方案就是将托梁刚度放大。盈建科软件的解决方案是采用壳单元模拟转换梁并自动进行单元划分，使细分的单元与上部承托的剪力墙单元保持变形协调，这种模型与实际工作状态接近，可充分发挥转换梁的刚度作用，从而减少抗剪抗弯超限现象，使结构设计更经济合理。

5. 连梁刚度折减系数：抗震设计经常会出现剪力墙连梁超限的问题，尤其是抗震设防烈度较高的地区，连梁超限几乎无法避免，为了降低连梁超限的几率及程度，也为了体现"强墙肢、弱连梁"的抗震设计理念，一般在设计中允许连梁在地震作用下开裂，开裂后连梁刚度必然有所降低，体现在计算模型中就是将连梁刚度进行折减，即通过此处的连梁刚度折减系数来实现，但折减系数不能低于 0.5，一般可取 0.6～0.7。

SATWE 程序只对剪力墙开洞的连梁进行默认判断，只要两端均与剪力墙相连且至少在一端与剪力墙轴线的夹角不大于 30°的开洞梁均默认定义为连梁；对于按梁输入的连梁，程序不会自动认定为连梁，需要用户手工指定。

此外还需注意的是，虽然在进行地震作用下的承载力计算时可以对连梁刚度进行折减，但在计算地震作用下的位移时可以不对连梁刚度进行折减，也即规范允许同一工程对承载力计算与位移计算分别采用连梁刚度折减和不折减两种模型。在 SATWE 里需要计算两次并分别取其对应的计算结果，但盈建科软件可以在一次计算中输出两种不同模型的结果。位移计算时连梁刚度不折减的法理依据见《建筑抗震设计规范》GB 50011—2010 第 6.2.13 条文说明："2 计算地震内力时，抗震墙连梁刚度可折减；计算位移时，连梁刚度可不折减。"

6. 柱实配钢筋超配系数、墙实配钢筋超配系数：这是一个新开放给用户的设计参数，程序默认值是 1.15，如不自行修改，意味着墙柱计算配筋自动超配 15%，这个浪费还是很严重的。

笔者发现，虽然该参数已开放给用户并可由用户自行修改，但很多设计者根本就不会修改，仍然保留程序默认的 1.15，其结果就是墙柱配筋超配 15%。笔者不赞成软件自身的任何保守倾向，也不赞成用户无原则的保守设计，尤其是这种不加区分、适用于全楼的整体放大，不应该也没必要。

从抗震计算及概念设计角度，规范在内力调整环节已经对柱的剪力与弯矩进行了放大，框架结构中一级框架柱的弯矩增大系数甚至高达 1.7、剪力增大系数高达 1.5，对剪力墙底部加强部位的剪力设计值及一级剪力墙底部加强部位以上部位的弯矩与剪力设计值也都进行了放大，其中底部加强部位的剪力设计值对一级剪力墙剪力增大系数高达 1.6。

因此不主张在此再进行放大，设计者应该自行修改为 1.0。只有当抗震设防烈度为 9 度时，才考虑采用大于 1.0 的超配系数。

7. 梁刚度放大系数按 2010 规范取值及中梁刚度放大系数：这是新版软件新增的功能与参数，勾选此项，程序会根据《混凝土结构设计规范》GB 50010—2010 第 5.2.4 条的表格，自动计算每根梁的有效翼缘宽度，按照 T 形截面梁与矩形截面梁的刚度比例，确定每根梁的刚度放大系数。如果不勾选此项，则按中梁刚度放大系数后所输入的值对全楼指定统一的中梁刚度放大系数。梁刚度放大系数的计算结果可在"特殊构件补充定义"中进行查看或修改。

8. 砼矩形梁转 T 形（自动附加楼板翼缘）：与上述的梁刚度放大系数不同的是，梁刚度放大系数只是在进行整体分析和位移计算时才起作用，配筋计算仍按矩形梁计算；但此处的矩形梁转 T 形梁，一旦勾选，程序会自动将所有混凝土矩形截面梁转换成 T 形截面梁，在整体分析与构件设计环节均按 T 形梁进行计算。这也是新版软件新增的一个设计参数；从优化设计角度鼓励这种做法，也有明确的规范依据。

> 《混凝土结构设计规范》GB 50010—2010
>
> 5.2.4　对现浇楼盖及装配整体式楼盖，宜考虑楼板作为翼缘对梁刚度和承载力的影响。梁受压区有效翼缘计算宽度可按表 5.2.4 所列情况中的最小值取用。

9. 部分框支剪力墙结构底部加强区剪力墙抗震等级自动提高一级：根据《高层建筑混凝土结构技术规程》JGJ 3—2010 表 3.9.3 及表 3.9.4，部分框支剪力墙结构的底部加强部位与非底部加强部位的抗震等级可能不同，当在"地震信息"菜单中剪力墙的抗震等级按非底部加强部位的抗震等级定义时，如在此处勾选了该参数，则程序会自动将底部加强部位的剪力墙抗震等级提高一级，不必再去"特殊构件补充定义"中进行手工修改，是一项减少手工操作工作量的人性化改进。但如果在"地震信息"菜单中剪力墙的抗震等级已按底部加强部位的抗震等级定义，则此处不应再进行勾选，否则会导致全楼抗震等级普遍放大一级，浪费极大。

10. 按抗震规范（5.2.5）调整各楼层地震内力：建议勾选，由程序自动调整。

11. 弱/强轴方向动位移比例：应根据结构自振周期处于地震影响系数的哪一段来决定取值，当结构自振周期小于特征周期时，处于地震影响系数曲线的加速度控制段，此处应填 0；当结构自振周期大于 5 倍特征周期时，处于地震影响系数曲线的位移控制段，此处应填 1；介于二者之间时处于地震影响系数曲线的速度控制段，此处应填 0.5。注意结构自振周期沿强弱轴是不同的，因此对于强轴与弱轴输入的数值也有可能不同。另需注意，此处的弱轴对应结构长周期方向，强轴对应短周期方向。

12. 全楼地震作用放大系数：对全楼地震作用进行统一放大，不要轻易采用大于 1.0 的数值。

13. $0.2V_0$ 分段调整：是根据《高层建筑混凝土结构技术规程》JGJ 3—2010 第 8.1.4 条规定：框架-剪力墙结构对应于地震作用标准值的各层框架总剪力应按 $0.2V_0$ 与 $V_{f,max}$ 二者的较小值采用。对于 V_0 与 $V_{f,max}$，规范均允许沿竖向分段取值，因此 SATWE 程序在此提供了分段调整的选项，以避免全楼统一调整所造成的部分楼层框架剪力过大的情况；此外，由于程序计算的 $0.2V_0$ 调整系数可能过大，用户可以设置调整系数的上限值，这样程序在进行相应调整时，采用的调整系数将不会超过这个上限值。调整系数上限的缺省值为 2。

14. 框支柱调整系数上限:《建筑抗震设计规范》GB 50011—2010 第 6.2.10 条也要求针对部分框支剪力墙结构框支柱的地震剪力进行调整:"当框支柱数量不少于 10 根时,柱承受的地震剪力之和不小于结构底部总地震剪力的 20%;当框支柱数量少于 10 根时,每根柱承受的地震剪力不应小于结构底部总地震剪力的 2%。框支柱的地震弯矩相应调整。"由于程序计算的框支柱调整系数可能过大,用户可设置调整系数的上限值,这样程序进行相应调整时,采用的调整系数将不会超过这个上限值。程序自动设置的框支柱调整上限为 5.0,可以自行调整。

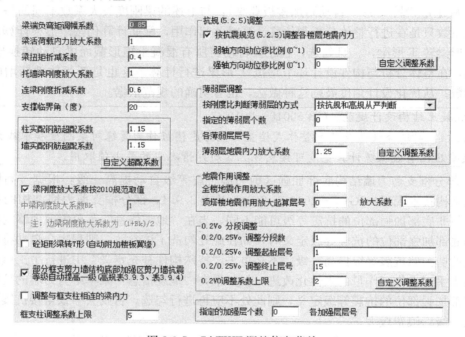

图 8-3-5 SATWE 调整信息菜单

六、设计信息 (图 8-3-6)

1. 结构重要性系数:一般设计使用年限为 50 年的民用建筑的安全等级大多为二级,根据《高规》3.8.1 条,对安全等级为二级的结构构件,结构重要性系数不应小于 1.0。故大多数情况应取 1.0,不要随意增大。

2. 考虑 P-Δ 效应:不要轻易勾选。

3. 框架梁端配筋考虑受压钢筋:建议勾选此项,程序会自动按《混凝土结构设计规范》GB 50010—2010 第 11.3.6 条规定的梁端截面底部与顶部纵向受力钢筋面积的比值确定受压钢筋的面积比例,然后再用双筋梁计算梁端受拉钢筋的数量。

4. 结构中的框架部分轴压比限值按照纯框架结构的规定采用:勾选此项意味着将轴压比限值从严要求。严格按规范规定确定轴压比限值即可,不要勾选。

5. 剪力墙边缘构件的设计执行高规 7.2.16-4 条的较高配筋要求:适用于《高规》可勾选,不适用于《高规》则不要勾选。

6. 当边缘构件轴压比小于抗规 6.4.5 条规定的限值时一律设置构造边缘构件：应该勾选。勾选此项时，对于约束边缘构件楼层的墙肢，程序自动判断其墙肢底截面的轴压比，以确定采用约束边缘构件或构造边缘构件。如不勾选，则对于约束边缘构件楼层的墙肢，无论其轴压比多小，也一律设置约束边缘构件。

7. 按混凝土规范 B.0.4 条考虑柱二阶效应：框架柱一律不要勾选，程序会自动按《混凝土结构设计规范》GB 50010—2010 第 6.2.4 条的规定考虑柱轴压力二阶效应；若勾选则按排架柱计算二阶效应。

8. 保护层厚度：严格按环境类别及构件类别确定，不要随意放大。

9. 梁柱重叠部分简化为刚域：建议勾选。依据《高层建筑混凝土结构技术规程》JGJ 3—2010 第 5.3.4 条："在结构整体计算中，宜考虑框架或壁式框架梁、柱节点区的刚域影响，梁端截面弯矩可取刚域端截面的弯矩设计值"。计算时考虑梁柱节点刚域作用，可以降低梁的配筋 1‰～2‰。因刚域长度总是小于 1/2 柱宽，故刚域端截面弯矩一般仍比不考虑刚域影响的柱边弯矩要大。

10. 钢柱计算长度系数：对钢结构设计的影响极大，应严格据实勾选。

11. 柱配筋计算原则：勾选"按单偏压计算"，但对用户指定的角柱，SATWE 强制采用双偏压进行配筋计算。

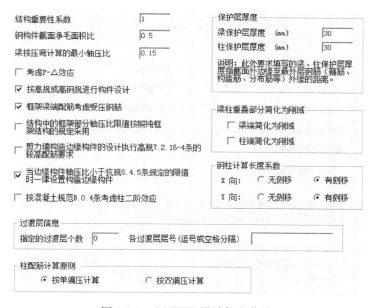

图 8-3-6　SATWE 设计信息菜单

七、配筋信息

1. 箍筋强度：此处只能修改边缘构件的箍筋强度，梁柱箍筋强度及墙水平与竖向分布钢筋的强度不能在此修改，用户需在 PMCAD 中指定，梁柱主筋级别可在 PMCAD 中逐层指定。图 8-3-7 为 PMCAD 前处理程序中"设计参数"菜单下的"材料信息"菜单，梁柱箍筋强度及墙水平与竖向分布钢筋的强度均在此指定。

2. 箍筋间距：梁柱箍筋间距固定取为 100mm，SATWE 软件计算输出结果是根据此

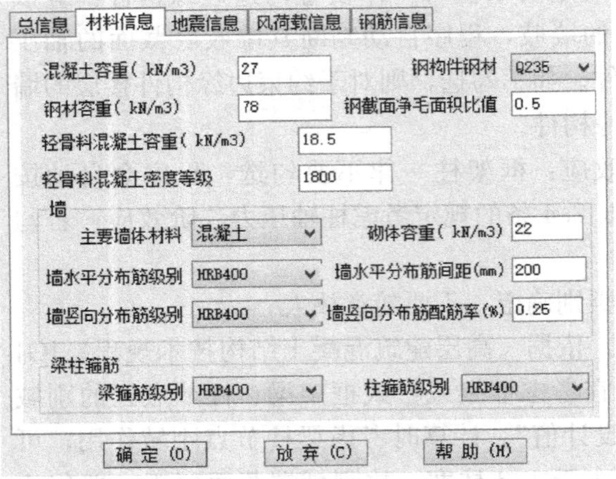

总信息	材料信息	地震信息	风荷载信息	钢筋信息		本标准层信息	

图中左侧表单内容：

混凝土容重（kN/m3）　27　　钢构件钢材　Q235

钢材容重（kN/m3）　78　　钢截面净毛面积比值　0.5

轻骨料混凝土容重（kN/m3）　18.5

轻骨料混凝土密度等级　1800

墙
　主要墙体材料　混凝土　　砌体容重（kN/m3）　22
　墙水平分布筋级别　HRB400　　墙水平分布筋间距（mm）　200
　墙竖向分布筋级别　HRB400　　墙竖向分布筋配筋率（%）　0.25

梁柱箍筋
　梁箍筋级别　HRB400　　柱箍筋级别　HRB400

确定(O)　放弃(C)　帮助(H)

右侧表单内容：

板厚（mm）　100
板混凝土强度等级　30
板钢筋保护层厚度（mm）　15
柱混凝土强度等级　30
梁混凝土强度等级　30
剪力墙混凝土强度等级　30
梁钢筋级别
柱钢筋级别　HRB400
墙钢筋级别　HRB400
本标准层层高（mm）　2900

确定　取消　帮助

图 8-3-7　PMCAD 程序中"设计参数"
菜单下的"材料信息"菜单

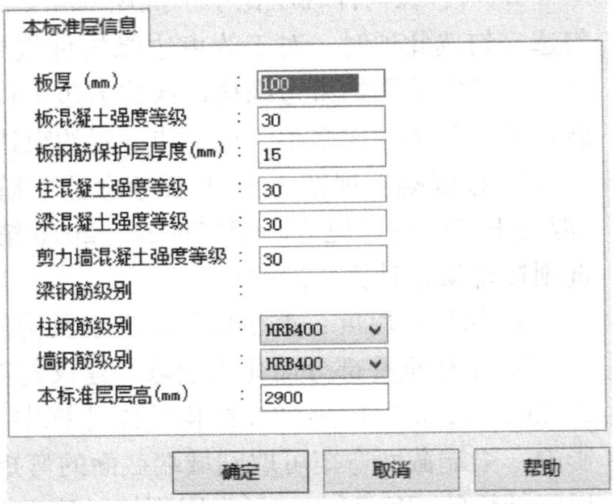

图 8-3-8　PMCAD 程序中"楼层定义"
菜单下的"本层信息"菜单

处的箍筋强度与箍筋间距计算得到的，当实际采用的箍筋强度及间距与此不同时，必须进行换算，按换算后的箍筋量值进行配置；此处可指定墙水平分布筋间距，当墙身水平分布筋由抗剪计算控制时，SATWE 软件计算结果的水平分布筋量值也是以本菜单输入的钢筋强度与间距计算得到的，当实际采用的强度与间距与此不同时，也需进行换算；此处的墙竖向分布筋配筋率输入 0.25 即可。

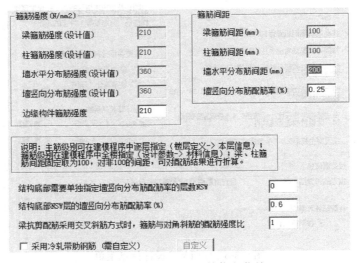

图中内容：

箍筋强度（N/mm2）
　梁箍筋强度（设计值）　210
　柱箍筋强度（设计值）　210
　墙水平分布筋强度（设计值）　360
　墙竖向分布筋强度（设计值）　360
　边缘构件箍筋强度　210

箍筋间距
　梁箍筋间距（mm）　100
　柱箍筋间距（mm）　100
　墙水平分布筋间距（mm）　200
　墙竖向分布筋配筋率（%）　0.25

说明：主筋级别可在建模程序中逐层指定（楼层定义->本层信息）；箍筋级别在建模程序中全楼指定（设计参数->材料信息）；梁、柱箍筋间距固定取为100，对非100的间距，可对配筋结果进行折算。

结构底部需要单独指定墙竖向分布筋配筋率的层数NSW　0

结构底部NSW层的墙竖向分布筋配筋率（%）　0.6

梁抗剪配筋采用交叉斜筋方式时，箍筋与对角斜筋的配筋强度比　1

☐ 采用冷轧带肋钢筋（需自定义）　　自定义

图 8-3-9　SATWE 配筋信息菜单

3. 结构底部需要单独指定竖向分布筋配筋率的层数 NSW：输入 0 即可，规范已经通过内力调整等计算手段以及底部加强部位与约束边缘构件等构造手段对结构底部若干层进行了加强，不必再提高结构底部墙身竖向分布筋的配筋率，规范也没有这方面的要求。

4. 结构底部 NSW 层的墙竖向分布筋配筋率（%）：上述 NSW 输入 0 后，此选项自动失效，但若 NSW 不为 0 时，需慎重填写此处数值，不要随意采用大于 0.25 的数值。

八、地下室信息（图 8-3-10）

1. 土层水平抗力系数的比例系数（M 值）：按《建筑桩基技术规范》JGJ 94—2008 表 5.7.5 的灌注桩项来取值，m 值范围一般在 2.5～100 之间，对于中密、密实的砾砂、碎石土等，可达 100～300；

2. 扣除地面以下几层的回填土约束：仅当地下室无永久回填土作为侧向约束时填写。比如某建筑有三层地下室，当永久回填土仅填至地下三层顶板时，则可在此处填 2，意味着地下一层与地下二层均没有回填土侧向约束。

3. 地下室外墙侧土水压力参数：是用于计算地下室外墙配筋的系列参数，建议用户用其他专用程序计算，不要采用 SATWE 整体分析计算的配筋结果。

土层水平抗力系数的比例系数（M值）	15
外墙分布筋保护层厚度(mm)	35
扣除地面以下几层的回填土约束	0

地下室外墙侧土水压力参数

回填土容重(kN/m3)	18
室外地坪标高(m)	-0.35
回填土侧压力系数	0.5
地下水位标高(m)	-20
室外地面附加荷载(kN/m2)	0

图 8-3-10　SATWE 地下室信息菜单

九、荷载组合（图 8-3-11）

采用程序默认值即可，无需修改。

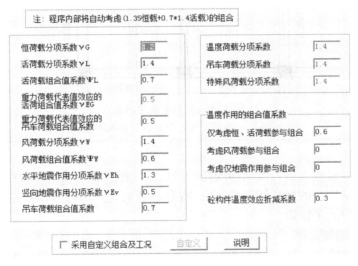

图 8-3-11　SATWE 荷载组合菜单

十、特殊构件补充定义

1. 特殊梁

1）连梁

是指与剪力墙相连，允许开裂，可作刚度折减的梁。SATWE 程序对剪力墙开洞连梁进行缺省判断。对开洞连梁的判断原则是：两端均与剪力墙相连、且至少在一端与剪力墙轴线的夹角不大于 30°的梁隐含定义为连梁。对于符合上述条件但以普通梁定义的连梁，程序不做缺省判断，会默认为普通框架梁，如果想定义为连梁，需用户人工指定。

对于不与框架柱（或剪力墙）相连的梁或仅与剪力墙在剪力墙平面外相连的梁，应定义为次梁，可按非抗震要求进行设计。但在 PKPM 系列软件的当前及以前版本中，除非在 PMCAD 建模中预先定义次梁，否则一律按抗震要求设计。

盈建科软件提供了"与剪力墙垂直相连的梁可按框架梁设计"的勾选项，当不勾选此项时，程序会视为非框架梁，按非抗震进行设计。

《高层建筑混凝土结构技术规程》JGJ 3—2010

6.1.8　不与框架柱相连的次梁，可按非抗震要求进行设计。

6.1.8 条文说明：不与框架柱（包括框架-剪力墙结构中的柱）相连的次梁，可按非抗震要求进行设计。

图 4 为框架楼层平面中的一个区格。图中梁 L_1 两端不与框架柱相连，因而不参与抗震，所以梁 L_1 的构造可按非抗震要求。例如，梁端箍筋不需要按抗震要求加密，仅需满足抗剪强度的要求，其间距也可按非抗震构件的要求；箍筋无需弯 135° 钩，90° 钩即可；纵筋的锚固、搭接等都可按非抗震要求。图中梁 L_2 与 L_1 不同，其一端与框架柱相连，另一端与梁相连；与框架柱相连端应按抗震设计，其要求应与框架梁相同，与梁相连端构造可同 L_1 梁。

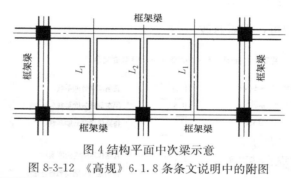

图 4 结构平面中次梁示意

图 8-3-12　《高规》6.1.8 条条文说明中的附图

2）转换梁

转换梁包括部分框支剪力墙结构的托墙转换梁（框支梁）及其他转换层结构类型中的转换梁（如筒体结构中的托柱转换梁等）。需要注意的是，SATWE 程序对转换梁不作缺省判断，需要用户人工指定。

3）一端或两端铰接梁

铰接梁也没有隐含定义，需用户指定。在 SATWE 程序中，定义为铰接梁并不会改变梁本身的抗震等级，在构件配筋时仍采用有抗震要求的构造措施。

2. 弹性楼板

SATWE 程序中的弹性楼板是为了减小整体分析时的模型化误差而进行的改进，并不是为了计算楼板的内力与配筋而引入的精确算法。在 PKPM 系列软件中，如果想得到弹性板模型的板内力与配筋结果，需接力 PMSAP 模块进行单独计算。

在 SATWE 程序中，弹性楼板需要用户人工指定。但对于斜屋面，在没有人工指定的情况下，程序会默认为弹性模。当然用户也可以指定为弹性板 6 或弹性模，但不允许定义为弹性板 3 或刚性板。

十一、桩筏有限元模型参数

PKPM 系列软件之一 JCCAD 程序的设计参数（图 8-3-13、图 8-3-14）也较多，在此选择几个对计算结果影响较大的参数进行分析探讨。

1. 计算模型：新版软件 V2.2 仅保留了两种计算模型，即弹性地基梁板模型及倒楼盖模型。倒楼盖模型其实是一种近似或简化的计算模型，必须符合一系列比较严格的条件才能采用，否则模型误差会较大，计算结果也会偏于保守。

现行《建筑地基基础设计规范》GB 50007—2011 限定了倒楼盖模型的适用条件，当不符合条件时，则必须采用弹性地基梁板模型进行计算。规范要求如下：

> 8.4.14 条　当地基土比较均匀、地基压缩层范围内无软弱土层或可液化土层、上部结构刚度较好、柱网和荷载较均匀、相邻柱荷载及柱间距的变化不超过 20%，且梁板式筏基梁的高跨比或平板式筏基板的厚跨比不小于 1/6 时，筏形基础可仅考虑局部弯曲作用。筏形基础的内力，可按基底反力直线分布进行计算，计算时基底反力应扣除底板自重及其上填土的自重。当不满足上述要求时，筏基内力应按弹性地基梁板方法进行分析计算。

因此在现有软件与计算机发展水平下，没必要采用倒楼盖模型，选用弹性地基梁板模型可得到更加准确、更符合实际受力状态的计算结果。

2. 上部结构影响（共同作用计算）：当采用弹性地基梁板模型并在此处点选"取 SATWE 刚度"后，程序即可进行基础与上部结构共同作用的分析计算，等于向结构更真实受力状态又近了一步，所得到筏板内力会更真实合理，计算配筋也会更加经济合理。

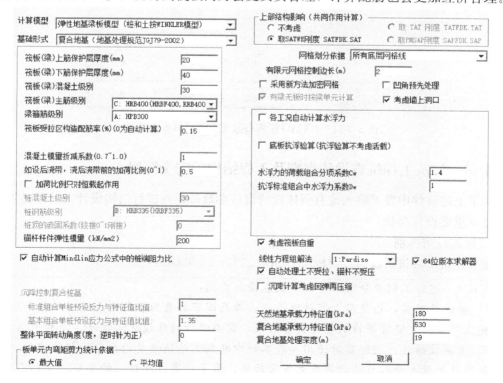

图 8-3-13　JCCAD 桩筏筏板有限元菜单

3. 筏板（梁）下筋保护层厚度：程序默认值为 50mm，用户要手动修改为 40mm。

4. 筏板受拉区构造配筋率（%）：应填入 0.15，否则程序会按 0.2 与 $45f_t/f_y$ 的较大值采用。

5. 沉降试算菜单中"板底土反力基床系数建议值"：初次进入沉降试算菜单，程序会自动对"板底土反力基床系数建议值"赋初值 $20000kN/m^3$，该值是一个相对较小的数值，相当于软塑黏性土的上限值及可塑黏性土的下限值，除非采用天然地基且地基持力层为松软土（流动砂土、软化湿土、新填土、流塑性黏土、淤泥及淤泥质土、有机质土）、软塑黏性土及松散砂土外，对于大多数的可塑黏性土及中等密实的粉土、砂类土都是偏小的，尤其当采用 CFG 桩复合地基时，该值更是严重偏小。

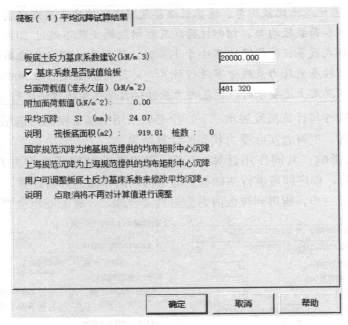

图 8-3-14　JCCAD 筏板有限元沉降试算弹出菜单

十二、建筑工程抗震设防类别及工程结构的安全等级

除了上述软件中要求输入或有所体现的设计参数外，在进行结构设计之前还必须事先确定以下重要设计参数：

1. 抗震设防类别

按《建筑工程抗震设防分类标准》GB 50223—2008 确定：

> 3.0.2　建筑工程应分为以下四个抗震设防类别：
>
> 1　特殊设防类：指使用上有特殊设施，涉及国家公共安全的重大建筑工程和地震时可能发生严重次生灾害等特别重大灾害后果，需要进行特殊设防的建筑。简称甲类。
>
> 2　重点设防类：指地震时使用功能不能中断或需尽快恢复的生命线相关建筑，以及地震时可能导致大量人员伤亡等重大灾害后果，需要提高设防标准的建筑。简称乙类。
>
> 3　标准设防类：指大量的除 1、2、4 款以外按标准要求进行设防的建筑。简称丙类。

4 适度设防类：指使用上人员稀少且震损不致产生次生灾害，允许在一定条件下适度降低要求的建筑。简称丁类。

3.0.3 各抗震设防类别建筑的抗震设防标准，应符合下列要求：

1 标准设防类，应按本地区抗震设防烈度确定其抗震措施和地震作用，达到在遭遇高于当地抗震设防烈度的预估罕遇地震影响时不致倒塌或发生危及生命安全的严重破坏的抗震设防目标。

2 重点设防类，应按高于本地区抗震设防烈度一度的要求加强其抗震措施；但抗震设防烈度为9度时应按比9度更高的要求采取抗震措施；地基基础的抗震措施，应符合有关规定。同时，应按本地区抗震设防烈度确定其地震作用。

3 特殊设防类，应按高于本地区抗震设防烈度提高一度的要求加强其抗震措施；但抗震设防烈度为9度时应按比9度更高的要求采取抗震措施。同时，应按批准的地震安全性评价的结果且高于本地区抗震设防烈度的要求确定其地震作用。

4 适度设防类，允许比本地区抗震设防烈度的要求适当降低其抗震措施，但抗震设防烈度为6度时不应降低。一般情况下，仍应按本地区抗震设防烈度确定其地震作用。

注：对于划为重点设防类而规模很小的工业建筑，当改用抗震性能较好的材料且符合抗震设计规范对结构体系的要求时，允许按标准设防类设防。

2. 工程结构的安全等级

按《工程结构可靠性设计统一标准》GB 50153—2008确定：

3.2.1 工程结构设计时，应根据结构破坏可能产生的后果（危及人的生命、造成经济损失、对社会或环境产生影响等）的严重性，采用不同的安全等级。工程结构安全等级的划分应符合表8-3-1的规定。

工程结构的安全等级 表8-3-1

安全等级	破坏后果
一级	很严重
二级	严重
三级	不严重

注：对重要的结构，其安全等级应取为一级；对一般的结构，其安全等级宜取为二级；对次要的结构，其安全等级可取为三级。

3.2.2 工程结构中各类结构构件的安全等级，宜与结构的安全等级相同，对其中部分结构构件的安全等级可进行调整，但不得低于三级。

A.1.1 房屋建筑结构的安全等级，应根据结构破坏可能产生后果的严重性按表8-3-2划分。

房屋建筑结构的安全等级 表8-3-2

安全等级	破坏后果	示例
一级	很严重:对人的生命、经济、社会或环境影响很大	大型的公共建筑等
二级	严重:对人的生命、经济、社会或环境影响较大	普通的住宅和办公楼等
三级	不严重:对人的生命、经济、社会或环境影响较小	小型的或临时性储存建筑等

注：房屋建筑结构抗震设计中的甲类建筑和乙类建筑，其安全等级宜规定为一级；丙类建筑，其安全等级宜规定为二级；丁类建筑，其安全等级宜规定为三级。

A.1.3 房屋建筑结构的设计使用年限，应按表8-3-3采用。

房屋建筑结构的设计使用年限　　　　　表8-3-3

类别	设计使用年限（年）	示例
1	5	临时性建筑结构
2	25	易于替换的结构构件
3	50	普通房屋和构筑物
4	100	标志性建筑和特别重要的建筑结构

A.1.7 房屋建筑的结构重要性系数 γ_0，不应小于表8-3-4的规定。

房屋建筑的结构重要性系数 γ_0　　　　　表8-3-4

结构重要性系数	对持久设计状况和短暂设计状况			对偶然设计状况和地震设计状况
	安全等级			
	一级	二级	三级	
γ_0	1.1	1.0	0.9	1.0

A.1.9 房屋建筑考虑结构设计使用年限的荷载调整系数，应按表8-3-5采用。

房屋建筑考虑结构设计使用年限的荷载调整系数 γ_L　　　　　表8-3-5

结构的设计使用年限（年）	γ_L
5	0.9
50	1.0
100	1.1

注：对设计使用年限为25年的结构构件，γ_L 应按各种材料结构设计规范的规定采用。

第四节　分析、设计方法及工具的选择与优化

如果说本章前三节内容所讨论的结构设计偏差是由于主观人为因素造成的话，那么本节所讨论的内容则为客观非人为因素所产生的结构设计偏差，我们这里称为"模型化误差"。

模型化误差一部分来自模型化的过程，也即从实际工程中抽象出来的结构计算模型与真实建筑结构的相似程度如何；另一部分来自软件功能的局限，也即结构分析设计软件能否实现对结构计算模型的精确分析与设计。这两方面是相辅相成的，在结构分析设计的理论与实践发展过程中也是相互促进与发展的。但有一点是确定的，随着结构分析设计理论的不断发展完善及伴随计算机技术不断突破所引发的数值技术与软件功能的不断强大，模型化误差会越来越小，结构分析与设计结果会越趋精确。因此本节内容也只能是基于目前的结构分析设计理论与软件发展水平所做出的分析与评价，是一个历史阶段的产物，或许在本书面世之日某些结论已不再成立，希望读者能够辩证地看待问题，权当作者在此抛砖引玉。

一、筏形基础模型及计算程序选用

筏形基础有两种计算模型，即弹性地基梁板模型及倒楼盖模型。倒楼盖模型其实是一种近似或简化的计算模型，是在结构设计手算时代应运而生的一种筏形基础的结构计算模型，是模型化误差较大且偏于保守的结构计算模型。在计算机、数值技术与软件水平高度发达的今天，倒楼盖模型并未退出历史舞台，因其相对简单易用而受到很多工程师的喜爱，因此在时下的筏形基础分析与设计中，倒楼盖模型还在大量使用。但倒楼盖模型毕竟是一种比较粗糙的结构计算模型，其最大的缺陷是没有考虑到地基土与筏板结构的相互作用，并假定地基反力按直线分布。因此倒楼盖模型必须符合一系列比较严格的条件才能采用，也即真实的地基反力分布比较接近直线分布时才可应用，否则会导致较大的模型化误差，计算结果也会严重偏于保守。

倒楼盖模型可以采用查表法（静力计算手册的弯矩系数法）求取内力并计算配筋，也可采用有限元法，在模型本身的误差无法改变的情况下，有限元法可得到比弯矩系数法更准确、更经济的内力与配筋结果，可消除相邻板块同一支座两侧弯矩不平衡而取大值进行配筋的超配现象，还可消除弯矩系数法因活荷载最不利布置导致的弯矩放大现象，因为对于基础筏板所承受的地基反力而言，活荷载与恒荷载一样都是满布的，是不存在活荷载最不利布置的。

弹性地基梁板模型能考虑土与结构的相互作用，因此能比较真实地模拟出地基反力的分布状态，采用弹性地基梁板模型计算出来的地基反力将不再是直线分布，而是墙下、柱下（支座处）的地基反力较大，远离墙柱的跨中部位地基反力较小，因此在这种分布状态的地基反力作用下的筏板弯矩也比地基反力直线分布的弯矩要小，因此弹性地基梁板模型的筏板内力与配筋计算结果也更精确、更经济。

JCCAD对弹性地基梁板模型提供了梁元法与板元法两种解算方法，二者在模型精度方面也存在差别。

梁元法的解算程序是对梁及筏板分别进行的，这和PKPM软件对普通梁板式楼盖的计算方法类似，在计算梁时只考虑筏板传给梁的荷载而不考虑筏板的作用，只不过在解算过程中考虑了土与结构的相互作用；而对筏板的计算则采用另一套方法，对于PKPM系列软件JCCAD而言，筏板的计算采用了三种方法：对于矩形板块采用《结构静力计算手册》中的查表法计算，对外凸异形板块采用边界元法计算，而对内凹异形板块则采用有限元法计算。当然这三种方法也都是由程序自动完成的，不需要用户人工干预。

板元法与梁元法的最大区别是板元法可将梁板结合起来进行整体计算，且对梁的布置没有要求，可不必像梁元法那样必须形成交叉梁系且只能对梁与板分别进行计算。因此板元法比梁元法的适用范围更广，且因梁板均采用有限元法进行计算，梁板之间以及相邻板块之间的内力、位移都是协调的，模型精度与解算精度也均比梁元法要高。但板元法的单元数量较多、计算参数也较多，因此对使用者的要求也更高。而且目前板元法计算软件的网格划分不尽如人意，容易出现狭长三角形等畸形单元，人为加辅助线等干预手段也很难奏效，造成有限元计算结果失真。其后处理程序也不够直观友好，既无法实现自动配筋，内力及配筋计算结果也比较凌乱，整理配筋数据的工作量很大，是很多结构工程师不愿采用板元法计算程序的主要原因。因此传统的板元法计算软件还存在较大的优化修改空间。

传统软件凡是计算配筋量大的地方，附近都有带尖角的单元。畸形网格造成应力集中，使得设计弯矩的取值失真。

YJK 软件采用和上部结构统一的先进有限元技术，自动划分单元质量高，求解快，容量不再受限。柱墙作用在基础筏板上时考虑柱宽、墙宽的荷载作用范围和扩散面，将集中力分散作用在筏板上，可有效避免应力集中。因此，YJK 一般比传统软件筏板配筋结果小，其中，网格自动划分的效果是引起 YJK 配筋比传统软件小的主要原因。

此外，上部结构刚度对筏板内力与配筋的影响也很大，一般来说，考虑上部结构刚度后筏板钢筋可减少 10%～20%。

二、筏板、承台冲切计算的模型化误差

1. 内筒对筏板的冲切

对于框架-核心筒结构，核心筒处的刚度与荷载集度均较大，故核心筒下的基底平均压力也较大，与外框架下的基底平均压力差异较大。当有裙房时，基底平均压力的差异更加显著，基底压力不但不符合直线分布，而且核心筒下的基底平均压力要比外框架范围的平均压力大很多，如果与裙房下的基底平均压力相比，则可能是数倍的关系。

根据《建筑地基基础设计规范》GB 50007—2011，在计算平板式筏基内筒下的筏板冲切时，冲切力需扣除冲切锥体范围内的基底反力或桩反力。

第 8.4.8 条　平板式筏基内筒下的板厚应满足受冲切承载力的要求，并应符合下列规定：

1　受冲切承载力应按下式进行计算：

$$F_l/u_m h_0 \leqslant 0.7 \beta_{hp} f_t/\eta \qquad (式 8.4.8)$$

式中：F_l——相应于作用的基本组合时，内筒所承受的轴力设计值减去内筒下筏板冲切破坏锥体内的地基反力设计值（kN）；

u_m——距内筒外表面 $h_0/2$ 处冲切临界截面的周长（m）（图 8.4.8）；

h_0——距内筒外表面 $h_0/2$ 处筏板的截面有效高度（m）；

η——内筒冲切临界截面周长影响系数，取 1.25。

2　当需要考虑内筒根部弯矩的影响时，距内筒外表面 $h_0/2$ 处冲切临界截面的最大剪应力可按公式（8.4.7-1）计算，此时 $\tau_{max} \leqslant 0.7 \beta_{hp} f_t/\eta$。

对于框架-核心筒这种核心筒（处于核心筒冲切锥体范围之内）下基底平均压力明显大于整个计算模型基底平均压力的情况，如果计算冲切力时扣除的仅仅是整个模型的基底平均压力，则会使计算得到的冲切力大幅增加，人为导致冲切安全系数降低及筏板增厚等一系列不正常的计算结果，带来不必要的材料浪费。

对于此种情况，应该采用弹性地基梁模型并结合有限元解算方法分别计算出各主要竖向受力构件影响范围内相对真实的基底压力（或基底平均压力），比如分别计算出核心筒冲切锥体范围内的基底压力（或基底平均压力）及外框架影响范围的基底压力（或基底平均压力），这样在计算内筒对筏板的冲切力时就能准确扣除冲切锥体范围内的基底反力，从而得到相对真实且较小的冲切力，使由冲切计算控制的筏板厚度大幅度减小。

【案例】　工程概况：上部为框筒结构（混凝土核心筒＋钢框架），地下 3 层，地上 54

层，总高203m。下部为平筏基础，埋深为—15.0m，持力层为卵石，主筏板厚度2.0m，主楼下3.3m，核心筒下3.95m。

传统软件在进行内筒冲剪计算时，采用的平均净反力＝总荷载÷总面积，因此对于核心筒下3.95m厚的筏板，冲切安全系数0.6，以此推算，筏板厚度增达到6.5m才能满足要求，见图8-4-1。

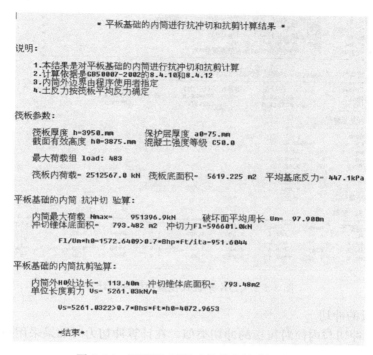

图 8-4-1　JCCAD平板式筏基内筒冲切计算

图 8-4-1 中的冲切力 $F_l=951396.9-447.1\times793.482=596601kN$，其中的平均基底反力447.1kPa即为整个筏板底面积5619.225m² 范围的基底平均反力。而YJK对内筒冲切锥体范围的基底反力是采用弹性地基梁模型并用有限元法求解的，比较符合实际反力分布的基底反力，该值要比按整个筏板平均的基底反力大很多，这样在扣除冲切锥体范围内的基底反力后，冲切力 F_l 要小很多，只有150093.5kN，对于3.95m厚的筏板，冲切安全系数达1.89。

图 8-4-2 为YJK内筒冲切计算结果：荷载—反力＝冲切力；冲切安全系数是1.89。两者对比见表8-4-1。

两种软件计算对比　　　　　　　　　　　　表 8-4-1

	PKPM	YJK
内筒荷载(kN)	951396	936211
地基反力(kN)	354795	786117
冲切力(kN)	596601	150094
安全系数	0.6	1.89
计算结果不同的原因	采用平均基底压力	采用按弹性地基法计算的基底压力

```
YJK-F内筒冲剪验算.out - 记事本
文件(F)  编辑(E)  格式(O)  查看(V)  帮助(H)

* 冲切验算公式: Fl/(um*h0) <= 0.7*β hp*Ft/η                               *
*   Fl    内筒轴力设计值减冲切破坏锥体内的地基反力设计值(kN)               *
*   um    距内筒外表面h0/2处冲切临界截面的周长(mm)                         *
*   h0    距内筒外表面h0/2处筏板的截面有效高度(mm)                         *
*   β hp  受冲切承载力截面高度影响系数, 按8.2.7条确定                       *
*   Ft    混凝土轴心抗拉强度设计值(MPa)                                    *
*   η     内筒冲切临界截面周长影响系数, 取1.25                             *

*  依据规范: 建筑地基基础设计规范(GB50007-2011)第8.4.10条                   *
*  剪切验算公式: Vs<=0.7*β hs*Ft*bw*h0                                     *
*   Vs    距内筒边缘h0处筏板单位宽度的剪力设计值(kN)                        *
*   β hs  受剪切承载力截面高度影响系数, 按8.2.9条确定                       *
*   Ft    混凝土轴心抗拉强度设计值(MPa)                                    *
*   bw    筏板计算截面单位宽度(m)                                          *
*   h0    距内筒h0处筏板的截面有效高度(mm)                                 *

荷载效应基本组合时,内筒所受的轴力设计值和地基反力:

组合号         轴力设计值        地基反力(桩+土)        总冲切力
(3)            867485.6          732929.8               134555.7
(4)            936211.0          786117.5               150093.5

冲切验算:

Conb           ( 4)
Fl         150093.5
um            100.6
h0             3900
β hp           0.90
Ft             1.43
η              1.25
RS             1.89
验算结果       满足

剪切验算:

截面号   Conb      Vs      β hs      Ft       bw      h0      RS      验算结果
No.1    ( 4)    793.5    0.80     1.43     1.0    3900    3.92      满足
No.2    ( 4)    485.5    0.80     1.43     1.0    3900    6.41      满足
No.3    ( 4)    704.9    0.80     1.43     1.0    3900    4.41      满足
No.4    ( 4)   1259.1    0.80     1.43     1.0    3900    2.47      满足
```

图 8-4-2 YJK 平板式筏基内筒冲切计算

2. 柱对筏板的冲切

柱对筏板的冲切与内筒对筏板的冲切类似,在计算冲切力时如果采用整个筏板下的平均基底净反力,同样会导致冲切力偏大,从而使由冲切控制的筏板厚度增大,当采用柱墩解决冲切问题时,则会导致柱墩厚度增大,柱墩平面尺寸也会相应增大。不同的是,内筒的数量少,不需进行荷载归并,但柱的数量较多,不同的柱轴力相差较大,有时甚至是数倍的关系,因此较大荷载柱附近的基底反力与筏板平均净反力相比差异更大,会导致个别柱的柱底轴力越大,该柱对筏板(或柱墩)冲切锥体范围内的基底净反力与整块筏板下的平均基底净反力相差越大,所计算的冲切力越大,所需要的筏板(或柱墩)越厚,冲切计算结果越失真。

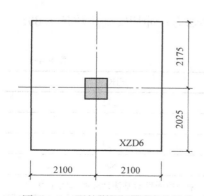

图 8-4-3 下柱墩 XZD6 平面尺寸

XZD5、XZD5a 及 XZD6 的柱墩截面高度(1400mm 及 1600mm)偏大,因 JCCAD 冲切验算时直接用柱子轴力作为冲切力去计算柱的冲切,而没有扣除冲切锥体范围内基底净反力设计值。因此计算结果偏于保守,经顾问公司手算,柱墩高 1250mm 可满足最不利情况的冲切要求。此事项曾与设计院做过沟通,设计院对有关技术问题表示认同,但对经济性持怀疑态度,考虑到所涉及的柱子仅 13 个,而且调整柱墩高度后需重新计算,顾问公司曾做出过让步。但经过经济核算,柱墩尺寸调为 4200×4200×1600 后,仅单个柱墩的混凝土增量就达 $13m^3$，钢筋根数、钢筋长度也均相应增多。因此顾问公司敦促设计院重新调整所涉 13 个柱墩的平面尺寸及高度，顾问公司认为调整到 $3500\times3500\times1300$ 是比较合适的。

XZD5、XZD5a 及 XZD6 尺寸及配筋 表 8-4-2

XZD5	（柱一）	−12.550	−13.950	4200	4200	1400	⏀ 32@200
XZD5a	（柱一）	−12.550	−13.950	4200	4200	1400	⏀ 32@150
XZD6	（柱一）	−12.550	−14.150	4200	4200	1600	⏀ 32@200

图 8-4-4 为北京顺义某项目 600mm 厚平板式筏基带总厚 1250mm 下柱墩最大柱荷载处（最不利荷载组合号为 1187，节点号 106）的柱对柱墩的冲切计算结果，R/S 为冲切安全系数，其中 R 表示筏板受冲切时最大抗力，S 表示各荷载组合作用下的最大效应，R/S 大于等于 1 表示冲切满足要求，R/S 小于 1 表示冲切不满足要求，并以红色表示，图中的 R/S：0.91 即表示原设计计算结果中该柱对柱墩的冲切不满足要求。

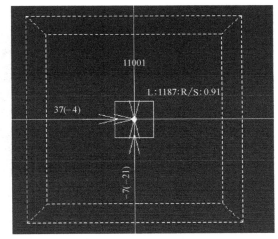

图 8-4-4 北京顺义某项目荷载最大柱处 JCCAD 的冲切计算结果

表 8-4-3 为 JCCAD 程序中该柱对筏板冲切的计算书，非常简单，没有给出冲切力及柱墩厚度等关键信息，也没给出 R 与 S 的计算过程及结果。过程计算基本是个黑匣子，但从给定的基底压力 $p_0=116.63$ 来看，该值应该是整块筏板的基底平均反力。但笔者试图以 116.63kPa 作为冲切锥体范围内的平均净反力进行计算，冲切力 $F_l=9769.1kN$，得到的 R/S 为 1.0，不知道程序给出的 0.91 是怎么计算出来的。

JCCAD 中计算结果 表 8-4-3

荷载	节点	N	Mx	My	P_0	B	H	R/S
1187	106	11000.8	36.7	−6.6	116.63	2.951	2.951	0.91

笔者根据规范公式及计算方法编写了一个柱对筏板（或柱墩）冲切的 Excel 计算程序，是将柱底轴力设计值减去该柱轴力影响范围内（取 8.4m×8.4m 一个标准柱网的面积）的基底平均净反力设计值而得到冲切力设计值。虽然该值仍比柱冲切锥体范围内的基底平均净反力要低，但相比取整个筏板下的平均净反力作为冲切力的计算依据已经是很大的进步，真实性也提高了很多。对于上述 600mm 厚筏板带 650mm 厚下柱墩，轴力最大柱的 R/S 为 1.05，冲切计算结果满足要求。图 8-4-5 为该 Excel 表格的冲切计算部分。其中柱轴力在一个标准柱距 8.4m×8.4m 范围内产生的基底净反力设计值为 155.9kPa，冲切力设计值为 9354.2kN。

柱底最大内力设计值	N=	11001	kN	M=	37	kN. m
柱距	L_x=	8.4	m	L_y=	8.4	m
柱轴力产生的基底净反力	p_j=	155.9	kN/m^2			
冲切锥体投影面积	A_l=	10.56	m^2			
冲切力设计值	F_l=	9354.2	kN			
冲切临界截面最大剪应力	τ_{max}=	**1.010**	**N/mm^2**	<=		
0.7(0.4+1.2/β_s)$\beta_{hp}f_t$	=	**1.058**	**N/mm^2**	**冲切满足**	1.05	

图 8-4-5　手编 Excel 计算程序按规范公式的冲切计算结果

3. 桩对承台的冲切

上部为剪力墙结构，地上 14 层，总高 34.8m。下部为桩承台基础，埋深为−4.5m，持力层为碎石。

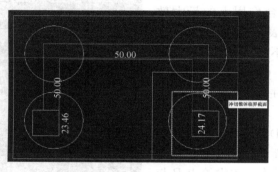

图 8-4-6　剪力墙下四桩承台墙柱内力图

传统软件的承台桩冲切结果：从 800mm 开始，每增加 50mm 试算一次，直到满足要求为止。最终，需要 1250mm，才能满足要求。

实际上桩都在柱、墙冲切锥内，不需要进行角桩冲切验算。

YJK 的承台冲切结果见图 8-4-7（注意冲切力为零）。

```
*------------------------------------------------------------------
*  以下输出冲切临界截面局部坐标系下的竖向冲切力和不平衡弯矩
*  FL:       竖向冲切力(kN)
*  Munb,x:  绕x轴的不平衡弯矩(kN-m)
*  Munb,y:  绕y轴的不平衡弯矩(kN-m)
*  注:竖向冲切力 = 上部荷载 - 桩土反力
*------------------------------------------------------------------

组合号      Fl      Munb,x     Munb,y
(23)       0.0        2.2       10.8
(24)       0.0        2.4       11.4
(25)       0.0       -1.5        9.7
(26)       0.0        2.0        4.7
(27)       0.0        5.6        8.5
(28)       0.0        2.0       13.5
```

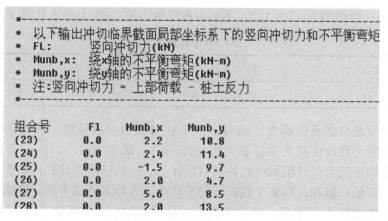

图 8-4-7　YJK 软件的计算结果

计算柱冲切力时，如果桩在冲切锥内，则扣除桩反力，现所有的桩都在柱墙冲切锥内，因此冲切力 F_l 为 0，不再进行角桩冲切验算。验算结果：800mm 厚的承台完全满足要求。

三、剪力墙组合截面配筋方式与程序选用

剪力墙大多是由多个墙肢相连组合在一起共同工作的，墙肢与墙肢之间、墙与其他构件之间变形协调，因此原则上应按组合截面计算内力及配筋，而不应按单肢墙去计算剪力墙的内力及配筋。对此《建筑抗震设计规范》GB 50011—2010及《混凝土结构设计规范》GB 50010—2010都有相关规定：

> 《建筑抗震设计规范》GB 50011—2010
>
> 6.2.13 钢筋混凝土结构抗震计算时，尚应符合下列要求：
>
> 3 抗震墙结构、部分框支抗震墙墙结构、框架-抗震墙结构、框架-核心筒结构、筒中筒结构、板柱-抗震墙结构计算内力和变形时，其抗震墙应计入端部翼墙的共同工作。
>
> 《混凝土结构设计规范》GB 50010—2010
>
> 9.4.3 在承载力计算中，剪力墙的翼缘计算宽度可取剪力墙的间距、门窗洞间翼墙的宽度、剪力墙厚度加两侧各6倍翼墙厚度、剪力墙墙肢总高度的1/10四者中的最小值。

从上述规范条文可以看出：第一，剪力墙的内力与配筋应考虑翼缘；第二，考虑的翼缘长度应有一定的限制，不应过长。

但是传统设计软件在计算剪力墙的配筋时是针对每个单肢墙按照一字墙分别计算，然后把相交各墙肢的配筋结果叠加作为边缘构件配筋，虽然这种配筋方式编程简单，但配筋结果时而偏大，时而偏小。特别对于带边框柱剪力墙，现软件是将柱配筋和与柱相连的墙肢配筋相加作为边缘构件配筋，常导致配筋大得排布不下，这完全是计算模型不合理导致的错误结果。

有的软件给出了手动方式的剪力墙组合截面配筋功能，是由人工指定相连的墙肢组成组合截面，再由软件对各墙肢的内力进行组合并进行配筋。此种做法的主要缺陷是：第一，软件对所选墙肢都按全截面考虑，因此由多个墙肢组成的组合截面可能过长过大，不再符合平截面假定，故计算结果不可信；第二，剪力墙组合截面多为不对称截面，但软件本身又不具备不对称配筋功能，仍按对称配筋方式计算，导致配筋结果常常偏大很多；第三，人工指定组合截面的工作效率较低。

针对以上问题，盈建科结构设计软件给出了剪力墙的自动组合截面配筋计算方法。在计算参数的构件设计部分，设置了两个对剪力墙自动按照组合截面配筋的参数，一个是"墙柱配筋设计考虑端柱"，另一个是"墙柱配筋设计考虑翼缘墙"。见图8-4-8。

勾选"墙柱配筋设计考虑端柱"，则软件对带边框柱剪力墙按照柱和剪力墙组合在一起的方式配筋，即自动将边框柱作为剪力墙的翼缘，按照工字形截面或T形截面配筋。

勾选"墙柱配筋设计考虑翼缘墙"，则软件对剪力墙的每一个墙肢计算配筋时，考虑其两端节点相连的部分墙段作为翼缘，按照组合墙方式计算配筋。软件对翼缘的考虑不一定包含翼缘的全部长度，有时仅考虑翼缘的一部分参与组合计算，即考虑的翼缘长度不大于腹板长度的一半，且每一侧翼缘伸出部分不大于4倍翼缘厚度。对于短肢剪力墙，软件则自动考虑翼缘的全部长度。

组合墙的内力是将各段内力向组合截面形心换算得到的组合内力，如果端节点布置了边框柱，则组合内力包含该柱内力。

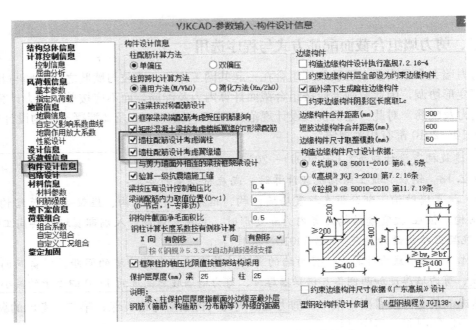

图 8-4-8 YJK 软件构件设计信息菜单

如果组合墙两端的翼缘都是完整的墙肢，则软件自动对整个组合墙按照双偏压配筋计算，一次得出整个组合墙配筋；如果组合墙某一端翼缘只是其所在墙肢的一部分，则软件对该组合墙按照不对称配筋计算。对于不对称的剪力墙组合截面，若按照对称配筋则总是取两端较大值，势必造成浪费，而按照不对称配筋方式才能得到经济合理的配筋结果。

【案例】 天津某项目剪力墙钢筋的自动组合墙计算。

对比按照组合墙和不按照组合墙的剪力墙配筋结果（图 8-4-9）。即其中一个对构件设计信息的两个参数"墙柱配筋设计考虑端柱"、"墙柱配筋设计考虑翼缘墙"勾选，而另一个不勾选，分别计算后，用计算结果中的"工程对比"菜单的文本对比菜单，进行墙柱配筋、边缘构件配筋的配筋面积对比。

	YJK1	YJK2	相差(%)
整个工程墙柱配筋面积(mm2)			
As	1278193	112557	-91.2%
Ash	259386	268255	3.4%
配筋率超限数	33	18	
抗剪超限数	11	10	
超限墙柱数	37	26	
整个工程墙梁配筋面积(mm2)	YJK1	YJK2	相差(%)
顶部	808184	779721	-3.5%
底部	808184	779721	-3.5%
箍筋	124961	118424	-5.2%
超筋墙梁数	1		
抗剪超限数	188	187	
超限墙梁数	188	187	
整个工程边缘构件配筋	YJK1	YJK2	相差(%)
阴影区面积(cm2)	7268340	7268310	-0.0%
As(mm2)	10469777	8646217	-17.4%

图 8-4-9 按单肢墙与组合墙的剪力墙配筋计算结果对比

图 8-4-10、图 8-4-11 为单肢墙和组合墙双偏压计算的结果对比（8.5 度，后者输出两

个值）。

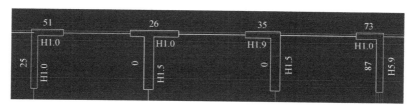

图 8-4-10　单肢计算

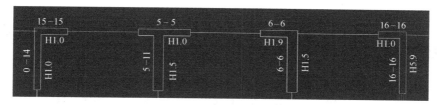

图 8-4-11　组合墙双偏压计算

单肢墙计算和组合墙双偏压计算的边缘构件结果对比见图 8-4-12、图 8-4-13。

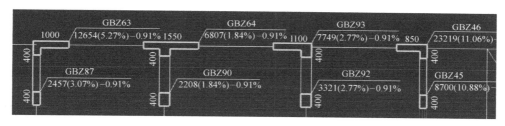

图 8-4-12　单肢计算的边缘构件结果

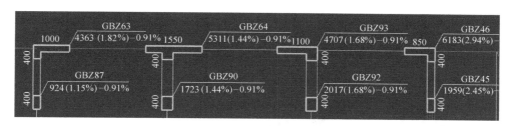

图 8-4-13　组合墙双偏压计算的边缘构件结果

傅学怡在《实用高层建筑结构设计》13 章提到：复杂截面剪力墙配筋采用分段设计，不安全、不经济。

四、短肢剪力墙减小模型化误差的软件处理方式

在传统软件中，如果墙元细分最大控制长度中所填入的数值（V2.0 以上版本默认为 1.0m）大于短肢墙的长度，该短肢墙将不会被细分，也即沿水平方向仅划分 1 个单元。对于较短墙肢，如果在有限元计算时在水平向对墙肢只划分了 1 个单元，则较短墙肢的计算误差会很大。

盈建科软件可对短墙肢自动进行单元加密，对于水平向只划分了 1 个单元的较短墙

肢，自动增加到 2 个单元，以避免短墙肢计算异常。

采用短墙加密后，单工况内力一般减小。

五、剪力墙连梁减小模型化误差的软件处理方式

连梁的建模方式有两种，即剪力墙开洞方式及普通梁输入方式，当跨高比较小时，计算结果差距较大；且很多工程师没有意识到的问题是，按普通梁方式输入有时并不合理。

如图 8-4-14，简图中连梁按普通梁输入，且普通梁按梁元法计算时，普通梁输入方式与洞口输入方式的计算结果对比见图表中数据。

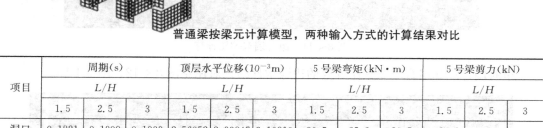

对普通梁方式输入的连梁按照梁元计算

普通梁按梁元计算模型，两种输入方式的计算结果对比

项目	周期(s)			顶层水平位移(10^{-3}m)			5 号梁弯矩(kN·m)			5 号梁剪力(kN)		
	L/H			L/H			L/H			L/H		
	1.5	2.5	3	1.5	2.5	3	1.5	2.5	3	1.5	2.5	3
洞口	0.1821	0.1909	0.1939	2.56052	2.93847	3.10810	30.5	25.2	20.7	−84.2	−50	−36.3
普通梁	0.1849	0.1934	0.1959	2.63529	3.01352	3.16988	52.2	50.2	44.5	−77.3	−44.7	32.9
差异率(%)	1.538	1.310	1.031	2.920	2.554	1.988	71.148	99.206	114.976	−8.195	−10.600	−9.366

图 8-4-14　对普通梁输入的连梁按照梁元计算

从对比结果及差异率来看，两种输入方式计算结果各项指标的模型化误差均较大。

而盈建科软件对"普通梁方式"输入的连梁的处理方式是，将跨高比较小的梁自动划分单元并按照"壳元"计算。这大大降低了模型化误差，保证了两种输入方式计算结果的一致性。见图 8-4-15。

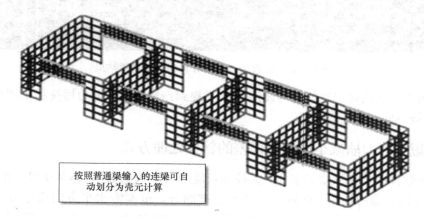

按照普通梁输入的连梁可自动划分为壳元计算

图 8-4-15　按普通梁输入的连梁自动划分为壳元

如图 8-4-16，简图中连梁仍按普通梁输入，但普通梁按壳元法计算且自动加密单元

时，普通梁输入方式与洞口输入方式的计算结果对比见图表中数据。

对普通梁方式输入的连梁按照壳元计算

普通梁按壳元计算模型，两种输入方式的计算结果对比

项目	周期(s)			顶层水平位移(10^{-3}m)			5号梁弯矩(kN·m)			5号梁剪力(kN)		
	L/H			L/H			L/H			L/H		
	1.5	2.5	3	1.5	2.5	3	1.5	2.5	3	1.5	2.5	3
洞口	0.1821	0.1909	0.1939	2.56052	2.93847	3.10810	30.5	25.2	20.7	-84.2	-50	36.3
普通梁	0.1821	0.1909	0.1939	2.55931	2.93896	3.10813	30.5	24.7	20.4	-84.3	-49.9	-36.3
差异率	0.000	0.000	0.000	-0.047	0.017	0.001	0.000	-1.984	-1.449	0.119	-0.200	0.000

图 8-4-16　对普通梁输入的连梁按照壳元计算

从对比结果可看出，两种输入方式计算结果各项指标的差异率均在 2% 以内，基本消除了模型化误差，保证了两种输入方式计算结果的一致性。

六、柱剪跨比计算及短柱判断的模型化误差

柱的剪跨比是柱设计中的重要指标，规范对剪跨比小于 2 的柱定义为短柱，对剪跨比小于 1.5 的柱定义为极短柱，对短柱及极短柱的设计要求比普通柱要严格得多。

规范对柱剪跨比计算的通用算法是 $\lambda = M/(Vh_0)$，简化方法为 $\lambda = H_0/(2h_0)$，但规定简化计算方法只能用在框架结构中，且柱的反弯点在柱层高范围内时才可采用。从两种算法的公式可看出，同样的柱用简化算法的剪跨比总是比通用算法小。

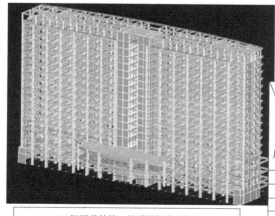

18层框剪结构，抗震等级为二级

按剪跨比简化与通用算法对比表

项目\层号	箍筋配筋量			柱超限数量	
	简化算法	通用算法	差异率	简化算法	通用算法
1	49240	46678	-5.2%	2	2
2	53952	49716	-7.9%	20	0
3	48912	43564	-10.9%	0	0
6	39548	33292	-15.8%	0	0
7	37532	31876	-15.1%	2	0
8	31276	29436	-5.9%	0	0
9	29716	27482	-7.5%	0	0
全楼	561464	533332	-5.0%	24	2

图 8-4-17　不同剪跨比计算方法的柱剪跨比超限数量对比

大量按照通用算法并不属于短柱的结构，按照简化算法却属于短柱，常导致在高层建筑中出现大批超限的柱，结果只能通过加大柱截面尺寸来解决，造成完全不必要的浪费。

对钢筋混凝土柱提供剪跨比的通用计算方法 $M/(Vh_0)$，它的结果肯定比简化算法要大，可有效避免简化算法时大量柱超限的不正常现象。

如图 8-4-17 为某 18 层框剪结构剪跨比按简化算法与通用算法柱超限数量与箍筋配筋量对比，箍筋配筋量相差 5%～15%，还是非常可观的。

七、普通楼面梁优化设计的软件实现方式

1. 矩形混凝土梁考虑楼板翼缘作用按 T 形截面配筋

新版 SATWE 程序新增了"砼矩形梁转 T 形（自动附加楼板翼缘）"勾选项，勾选该参数则按 T 形截面梁计算，否则按矩形截面梁计算。

梁按矩形截面与按 T 形截面计算配筋量对比 表 8-4-4

构件	梁跨中配筋面积		
	矩形截面（mm²）	T 形截面（mm²）	配筋减少百分率（%）
中梁 1（300×600）	1114	1047	6.01
中梁 2（300×600）	1112	1046	5.93
中梁 3（200×450）	797	717	10.04
边梁 1（300×600）	1192	1133	5.0
边梁 2（300×500）	951	905	4.84
边梁 3（300×600）	1192	1132	5.03

从表 8-4-4 可看出，考虑楼板作为梁的翼缘后，梁的跨中配筋量可有效降低。

2. 梁端配筋考虑柱宽

对梁柱重叠部分，SATWE 程序通过"梁柱重叠部分简化为刚域"参数来考虑，可有效降低梁端的配筋；而盈建科的处理方式则是提供了"梁端内力取值位置"输入项，用户可以自主选择是采用柱中心弯矩或柱边弯矩进行梁端配筋，当梁端弯矩取柱边弯矩时，一般可减少梁上钢筋 15% 以上，比设置梁刚域方式更有效。

3. 与剪力墙垂直相连的梁可按非框架梁设计

盈建科软件提供了"与剪力墙垂直相连的梁可按框架梁设计"的勾选项，当不勾选此项时，程序会视为非框架梁，按非抗震进行设计。

按非抗震设计不但没有梁端箍筋加密的强制性要求，箍筋配置仅满足抗剪要求即可，而且对纵向钢筋在直径、根数、配筋面积及梁端截面底面和顶面纵向钢筋配筋量的比值等方面也没有强制性的构造要求，只需满足计算要求及非抗震的构造要求即可。因此按非抗震设计的构造配筋量会大为降低。

八、转换梁减小模型化误差的软件处理方式

传统软件采用梁单元计算转换梁，在计算模型中是以剪力墙的下边缘与转换大梁的中性轴变形协调，因此计算模型中的转换大梁的上表面在荷载作用下将会与剪力墙脱开，失去本应存在的变形协调性，不能真实反映转换梁的刚度，转换梁本身及转换梁上承托的剪

力墙容易抗弯抗剪超限。

而实际情况是，剪力墙的下边缘与转换大梁的上表面变形协调。

盈建科软件对转换梁采用壳元模型计算，并自动进行单元划分，使细分的单元和上部承托的剪力墙单元保持协调，这种计算模型与实际模型接近，可充分发挥转换梁的刚度作用，从而减少抗弯抗剪超限现象。

图 8-4-18 为转换梁采用 YJK、ANSYS 及 SATWE 分别计算的转换梁弯矩对比曲线图。

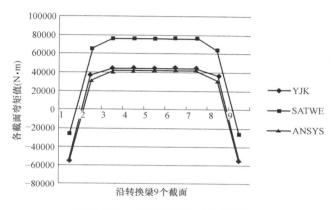

图 8-4-18　转换梁弯矩对比曲线图

从图 8-4-18 可看出，YJK 与 ANSYS 基本相同，SATWE 的跨中弯矩比 YJK 大将近一倍；YJK 支座弯矩比 SATWE 大，但可考虑支座宽度的影响，实配负筋并不大。

九、板类构件减小模型化误差的优化设计与软件实现方式

1. 单向板与双向板

当板块长宽比大于 2 但小于 3 时，规范的要求是"宜"按双向板计算；PKPM 梁板配筋计算程序是以长宽比 3 为界，大于 3 则按单向板计算，沿长边的输出结果给出的是 0，意指单向板的分布钢筋，可按分布钢筋的最小配筋率 0.15% 且不小于受力钢筋的 15% 配置；小于 3 时程序一律按双向板处理，沿长边的输出结果会给出双向板计算配筋与 0.2% 构造配筋的较大值，因此当沿长边的配筋由构造控制时，构造配筋率会增加 0.05 个百分点。

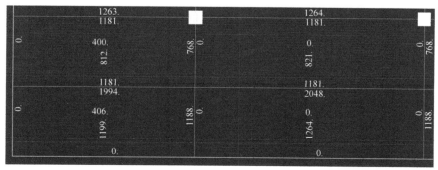

图 8-4-19　长宽比大于 3 与小于 3 的板构造配筋输出结果

2. 单块板与连续板

图 8-4-19 为按单块板采用弯矩系数法计算的配筋结果，可见连续单向板第一内支座两侧的弯矩极不平衡，一侧为 $2048cm^2$，而另一侧为 $1181cm^2$，软件配筋必然采用较大值 $2048cm^2$。而实际情况是，板在支座处是连续的，弯矩也是连续的，两相邻板之间的板支座节点弯矩是应该平衡的，也即支座两边应该是协调工作、弯矩相同的结果。其值应该在 $2048cm^2$ 与 $1181cm^2$ 之间、并处于二者平均值 $1615cm^2$ 上下。但采用较大值 $2048cm^2$ 配筋的结果，相当于使该支座配筋超配 26％左右。

3. 弯矩系数法与有限元法

传统软件计算楼板时，对每个房间的楼板分别计算，如上文所述，对于相邻房间公共支座的弯矩和配筋，是取两房间各自计算出来的支座弯矩的较大值，因此支座弯矩常常偏大，支座配筋自然明显偏大。

盈建科提供对全层楼板采用有限元法计算的功能，软件可对全层楼板自动划分单元并求解计算，使房间之间的楼板保持协调，支座两边弯矩平衡，可以考虑到相邻房间跨度、板厚及荷载不同时的相互影响，计算精确合理，特别是可避免对支座弯矩人为取大造成的配筋浪费。

4. 弹、塑性设计

塑性设计允许支座发生塑性铰及开裂，支座弯矩不再增加，弯矩向跨中调幅。因此塑性设计的支座弯矩要小很多，跨中弯矩略有增加，总体配筋有较大幅度的降低。弹、塑性设计的理念为大多数结构工程师所熟悉，传统软件也均提供板塑性设计的功能，在此不再详述。

第五节　设计目标的合理设定与优化

一、建筑物总重量与桩（基础）总承载力的比值

1. 满堂布桩

当采用满堂布桩的桩筏基础时，若不考虑筏板下地基土的承载力贡献，则桩基所提供的承载力（特征值）之和应大于但尽量接近建筑物的总重量（标准值），也即令桩基础总承载力与建筑物总重量的比值大于 1.0 且尽量接近 1.0，在整体或局部偏心荷载作用下，个别基桩的桩顶反力不超 1.2 倍单桩承载力特征值即可，而不应按 1.0 倍单桩承载力特征值来控制；当考虑筏板下地基土的承载力贡献时，也应令桩土承载力之和有不小于 95％的利用率，在勘察报告岩土设计参数普遍偏于保守及上部结构荷载普遍比实际偏大的背景下，没必要令桩基的实际承载力富余太多。

2. 柱下或墙下局部布桩

柱下或墙下局部布桩的承载力利用率不容易控制，当桩型比较单一时，很容易出现某柱（或墙）下布 n 根桩承载力稍有不足，但布 $n+1$ 根桩承载力却过剩较多的情况，或者某柱（或墙）下布 n 根桩承载力刚刚满足要求，但设计者出于谨慎心理或者信心不足而布 $n+1$ 根桩的情况，此时承载力过剩得更多。

针对后一种情况，如果荷载施加与倒算环节没有纰漏，单桩承载力特征值的计算也没有高估，没有必要为了获得更多的安全储备而多增加一根桩；对于前一种情况，可选择承载力相对较小的桩型。但桩型较多且同种桩型数量不多时，可能会增加试桩的数量。一般来说，根据有关规范，只要新增桩型的桩数不足100根，则新增桩型后的总试桩数量必然增加。因此应针对新增桩型所产生的经济效益与试桩增加所增加的成本进行比较，当入不敷出时就没必要新增桩型。

3. 复合地基

复合地基的设计与桩基设计不同。复合地基属于岩土工程设计的范畴，一般不在主体工程的建筑结构设计服务范围之内，一般均单独委托具有岩土工程设计资质的专业设计单位进行设计，但主体工程的设计单位负责提出设计要求，即地基处理后所要达到的承载力水平及地基变形控制要求。因此在复合地基设计过程之中，会存在将安全储备层层放大的情况。

首先在设计院提资环节，绝大多数工程的地基处理或桩基工程设计都是在主体工程初步设计甚至方案设计阶段同步完成的，很少有在主体工程施工图设计完成之后再进行地基处理或桩基设计的情况，因此在建筑功能、布局未最终确定的情况下，荷载取值方面必然偏于保守，这是可以理解的。但这还不算，很多设计院的结构工程师，在提承载力要求时还会对荷载倒算结果再次放大，比如按保守荷载取值算出来的基底压力是270kPa，则在提承载力要求时会不假思索，甚至是理所当然的按300kPa提设计要求。

其次在岩土工程设计环节，在地勘报告的桩间土承载力与桩基设计参数均相当保守的情况下，岩土工程师在计算单桩承载力与复合地基承载力环节也均会存在取整或打折行为，比如计算出来的单桩承载力特征值为723kN，会按700kN取值，然后在计算复合地基承载力时，不是用723kN的单桩承载力特征值去计算复合地基承载力，而是用取整后的700kN的单桩承载力去计算复合地基承载力，在这种情况下，如果计算出来的复合地基承载力为328kPa，也往往会取整为300kPa。两项叠加，在岩土工程设计环节又会产生较大的安全储备。

其实这些做法都是很没必要的。作为主体结构提承载力要求的工程师，应该对自己的荷载取值与倒算结果有足够的自信，没必要人为放大；而作为岩土工程设计的工程师，首先要对地勘报告的岩土工程设计参数的保守程度要有一个基本的评价，其次要对自己的计算有足够的自信。如果能够做到这两点，又有什么必要在自己的设计范围内继续保守呢？

而且主体工程设计院所提的承载力要求及岩土工程设计单位所提供的复合地基承载力都是深度修正前的承载力，而根据规范，地基处理后的复合地基承载力是可以进行深度修正的，这又是一项额外的安全储备。

作为评判指标，可令基底压力的平均值与按实际单桩承载力特征值及桩间距计算出来的复合地基承载力特征值之比大于90%，否则CFG桩复合地基设计则偏于保守。

二、结构整体分析的侧向位移控制指标

在结构整体分析中，侧向位移控制指标也即层间位移角是一个强制性指标，是必须无条件满足的一项指标。《建筑抗震设计规范》GB 50011—2010及《高层建筑混凝土结构技术规程》JGJ 3—2010均规定了多遇地震下楼层内最大弹性层间位移角限值，见表8-5-1。

《抗规》表 5.5.1 弹性层间位移角限值　　　　　　　　　　　表 8-5-1

结构类型	$[\theta_e]$
钢筋混凝土框架	1/550
钢筋混凝土框架-抗震墙、板柱-抗震墙、框架-核心筒	1/800
钢筋混凝土抗震墙、筒中筒	1/1000
钢筋混凝土框支层	1/1000
多、高层钢结构	1/250

　　结构布置与试算环节需掌握的一个基本原则就是，弹性层间位移角既要满足规范要求，还不要富余太多。尤其是高烈度地区，应尽量将层间位移角控制在 1/1000～1/1100 之间，否则结构会过刚、过重，地震作用与地震反应都会加大，对抗震反而不利，造价还会增加。

　　此外还需注意的是，考虑偶然偏心的层间位移角一般会比不考虑偶然偏心的层间位移角要大。很多时候不考虑偶然偏心的层间位移角能满足规范要求，但考虑偶然偏心后的层间位移角则不满足要求。此时对考虑偶然偏心的层间位移角可以不予理会，以不考虑偶然偏心的层间位移角为准。

　　《高层建筑混凝土结构技术规程》JGJ 3—2010

　　3.7.3　按弹性方法计算的风荷载或多遇地震标准值作用下的楼层层间最大位移与层高之比 $\Delta u/h$ 宜符合以下规定：

　　1　高度不大于 150m 的高层建筑，其楼层层间最大位移与层高之比 $\Delta u/h$ 不宜大于表 3.7.3（本书表 8-5-2）的限值；

楼层层间最大位移与层高之比的限值　　　　　　　　　　　表 8-5-2

结构体系	$\Delta u/h$ 限值
框架	1/550
框架-剪力墙、框架-核心筒、板柱-剪力墙	1/800
筒中筒、剪力墙	1/1000
除框架结构外的转换层	1/1000

　　2　高度不小于 250m 的高层建筑，其楼层层间最大位移与层高之比 $\Delta u/h$ 不宜大于 1/500；

　　3　高度在 150～250m 之间的高层建筑，其楼层层间最大位移与层高之比 $\Delta u/h$ 的限值按本条第 1 款和第 2 款的限值线性插入取用。

　　注：楼层层间最大位移 Δu 以楼层竖向构件最大的水平位移差计算，不扣除整体弯曲变形。抗震设计时，本条规定的楼层位移计算可不考虑偶然偏心的影响。

　　此外，在层间位移角与规范限值相差不多时，在计算位移指标时连梁刚度可采用不折减模型。即内力配筋计算按正常情况对连梁刚度进行折减，但在计算地震位移指标时则不考虑连梁刚度折减。当采用 SATWE 程序计算时需分连梁刚度折减与不折减进行两次计算，但盈建科软件可通过勾选"增加计算连梁刚度不折减模型下的地震位移"自动计算出连梁刚度不折减模型下的位移及连梁刚度折减模型下的内力与配筋，一次计算解决了两个模型的不同计算结果，用户可以各取所需。

《建筑抗震设计规范》GB 50011—2010 第 6.2.13 条文说明："2 计算地震内力时，抗震墙连梁刚度可折减；计算位移时，连梁刚度可不折减。"

三、剪力墙连梁超限

剪力墙设计中连梁超限是一种常见现象，尤其是在高烈度地区，剪力墙连梁超限几乎无法完全避免。在 6 度地震区，剪力墙连梁超限的情况一般比较少见，但在 7 度地震区尤其是设计基本地震加速度为 $0.15g$ 的地区，剪力墙连梁超限的情况就会时有发生，而在 8 度地震区，剪力墙连梁超限的情况就比较普遍。

许多未做过高烈度地区结构施工图设计的结构工程师，一开始做北京（8 度 $0.2g$）、天津（7 度 $0.15g$）时，对剪力墙连梁超限感到很不习惯，甚至有一种恐慌，怎么调模型都无法完全解决连梁超限问题。对此可通过如下措施予以解决：

1）减小连梁截面高度或设水平缝形成双连梁。很多结构工程师发现连梁超限，就想当然的增大连梁截面高度，结果只能是超限越来越严重。此时应反其道而行之，适当减小连梁截面高度或采用双连梁，可有效解决连梁超限问题；

2）可对该连梁刚度单独进行折减。比如若在 SATWE "调整信息" 菜单中的 "连梁刚度折减系数" 已经输入为 0.7，意味着全楼连梁统一采用 0.7 的折减系数，此时可单独针对超限连梁采用 0.5 的折减系数，则该连梁分担的地震剪力也会显著降低，可有效解决超限问题或降低超限的程度。连梁刚度折减系数不应小于 0.5，且其截面与配筋应满足恒、活、风载下的承载力要求；

3）当前述两种方法仍不奏效时，可考虑该连梁在地震作用下不参与工作，按独立墙肢进行第二次结构内力分析（第二道防线），墙肢按两次计算所得的较大内力配筋。具体模型操作时可将该连梁按普通梁输入并与墙肢间连接按铰接处理，此时需关注层间位移角的变化，应使层间位移角仍满足规范要求，或相差不应太大。

此外，连梁应该按 "强剪弱弯" 的抗震设计原则配筋。对于剪力墙结构，连梁是主要耗能构件，其延性大小对整体结构的安全至关重要，限制其纵筋的最大配筋率，既能提高结构的安全度，又能获得一定的经济效益。对受剪截面不足的连梁，为确保其强剪弱弯并留有一定余量，可按 9 度一级抗震等级的连梁限制其抗弯能力。

四、裂缝控制指标

在基础底板、地下室外墙及有覆土的车库顶板的结构设计中，经常发现有很多的梁板配筋是由裂缝宽度控制的情况，导致构件配筋增多。从理论上来说，由正常使用极限状态来控制上述构件的配筋数量，本身就不具合理性，存在浪费现象。

构件裂缝宽度控制的目的是防止钢筋锈蚀，保证结构的耐久性，因此《混凝土结构设计规范》GB 50010—2010 规定了不同环境类别中裂缝宽度限值。从理论上，垂直于钢筋的横向裂缝的出现与开展只在开裂截面附近使钢筋发生局部锈点，而对钢筋的整体锈蚀并不构成重大危害；从实践方面，自 20 世纪 50 年代以来，国内外所做的多批带裂缝混凝土构件长期暴露试验以及工程的实际调查表明，裂缝宽度与钢筋锈蚀程度并无明显关系。因此近年来，各国规范对钢筋混凝土构件的横向裂缝宽度的控制都有放松的趋势。如欧洲规范的混凝土裂缝宽度限值就比我国规定的宽松。而保护层厚度的大小及混凝土的密实性对钢筋锈蚀与混凝土的耐久性更为关键，对这二者的要求比用公式计算来控制裂缝宽度更有意义。

《混凝土结构设计规范》GB 50010—2010 规定的裂缝宽度计算公式，是针对线形构件的，如梁及桁架等，单向板还可按线形构件做近似计算，但双向板则与线形构件相差较大，采用线形构件的裂缝宽度计算公式，其裂缝计算结果是不真实的。

双向板实为面式构件，其弯矩即便沿截面宽度方向的分布也是不均匀的，无论是支座截面还是跨中截面，都是截面宽度方向的中线处弯矩最大，向截面边缘处逐渐减小，但实际配筋则是在截面内不分弯矩大小一律按最大弯矩处均匀满跨配筋的，因此裂缝计算以截面宽度方向最大弯矩点的弯矩去计算整个板块或板带的裂缝宽度是偏大且不真实的。但针对双向板目前还没有比较准确真实的裂缝宽度计算方法，而借用杆式构件的裂缝宽度计算公式又缺乏足够的理论依据，且真实性不足，因此实际工程的双向板可以不验算裂缝，即便计算出的裂缝宽度较大，也不能简单地认为裂缝宽度超限而随意加大配筋甚至增大截面。

即便对于梁式构件，按计算机软件所算得的裂缝宽度多数也是不真实的。比如当梁端支座处的内力及配筋取柱中心的弹性弯矩时，内力与配筋水平会增大很多，而且大多是按单筋梁算法计算出来的钢筋面积。而实际上在抗震设计下，框架梁支座下部的实配钢筋也很多，支座截面更接近双筋梁，忽略受压钢筋的作用而按单筋梁计算的结果，会导致计算所得钢筋应力与裂缝宽度比实际工作状态要增大许多。对于跨中截面，其一是梁受压翼缘的作用可能被忽略。其二是上部受压钢筋的作用也常常被忽略。而实际上在抗震设计时，跨中上铁的配筋量也较大，忽略受压翼缘及受压钢筋的作用而按矩形截面单筋梁计算的结果，比实际工作状态下的 T 形截面双筋梁的钢筋应力与裂缝宽度也会增大许多，因此其裂缝宽度计算结果也是不真实的。因此对于电算结果的裂缝宽度超限情况，应针对上述所列情况进行全面客观的分析，必要时可手算复核裂缝宽度，不应简单按加大配筋来处理，尤其对于框架梁支座截面，若为了控制裂缝而加大配筋，很容易违反强柱弱梁的抗震设计原则。

有关双向板及框架梁裂缝宽度限值与计算的内容可参见李国胜老师的《多高层钢筋混凝土结构设计优化与合理构造》第二版第四章的有关内容。

《北京地区建筑地基基础勘察设计规范》DBJ 11—501—2009 第 8.6.5 条及其条文说明对塑性设计及其可能导致的裂缝宽度较大的问题也给出了比较详细的解释。

8.6.5 梁板式筏形基础底板可按塑性理论计算弯矩。

8.6.5 条文说明：当基础为梁板式筏型基础或平板式筏型基础时，其基础底板考虑以下因素一般可不进行裂缝宽度验算，但应注意支座弯矩调幅不要太大。

1 如 8.6.3 条条文说明所述筏形基础及箱形基础钢筋的实测应力都不大，一般只有 20～50MPa，远低于钢筋计算应力；

2 设计人员计算基础底板时，一般采取地基反力均匀分布的计算模型，与实际地基反力分布不符，会使板裂缝宽度计算结果偏大；

3 目前设计人员一般采用现行国家标准《混凝土结构设计规范》GB 50010 中裂缝计算公式进行裂缝宽度验算，而该公式只适用于单向简支受弯构件，不适用于双向板及连续梁，因此采用该公式计算的裂缝宽度不准确；

---

4 目前北京地区习惯的地下室防水做法是基础板下面均有防水层，因此对底板有较好的保护作用，这时对其裂缝宽度的要求可以比暴露在土中的混凝土构件放松。一般来说，只要设计时注意支座弯矩调幅不太大，混凝土裂缝宽度不致过大，而且数十年来大量工程有关筏形基础及箱形基础的钢筋应力实测表明，其钢筋应力都不大，混凝土实际上很少因受力而开裂，所以不会影响钢筋耐久性。

梁板式的筏板可按塑性双向板或单向板计算。筏板的裂缝可不必计算，因双向板的裂缝实际上是无法计算的，规范中裂缝宽度计算公式只适用于杆式构件，如梁和桁架等，对于基础梁，鉴于实测钢筋应力比设计应力小很多的事实，也没有必要计算裂缝。而且如果在设计时梁支座负弯矩筋是按柱中截面的弹性弯矩计算的话，配筋本身就会超配很多，此时如果仍按柱中弯矩去计算裂缝，将不只是计算失真，而是计算错误。

虽然《北京地区建筑地基基础勘察设计规范》DBJ 11—501—2009 第 8.6.5 条及其条文说明具体针对的是梁板式筏基，但道理是相通的，对于地下室外墙及地下车库顶板等与土、水直接或间接接触的构件，在很多方面是同样适用的。尤其是建筑防水层的存在，是不应该被忽视的有利因素。

其实我国规范对于混凝土结构裂缝宽度限值的规定与国外相比是偏于严格的，表 8-5-3 为欧洲混凝土规范 EN1992-1-1：2004 对于普通钢筋混凝土及预应力混凝土结构的裂缝宽度限值。

欧洲混凝土规范 EN1992-1-1：2004 的裂缝宽度限值   表 8-5-3

环境类别	钢筋混凝土构件及无粘结预应力混凝土构件	有粘结预应力混凝土构件
	准永久荷载组合	荷载长期组合
X0，XC1	0.4	0.2
XC2，XC3，XC4	0.3	0.2
XD1，XD2，XS1，XS2，XS3	0.3	不出现拉应力

表 8-5-3 中，X0 为无腐蚀风险的构件、干燥环境下的钢筋混凝土构件；XC1、XC2、XC3、XC4 为碳化腐蚀类别，其中 XC1 为干燥或永久水下环境、XC2 为潮湿、偶尔干燥的环境（如混凝土表面长期与水接触及多数基础）、XC3 为中等潮湿环境（如中等湿度及高湿度室内环境及不受雨淋的室外环境）、XC4 为干湿交替的环境；XD1、XD2 为氯盐腐蚀类别，其中 XD1 为中等湿度环境（混凝土表面受空气中氯离子腐蚀）、XD2 为潮湿、偶尔干燥的环境（如游泳池、与含氯离子的工业废水接触的环境）；XS1、XS2、XS3 为海水氯离子腐蚀类别，其中 XS1 为暴露于海风盐但不与海水直接接触的环境（如位于或靠近海岸的结构）、XS2 为持久浸没在海水中的结构、XS3 为受海水潮汐、浪溅的结构。

从以上欧洲规范相关规定可以看出：欧洲规范的环境类别分得要更细，对裂缝控制宽度也比我们宽松。对于钢筋混凝土构件及无粘结预应力混凝土构件，即便在潮汐浪溅等极端恶劣环境类别下也只是 0.3mm，相比之下，我国规范对室内潮湿环境及室外环境下的限值也要求 0.2mm，确实过于严格了。

现在很多有识之士及一些负责任的设计院已经认识到这一点，因此在设计院内部对裂缝宽度的限值都做了放松，对于二a、二b类环境类别，有的放松到0.25mm，有的放松到0.3mm，也有的将二a类放松到0.3mm、二b类放松到0.25mm等。

一些省市的地方规范也对裂缝宽度限值做出了放松的规定，如《北京地区建筑地基基础勘察设计规范》DBJ 11—501—2009第8.1.13条：

> 8.1.13 当地下室外墙外侧设有建筑防水层时，外墙最大裂缝宽度限值可取0.4mm。

对于受力较大的一些构件，确实能收到很好的经济效果。

由于裂缝宽度与保护层厚度有关，保护层越厚裂缝宽度越宽，而规范规定基础类构件下表面的保护层厚度不小于40mm（有垫层）及70mm（无垫层），因此保护层厚度均较大，有可能会因为保护层过厚的原因导致裂缝宽度过大，此时，可参照《混凝土结构耐久性设计规范》的相关规定，当保护层设计厚度超过30mm时，可将厚度取为30mm计算裂缝的最大宽度。

对于《地下工程防水技术规范》中迎水面钢筋保护层厚度≥50mm的规定，现在绝大多数的设计院选择忽视，《北京地区建筑地基基础勘察设计规范》DBJ 11—501—2009更是明确规定了基础及地下墙体与土接触一侧的钢筋保护层厚度：

> 8.1.10 钢筋的混凝土保护层厚度：对基础底部与土接触一侧钢筋，有垫层时不小于40mm，无垫层时不小于70mm；对地下墙体与土接触一侧钢筋，无建筑防水做法时不小于40mm，有建筑防水做法时不小于25mm，且不小于钢筋直径。

综上所述，在具体设计时注意以下几方面问题：

1) 正确确定混凝土构件的环境类别

根据《混凝土结构设计规范》，基础筏板混凝土可能属于下列环境类别之一：室内正常环境（一类环境）；室内潮湿环境（二a类环境）；与无侵蚀性的水或土壤直接接触的环境（二a类环境）；严寒和寒冷地区与无侵蚀性的水或土壤直接接触的环境（二b类环境）；严寒和寒冷地区冬季水位变动的环境（三类环境）。每个环境类别有对应的裂缝宽度限值，比如一类环境下普通钢筋混凝土结构的最大裂缝宽度限值为0.3mm，在某些条件下也可放宽到0.4mm；二、三类环境下普通钢筋混凝土结构的最大裂缝宽度限值为0.2mm。因此，科学合理地选择环境类别，分析出现裂缝可能的危害非常重要。

2) 掌握影响裂缝宽度的主要因素

裂缝宽度与混凝土保护层厚度、配筋率、钢筋间距有关。保护层厚度越厚、配筋率越低、钢筋间距越大，裂缝越大。实际设计中，在配筋总量不变的情况下，用更小直径、更密间距的配筋方式可减小裂缝宽度。

3) 具体结构设计时对裂缝宽度限值应灵活掌握

如上所述，规范的裂缝宽度限值是偏严的，软件计算的裂缝宽度是偏大的，且对于双向板还存在规范公式并不适用的问题，还有就是有建筑防水层的混凝土构件的环境类别应该如何界定，也对裂缝宽度限值有影响。

因此对裂缝宽度限值应该区别对待并全面客观地看待裂缝宽度超限问题。建议对双向板不进行裂缝宽度验算，对单向板及梁可以按规范公式验算裂缝宽度，但必须谨慎对待裂缝宽度超限问题，一定要客观评价计算结果的真实性及准确性，不要轻易采用增大配筋甚至增大截面的做法。

五、配筋富余度

毫不客气地说，随着软件功能越来越强大、越来越集成，结构设计不是越来越精细，而是越来越粗糙。在结构设计的手算时代，荷载倒算精确到公斤（1kg＝0.01kN），配筋精确到 mm²，而现在软件输出的结果则为 cm²，假设软件内部计算结果为 8.01cm²，在程序输出时也会以 9cm² 输出，原本配 4ϕ16（8.04cm²）可满足要求，因软件输出精度的原因可能就需要多配一根钢筋，导致超配 25％ 之多。

还有一种倾向，对于软件计算出来的结果，如果让结构工程师来自己决定配筋时，如果不超配一些，就会感觉不够安全。因此对于程序输出 8cm² 的情况，也不敢配 4ϕ16（8.04cm²），虽然有些时候不至于直接增加一根钢筋，按 5ϕ16（10.05cm²），但相信采用 6ϕ14（9.23cm²）的工程师还是很多的，也会导致超配 15％。

其实在手算时代，实配钢筋是可以比计算所需配筋略少的，一般是按 5％ 控制，只要差值在 5％ 以内，设计师一般不会为此而增加钢筋类型或根数。但现在的工程师，不要说少配，就是配筋刚刚好都会觉得不安全，完全失去了自信。

对于结构的安全度，规范已通过荷载分项系数、材料分项系数以及构造措施予以保证，设计师没必要人为加大结构的安全储备。对于配筋的富余度，宜控制在计算结果和构造要求较大值的 5％ 以内，不应超过 10％，但结构转换层及结构超限加强措施区域可适当放松。

六、钢结构的稳定应力比

对钢结构设计的经济性审查相对容易，其一是审查荷载有无人为放大现象，其二是审查计算结果的稳定应力比。对于钢结构而言，除非构件本身有截面削弱现象，否则一律由稳定控制而不由强度控制，因此应重点核查绕截面两个主轴的稳定应力比。但非常有意思的是，有个别结构工程师为了掩饰自己设计的保守，竟然恶意篡改计算书的数据，但却又没能篡改明白，只改了强度一列的应力比，却没有相应修改绕两个主轴的稳定应力比，见表 8-5-4。

河北高碑店某钢结构项目被篡改后的计算书　　　　　　　　表 8-5-4

单元号	强度	绕2轴整体稳定	绕3轴整体稳定	沿2轴抗剪应力比	沿3轴抗剪应力比	绕2轴长细比	绕3轴长细比	沿2轴 w/l	沿3轴 w/l	结果
1	0.77	0.23	0.20	0.02	0.02	45	43	—	1/7926	满足
2	0.77	0.26	0.22	0.02	0.02	45	45	—	1/8566	满足
3	0.87	0.25	0.22	0.02	0.02	45	45	—	1/9122	满足
4	0.86	0.25	0.21	0.02	0.02	45	45	—	—	满足
5	0.86	0.24	0.21	0.02	0.02	45	45	—	—	满足
6	0.65	0.24	0.20	0.02	0.02	45	45	—	—	满足
7	0.75	0.24	0.20	0.02	0.02	45	45	—	—	满足
8	0.75	0.23	0.20	0.02	0.02	45	45	—	—	满足
9	0.76	0.24	0.20	0.02	0.02	45	45	—	—	满足
10	0.87	0.25	0.21	0.02	0.02	45	45	—	—	满足

对于这种篡改数据的行为，不但暴露了自身在专业上的无知，而且篡改结构数据的做法也有违职业道德，甚至是违法的。

对于同种类型截面而言，受力最大构件稳定应力比应尽量接近 1.0，受力最小构件的稳定应力比也应该在 0.8 以上，否则应该增加截面类型。对于表 8-5-4 中稳定应力比不大于 0.3 的情况，只能说结构设计太保守，应该普遍减小截面尺寸。

第六节　计算结果异常的甄别与优化

在这里主要强调设计师的主观能动性，对设计师而言，软件只是自己手中的一个工具，用这个工具所生产或制造出来的产品是否合格，也是使用工具者如何操作工具的结果，要负责的是工具的使用者而不是工具本身。换句话说，软件可以有免责条款，真的因软件本身而出了工程问题，软件的生产与销售单位有可能免责，而软件的使用者是不会免责的。设计的好与坏、对与错，虽然与软件有关，但把关的是设计师，问题要靠设计师去发现、甄别、改正。设计师永远不能迷信软件，软件可以有问题，而且没有哪一款软件能绝对保证没有问题（BUG），即便是操作系统软件，也存在各式各样的程序漏洞，也必须定期或不定期发布系统更新或各类补丁。软件使用者一定要具备基本的专业素养，用自己的专业学识与经验去发现、甄别软件计算结果的异常。从另一角度，专业软件肯定是给专业人士使用的，设计师一定要跳出软件之外、从工具使用者的高度去操作软件，而不能身陷于软件之中对软件盲听盲信。

本书在此仅举一例，或许现在这个问题已不复存在，但还是具有一定的代表性。

图 8-6-1 为河北秦皇岛某项目高层区地下车库平板式筏基及下柱墩的典型部位配筋。下柱墩的上铁除了筏板的拉通钢筋外，另外配置了 $\phi14@200$ 的附加钢筋。甲方向设计院发出如下书面内审意见："柱墩上铁理论上为构造配筋，为何还要加设附加钢筋？请取消柱墩上铁附加钢筋"，但设计院的回复很简单，"答复：需要满足筏板计算书中配筋面积的要求"。可见对软件的依赖与迷信程度何等强烈，在甲方的要求与提醒之下都不愿去做专

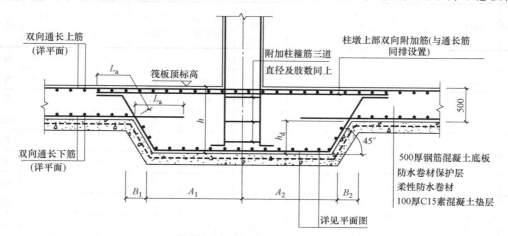

图 8-6-1　秦皇岛某项目下返柱墩构造

业方面的深层次思考，不愿去想软件的内力计算结果是否正确、配筋是否符合内力分布规律等基本的岩土结构专业问题，一切唯软件计算结果是从，错了也要坚持。

问题其实很简单，平板式筏基在向上的地基反力作用下，以柱为中心的柱墩处于支座负弯矩的影响范围之内，故柱墩截面下部受拉而上部受压，当柱墩抗弯按单筋设计时，是柱墩下铁钢筋拉力与柱墩上部混凝土受压区合力平衡并组成一对力偶共同抵抗截面所受弯矩。因此柱墩上铁处于截面受压区并可按构造配置，如果软件输出的柱墩上铁面积较大，只能说明软件有问题。

第九章　结构细部精细化设计

第一节　各种基础类型的精细化设计

一、桩基础的精细化设计

1. 单桩承载力取值与平面布置设计优化

1) 单桩承载力取值

(1) 单桩承载力取值应以每个单体建筑为单位，各单体建筑的桩型（主要是桩长、桩径）可以不同，当地质剖面图显示场地内不同区域的地质情况存在差异、且单体建筑的桩数超过 100 根时，应优先在各单体建筑内采用不同桩型；即便各单体建筑采用了相同的桩型（相同桩长、桩径），单桩承载力也可以不同，不应按整个场地最不利的勘探孔的取值；对于面积较大的地下车库，同一桩型也应分区给出单桩承载力，不应整个地下车库统一按最低值取值。

(2) 有条件的工程应通过试验桩确定单桩承载力，试验桩最大加载量不宜低于特征值的 3 倍（仅加载到 2 倍特征值没有优化设计的意义），必要时可做破坏性试验。并通过试桩确定的单桩承载力特征值，重新优化设计布桩。

(3) 当仅通过计算确定单桩承载力并直接付诸工程实施时，若勘察报告所给岩土设计参数与《桩基规范》建议值相比较低时，在计算每个单体建筑的单桩承载力时，若按其所属各勘探孔计算的单桩承载力极差不超 30% 时，可按各勘探孔计算的单桩承载力的平均值来确定，不应再对单桩承载力进行打折或抹零处理。

(4) 桩身材料强度应尽量与桩土作用的承载力相匹配，既不能由于材料强度不足而限制了桩土作用承载力的充分发挥，也不应使材料强度过高而浪费。

(5) 除了沉管灌注桩及人工挖孔桩外，所有灌注桩均应采用性价比较高的后注浆技术以提高单桩承载力，可以费用增加不足 10% 的代价将桩基承载力提高 30%～80%，经济效果显著。

(6) 桩基设计也应有至少两个方案的比较，因不同桩型的成本存在差异，优先选用承载力性价比较高的桩型提供相同的桩基承载力，由业主、设计单位通过沟通论证后确定。

2) 桩的平面布置

(1) 无论是桩基还是刚性桩复合地基中的竖向增强体（也经常俗称为桩），都存在经济性与精细化的平面布桩方案。除了前文所述的变刚度调平设计外，从经济性角度，能局部布桩就不要全面布桩，能集中在墙下或柱下布桩就不要满堂布桩、均匀布桩。

(2) 当采用柱下布桩或墙下布桩方案时，有条件时应考虑承台下土的贡献按复合桩基设计；当不考虑承台下土的贡献时，桩间距及边距应取规范的下限值，尤其以端承为主的桩型更不要随意加大桩间距。

（3）在设计人工挖孔灌注桩时，直径不应小于800mm，否则在孔下难于操作；当上部结构荷载及单桩承载力要求不需要直径大于等于800mm的桩时，可利用承台或筏板的跨越作用采用 m 柱 n 桩（$m>n$）的布桩方案，也可采用减短桩长或机械成孔小直径桩方案，并应进行技术经济比较。

（4）当因两柱距离较近而采用椭圆桩时，若单桩承载力富余较多，应尽量采用小直径圆桩＋桩帽，以充分利用单桩承载力，提高单桩工作效率，节约桩基造价。

（5）承载性状以摩擦为主的桩宜优先采用小桩径、大桩长，以端承为主的桩优先采用大直径扩底灌注桩，桩基承载力特征值由桩基端阻控制时，应尽量采用扩大头的方式，不应随意加大桩身直径。

（6）布桩时应尽量提高桩基承载力利用率：桩基承载力利用率 ＝ 作用于承台或筏板下各桩顶的竖向力合力（$F+G$）标准值/承台或筏板下各单桩承载力特征值之和（$\sum Ra$），应控制在 $85\%\sim95\%$，个别承台桩的承载力利用率高于95%但不大于100%时，也不必因此而增加桩数。当存在偏心受力的情况时，受力较大基桩的承载力验算应按 1.2Ra 控制；当上部荷载考虑地震作用效应组合时，桩基承载力特征值应考虑提高系数 1.25。以上系数可以连乘。

2. 纵向钢筋配筋数量

1）预制桩的配筋

预制桩作为一种半成品，其钢筋配置由厂家依据相关国家、行业及地方标准来对不同桩型、不同设计参数来进行，一般不是岩土或结构设计者所考虑的问题。但具体桩型的选择则要由设计者来进行，故设计师也必须对桩型、配筋及有关力学性能指标有所了解，才能正确选型，并对预制桩在堆放、运输及起吊过程中的注意事项给出建议。尤其是采用预制桩作为抗拔桩或抗水平荷载桩时，设计师必须依照其截面及配筋对桩身的轴向抗拉承载力、水平抗弯承载力及水平抗剪承载力进行复核。

对于预制混凝土实心桩，桩身配筋应按吊运、打桩及桩在使用中的受力等条件计算确定。采用锤击法沉桩时，预制桩的最小配筋率不宜小于 0.8%。静压法沉桩时，最小配筋率不宜小于 0.6%，主筋直径不宜小于 14mm。

预应力混凝土空心桩主要有管桩及空心方桩两种桩型。在津沪江浙一带预应力管桩有非常广泛的应用，但空心方桩因其成本优势，应用也逐渐增多。

预应力管桩按承载性状可分为抗压桩、抗拔桩及抗水平荷载桩。按混凝土有效预压应力值可分为 A 型、AB 型、B 型及 C 型，混凝土有效预压应力分别对应 4MPa、6MPa、8MPa 及 10MPa，对应的配筋率及抗弯性能也逐渐增加。

有关预应力混凝土空心管桩的标准及图集较多，有国家标准《先张法预应力混凝土管桩》GB 13476—2009、建材行业标准《先张法预应力混凝土薄壁管桩》JC 888—2001，《建筑桩基技术规范》JGJ 94—2008 的附录 B 也给出了预应力混凝土空心桩的基本参数，一些应用较广的地区也往往有各自的地方标准，如天津市工程建设标准《预应力混凝土管桩技术规程》DB 29—110—2010、江苏省工程建设标准《预应力混凝土管桩基础技术规程》DGJ32/TJ 109—2010 等，各生产厂家也根据国标、地标的有关要求制定有企业自身的产品目录和图集。

预应力管桩的纵筋一般采用预应力混凝土用钢棒（中低松弛螺旋槽钢棒），抗拉强度不低于 1420MPa，配筋率一般不低于 0.4%，根据不同类型、不同直径、不同壁厚而定，前面列出的国家标准、行业标准及地方标准均附有直径、型号、壁厚、配筋量以及抗裂弯矩、极限弯矩、抗裂剪力等力学性能指标，甚至对起吊运输时的吊点数量及吊点位置都进行了指定，使用者只需从中根据具体工程的实际情况去选型即可。但设计者应重点关注管桩的连接性节点构造，比如需采用焊接法接桩，接头数量不宜超过 2 个；与承台连接采用端头板焊筋或灌芯插筋及在承台内的锚固长度；截桩时的灌芯插筋要求等。

2）钢筋混凝土受压灌注桩的配筋

对于受压钢筋混凝土灌注桩，《建筑桩基技术规范》JGJ 94—2008 规定，当桩身直径为 300～2000mm 时，正截面配筋率可取 0.65%～0.2%（小直径桩取高值）；对受荷载特别大的桩、抗拔桩和嵌岩端承桩应根据计算确定配筋率，并不应小于上述规定值。

需要注意的是，规范只是说小直径取高值，但没有说要采用内插法确定灌注桩的构造配筋率。从规范条文说明可看出，0.65% 的数值是基于 300mm 直径桩配 6φ10 的配筋率（0.67%），是基于根数与直径都不能再降低情况的配筋率，因此这个配筋率上限本身是偏高的。对于不计入受压钢筋作用的普通受压钢筋混凝土灌注桩，设计者完全可以根据岩土地质情况、轴压比的大小及钢筋级别等从概念设计角度确定纵筋构造配筋率的大小，只要在 0.65%～0.2% 的范围内即可。比如对于 600mm 直径普通受压钢筋混凝土灌注桩，当桩长范围的土层不存在淤泥、淤泥质土及可液化土层，且采用三级钢并不考虑受压钢筋的作用时，采用三级钢 6Φ14（0.33%）甚至三级钢 6Φ12（0.24%）也都是可以的。

3）钢筋混凝土抗拔桩的配筋

对于钢筋混凝土抗拔桩，截面配筋数量由计算确定，但对于普通钢筋混凝土抗拔桩而言，配筋量一般不是由抗拉承载力控制，而是由裂缝控制。因此抗拔桩的裂缝宽度限值如何取值，对纵向钢筋的用钢量影响极大。比如武汉某项目 800mm 直径抗拔桩，抗拔承载力特征值 2000kN，按桩身抗拔承载力计算的钢筋数量为 24φ20（7540mm²），实配 24φ28（14778mm²）将裂缝计算宽度控制在 0.241mm，但用钢量几乎翻倍；而若想将裂缝宽度控制在 0.2mm 以内，则实配钢筋需增加到 22φ32（17693mm²），算得的裂缝宽度为 0.198mm，钢筋用量又增大了 19.7%。

为了减少抗拔桩的普通受拉钢筋用量，可根据岩土与地下水的腐蚀性及水位变动情况对抗拔桩的实际工作环境进行详细分析，在设计、图审与甲方取得共识的情况下适当降低裂缝控制标准。上述实配 24φ28 抗拔钢筋就是三方一致将裂缝宽度限值降低到 0.25mm 后的结果。

其次是采用环氧树脂涂层钢筋或镀锌钢筋来代替普通钢筋，虽然环氧树脂涂层及镀锌处理的费用会有所上升，但与用钢量翻倍的效应相比仍具有经济优势。此时需进行经济性对比，择优选用。

抗拔桩均为摩擦桩，桩顶轴向拉力最大，桩端降为 0，桩身轴力从桩顶到桩端依次递减，故桩身配筋也应根据桩身轴力的变化采用分段配筋的方式。当桩长较短时可分两段配筋，到 1/2 桩长时可截断 1/3 或 2/5 的钢筋；当桩长较长时，可分三段配筋，1/3 桩长时截断 1/4 的钢筋，2/3 桩长时截断一半的钢筋。或者根据计算确定钢筋截断位置及截断数量。

降低抗拔桩钢筋用量效果最显著的是采用预应力现浇混凝土灌注桩。不但可充分发挥预应力钢筋的高强作用，还因预压应力的作用使裂缝宽度大大降低，可起到事半功倍的作用。

武汉泛海二期项目，总计有 954 根桩长 32m 直径 800mm 抗拔桩，原设计采用通长配筋 $24\phi28$（14778mm²），裂缝计算宽度为 0.262mm（优化方计算值为 0.241mm），纵向主筋总用钢量 3360t；优化设计建议采用 $10\phi15.2$mm 预应力钢绞线另配 $12\phi18$（3054mm²，配筋率 0.608%）HRB400 普通钢筋，用钢量分别为预应力筋 339t、普通钢筋 748t。论用钢量减少了 2272t，论综合造价节省了 1228 万元。从技术层面，预应力抗拔桩的裂缝计算宽度大大降低，仅为 0.05mm，因而结构的耐久性大大增强。技术经济效果均非常显著。

4）抗水平荷载桩的配筋

纵向钢筋配筋数量及配筋长度由计算确定。

3. 纵向钢筋配筋长度

桩纵向钢筋配筋长度有三种形式：等截面通长配筋，即一种配筋数量一直到底的配筋模式；变截面通长配筋，即部分钢筋一直到底、部分钢筋到某一深度截断的配筋方式；部分桩长配筋，即靠近桩顶的部分配筋、靠近桩端的部分不配筋的配筋方式。

1）通长配筋的情况：《建筑地基基础设计规范》与《建筑桩基技术规范》的规定略有不同，二者均要求抗拔桩、嵌岩桩及位于坡地或岸边的桩需进行通长配筋，但都允许根据计算结果及施工工艺采用变截面通长配筋（桩基规范的表述方式）或沿桩身纵向不均匀配筋（地基基础规范的表述方式）；不同之处在于：桩基规范要求端承型桩均需通长配筋，而地基基础规范的表述为嵌岩端承桩需通长配筋，此外地基基础规范要求 8 度及 8 度以上地震区的桩需通长配筋，而桩基规范没有相应要求。

2）变截面通长配筋：如上文所述，该种配筋方式贯通整个桩长均配有纵向钢筋，但有部分钢筋并非一直到底，而是在中间某处截断。对于大多数要求通长配筋的桩基，采用变截面通长配筋方式能收到很好的经济效果，尤其是对大直径桩或配筋率较高桩，经济效益更加显著。比如说抗拔桩，无论从规范要求还是从概念设计角度，通长配筋是肯定的，但抗拔桩绝大多数为摩擦型桩（无端阻或端阻不发挥作用），桩身轴力从上到下是逐渐递减的，到桩底截面轴力为零，桩顶截面轴力最大，因此计算受拉钢筋量及裂缝宽度的控制截面在桩顶截面，若仍然采用将桩顶截面配筋全数到底的配筋方式，必然导致极大的浪费。

4. 受压灌注桩的箍筋配置

对于直径不超过 1000mm 的灌注桩，箍筋直径可取 6mm，桩顶以下 $5d$ 范围内的加密区采用 $\phi6@100$，其下的非加密区采用 $\phi6@200$ 或 $\phi6@250$；当灌注桩直径大于 1000mm 时，箍筋直径可取 8mm，桩顶以下 $5d$ 范围内的加密区采用 $\phi8@100$，其下的非加密区采用 $\phi8@250$ 或 $\phi8@300$。

二、承台设计的精细化

1. 单桩承台

对于一柱一桩的单桩承台，承台本身并不受力，只起到将荷载从柱传递到桩以及为桩

319

顶甩筋与柱底插筋提供锚固作用，因此其厚度满足柱底及桩顶插筋的直线段锚固长度即可，平面尺寸也仅需满足桩基规范 5.4.2.1 条的要求即可，无需刻意加大。而且对于桩径大于柱外接圆直径的大直径桩，规范允许桩和柱直接连接，而不需要承台，只要柱纵筋在桩身内的锚固长度满足要求即可。从这个角度，增加单桩承台的平面尺寸与配筋都没有实际意义。

如果设置了单桩承台，因单桩承台不受力，故所有钢筋均可按构造配置。但配筋方式如何？构造配筋量取多大？则规范没有规定。以致各设计院之间、各设计师之间便有了自由发挥的空间，不但不同的设计院不一样，就是同一设计院的不同设计师也可能不一样。

图 9-1-1 为烟台某工程 400mm 直径的小直径桩单桩承台。承台平面尺寸问题不大，但三级钢 Φ14@150 的构造配筋就太多了，相比参考手册中一级钢 Φ10@200 的构造钢筋，用钢量已是其 2.6 倍，如果再考虑钢筋级别的差异，则达到 Φ10@200 的 3.5 倍。而且与参考手册的配筋方式相比，还增加了三级钢 Φ14@150 的水平封闭箍筋。钢筋用量就多得太多了，如果这样的单桩承台数量很多的话，浪费还是比较惊人的。

其实单桩承台的配筋在理论上没有多大作用，如果说受力也只是局部受压。因柱与承台一般中心重合，只要承台混凝土与柱混凝土强度等级相差不是很多，局部受压基本都能满足要求，不必配局部受压间接钢筋网。因此其上下两面配筋可仅按抗裂构造配置。至于沿侧面布置的水平分布箍筋，除了防止承台侧面出现竖向裂缝外，也没有实际作用，考虑到多桩承台及独立基础的侧面均不配水平向钢筋，单桩承台更没必要配置，故可取消侧面水平封闭箍筋。

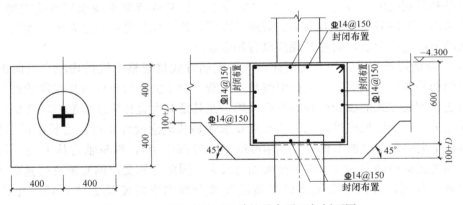

图 9-1-1　山东烟台某项目单桩承台平面与剖面图

如果说上述小直径的单桩承台已经感觉比较浪费的话，那么下面的大直径桩单桩承台就有点浪费惊人了。

图 9-1-2 为南昌某工程的桩基工程，其中裙房有一部分为一柱一桩的单桩承台，直径 800mm，承台厚度 1.2m，承台平面尺寸 3.0m×3.0m，笔者认为承台厚度及平面尺寸均偏大较多。

对于承台厚度，笔者能想出的解释就是：该桩为抗压抗拔两用桩，抗压承载力特征值为 4500kN，抗拔承载力特征值为 1500kN，因抗拔需要，纵筋直径较大、数量较多（26φ25）。即便如此，按 35d 的受拉锚固长度也只有 35×25＝875mm，而且如果末端采用 15d 弯折的话，则直线段锚固长度 l_{ab} 可为 0.6×875＝525mm，如果柱钢筋直径也不超

25mm 的话，按一二级抗震的受拉锚固长度 l_{abE} 不超 $40d$，则柱受压锚固长度为受拉锚固长度的 0.7 倍，不超过 $0.7 \times 40 \times 25 = 700$mm，当采用直线段加末端 $15d$ 弯折的锚固方式时，直线段的长度为 $0.6 l_{abE} = 0.6 \times 40 \times 25 = 600$mm。因此从桩甩筋与柱插筋锚固要求角度来说，采用 700mm 高度的承台应该足够，1200mm 就太厚了。

对于直径 800mm 的单桩，承台尺寸取 3.0m×3.0m 也比较令人费解，不知是出于什么目的。笔者能想到的可能还是抗浮，但如果是靠加大承台的重量来平衡一部分水浮力的话，那效果未免太差、效率未免太低，还不如加大桩长或桩径。如果说加大承台尺寸是为了减少防水板的配筋，效果同样不佳、效率同样不高，与其将 1200mm 厚的承台加大，还不如直接加大防水板厚度，效果更加直接。

对于直径 800mm 的桩，如果桩边距取 1 倍桩径，则承台尺寸为 1.6m×1.6m，但如果按桩边与承台边净距不小于 150mm 控制，则承台尺寸仅需 1.1m×1.1m。相同承台厚度的混凝土与钢筋用量会大大减少，单个承台的混凝土用量可从 $10.8m^3$ 降为 $3.072m^3$ 及 $1.452m^3$，仅相当于原设计混凝土用量的 28.4% 及 13.4%；如果承台厚度再变为 700mm，则混凝土用量进一步降低为原设计的 16.6% 及 7.8%。

优化前后单桩承台的混凝土用量对比　　　　　　　　　　表 9-1-1

承台长	承台宽	承台高	混凝土用量	比率
3	3	1.2	10.8	100.0%
1.6	1.6	1.2	3.072	28.4%
1.1	1.1	1.2	1.452	13.4%
1.6	1.6	0.7	1.792	16.6%
1.1	1.1	0.7	0.847	7.8%

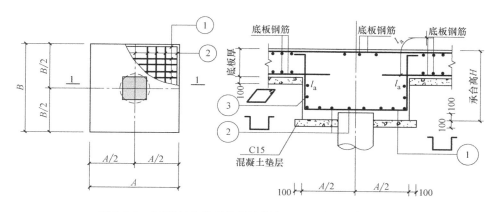

图 9-1-2　江西南昌某项目单桩承台 CT1a 平面图与剖面图

江西南昌某项目单桩承台配筋表　　　　　　　　　　表 9-1-2

承台编号	承台厚度 H(m)	承台尺寸(m)（长×宽）	配筋		
			①	②	③
CT1	1.2	0.8×0.8	Φ20@150	Φ20@150	Φ10@200
CT1a	1.2	3.0×3.0	Φ20@150	Φ20@150	Φ10@200

前面谈的是承台尺寸与混凝土用量，下面再谈谈钢筋。前述 3.0m×3.0m×1.2m 的单桩承台配筋为表 9-1-2 的 CT1a，两个方向的主筋为三级钢Φ20@150，水平向封闭箍筋为 ϕ10@200。ϕ20@150 的钢筋截面面积为 2094mm²/m，是 ϕ10@200（393mm²/m）的 5.3 倍。如果这样比还不够直观的话，可以将原设计与优化后 1.1m×1.1m×0.7m 单桩承台配 ϕ10@200 双向钢筋并取消水平箍筋单桩承台的用钢总量相比，前者单个承台钢筋总用量约为 590kg，而后者单个承台用钢总量仅为 22kg，相当于前者的 3.7%。

其实柱下单桩承台的平面尺寸及配筋构造并非没有可供参考的依据，一些比较权威的参考书中都有。

如《混凝土结构构造手册（第三版）》（P438）建议：框架柱下的大直径灌注桩，当一柱一桩时可做成单桩承台（桩帽），其配筋示意见图 9-1-3。

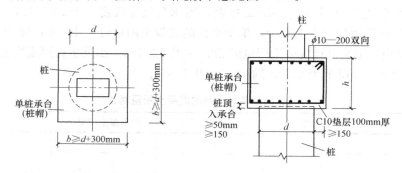

图 9-1-3　《混凝土结构构造手册（第三版）》中单桩承台配筋

《建筑结构构造规定及图例》（P675）中的单桩承台配筋构造与之类似，见图 9-1-4。

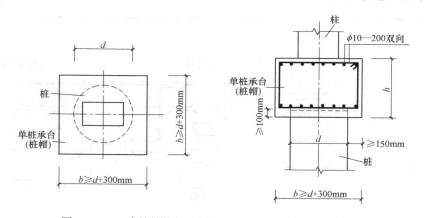

图 9-1-4　《建筑结构构造规定及图例》中的单桩承台配筋

对照上述参考书的建议，回头再看看时下一些设计院的单桩承台尺寸与配筋，差距还是很大的。

单桩承台不必考虑冲切问题。

2. 双桩承台

双桩承台从其受力特点来看与梁非常相似，故有时也叫双桩承台梁。当墙柱荷载中心在两桩之间时，双桩承台相当于两端带悬臂自由端的简支梁，下部钢筋为受力钢筋，上部钢筋为构造或架立钢筋，横向设置封闭或 U 形箍筋。但当两桩外侧有竖向荷载作用时，相当于在悬臂跨作用有竖向荷载，此时上部钢筋也应该由计算确定。

双桩及多桩承台的计算方法可有两种方式，即"正算法"和"反算法"。所谓"正算法"即将桩作为支座，将墙柱传下来的内力作为荷载的计算方法。该法与简支梁的算法相同，感觉上更直观一些，但该法最大的缺陷是只能将柱荷载作为集中荷载而将墙荷载作为线荷载去计算，而无法考虑墙柱截面尺寸与墙柱刚度的有利作用，因此计算所需的截面高度偏大，弯矩与配筋偏多；"反算法"即将墙柱作为支座，而将桩反力作为荷载的计算方法。其模型更像倒置的单柱高架桥模型。这种方法不如正算法直观，但该法更实用，可充分考虑墙柱刚度的有利影响，因此在进行截面设计时可取柱边或墙边弯矩进行配筋。

反算法在进行内力及配筋计算时，也有"粗算"与"精算"两种方式，"粗算"就是将单桩承载力特征值作为荷载标准值，再乘以荷载分项系数作为设计值进行内力计算及配筋，当双桩承台的偏心受力特征明显或墙柱底的弯矩较大时，可将单桩承载力特征值乘以荷载分项系数再乘以 1.2 作为偏心受力的荷载设计值去计算墙柱边的弯矩，然后再根据墙柱边弯矩去进行配筋计算。因此反算法只要确定了布桩方式及单桩承载力特征值，就可以进行承台的内力与配筋计算，非常适用于甲方或第三方在没有墙柱底部内力或上部结构模型时的审查校核之用。但正算法则必须知道墙柱底部的内力才能计算。粗算法的计算结果实际是承台内力与配筋的上限值，因此在很多情况是不经济的。要想得到更加准确、更加经济的计算结果，应该采用所谓的"精算"法。

"精算"法就是以实际的桩顶反力设计值去计算墙柱边的弯矩继而进行配筋计算的设计方法。在平面布桩时，只要竖向荷载标准值达到或稍稍超过 $1.0R_a$（R_a 为单桩承载力特征值），一般就需要布置为双桩承台。因此对于轴心受力承台，其桩顶反力标准值的变化范围可能在 $(0.5\sim1.0)$ R_a 之间，偏心受力则在 $1.2\times(0.5\sim1.0)$ R_a 之间变化。由此可见，相同承台下桩的反力并不相同，有时差别甚至很大。精算法就可以体现出这种差别，可得到不同桩顶反力下不同的内力与配筋计算结果，从而起到节省钢筋的作用。但当双桩承台的数量较多时，逐个计算的计算与绘图工作量均较大，一般来说也需要归并。归并区间可按 $(0.05\sim0.1)$ R_a 来考虑。

因反算法是以桩顶反力作为荷载，桩的形心为荷载作用点，以墙柱作为支座，并以此模型去计算墙柱边的弯矩，然后再用墙柱边的弯矩去进行截面配筋，所以当墙柱截面尺寸较大时，计算弯矩会减小很多，当墙长达到或越过桩形心时，则计算弯矩为零，承台不再受局部弯矩作用，承台下部钢筋也变为由构造配筋控制。但这里的墙是指钢筋混凝土墙，对于砌体墙则不能如此考虑，而应将砌体墙作为线荷载按正算法计算承台内力及配筋。

图 9-1-5 为烟台某项目的双桩承台，采用 PHC400AB 型预应力管桩，单桩承载力特征值为 800kN。采用前述反算法计算，当承台为轴心受力时，图（a）的承台底部钢筋可满足受弯承载力要求，图（b）因墙长已越过桩形心，下部钢筋可按构造配置。区别如此之大的双桩承台也不加区分地归并在一起，就不应该了。

此外，上部钢筋的 6Φ16 配筋也偏大，作为架立钢筋兼表面抗裂，采用 6Φ12 即可，刻意加大又起什么作用呢？箍筋的肢数、直径均偏大。根据单桩承载力特征值采用反算法，当为轴心受压时混凝土截面自身的抗剪能力即可满足要求，因此箍筋基本可按构造配置Φ10@200 即可，肢数也可改为 4 肢箍。腰筋的作用主要是防止梁侧面出现竖向裂缝，对于柱下独立基础、墙下条形基础及桩基承台，均不必考虑侧面抗裂问题，故均不在侧面配置纵向钢筋，故两侧各 2Φ16 的腰筋可取消，水平拉筋相应取消。

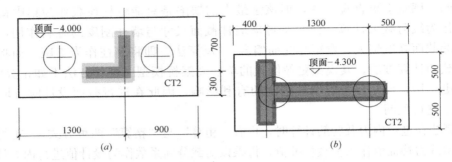

图 9-1-5　烟台某项目双桩承台墙与桩的平面关系

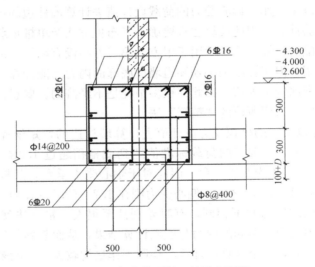

图 9-1-6　烟台某项目双桩承台配筋

双桩承台只需计算受弯、受剪承载力，不必计算受冲切承载力。

3. 钢筋混凝土墙下多桩承台梁

钢筋混凝土墙下的多桩承台梁实质为刚性墙下的构造地梁，其本身并不受力，仅仅是为桩顶钢筋提供锚固及满足墙身竖向插筋的锚固要求，故其截面高度可按钢筋锚固要求确定，截面宽度一般取桩径加 200mm 即可，配筋则可全部按构造确定。但当墙在承台梁上不连续，有个别墙的端部落在两桩之间时，或者墙身开大洞而不符合刚性墙的条件时，承台梁有可能承受局部弯矩，此时配筋应由计算确定。这种情况通过简化计算方法去准确计算不太容易实现，一般需采用有限元法才能获得比较满意的结果，故在布桩时应该综合考虑，通过调整桩的位置来避免这种情况出现，尽量让承台梁不出现局部弯矩而都采用构造配筋。

但现在有很多结构设计师，即便对于连续不开洞的钢筋混凝土地下室外墙，当采用墙下单排布桩方案时，不但设置了截面尺寸很大的地梁，而且地梁的计算完全无视钢筋混凝土墙体的存在，假定地梁为承担所有的竖向荷载的连续梁，并把桩作为连续梁的支座，导致地梁的配筋非常大。就这样，原本为构造设置甚至不需要的地梁，不但截面很大，配筋也很大，造成极大的浪费。

如图 9-1-7、图 9-1-8 的承台梁 CTL-2，截面尺寸为 800mm×900mm，上铁三级钢 9Φ25，下铁更是达到 12Φ25，其上钢筋混凝土墙体厚度为 600mm，三层地下室。

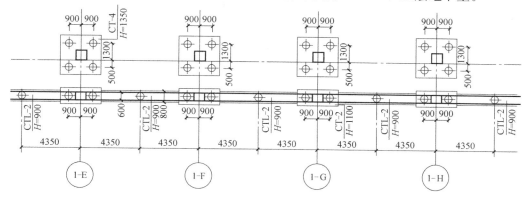

图 9-1-7　哈尔滨某项目条形承台梁 CTL-2 平面图

优化后，钢筋混凝土外墙厚度变为 500mm，承台梁改为与墙等厚的暗梁，梁高 1500mm，仍然按承台梁承担所有竖向荷载的多跨连续梁计算，纵向受力钢筋仅为 6Φ25（下铁）及 6Φ22（上铁）。虽然没能优化到位，但力度还是很大了。不但节省了钢筋与混凝土用量，因承台梁与墙等厚，施工也方便了。其实这种情况可完全不必设承台暗梁，设了暗梁也发挥不了暗梁应有的作用，在墙底设4Φ25通长钢筋即可，当然底层墙开大洞处除外。

对于墙下布桩的基础形式，如果墙是普通的砌体墙时，墙下应设地梁，地梁设计时，如果按地梁承担砌体墙传来的全部荷载计算，则地梁截面与配筋过大，很不经济。此时宜将地梁与砌体墙结合起来，并结合构造柱与顶梁共同形成墙梁，按《砌体结构设计规范》GB 50003—2011 中的墙梁进行设

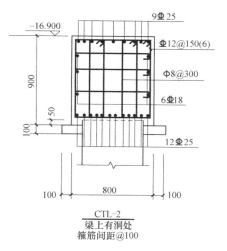

图 9-1-8　哈尔滨某项目条形承台梁 CTL-2 优化前截面及配筋图

计，此处的地梁就相当于墙梁中的托梁，可大幅降低托梁的配筋。

有关承台梁的配筋方式，《建筑地基基础设计规范》GB 50007—2011 及《建筑桩基技术规范》JGJ 94—2008 均有明确要求。

《建筑地基基础设计规范》GB 5000—2011 第 8.5.17 条：承台梁的主筋除满足计算要求外，尚应符合现行《混凝土结构设计规范》GB 50010 关于最小配筋率的规定，主筋直径不宜小于12mm，架立筋不宜小于10mm，箍筋直径不宜小于6mm（图 8.5.17c）（本书图 9-1-10）。

《建筑桩基技术规范》JGJ 94—2008 第 4.2.3 条：3 条形承台梁的纵向主筋应符合现行国家标准《混凝土结构设计规范》GB 50010 关于最小配筋率的规定［见图 4.2.3（c）］

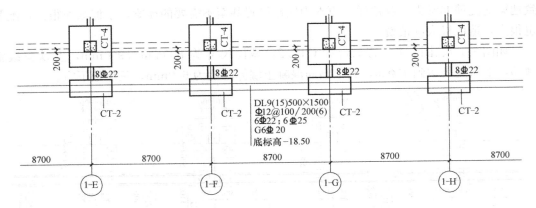

图 9-1-9　哈尔滨某项目条形承台梁 CTL-2 优化后截面及配筋

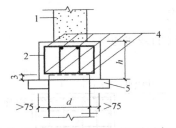

1—墙；2—箍筋直径≥6mm；3—桩顶入承台≥500mm；
4—承台梁内主筋除须按计算配筋外尚应满足最小配筋率；
5—垫层100mm厚C10混凝土

图 9-1-10　《建筑地基基础设计规范》
图 8.5.17（c）承台梁配筋

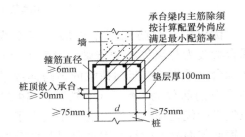

图 9-1-11　《建筑桩基技术规范》
图 4.2.3（c）承台梁配筋图

（本书图 9-1-11），主筋直径不应小于12mm，架立筋直径不应小于10mm，箍筋直径不应小于6mm。承台梁端部纵向受力钢筋的锚固长度及构造应与柱下多桩承台的规定相同。

　　因此对于钢筋混凝土墙下多桩承台梁，当承台梁不承受局部弯矩而仅有构造配筋控制时，上下部纵向钢筋可按 0.15％ 的最小配筋率配置，箍筋可采用 $\phi6@200$ 或 $\phi8@250$，当承台梁宽度不超过 1000mm 时，可采用 4 肢箍。同所有其他基础类构件一样，承台梁侧面均不必配置纵向钢筋（腰筋）。

　　墙下多桩承台梁不必计算受冲切承载力。

　　4. 三桩承台

　　我国的三桩承台具有鲜明的中国特色。其一是承台形状的中国特色，其二是配筋方式的中国特色。从受力及配筋方面：我国是三向受力、三向配筋，而国外多是双向受力、双向配筋；从外形上来看：虽然都是正三角形切角，但我国的切角是三个小正三角形，切角后新增的三个短边的夹角仍互为 60°（图 9-1-12）；而国外顶角的切角为正三角形、两底角的切角为直角三角形，即两底角切角后新形成的两边与底边垂直（9-1-13）。

　　从两图的对比可看出，我国的三桩承台切角处的尺寸比较零碎，施工时放线定位也有一定难度，但肯定难不倒聪明的中国工人，但其受力确实明确，配筋方式符合传力路径与受力特征。

326

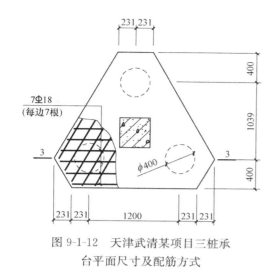

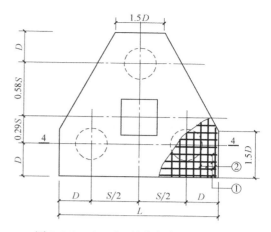

图 9-1-12　天津武清某项目三桩承　　　　　图 9-1-13　巴西里约热内卢焦化厂三桩
　　　　台平面尺寸及配筋方式　　　　　　　　　　　　承台平面尺寸及配筋方式

　　上述巴西焦化厂的三桩承台，也有一个变迁过程。在初步设计阶段，中国的设计院也是按我国的方式进行设计。但在与德国的投资方及项目管理方进行初步设计会审时，外方的工程师对我国的三桩承台形状及配筋方式表示了强烈的不理解。几经解释与沟通都没有效果，最后只好按外方的意见进行了修改，就变成上述模样。笔者有过在新加坡的工作经历，那里汇集了全世界各国的设计师及承包商，桩基在新加坡也是一种非常普遍的基础形式，有关三桩承台的设计，基本都是按上述第二种方式进行设计。因此我国的三桩承台是地地道道的中国特色。

　　我国三桩承台三向配筋的方式确实受力明确直接，但是否有必要这样做则值得探讨。之所以所有板式构件都采用正交方式配筋，是因为在平面坐标系下任何大小、任何方向的力向量均可分解为相互正交的两个向量，其作用是等价的，这就是力的合成与分解。既然力可以沿两个正交方向分解且效果一样，则沿两个正交方向配筋并分别去抵抗两个正交方向的分力，在设计上是完全可行的。梁相互正交的有梁板是这样设计的，柱列规则排布的无梁楼盖是这样设计的，异形板是这样设计的，就连剪力墙布置相对无序、传力路径多向、受力比较复杂的平板式筏基的配筋也是按正交方式配置。具体到三桩承台，虽然其主要受力方向是从柱中心指向桩中心，并非在正交方向，但这三个方向的内力完全可以分解到两个正交方向，并据此在两个正交方向进行配筋。国外的三桩承台只在两个正交方向配筋，就是这个道理。

　　而且采用正交方式配筋后，计算方法也可得到简化，当柱形心与等边三角形布桩的桩群形心重合时，设计弯矩可取顶点桩反力对柱边之矩，然后根据三桩承台在柱边截面的实际宽度去计算配筋，得到以直径及间距表示的配筋（如 $\phi20@150$ 等），与其正交的方向可不必再算，直接取与之同直径、同间距的配筋即可。

　　三桩承台同四桩承台一样，都不存在负弯矩，因此无需在承台顶面配筋，也不必在承台侧面配筋，只需在承台底部配筋，钢筋数量由计算确定，钢筋的锚固长度应满足要求。锚固长度从边桩的内缘算起，对方桩可取 $35d$，对于圆桩则应取 $35d+0.1D$（d 为主筋直径，D 为桩径），当直段长度不满足上述要求时，可伸至承台端部后向上弯折 $10d$，其中水平段长度不宜小于 $25d$（方桩）或 $25d+0.1D$（圆桩），见图 9-1-14 及图 9-1-15。

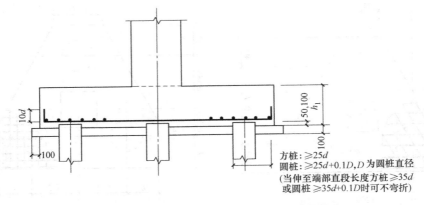

图 9-1-14 《11G101-3》中的三桩承台配筋构造

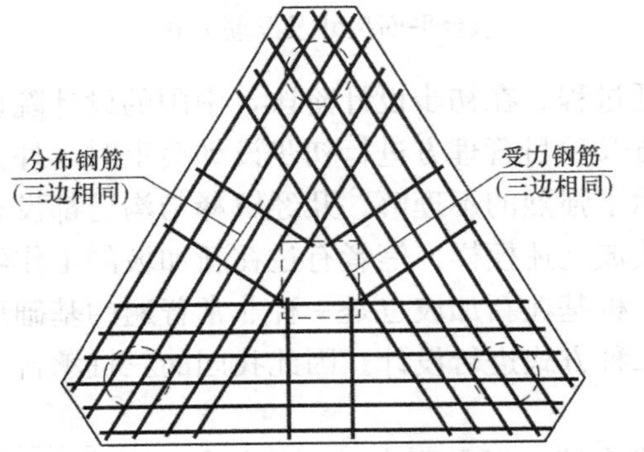

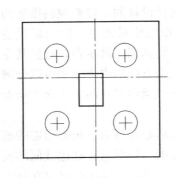

图 9-1-15 《11G101-3》中的三桩承台配筋构造

除了按抗弯计算纵向受力钢筋外，三桩承台需考虑抗剪及抗冲切问题。

5. 四桩承台

如果说单桩承台为不受力承台，双桩承台为单向受力承台，三桩承台为三向受力承台的话，则四桩承台为双向受力承台。四桩承台（图 9-1-16）同三桩承台一样，不会产生负弯矩，因此不必配置上部钢筋，同样也不必在侧面配置钢筋，只需在底部根据计算需要配置钢筋。计算配筋时同样以桩顶实际反力为荷载，以桩顶反力对墙柱边的力矩作为设计弯矩来计算墙柱边截面的配筋。承台底部受力钢筋的锚固要求同三桩承台。

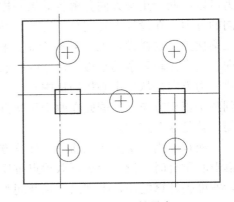

图 9-1-16 四桩承台

图 9-1-17 五桩承台

除了按抗弯计算纵向受力钢筋外，四桩承台需考虑抗剪及抗冲切问题。

6. 四桩以上的多桩承台

五桩及五桩以上的多桩承台，当承台上作用有两个或两个以上的墙柱荷载时，承台有可能出现负弯矩，如图 9-1-17 的五桩承台、图 9-1-18 的六桩承台及图 9-1-19 的七桩承台，在中间桩的对应位置均会出现负弯矩，故除了计算承台下部的正弯矩钢筋外，还需计算承台上部的负弯矩钢筋。下部正弯矩钢筋的计算截面也相应会增加较多，以图 9-1-18 的六桩承台为例，绕 X 轴（横向）的弯矩只需计算三根桩桩顶轴力对两柱柱边截面的弯矩，只需计算一个截面即可；但绕 Y 轴（纵轴）的弯矩则需计算两柱左右两边所在截面的弯矩，共需计算四个截面的弯矩，当两柱位置关于桩群形心轴对称且柱底内力相同时，可只计算其中一根柱左右两边截面的弯矩，故计算截面减为两个，即便如此，也比四桩承台多计算一个截面。

当然，如果承台上只有一个墙柱荷载且关于桩群形心轴对称时，多桩承台也不会出现负弯矩，正弯矩的计算也可像四桩承台那样只需计算互相正交的两个截面。

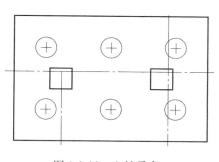

图 9-1-18　六桩承台

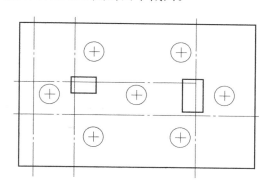

图 9-1-19　七桩承台

除了按抗弯计算纵向受力钢筋外，多桩承台需考虑抗剪及抗冲切问题。

三、柱下独立基础与墙下条形基础的精细化设计

柱下独基与墙下条基是大多数结构工程师最熟悉的基础形式，有关规范及参考书讲得也最清楚明白，而且几十年一直沿袭下来基本没有变过，但也经常在一些结构工程师的设计中发现截面或配筋构造不合理的情况。尤其当其与防水板结合时，有关设计就五花八门了。

1. 防水板与基础底平

图 9-1-20 为北京密云县某别墅项目的独立柱基与防水板连接构造。采用的是防水板上下部钢筋在独立柱基内拉通，基础下部另外附加钢筋补足的方式。基础下部钢筋利用防水板的拉通钢筋并通过附加钢筋补足的设计理念非常好，可以减少锚固搭接长度，但附加钢筋到基础边缘就可以了，再往外延伸一个 l_a 长度就没必要了。因为附加钢筋的数量一

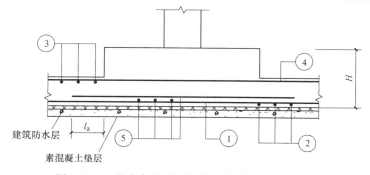

图 9-1-20　北京密云某项目独立基础与防水板底平

定是根据柱边弯矩计算得到的，到基础边缘时，弯矩已基本衰减到零，所以规范才允许基础边长超过 2.5m 时，配筋长度可以取 0.9 倍基础边长并交错布置。此外，防水板上部钢筋在基础内贯通也欠妥，当基础尺寸较大时，浪费还是比较严重的。实际上，防水板上部钢筋深入基础一个 l_a 即可，超过 l_a 的部分一点用处都没有。

图 9-1-21 为邯郸某项目的独立基础与防水板连接构造，与上述密云项目比较相似，只不过一个是阶形基础，一个是锥形基础。其防水板上部钢筋贯通整个基础的做法同样欠妥，伸入基础一个 l_a 长度即可。与上述密云项目相比，改进之处是基础底部附加钢筋没有伸出基础之外一个 l_a 长度。

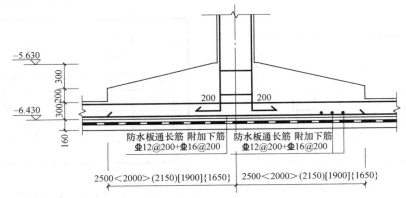

图 9-1-21 邯郸某项目独立基础与防水板底平

图 9-1-22 为邯郸某地块的墙下条形基础与防水板连接构造，基础下部钢筋也是采用防水板下部钢筋贯通并在基础范围内附加的配筋方式，防水板上部钢筋也没有贯通基础，而是进入基础一个长度后截断，但其却在基础顶面及侧面配置了 $\Phi12@200$ 的倒 "U" 形筋，并且沿条形基础纵向配置了 $\Phi12@200$ 的上部钢筋。

从力学角度分析，单柱下的独立基础与混凝土墙下的条形基础都是下部受拉、上部受压，而且基础类构件一般均按单筋设计，因此基础上部只有受压区混凝土参与截面的静力平衡，并与受拉钢筋组成一对力偶共同抵抗截面所受弯矩，因此从受力的角度不需要配置上部钢筋。而且由于基础上部混凝土受压，也不会产生混凝土在拉应力下的结构性裂缝，即便有可能在水化硬化期间发生塑性收缩裂缝，但因上表面没有受力钢筋，也不必担心受力钢筋的腐蚀问题。此外，基础属于隐蔽工程，即便有一些表面的塑性收缩裂缝，也会被遮蔽掩盖，不会影响正常使用。基于以上这些原因，无论是规范、标准图集，还是构造手册或其他参考书，对于柱下独立基础、墙下条形基础及三桩以上的承台，均只配下铁、不配上铁，也不配侧面钢筋，但双柱联合基础、柱下条形基础及双柱联合承台除外，因有可能产生反向的弯矩，需根据反向弯矩大小按计算配置上部钢筋。因此图 9-1-22 中 $\Phi12@200$ 的上部双向钢筋属于画蛇添足之举，没有实际意义，可取消。

图 9-1-23 为河北保定某项目的柱下独立基础与防水板的连接构造，如果读者认真看过前三个案例，应该可以猜到本作者会如何点评了。没错，该独立柱基配筋太多，太繁琐了！不但在两个台阶的上表面及侧面配置了双向倒 "U" 形筋，而且还在台阶侧面沿水平方向配置了环向钢筋。设计者似乎秉承了 "凡混凝土表面必配筋" 的设计理念，而这种理念显然是欠妥的。试想没有防水板与之相连的独立阶形基础，是否有必要配置这么多的

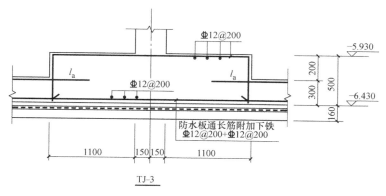

图 9-1-22　邯郸某地块墙下条形基础与防水板底平

"U"形筋及环形筋呢？答案一定是否定的。规范、图集、参考书都没有配置这些表面钢筋，从理论上也不需要，那为何加上防水板后就变了呢？事实上，防水板的存在并没有改变独立基础的受力状态，只不过当防水板承受向上的净水浮力时，会将一部分净水浮力以反力的形式传给独立基础，但其影响的也只是阶形基础下部受力钢筋的大小及截面上部的混凝土受压区高度，对阶形基础上部受力性质没有本质的改变，因此阶形基础的这些表面钢筋和防水板扯不上关系。而且如上一个案例所分析的那样，阶形基础的这些表面钢筋没有什么实际作用，对于隐蔽工程也不需要配置表面抗裂钢筋去抵抗混凝土的塑性收缩裂缝，因此可完全取消独立柱基侧面构造钢筋、环向构造钢筋及上部双向构造钢筋。

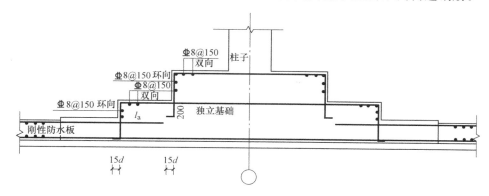

图 9-1-23　保定某项目原设计独立柱基与防水板构造及配筋图

2. 防水板与基础顶平

图 9-1-24 为河北唐山某项目的独立柱基与防水板构造配筋方式，基础与防水板交接处采用 45°斜面，并在斜面配置了双向钢筋，其中顺斜面方向的配筋采用了将基础底板钢筋延长的方式，斜面的水平筋没有交代，可以理解为和防水板相同配筋。在非人防区域，防水板厚度采用 250mm 厚、三级钢Φ12@150 双层双向配筋。基础顶面配置了钢筋并采用将防水板上部钢筋拉通的方式，对于顶面可不配筋的基础类构件来说配筋偏多。若基础顶面以上还有建筑面层，可不必配基础顶面钢筋，防水板进入基础一个锚固长度 l_a 即可截断。基础侧面也无需做成斜面，同正常独立基础一样直立上去即可。侧面也不必配筋，基础底部钢筋到基础底面边缘附近截断即可，也无需向上弯折。

图 9-1-25、图 9-1-26 为上述河北唐山同一项目的墙下条基与防水板构造配筋方式，基

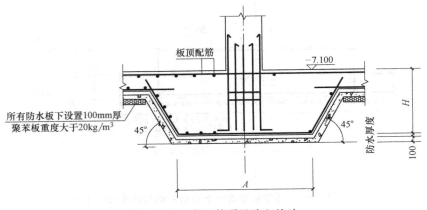

图 9-1-24　唐山某项目独立基础

础与防水板交接处同样采用 45°斜面，斜面的配筋方式也类似，顶面钢筋也是利用防水板钢筋贯通的方式。底部钢筋 A_s（A）为受力钢筋，由计算确定，A_s（B）为分布钢筋，原设计采用 Φ12@150，作为分布钢筋明显偏大。针对这些情况，优化方案建议做如下修改：1) 条形基础与防水板交接部位不做斜面，条形基础钢筋不向上弯折；2) 防水板钢筋进入条形基础一个锚固长度后截断，条形基础不配上部钢筋；3) 条形基础纵向钢筋为分布钢筋，可按 Φ10@200 统一配置。

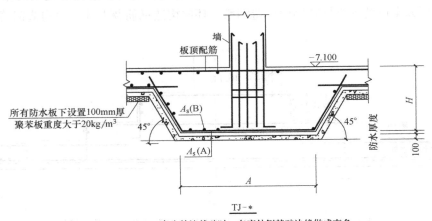

TJ-*

当为外墙基础时，车库外侧基础边缘做成直角

图 9-1-25　唐山某项目条形基础

　　图 9-1-27 为河北保定高碑店某项目独立柱基与防水板构造配筋，基础顶面配置了钢筋并采用将防水板上部钢筋拉通的方式。设计院的解释是为防止产生裂缝，故板上筋在基础内拉通设置，但同意将基础侧面改为竖直，聚苯板照常设置，防水板仍为 250mm 厚，即改为图 9-1-28 的方式。因为该项目地下水位低于基础埋深，防水板实为地下室的构造底板，因此在防水板下设置了聚苯板的情况下，防水板理论上已基本不再受力，故设计院将防水板配筋按 0.1% 的抗裂钢筋配置。这是笔者所见配筋量最小的防水板，但在基础尺寸较大的情况下，基础间防水板的净跨已经比较小，图 9-1-29 中最大净跨仅 3.9m，在均布荷载下防水板弯矩按 $0.1ql^2$ 计算，250mm 板厚三级钢 Φ8@200 的配筋可抵抗 10.7kN/m^2 的均布荷载设计值。其抗弯能力还是很强的，有了聚苯板后就更不会有问题。

332

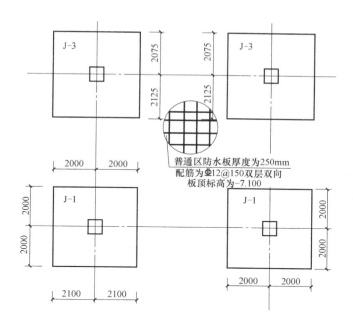

普通区防水板厚度为250mm
配筋为Φ12@150双层双向
板顶标高为-7.100

图 9-1-26　唐山某项目防水板配筋

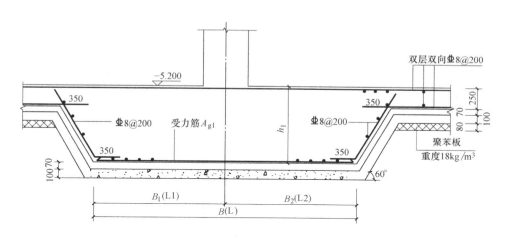

图 9-1-27　高碑店某项目独基防水板（优化前）

　　图 9-1-30 为河北沧州某项目的独立柱基与防水板构造配筋，基础侧面采用直立不配筋的构造方式，但防水板上、下铁均贯穿基础，成为该方案最具争议之处。如果说防水板上部钢筋在基础内拉通还能勉强接受的话，则防水板下部钢筋也在基础内拉通就很难解释了。优化后见图 9-1-31。

　　图 9-1-32 为河北保定高碑店另一项目的独立柱基与防水板构造配筋，防水板上下部钢筋均进入基础一个 l_a 长度后截断，基础顶面不再另配表面钢筋。基础侧面为直立式，也不配侧面钢筋。防水板厚度及钢筋都是比较经济的配置。采用这种配筋构造，当基础平面尺寸超过 2.5m 时，也可轻松实现基础底部钢筋按 $0.9l$ 交错配置。

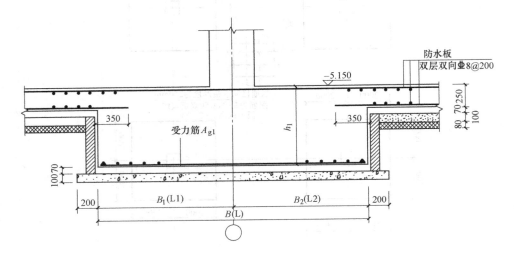

图 9-1-28　高碑店某项目独基防水板（优化后）

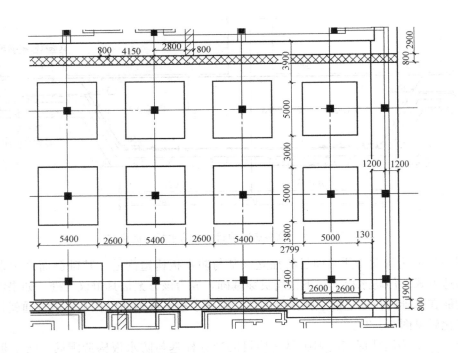

图 9-1-29　高碑店某项目独立柱基平面布置

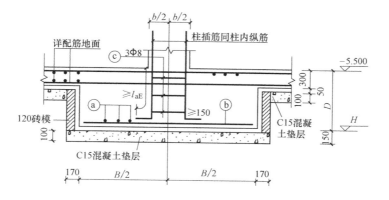

图 9-1-30 沧州某项目原设计

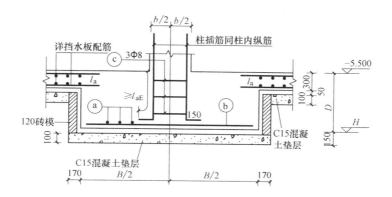

图 9-1-31 沧州某项目优化设计

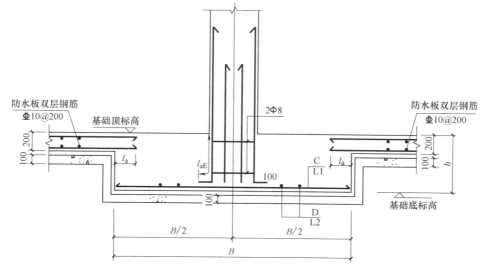

图 9-1-32 高碑店某项目独立柱基与防水板连接构造

3. 墙下条形基础

图 9-1-33 为河北沧州某项目的墙下条形基础与防水板构造配筋，直观上即感觉配筋太多太复杂。优化建议修改如下：1）防水板上、下铁不贯穿基础，进入基础一个锚固长度后截断；2）外墙竖筋在基础内锚固长度满足 l_{aE} 即可，无需向防水板内弯折；3）取消条基范围内上部纵向构造钢筋；4）取消条基自由端下部受力钢筋向上的 $15d$ 弯折，仅在与防水板连接处向防水板方向弯折，进入防水板长度为 l_a；5）取消基础侧面 Φ10@200 附加分布筋。即改为图 9-1-34 的形式。

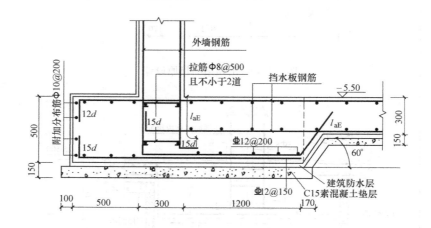

图 9-1-33 沧州某项目条形基础（原设计）

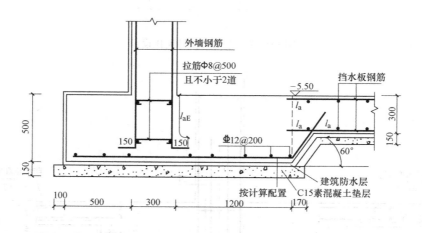

图 9-1-34 沧州某项目（优化设计）

图 9-1-35 为上述河北高碑店项目的条形基础与防水板构造配筋，与图 9-1-34 的优化设计有异曲同工之妙。但因为基础宽度较宽，尤其是外挑长度较长，基础厚度相对较薄，与墙的刚度相差不大，外挑部分很有可能会承受从墙底传来的弯矩，因此在外挑部分配置了上部受拉钢筋。防水板钢筋也是进入基础一个 l_a 长度后截断，且防水板厚度较薄、配筋较小。这是笔者所见受力最明确、概念最清晰的设计。

图 9-1-36 为河北高碑店另一项目的墙下条形基础与防水板构造配筋，没有配上铁及

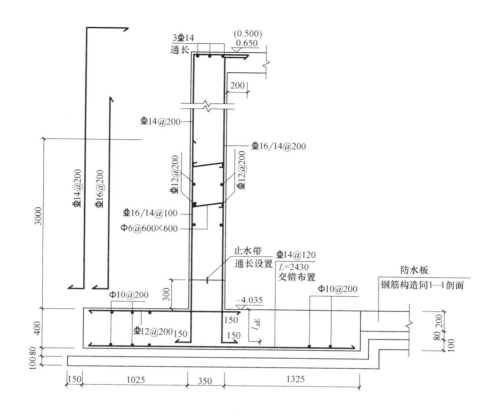

图 9-1-35　高碑店某项目墙下条形基础与防水板构造配筋

侧面构造钢筋，但在墙与基础相交部位配置了暗梁，如果墙体连续没有断开的话，因钢筋混凝土墙体可视为刚性墙，沿墙身纵向没有局部弯矩，因此基础下部的纵向钢筋仅是分布钢筋，不受力，原设计配了Φ8@250的纵向分布钢筋，还是比较合理的。同样，纵向地梁也不受力，故没必要在钢筋混凝土墙下再设置地梁，可取消。此外，该条形基础高度为500mm，没必要做成矩形，至少在外挑部位可改为锥形基础，锥形基础端部200mm高即可。

图9-1-37为山东青岛某项目砌体墙下的条形基础。基础本身除了可改为锥形基础，节省点混凝土用量外，没有其他受争议之处。但在采用了刚性地坪的情况下，地圈梁的截面尺寸有点偏大。

4. 双柱联合基础

双柱联合基础与独立柱基及墙下条基最大的不同就是有跨中弯矩，需按计算配置上部钢筋。双柱联合基础的力学模型为两端悬挑的三跨连续板，在均布地基反力的作用下，当两柱之间的距离大于悬挑跨的2倍时，两柱之间的跨中就会出现正弯矩，见图9-1-38右图；而当两柱之间距离不大于悬挑跨的2倍时，则两柱之间的跨中弯矩不变号，与支座处的负弯矩同在一侧。

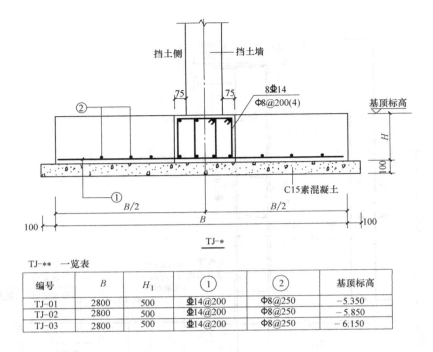

图 9-1-36 高碑店某项目墙下条基截面尺寸与配筋

编号	B	H_1	①	②	基顶标高
TJ-01	2800	500	Φ14@200	Φ8@250	−5.350
TJ-02	2800	500	Φ14@200	Φ8@250	−5.850
TJ-03	2800	500	Φ14@200	Φ8@250	−6.150

TJ-** 一览表

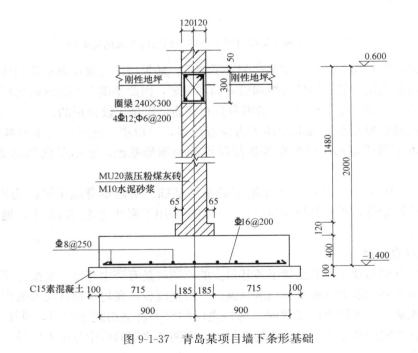

图 9-1-37 青岛某项目墙下条形基础

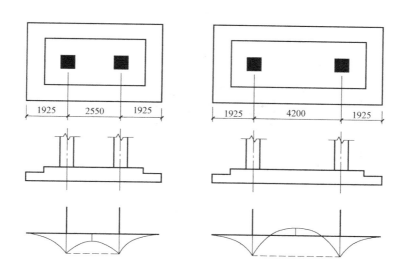

图 9-1-38　双柱联合基础弯矩分布与双柱间距的关系

图 9-1-39 为青岛某项目的双柱联合基础，原设计配置了上部钢筋本身没有问题，但因两柱间中心距不足悬挑跨的 2 倍，在均布地基反力作用下，两柱之间不会出现正弯矩，跨中弯矩与支座负弯矩同为负号，弯矩图均在一侧，如图 9-1-38 的左图所示。故上部钢筋在两个方向均为构造配置，由Φ16@150 改为Φ14@200 即可。而且根据原位标注，上部钢筋似乎是在基础内满布。但根据受力特点及标准图的配筋样本，双柱联合基础的上铁无需一直到边，可仅在两柱之间跨中弯矩影响范围内配置：受力钢筋（X 向）配筋长度从柱内侧边缘向外延伸 l_a 即可，配筋宽度从柱边向外加出两排即可；Y 向上铁为分布钢筋，其作用仅仅是与受力钢筋形成网片及受力钢筋范围内的混凝土表面抗裂，可由Φ14@200改为Φ10@200 即可。见图 9-1-40。

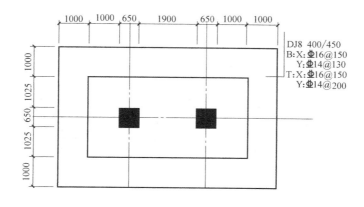

DJ8 400/450
B:X:Φ16@150
　Y:Φ14@130
T:X:Φ16@150
　Y:Φ14@200

图 9-1-39　青岛某项目的双柱联合基础平法配筋图

图 9-1-41、图 9-1-42 为《11G101-3》中双柱联合基础的配筋示意。

5. 墙、柱纵向受力钢筋在基础中的锚固

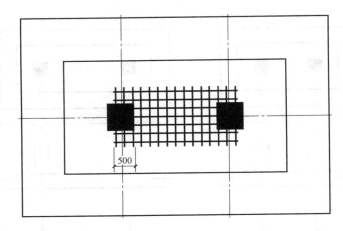

图 9-1-40 青岛某项目的双柱联合基础上部钢筋配筋示意

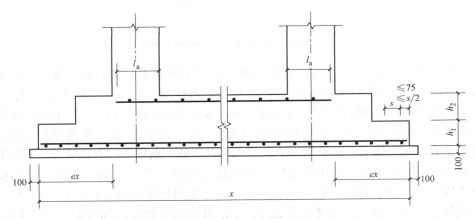

图 9-1-41 《11G101-3》双柱联合基础配筋剖面

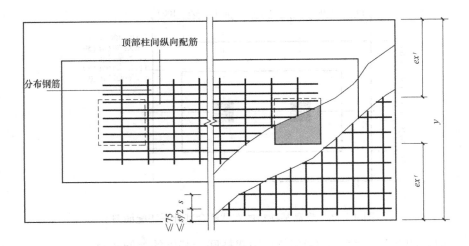

图 9-1-42 《11G101-3》双柱联合基础顶部配筋

关于墙柱钢筋在基础中的锚固，不只是墙、柱在基础中插筋如何预留的问题，很多时候也关系到基础的构造高度，也关系到墙柱钢筋的算量问题。墙、柱纵向受力钢筋在基础内的总锚固长度，规范规定的比较清楚：

《建筑地基基础设计规范》GB 50007—2011

8.2.2 钢筋混凝土柱和剪力墙纵向受力钢筋在基础内的锚固长应符合下列规定：

1 钢筋混凝土柱和剪力墙纵向受力钢筋在基础内的锚固长度（l_a）应根据现行国家标准《混凝土结构设计规范》GB 50010 有关规定确定；

2 抗震设防烈度为 6 度、7 度、8 度和 9 度地区的建筑工程，纵向受力钢筋的抗震锚固长度（l_{aE}）应按下式计算：

1）一、二级抗震等级纵向受力钢筋的抗震锚固长度（l_{aE}）应按下式计算：

$$l_{aE} = 1.15 l_a \qquad\qquad (式 9\text{-}1\text{-}1)$$

2）三级抗震等级纵向受力钢筋的抗震锚固长度（l_{aE}）应按下式计算：

$$l_{aE} = 1.05 l_a \qquad\qquad (式 9\text{-}1\text{-}2)$$

3）四级抗震等级纵向受力钢筋的抗震锚固长度（l_{aE}）应按下式计算：

$$l_{aE} = l_a \qquad\qquad (式 9\text{-}1\text{-}3)$$

以上式中 l_a 为纵向受拉钢筋的锚固长度，$l_a = \xi_a l_{ab}$，$l_{ab} = \alpha \dfrac{f_y}{f_t} d$。$\xi_a$ 为锚固长度修正系数，《混凝土结构设计规范》中有 5 条修正，读者可去查阅，其中钢筋直径大于 25mm 时的锚固长度修正系数为 1.1；l_{ab} 为受拉钢筋的基本锚固长度；f_y 为普通钢筋、预应力钢筋的抗拉强度设计值；f_t 为混凝土轴心抗拉强度设计值，当混凝土强度等级高于 C60 时，按 C60 取值；d 为钢筋的公称直径；α 为钢筋的外形系数，按表 9-1-3 取用。

钢筋的外形系数 表 9-1-3

钢筋类型	光圆钢筋	带肋钢筋	螺旋肋钢丝	三股钢绞线	七股钢绞线
α	0.16	0.14	0.13	0.16	0.17

注：光圆钢筋末端应做 180°弯钩，弯后平直段长度不应小于 3d，但作受压钢筋时可不做弯钩。

假设直径 25mm 的三级钢在 C30 混凝土中的锚固长度，当墙柱抗震等级为一、二级时，墙柱钢筋在混凝土中的锚固长度为 $l_{aE} = 1.15 l_a = 1.15 \alpha \dfrac{f_y}{f_t} d = 1.15 \times 0.14 \times \dfrac{360}{1.43} d = 1.15 \times 35.2 d = 40.5 d = 1013mm$。可见这个锚固长度还是非常可观的。但是不是基础就需要做一米多高呢，答案当然是否定的。其实《建筑地基基础设计规范》的上述规定，是《混凝土结构设计规范》中对纵向受拉钢筋的规定，对于纵向受压钢筋，《混凝土结构设计规范》也有相关规定：

《混凝土结构设计规范》GB 50010—2010

8.3.4 混凝土结构中的受压钢筋，当计算中充分利用其抗压强度时，锚固长度不应小于相应受拉锚固长度的 70%。受压钢筋不应采用末端弯钩和一侧贴焊锚筋的锚固措施。

对于剪力墙及框架柱来说，大多数情况是偏心受压构件，极个别的剪力墙会出现偏心

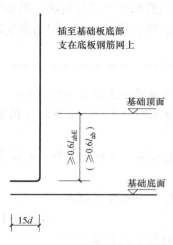

插至基础板底部
支在底板钢筋网上

基础顶面

$\geq 0.6l_{abE}$
$(\geq 0.6l_{ab})$

基础底面

$15d$

图 9-1-43　墙柱插筋在基础中的锚固

受拉的情况，但也是尽量避免的。因此剪力墙与框架柱的纵向受力钢筋大多数均为受压钢筋，可在受拉锚固长度的基础上乘以 0.7 倍。但对于以承受侧向力为主的构件，如地下室外墙、挡土墙等，其外侧竖向钢筋在基础中的锚固为受拉锚固。

此外，标准图集《11G101-3》也给出了墙柱插筋弯折锚固的规定（图 9-1-43），当基础高度小于钢筋的锚固长度时，即可以采取这种锚固方式，其中直线段长度不小于 $0.6l_{abE}$ 或 $0.6l_{ab}$，弯折后的水平段长度不小于 $15d$。

当基础高度较高且钢筋数量较多时，并非所有纵向受力钢筋都必须一直到底，当基础高度大于 1200mm（轴心受压或小偏心受压）或 1400mm（大偏心受压）时，可仅将四角的插筋伸至底板钢筋网上，其余插筋锚固在基础顶面下 l_a 或 l_{aE} 处。

《建筑地基基础设计规范》GB 50007—2011

8.2.3　现浇柱的基础，其插筋的数量、直径以及钢筋种类应与柱内纵向受力钢筋相同。插筋的锚固长度应满足本规范第 8.2.2 条的规定，插筋与柱的纵向受力钢筋的连接方法，应符合现行国家标准《混凝土结构设计规范》GB 50010 的有关规定。插筋的下端宜做成直钩放在基础底板钢筋网上。当符合下列条件之一时，可仅将四角的插筋伸至底板钢筋网上，其余插筋锚固在基础顶面下 l_a 或 l_{aE} 处（图 8.2.3）。

1　柱为轴心受压或小偏心受压，基础高度大于或等于 1200mm；

2　柱为大偏心受压，基础高度大于或等于 1400mm。

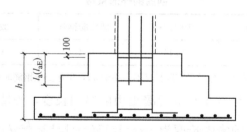

图 9-1-44　柱插筋不全部到底示意（规范图 8.2.4）

四、筏形基础的精细化设计

1. 筏板的经济厚度

筏形基础分为梁板式筏基与平板式筏基两种，两种筏基的设计都首先要确定筏板厚度，而筏板厚度对于结构安全及造价都有很大影响，对于某一特定的结构，筏板并非越厚越好也非越薄越好，而是存在一个合理厚度。取值时注意以下几点：

1）满足各种情况下的受力要求；

2）满足构造要求；

3）满足经济性要求；

4）满足抵抗不均匀沉降的要求。

2. 筏板的配筋方式

也有工程师虽然没有任意加大板厚，但却将计算钢筋按最大值全部拉通，只有通长筋，没有附加筋。其实从内力分布的角度，这样的配筋也是不合常理的。以图 9-1-45 在均布地基反力作用下的五跨等跨连续梁（或板）为例，边跨跨中弯矩为 $0.078pl^2$，比第二跨跨中弯矩的 $0.033pl^2$ 大一倍还多，同理，第一内支座的弯矩 $0.105pl^2$ 比中间支座的 $0.079pl^2$ 弯矩也高出 33% 左右。

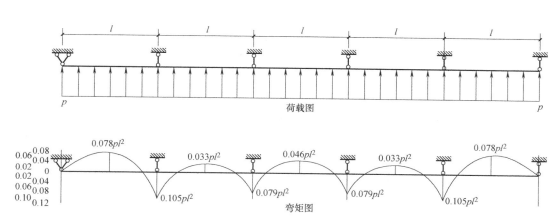

图 9-1-45　五跨等跨连续梁（或板）在均布荷载作用下的弯矩分布

除非柱距或剪力墙间距大致相等且边跨跨度小于中间跨时，才会出现各跨跨中弯矩大致相等或各跨支座弯矩也大致相等的情况。但跨中弯矩大致相等与支座弯矩也大致相等的情况几乎不可能同时出现，如果调整端跨跨度而使所有内支座的弯矩也大致相等，则第二跨跨中弯矩会比端跨跨中弯矩增大很多。反之亦然。以图 9-1-46 均布地基反力 p 作用下不等跨的五跨连续梁（或板）为例，端跨跨度为中间跨度的 0.8 倍时，各内支座的弯矩大致相等，但第二跨的跨中弯矩则增大至端跨的 2.57 倍，三个中间跨的跨中弯矩则比较接近。

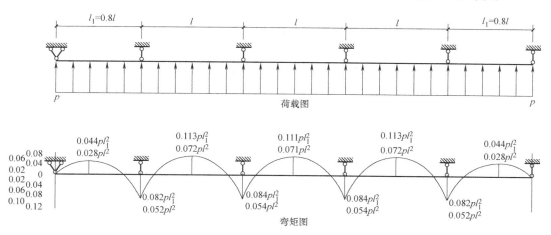

图 9-1-46　减小边跨后五跨连续梁（或板）在均布荷载作用下的弯矩分布

假使等跨连续梁（或板）的下部钢筋全部按第一内支座的最大负弯矩计算的配筋拉通配置，所有上部钢筋全部按端跨跨中的最大正弯矩计算的配筋拉通配置，则上部钢筋对于中间跨可能超配 70%～136%，下部中间支座钢筋则超配 33% 左右，下部跨中钢筋原本为构造配置，若也按第一内支座的最大负弯矩钢筋拉通配置，则超配幅度更是大得惊人。更有甚者，很多工程师经常是采用"Φ××@××××双层双向拉通配置"而没有附加钢筋的方式，意味着上部正弯矩钢筋也全部按第一内支座的最大负弯矩钢筋进行拉通配置，则对于上部钢筋则可能超配 35%～218%。

做的比较隐蔽的，是拉通钢筋与附加钢筋量值相近，但拉通钢筋比构造钢筋量增大较多的情况。对于这种情况，有经验的甲方会要求降低贯通钢筋的配筋量，相应增大附加钢筋的配筋量，从而实现优化设计、节省钢筋的目的。

对于住宅类型的剪力墙结构的平板式筏基，一般可根据上部钢筋的数量来判断，以大部分上部钢筋的计算配筋量在 0.15%～0.2% 之间的筏板厚度为佳。在具体配筋时以最小配筋率或略高于最小配筋率的钢筋作为贯通钢筋，不足处用附加钢筋补足，对于上下部钢筋都采用此原则进行配置，可获得比较经济的配筋结果。切忌随意加大贯通钢筋的用量。对于梁板式筏基来说，还存在一个经济梁高的问题，但梁板式筏基的梁高不能仅仅考虑结构方面的经济性，因梁高的加大还会导致埋深的加大，对上返梁还影响梁格内回填材料的用量，故梁高需结合配筋量综合确定。

对于平板式筏基，尤其是框架结构、框剪结构或框架-核心筒结构下的平板式筏基，筏板厚度主要由柱对筏板的冲切控制，如果为满足冲切而增大板厚，会导致受弯钢筋由构造控制而不经济，因此应设柱墩来解决冲切问题而不应单纯靠增加板厚来解决。柱墩可分上柱墩及下柱墩。在冲切截面总高度相同的情况下，棱台形上柱墩的尺寸及混凝土用量最小，棱台形下柱墩的尺寸及混凝土用量最大。而且上柱墩在柱墩底部可利用筏板的拉通钢筋，不足时再局部附加，无需将筏板钢筋截断，可省去搭接锚固长度，而下柱墩则无法利用筏板的拉通钢筋，故从经济角度只能进入柱墩一个锚固长度后截断，柱墩下铁同样需进入筏板一个锚固长度后截断。见图 9-1-47。

但这只是从构件本身微观层面进行的比较，若从整个地下室结构、建筑层高与工程做法等宏观层面考虑，下柱墩因筏板在上并且结构顶面是平齐的，可以不必在柱墩之间填充垫层材料，甚至连建筑面层都可以省去，而且因为其筏板在上，在相同建筑层高下可减小地下室内外墙体的高度，钢筋、混凝土、模板、外墙防水等工程量均可减少，同时外墙及人防墙高度的减少，使得其计算跨度及所受荷载也减小，故计算配筋量也会减少。这就像无梁楼盖的经济效益不能单纯通过结构构件之间进行比较，而应考虑到层高降低的综合经济效益一样。因此在进行结构方案、结构体系的选择时，一定要进行综合的技术经济比较，而且这种比较一定要全面、客观，用全面、真实、完整的数据去说话，而不能用以偏概全的局部数据去比较、取舍，更不能凭借主观上的想当然去简单评价。

3. 墙下筏形基础在墙与筏板交界处设基础明梁

在工程设计实践中，很多结构工程师习惯于有梁板的设计，对钢筋混凝土剪力墙住宅下的基础底板也习惯布上基础梁，用基础梁将筏板分割成一块块规则的板块去进行计算。因此在钢筋混凝土墙下也设置宽于墙体、高于筏板厚度的基础明梁，按梁板式筏基进行设计。其实这是完全不必要的，即便采用梁板式筏基，也不必在钢筋混凝土墙下布置基础

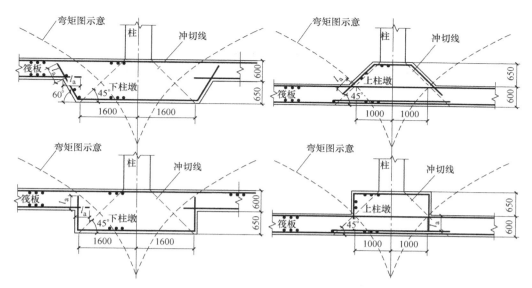

图 9-1-47　平板式筏基的各种柱墩形式

梁，除非剪力墙有较大洞口处，采用梁板式筏基模型且暗梁截面尺寸或配筋难以满足要求时，可以考虑设置基础明梁，对于无洞口或仅有较小洞口的钢筋混凝土墙下，尤其是地下室外墙，则没有设置基础明梁的必要。其实对于剪力墙结构住宅下的基础底板，由于剪力墙分布一般比较均匀且开间均不会很大，且剪力墙的竖向刚度很大，没必要增设基础梁而按梁板式筏基设计，完全可以采用平板式筏基用有限元法计算，更能真实反映基础底板的受力情况，且能考虑上部结构刚度的影响，实现上部结构-基础-地基的相互作用分析。

> 《高层建筑混凝土结构技术规程》JGJ 3—2010
> 条文说明 12.3.9 筏板基础，当周边或内部有钢筋混凝土墙时，墙下可不再设基础梁，墙一般按深梁进行截面设计。

李国胜老师在其《混凝土结构设计禁忌与实例》一书中也认为："各类结构地下室所有内外墙下在基础底板部位均没有必要设置构造地梁。地下室外墙及柱间仅有较小洞口的内墙，墙下可不设置基础梁。当柱间内墙仅地下室底层有墙而上部无墙时，此墙可按深梁计算配筋。"

当必须要设基础梁时，宜优先采用与墙厚同宽的基础暗梁。当采用弹性地基梁板模型或梁板式筏基需将墙作为梁输入时，可考虑局部墙高的暗梁或全高的深梁。

不设基础明梁、采用暗梁或深梁，可使计算配筋大大减少、构造简单、施工方便、墙面整齐美观。

图 9-1-48 为某工程钢筋混凝土墙下基础明梁改为基础暗梁的实例，图中 DL6 原设计为 800mm×1200mm 与 500mm 厚钢筋混凝土墙居中设置的基础暗梁，后经优化改为 500mm×1500mm 与墙等厚的基础暗梁，极大地方便了施工，也有利于保证防水工程的质量。

4. 平板式筏基柱墩配筋优化

对于平板式筏基而言，无论是上柱墩还是下柱墩，在本质上都是局部加厚的筏板，筏板上下表面钢筋必有一面与柱墩的钢筋不能连续，因此就存在筏板钢筋贯穿柱墩或在柱墩

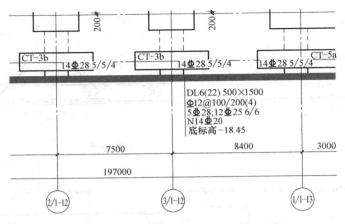

图 9-1-48　钢筋混凝土墙下基础暗梁实例

内截断锚固的问题。如图 9-1-49 的上柱墩，筏板上部钢筋就采用贯通柱墩的方式，当柱墩平面尺寸 B_1、B_2 较大时，就会出现不必要的浪费。这与独立基础加防水板的情形非常相似，只不过是筏板厚度与配筋均比防水板要大，钢筋锚固长度因直径较大而同比增大，同时柱墩相比独立基础的尺寸又较小，故筏板钢筋在柱墩内贯通或截断锚固的区别不如独立基础防水板那样大。特别是对于平面尺寸较小的上柱墩，当筏板钢筋直径较大时，钢筋在柱墩内截断锚固与贯通柱墩相比所节省的长度很有限，经济效果甚微。但是当钢筋采用搭接连接而不是机械连接或焊接时，可用筏板钢筋在柱墩内的截断锚固代替钢筋的搭接接头，经济效益会显著提高。对于平面尺寸较大的下柱墩，筏板钢筋在柱墩内截断锚固也能收到很好的经济效果。

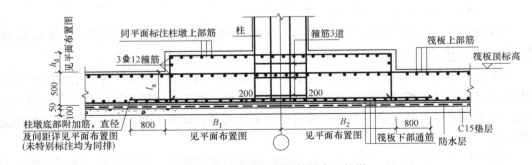

图 9-1-49　筏板上部钢筋贯穿上柱墩

柱墩配筋常见的另一个怪异现象是柱墩上铁的配筋，从构造角度，柱墩上铁配置一定数量的构造钢筋是无可厚非的，但如果柱墩上铁配筋很大，而且采用了贯通钢筋加附加钢筋的配筋方式，就很令人费解了。众所周知，筏形基础无论采用正算法还是反算法，无论采用倒楼盖模型还是弹性地基梁板模型，也不管采用何种解算方法，以柱为中心的柱墩上铁都是受压的，仅需按构造配置即可，柱墩下铁才是受拉钢筋，如果说配筋较大需要附加钢筋，也应该是柱墩下铁才对。这就和连续梁支座下铁仅需按构造配置是一样的道理，都属于最基本的力学问题，弯矩图画出来就是那个样子。是不会因软件或其他原因而改变的，如果软件计算出来就是需要很大的计算配筋，那也只能说明软件有问题。对于任何软件，设计师都需要牢记一点：软件只是设计师手里的工具。用这个工具所生产或制造出来的产品是否合格，也是使用工具者如何操作工具的结果，要负责的是工具的使用者而不是工具本身。换句话说，软件可以有免责条款，真的因软件本身而出了工程问题，软件的生产与销售单位有可能免责，而软件的使用者是不会免责的。

图9-1-50～图9-1-53为河北秦皇岛某项目高层区地下车库平板式筏基及下柱墩的典型部位配筋，下柱墩的上铁除了筏板的拉通钢筋外，另外配置了$\Phi 14@200$的附加钢筋。甲方向设计院发出如下书面内审意见："柱墩上铁理论上为构造配筋，为何还要加设附加钢筋？请取消柱墩上铁附加钢筋"，但设计院的回复很简单，"答复：需要满足筏板计算书中配筋面积的要求"。可见对软件的依赖与迷信程度何等强烈，在甲方的要求与提醒之下都不愿去做专业方面的深层次思考，不愿去想软件的内力计算结果是否正确、配筋是否符合内力分布规律等基本的岩土结构专业问题，一切唯软件计算结果是从，错了也要坚持。

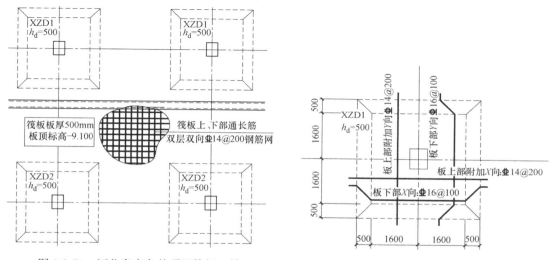

图 9-1-50　河北秦皇岛某项目筏板配筋　　　　图 9-1-51　河北秦皇岛某项目柱墩配筋

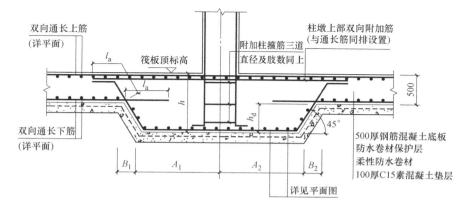

图 9-1-52　秦皇岛某项目下返柱墩构造

无独有偶，笔者在北京顺义某项目及河北另一城市的项目中也发现了上述情况，好在设计师知过必改，在甲方的提醒下及时做了修改。但其至少反映了两个问题，其一，软件

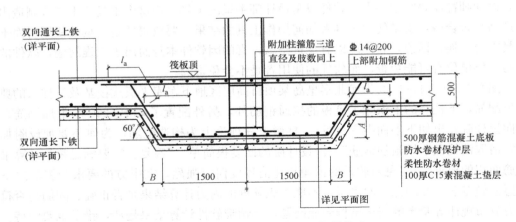

图 9-1-53　秦皇岛某项目南区下柱墩构造

存在缺陷；其二，高度集成化的软件使设计师逐渐丧失了思考的能力。二者结合起来，对结构设计来说是相当危险的。

前面讲的是柱墩上铁，下面再谈谈柱墩下铁。

柱墩下铁配筋由计算控制，因柱墩处于峰值应力影响范围，故计算配筋一般均较大，往往需要较大直径、较密间距的配筋才能满足要求，有时甚至出现一排布不下而需双排配筋的情况。与梁、板等的钢筋不同，柱墩钢筋一般较短。尤其是下柱墩的下铁，其配筋为分离式配筋，与筏板下部钢筋互相锚固，当柱墩下铁钢筋直径很大时，若配筋量仍以直径及间距表示且采用50mm的模数，超配的情况还是比较严重的。尤其当柱墩又进行了归并的情况下，超配现象就更严重。当为上柱墩时，因柱墩下铁采用将筏板下部钢筋拉通再附加短筋的方式，间距一般应与筏板钢筋相同或其整数倍，但直径可以灵活调整，以避免粗糙的归并导致严重的超配。

图 9-1-54、图 9-1-55、表 9-1-4 为北京顺义某项目的柱墩编号平面图及各编号柱墩的配筋列表。原设计是先对所有柱墩分类并归并，图中的 XZD3c 等即为归并后的柱墩编号，然后再将每一类柱墩的配筋以下述表格的形式列出，表格中的配筋方式是以直径加间距的

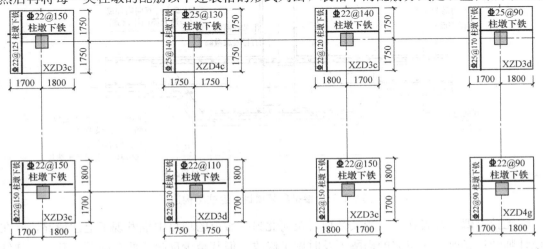

图 9-1-54　北京顺义某项目柱墩编号平面图

方式表示，间距有 100mm、150mm 及 200mm 三种间距，即以 50mm 为模数。因此原图的表达方式是在平面图中查柱墩编号，然后到所谓的"柱下独立基础做法表"中去查对应的配筋（图中原位标注的配筋是优化设计根据实际计算结果进行的比较精确的配筋，钢筋间距以 10mm 为模数）。

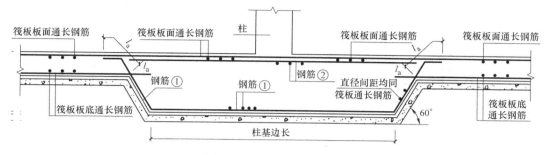

图 9-1-55　柱墩配筋示意图

柱墩配筋列表　　　　　　　　　　　　　　　　　　　　　　表 9-1-4

柱下独立基础做法表

基础编号	基础类型	基础顶标高	基础底标高	基础边长 B	基础边长 L	H	钢筋①	钢筋②
XZD1	（柱一）	−12.550	−13.350	2000	2000	1000	Φ20@200	Φ12@200
XZD2	（柱一）	−12.550	−13.350	2500	2500	1000	Φ20@200	（Φ16@200 使用于 人防区域）
XZD3	（柱一）	−12.550	−13.350	2000	3500	1000	Φ20@200	
XZD3a	（柱一）	−12.550	−13.550	2500	3500	1000	Φ22@200	
XZD3b	（柱一）	−12.550	−13.550	3500	3500	1000	Φ25@200	
XZD3c	（柱一）	−12.550	−13.550	3500	3500	1000	Φ28@200	
XZD3d	（柱一）	−12.550	−13.550	3500	3500	1000	Φ32@200	
XZD3e	（柱一）	−12.550	−13.550	3500	3500	1000	Φ32@150	
XZD3f	（柱一）	−12.550	−13.550	3500	3500	1000	Φ32@100	

概括起来，原设计存在 4 方面优化或改进空间：

1）柱墩分类归并环节的优化：柱墩是整个平板式筏基应力最集中的区域，因此作为受拉钢筋的柱墩下铁一般配筋均很大，但好在柱墩数量不多，与梁板式筏基的地梁相比，钢筋配置与绘图工作也均比较简单。因此对于柱墩来说，实在没有必要进行归并，直接在原位标注配筋即可。笔者推荐的做法是将筏板有限元的配筋输出结果转换成 CAD 格式，然后整体插入柱墩配筋的底图中并命名为一个新的图层，然后对照配筋结果在底图中逐一绘制钢筋并标注，如图 9-1-56 所示。

由于不必在配筋数据与底图中来回切换，钢筋配置与绘图效率还是非常高的。有分类归并的时间，原位标注配筋的绘图工作也基本完成了，而且不容易出错。有图文的直接对照，内部校审也更加方便。从读图审图角度，原位标注配筋的方式也更方便直接。

从优化设计的角度，原位直接标注配筋的方式可实现按需配筋，计算需要多少钢筋就配多少钢筋，可避免归并引起的材料浪费。

以图 9-1-56 的两个 XZD3d 为例，原设计将其归为一类，配筋采用 Φ32@200

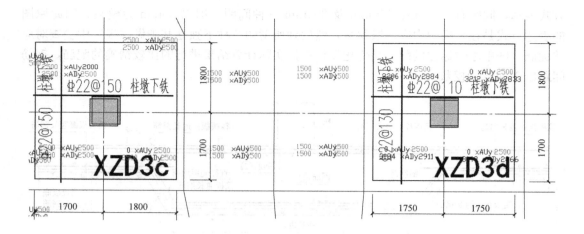

图 9-1-56　柱墩配筋根据筏板有限元计算结果原位标注

（4021mm²/m），但从原位标注的精确配筋可看出，虽然二者 Y 向配筋数值比较相近，但 X 向配筋就相差比较悬殊，一个为 $\Phi 25@90$（5454mm²/m），另一个为 $\Phi 22@110$（3456mm²/m）。而归并就意味着以低就高，不可能是以高就低，因此这样的归并必然导致某些柱墩会超配较多。针对此例右上方的 XZD3d，还存在实配钢筋 $\Phi 32@200$（4021mm²/m）不满足计算配筋（5339mm²/m）要求的情况。

2）柱墩下铁纵横两方向配筋异同的优化：从柱墩配筋示意图及柱墩配筋列表可看出，原设计对柱墩上下铁在两个方向一律按相同配筋进行处理。但实际上，由于各柱墩所处位置的不同及剪力墙的存在，同一柱墩在两个方向的配筋并非总是相同，有时甚至差异较大。当两个方向配筋差异较大而采用相同的配筋时，必然导致浪费。图 9-1-57～图 9-1-60 为同一工程 B/7 与 B/12 处的 XZD4e，下铁计算配筋量虽较大，但单向性明显，原设计采用 $\Phi 32@100$（8040mm²/m）双向相同配筋，致使 Y 向实配超配较多。针对此种情况，应该两个方向分别按各自计算配筋量进行配置，且对于大直径钢筋，配筋间距以 10mm 模数递进也是合理的。如 B/7 在 X 向配置 $\Phi 32@120$（6702mm²）、在 Y 向配置 $\Phi 28@120$

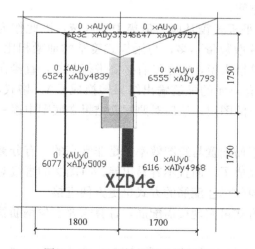

图 9-1-57　B/7 轴柱墩计算配筋

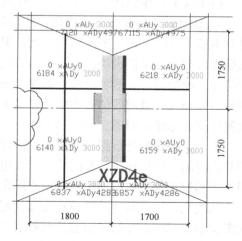

图 9-1-58　B/12 轴柱墩计算配筋

（5131mm²）；B/12 在 X 向配置 $\Phi 32@110$ （7311mm²）、在 Y 向配置 $\Phi 28@120$ （5131mm²）。其中 Y 向配筋与原设计 $\Phi 32@100$ （8040mm²）相比可降低 36.2%。

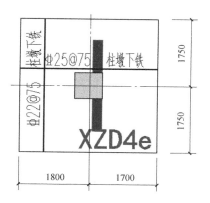

图 9-1-59　B/7 轴柱墩优化设计配筋

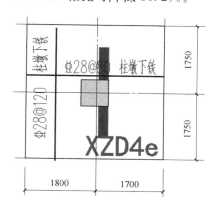

图 9-1-60　B/12 轴柱墩优化设计配筋

3）柱墩下铁间距的优化：其实前文已经提到，对于柱墩的配筋，因钢筋长度短、数量少、直径粗，钢筋间距不必像普通楼面板那样以 50mm 为模数，改为以 10mm 为模数是完全可行的；钢筋最小间距也可减小至 70mm，以尽量实现小直径、密间距的配筋。以 $\Phi 32$ 钢筋为例，当钢筋间距从 110mm 变为 100mm 时，每米宽度配筋量可增加 731mm²，接近 $\Phi 14@200$ （770 mm²）的钢筋量，而当钢筋间距从 150mm 变为 100mm 时，每米宽度配筋量可增加 2681mm²，比 $\Phi 25@200$ （2454 mm²）的钢筋量还要多出一些，因此对于大直径钢筋若钢筋间距仍以 50mm 为模数，对用钢量的影响是非常可观的。这样处理从设计角度是现实可行的，也不会增加设计工作量。用 Excel 做一个类似表 9-1-5 的表格，根据计算所需的钢筋面积及钢筋直径的大致范围，直接去表中找与计算配筋量比较接近的数值，其直径及间距也就有了。

可能有些人会以钢筋间距种类太多、太零碎而导致施工不便及施工易出错等理由来表达反对意见，实际上这是不懂施工的人拿施工来说事。事实上，对于这种局部均匀的配筋方式，施工人员并不是通过现场量测钢筋间距而摆放钢筋的，稍为聪明一些的施工人员都是根据柱墩（或基础）的平面尺寸及钢筋间距计算出该柱墩（或基础）在某个方向的钢筋根数，然后将这些根数的钢筋在该方向均匀摆放即可，哪里会通过逐个量测钢筋间距来摆放钢筋，是设计人员太低估施工人员的智商了。试问这样的钢筋摆放方式，钢筋间距是 110mm 而不是整好的 100mm 又能难到哪里？能出什么差错？只不过采用 100mm 间距计算钢筋根数好算一些罢了。

柱墩下铁直径的优化：从前文原设计的柱墩列表可看出，原设计比较偏好 200mm 间距的配筋方式，既有稍小直径的 $\Phi 20@200$，也有大直径的 $\Phi 28@200$ 及 $\Phi 32@200$。如果是筏板、防水板等大面积、大范围的配筋，采用大直径及 200mm 间距因可方便附加钢筋的配置，还是很有道理的，但对于柱墩，尤其是分离式配筋的下柱墩下部钢筋，不存在贯通钢筋与附加钢筋的关系，就没必要采用这种大直径大间距的配筋方式。比如 $\Phi 32@200$ （4021mm²），从配筋量值上完全可以被 $\Phi 25@120$ （4091mm²）甚至 $\Phi 25@125$ （3927mm²）取代。

表 9-1-5

自制钢筋理论面积 Excel 表

钢筋理论面积表

直径(mm)	70	75	80	85	90	95	100	105	110	115	120	125	130	140	150	160	170	175	180	190	200	225	250	275	300
												不同间距每延米面积(mm²)												
4	180	168	157	148	140	132	126	120	114	109	105	101	97	90	84	79	74	72	70	66	63	56	50	46	42
5	280	262	245	231	218	207	196	187	178	171	164	157	151	140	131	123	115	112	109	103	98	87	79	71	65
6	404	377	353	333	314	298	283	269	257	246	236	226	217	202	188	177	166	162	157	149	141	126	113	103	94
7	550	513	481	453	428	405	385	367	350	335	321	308	296	275	257	241	226	220	214	203	192	171	154	140	128
8	718	670	628	591	559	529	503	479	457	437	419	402	387	359	335	314	296	287	279	265	251	223	201	183	168
9	909	848	795	748	707	670	636	606	578	553	530	509	489	454	424	398	374	364	353	335	318	283	254	231	212
10	1122	1047	982	924	873	827	785	748	714	683	654	628	604	561	524	491	462	449	436	413	393	349	314	286	262
12	1616	1508	1414	1331	1257	1190	1131	1077	1028	983	942	905	870	808	754	707	665	646	628	595	565	503	452	411	377
13	1896	1770	1659	1562	1475	1397	1327	1264	1207	1154	1106	1062	1021	948	885	830	781	758	737	699	664	590	531	483	442
14	2199	2053	1924	1811	1710	1620	1539	1466	1399	1339	1283	1232	1184	1100	1026	962	906	880	855	810	770	684	616	560	513
16	2872	2681	2513	2365	2234	2116	2011	1915	1828	1748	1676	1608	1547	1436	1340	1257	1183	1149	1117	1058	1005	894	804	731	670
18	3635	3393	3181	2994	2827	2679	2545	2424	2313	2213	2121	2036	1957	1818	1696	1590	1497	1454	1414	1339	1272	1131	1018	925	848
20	4488	4189	3927	3696	3491	3307	3142	2992	2856	2732	2618	2513	2417	2244	2094	1963	1848	1795	1745	1653	1571	1396	1257	1142	1047
22	5430	5068	4752	4472	4224	4001	3801	3620	3456	3306	3168	3041	2924	2715	2534	2376	2236	2172	2112	2001	1901	1689	1521	1382	1267
25	7012	6545	6136	5775	5454	5167	4909	4675	4462	4268	4091	3927	3776	3506	3272	3068	2887	2805	2727	2584	2454	2182	1963	1785	1636
28	8796	8210	7697	7244	6842	6482	6158	5864	5598	5354	5131	4926	4737	4398	4105	3848	3622	3519	3421	3241	3079	2737	2463	2239	2053
30	10098	9425	8836	8316	7854	7441	7069	6732	6426	6147	5890	5655	5437	5049	4712	4418	4158	4039	3927	3720	3534	3142	2827	2570	2356
32	11489	10723	10053	9462	8936	8466	8042	7660	7311	6993	6702	6434	6187	5745	5362	5027	4731	4596	4468	4233	4021	3574	3217	2925	2681

采用小直径密间距的配筋方式除了众所周知的对控制裂缝宽度有好处外，小直径钢筋的锚固与搭接长度也会更小。根据《混凝土结构设计规范》，纵向受拉钢筋的基本锚固长度可按 $l_{ab} = \alpha \dfrac{f_y}{f_t} d$ 计算，当采用三级钢且混凝土强度等级为 C30 时为 $35.2d$，图集中一般按 $35d$ 取值，对于 $\Phi 25$ 钢筋为 $l_{ab} = 875\text{mm}$，而对于 $\Phi 32$ 钢筋则为 $l_{ab} = 1120\text{mm}$，多出 245mm，相比 $\Phi 25$ 加长了 28%。然而这只是基本锚固长度 l_{ab}，在实际设计与施工中采用的是锚固长度 l_a 而不是基本锚固长度 l_{ab}，受拉钢筋的锚固长度 l_a 还要将基本锚固长度 l_{ab} 乘以一个锚固长度修正系数 ξ_a 得到。对于直径大于 25mm 的带肋钢筋，规范要求 ξ_a 应取 1.1，因此在相同条件下，上述 $\Phi 25$ 钢筋的锚固长度同基本锚固长度一样为 $l_a = \xi_a l_{ab} = 1.0 \times 875 = 875\text{mm}$，但 $\Phi 32$ 钢筋的锚固长度则为 $l_a = \xi_a l_{ab} = 1.1 \times 1120 = 1232\text{mm}$，加长了 357mm，相对加长量为 40.8%。这个数值设计上可能觉得无所谓，但造价咨询单位及施工单位是一定会这样算的，而且毫不含糊、当仁不让，因为多出的这部分材料费用，基本上就是白白浪费了。

因此本人在做设计时，尽量不采用 $\Phi 28$ 与 $\Phi 32$ 的钢筋，尤其是筏板、柱墩等的配筋，宁可采用 $\Phi 25@70$（7012mm²）的配筋方式，也不愿采用 $\Phi 32@115$（6993mm²）这种配筋方式，尽管二者配筋量很接近。

此外，大直径钢筋因单位长度的重量较大，操作不便，虽然运输环节为成捆的机械吊装，但钢筋加工及绑扎环节则需手工操作。笔者就曾目睹四个工人合力扛运一根 $\Phi 32$ 钢筋的场面，很不容易。$\Phi 32$ 钢筋每延米重量为 6.313kg，钢筋出厂长度一般为 12m，因此整根钢筋的重量为 75.8kg，当钢筋接长采用闪光对焊时，接长后单根钢筋的重量还要大，也需要从加工棚运到绑扎安装地点，搬运难度更大。而一根 12m 长 $\Phi 25$ 的钢筋重量只有 46kg，相比之下要轻便很多，场内运输、加工、绑扎的难度均大大降低。

5. 梁板式筏基设计优化

梁板式筏基的地梁配筋一般均很大，可优先采用强度更高、性价比更优的四级钢筋，可节约钢材用量，方便钢筋的排布，减少大直径钢筋的使用，降低工人劳动强度，方便施工等。

地下室的基础梁可不考虑延性设计，故梁纵筋深入支座的长度应按非抗震要求，基础梁箍筋在满足抗剪要求时，无须在梁端加密，箍筋可按 90°弯钩，不必按 135°弯钩。纵筋的锚固长度、搭接长度等也应按非抗震要求。平板式筏基也不必考虑抗震延性而设置柱间暗梁。

梁板式筏基的地梁在支座截面处弯矩及剪力均较大，因此支座附近的内力既控制地梁的截面尺寸，也决定着地梁的最大钢筋用量。计算所需地梁截面较大时，可采用在梁端加腋的方式，而不必整跨甚至整根梁加大截面。此举不但可有效降低混凝土用量，还可降低支座钢筋的用量，同时更有利于钢筋的排布，降低施工难度，保证混凝土的浇捣质量。

梁板式筏基的筏板可按塑性设计进行配筋，可以较大幅度地减少用钢量。《北京地区建筑地基基础勘察设计规范》DBJ 11—501—2009 第 8.6.5 条及其条文说明对塑性设计及其可能导致的裂缝宽度较大的问题给出了比较详细的解释。

《北京地区建筑地基基础勘察设计规范》DBJ 11—501—2009

8.6.5 梁板式筏形基础底板可按塑性理论计算弯矩。

条文说明 8.6.5 当基础为梁板式筏形基础或平板式筏形基础时，其基础底板考虑以下因素一般可不进行裂缝宽度验算，但应注意支座弯矩调幅不要太大。

1 如 8.6.3 条条文说明所述筏形基础及箱形基础钢筋的实测应力都不大，一般只有 20～50MPa，远低于钢筋计算应力；

2 设计人员计算基础底板时，一般采取地基反力均匀分布的计算模型，与实际地基反力分布不符，会使板裂缝宽度计算结果偏大；

3 明确设计人员一般采用现行国家标准《混凝土结构设计规范》GB 50010 中裂缝计算公式进行裂缝宽度验算，而该公式只适用于单向简支受弯构件，不适用于双向板及连续梁，因此采用该公式计算的裂缝宽度不准确；

4 明确北京地区习惯的地下室防水做法是基础板下面均有防水层，因此对底板有较好的保护作用，这时对其裂缝宽度的要求可以比暴露在土中的混凝土构件放松。一般来说，只要设计时注意支座弯矩调幅不太大，混凝土裂缝宽度不致过大，而且数十年来大量工程有关筏形基础及箱形基础的钢筋应力实测表明，其钢筋应力都不大，混凝土实际上很少因受力而开裂，所以不会影响钢筋耐久性。

6. 筏板外挑及封边构造优化

1）筏板外挑的必要性分析

《高层建筑混凝土结构技术规程》JGJ 3—2010

条文说明 12.3.9 筏形基础，当周边或内部有钢筋混凝土墙时，墙下可不再设基础梁，墙一般按深梁进行截面设计。周边有墙时，当基础底面已满足地基承载力要求，筏板可不外伸，有利于减小盆式差异沉降，有利于外包防水施工。当需要外伸扩大时，应满足其刚度和承载力要求。

因此对于住宅类以钢筋混凝土剪力墙结构为主的基础底板，当天然地基承载力满足要求或采用复合地基时，基础底板无论采用梁板式还是平板式，都不必外挑。筏板外挑不但不利于防水施工及所谓的盆式差异沉降，而且会增大基底开槽面积及开挖土方量，因此仅当天然地基承载力不满足要求且适当外挑后即可满足要求时才考虑外挑。但现在的设计师基本是不分何种情况一律进行外挑，即便在天然地基承载力比较富余的情况下也进行外挑，在客观上对设计本身并没有什么益处，但给甲方及施工单位则找了不少麻烦。

当然，筏形基础的平面尺寸应根据地基承载力、上部结构的布置以及荷载情况等因素综合确定。当上部结构为框架结构、框剪结构、框架-核心筒结构或筒中筒结构时，筏形基础的底板面积一般应比上部结构所覆盖的面积稍大些，以使底板的地基反力趋于均匀。当剪力墙结构的边开间较中间开间大出较多时，将边开间筏板适当外挑也可有效降低边开间筏板的跨中弯矩，从而降低边开间的钢筋用量，但与外挑部分的混凝土量、钢筋用量及外挑导致的土方开挖增量相比，很有可能是得不偿失的。因此当以此为由进行筏板外挑时，应进行全面的技术经济分析，确定有技术经济优势后再进行外挑，否则一律不宜外挑。

2）地下室外墙与基础底板的连接构造

因外墙与底板在彼此连接处的边界条件不同，节点区及附近的配筋构造做法也不同。

对于地下室外墙来说，因基础底板一般均厚于地下室外墙且基础底板又受到地基土的约束，故认为基础底板不但可对外墙底端提供平动约束，而且还可以提供转动约束。因此假定外墙固接于基础底板是比较符合实际工作状态的。所以外墙底端在计算及构造上均应按固端考虑，外墙的纵向受力钢筋应在基础底板内有符合规范要求的锚固，此时外墙外侧受拉钢筋应延伸至底板底部后向底板内水平弯折，水平弯折段的长度取外墙外侧竖向钢筋的搭接长度。

对于基础底板来说，外墙厚度一般均小于底板厚度，其对基础底板端部的转动约束不足，因此一般认为地下室外墙只能对基础底板提供平动约束，而不能提供转动约束。基础底板与外墙连接处由此一般也均假定为铰接，按铰接的构造规定，作为受拉钢筋的底板上部钢筋，伸入支座 $5d$ 即可，底板下部钢筋作为构造钢筋则没有相应要求，故底板上下钢筋均可伸至外墙外侧截断，在端部可不设弯钩。而且外墙外侧竖向钢筋在基础底板底部向水平方向弯折一个搭接长度后，也可保证底板端部具有不低于外墙底部的抗弯能力，完全可以抵抗外墙底部传来的不平衡弯矩。

但目前一些标准图集和手册中，基础底板与外墙连接的构造做法中，无论基础底板多厚，一律将底板上下部纵向钢筋在筏板端部做成弯钩，也是大多数设计院的习惯做法。直钩长度也不尽相同，有的做成 $12d$，有的则弯折后彼此搭接 150mm，更有甚者则一弯到底或一弯到顶。实际从受力与构造角度是完全不必要的，不但会造成不必要的浪费，还会对钢筋加工、运输、堆放及绑扎带来不利影响。

不同的设计院有不同的做法，国标图集《11G101-3》也给出了建议做法（图 9-1-61～图 9-1-66），因而会被很多设计师直接引用，但该做法是值得推敲的。

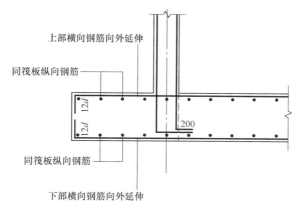

图 9-1-61　筏板外伸端部构造（一）

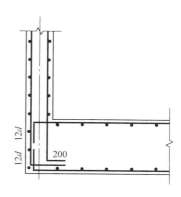

图 9-1-62　筏板不外伸端部构造（一）

3）悬挑筏板纵横向钢筋的配置

当筏板从外墙出挑后，出挑段筏板作为悬臂板是标准的单向板，从受力角度，横向下部钢筋为受拉钢筋，采用将筏板横向钢筋向外延伸是没有问题的，当外伸悬挑长度较大时，还需验算在悬臂筏板根部弯矩作用下的延伸钢筋是否能满足抗弯承载力要求，不满足时还需配置附加短筋。但横向的上部钢筋则处于悬臂筏板截面的受压区，理论上应为构造配置，当筏板外伸悬挑长度不大时，直接将筏板上部钢筋外伸的浪费倒也不大，还可以接

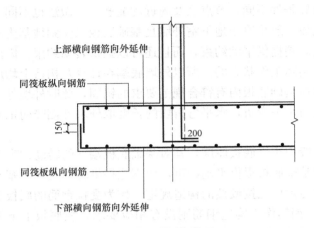

图 9-1-63 筏板外伸端部构造（二）

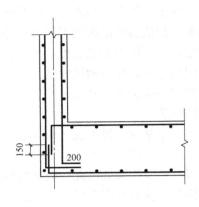

图 9-1-64 筏板不外伸端部构造（二）

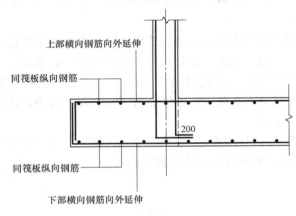

图 9-1-65 筏板外伸端部构造（三）

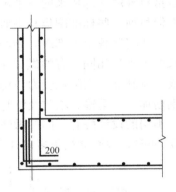

图 9-1-66 筏板不外伸端部构造（三）

受，但当筏板外伸悬挑长度较大时，直接将筏板上部钢筋延伸出去作为悬臂筏板的上部钢筋就会造成不必要的浪费，因此建议在外伸悬臂筏板上部单独配置横向构造钢筋，并与筏板横向钢筋在外墙中线附近搭接，当确定采用筏板侧面封边构造时，可与封边钢筋合并设置。

外伸筏板作为悬臂板，是最彻底的单向受力构件，故其纵向钢筋完全为分布钢筋，采用Φ10@200的构造配置是没有问题的，至多按 0.1% 配筋率的抗裂构造配置。但大多数设计院的结构工程师或因概念不清，或图绘图方便，对外伸筏板的纵向钢筋也一律按与筏板纵向钢筋相同的配置，即以上图中的"同筏板纵向钢筋"。一般来说，筏板的纵横向受力钢筋均较大，若采用"同筏板纵向钢筋"的配置必然带来较大的浪费，因此外伸悬臂筏板的纵向钢筋改为构造配置还是有比较明显的经济效益的。

除了筏板上下表面纵横两个方向的钢筋外，很多设计者在筏板端头的侧面也配置了纵向钢筋，有的还不小，比如保定某项目配置了Φ14@200的侧面纵向钢筋。其实外伸悬臂筏板的端部与独立柱基或墙下条基的端部没有什么两样，后者众所周知是不配侧面钢筋的，在理论上这个侧面纵向钢筋也没有实际用途，可有可无，建议取消。

4）筏板侧面的封边构造

对于筏板端部无外伸的情况，因外墙外侧竖向钢筋均会到底并向水平方向弯折，故不必考虑封边构造。因此筏板的封边构造主要是针对外伸悬臂筏板的端部。

理论上，外伸悬臂筏板的端部与独立柱基或条形基础的端部一样，是不需要配筋的，因此理论上可不配侧面封边钢筋。《04G101-3》中即有筏板边缘侧面无封边的构造做法，见图 9-1-67。

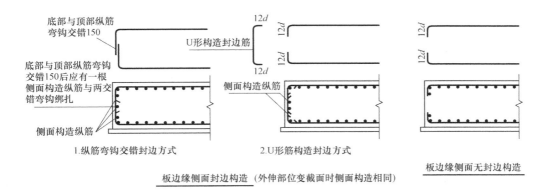

图 9-1-67　《04G101-3》中的筏板封边构造

但对于绝大多数的结构工程师来说，若筏板侧面不配封边钢筋总觉得缺了点什么，可能接受不了筏板侧面无封边的情况。对此，笔者建议采用附加"U"形筋的方式，筏板主筋可在不需要处截断，不必均延伸到筏板尽端并向筏板中线方向弯折，筏板封边构造建议参照图 9-1-68。

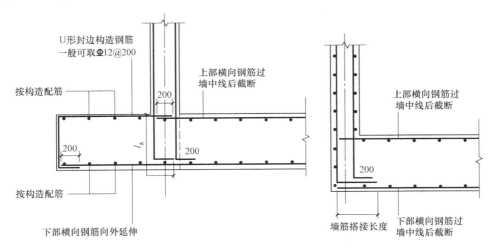

图 9-1-68　河北保定某项目筏板封边构造的优化做法

李国胜老师在其《混凝土结构设计禁忌及实例》中写道："底板计算时在外墙端常按铰支座考虑，外墙在底板端计算时按固端，因此底板上下钢筋可伸至外墙外侧，在端部可不设弯钩（底板上钢筋锚入支座按需要 $5d$ 就够）"。图 9-1-69 为《混凝土结构设计禁忌及实例》中筏板有无外伸的节点及端部构造。

图 9-1-70 为河北保定某知名设计院在高碑店某住宅项目中采用的外伸筏板配筋构造。

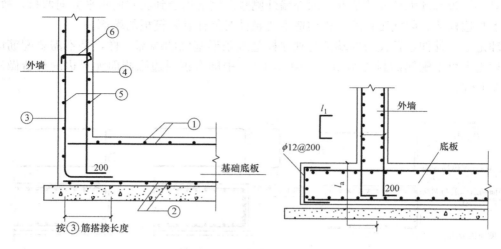

图 9-1-69 《混凝土结构设计禁忌及实例》中筏板无外伸及有外伸的构造做法

这样一个节点配筋构造,从专业角度是令人耳目一新的。该图看上去不但结构概念非常清晰,而且一看就知道是用心在做设计,真正做到不该省的不省,该省的一定要省。

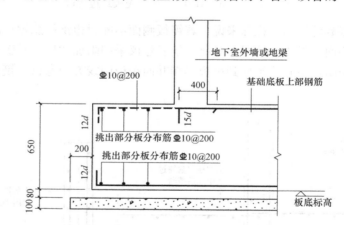

图 9-1-70 河北保定高碑店某住宅项目筏板外挑封边构造

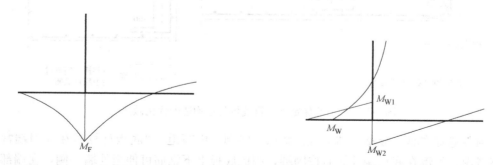

图 9-1-71 地基反力产生的弯矩   图 9-1-72 外墙土压力产生的弯矩及在节点的分配

图 9-1-73 为上述项目中筏板无外伸的筏板封边构造。可参照前文保定项目或《混凝土结构设计禁忌及实例》中筏板无外伸的配筋构造,取消筏板上下部钢筋在端部的 $15d$

弯钩，同时延长地下室外墙外侧竖向钢筋的水平弯折段，使其与筏板下部钢筋实现搭接并满足搭接长度的要求。

7. 厚筏中部构造钢筋网

关于厚度大于 2m 筏板中部的构造钢筋网设置，是一个争议很大的课题，规范在这一问题上的规定也不一致，《混凝土结构设计规范》及《建筑地基基础设计规范》都有类似规定，但《高层建筑混凝土结构技术规程》及《北京地区建筑地基基础勘察设计规范》均没有相关规定，《北京市建筑设计技术细则》更是明确表示不必设类似构造钢筋网。各设计院执行情况也不一，一些大院名院主张不设，一些中小型设计院则选择从严的原则而设置，但甲方要求取消时也不会坚持。

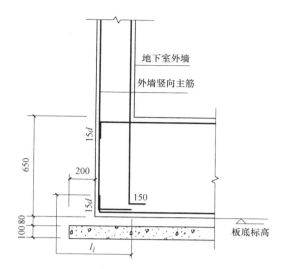

图 9-1-73　河北保定高碑店某住宅项目筏板无外挑封边构造

《混凝土结构设计规范》GB 50010—2010

9.1.9　混凝土厚板及卧置于地基上的基础筏板，当板的厚度大于 2m 时，除应沿板的上、下表面布置的纵、横方向钢筋外，尚宜在板厚度不超过 1m 范围内设置与板面平行的构造钢筋网片，网片钢筋直径不宜小于 12mm，纵横方向的间距不宜大于 300mm。

条文说明 9.1.9 在混凝土厚板中沿厚度方向以一定间隔配置的钢筋网片，不仅可以减少大体积混凝土中温度-收缩的影响，而且有利于提高构件的受剪承载力。

《建筑地基基础设计规范》GB 50007—2011 规定：

8.4.10　平板式筏基受剪承载力应按式（8.4.10）验算，当筏板的厚度大于 2000mm 时，宜在板厚中间部位设置直径不小于 12mm、间距不大于 300mm 的双向钢筋网。

$$V_s \leqslant 0.7 \beta_{hs} f_t b_w h_0$$

条文说明 8.4.10……关于厚筏基础板厚中部设置双向钢筋网的规定，同国家标准《混凝土结构设计规范》GB 50010 的要求。……试验研究表明，构件中部的纵向钢筋对限制斜裂缝的发展，改善其抗剪性能是有效的。

不否认该构造钢筋网的有用性，从规范条文及其条文说明可以看出，设置中部构造钢筋网有两点考虑，其一为减小大体积混凝土温度-收缩的影响；其二是对抗剪性能有利。

对于前者，即便中部构造钢筋网确实有效，其限制的也是大体积混凝土内部靠近中性轴附近的裂缝，影响不到混凝土的表面，而中性轴附近的裂缝刚好是混凝土弯曲拉应力为零的区域，是应力最小的区域，因此裂缝的出现对结构安全没有影响。

其次，混凝土内部的裂缝也不是结构设计所关注的对象，结构设计关注的是混凝土的表面裂缝。而之所以关注混凝土表面裂缝，也不是出于结构安全的考虑，而是出于混凝土耐久性的考虑，是因为裂缝的出现容易导致钢筋锈蚀，所以才要限制表面裂缝。

对于裸露在外的混凝土构件，还有外观方面的要求，裂缝的存在会引起人们的不适甚至不安，因此要限制裂缝宽度，但对于基础类构件，也不存在这样的问题。

因此设置中部构造钢筋网的第一条理由难以令人信服。

对于第二条理由，即对抗剪性能有利的说法，不可否认，增加一层构造钢筋网对构件抗剪肯定有利，但从上文的平板式筏基受剪承载力验算公式可看出，即便对于配筋量大得多的上下表面钢筋，公式中也没有考虑其有利影响。而$\Phi12@300$的配筋量只有$377m^2/m$，而对于2000mm厚的筏板，即便采用构造规定的最小配筋率0.15%配筋，也需要$3000m^2/m$的配筋量，相当于$\Phi20@100$或$\Phi28@200$的配筋量，忽略大得多的表面钢筋的影响却考虑与表面钢筋配筋量相比微不足道的中间构造钢筋网的作用，同样令人难以信服。

对于板式受弯构件，很少有抗剪承载力控制的情况，而且对于平板式筏基来说，也很难出现一个受力明确的受剪截面，取单位宽度截面或板带宽度截面去进行截面抗剪承载力计算都是没有实际意义的，因为受剪破坏不像局部受弯破坏及局部冲切破坏那样会发生局部破坏，对于平板式筏基而言，是不大可能出现局部受剪破坏的。唯一需要关注的是《北京地区建筑地基基础勘察设计规范》DBJ 11—501—2009 第8.6.10条中出现的情况：

《北京地区建筑地基基础勘察设计规范》DBJ 11—501—2009

8.6.10 对上部为框架-核心筒结构的平板式筏形基础，当核心筒长宽比较大时，尚应按下式验算距核心筒长边边缘 h_0 处筏板的受剪承载力：

$$V_s \leqslant 0.7\beta_{hs}f_tbh_0$$

式中 b 为筏板受剪承载力验算单元的计算宽度，既不应过小也不应过大，可取核心筒两侧紧邻跨的中分线之间的范围。对于平板式筏基，基本上只有这种情况才会出现一个比较明确的受剪破坏截面，采用上述公式计算才有意义。

与《混凝土结构设计规范》及《建筑地基基础设计规范》的意见不同，《高层建筑混凝土结构技术规程》JGJ 3—2010 在其地下室和基础设计章节中没有上述规定，《北京地区建筑地基基础勘察设计规范》DBJ 11—501—2009 及《上海市地基基础设计规范》DGJ 08—11—2010 也均没有上述规定。

《北京市建筑设计技术细则》的规定更加明确直接，是直接针对筏板中部构造钢筋网而做出的规定：

《北京市建筑设计技术细则》

3.4.10 不论筏板之板厚为多少，皆不需在板厚的中间增设水平钢筋。

五、防水板的精细化设计

防水板常用于有地下室的框架结构的基础底板设计，如带地下室的多层商业建筑或地下车库等，一般与独立柱基组成封闭的基础底板防水体系，即独立柱基加防水板结构体系。因其与整体式筏形基础相比具有明显的成本优势，且受力明确，传力路线简短直接，又能有效控制主楼与裙房（或地下车库）间的差异沉降，故这一结构体系成为近年来应用相当广泛的一种基础底板形式。

独立柱基加防水板体系与筏形基础类似，也可根据防水板与独立柱基在竖向的位置关系而分为"下返顶平式"（图 9-1-74）与"上返底平式"（图 9-1-75、图 9-1-76）。这在前文独立基础与条形基础精细化设计章节中已经做了介绍。

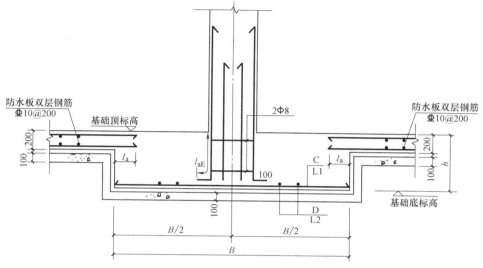

图 9-1-74　河北高碑店某住宅项目下返顶平式独立柱基加防水板

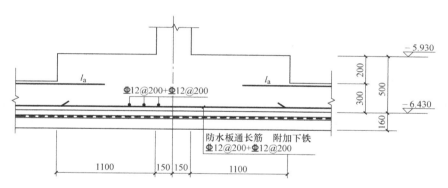

图 9-1-75　河北邯郸某项目上返底平式独立柱基加防水板

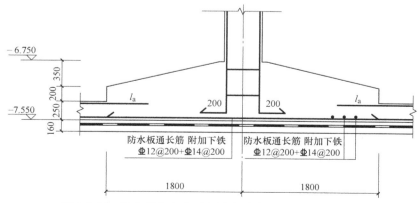

图 9-1-76　保定某住宅小区上返底平式独立柱基加防水板

当地下水位较高而需采取抗浮措施时，应优先考虑上返底平式独立柱基加防水板体系，此时可在上返基础间填充素土、砂石或其他配重材料来增加建筑物恒载进行抗浮，同时覆土及防水板自重又可直接抵消掉防水板结构计算时的部分水压力从而降低用于结构配筋计算的净水浮力，可有效降低防水板向上工况的计算配筋。但事情是一分为二的，附加恒载增加的同时必然导致向下工况的荷载增加，不但对防水板的配筋计算有影响，因防水板上的附加恒载及活载会传到独立柱基上，因此对独立柱基下的地基承载力验算也会有影响。

上返底平式比较适合各柱间荷载差异较小，因此基础高度差异也较小时采用，否则势必会因为个别基础高度较大而降低所有基础及防水板的埋深，导致整个地下结构的埋深增加，土方量增大，一些生根于防水板的地下室内外墙体的高度也随之增加。针对此种情况，可考虑将防水板与绝大多数的基础底面取平，而将个别基础高度较大的基础底面向下凸出防水板底面，形成防水板居于较高基础中间部位的竖向位置关系，也是一种相对折中的方案。

防水板根据地下水位的高低，更主要的是净水浮力 q_u 的量值而分为抵抗水压力的防水板（$q_u>0$）及不抵抗水压力的防水板（$q_u \leqslant 0$，又可称为防潮板）。此处的净水浮力应为由水浮力控制的荷载基本组合下作用于防水板下表面的净水浮力设计值 q_u，q_u 可按下式计算

$$q_u = 1.2q_w - 1.0 \times (q_s + q_a)$$

式中，q_w 为地下室浮力标准值，也即直接作用于防水板下表面的水压力标准值或者说防水板底面处的水头值，q_s 为防水板自重标准值，q_a 为防水板上建筑做法也即附加恒载的标准值。q_u 也即进行防水板结构设计时的荷载设计值。

防水板的结构计算应按"向上"与"向下"两个控制工况分别计算并取其大者进行配筋。上述计算 q_u 的公式即为向上工况的荷载基本组合表达式，在该工况下，防水板承受数值为 q_u 的净水浮力设计值，并将净水浮力传给独立柱基。向下的工况主要是直接作用于防水板上的附加恒载 q_a 及活荷载 q_l，当勘察报告提供了最低水位且最低水位仍高于防水板底面时，可考虑水浮力 q_w 的有利作用，但其分项系数应取 1.0，在向下的工况中，与筏形基础结构计算一样，不必考虑防水板自重 q_s。向下工况荷载基本组合的表达式如下：

$$q_d = 1.2q_a + 1.4q_l - 1.0q_w$$

式中 q_d 为向下工况组合后的荷载设计值，q_l 为直接作用于防水板上的活荷载标准值，q_w 为按勘察报告最低水位取值的作用于防水板底面的水压力标准值，当勘察报告未提供最低水位时应取零，即不考虑其有利影响。

防水板自重不参与向下工况荷载组合的理由如下：

防水板同筏板一样，混凝土均是在地基土上直接浇筑，即便防水板下铺设了聚苯板等易压缩材料，防水板浇筑时也是以其下的聚苯板为底模，故防水板自重在防水板混凝土浇筑完毕即完全施加到地基土或聚苯板上，即便有可能存在不均匀沉降导致的局部弯矩，也在筏板混凝土凝结硬化前的塑性状态中得到释放，故在筏板硬化后不会有筏板自重导致的附加弯矩产生。另一方面，防水板板自重及其上覆土或建筑做法自重均以均布面荷载的形式施加于防水板上，而给防水板提供支承作用的地基土也是面支承，荷载与边界条件的分布完全相同，二者可以直接平衡，自然不会在防水板中产生整体或局部弯矩，就像平板玻

362

璃放在平整的桌面上一样。

所谓的防水板不承重是指防水板不承受从柱传来的上部结构的荷载，或者说防水板不分担独立柱基的承重作用，但其自重及直接作用于其上的荷载还是必须要承受的，只不过因为其下有面支承的存在，这些荷载一般不会产生弯矩和剪力等内力，很多时候只起到荷载传递作用而已。

因此，防水板自重会直接传给其下的地基，而不会先传给独立基础，再通过独立基础传给地基，但因防水板上的覆土、建筑面层及活荷载是在基础及防水板有了足够强度才施加上去的，当防水板下铺设了易压缩材料时，可能会因为防水板下易压缩材料对防水板的支承刚度不足而将这些荷载通过防水板的抗弯刚度传给独立柱基，不但会使防水板在这些附加恒载及活载作用下受弯，对独立柱基下的地基承载力验算也有影响，但在独立柱基结构计算时仍然不必考虑防水板自重及其上附加恒载的影响。

因此当净水浮力工况起控制作用且采用填充配重材料进行抗浮时，不应在防水板下铺设易压缩材料。

防水板属于模型比较复杂的板式受力构件，当净水浮力起控制作用或板上覆土较重时，配筋应通过计算确定，想得到比较准确的计算结果建议采用能将独立柱基同时模拟进去的有限元法，比较经济可靠的简化计算方法则是将防水板被独立柱基分隔成的区格按两种简化模型分别计算及配筋，见图9-1-77。

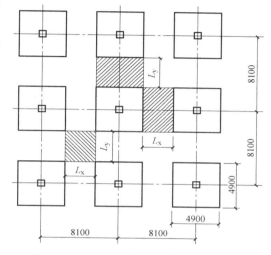

图 9-1-77　防水板简化计算模型中的板块

其一是两独立柱基间的单向板模型（矩形阴影区域），根据独立柱基与防水板的厚度比决定是采用固接于基础或铰接于基础；其二是四个独立柱基间的双向板模型（正方形阴影区域），假定该双向板在四个角点支承于独立柱基，再查静力计算手册的弯矩系数求得内力并配筋。有关内容在本书其他章节中有比较详细的介绍，需要时可参考。一般来说，角点支承的双向板模型的内力及配筋要大得多，从优化设计角度应该针对不同的区格采取区别化的配筋方式，如图9-1-78所示。

图中通长钢筋仅在相邻基础边缘之间的板带沿板带长方向按构造配置，如取0.15%或0.1%等，在阴影区范围内不满足计算配筋的部分用附加短筋补足。两相邻基础边缘之间的单向板在受力方向按计算配置短筋，钢筋进入独立基础一个锚固长度即可，垂直受力方向则以上述通长的构造钢筋作为分布钢筋。采用这种精细化的配筋方式，可比图9-1-79这种双层双向贯通配筋的无差别配筋方式至少节省钢筋50%以上。

对于独立柱基加防水板体系的防水板，因其厚度一般较大（一般不小于200mm），且当独立基础尺寸较大时防水板净跨一般较小，当防水板没有净水浮力作用的向上工况时，自然不需要填充配重材料，故其附加恒载及活荷载量值均较小，弯矩自然也比较小，因此，一般均不再进行向下工况下的截面及配筋计算，直接取构造厚度及构造配筋一般均可满足要求，但当防水板厚度较薄或填充了较厚的覆土垫层时，则需要进行向下工况的

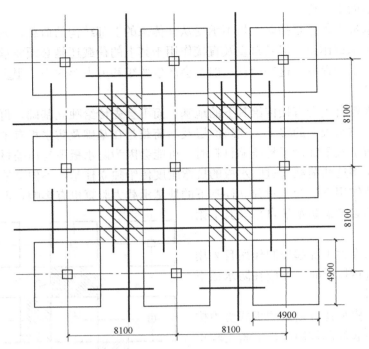

图 9-1-78　防水板合理化、精细化配筋方式

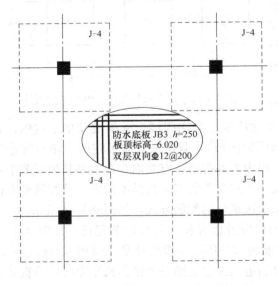

防水底板 JB3 *h*=250
板顶标高-6.020
双层双向Φ12@200

图 9-1-79　防水板双层双向贯通配筋方式

计算。

　　当防水板没有净水浮力作用且防水板上没有覆土层时，防水板实质是防潮板，其厚度及配筋均可按构造取用。但构造厚度究竟应取多少，则没有统一规定，一般取 200～300mm，其中以250mm 厚的居多；构造配筋一般从Φ8@200 到Φ12@200 不等。

　　按 200mm 厚防水板Φ10@200 反算弯矩设计值为 19.7kN·m，假设如图 9-1-78 8100mm×8100mm 柱网及4900mm×4900mm 的基础尺寸，四角点支承于独立柱基的阴影区板块两个方向的跨度均为 3200mm，查静力计算手册并将板跨代入得连续边的弯矩为 1.5411q，跨中弯矩为 1.1438q，令 1.5411q＝19.7，得荷载设计值 q＝12.8kN/m²，则最不利情况下的允许荷载标准值为 9.85kN/m²。也就是说图 9-1-78 模型当采用 200mm 厚防水板配三级钢Φ10@200 双层双向钢筋时，防水板可承受 9.85kN/m² 的外加荷载。其抗弯能力一般可满足基础下沉导致在防水板上产生的地基反力，一般来说可采取在防水板下虚铺一定厚度土层或将压缩性较低的地基土刨松 200mm 的做法，无需在防水板下铺设聚苯板来对防水板进行卸载。

有些设计院的构造防水板不但厚度取值及钢筋配置较大，如250mm板厚配ϕ12@200钢筋，而且在防水板下又铺设了聚苯板，对于构造防水板来说就有点过了。按前述算法，此时的允许荷载标准值可达18.6kN/m²，其抗弯能力已经相当可观了，再铺设聚苯板进行卸荷就太过了。

此外，当地基持力层为粗砂、圆砾、卵石或岩层时，由于持力层压缩模量非常大，绝对沉降量一般很小，基本不存在独立柱基沉导致防水板承受地基反力的情况，因此防水板下也无设聚苯板的必要。

从另一角度，既然作为关键受力构件的梁板式筏基都允许采用塑性设计，而作为构造配置的防水板当然也允许塑性铰的出现。一旦独立柱基下沉导致防水板承受地基反力后，随着地基反力的不断增加，防水板会在弯矩最大的部位率先出现塑性铰并进入弹塑性工作状态，随之会在防水板与独立基础之间发生塑性内力重分布，地基反力会自动转移到独立柱基上去，防水板上将不会继续增加荷载，也就不会发生极限破坏。因此从这个角度也不必在防水板下铺设聚苯板。

图9-1-80为河北高碑店某住宅项目的防水板厚度及配筋，采用了较薄的板厚200mm，配筋采用ϕ10@200，防水板下没有铺设聚苯板；图9-1-81同为高碑店地区另一项目的防水板构造，板厚为250mm，但采用了更小的配筋ϕ8@200，防水板下铺设了80mm厚聚苯板。

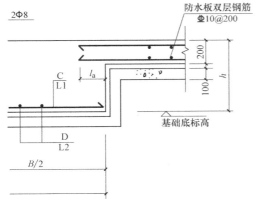

图9-1-80　河北高碑店某住宅项目防水板构造

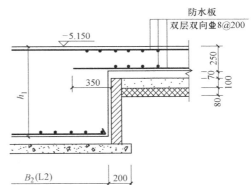

图9-1-81　河北高碑店另一项目防水板构造

在地下水位较低的一些地区，过去的砖混结构半地下室多层住宅，在条基与条基之间的地下室地面下均不做防水层，直接在条基间的房心回填土上做建筑地面，地下室房间内也不感觉潮湿，更没有渗漏或地面开裂等反馈信息。

因此有过实际工程经验的人认为，既然没有地下水，在做好防潮的情况下，板厚及配筋可不受防水板条件的限制，只要满足功能需要即可。比如板厚，车库地面可在防水保护层上做150～200mm厚防潮板，其他房间地面可在防水保护层上做100～150mm厚防潮板等。对于防潮板的配筋，为保证混凝土表面不开裂，可在板面配置0.1％构造钢筋。也就是说，不做与独立基础或条形基础整浇在一起的防水板，而是先施工独立柱基或墙下条基，然后再在独立柱基或墙下条基间进行房心回填，然后做垫层、防水层及防水保护层，最后做钢筋混凝土防潮板兼做建筑面层，见图9-1-82。其实这不是新技术、新工艺，而是一项相对古老的工艺，在以砖混结构为主的年代，低地下水位地区很多的地下室、半地下室的地面及防水都采用这种做法，在无地下水地区更被久经证实为既安全可靠又经济适用。

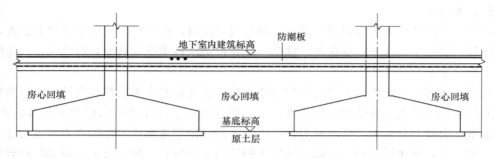

图 9-1-82　房心回填土上做防潮板的构造做法

　　在防水保护层上做防潮板，应该是可行的。设计工作是最具主观能动性及开创性思维的一项工作，很多情况下需具体情况具体分析，而不是墨守成规、生搬硬套。真正设计出符合实际功能需要且成本低廉的成果来，才是一个设计师的职责所在，才能体现出设计师真正的水平。

　　图 9-1-83 则为河北沧州某小区的筏板与防水板连接大样图，采用了筏板上铁与防水板钢筋互相锚固的方式，其实是不必要的。筏板与防水板是主从关系，筏板可以独立存在，但防水板则需以筏板为支座，因此只需防水板钢筋锚入筏板，筏板钢筋则不需锚入防水板，筏板上铁可同筏板下铁一样到筏板端部自然截断即可，即由图 9-1-83 改为图 9-1-84。

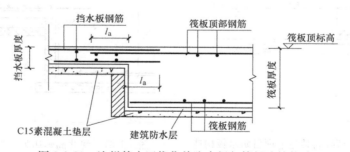

图 9-1-83　沧州某小区优化前防水板与筏板连接构造

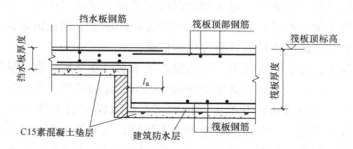

图 9-1-84　沧州某小区优化后防水板与筏板连接构造

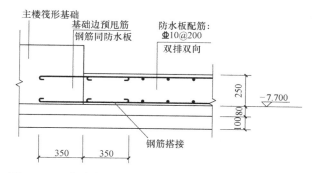

图 9-1-85 高碑店某住宅项目主楼筏板与防水板连接构造

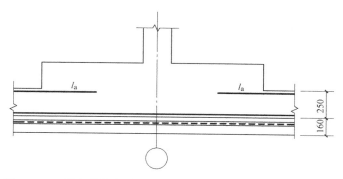

图 9-1-86 保定某住宅项目防水板钢筋遇条基、筏板时处理方式

六、基础拉梁的精细化设计

1. 基础拉梁的功能

基础拉梁与防水板类似,虽然大多数时候为构造设置,但与其他结构构件相比,拉梁的结构功能更加多元、受力特征更加复杂,根据拉梁设置的条件不同,拉梁有如下若干可能的功能:

1) 增强独立柱基(桩基承台)之间的整体性;

2) 调整柱基间的不均匀沉降;

3) 减小首层柱的计算高度;

4) 平衡上部结构传至柱底的弯矩;

5) 减轻桩偏位产生的不利作用;

6) 兼做基础梁时承担部分墙体荷载;

7) 参与抵抗上部结构传至基础的水平力。

对于基础拉梁的设置条件,我国现行有关规范给出了如下设置条件:

《建筑抗震设计规范》GB 50011—2010

6.1.11 框架单独柱基有下列情况之一时,宜沿两个主轴方向设置基础系梁:

1 一级框架和IV类场地的二级框架;

2 各柱基础底面在重力荷载代表值作用下的压应力差别较大;

3 基础埋置较深,或各基础埋置深度差别较大;

> 4 地基主要受力层范围内存在软弱黏性土层、液化土层和严重不均匀土层；
>
> 5 桩基承台之间。
>
> 《建筑桩基技术规范》JGJ 94—2008
>
> 4.2.6 承台与承台之间的连接构造应符合下列规定：
>
> 1 一柱一桩时，应在桩顶两个主轴方向上设置连系梁。当桩与柱的截面直径之比大于2时，可不设连系梁。
>
> 2 两桩桩基的承台，应在其短向设置连系梁。
>
> 3 有抗震设防要求的柱下桩基承台，宜沿两个主轴方向设置连系梁。
>
> 4 连系梁顶面宜与承台顶面位于同一标高。连系梁宽度不宜小于250mm，其高度可取承台中心距的1/10~1/15，且不宜小于400mm。
>
> 5 连系梁配筋应按计算确定，梁上下部配筋不宜小于2根直径12mm钢筋；位于同一轴线上的相邻跨连系梁纵筋应连通。

一柱一桩时，在桩顶两个相互垂直方向上设置连系梁，是为保证桩基的整体刚度以及平衡因桩偏位而产生的附加弯矩。

两桩桩基承台短向抗弯刚度较小，因此应设置承台连系梁，同时也可平衡桩沿短向偏位引起的附加弯矩。

有抗震设防要求的柱下桩基承台，由于地震作用下，建筑物的各桩基承台所受的地震剪力和弯矩是不确定的，因此在纵横两方向设置连系梁，有利于桩基的受力性能。

连系梁顶面与承台顶面位于同一标高，有利于直接将柱底剪力、弯矩传递至承台。

连系梁配筋除按计算确定外，从施工和受力要求，其最小配筋量为上下配置不小于2Φ12钢筋。

2. 设置基础拉梁的必要性

关于基础拉梁的设置，规范已经做出了明确的规定。作为设计师，严格按规范设置基础拉梁即可，既不要应设而未设，也不要过于随意地设置。当框架结构不具备上述两本规范需设置基础拉梁的条件时，除非所设基础拉梁有实际的功能，否则不要随意凭概念或感觉设置基础拉梁。

高碑店某营销体验中心项目，原设计设置了密集的基础拉梁，不但有主梁，还有次梁。其实这个营销体验中心说白了就是一个售楼处，而且是钢结构的售楼处，结构高度小重量轻，不符合需设置基础拉梁的任何一条。因此理论上可完全不必设基础拉梁。

优化设计从设计院的可接受程度出发，提出仅在周圈保留基础拉梁，取消内部所有基础拉梁的做法。经成本部门核算，地梁混凝土节省131.28m³，钢筋节省27.4t，合计综合成本约降低20.32万元。

3. 基础拉梁内力配筋计算

拉梁因设置条件不同、功能各异，故结构计算方法也不尽相同，一定要具体情况具体分析，不可机械地照搬任何一种计算方法。

具体设计中根据拉梁的实际工作状态，从具体工程中抽象出符合实际的结构力学模型，确保几何模型、边界条件、荷载都最大限度地符合结构、构件的实际工作状态，只要模型正确，就可以采用解析法、数值法或其他简化方法求解，所差的仅是精度问题，不会产生原则错误。

也正因如此，分析拉梁各种可能的受力状态要比提供具体的计算方法更有意义，因为计算方法取决于力学模型和受力状态，而拉梁的受力状态很可能是各种可能功能的任意组合，组合方式不同，计算方法也不同。因此本书在此主要分析一下拉梁各种可能的功能及相应的受力状态。

1）名义荷载，也是拉梁承受的最小荷载，是由于拉梁受力的复杂性及不确定性、为避免拉梁在实际工作状态中因截面或配筋不足发生破坏而引入的一种概念力。但这种名义荷载又不能涵盖所有可能作用于拉梁上的荷载，当拉梁尚且承受其他较为明确的荷载时，尚应考虑与该种荷载效应的组合。

根据《建筑桩基技术规范》JGJ 94—2008 第 4.2.6 条的条文解释，桩基承台间的拉梁（独立柱基间拉梁类同）的截面尺寸及配筋一般按下述方法确定：以柱剪力作用于梁端，按轴心受压构件确定其截面尺寸，配筋则取与轴心受压相同的轴力（绝对值），按轴心受拉构件确定。在抗震设防区也可取柱轴力的 1/10 为梁端拉压力的粗略方法确定截面尺寸及配筋。连系梁最小宽度和高度尺寸的规定，是为了确保其平面外有足够的刚度。当拉梁上没有其他荷载或作用时，按此名义荷载确定截面及配筋，当拉梁上尚作用有其他荷载时，也应考虑与其他荷载效应的组合。

2）以拉梁减小底层柱的计算高度。无地下室的钢筋混凝土多层框架房屋，当独立基础埋置较深时，为了减小底层柱的计算长度和底层的位移，应在 ±0.000 以下适当位置设置基础拉梁，此时应将基础拉梁当做一层框架梁参与整体计算，故拉梁内力应包括整体分析的框架梁内力。此种情况需要注意的是：基础拉梁层无楼板，用 TAT 或 SATWE 等电算程序进行框架整体计算时，楼板厚度应取零，并定义弹性节点，用总刚分析方法进行分析计算。有时虽然楼板厚度取零，也定义弹性节点，但未采用总刚分析，程序分析时自动按刚性楼面假定进行计算，与实际情况不符。房屋平面不规则，要特别注意这一点。此时拉梁不宜按构造要求设置，宜按框架梁进行设计，并按规范规定设置箍筋加密区。（根据抗震规范，整体计算所得到的内力，对一、二、三级框架结构，底层柱底截面（即拉梁顶面）的弯矩设计值应乘以增大系数。）当拉梁还承受其他荷载或作用时，尚应考虑与名义荷载及其他荷载效应的叠加。

3）以拉梁平衡柱下端弯矩。当独立柱基按中心受压考虑或桩基独立承台不考虑桩及承台受弯时，整体计算结果的柱下端弯矩需由拉梁分配承受。由于柱底弯矩主要为水平荷载产生，而水平荷载具有方向性，所以分配的拉梁弯矩也具有方向性，有可能反号，所以拉梁的配筋应该正弯矩钢筋全部拉通，支座负弯矩钢筋应有 1/2 拉通，而且支座截面宜对称配筋。当拉梁上尚作用有其他荷载或作用时，也应考虑与名义荷载及其他荷载效应的组合。

4）承担隔墙或其他竖向荷载。此时的拉梁应按竖向受弯构件考虑，当拉梁还承受其他荷载或作用时，尚应考虑与名义荷载及其他荷载效应的叠加。

5）调整柱基间的不均匀沉降。拉梁也应按竖向受弯构件考虑，但拉梁所受的作用则为支座位移。支座位移值可取地基变形计算所得相邻基础的沉降差，当单独基础沉降量较小时，也可取规范允许沉降差的上限。一般认为，拉梁受力的不确定性主要来自独立柱基（或桩基承台）间的不均匀沉降，故当拉梁计算考虑不均匀沉降时，可不必考虑与名义荷载作用效应的组合，但当拉梁还承受其他荷载或作用时，应考虑与其他荷载效应的叠加。

6）对于一柱一桩正交方向的拉梁及双桩承台短向的拉梁，一方面是为加强桩基的整体性及刚度，另一方面也是为平衡因桩偏位而引起的附加弯矩。在实际工程中，桩偏位可以说是一种常态，而且相比上部结构构件而言，桩偏位的绝对数值比较大，有时甚至能高出两个数量级。既然桩偏位是一种常态而且数值较大，那么这种偏位就不应该被视为普通的结构构件的公差，而应该作为一种永久作用在设计阶段就考虑进去。英国规范 BS8004：1986 ［7.4.2.5.4］及欧洲规范 EN 1997-1：2004 ［7.8（3）］就是这样处理的（注：中括号内为相关内容所在的章节）。由于实际的桩偏位无法在设计阶段预知，但规范提供了桩基的允许偏位限值，故在设计时可取规范允许桩偏位的上限值，与柱轴力的乘积便是桩偏位产生的附加弯矩，当桩自身不考虑受弯时，该附加弯矩只能在拉梁与柱之间分配承受。具体后续计算方法同3），但也不要忘记与同时作用的其他荷载效应的叠加。

7）在某些情况，当上部结构传至基础的水平力无法被有效抵抗时，靠拉梁本身的侧向抗弯能力及拉梁一侧的被动土压力也可以抵抗部分水平力。笔者在过去的结构设计生涯中曾遇到过这样一个工程，是由德国结构专家提出并主张实施的，因承台及桩都不足以抵抗水平力，最后便采用增设拉梁、并加宽加高的方法通过拉梁侧面的土压力及拉梁本身的侧向受弯来抵抗水平力。因为此种做法比较少见，笔者在此不再详述。需要注意的是：此时的拉梁应按侧向受弯构件考虑，当拉梁还承受其他荷载或作用时，尚应考虑与名义荷载及其他荷载效应的叠加。这种情况拉梁的受力比较复杂，是拉（压）与双向受弯的组合，当拉梁截面较高时，拉梁侧面土压力不均所产生的扭转效应也不可忽视，所以还需考虑与扭转效应的组合。（这种做法在民用建筑设计中几乎没有，在工业建筑设计中采用的也不多，但笔者还是有幸遭遇过这样一个工程，是建设单位聘请的德国专家主张实施的。该工程为德日合资在巴西兴建的焦化厂项目，该工程转运站及通廊栈桥的基础均采用预应力管桩。）

七、主楼与车库高低差处的节点构造

1. 主楼与车库埋深不同的原因及解决方案

在主楼与地下车库直接相连的整体设计中，主楼与车库的基础埋深很难统一在一个标高，大多数情况是车库的埋深大于主楼的埋深。尤其对于 18 层以下的住宅，按最小嵌固深度只需设一层地下室，基础埋深采用 3600mm 即可满足嵌固深度的要求，最大不超过4000mm，但车库即便采用无梁楼盖时的最小层高也要 3300mm，而车库顶板一般均有覆土绿化及敷设市政管线的要求，现在的设计院，尤其是北方的设计院，随意加大覆土厚度，仅仅为覆土内综合布线的方便，动辄就要求 1500～2000mm 厚的覆土（某些城市的绿地率计算对覆土厚度有特殊要求的除外）。假设覆土厚度以 1500mm 计算，再加上基础自身的高度，一层普通地下车库的埋深一般要在 5500mm 以上，也就是说与具有单层地下室的主楼相比至少有 1500mm 的高差，而当车库顶板采用梁板式结构时，普通地下车库的埋深一般在 6000mm 左右，与主楼的高差一般在 2000mm 左右。当为小高层或多层洋房时，理论基础埋深与车库埋深相差更多。

针对此种情况，从大的方面，解决方案有三种：

方案一：主楼与车库脱开的方案，如廊坊某住宅项目及保定某住宅项目均采用此种方案，因主楼与车库脱开一定距离，无论施工阶段的放坡开挖还是使用阶段的工作状态，主楼与车库都是彼此独立的结构单元，互不影响，既可以同期施工，也可以分期施工。

方案二：主楼与车库基础做平的方案，即主楼与车库的埋深大致在同一高度，一般是将室内地面取平。这种方案又分三种情况：

1）主楼地下室层高加大的方案，如图 9-1-87 所示。

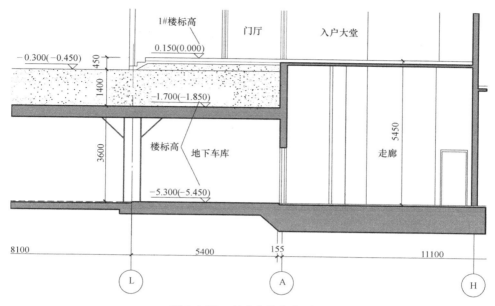

图 9-1-87　高碑店某住宅项目

2）主楼地下室回填至所需层高的方案，如图 9-1-88 所示。

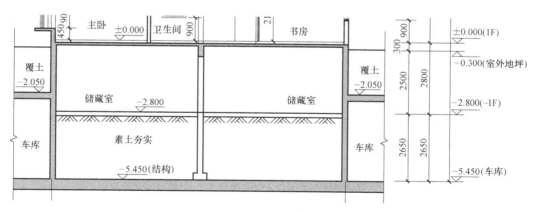

图 9-1-88　高碑店某住宅项目

3）主楼地下室做成两层的方案，如图 9-1-89 所示。

方案三：主楼与车库的埋深各取所需，通过结构手段解决高低差的问题。

方案一、二均属建筑解决方案，或者说建筑结构整体解决方案，方案三则为结构解决方案。无论采用哪个方案，都需要在建筑方案阶段进行比选和决策。尤其是方案一，对总平面及竖向设计的影响都很大，因此其他专业的介入及方案比选工作必须前置，需要从建筑功能及营销需要、实施成本及施工便利等多个方面去进行综合的对比分析，从中选取既

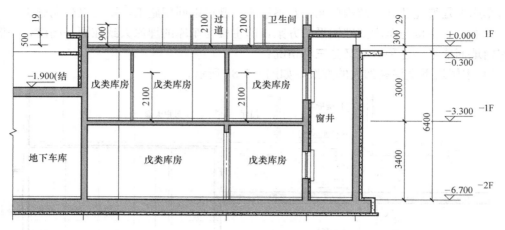

图 9-1-89　保定某住宅项目

满足功能需要且综合造价又最低的方案，既要避免功能不足，比如方案一主楼车库脱开的方案会减少地下停车数量，能否满足地下停车配比要求，是需要重点考虑的内容；也要避免功能过剩，比如增加一层地下室变成储藏间的销售问题，若产品滞销或收不回成本，就属功能过剩；同时还要考虑施工的可实施性及便利性等问题。因此这是一个需要重点进行评估和决策的阶段，需要建筑、结构、施工、成本、营销等的及早介入及深度参与，才能做出正确的决策。而方案一旦确定，就不宜再更改，更改的代价也会很大。下文主要讲述方案三的结构解决方案。

2. 主楼与车库不同埋深处的结构解决方案

采用结构手段处理主楼与车库间的高低差问题，有关规范及参考书没有对此做出规定或给出建议，因此如何在总体方案不变的情况下妥善解决高低差处的构造问题，能够将结构安全、经济合理、施工方便同时兼顾，考验着设计者的胆识与智慧，不同的设计院根据其价值取向不同，在安全与经济之间的倾向性也大不相同，因此其实施代价往往也差异极大。此外，当主楼与车库的埋深差异较大时，可能还存在施工期间放坡与支护等临时措施及临时措施是否能与永久合一以降低造价等问题。

对于施工期间的边坡稳定问题，可根据有无地下水、土质情况及开挖深度来决定是否放坡、坡度大小及是否需要护坡及护坡的方法。

当土质为天然湿度、构造均匀、水文地质条件良好，且无地下水时，开挖基坑可不必放坡，采取直立开挖不加支护，但挖方深度应按表 9-1-6 的规定执行。

基坑不加支撑时的容许深度　　　　　　　　　　　　表 9-1-6

项次	土的种类	容许深度（m）
1	密实、中密的砂子和碎石类土（充填物为砂土）	1.00
2	硬塑、可塑的粉质黏土及粉土	1.25
3	硬塑、可塑的黏土和碎石类土（充填物为黏性土）	1.50
4	坚硬的黏土	2.00

当超过表 9-1-6 规定的深度时，应根据土质及施工具体情况进行放坡，临时性挖方的

边坡值可按表 9-1-7 采用，坑底宽度每边应比基础宽出 150～300mm，以便施工操作。

临时性挖方边坡值

表 9-1-7

土的类别		边坡值(高：宽)
砂土(不包括细砂、粉砂)		1：1.25～1：1.50
一般黏性土	硬	1：0.75～1：1.00
	硬塑	1：1～1：1.25
	软	1：1.5 或更缓
碎石类土	充填坚硬、硬塑黏性土	1：0.5～1：1.0
	充填砂土	1：1～1：1.5

1）结构解决方案一：结构斜坡过渡法

在解决主楼与车库间高低差的结构方案中，当高差不大于 1000mm 时，应用较多的是采用类似于基坑底面加混凝土斜坡的构造做法，也即在基础底板底面采用结构斜坡实现高低底板间的过渡，斜坡坡度可采用 45°或 60°，因 45°斜坡节点过于厚重，混凝土用量偏大，故大多采用 60°斜坡。见图 9-1-90。

这种构造做法是结构设计师普遍能接受的做法，采用这种构造措施基本不需要计算就能满足施工期间及正常使用期间的结构安全问题，对于结构安全最有保障。但这种构造做法的最大诟病之处就是材料用量较多，不但斜坡构造处的混凝土用量大大增加，钢筋用量也有所增加。因此开发商的成本与设计管理团队一般对此颇有异议。

如果说对于主楼车库间高差较小的情况，材料用量的增加还可以接受的话，那么如图 9-1-91，当主楼车库间高差较大时，这种构造措施所增加的混凝土量就太多了，从直观上给人的视觉冲击就比较强烈，总体感觉过于厚重，因此这种做法就不再可取。

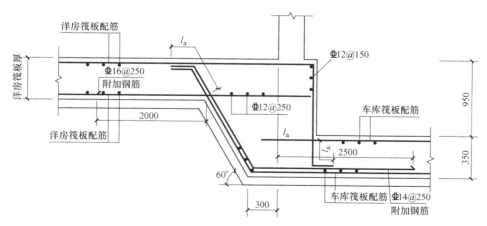

图 9-1-90　秦皇岛某洋房与车库连接构造

当然上述二图也存在其他一些问题，比如图 9-1-90 的弯折状附加钢筋就没有必要加，图 9-1-91 斜坡中部的水平钢筋网也没有必要，最主要的是节点核心区梯形截面的底边边长可不必取这么大，一般取不小于车库底板的厚度即可，如图 9-1-90 可取 350mm，图

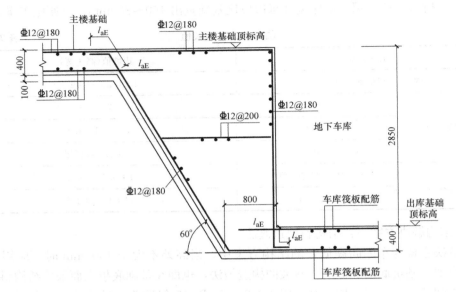

图 9-1-91　秦皇岛某项目主楼车库连接构造

9-1-91可取 400mm，这样下来节点区也不至于显得那么厚重。

2）结构解决方案二：填充素混凝土法

　　方案一的做法是斜坡混凝土与结构浑然一体的构造做法，一般来说当高差不大时比较适用，当高差大于1000mm 时结构混凝土用量偏多，一般不宜采用。此时可以采用如图9-1-92与图9-1-93那样在车库挡土墙与土质边坡间填充素混凝土的做法。这种做法由于在车库挡土墙与地基土之间存在较为厚重的素混凝土填充物，形成了类似于重力式挡土墙的一个楔形机构，能抵抗一部分侧压力，故车库挡土墙不会承受过多的侧向土压力，因此这种构造措施也可以不必计算，一

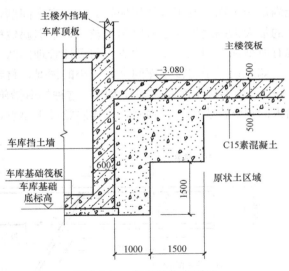

图 9-1-92　保定某住宅项目

般都能满足结构安全问题。该构造措施同前述结构斜坡构造类似，混凝土用量较多，但好在是素混凝土，而且对强度等级的要求不高，采用 C15 甚至 C10 混凝土都可以。

　　图 9-1-92 的主要问题还是混凝土用量太多，比如主楼筏板下 500mm 厚的混凝土垫层，从理论上看不出有什么实际作用，但会导致混凝土用量大增，完全可改为正常的100mm 厚混凝土垫层；还有基底 1000mm 宽的工作面也太宽，同样导致混凝土用量大增，改为 400mm 宽及 60°斜面是完全可以的。即图 9-1-94 斜线所示的坡线及混凝土垫层厚度。

　　该方案还可以继续优化，具体优化方案也有两种。

374

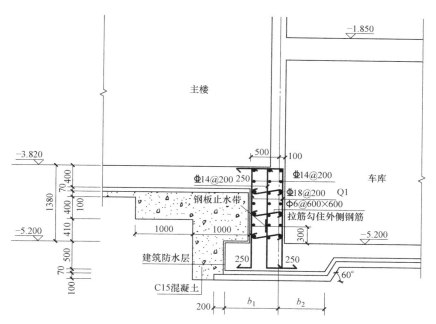

图 9-1-93 高碑店某住宅项目

方案一：当土质情况及边坡高度符合上述表 9-1-6 中直立开挖的条件时，在开挖基坑侧壁时只需留够砖模（兼防水导墙）厚度及防水层构造做法（找平层、防水层及防水保护层）的厚度，不必再留工作面，做完车库基础垫层后即在垫层上砌筑砖模至主楼垫层底面，然后做底板下及砖模导墙侧面的防水层及其保护层，防水层贴在砖模侧壁上，在砖模顶端做好防水卷材甩头处的临时保护措施，之后即可绑扎底板及车库挡土墙钢筋，并以砖模防水导墙做侧模配合内侧墙模浇筑车库挡土墙混凝土至主楼筏板底面高度，最后进行主楼的垫层、防水及筏板的施工。如图 9-1-95 所示。

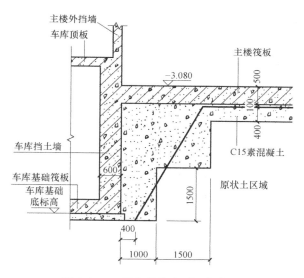

图 9-1-94 保定某住宅项目优化后

该方案的最大优势是可实现车库挡土墙与基坑侧壁之间的无缝施工，只需沿直立边坡贴砌砖模，可省去大量的回填材料。采用该方案的前提条件是基坑侧壁必须直立开挖，因此必须保证直立边坡具有很强的自稳定性，且需将砖模与基坑侧壁贴紧，不但要防止砖模在墙后土压力作用下失稳倒塌，还要避免砖模在混凝土浇捣压力下发生破坏，因此对工艺的要求较高。砖模砌筑完毕应尽快进行下道工序，尽早浇筑车库挡土墙混凝土，且宜尽量避开雨期。

该方案的车库挡土墙不但承受侧向土压力，还要考虑主楼筏板基底压力的影响。可通过计算或加大墙厚配筋等构造措施来确定。

方案二：当土质情况及单坡高度不具备直立开挖条件或车库基础从墙边出挑时，可以采用分阶直立开挖（图9-1-96）或放坡开挖（图9-1-97）的方式。这时因砖模侧面没有直立边坡的支撑，无法单独抵抗混凝土浇筑时的侧压力，故无法采用砌筑砖模做车库挡土墙外模并在其上内贴防水层的方式。因此总的施工顺序应是分阶或放坡开挖到基底设计标高，接着做车库垫层、防水层及防水保护层，并做好防水层的甩头，然后进行车库底板及车库挡土墙的施工，至主楼筏板底高度，拆模后接着在车库挡土墙外侧做防水层及其保护层，并在顶部做好防水层的甩头及保护措

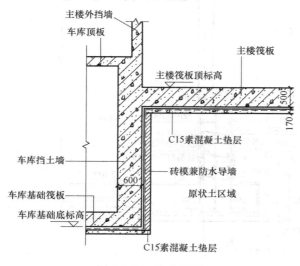

图 9-1-95　直立开挖

施，之后即可在车库挡土墙与土质边坡间采用素混凝土或其他材料回填，回填至主楼垫层底标高后做垫层混凝土、防水层及防水保护层，最后进行主楼筏板的施工。

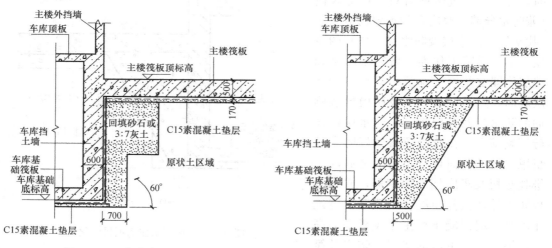

图 9-1-96　分阶直立开挖　　　　　　　　图 9-1-97　放坡开挖

对比方案一与方案二，方案一的车库挡土墙外模采用砖模，而方案二的车库挡土墙外模与其内模一样为普通钢模板或木模板；此外，方案二的防水层需两次接着三次施工，但方案一只需一次接着两次施工，方案二还多了一道肥槽回填的工艺。

方案二的分阶直立开挖与放坡开挖也有所不同，一般来说分阶直立开挖的挖填方量更小。但分阶直立开挖最下一阶的工作面宽度应比放坡开挖稍大一些，否则人在坑底的操作空间会显得局促。

当采用方案二时，车库挡土墙与土质边坡间的回填是必然的，但回填材料不一定要采用素混凝土。从地基土承载力与压缩模量的一致性角度，局部采用刚性极大的素混凝土回填也并不一定就是好事，反倒是选用与地基土承载力与压缩模量相接近的回填材料为佳。比如当主楼采用天然地基时，若持力层为黏性土，可以考虑灰土甚至素土回填，当持力层为砂质土层时，可采用中、粗砂或碎石等回填，只要回填工艺得当，回填质量控制得好，承载力与压缩模量一般都能满足要求。尤其当采用灰土、碎石或矿渣回填时，根据《建筑地基处理技术规范》JGJ 97—2012，垫层的承载力特征值一般都能达到200kPa以上，压缩模量也能达到30MPa以上，见表9-1-8及表9-1-9。但采用散体材料回填，因回填材料本身没有粘结强度或粘结强度较低，地下车库挡土墙需考虑侧向土压力及主楼筏板基底压力的影响。

垫层的承载力   表 9-1-8

换 填 材 料	承载力特征值 f_{ak}(kPa)
碎石、卵石	200～300
砂夹石(其中碎石、卵石占全重的 30%～50%)	200～250
土夹石(其中碎石、卵石占全重的 30%～50%)	150～200
中砂、粗砂、砾砂、圆砾、角砾	150～200
粉质黏土	130～180
石屑	120～150
灰土	200～250
粉煤灰	120～150
矿渣	200～300

垫层模量（MPa）   表 9-1-9

模量 垫层材料	压缩模量	变形模量
粉煤灰	8～20	
砂	20～30	
碎石、卵石	30～50	
矿渣		35～70

注：压实矿渣的 E_0/E_s 比值可按 1.5～3.0 取用

图 9-1-93 除了填充混凝土用量偏多外，连接主楼与车库底板的外墙厚度也偏厚，配筋构造也偏于复杂。可减薄连接墙厚度至 450mm 并取消中间层构造钢筋网，尚应示出主楼与车库间界墙竖向钢筋在底板和连接墙内的锚固做法，可采取如图 9-1-98 的优化措施。该构造做法与图 9-1-92 的不同之处主要在车库的基础形式不同，图 9-1-92 为不外挑的筏板基础，图 9-1-93 则为带外挑部分的条形基础。外挑长度的大小对填充混凝土用量影响很大，因此当确定采用该构造措施时，应尽量采用偏心布置的条形基础，减小条基在墙外的出挑。

3）结构解决方案三：加厚外墙计算确定法

上述填充素混凝土的方案同样针对主楼车库高低差不大时适用，当二者高低差加大，比如超过 2000mm 时，采用上述方案的混凝土用量就有难以承受之重。如图 9-1-99 中

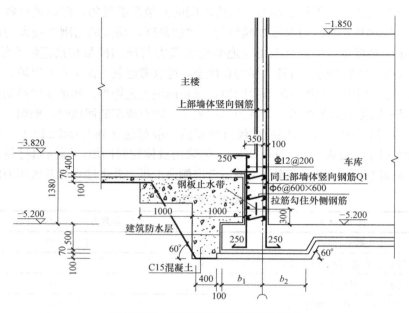

图 9-1-98 高碑店某住宅项目优化后

4350mm 的高差，若仍采用结构斜坡或素混凝土填充的做法就太浪费了，估计设计师都很难过得了自己这一关。假设采用 60°坡角、槽底留 500mm 工作面，4350mm 高度的填充混凝土用量为 15.3m³ 每延米，数量是非常惊人的。

这种情况下，建议连接主楼筏板与车库底板的墙体采用直立的做法，其厚度及配筋可由计算确定，侧压力除了土压力外，还应考虑主楼的基底压力，可将主楼的基底压力作为地面超载对待。由于连接墙与主楼及车库底板厚度相近，故连接墙在主楼筏板与车库底板处的支承条件既不是固接也不是铰接，而是弹性转动约束。从计算方便及偏于安全考虑，可按两端固接及两端铰接模型分别计算后按二者的弯矩包络图进行配筋，这样进行模型简化及计算应该是简单易行又万无一失的，构造措施也会更加经济合理。模型示意如图

图 9-1-99 保定某住宅项目

9-1-100，图中的荷载 p 为主楼的基底压力，乘以静止土压力系数 0.5 后转化为侧向压力 $0.5p$，q 为墙侧土作用于车库挡土墙上的静止土压力，l 为计算跨度，取车库底板中线到主楼筏板中线之间的距离。

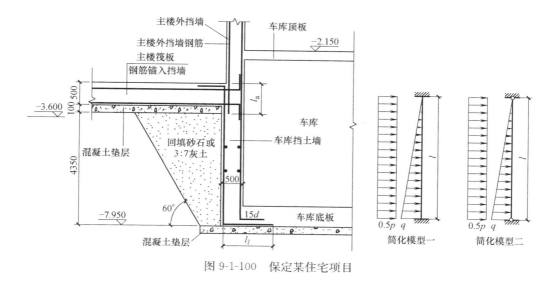

图 9-1-100　保定某住宅项目

图 9-1-100 同时对配筋构造进行了优化，变截面以上墙体左侧的竖向钢筋由一直到底弯折改为进入变截面以下墙体一个锚固长度后截断，同时取消中间排水平钢筋。

该方案由于边坡高度较大，施工期间应进行放坡开挖，必要时可挂网或做土钉墙防护，待连接墙浇筑完毕再用灰土或中粗砂回填坡面与连接墙之间的缝隙，当主楼对地基承载力要求较高或填充缝隙较小时也可采用低强度等级混凝土。

当主楼埋深比车库深且车库采用独立柱基加防水板体系时，车库防水板可直接通过竖向矮墙支承于主楼筏板上，见图 9-1-101。但当二者埋深相差较大时，则需考虑临时边坡的稳定性问题。

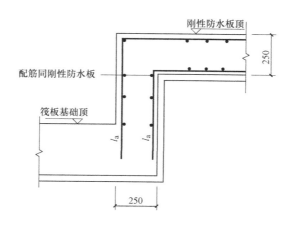

图 9-1-101　高碑店某住宅项目车库防水板高于主楼筏板的构造做法

379

八、后浇带设置与构造

1. 后浇带的分类及设置

后浇带根据其用途可分为沉降后浇带与施工后浇带，施工后浇带有时又叫温度后浇带。

沉降后浇带顾名思义为解决沉降的后浇带，严格地说是解决主裙楼间差异沉降的后浇带。《建筑地基基础设计规范》GB 50007—2011 第 8.4.20 条讲的就是沉降后浇带。

> 《建筑地基基础设计规范》GB 50007—2011
>
> 8.4.20 带裙房的高层建筑筏形基础应符合下列要求：
>
> 2 当高层建筑与相连的裙房之间不设置沉降缝时，宜在裙房一侧设置用于控制沉降差的后浇带，当沉降实测值和计算确定的后期沉降差满足设计要求后，方可进行后浇带混凝土浇筑。当高层建筑基础面积满足地基承载力和变形要求时，后浇带宜设在与高层建筑相邻裙房的第一跨内。当需要满足高层建筑地基承载力、降低高层建筑沉降量、减小高层建筑与裙房间的沉降差而增大高层建筑基础面积时，后浇带可设在距主楼边柱的第二跨内，此时应满足以下条件：
>
> 1）地基土质较均匀；
>
> 2）裙房结构刚度较好且基础以上的地下室和裙房结构层数不少于两层；
>
> 3）后浇带一侧与主楼连接的裙房基础底板厚度与高层建筑的基础底板厚度相同。
>
> 3 当高层建筑与相连的裙房之间不设沉降缝的后浇带时，高层建筑及与其紧邻一跨裙房的筏板应采用相同厚度，裙房筏板的厚度宜从第二跨裙房开始逐渐变化，应同时满足主、裙楼基础整体性和基础板的变形要求；应进行地基变形和基础内力的验算，验算时应分析地基与结构间变形的相互影响，并采取有效措施防止产生有不利影响的差异沉降。

施工后浇带的作用是为释放和减少混凝土凝结硬化过程中的收缩应力，减少或控制混凝土的塑性收缩裂缝（初始裂缝）。

《高层建筑混凝土结构技术规程》JGJ 3—2010 第 12.2.3 条讲的就是施工后浇带。

> 《高层建筑混凝土结构技术规程》JGJ 3—2010
>
> 12.2.3 高层建筑地下室不宜设置变形缝。当地下室长度超过伸缩缝最大间距时，可考虑利用混凝土后期强度，降低水泥用量；也可每隔 30～40m 设置贯通顶板、底部及墙板的施工后浇带。后浇带可设置在柱距三等分的中间范围内以及剪力墙附近，其方向宜与梁正交，沿竖向应在结构同跨内；底板及外墙的后浇带宜增设附加防水层；后浇带封闭时间宜滞后 45d 以上，其混凝土强度等级宜提高一级，并宜采用无收缩混凝土，低温入模。

纵观两部规范有关后浇带方面的全部内容，可以看出：《建筑地基基础设计规范》中没有有关施工后浇带的内容，而《高层建筑混凝土结构技术规程》则没有沉降后浇带的有关内容。这的确是一件比较微妙、耐人寻味的事情，从中也能体会到业界内对后浇带设置及其作用等问题的争议及倾向性。

根据大量按地基基础设计规范设置沉降后浇带工程在后浇带两侧的实际沉降观测数

据，后浇带两侧沉降点自始至终都没有沉降差。如果这一现象具有普遍意义的话，其一说明即便在设置了沉降后浇带的情况下，主裙楼的沉降曲线也是连续渐变的，没有因为沉降后浇带的设置而在沉降后浇带处发生突变；其二说明沉降后浇带的设置并不能有效释放主裙楼之间的差异沉降，从这个角度讲，试图通过设置沉降后浇带而提前释放主裙楼之间差异沉降的做法是不现实的，说直白一点，主裙楼之间的沉降后浇带不能解决二者的差异沉降问题。即便设置了沉降后浇带，其作用也只是相当于施工后浇带，因此其封闭时间也不必等那么久，按施工后浇带的封闭时间即可。这或许是新高规不提沉降后浇带而只提施工后浇带的原因。

李国胜老师在其《多高层钢筋混凝土结构设计优化与合理构造》一书中也明言："沉降观测表明，由于高层主楼地基土（天然地基或复合地基）下沉的剪切传递，临近裙房地基随着下沉而形成连续沉降曲线，因此，当高层主楼侧边裙房或地下车库基础距主楼基础边小于等于 20m 可不设沉降后浇带"。

从施工角度，后浇带的存在弊大于利，不但施工不方便，并且沉降后浇带的存在会使原本是一个结构整体变成为施工期间相互独立的两个结构单元，并且后浇带两侧往往均为临时的悬挑结构，甚至是长悬挑结构，对施工期间的结构安全非常不利。对此《北京地区建筑地基基础勘察设计规范》DBJ 11—501—2009 给出了明确的警示性条文：

> 8.7.3　后浇带两侧的构件应妥善支撑，并应防止由于设置后浇带可能引起的各部分结构承载能力不足而失稳。

因此对于梁板等水平构件，拆模时就需特别注意，必要时只能延长拆模时间，待后浇带封闭后再进行拆模，对工期及周转材料的周转率都有很大影响。

此外，后浇带在本质上就是两道施工缝之间的后浇混凝土条带，施工缝本就是混凝土的薄弱环节，所以从施工角度虽无法避免但应尽量减少施工缝，而且对施工缝的留设也有比较严格和明确的规定。而后浇带有两道施工缝，因此后浇带从构造上就存在先天不足。

另一方面，虽然后浇带在释放温度应力、减少塑性收缩裂缝方面有积极意义，但后浇带在封闭之前是一个极易藏污纳垢的场所，里面的异物都较难清理，更不要说混凝土界面的处理。虽然理论上后浇带是各种附加应力释放最充分因而附加应力最小的部位，但因后浇带自身及施工缝处的施工质量不易保证，后浇带反倒成为结构构造上的薄弱环节，尤其是地下室防水方面的薄弱环节，保定、邯郸及沧州等多个住宅小区地下车库漏水都与后浇带有关。

现在许多工程的设计，后浇带的设置过于随意，规范规定每隔 30～40m 设一道后浇带，哪怕是 41m、42m 的长度也要加设一道后浇带，这样就过于教条了，何况如前文所述，后浇带数量过多最终效果也并不一定好。对此《高规》中有一条建议值得考虑，即前文引述的 12.2.3 条中的"当地下室长度超过伸缩缝最大间距时，可考虑利用混凝土后期强度，降低水泥用量；也可每隔 30～40m 设置贯通顶板、底部及墙板的施工后浇带"。比如采用 60d 强度甚至 90d 强度，从而通过减少水泥用量来降低水化热及凝结硬化期间温度应力的影响，而且该措施是该条文中与后浇带并列的措施。

在实际设计中，还经常会出现不区分后浇带的性质，对后浇带的封闭时间约定不清等现象。对此应在图中明确示出沉降后浇带与施工后浇带，并分别给出封闭条件、封闭时间及封闭要求等。

混凝土凝结硬化收缩的大部分将在施工后的头 1～2 个月完成，故后浇带保留时间一般不少于 1 个月，在此期间，收缩变形可完成 30%～40%。

2. 后浇带的构造

《11G101—3》中有关于后浇带的构造做法，但各设计院的做法仍各不相同，有些差异还很大。

后浇带在构造做法上出现过两种极端情况，其一是早期在后浇带留设时将钢筋断开、封闭前再焊接或搭接的做法，目前这一做法已得到纠正；其二是后浇带附加钢筋的做法。如图 9-1-102 附加了 Φ14@200 的钢筋，图 9-1-103 则附加了 15% 的钢筋，图 9-1-104 则附加了一半的钢筋。

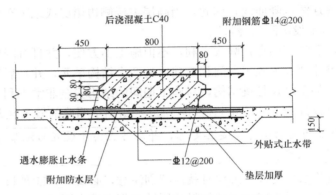

图 9-1-102　秦皇岛某住宅项目后浇带做法

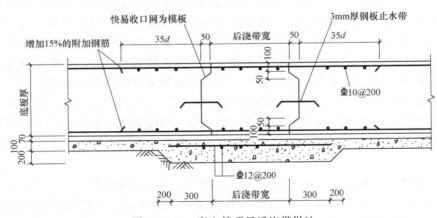

图 9-1-103　唐山某项目后浇带做法

这些附加钢筋都可以取消，没有存在的必要。包括基础底板、地下室外墙、梁、板等处的后浇带均不必配置附加钢筋。

首先，后浇带一般选在结构受力较小的部位留设，其次，有关一切可能的不均匀沉降、温度应力及干缩变形等已经在后浇带封闭前基本得到释放，因此后浇带是整个结构体系中附加应力最小的部位，是最不应该、最没必要加强的部位。有关后浇带影响工程质量的核心问题是施工期间留设后浇带的工艺、后浇带封闭前内部的清理和混凝土结合面的处理，这些是造成地下室渗漏的主要原因。而附加钢筋的存在会使后浇带处钢筋变得很密，

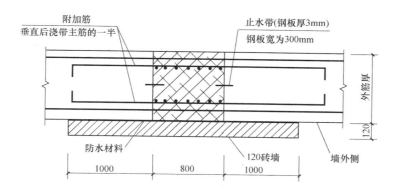

图 9-1-104　邯郸某项目地下室外墙后浇带做法

严重影响后浇带的清理及界面处理工作。

因此，正常情况应该是如图 9-1-105 的构造。

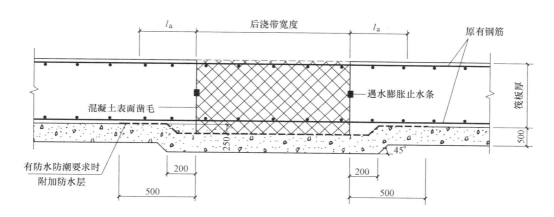

图 9-1-105　唐山某项目筏板基础后浇带做法
（用于后浇带浇注前不停止降水）

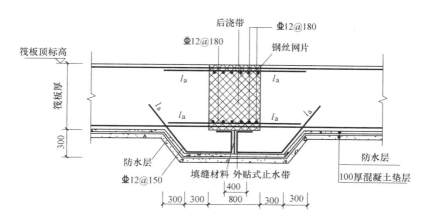

图 9-1-106　邯郸某项目超前止水构造

由于沉降后浇带浇灌混凝土相隔时间较长，在水位较高时施工期间必须进行降水，如果等到后浇带封闭后再停止降水，势必大幅增加降水费用。对此可采用如图9-1-106、图9-1-107所示的超前止水构造，只需结构重量能平衡地下水浮力时即可停止降水。

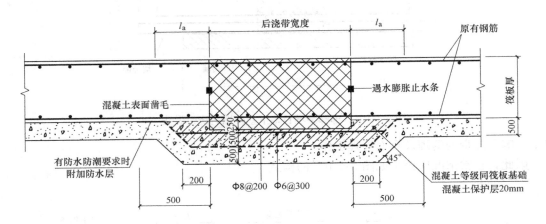

图 9-1-107　唐山某项目筏板基础后浇带超前止水做法
（用于后浇带浇注前停止降水）

还有一些独出心裁的后浇带超前止水构造，根据筏板厚度而分为直茬及阶梯茬两种，如图9-1-108及图9-1-109，笔者认为还是有一定道理的，但U形封边钢筋及侧面纵向钢筋没有必要设置，永久性的自由边都不一定要设，何况只是临时的自由边，后浇带封闭浇灌前的凿毛、洗净及清理等工作都比设置U形封边钢筋及侧面纵向钢筋更重要。

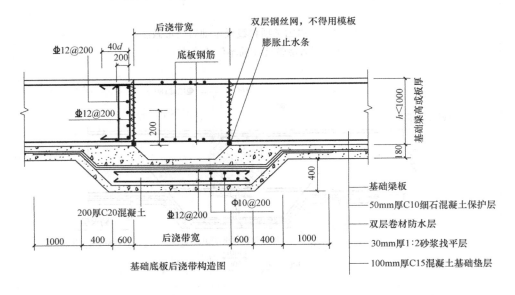

图 9-1-108　保定某项目后浇带超前止水构造（用于 $400 < h < 1000$ 时）

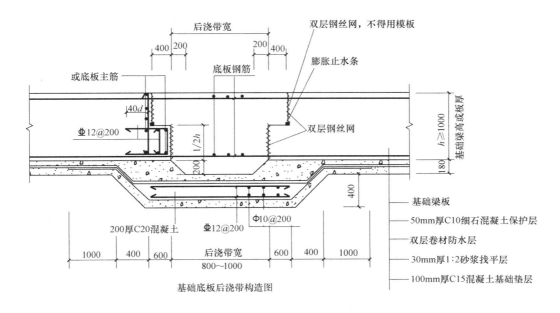

图 9-1-109　保定某项目后浇带超前止水构造（用于 $h>1000$ 时）

第二节　剪力墙的精细化设计

一、剪力墙厚度及混凝土强度等级的竖向收级

底部加强区以上各层墙厚与混凝土强度等级应沿竖向收级，不应采用一个厚度、一个强度等级一直到顶的粗放式设计手法。一般情况下，由于剪力墙结构的弯曲变形特性，沿竖向分段收级后，层间位移角、周期比、位移比等关键计算指标并无明显变化，而且由于结构自重沿竖向分段减轻，扭转效应甚至会有所减弱。

经济效益则体现在多个方面：1）墙减薄后混凝土材料用量降低；2）墙减薄后，墙身按双侧 0.25％构造配筋率控制的构造配筋可降低；3）墙减薄后，构造边缘构件按构造配筋率控制的构造配筋可降低；4）混凝土强度等级沿竖向收级后，混凝土材料单价可降低；5）墙厚减薄后，有可能使一部分短肢剪力墙变为普通剪力墙；6）墙减薄后，结构自重可减轻，对抗震及基础设计更有利；7）可增加套内实际使用面积。

河北保定某项目，地上 31 层、地下二层，普通剪力墙结构，原设计在 6 层以上对内外墙体一律采用 200mm 厚 C30 混凝土剪力墙一直到顶的设计手法。优化设计单位提出如下优化设计意见：

1）底部加强部位及其上一层的墙厚与混凝土强度等级均维持原设计；

2）6～12 层混凝土强度等级维持 C30 不变；外墙由 250mm 厚改为 200mm 厚，同时墙身分布钢筋由 $\phi 8/10@200$ 双层双向改为 $\phi 8@200$ 双层双向，相应修改构造边缘构件按最小配筋率（0.006A_c）控制的纵筋；内墙由 200mm 厚改为 180mm 厚，同时墙身分布钢筋由 $\phi8@200$ 双层双向改为 $\phi8@220$ 双层双向，相应修改构造边缘构件按最小配筋率（0.006A_c）控制的纵筋；

3）13～17 层混凝土强度等级维持 C30 不变；外墙由 250mm 厚改为 180mm 厚，同时墙身分布钢筋由 $\phi8/10@200$ 双层双向改为 $\phi8@220$ 双层双向，相应修改构造边缘构件按最小配筋率（0.006A_c）控制的纵筋；内墙由 200mm 厚改为 160mm 厚，同时墙身分布钢筋由 $\phi8@200$ 双层双向改为 $\phi8@250$ 双层双向，相应修改构造边缘构件按最小配筋率（0.006A_c）控制的纵筋；

4）18 层到顶混凝土强度等级由 C30 改为 C25；外墙由 250mm 厚改为 180mm 厚，同时墙身分布钢筋由 $\phi8/10@200$ 双层双向改为 $\phi8@220$ 双层双向，相应修改构造边缘构件按最小配筋率（0.006A_c）控制的纵筋；内墙由 200mm 厚改为 160mm 厚，同时墙身分布钢筋由 $\phi8@200$ 双层双向改为 $\phi8@250$ 双层双向，相应修改构造边缘构件按最小配筋率（0.006A_c）控制的纵筋。

优化后经对比分析，技术指标均满足规范要求且与原设计差异甚微，见表 9-2-1 对比情况。

优化前后整体分析指标对比　　　　　　　　表 9-2-1

项次	优化前	优化后	变化率
X 向最大层间位移角	1/1329	1/1312	＋1.28％
Y 向最大层间位移角	1/1042	1/1029	＋1.25％
X＋最大水平位移比	1.07	1.06	−0.9％
X＋最大层间位移比	1.34	1.34	0
X−最大水平位移比	1.05	1.04	−0.95％
X−最大层间位移比	1.35	1.34	−0.7％
Y＋最大水平位移比	1.39	1.38	−0.7％
Y＋最大层间位移比	1.89	1.88	−0.5％
Y−最大水平位移比	1.25	1.26	0.8％
Y−最大层间位移比	1.86	1.87	0.5％
第一周期平·动系数	0.65	0.77	18.46％
周期比	2.4999/2.786＝0.897	2.4417/2.7239＝0.896	0.1％

但经济效益非常显著，优化设计单位通过 PKPM 系列施工图算量软件 STAT-S 对 2 号楼进行优化前后的对比计算，在相同计算分析参数、相同设计参数、相同配筋参数及相同算量参数的情况下，优化后全楼可节省工程造价 151.9 万元，按地上建筑面积计算的单方造价降低 57.9 元/m²。

二、约束边缘构件

根据成本部门的详细统计，普通剪力墙结构地上结构的边缘构件尤其是约束边缘构件的钢筋用量占钢筋总用量的 50％左右，而约束边缘构件并非是很多优化设计师认为的不可碰触领域，而是有许多优化途径，因此对约束边缘构件的优化应该是剪力墙结构优化设计的重中之重。表 9-2-2 为保定某小区项目 C7 号主楼底部加强部位最上层（第 4 层）及其上一层（第 5 层）的楼层钢筋量统计，也是设置约束边缘构件的最上两层，从表中数据可看出，第 4 层的约束边缘构件（暗柱\端柱）钢筋用量在本层占比达 55.7%，第 5 层稍少也达到 48%。从中可以得到两个结论或判断，其一，在楼层钢筋用量占比中，约束边缘构件具有绝对的领先与主导地位；其二，约束边缘构件本身可能存在较大的优化空间。

约束边缘构件配筋量占比 表 9-2-2

楼层名称	构件类型	钢筋重(kg)	占比
第 4 层	暗柱\端柱	24038	55.7%
	构造柱	2128	4.9%
	墙	5364	12.4%
	砌体墙	446	1.0%
	连梁	2773	6.4%
	过梁	123	0.3%
	梁	3302	7.7%
	现浇板	4512	10.5%
	栏板	241	0.6%
	楼梯	215	0.5%
	合计	43142	100.0%
第 5 层	暗柱\端柱	20926	48.0%
	构造柱	4464	10.2%
	墙	5275	12.1%
	砌体墙	604	1.4%
	连梁	2965	6.8%
	过梁	106	0.2%
	梁	4174	9.6%
	现浇板	4469	10.2%
	栏板	441	1.0%
	楼梯	215	0.5%
	合计	43639	100.0%

1. 优化原则一

严控底部加强部位及约束边缘构件的设置范围。三大规范对需抗震设防的带剪力墙结构的剪力墙一律规定了底部加强部位，除部分框支剪力墙结构的剪力墙要求取框支层加框支层以上两层高度及落地剪力墙总高度 1/10 的较大值外，其他结构的剪力墙，当房屋高度大于 24m 时，底部加强部位的高度可取底部两层和墙体总高度 1/10 的较大值；但房屋高度不大于 24m 时，底部加强部位可仅取底部一层。

剪力墙底部加强部位直接决定了约束边缘构件的设置范围，也对剪力墙的最小厚度、内力增大系数（一级剪力墙的抗弯及一、二、三级剪力墙的抗剪）及构造边缘构件的配筋要求有直接影响。因此在结构设计中严格区分抗震墙的加强部位和非加强部位，对钢筋用量而言具有重要意义，随意扩大抗震墙的加强部位肯定会增加用钢量。

约束边缘构件纵筋及箍筋的最小构造配置要求均比构造边缘构件高出较多，故应严控约束边缘构件的设置范围，不要随意扩大。约束边缘构件的设置范围与底部加强部位的设置范围有对应关系，但并不绝对。规范规定了需在剪力墙底部加强部位及其上一层设置约束边缘构件，但规范也规定了在下列情况下可仅设构造边缘构件：

1）四级抗震等级剪力墙可仅设构造边缘构件，故对 6 度区高度不超过 80m 及 7 度区高度不超过 24m 的剪力墙结构可仅在其底部加强部位及其上一层设置构造边缘构件；

2）一、二、三级抗震等级剪力墙，在重力荷载代表值作用下，当墙肢底截面轴压比不大于 0.2（一级 7、8 度）及 0.3（二、三级）时，墙肢两端可仅设构造边缘构件。需注意的是，剪力墙墙肢的轴压比与框架柱的轴压比所用的荷载组合不同，前者为重力荷载代表值作用下墙肢的轴压力设计值，后者则为地震作用组合的轴向压力设计值。重力荷载代表值应取结构和构配件自重标准值与各可变荷载组合值之和，其中按等效均布荷载计算的楼面活荷载除藏书库、档案馆（组合值系数取 0.8）外，其组合值系数一律取 0.5，重力荷载代表值再乘以分项系数 1.2，依此计算出来的即为重力荷载代表值作用下墙肢的轴压力设计值，不计入地震作用组合。

普通剪力墙结构的剪力墙如能合理地布置、截面合理取值，其配筋大多是构造配筋而不是由计算决定，而构造配筋量主要由构造配筋率及截面积两个因素决定，因此无论是缩小约束边缘构件的设置范围还是减小墙厚，都可以达到降低构造配筋量的目的。

2. 优化原则二

约束边缘构件应遵循能分则分的原则，能够分拆成若干小的边缘构件就不要合并成一个大的约束边缘构件。由于约束边缘构件阴影区的构造配筋率较大（一、二、三级分别为

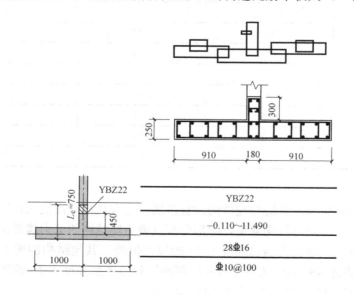

图 9-2-1　保定某项目 C7 号楼约束边缘构件 YBZ22

1.2%、1.0%及1.0%），故当约束边缘构件的纵筋由构造配筋控制时，约束边缘构件的截面尺寸对纵筋的配筋量影响很大，尤其是当墙厚较厚时，约束边缘构件尺寸的增大对纵筋配筋量的增加更明显。以250mm墙厚为例，对二、三级剪力墙结构而言，约束边缘构件长度每增加200mm，需增加500mm²的纵筋，相当于2φ18或10φ8的钢筋量。因此笔者以为，只要约束边缘构件拆分后的净距大于等于100mm，就值得拆分；拆分后边缘构件间净距不超过250mm时，边缘构件间墙身可不必增加竖向分布钢筋。

图9-2-1、图9-2-2为保定某项目A区10号楼与C区7号楼典型部位具有可比性的约束边缘构件的设置与配筋情况。其中A10采用拆分原则，C7则采用合并原则，二者均为构造配筋控制。经计算比较：A10拆分后的三个约束边缘构件的纵筋总配筋量为5102mm²，C7合并后的一个大约束边缘构件的纵筋总配筋量为5630mm²，增加了528mm²，增加幅度为9.4%。

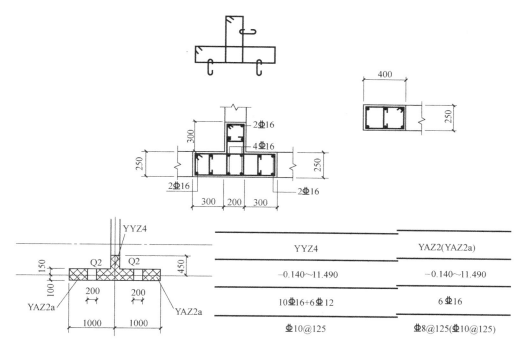

图9-2-2　保定某项目A10号楼约束边缘构件YYZ4及YAZ2a

3. 优化原则三

约束边缘构件每一肢的箍筋除最外圈采用封闭箍筋外，其他均采用拉筋，但拉筋需同时拉住纵筋及箍筋。看看图9-2-3的约束边缘构件的箍筋，六个大小相近的箍筋彼此搭接、环环相套，像锁链一样，对混凝土的约束作用或许较强，但其整体性与刚度很难说比单个完整的封闭箍筋要好，浪费钢筋且施工不便。

笔者以为，只要按规范规定设置了拉筋且拉筋将纵筋与箍筋同时拉住，其对混凝土的约束作用也不见得差。而且约束边缘构件箍筋长宽比不宜大于3，否则宜相互搭接三分之一的做法也仅仅是概念设计范畴，三大规范《混凝土结构设计规范》《建筑抗震设计规范》《高层建筑混凝土结构技术规程》均没有相关规定；国标图集12G101-4对约束边缘构件

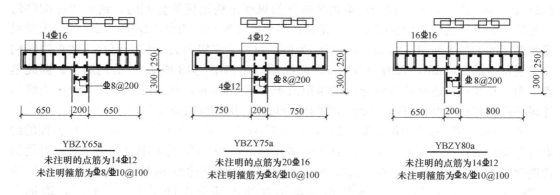

YBZY65a
未注明的点筋为14Φ12
未注明箍筋为Φ8/Φ10@100

YBZY75a
未注明的点筋为20Φ16
未注明箍筋为Φ8/Φ10@100

YBZY80a
未注明的点筋为14Φ12
未注明箍筋为Φ8/Φ10@100

图 9-2-3　保定某项目约束边缘构件锁链状箍筋

的箍（拉）筋给出三种类型（图 9-2-4），也没有搭接嵌套这种形式，而第一种（类型 A）即为笔者所推荐的形式。

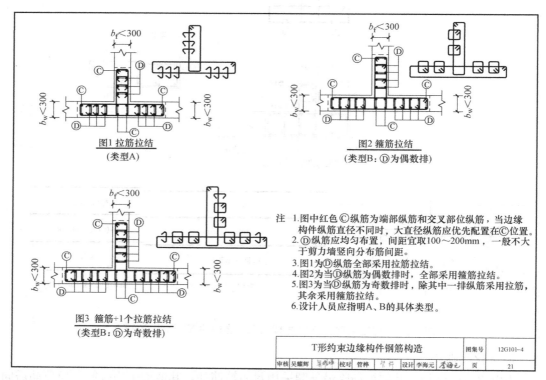

图 9-2-4　标准图提供的约束边缘构件三种箍筋（拉筋）类型

以图 9-2-1、图 9-2-2A10 号楼与 C7 号楼的约束边缘构件为例，经计算，C7 号楼的 YBZ22 仅由于箍筋搭接部分即比 A10 号楼的 YYZ4＋2YAZ2a 每层多出 15.6kg 用钢量。

4．优化原则四

约束边缘构件对箍筋的构造配置要求体现在两个方面：其一为对箍筋或拉筋沿竖向间距及水平向肢距（仅高规有水平肢距要求）最低配置要求；其二为体积配箍率的要求。由于三大规范均未对约束边缘构件箍筋或拉筋的最小直径做出规定，故实际控制约束边缘构件箍筋或拉筋配置数量的决定因素是体积配箍率 $\rho_v = \lambda_v \dfrac{f_c}{f_{vy}}$。

从公式可以看出，体积配箍率与配箍特征值及混凝土强度等级成正比，但与箍筋的强度成反比。配箍特征值与抗震设防烈度、抗震等级及轴压比有关，对于具体工程的具体构件可调性不大，基本是定值，故混凝土与钢筋的强度等级成为影响约束边缘构件体积配箍率的两个主要变量。因此采用高强钢筋可降低约束边缘构件的体积配箍率，假设以三级钢取代一级钢作为约束边缘构件的箍筋（拉筋），则可将体积配箍率降低 33.3%，意味着约束边缘构件的箍筋可以节省 33.3%，经济效益非常显著；相比之下，降低混凝土强度等级虽可降低体积配箍率，但不太明显，而且是在配箍特征值保持不变的前提下，因降低混凝土强度等级会导致轴压比增大，而配箍特征值与轴压比有关，且轴压比在界限值 0.3（8 度一级）及 0.4（二、三级）处配箍特征值有从 0.12 到 0.20 的突变，若混凝土强度等级降低后导致配箍特征值从低到高的突变，从经济效益角度就得不偿失了。

因此，抗震墙约束边缘构件中的箍筋配筋量与钢筋的抗拉强度有关，因此为使其配箍直径不过大、箍筋肢距不过密，使其配箍量不太高，宜采用高强钢筋。

降低剪力墙约束边缘构件用钢量的另一措施是采用"剪力墙水平钢筋计入约束边缘构件体积配箍率的构造做法"，用墙身的水平钢筋代替部分约束边缘构件箍筋。三大规范对此都有相应的表述，其中《建筑抗震设计规范》在其条文说明 6.4.5 条中更加明确："当墙体的水平分布钢筋满足锚固要求且水平分布钢筋之间设置足够的拉筋形成复合箍时，约束边缘构件的体积配箍率可计入分布筋，考虑水平筋同时为抗剪受力钢筋，且竖向间距往往大于约束边缘构件的箍筋间距，需要另增一道封闭箍筋，故计入的水平分布钢筋的配箍特征值不宜大于 0.3 倍总配箍特征值"；《高层建筑混凝土结构技术规程》则对"符合构造要求的水平分布钢筋"给出了明确的解释，是指"水平分布钢筋深入约束边缘构件，在墙端有 90° 弯折后延伸到另一排分布钢筋并勾住其竖向钢筋，内、外排水平分布钢筋之间设置足够的拉筋，从而形成复合箍，可以起到有效约束混凝土的作用"。

根据规范规定，当墙身水平分布钢筋采用 $\phi 8@200$ 而约束边缘构件箍筋（拉筋）采用 $\phi 8@100$ 时，可将墙身水平钢筋全部深入约束边缘构件取代约束边缘构件的外圈封闭箍筋，同时在上下两层间距 200mm 的水平钢筋中间再增设一道封闭箍筋从而形成 $\phi 8@100$ 的间距。从体积配箍率的构成比率分析，取代约束边缘构件封闭箍筋的墙身水平分布钢筋与其拉筋之和占总体积配箍率的 50%，如果其中拉筋占比不小于 20% 的话，则水平分布筋的体积配箍率应不超 30%。这也正是《建筑抗震设计规范》6.4.5 条及其条文解释的本意。国标图集 11G101-1 很好地阐释了这一设计理念，并给出具体做法的标准图见图 9-2-5。

如果与剪力墙水平钢筋端部构造做法相对比，不难发现，该做法几乎可省去约束边缘构件最外圈封闭箍筋 50% 的用量。仍以前述 C7 号楼 YBZ22 为例，仅此一个构件在一层内的箍筋用量可减少 50kg，经济效益非常可观。而水平分布钢筋如果不加以利用兼做约束边缘构件箍筋，则水平分布钢筋也必须跨越（T 形墙翼墙）或完全深入边缘构件尽端并带构造直钩，其在约束边缘构件范围内与外圈封闭箍筋的两个长边是完全重合的且无法计入体积配箍率，因此重合部位被完全浪费掉了。

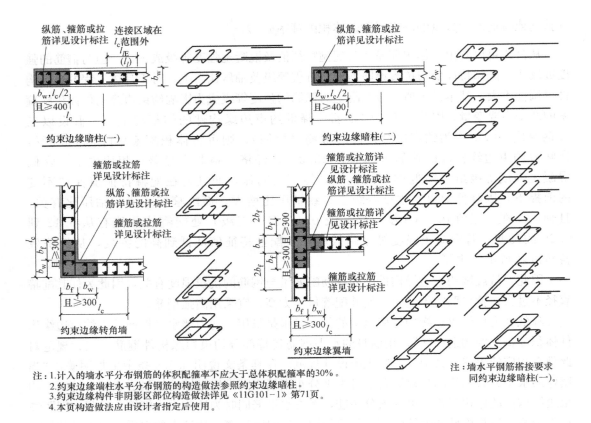

注：1. 计入的墙水平分布钢筋的体积配箍率不应大于总体积配箍率的30%。
2. 约束边缘端柱水平分布钢筋的构造做法参照约束边缘暗柱。
3. 约束边缘构件非阴影区部位构造做法详见《11G101-1》第71页。
4. 本页构造做法应由设计者指定后使用。

图 9-2-5　标准图中将墙身水平钢筋取代约束边缘构件外圈封闭箍筋的标准做法

三、构造边缘构件

　　约束边缘构件虽然是用钢大户，但对于高度不超过 100m 的普通剪力墙结构，毕竟地上最多只有 5 层的设置范围。但构造边缘构件的设置范围则要大得多，凡不设约束边缘构件的楼层，按规范规定一律需设置构造边缘构件。对于一栋 34 层近百米的普通剪力墙结构，按规定地上的 1～5 层需设置约束边缘构件，但 6～34 层则需设置构造边缘构件。因此构造边缘构件在数量上占比极大，应成为重点优化对象。

　　此外，构造边缘构件在含钢量方面的占比虽不比约束边缘构件，但与同层的其他构件相比，仍然是第一用钢大户。从保定某项目 C7 号主楼设置构造边缘构件范围具代表性的三个楼层的用钢量统计数据来看（表 9-2-3），构造边缘构件（暗柱 \ 端柱项）的层内钢筋用量占比均在 37% 以上。因此构造边缘构件不但在数量上占比极大，而且在含钢量占比方面远超其他各类构件，包括墙身分布钢筋。因此构造边缘构件应成为优化设计的重中之重。

　　1. 优化原则一

　　不要擅自加大构造边缘构件的尺寸。边缘构件墙肢长度的增加意味着截面面积 A_c 的增加，意味着在相同配筋率下纵筋用量的增加，当墙较厚时面积增大的会更多；同时边缘构件尺寸的增大也会导致箍筋用量的增加。因此要严格控制构造边缘构件的尺寸，不要随

构件类型	第7层		第20层		第32层	
	钢筋总重(kg)	钢筋用量占比	钢筋总重(kg)	钢筋用量占比	钢筋总重(kg)	钢筋用量占比
暗柱\端柱	13179	37.1%	13610	37.4%	13610	38.7%
构造柱	4531	12.7%	4524	12.4%	4524	12.9%
墙	5951	16.7%	6009	16.5%	5985	17.0%
砌体墙	591	1.7%	602	1.7%	599	1.7%
连梁	2970	8.4%	2490	6.8%	1830	5.2%
过梁	106	0.3%	106	0.3%	106	0.3%
梁	3510	9.9%	3983	10.9%	3421	9.7%
现浇板	4254	12.0%	4413	12.1%	4475	12.7%
栏板	240	0.7%	441	1.2%	430	1.2%
楼梯	215	0.6%	215	0.6%	215	0.6%
合计	35548	100.0%	36393	100.0%	35196	100.0%

意放大。与约束边缘构件相比，构造边缘构件的尺寸要小一些，规范的要求概括起来有两条原则，其一是构造边缘构件每一肢的总长度不小于 400mm（有端柱的除外）；其二是翼墙与转角墙每一肢的腹板净高（总高减去翼缘厚度）不小于 200mm。因此对于墙厚不超 200mm 的剪力墙，构造边缘构件每肢的总长度取 400mm 即可，不必人为放大。

以 200mm 墙厚为例，对二级剪力墙结构非底部加强部位，纵筋最小配筋量为 $0.006A_c$ 与 $6\phi12$ 的较大值。构造边缘构件长度每增加 200mm，需增加 $240mm^2$ 的纵筋，相当于 $5\phi8$ 的钢筋量。而若将这 200mm 长度调到剪力墙墙身的话，仅需 $2\phi8$ 的竖向分布钢筋。随意加大构造边缘构件尺寸必然导致浪费。

图 9-2-6～图 9-2-9 为北京密云某别墅项目构造边缘构件截面取值过大的案例，转角暗柱的两分肢长度分别为 850mm 及 550mm，构造边缘构件截面积 $A_c=850\times250+300\times250=287500mm^2$，实配的纵筋面积为 $A_s=4\times314+12\times113=2612mm^2$（该构件纵筋实为构造配筋控制，按 $0.005A_c$ 的配筋量为 $1438mm^2$，实配时又放大 1.8 倍）；而实际上 GBZ5 的两个翼墙长度可仅取 $b_w+200=450mm$，见图 9-2-7，则 $A_c=450\times250+200\times250=162500mm^2$，四级抗震底部加强部位的最小配筋量为 max（$0.005A_c$，$4\phi12$），则最小配筋量为 $0.005\times162500=812.5mm^2$，配 $8\phi12$（$904mm^2$）即可满足要求。实际超配了 2.9 倍。

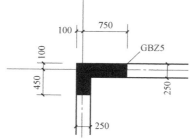 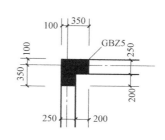

图 9-2-6　北京密云某项目 GBZ5 优化前　　图 9-2-7　北京密云某项目 GBZ5 优化后

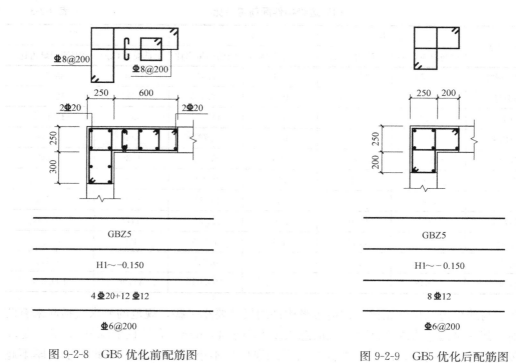

图 9-2-8　GB5 优化前配筋图　　　　图 9-2-9　GB5 优化后配筋图

2. 优化原则二

同约束边缘构件一样，构造边缘构件也应遵循能分则分的原则，能够分拆成若干小的边缘构件就不要合并成一个大的边缘构件。构造边缘构件的构造配筋虽然不比约束边缘构件，但比剪力墙墙身的构造配筋还是要大很多，而且合并之后必然导致构造边缘构件的总截面面积（A_c）加大，尤其是当墙厚较厚时，按构造配筋率设置的纵向钢筋配筋量会大大增加；边缘构件尺寸的增大也会使其箍筋与剪力墙墙身水平分布钢筋的重叠部分越多。凡此种种均会导致用钢量的增加。

仍以 200mm 墙厚为例，由上文可知，对二级剪力墙结构非底部加强部位，构造边缘构件长度每增加 200mm，相当于增加 5φ8 的纵向钢筋。而如果将构件拆分开来保持构造边缘构件间 200mm 的净距，按规范规定这 200mm 长的墙身也不必再增加竖向钢筋，因此这 5φ8 的纵筋就是因边缘构件合并而额外多出来的。因此笔者以为，只要构造边缘构件拆分后的净距大于等于 100mm，就值得拆分；拆分后边缘构件间净距不超过 250mm 时，边缘构件间墙身可不必增加竖向分布钢筋。

图 9-2-10 为北京密云某别墅项目构造边缘构件未进行拆分的案例。GBZ4 可分解为两个构造边缘构件，见 9-2-11，并将水平方向翼墙减短至 400mm，然后分别按 max（$0.005A_c$，4φ12）配筋。则转角柱需配纵筋 max（700mm²，4 φ 12），可实配 4 φ 12＋4 φ 10（767mm²），端柱需配纵筋 max（400mm²，4 φ 12），可实配 4 φ 12（452mm²），累计实配纵筋量 1219mm²。原设计实际配筋 4 φ 18＋6 φ 16＋10 φ 12（A_s＝3355mm²），超配 2.75 倍。

3. 优化原则三

当剪力墙在端部与另一方向的墙体垂直相交构成 T 形墙时，除非 T 形墙的翼墙很短难以拆分，否则不应设置为 T 形构造边缘构件。这一点与约束边缘构件不同，很多设计

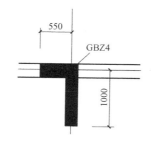

图 9-2-10　GBZ4 优化前尺寸

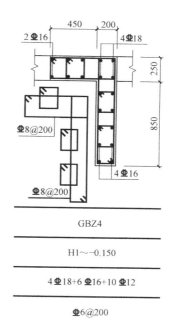

GBZ4

H1～-0.150

4⬤18+6⬤16+10⬤12

⬤6@200

图 9-2-12　GBZ4 优化前配筋

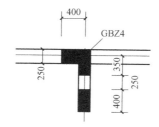

图 9-2-11　GBZ4 优化后尺寸

师不明所以，不管翼墙有多长，一律设置成 T 形构造边缘构件，使构造边缘构件面积增大 2～3 倍，造成无谓的浪费。

　　三大规范给出了四种类型的构造边缘构件，但没有 T 形构造边缘构件。这从理论上也很容易理解，设置边缘构件的目的是为了增强剪力墙墙肢的抗弯能力及延性，故设置在墙肢的两端才有意义，而 T 形构造边缘构件的翼缘肢处于翼墙的中间某处，不在端部，故其对翼墙的抗弯能力与延性贡献甚微。又因大多数剪力墙墙肢两端构造边缘构件的抗弯计算配筋量均很小，纵筋大多由构造配置，仅配置一字形暗柱即可满足要求，故不需增设翼缘形成 T 形构造边缘构件。

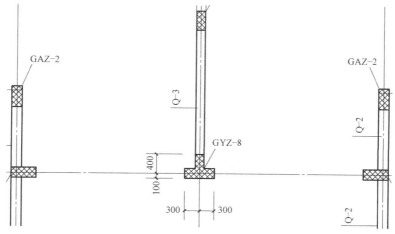

图 9-2-13　邯郸某项目 2 号楼 GYZ8

395

如图 9-2-13 的 GYZ8 因翼墙很短，只有 600mm，设置成 T 形构造边缘构件具有正当性及合理性；但图 9-2-14 的 GYZ9 不但增设翼墙形成 T 形构造边缘构件不合理，其本身因存在于两片垂直相交的墙中间，并不在墙肢的端部，也没有存在的必要。

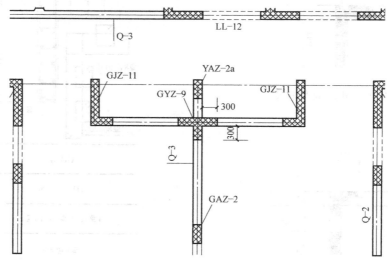

图 9-2-14　邯郸某项目 2 号楼 GYZ9

图 9-2-15 为保定某项目 C7 号楼的构造边缘构件 GBZ17，边缘构件截面面积达到 386000mm²，理论构造配筋量 2316mm²，实配 24 ϕ 12（2714mm²）（图 9-2-16）；拆分成 1 个 GBZ17 及 2 个 GBZ14 后（图 9-2-17），构造边缘构件总截面面积仅为 280000mm²，总共需配 18 ϕ 12＋2 ϕ 8（2136mm²），仅纵筋用量即可降低 21%。箍筋用量降低的也比较多。

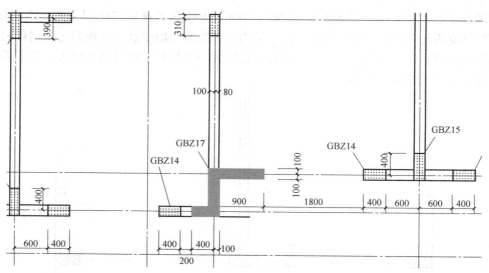

图 9-2-15　保定某项目 C7 号楼优化设计前的 GBZ17

4. 优化原则四

除计算要求外，构造边缘构件的纵筋应按两种不同直径钢筋组合的配筋方式，以便能

396

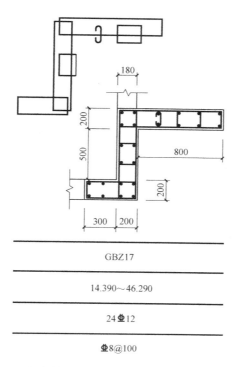

图 9-2-16　保定某项目 C7 号楼优化设计前的 GBZ17 配筋

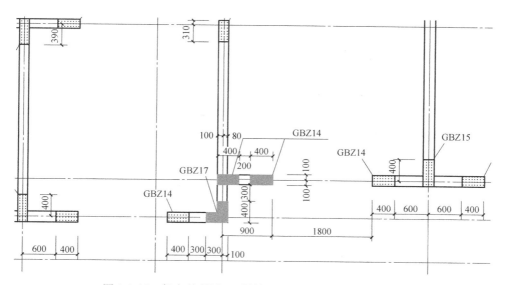

图 9-2-17　保定某项目 C7 号楼 GBZ17 拆分后的构件尺寸

够在同时满足规范 $n\phi\times\times$ 及 $0.00\times A_c$ 的前提下降低纵筋总量。具体手法如下：

一级抗震等级的剪力墙结构，非加强区构造边缘构件纵筋配筋为 $0.008A_c$ 或 $6\phi14$ 中的较大值；配筋方式建议采用 $6\phi14+N\phi10$ 的混合配筋方式，以最大限度接近 $0.008A_c$ 的配筋量为宜；

二级抗震等级的剪力墙结构，非加强区构造边缘构件纵筋配筋为 $0.006A_c$ 或 $6\phi12$ 中的较大值；配筋方式建议采用 $6\phi12+N\phi8$ 的混合配筋方式，以最大限度接近 $0.006A_c$ 的配筋量为宜；

三级抗震等级的剪力墙结构，非加强区构造边缘构件纵筋配筋为 $0.005A_c$ 或 $4\phi12$ 中的较大值；配筋方式建议采用 $4\phi12+n\phi8$ 的混合配筋方式，以最大限度接近 $0.005A_c$ 的配筋量为宜；

四级抗震等级的剪力墙结构，非加强区构造边缘构件纵筋配筋为 $0.004A_c$ 或 $4\phi12$ 中的较大值；配筋方式建议采用 $4\phi12+n\phi8$ 的混合配筋方式，以最大限度接近 $0.004A_c$ 的配筋量为宜。

以图 9-2-18 保定某项目 A10 号楼的 GJZ1 为例，若为满足规范对构造边缘构件纵筋最小直径的要求且采用同一直径的钢筋，受限于纵筋间距的要求，可能需要配 16 Φ 12 （1810mm²），但采用如图 9-2-18 的配筋方式后，实际配筋面积仅为 1307mm²，纵筋节省了 27.8%，经济效益非常显著。

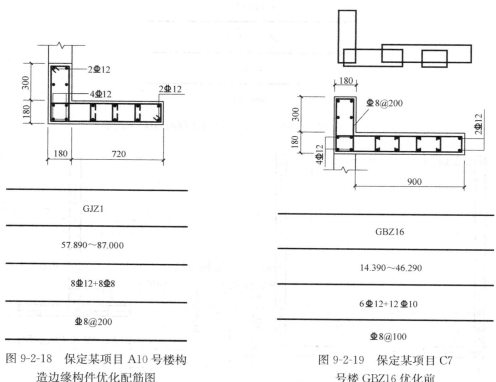

图 9-2-18　保定某项目 A10 号楼构
造边缘构件优化配筋图

图 9-2-19　保定某项目 C7
号楼 GBZ16 优化前

5. 优化原则五

构造边缘构件每一肢的箍筋除最外圈采用封闭箍筋外，其他均采用拉筋，但拉筋需同时拉住纵筋及箍筋。对于构造边缘构件，有的设计院习惯采用大箍套小箍的配箍方式；但有的设计院，对肢长较长的构造边缘构件也采用多个封闭箍筋搭接嵌套的配箍方式。如果说约束边缘构件的箍筋彼此搭接、环环相套还可以勉强理解和接受的话，那么构造边缘构件的箍筋也采用这种彼此搭接、环环相套的方法就很难理解了。对于构造边缘构件来说这样做更没有意义，退一步来讲，如果构造边缘构件确因其某一肢较长而需采取某种措施时，需要做的恰恰是应该将其分解成两个或多个独立的构造边缘构件，而不是采用箍筋搭接嵌套的手法。

此外，箍筋（拉筋）的沿竖向的间距及箍筋（拉筋）在水平方向的肢距也是优化设计应该关注的对象。很多设计院的很多设计师在这方面都比较随意。实际上，构造边缘构件作为剪力墙墙肢在弯曲或压弯作用下的受压区和受拉区，其本身的作用就是抗弯及增强延性，而抗剪则主要由墙身混凝土承受，当墙身混凝土抗剪不足时由墙身水平分布筋来分担；抗压则因轴压比的限值较低而不需发挥竖向钢筋的作用，主要也是由混凝土承受。构造边缘构件的箍筋或拉筋本身并没有抗剪要求，而仅仅是约束纵向钢筋及核心区混凝土。因此除非构造边缘构件与短肢墙或异形柱合一，否则构造边缘构件的箍筋（拉筋）都应该是按构造配置，故在竖向只需满足最小直径与最大间距的要求即可，无需加密。对于非底部加强部位，抗震等级为一、二、三、四级时可分别按 $\phi8@150$、$\phi8@200$、$\phi6@200$ 及 $\phi6@250$ 配置。如果发现普通剪力墙墙肢端部的构造边缘构件对箍筋（拉筋）进行了加密设置，则可以索要计算书进行核对。

箍筋（拉筋）在水平方向的肢距也需注意，并不是逢筋必拉的，而是隔一拉一即可，如此可满足规范对于"拉筋的水平间距不应大于纵向钢筋间距的 2 倍"的要求。图 9-2-18 的 GJZ1 的长肢即采用了"逢筋必拉"的做法。图 9-2-19 中封闭箍筋的大小套、搭接套也是逢筋必拉，其实是没必要的。

四、剪力墙墙身配筋

三大规范均以强制性条文的形式对剪力墙的水平与竖向分布钢筋做出规定，必须严格遵守。但其实从重要性角度，水平与竖向分布钢筋的作用不如边缘构件，从受力角度，个别墙肢的水平分布钢筋在墙肢混凝土抗剪能力不足时可能会参与抗剪，但绝大多数的水平分布钢筋均为构造控制；至于竖向分布钢筋，除了一级抗震等级剪力墙的施工缝验算有计算需要外，其主要作用是固定水平分布钢筋从而形成钢筋网片，并防止墙面出现水平收缩裂缝。因此大多数情况下水平与竖向分布钢筋仅需满足规范规定的最小配筋率要求即可，不必刻意放大配筋量。水平钢筋由抗剪要求需提高标准的除外。

而且规范只是规定了最小配筋率，但对钢筋的级别却没有规定，也就是采用一、二、三级钢均可以，鉴于目前钢材市场在一、二、三级钢之间已无明显价差，故目前剪力墙的分布钢筋几乎都采用三级钢，则在相同配筋率下与采用一级钢相比也就有了较多的安全储备。从这个角度也不必增大墙身的构造配筋。

因此，对剪力墙墙身配筋的优化原则只有一个，即坚持规范最小配筋率的底线不动摇。表 9-2-4 列出了规范规定下几种情况的最小配筋率，并根据不同墙厚、不同钢筋直径按相应最小配筋率计算出水平与竖向分布钢筋的间距，在实际使用时只要不大于表中的间距并按模数取整即可。比如一、二、三级抗震等级 200mm 厚剪力墙的竖向分布钢筋，按钢筋直径 8mm 与 10mm 查得的钢筋间距分别为 201mm 及 314mm，在实际选用时可采用 $\phi8@200$ 或 $\phi10@300$，对于 180mm 厚墙可取 $\phi8@220$，160mm 厚墙可取 $\phi8@250$。短肢剪力墙结构的墙身构造配筋率要大很多，是一、二、三级普通剪力墙墙身构造配筋率的 3～5 倍，在设计中应尽量避免，表中没有列出。

几种常见情况的墙身最小配筋率及钢筋实配情况 表 9-2-4

墙身类型与抗震等级	配筋部位	最小配筋率	直径	墙厚	300	280	250	220	200	180	160
部分框支剪力墙结构的落地剪力墙底部加强部位	水平分布钢筋	0.30%	8	按最小配筋率计算的钢筋间距	112	120	134	152	168	186	209
		0.30%	10		175	187	209	238	262	291	327
	竖向分布钢筋	0.30%	8		112	120	134	152	168	186	209
		0.30%	10		175	187	209	238	262	291	327
一、二、三级剪力墙	水平分布钢筋	0.25%	8		134	144	161	183	201	223	251
		0.25%	10		209	224	251	286	314	349	393
	竖向分布钢筋	0.25%	8		134	144	161	183	201	223	251
		0.25%	10		209	224	251	286	314	349	393
四级剪力墙	水平分布钢筋	0.20%	8		168	180	201	228	251	279	314
		0.20%	10		262	280	314	357	393	436	491
	竖向分布钢筋	0.20%	8		168	180	201	228	251	279	314
		0.20%	10		262	280	314	357	393	436	491
高度小于 24m 且剪压比很小的四级剪力墙	水平分布钢筋	0.15%	8		223	239	268	305	335	372	419
	竖向分布钢筋	0.15%	10		223	239	268	305	335	372	419

虽然剪力墙墙身配筋大的优化原则只有一个，但以下几点还需强调一下：

1）需根据墙身类型（主要是区分部分框支剪力墙结构的落地剪力墙底部加强部位）及不同的抗震等级采用不同的最小配筋率，对于四级剪力墙可降低到 0.2%，当四级剪力墙高度不超 24m 时，分布钢筋最小配筋率还可降低到 0.15%。

2）规范除了规定最小配筋率，也规定了最小直径与最大钢筋间距，除了部分框支剪力墙结构的落地剪力墙底部加强部位的水平与竖向分布钢筋规范要求不宜大于 200mm 外，其他的剪力墙墙身分布钢筋最大间距可为 300mm。因此在确保既定配筋率不变的情况下，可通过调整不同直径、不同间距的组合从而选择最接近最小构造配筋率的组合。

3）《建筑抗震设计规范》GB 50011—2010 第 6.4.4 条第 3 款关于"竖向钢筋直径不宜小于 10mm"的规定，因剪力墙墙身竖向分布钢筋基本不参与受力，仅仅是架立与抗裂的要求，规范该款仅仅是从施工期间钢筋自身的刚度与自立性出发，且用词为"宜"，当竖向分布钢筋采用三级钢Φ8 时，根据现场实际操作经验，其自身刚度是可以保障的。当遇到固执的设计院或审图单位而需严格执行该款时，可按上述第 2）条通过加大钢筋间距来使其尽量接近最小配筋率。比如 200mm 厚的一、二、三级剪力墙，一般采用Φ8@200 可满足要求，当竖向分布钢筋最小直径坚持按规范采用 10mm 时，可采用Φ10@300 的配筋，同样不违反规范且最大限度接近最小配筋率。倘若不假思索直接从Φ8@200 变到Φ10@200，表面上好像只是把钢筋直径放大一级，实则用钢量一下增加了 56.6%，这个增加幅度是很惊人的。

上述有关剪力墙墙身配筋率的规范规定及优化设计原则均指地上结构的剪力墙。对于高层建筑的地下结构，《高层建筑混凝土结构技术规程》JGJ 3—2010 在其第 12.2.5 条针对地下室外墙又给出专门规定："高层建筑地下室外墙设计应满足水土压力及地面荷载侧压力作用下承载力要求，其竖向和水平分布钢筋应双层双向布置，间距不宜大于 150mm，配筋率不宜小于 0.3%"。因此当高层建筑的地下室外墙水平与竖向钢筋由构造控制而不是由计算控制时，最小配筋率应该按 0.3%，而不应再像上部结构一样取 0.25%。该条规定虽要求钢筋间距不宜大于 150mm，但因没有对最小钢筋直径做出规定，故当采用 8mm 直径钢筋时，将钢筋间距做到 150mm 以内也可以与 0.3% 的配筋率匹配。

争议比较大的是《建筑地基基础设计规范》GB 50007—2011 有关高层建筑采用筏形基础的地下室内外墙的配筋要求。

《建筑地基基础设计规范》GB 50007—2011

8.4.5 采用筏形基础的地下室，钢筋混凝土外墙厚度不应小于 250mm，内墙厚度不宜小于 200mm。墙的截面设计除满足承载力要求外，尚应考虑变形、抗裂及外墙防渗等要求。墙体内应设置双面钢筋，钢筋不宜采用光面圆钢筋，水平钢筋的直径不应小于 12mm，竖向钢筋的直径不应小于 10mm，间距不应大于 200mm。

该条文既规定了最小墙厚，也同时规定了最小钢筋直径及最大钢筋间距，且用词都是比较严格的"应"，等于是对内外墙直接给出了设计结果，即外墙 250mm 厚，水平钢筋最小配筋为 ϕ 12@200，内墙 200mm 厚，水平钢筋最小配筋也为 ϕ 12@200。该条规定未能将高层建筑的结构高度与地下室层数纳入考虑，也没考虑地下结构是否超长及超长结构的其他技术措施，也未对不同强度等级的钢筋进行区分。只要采用了筏形基础，则地下室外墙的水平钢筋就至少是 ϕ 12@200，竖向钢筋则至少是 ϕ 10@200。与地上标准层 200mm 厚墙身 ϕ 8@200 的构造钢筋相比，ϕ 12@200 配筋量是 ϕ 8@200 配筋量的 2.25 倍。对于 250mm 厚的外墙，水平分布钢筋的配筋率为 0.46%，而对于 200mm 厚的内墙，水平分布钢筋配筋率则为 0.56%。

该规范条文存在可推敲之处，比如地下室的长宽尺寸及具有多层地下室的情况。如果地下室不存在超长问题，就不必考虑塑性收缩裂缝与温度裂缝等钢筋加强措施；对于有多层地下室的情况，除最底层地下室外，其上各层地下室墙体深受弯作用已经很弱，共同作用整体弯曲的中和轴也不大可能上移到超过底层地下室的高度。比如点式高层住宅下的三层独立地下室（不与大底盘车库相连），其地下室平面长宽尺寸一般不会很大，若地下一层及地下二层墙体也同地下三层一样按该规范条文加强水平钢筋，在道理上就有些牵强。该规范条文没有给出条文解释，该条文的准确用意不得而知。

第三节　柱的精细化设计

柱是一种材料用量相对较小但重要性又非常高的一类构件，因此一般的优化设计都不将柱的优化作为重点，但这不能说明柱的设计就没有优化空间。

在材料选用方面，柱宜采用高强混凝土，钢筋宜采用三级钢。

一、柱截面形状尺寸的确定与优化

由于柱大多数情况是轴心受压构件或小偏心受压构件，从受力合理性角度，柱的截面形状以正方形为最佳，但从适用、美观等建筑功能出发，柱的截面形状也可从大局出发采用矩形或其他形状，只要这种结构的代价值得付出就可以考虑。

如异形柱框架结构及异形柱框架-剪力墙结构中的异形柱就是顺应建筑平面布局而出现的柱截面形状，也有国家层面的行业规范《混凝土异形柱结构技术规程》JGJ 149—2006 作为指导。但异形柱结构抗震性能差是共识，《规程》中也因异形柱的抗震性能不佳而降低了异形柱结构的最大适用高度，且对异形柱结构的结构布置、结构计算及构造措施都有更严格的要求，因此其结构成本比普通柱结构要高，在结构设计中还是要尽量少用或不用。即便采用了异形柱结构，除了一些必须采用异形柱的部位外，其他部位还是尽量多用方柱，如户内隔墙端部、门后位置、可与立面造型结合的位置、公共空间及其他不影响建筑功能与美观的位置皆可用方柱。

异形柱结构适用的房屋最大高度（m）（异形柱规程表 3.1.2） 表 9-3-1

结构体系	非抗震设计	抗震设计			
		6 度	7 度		8 度
		0.05g	0.10g	0.15g	0.20g
框架结构	24	24	21	18	12
框架-剪力墙结构	45	45	40	35	28

普通现浇钢筋混凝土房屋适用的最大高度（m）（抗震规范表 6.1.1） 表 9-3-2

结构类型	烈度				
	6	7	8(0.2g)	8(0.3g)	9
框架	60	50	40	35	24
框架-抗震墙	130	120	100	80	50

框架柱设计的第一要务是柱截面尺寸的确定，柱截面尺寸的大小应合理，设计中应通过混凝土强度等级的合理确定来控制其截面尺寸和轴压比，使绝大部分柱段都是构造配筋而非内力控制配筋，一般情况下不要刻意缩小柱的截面尺寸，也即实际轴压比不宜过于接近规范限值（个别柱轴力较大的除外），此时柱主筋就可以按规定的最小配筋率或比其略高的配筋率选择主筋规格。此举不但可减少配筋，而且可更容易做到强柱弱梁。

但对于停车库框架柱，因为在停车位模数相对固定的情况下，正方形柱截面尺寸的大小直接影响到柱网尺寸的大小及停车效率的高低，而且房地产开发项目的停车库大多为地下停车库，对抗震的要求相对降低，故地下停车库的柱截面尺寸还是有必要控制，必要时可采用更高等级的混凝土以减小柱的截面尺寸或者采用扁长的矩形柱来缩小柱网尺寸。一般来说，缩小柱网尺寸、提高停车效率的经济意义要比改变柱截面形状、尺寸所付出的结构代价要大得多。

柱截面种类不宜太多是设计中的一个原则，在柱网疏密不均的建筑中，某根柱或为数不多的若干根柱由于轴力大而需要较大的截面，此时如将所有柱截面放大以求其统一，势必增加用钢量，且对建筑功能造成影响（如前述对车库柱网的影响）。合理经济的做法应是对个别柱位的配筋采用加芯柱，加大配箍率甚至加大主筋配筋率或配以劲性钢筋以提高其轴压比，从而达到控制其截面尺寸的目的。虽然个别柱因采取特殊措施而代价稍大，但总比大面积增加柱截面尺寸要更科学、更经济。

框架柱的截面尺寸也不宜随便放大。除了经济性因素外，随意加大柱截面尺寸必然导致剪跨比 $\lambda = M/(Vh_0)$ 的降低，很多结构计算软件则以简化方法 $\lambda = H_0/(2h_0)$ 来计算剪跨比 λ。这种剪跨比的降低来自两个方面，其一是柱截面的增加直接导致 h_0 的增加，其二是个别柱截面的增加势必会导致该柱剪力分配的增加，而剪跨比同样是框架柱延性设计的重要因素。

剪跨比的降低不但会导致短柱与极短柱的出现及由此带来的延性较低及破坏形态的脆性化，而且会直接导致抗震构造措施的提高，同时也会使斜截面受剪承载力降低，使其经济性进一步降低。

抗震构造措施的提高体现在以下几个方面：

1）轴压比限值的提高：剪跨比不大于 2 的柱，轴压比限值应降低 0.05；剪跨比小于 1.5 的柱，轴压比限值应专门研究并采取特殊构造措施；

2）箍筋加密范围：剪跨比不大于 2 的柱应全高加密；

3）箍筋最小直径及最大间距：四级框架柱剪跨比不大于 2 时，箍筋直径不应小于 8mm。剪跨比不大于 2 的框架柱，箍筋间距不应大于 100mm；

4）体积配箍率：剪跨比不大于 2 的柱宜采用复合螺旋箍或井字复合箍，其体积配箍率不应小于 1.2%，9 度一级时不应小于 1.5%。

斜截面受剪承载力降低主要是因为受剪承载力计算公式因剪跨比是否大于 2 而有所不同。

比较《建筑抗震设计规范》GB 50011—2010 的式 6.2.9-1（本书式 9-3-1）及式 6.2.9-2（本书式 9-3-2），当剪跨比由大于 2 变为小于等于 2 时，公式右侧的抗剪承载力项的数字系数由 0.20 降为 0.15，意味着抗剪承载力降低 25%。

当 $\lambda > 2$ 时

$$V \leqslant \frac{1}{\gamma_{RE}}(0.20 f_c b h_0)$$ （式 9-3-1）

当 $\lambda \leqslant 2$ 时

$$V \leqslant \frac{1}{\gamma_{RE}}(0.15 f_c b h_0)$$ （式 9-3-2）

框架柱根据剪跨比可分为长柱（$\lambda > 2$，当柱反弯点在柱高度 H_0 中部时，即 $H_0/h_0 > 4$）、短柱（$1.5 < \lambda \leqslant 2$）及极短柱（$\lambda \leqslant 1.5$）。长柱一般发生弯曲破坏，短柱多数发生剪切破坏，极短柱则发生剪切斜拉破坏。

抗震设计的框架柱，尤其是靠近结构底部的框架柱，截面尺寸及柱端剪力均较大，从而剪跨比 λ 较小，极易形成短柱或极短柱。柱的剪切破坏及剪切斜拉破坏均属于脆性破坏，是抗震设计中应特别避免的破坏形式。因此剪压比 λ 的控制就具有非常重要的意义。

二、柱纵筋与箍筋的配置与优化

柱钢筋的计算与配置最重要的是要区分抗震设计与非抗震设计，以及抗震等级的高低。非抗震设计不但结构计算部分完全不同，构造措施的要求也不同程度的降低；而抗震等级则是影响抗震设计中框架柱构造配筋最重要的因素,构造配筋量的多少是直接与抗震等级挂钩的。

对于一些不参与整体抗侧力分析或对整体结构抗侧力刚度没有贡献的柱,可以按非抗震设计,比如框架结构中支承楼梯间梯梁的柱。在具体设计中可大致按如下方法进行区别:凡是与框架主梁相连的柱都应该是框架柱,因而应进行抗震设计;凡是不与框架主梁相连的柱,原则上都可按非框架柱对待,因而可以采用非抗震设计。但当若干非框架柱与非框架梁形成了楼层内部的子框架时,则子框架仍应按抗震设计。

1. 柱纵筋配置与优化

柱纵筋的配置是有一定技巧的,配置得当,不但在满足规范要求下减少用钢量,而且对柱的实际工作性能不但无害,反倒有利。

由于规范对柱截面纵向钢筋的最小总配筋率及每一侧的最小配筋率均有要求,作为柱子的角部钢筋,同时对两个侧边的钢筋用量及截面钢筋总量有贡献,因此柱的纵筋配置无论是计算控制还是构造控制,都存在角部钢筋与其他侧边钢筋的比例关系。

当柱纵筋按计算配置而不是按构造配置时,程序软件对采用对称配筋的柱会给出两侧边的钢筋面积及角部钢筋的面积。如何在满足两侧边及角部计算配筋量要求的前提下尽量减少总配筋量,是柱子配筋的技巧,也是柱纵筋配置优化设计的主要内容。此时应尽量加大角筋的直径,以达到满足计算要求的前提下减少总配筋量。

当柱子纵筋由构造控制时,由于柱每一侧边的最小配筋率不分抗震等级一律为 0.2%(对Ⅳ类场地上较高的高层建筑,最小配筋百分率应增加 0.1),因此对于三、四级抗震等级中柱及边柱,柱截面纵向钢筋的最小总配筋率数值相对较少,总配筋量可能会由侧边最小配筋率控制而不是由总配筋率控制,因此也存在上述边角钢筋的比例关系问题;但对于一、二级框架柱,因截面最小总配筋率的数值较大,配筋结果一般由总配筋率控制而不是侧边最小配筋率控制,因此一般不存在边角钢筋按何比例配置的问题。柱全部纵向钢筋最小配筋百分率见表 9-3-3。

柱全部纵向钢筋最小配筋百分率 表 9-3-3

类别	抗震等级			
	一	二	三	四
中柱和边柱	0.9(1.0)	0.7(0.8)	0.6(0.7)	0.5(0.6)
角柱、框支柱	1.1	0.9	0.8	0.7

注:1. 表中括号内数值用于框架结构的柱;
　　2. 采用 335MPa 级、400MPa 级纵向受力钢筋时,应分别按表中数值增加 0.1 和 0.05;
　　3. 当混凝土强度等级为 C60 以上时,应按表中数值增加 0.1 采用。

图 9-3-1 为三级框架中柱的 SATWE 计算配筋,两柱侧边计算钢筋均为 12cm²,据此计算的单侧纵筋配筋率为 0.24%,因此该柱配筋为计算控制。角筋均为 2.6cm²,采用 HRB400 纵向受力钢筋,单侧纵筋最小配筋率为 0.2%,柱全部纵向受力钢筋最小配筋率为 0.75%。

图 9-3-2 左柱为程序自动配筋,右柱为优化配筋。左柱采用角筋与边筋无差别的配筋方式,角筋为 Φ 18,单筋面积 254mm²,与程序输出的角筋面积 2.6cm² 相比略有不足,单侧侧边钢筋 5 Φ 18,则单侧纵筋面积为 254×5=1270mm²,满足计算结果 12cm² 的要

求，全部纵筋采用 16 Φ 18，面积为 254×16＝4064mm²；右柱采用角筋与边筋差别化的配筋方式，角筋采用较大直径 Φ 20，单筋面积 314mm²，大于程序输出的角筋面积，单侧钢筋为 2 Φ 20＋3 Φ 16，单侧纵筋面积为 314×2＋201×3＝1231mm²，也大于 12cm² 的计算要求，全部纵筋为 4 Φ 20＋12 Φ 16，面积为 314×4＋201×12＝3668mm²，配筋率为 0.75%，满足规范规定的最小构造要求，但与程序自动配筋结果相比用钢量降低了 10% 左右。

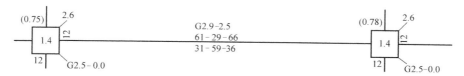

图 9-3-1　三级框架中柱 SATWE 计算配筋

图 9-3-2　三级框架中柱实配钢筋

若全部纵筋的配筋方式变为无差别的 12 Φ 20，也可满足计算及构造要求，全部纵筋截面积为 314×12＝3768mm²，也能收到不错的经济效果。

因此在柱纵筋配置时应尽量加大角筋的直径，其他纵筋可根据计算要求配置，如此便可以在满足计算要求的前提下降低纵筋用量，或在纵筋总量不变的情况下增大柱单侧钢筋的实配面积，使单侧纵筋配置留有余量，从而提高柱的安全度。

柱配筋技巧中最经典的例子是如下 500mm×500mm 方柱的案例：该柱每侧计算配筋量为 12cm²，习惯的配筋方式为 12 Φ 20（总配筋面积为 37.7 cm²）；优化配筋方式为：4 Φ 25＋4 Φ 20（总配筋面积为 32.1 cm²），将 4 Φ 25 放在柱角。两种配筋方式均正好满足计算要求，但钢筋用量相差 17.5%！

2. 柱箍筋配置与优化

关于抗震结构框架柱的箍筋配置，对于柱箍筋加密区，规范既给出了柱钢筋加密区箍筋的最大间距、最小直径及最大肢距的要求，也给出了柱箍筋加密区体积配箍率的要求，对柱箍筋加密区体积配箍率又采用了双控，即最小体积配箍率与根据最小配箍特征值计算确定的体积配箍率，二者取其大者作为配箍依据。

柱箍筋加密区箍筋的体积配筋率，应符合下列规定：

$$\rho_v = \lambda_v \frac{f_c}{f_{yv}} \qquad （式 9-3-3）$$

式中：ρ_v——柱箍筋加密区的体积配筋率，按 $\rho = \dfrac{n_1 A_{s1} l_1 + n_2 A_{s2} l_2}{A_{cor} s}$ 计算，且对一、二、三、四级抗震等级的柱，分别不应小于 0.8%、0.6%、0.4% 和 0.4%。计算中应扣除重叠部分的箍筋体积；

f_c——混凝土轴心抗压强度设计值；当强度等级低于 C35 时，按 C35 取值；

f_{yv}——箍筋及拉筋抗拉强度设计值；

λ_v——最小配箍特征值，按《混凝土结构设计规范》GB 50010—2010 表 11.4.17 或《建筑抗震设计规范》GB 50011—2010 表 6.3.9 采用。

框支柱宜采用复合螺旋箍或井字复合箍，其最小配箍特征值应按表中数值增加 0.02 取用，且体积配筋率不应小于 1.5%；

当剪跨比 $\lambda \leqslant 2$ 时，一、二、三级抗震等级的柱宜采用复合螺旋箍或井字复合箍，其箍筋体积配筋率不应小于 1.2%；9 度设防烈度时，不应小于 1.5%。

对于箍筋非加密区，则给出了箍筋间距要求及体积配箍率要求，即体积配箍率不宜小于加密区的 50%，箍筋间距对一、二级框架柱不大于 10 倍纵筋直径，三、四级框架柱不大于 15 倍纵筋直径。

对于框架节点核芯区，箍筋最大间距与最小直径的要求同箍筋加密区，体积配箍率也同箍筋加密区一样采用双控，且一、二、三级框架节点核芯区配箍特征值分别不宜小于 0.12、0.10 和 0.08，且体积配箍率分别不宜小于 0.6%、0.5% 和 0.4%。柱剪跨比不大于 2 的框架节点核芯区，体积配箍率不宜小于核芯区上、下柱端的较大体积配箍率。

从上述柱箍筋的体积配箍率公式可以看出，采用高强度钢筋比低强度钢筋更可节省用钢量。

如图 9-3-3 所示二级框架柱 KZ-1，混凝土强度等级为 C40，采用复合箍筋，箍筋直径 8mm，保护层厚度 20mm，轴压比为 0.6，查得 $\lambda_v = 0.13$。

当如图 9-3-3 所示采用一级钢 HPB300 时，规范要求的体积配箍率为：

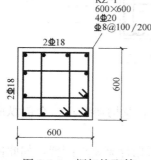

KZ-1
600×600
4Φ20
Φ8@100/200

2Φ18

2Φ18

600

600

图 9-3-3 框架柱配筋

$$\rho_v = \lambda_v \frac{f_c}{f_{yv}} = 0.13 \times \frac{19.1}{270} = 0.92\%$$

体积配箍率很大，超过二级框架柱体积配箍率构造要求 0.6% 的 50%。

此时核心区面积 $A_{cor} = (600 - 2 \times 20 - 2 \times 8)^2 = 544^2 = 295936mm^2$，$A_{s1} = A_{s2} = 50.3mm^2$，$l_1 = l_2 = 600 - 2 \times 20 = 560mm$，$n_1 = n_2 = 4$，$s = 100mm$，则 KZ1 实配箍筋体积配箍率为：

$$\rho = \frac{n_1 A_{s1} l_1 + n_2 A_{s2} l_2}{A_{cor} s} = \frac{4 \times 50.3 \times 560 + 4 \times 50.3 \times 560}{295936 \times 100} = 0.76\%$$

小于规范要求的 0.92%，不满足要求。

当采用三级钢 HRB400 时，规范要求的体积配箍率降为：

$$\rho_v = \lambda_v \frac{f_c}{f_{yv}} = 0.13 \times \frac{19.1}{360} = 0.69\%$$

小于实配箍筋体积配箍率 0.76%，可满足要求。因此对于框架柱的箍筋，即便抗剪计算采用一级钢筋即可，但在配箍量可能由体积配箍率控制的情况下，也应采用三级钢。

需要注意的是：规范公式中，柱的体积配箍率为混凝土单位长度范围内箍筋的体积除以该范围内混凝土核芯区内的体积 $A_{cor}s$。但在实际施工图设计中，设计人员往往将核芯区体积以柱的总体积来替换，以方便计算，并满足规范要求。如此设计对成本的影响很大。

仍以前述 KZ-1 为例，倘若设计师因概念不清或图一时方便而采用柱全截面面积 A 代替 A_{cor} 去计算，则实配体积配箍率减小为：

$$\rho = \frac{n_1 A_{s1} l_1 + n_2 A_{s2} l_2}{A_{cor} s} = \frac{4 \times 50.3 \times 560 + 4 \times 50.3 \times 560}{600 \times 600 \times 100} = 0.62\%$$

即便箍筋采用了三级钢，仍无法满足规范要求的体积配箍率 0.69%，与按 A_{cor} 计算的体积配箍率相比减少了 18.4%，假若因此而将箍筋直径加大到 10mm 来进行简单处理（相信在实际设计中很多设计师都会这么做），则箍筋用量相当于增加了 $(78.5-50.3)/50.3 \times 100\% = 56.1\%$，影响还是很可观的。

箍筋在满足最小配箍率和计算要求前提下，当不同钢筋级别之间存在不可忽视的价差时，可采用高低级别箍筋混用的方式，比如最外圈封闭箍筋选用 HRB400、HRB500 级钢筋，内部箍筋采用 HRB300、HRB335 级钢筋。这样可利用强度较高的外围箍筋增加对内部混凝土的约束，而且容易实现配箍率要求。若全部采用低级别钢筋，为满足配箍率，有可能箍筋数量会太多或者直径过大。若全部采用高级别，又可能不经济。但目前市场情况是 HRB300、HRB335、HRB400 级钢筋价差越来越小，个别直径甚至出现价格倒挂的现象，而且 HRB300、HRB335 级钢筋的在设计中的使用及市场份额越来越小，因此上述这种做法的经济意义可能会越来越小。但这的确是一种思路，当更高强度等级的钢筋比如 HRB500 级钢筋的市场占有率越来越高时，因在短期内其与 HRB335、HRB400 级钢筋的价差将持续存在，井字复合箍筋采用 HRB400 级钢筋与 HRB500 级钢筋内外混搭的方式可能更有意义。

受此启发，当框架柱的抗震等级为一级时，构造要求箍筋的最小直径为 10mm，箍筋最大间距为 $6d$ 与 100mm 的较小值，当纵向受力钢筋直径为 14mm 时，箍筋间距为 84mm，此时箍筋配置数量很可能由直径与间距控制而不是体积配箍率控制。此时柱纵筋配置除采用较大直径（增大最大箍筋间距的要求，当纵筋直径为 18mm 及以上时，箍筋最大间距即摆脱纵筋直径的影响）和较少根数（减小纵筋根数，加大柱纵筋间距，可减小箍筋肢数）外，箍筋的配置还可考虑大小直径混搭的方式，如最外圈封闭箍筋的直径采用 10mm 以满足规范对最小箍筋直径的要求，内圈箍筋则采用直径 8mm 钢筋以降低箍筋用量。只要甲方、设计单位与审图单位取得共识，在确保规范要求的体积配箍率的前提下，结构安全是有保障的。

此外，柱复合箍筋的布置应避免大小圈层层套的方式（图 9-3-4）以尽量减少箍筋之间的搭接，当柱内圈有两个及以上的封闭箍筋时，彼此应该采取并列的方式（图 9-3-5）而不是嵌套的方式。

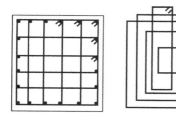

图 9-3-4 柱内圈箍筋嵌套的不合理配置

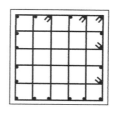
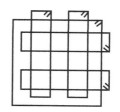

图 9-3-5 柱内圈箍筋并列的合理配置

三、框架柱的竖向收级

由于轴压比是抗震设计中框架柱延性高低的一个重要指标，因此规范对框架柱尤其是框架结构中的框架柱做出了比较严格的限制，以保证柱的塑性变形能力及框架的抗倒塌能力。因此对于框架柱，尤其是框架结构中的框架柱，大多数时候是由轴压比控制。因此随着楼层的提高，柱轴力不断降低，因此理论上柱截面尺寸具备以 50mm 为模数层层收级的条件。但从施工角度，层层收级必然导致柱截面变化过于频繁、柱截面种类过多，重要的是层层收级的经济意义不大，因此一般以 5～8 层左右变化一次截面为宜。

对于多高层建筑框架柱的纵筋，当上下层配筋相同时，由于层高一般不大，钢筋的出厂长度一般为 12m，故可不必层层截断后再向上连接。可考虑每两层截断一次，既减少了竖向钢筋的接头数量，又节约了钢筋或机械连接套筒的用量。少设接头，对钢筋的受力性能也有好处。虽然这是个施工问题，但只要设计做出规定，施工即可照设计规定进行。倘若设计没有规定，则施工必然按常规做法层层截断再向上续接。但当框架柱设计可沿竖向收级时，则不可为了钢筋连续的问题而否定竖向收级。

四、柱帽构造及配筋

当荷载或柱距较小时，一般采用如图 9-3-6 单阶柱帽或如图 9-3-7 单坡柱帽即可满足抗弯及抗冲切要求，二者相比较，单阶柱帽施工方便，但单坡柱帽更节省材料，可以权衡采用。

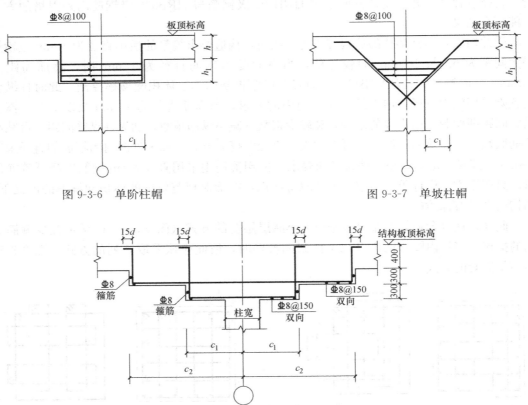

图 9-3-6　单阶柱帽　　　　　　　　　　　　　图 9-3-7　单坡柱帽

图 9-3-8　双阶柱帽

当柱距及荷载较大时，上述单阶与单坡柱帽可能无法满足抗弯及抗冲切的要求，因此有的设计院采用如图 9-3-8 的双阶柱帽，很显然，这种阶形柱帽构造钢筋过多，混凝土用量也偏多，因此有的优化设计建议改为如图 9-3-9 的倒锥台形柱帽，但该方案仅是将阶梯边缘取直，虽然与前者相比能省一些构造钢筋量，但混凝土量并未减少。

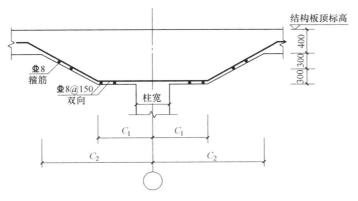

图 9-3-9　倒锥台形柱帽

有的设计院经工程量核算，图 9-3-9 的倒锥台形柱帽与图 9-3-10 的阶坡联合柱帽相比，倒锥台形柱帽每个柱帽混凝土量增加 $1.2m^3$，钢筋用量也有所增加，与图 9-3-11 的双

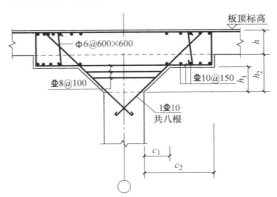

图 9-3-10　阶坡联合柱帽

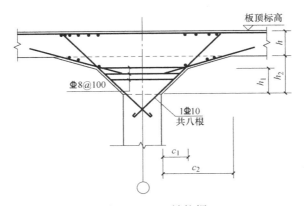

图 9-3-11　双坡柱帽

坡柱帽相比，混凝土与钢筋用量增加得更多。

因此从节省材料的角度，当荷载或柱距小时优先采用单坡柱帽，当荷载与柱距均较大时，宜优先选用双坡柱帽。

五、柱与梁板混凝土强度等级不同时的设计与施工措施

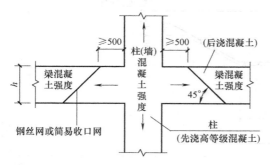

图 9-3-12　梁柱核芯区混凝土随柱浇筑的构造措施

柱混凝土强度等级高于梁板混凝土强度等级不超过一级时，或柱混凝土强度等级高于梁板混凝土强度等级不超过二级，且节点四周均有框架梁时，节点区混凝土强度等级可取与梁板相同。否则梁柱节点核心区混凝土强度等级一律按柱混凝土强度等级单独浇筑，并在混凝土初凝前浇捣梁板混凝土，同时加强混凝土的振捣和养护。见图 9-3-12。

第四节　梁的精细化设计

一、梁截面尺寸的确定与优化

单纯从结构本身的经济性出发，梁的经济跨度一般在 6.0～7.0m 左右，主梁的经济高度为其跨度的 1/10～1/12 左右，次梁梁高为其跨度的 1/12～1/15 左右。增加梁高可以降低梁顶及梁底纵筋的配筋量，但箍筋量也有所增加。而且结构本身的经济性只是其中的一方面，当降低层高的经济意义更大时，就没有必要追求结构自身的经济性，故在实际设计中从降低层高或加大净高的角度出发，一般框架主梁的高度取其跨度的 1/12～1/16 左右。必要时甚至可以做成宽扁梁，截面高度可取其跨度的 1/15～1/20。需要在确定建筑结构整体方案时综合考虑，有关内容可参阅本书有关章节。

对于地下车库顶板这种覆土较厚、荷载较大的楼面梁，应力求梁高均匀，尽量做到主梁高度一致。当个别梁高较大而影响地下室层高，且地下室顶板有覆土时，可考虑将该梁局部上返，但不推荐楼面梁大范围上返的做法。

对于荷载不是很大的梁，除非梁截面大小由内力控制，否则不要轻易取大于 600mm 梁高，如此可免去腰筋的配置。

《混凝土结构设计规范》GB 50010—2010

9.2.13　梁腹板高度 h_w 不小于 450mm 时，在梁的两个侧面应沿高度配置纵向构造钢筋。每侧纵向构造钢筋（不包括梁上、下部受力钢筋及架立钢筋）的间距不宜大于 200mm，截面面积不应小于腹板截面面积（bh_w）的 0.1%，但当梁宽较大时可以适当放松。此处，腹板高度 h_w 按本规范第 6.3.1 条的规定取用。

对矩形截面，取有效高度 h_0；对 "T" 形截面，取有效高度 h_0 减去翼缘高度 h_f；对

"工"字形截面，取腹板净高。

对于 $h=600$mm 高的梁，假设保护层厚度 c 及受弯钢筋直径 d 均取偏于下限的值，分别为 $c=25$mm 及 $d=12$mm，则 $h_0=h-c-d/2=600-25-6=569$mm。当板厚 $h_f=120$mm 时，$h_w=h_0-h_f=569-120=449$mm<450mm，满足不设腰筋的条件。据此反推，110mm 板厚时不需配腰筋的梁高为 590mm，100mm 板厚则对应的梁高为 580mm。

对于地下车库顶板的次梁，由于覆土较厚、荷载较大，板厚一般均较大，较常见的为 $180\sim200$mm，次梁受力钢筋直径一般也比较大（一般不小于 20mm），据此计算梁不需配腰筋的最大梁高为 665mm，因此将次梁梁高控制在 650mm 可免配腰筋。设计中可根据板厚、保护层厚度及钢筋直径确定不需配腰筋的最大梁高，并尽量控制在该梁高之内。

对截面宽度较小的梁，当配筋量较大时往往需要放 $2\sim3$ 排钢筋，当梁截面高度不太大时，将减小梁的有效高度，因此当不影响使用或建筑空间观感时，梁宽宜略为放大，尽量布置成单排主筋，以达到节省钢筋的目的。但梁宽也不宜过大，尽量避免梁宽$\geqslant$350mm，否则箍筋按构造须采用 4 肢箍，造成箍筋用量增加。

二、材料的选用与优化

梁应采用高强度钢筋（三级钢），对于地下车库顶板等荷载和配筋较大的梁可以考虑四级钢筋，并合理选用混凝土强度。

梁配筋大多由内力控制，但仍有小部分由最小配筋（箍）率控制。从梁主筋最小配筋率 $45f_t/f_y$ 及梁箍筋配箍率 $0.24f_t/f_{yv}$ 中可以看出，要使梁的用钢量不太高，一是混凝土强度等级不宜过高，二是采用高强度钢筋，前者不仅可降低最小配筋（箍）率，更重要的是有利于增强作为受弯构件的梁的抗裂性能（混凝土凝结硬化期间的塑性收缩裂缝）。而当梁纵筋由计算控制时，采用三级钢代替二级钢可节约纵筋用量近 20% 左右。

理论及设计实践表明，增加混凝土强度等级对提高梁板等受弯构件的承载力收效甚微，而增加混凝土强度等级后，不但会使构造配筋率提高，而且容易导致凝结硬化期间的塑性收缩裂缝。因此梁板类构件不宜采用高强混凝土，一般不超过 C30。对于普通的结构梁、板，混凝土强度等级一般可取 C25，受力较大的的结构梁、板，混凝土强度等级可采用 C30，如地下室的底板、顶板、屋顶花园的楼板等，对于结构转换层的梁板，对混凝土构件抗剪承载力要求较高，此时混凝土强度等级宜采用较高等级。

三、纵向钢筋的设计优化

1. 非框架梁的顶面钢筋

根据《混凝土结构设计规范》GB 50010—2010 第 9.2.6 条规定，梁的上部纵向构造钢筋应符合下列要求：

对架立钢筋，当梁的跨度小于 4m 时，直径不宜小于 8mm；当梁的跨度为 4m～6m 时，直径不应小于 10mm；当梁的跨度大于 6m 时，直径不宜小于 12mm。

因此除了需按抗震设计的框架梁、连梁外，一般的非框架梁配筋均不设通长负筋（短梁除外），也即梁支座负筋不应在任何情况下都作为贯通负筋拉通，只有当梁支座负筋与架立钢筋直径差别较小时方可拉通。如支座负筋直径较大，对于短梁可将支座负筋改为小直径钢筋，并将部分支座负筋贯通作为架立钢筋、部分支座钢筋在实际断点处截断的方式；对于跨度较大的梁，可将支座负筋在实际断点处全部截断，并单独配置架立钢筋的方式，架立钢筋与支座负筋的搭接长度取 150mm 即可。也可将支座负筋采用两种直径钢筋混合配置，并将较小直径钢筋拉通作为跨中梁段上部的架立钢筋。

井字梁的次梁也不设通长负筋，也应设置为"支座负筋＋架立筋"的形式。

2. 框架梁顶面钢筋

根据《混凝土结构设计规范》GB 50010—2010 第 11.3.7 条，梁端纵向受拉钢筋的配筋率不宜大于 2.5%。沿梁全长顶面和底面至少应各配置两根通长的纵向钢筋，对一、二级抗震等级，钢筋直径不应小于 14mm，且分别不应少于梁两端顶面和底面纵向受力钢筋中较大截面面积的 1/4,；对三、四级抗震等级，钢筋直径不应小于 12mm。

因此对于按抗震设计的框架梁，跨中上部钢筋不再是架立钢筋的要求，而是一种防止框架梁反弯点移位而采取的抗震构造措施。即便如此，也不应采用直接将支座负筋拉通的做法。

很多人误以为此处的通长钢筋是从支座负筋延伸过来不能断开的钢筋，但这是错误的理解。规范的本意是要保证梁的各个部位都配置有这部分钢筋，以应对地震作用下反弯点位置可能的移动，但不意味着不允许这部分钢筋在适当部分设置接头，包括机械连接接头、焊接接头，也包括搭接接头。跨中上部通长筋与支座负筋搭接连接构造可见《11G101-3》第 79、80 页。因此，当支座负筋直径较大时，不宜采用将支座处大直径钢筋直接拉通到跨中的方式，而应该采用 Φ 14（一、二级抗震等级）或 Φ 12（三、四级抗震等级）与支座负筋按小直径钢筋的受拉搭接长度进行搭接的配筋方式，并尽量减少跨中上部钢筋的根数。如图 9-4-1，若将支座负筋 6Φ25 中的 4 根拉通作为跨中上部钢筋，与跨中上铁采用 4Φ18、4Φ14 并与支座负筋搭接相比，用钢量分别增加 19.7kg 及 31.6kg。此处的搭接连接应采用抗震搭接。

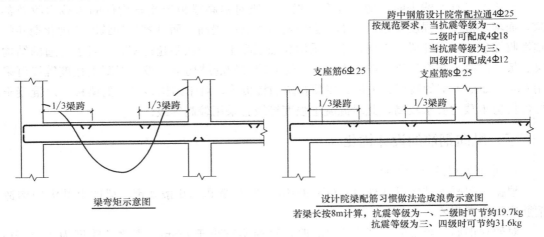

图 9-4-1　梁配筋方式的经济性影响

如果设计师还是觉得不妥，也可以将支座负筋按大小直径混搭的配筋方式，将其中的小直径钢筋拉通作为跨中上部钢筋，并满足《混凝土结构设计规范》GB 50010—2010 第 11.3.7 条的要求，大直径钢筋则在实际断点处（单排配筋及双排配筋的外排筋为 $l_n/3$，双排筋的内排筋为 $l_n/4$）截断。

当框架梁的截面配筋较多时，有时采用Φ28、Φ32等大直径钢筋才能在一排布下，但由于钢筋直径大于25mm时，钢筋锚固长度会增加10%，故在设计时尽量少用Φ28、Φ32等大直径钢筋，当采用较小直径钢筋在一排内布置较困难时，可考虑双排筋的配筋方式，对于第二排负弯矩钢筋可在1/4净跨处截断（第一排在1/3净跨处截断）（《11G101-1》P79～82），对于第二排正弯矩钢筋可在进入支座前截断（《11G101-1》P87），一般来说第二排钢筋自身长度的缩短及锚固长度的缩短足可弥补截面有效高度降低所产生的钢筋增量。

对于剪力墙住宅，普通楼面梁的跨度一般较小，梁截面尺寸一般也较小，梁宽一般以200mm或250mm居多，此时梁支座负筋应尽量采用小直径钢筋，并将角筋兼做通长筋，减少搭接。支座负筋采用小直径钢筋还可减少端支座钢筋的锚固长度，进一步减少用钢量。

梁合理的配筋率一般在1.0%～1.5%，应该尽量减少接近最大配筋率的梁。依据《建筑抗震设计规范》GB 50011—2011第6.3.3条第3款规定："…当梁端纵向受拉钢筋配筋率大于2%时，表中箍筋最小直径数值应增大2mm"。因此应尽量避免梁端纵向受拉钢筋配筋率大于2%，从而造成箍筋用量增加。

悬挑长度较大的悬臂梁，当上部受力钢筋较多时，除角筋需伸至梁端外，其余尤其是下排钢筋均可在跨中切断。跨度较大的悬臂梁，不论其承受的是均布荷载还是梁端集中荷载，其弯矩都是从根部向自由端逐步衰减的，到自由端处衰减到零。因此当上部受力钢筋较多时，除角筋需伸至梁端外，其余钢筋尤其是双排配筋的下排钢筋均可在跨中截断，既节省钢筋又方便施工，是一种切实可行的方法。

3. 梁侧面纵向构造钢筋

如前文所述，当梁腹板高度 h_w 不小于450mm时，规范要求配置间距不宜大于200mm，截面面积不小于腹板截面面积（bh_w）的0.1%的侧面纵向构造钢筋（即腰筋）。需特别注意的是，此处的腹板高度 h_w 对T形截面不是腹板的自然高度，而是截面的有效高度 h_0 减去翼缘高度 h_f（即板厚），即 $h_w = h_0 - h_f$。因此对于板厚分别为100mm、110mm及120mm的板，当梁高不大于580mm、590mm及600mm时，均可不配置腰筋，计算需要配置抗扭腰筋的除外。计算腰筋配筋率时应计入双侧腰筋合计的截面积。为避免施工人员和预算咨询公司对腹板高度概念有误解，绘图时应将构造腰筋在原位标注，或采取列表的方式，不允许在说明中以文字表达。

在实际的设计工作中，很多设计师无论梁宽多大，习惯一律采用 $n\phi12$ 的配筋方式，但其实对于梁宽小于400mm的梁，完全可以采用 $n\phi10$ 的配筋方式，腰筋用量可降低30%。一个工程可能涉及数千乃至上万根梁，经济效益还是非常可观的。

梁侧纵向构造腰筋的作用仅仅是防止梁侧面出现竖向裂缝，因此只要满足规范构造要求即可，没必要超配！

4. 梁横向钢筋

箍筋除计算要求外，构造箍筋的直径不宜随意加大，箍筋间距不宜随意减小，箍筋肢数、肢距满足构造要求即可。按抗震设计的框架梁，应严格控制箍筋加密区长度，不要随意加大。

主次梁相交处以加密箍为优先，吊筋设置与否应根据计算结果文件中剪力包络图为依据，如不需要，不应随意设置，以减少施工麻烦。

第五节　板的精细化设计

一、现浇楼板厚度

在高层剪力墙住宅的标准层中，当现浇板板厚以 100～120mm 为主时，现浇板混凝土用量占标准层混凝土用量的 27%～33%，钢筋用量占标准层钢筋用量的 12%～16%。板厚的取值直接影响自重，直接导致竖向荷载及水平地震力的增加，从而影响梁、墙（柱）及基础的内力乃至截面尺寸与配筋结果。因此楼板厚度取值对整个结构有着牵一发而动全身的效果。此外，当荷载与跨度均较小时，楼板配筋往往由最小配筋率控制，此时增大板厚反而会增大配筋。因此从经济性角度出发，在满足楼板刚度及构造要求的前提下，尽量采用较薄的板厚。

标准层楼板厚度对荷载的影响程度：20mm 厚的板厚占标准层总荷载约 3.3%！

标准层楼板厚度对板配筋的影响程度：仅考虑构造配筋因素，板的配筋量与板的厚度成正比！

标准层楼板厚度对地震力的影响程度：每增加 20mm 厚的板厚，地震力增加约 3.3%！

标准层楼板厚度对梁、柱、墙配筋的间接影响：因荷载间接增加配筋等成本！

标准层楼板厚度对基础的间接影响：因荷载间接增加成本！

板最小厚度的相对值与绝对值　　　　　　　　　　表 9-5-1

项次	板的种类		板厚跨度比	最小厚度(mm)	备注
1	单向板	简支	1/30	60	跨度大于 4m 时适当加厚
2		连续	1/40	60	
3	双向板	简支	1/40	80	
4		连续	1/50	80	
5	无梁楼盖	无柱帽	1/30～1/35	150	
6		有柱帽	1/32～1/40	150	
7	密肋板	单向	1/18～1/20	肋高 250,面板 50	
8		双向	1/20～1/30	肋高 250,面板 50	
9	井字梁楼板		1/35～1/45	70	小跨取大值，大跨取小值
10	现浇空心楼板	边支承单向板	1/30	200	预应力空心板适当减小
11		边支承双向板	1/40	200	
12		点支承无柱帽	1/30	200	
13		点支承有柱帽	1/35	200	
14	悬臂板	悬臂长度≤500mm	1/10～1/12	70	为根部厚度;跨度大于 1.5m 时宜做挑梁
15		悬臂长度>500mm	1/10	80	

对于房地产开发的主打产品——住宅建筑来说，板跨受房间分隔所限，可调整余地不大，且板跨一般不大，因此板厚一般可取表 9-5-1 中靠近下限的值。3m 跨度以内的矩形楼板厚度可取 80～100mm，3～4m 跨度的楼板厚度可取 100mm，客厅等处板跨较大或有异形的板块其楼板厚度可取 120～150mm，屋面板厚度可取 120mm，嵌固端地下室顶板可取 180mm，非嵌固端地下室顶板可取 150mm。

住宅或其他民用建筑的现浇楼板因要埋设电力、通信等管线，一般要求管外径不大于板厚的 1/3，故板厚一般不宜小于 100mm，当板内预埋管线存在交叉时，楼板厚度可能需要 110～120mm，故在强弱电施工图设计图纸中应明确规定板内预埋管线应避免在板厚较小的板块内交叉。

有些城市对楼板最小厚度有硬性规定的，应该按其规定执行，否则可能会在施工图审查环节甚至在质量监督环节出现麻烦。

二、材料的选用与优化

与梁的情况类似，板类构件也应采用高强钢筋及低强度混凝土。而且相比梁来说，板类构件混凝土的水化热更加强烈集中，故为避免温度裂缝的产生，板类构件更应提倡低强混凝土的应用。

因此板类构件混凝土强度等级一般不超过 C30。对于普通的结构板，混凝土强度等级一般为 C25、C20，受力较大的的结构板，混凝土强度等级可采用 C30，如地下室的底板、顶板、屋顶花园的楼板等，对于结构转换层的梁板，对混凝土构件抗剪承载力要求较高，此时混凝土强度等级可考虑采用较高等级。

对于板厚由冲切控制的无梁楼盖或平板式筏基等，加大混凝土强度等级可有效降低板厚，但不如增设柱帽或柱墩更直接有效，故这类构件的混凝土强度等级一般也不超 C30，最高可用至 C35。

板钢筋应采用高强度钢筋（三级钢），对于地下车库顶板等荷载和配筋较大的楼板可以考虑四级钢筋。

三、现浇楼板配筋

当厚板、大跨板及屋面板等需要配板顶贯通钢筋时，贯通钢筋按构造最小值配置，支座配筋不足处用附加短筋补足。

首层、屋面层应配置通长面筋，但通长筋不宜大于 $\Phi 8@150$ 或 $\Phi 10@200$。

屋面板负筋双向拉通，拉通钢筋采用最小配筋率，但间距不大于 200mm，大板块支座处配筋不足者，额外配短筋补足。

对于大跨度双向板，由于板底不同位置的内力存在差异，设计中不宜以最大内力处的配筋贯通整跨和整宽。为了节省用钢量，一般应分板带配筋，且当板底筋间距为 100mm 或 150mm 时，不需将每根钢筋都伸入支座，其中约半数钢筋可在支座前切断。当板面需要采用贯通面筋时，贯通筋的配筋通常不需也不宜超过规定的最小配筋率，支座不足够时再配以短筋，这样既符合规范规定又可节省用钢量。

四、楼板的结构计算模型与计算方法

楼板的配筋与板跨、梁的平面布置形式、荷载及板的边界条件等因素密切相关,针对具体的需要,设计合理的梁平面布置,使得楼板厚度和配筋处于一个合理的范围是设计应做的。对于有次梁的楼盖结构,以板厚由于构造要求不能降低时,可通过调整次梁的布置合理控制现浇板的跨度,以使板的配筋由内力控制而非按构造配筋,由此可发挥高强钢筋的作用,达到节省钢筋用量的目的。

一般住宅类剪力墙结构,板块的划分多由房间布置决定,房间内一般不允许增设次梁,一些较短或轻质墙体下也不必设梁,故结构可调整的余地不大,但可以通过控制板厚使板配筋尽量由计算控制而不是构造控制。

从板的受力模式方面,现浇板宜做成双向板。双向板相对单向板要经济。按 PKPM 计算模型板边跨采用简支计算,配筋结果为 0,即构造配筋,按《混凝土结构设计规范》GB 50010—2010 第 9.1.6 条可以布置Φ8@200 的构造钢筋,而不是采用最小配筋率得到的配筋。PKPM 成图也是如此,单向板非受力边亦需要配置Φ8@200 的构造钢筋,造成浪费。

除有限元分析方法及弹性力学的解析法外,板的计算一般采用分板块法,根据荷载及结构静力计算手册中的弯矩系数去计算板连续边及跨中的弯矩,并据此弯矩配筋。因此必须根据墙梁(包括暗梁)划分出一系列矩形板块,然后确定板块边缘的边界条件,也即支承条件为固接、铰接、四角支承还是自由边。对于板的连续边一般假定为固接,当连续边两侧板跨或荷载不同时,连续边两侧板块的板边弯矩并不相同(边跨支座负弯矩与中间跨支座负弯矩也不相同),此时应该采用类似弯矩分配法使节点平衡后的同一弯矩值去计算该连续边支座的负弯矩筋,而不应该采用连续边两侧弯矩的较大值进行配筋,而 PKPM 软件恰恰是这样做的;对于与边梁相连的板边则按简支考虑,支座配筋按最小配筋率控制;但边跨端部与剪力墙相连时,应根据外墙的厚度确定其合理边界条件,当墙厚大于板厚的 1.5 倍时,墙板截面刚度比已超过 3,此时板端支座可以考虑按固接在墙上来计算,当端跨板跨较大时可大幅降低板跨中截面的弯矩及配筋。

钢筋混凝土现浇板属于多次超静定结构,当采用弹性设计方法时内力配筋过大,安全储备过多。只有考虑钢筋混凝土的弹塑性性能时才能比较充分发挥钢筋混凝土板的承载能力,节约成本且接近实际受力状态。因此对于民用建筑的大多数楼层板宜采用塑性理论计算板的配筋,既方便施工又可节约钢筋用量,但直接承受动力荷载及对裂缝控制严格的板除外。一般来说,双向板采用塑性设计得到的配筋结果较弹性设计的配筋结果节省 30%左右。

当板计算跨度大于 4m 时,应控制板底裂缝配筋,可不控制支座裂缝配筋。

楼梯梯板跨度超过 4m 时,采用梁式楼梯。

【案例】 图 9-5-1 为邯郸某项目的车道顶板配筋图,板厚 200mm,原设计可能是为计算及画图简单方便,可能未经计算根据经验配的钢筋,配筋采用双层双向相同配筋的方式。这种做法对于有结构素养的人一看就知不合理。

其一,从剖面图可看出,覆土厚度从 200mm 到 2100mm 不等,覆土厚度不同,受力钢筋采用相同配筋肯定不妥；

其二，板块属于典型的单向板，垂直于受力方向的分布钢筋可按 0.15% 配置，而原设计却采用与受力钢筋相同的配筋，故可将ϕ12@200 改为ϕ10@250；

其三，板下部正弯矩筋相对于负弯矩筋偏大，连续板的支座弯矩一定大于跨中弯矩，

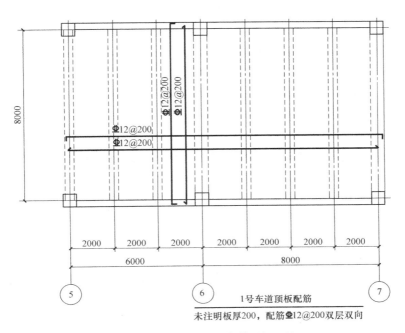

1号车道顶板配筋

未注明板厚200，配筋ϕ12@200双层双向

图 9-5-1　邯郸某项目车道顶板配筋

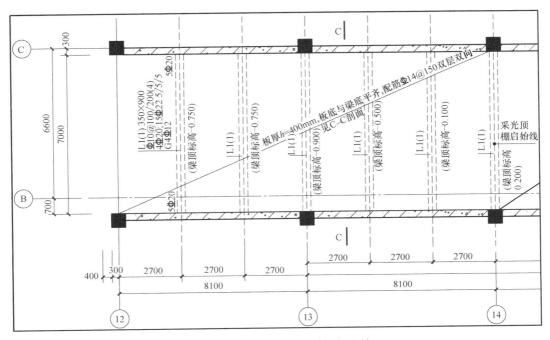

图 9-5-2　沧州某项目坡道顶板配筋

即便采用塑性调幅也是如此，因此支座负筋的计算配筋量一定大于跨中钢筋计算配筋量，板正负弯矩钢筋采用相同的配置不合理；

其四，板负弯矩筋应采用"部分贯通＋部分附加短筋"的配筋方式，不应将所有负弯矩筋全部拉通，必要时可减小板厚。

【案例】 图 9-5-2 为沧州某项目坡道顶板配筋图，为简单的单向连续板结构体系，板跨仅 2700mm，原设计采用 400mm 板厚及 Φ14@150 双层双向的配筋。问题类型同上述案例。经第三方计算复合，即便覆土厚度取 1200mm，活荷载按消防车道荷载来取，板厚从 400mm 降到 200mm 后，受力方向的配筋也不需要 Φ14@150，总的配筋量也只有原设计的一半。也即板厚加了一倍，配筋也加了一倍！

第六节　连接、锚固及配筋构造的精细化设计

锚固与搭接虽然均属构造要求，但在钢筋混凝土结构设计与施工中，几乎每一个结构构件都涉及钢筋锚固与搭接的问题，因此锚固与搭接构造是否合理不但事关结构安全，对钢筋用量的影响也不容忽视。钢筋锚固与搭接长度与钢筋外形、混凝土强度等级、钢筋抗拉强度及直径有关，有关手册或标准图中常根据钢筋外形系数、混凝土轴心抗拉强度设计值及钢筋抗拉强度设计值绘制出以若干倍钢筋直径表示的锚固长度，以方便设计者直接查取，但其来源出处均为《混凝土结构设计规范》。

一、纵向受力钢筋的锚固

对于非抗震设计的受拉钢筋锚固长度，《混凝土结构设计规范》GB 50010—2010 有如下规定：

> 8.3.1　当计算中充分利用钢筋的抗拉强度时，受拉钢筋的锚固应符合下列要求：
>
> 1　基本锚固长度应按下列公式计算：
>
> 普通钢筋
>
> $$l_{ab} = \alpha \frac{f_y}{f_t} d \qquad （式 9-6-1）$$
>
> 预应力钢筋
>
> $$l_{ab} = \alpha \frac{f_{py}}{f_t} d \qquad （式 9-6-2）$$
>
> 式中：l_{ab}——受拉钢筋的基本锚固长度；
>
> f_y、f_{py}——普通钢筋、预应力钢筋的抗拉强度设计值；
>
> f_t——混凝土轴心抗拉强度设计值，当混凝土强度等级高于 C60 时，按 C60 取值；
>
> d——锚固钢筋的直径；
>
> α——锚固钢筋的外形系数，按表 8.3.1（本书表 9-6-1）取用。

锚固钢筋的外形系数 α　　　　　　　　　　　　　　表 9-6-1

钢筋类型	光圆钢筋	带肋钢筋	螺旋肋钢丝	三股钢绞线	七股钢绞线
α	0.16	0.14	0.13	0.16	0.17

注：光圆钢筋末端应做 180°弯钩，弯后平直段长度不应小于 3d，但作受压钢筋时可不做弯钩。

但需注意的是，按上述公式计算得到的只是基本锚固长度l_{ab}，在实际设计与施工中采用的是锚固长度l_a而不是基本锚固长度l_{ab}，受拉钢筋的锚固长度l_a还要将基本锚固长度l_{ab}乘以一个锚固长度修正系数ξ_a而得到，即《混凝土结构设计规范》GB 50010—2010 第8.3.1条第2款：

> 2 受拉钢筋的锚固长度应根据锚固条件按下列公式计算，且不应小于200mm：
> $$l_a = \xi_a l_{ab} \tag{式 9-6-3}$$
> 式中：l_a——受拉钢筋的锚固长度；
> ξ_a——锚固长度修正系数，对普通钢筋按本规范第8.3.2条的规定取用，当多于一项时，可连乘计算，但不应小于0.6；对预应力筋，可取1.0。

《混凝土结构设计规范》GB 50010—2010 第8.3.2条规定如下：

> 8.3.2 纵向受拉普通钢筋的锚固长度修正系数ξ_a应按下列规定取用：
> 1 当带肋钢筋的公称直径大于25mm时取1.10；
> 2 环氧树脂涂层带肋钢筋取1.25；
> 3 施工过程中易受扰动的钢筋取1.10；
> 4 当纵向受力钢筋的实际配筋面积大于其设计计算面积时，修正系数取设计计算面积与实际配筋面积的比值，但对有抗震设防要求及直接承受动力荷载的结构构件，不应考虑此项修正；
> 5 锚固钢筋的保护层厚度为3d时修正系数可取0.80，保护层厚度为5d时修正系数可取0.70，中间按内插取值，此处d为锚固钢筋的直径。

从规范要求可看出，当钢筋直径大于25mm时，钢筋锚固长度会增加10%，故在设计时尽量少用直径大于25mm的钢筋。当钢筋排布较困难时，可考虑较小直径双排筋的配筋方式，其中第二排钢筋对于负弯矩钢筋可在1/4净跨处截断（第一排在1/3净跨处截断）（《11G101-1》P79～82），见图9-6-1，对于正弯矩钢筋，可在进入支座前截断

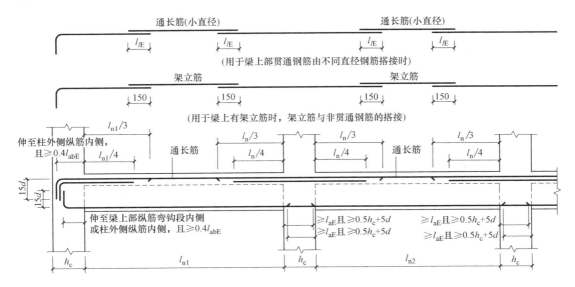

图 9-6-1 抗震楼层框架梁支座负弯矩钢筋截断与锚固方式

419

（《11G101-1》P87），见图 9-6-2。一般来说可弥补截面有效高度降低所产生的钢筋增量，且比大直径单排钢筋要省。对于其他情况需要配置双排钢筋时，第二排钢筋也应采用提前截断的方式。

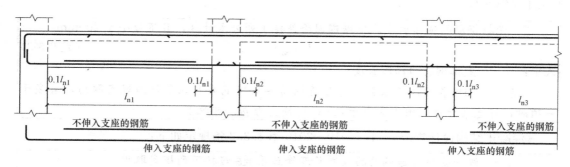

图 9-6-2　抗震楼层框架梁第二排正弯矩钢筋截断方式

当按 8.3.1 条及 8.3.2 条计算得到的受拉钢筋的锚固长度较长，锚固体内无法满足锚固长度要求时，可采用末端加弯钩或机械锚固措施，此时包括弯钩或锚固端头在内的锚固长度可取为基本锚固长度的 60%。弯钩和机械锚固形式和技术要求参见《混凝土结构设计规范》GB 50010—2010 第 8.3.3 条。

前文所述均为非抗震设计的受拉钢筋锚固长度，对于非抗震的地下室、基础、非框架梁及楼屋面板等均适用。当结构构件需进行抗震设计时，钢筋的锚固长度应采用纵向受拉钢筋的抗震锚固长度，可按《混凝土结构设计规范》GB 50010—2010 第 11.1.7 条计算：

11.1.7　混凝土结构构件的纵向受拉钢筋的锚固和连接除应符合本规范第 8.3 节和第 8.4 节的有关规定外，尚应符合下列要求：

1　纵向受拉钢筋的抗震锚固长度 l_{aE} 应按下式计算：

$$l_{aE} = \xi_{aE} l_a \tag{式 9-6-4}$$

式中：ξ_{aE}——纵向受拉钢筋抗震锚固长度修正系数，对一、二级抗震等级取 1.15，对三级抗震等级取 1.05，对四级抗震等级取 1.00；

l_a——纵向受拉钢筋的锚固长度，按本规范第 8.3.1 条确定。

二、纵向受力钢筋的搭接

虽然钢筋机械连接的应用越来越广，但对于小直径钢筋的连接及不同直径钢筋间的连接，大都采用绑扎搭接，而搭接接头长度比锚固长度还要大，一般为锚固长度的 1.2～1.6 倍，因此对钢筋用量的影响更大，设计中应尽量减少钢筋的搭接接头，尤其要避免大直径钢筋间的搭接接头。搭接接头的有关规定见《混凝土结构设计规范》GB 50010—2010 第 8.4.4 条：

8.4.4　纵向受拉钢筋绑扎搭接接头的搭接长度，应根据位于同一连接区段内的钢筋搭接接头面积百分率按下列公式计算，且不应小于 300mm。

$$l_l = \xi_l l_a \tag{式 9-6-5}$$

式中：l_l——纵向受拉钢筋的搭接长度；

ξ_l——纵向受拉钢筋搭接长度修正系数，按表8.4.4（本书表9-6-2）取用。当纵向搭接钢筋接头面积百分率为表的中间数值时，修正系数可按内插取值。

纵向受拉钢筋搭接长度修正系数 表 9-6-2

纵向搭接钢筋接头面积百分率(%)	≤25	50	100
ξ_l	1.2	1.4	1.6

当为抗震设计采用搭接连接时，纵向受拉钢筋的抗震搭接长度l_{lE}应按下列公式计算：

$$l_{lE} = \xi_l l_{aE}$$

式中：ξ_l——纵向受拉钢筋搭接长度修正系数，按《混凝土结构设计规范》GB 50010—2010 第8.4.4条确定。

三、纵向钢筋非受拉的锚固与搭接

对于受压钢筋的锚固，理论上应比受拉钢筋的锚固要求有所降低。《混凝土结构设计规范》在8.3.4条中予以体现：

8.3.4 混凝土结构中的纵向受压钢筋，当计算中充分利用其抗压强度时，锚固长度不应小于相应受拉锚固长度的70%。

受压钢筋不应采用末端弯钩和一侧贴焊锚筋的锚固措施。

对于受拉钢筋，一般是根据边界条件及边界处钢筋的受力状态确定锚固关系，比如受拉钢筋在构件端部不利用其抗拉强度的锚固，就不需满足上述l_a或l_{aE}的要求。

对于非框架梁，跨中正弯矩钢筋到支座附近时已经不再受拉或拉应力很小，因此只需锚入支座12d且过支座中线即可（图9-6-3）。

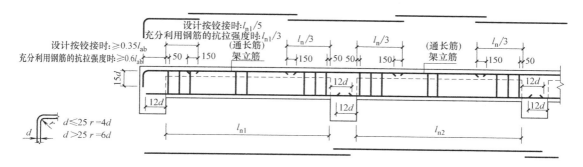

图 9-6-3 非框架梁配筋构造

对于板钢筋在支座的锚固，《混凝土结构设计规范》GB 50010—2010 的要求如下：

9.1.4条 采用分离式配筋的多跨板，板底钢筋宜全部伸入支座；支座负弯矩钢筋向跨内延伸的长度应根据负弯矩图确定，并满足钢筋锚固的要求。

简支板或连续板下部纵向受力钢筋伸入支座的锚固长度不应小于钢筋直径的5倍，且宜伸过支座中心线。当连续板内温度、收缩应力较大时，伸入支座的长度宜适当增加。

【案例】 图9-6-4为唐山某项目板钢筋在支座的锚固，其板边支座钢筋锚固要求欠妥。无论边支座是固支还是铰支，下铁均无 l_a 的要求，下铁可伸至支座中心线且不小于

5d 处截断。

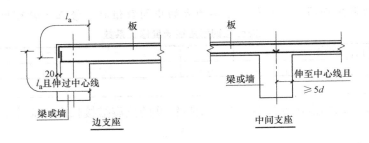

图 9-6-4　唐山某项目板钢筋锚固构造

尽量减少钢筋搭接，比如多层地下室竖向钢筋的钢筋直径与间距尽量一致或成整数倍关系，钢筋采用两层截断一次；住宅主楼地下室外墙水平钢筋当采用分板块配筋时，也应使相邻板块的水平钢筋直径与间距尽量匹配，以尽量减少钢筋的截断与搭接接头数量。

第七节　材料选用的精细化设计

一、混凝土强度等级的选择

混凝土强度等级升高，单价成本直接上升，混凝土强度等级每升高一级，单价提高 5% 左右。以 2015 年 3 月份北京普通商品混凝土市场的价格为例：C20 单价 300 元/m³；C25 单价 310 元/m³；C30 单价 320 元/m³；C35 单价 335 元/m³；C40 单价 350 元/m³；C45 单价 365 元/m³，C50 单价 385 元/m³，C55 单价 405 元/m³，C60 单价 425 元/m³。

柱、剪力墙等以受压为主的构件：提高混凝土强度等级可显著减少柱、墙的尺寸，增加建筑实际使用率；因此对于接近最大适用高度限值的框架结构柱、框剪结构及框架-核心筒结构的框架柱及筒中筒结构的外框筒柱，应优先采用高强混凝土。一般来说，商品混凝土搅拌站能随时供应 C60 及以下强度等级的商品混凝土，因此对轴力较大的柱采用 C55 是比较正常的，超过 C55 则需要慎重评估。尤其是严寒地区冬期施工时，高强混凝土的实际强度能否达到设计要求是一个挑战。此外，高强混凝土具有明显的脆性，且脆性随强度等级提高而增加，而且侧向变形系数偏小而使箍筋对混凝土的约束效果降低，故高强混凝土对抗震不利，因此《混凝土结构设计规范》GB 50010—2010 及《建筑抗震设计规范》GB 50011—2010 均对 C60 以上高强混凝土的应用做出了限制："剪力墙不宜超过 C60；其他构件，9 度时不宜超过 C60，8 度时不宜超过 C70"。而且 C60 以上的混凝土供应也有局限，一般超过 C60 需要与搅拌站提前订制，因此一般情况下要慎用 C60 以上的高强混凝土。

在剪力墙结构混凝土强度等级的竖向收级时，与剪力墙整体浇筑的梁（连梁）混凝土强度等级应与墙身相同，有的设计师对此提出质疑，认为连梁和其他梁施工时难以区分，同一层梁板（包括连梁）应采用同一强度等级。其实不然，一般来说，连梁与剪力墙一起支模、一起浇筑混凝土，而普通梁则与板一起支模、一起浇筑混凝土，二者泾渭分明，不会混淆。故混凝土强度等级完全可以分开。当然若计算模型中的连梁就是与普通楼面梁板采用相同的抗震等级，则与同层梁板采用相同强度等级也没有问题。但连梁采用剪力墙开洞的模拟方式似乎很难在模型中将连梁与墙身的混凝土强度等级分开。

梁式受弯构件：正常情况下，混凝土强度等级对梁的承载力影响甚微，因此，混凝土强度等级对梁的截面及配筋影响很小，而且高强混凝土还会导致构造配筋率的提高，故一般情况下不宜采用高等级混凝土，但是对于如框支梁及截面由抗剪控制的情况宜采用高等级混凝土。对于普通的结构梁，混凝土强度等级优先采用 C25，大多数情况下不超过 C30，但对于框支梁、转换梁则不宜低于 C30，尤其当截面由受剪控制时宜采用更高等级的混凝土，但也不宜高于 C55。

板式受弯构件：楼板是结构中的用钢大户，用钢量占比仅次于剪力墙。板混凝土强度等级的提高的正面影响甚微，但会导致板构造配筋率的提高及增加楼板开裂的几率。对于普通的结构板，混凝土强度等级可取 C25，受力较大的的结构板，混凝土强度等级可采用 C30，如地下室的底板、顶板、屋顶花园的楼板等，对于结构转换层的梁板，对混凝土构件抗剪承载力要求较高，此时混凝土强度等级可考虑采用较高等级。

目前在施工图设计市场中，对混凝土强度等级确实有一种错误认识：墙柱的混凝土强度等级与梁板不能相差两级以上。规范没有此项强制规定，也不符合强柱弱梁的要求。为确保梁柱核芯区的混凝土强度等级不低于柱的强度等级，可通过施工措施先浇注柱墙混凝土及梁柱核芯区的高强度混凝土，并在梁柱交界处的梁端设置加钢丝网的施工缝等措施，然后在核芯区以外浇筑梁板混凝土，以此区分墙柱与楼板混凝土强度等级，保证核芯区混凝土强度等级与墙柱相同。

二、钢筋材料的选用

目前钢材市场的情况与以前有了很大的不同，二级钢 HRB335 正逐渐淡出钢材市场，市场上已经少有供应，四级钢蓄势待发，虽然已经编入《混凝土结构设计规范》GB 50010—2010，但 5 年多来其市场拓展情况似乎较 15 年前三级钢面世之初的拓展速度慢一些，到现在为止大多数项目的主打钢筋仍然是三级钢。不是四级钢在设计市场没有客观需求，也不是四级钢没有性价比的优势，经本人粗浅调查看来，主要是甲方的认识不高，而设计院又担心材料供应不充分的缘故。对于梁板式筏基的地梁及地下车库顶板梁的配筋中，即便采用 HRB400 级钢筋，也经常出现大直径钢筋且需双排其至三排布置的情况，见图 9-7-1、图 9-7-2。这种情况就特别适合采用更高强度等级的四级钢，不但能充分发挥高强钢筋的优势，减少计算用钢量，而且还可通过降低钢筋直径等措施较少钢筋锚固、搭接等构造用钢量。减少钢筋排数后还可提高截面有效高度，则计算用钢量也会有所降低。

从《混凝土结构设计规范》GB 50010—2002 开始，构件最小配筋率即与混凝土强度及钢筋强度直接有关。对于受弯构件、偏心受拉及轴心受拉构件一侧的受拉钢筋，纵向受力钢筋的最小配筋百分率取 0.2 和 $45 f_t/f_y$ 中的较大值。当混凝土强度等级为 C35 时，采用二级钢的最小配筋率由 $45 f_t/f_y$ 控制为 0.236%，采用三级钢的最小配筋率则不由 $45 f_t/f_y$ 控制，因而为 0.2%，框架梁纵向受拉钢筋的最小配筋百分率也存在同样的关系，对于构造钢筋而言，选用 HRB400 级钢筋与 HRB335 相比可大大降低最小配筋率。

因此从构造配筋的规范规定方面，2002 版规范对当初三级钢的推广应用给了很实质性的规范支持。对于梁、板等受弯构件的纵向受拉钢筋，选用高强钢筋代替一级钢及二级

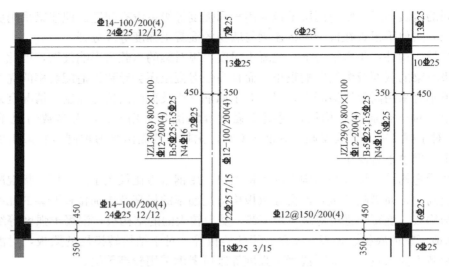

图 9-7-1 北京顺义某项目梁板式筏基地梁配筋

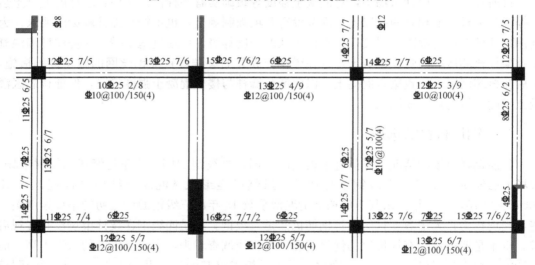

图 9-7-2 北京顺义某项目地下车库顶板梁配筋

钢等较低强度的钢筋，可以充分利用其高强度，大大降低钢筋用量，对钢筋加工、绑扎、施工周期都有很大的益处。

新规范《混凝土结构设计规范》GB 50010—2010 的推出，虽然将四级钢写入规范，但对构件最小配筋率的规定与 2002 版规范相比并没有改变，仍然是 0.2 和 f_t/f_y 中的较大值，因此对于混凝土强度等级为 C35 及以下时，三级钢与四级钢的最小配筋率都是 0.2%，仅当混凝土强度等级≥C40 时才能体现出四级钢的优势，可对于梁板类构件而言，很少采用 C40 及以上混凝土，因此从构造钢筋的规定方面，2010 版规范没能给予四级钢实质性的规范支持，但在计算配筋方面，四级钢的受拉钢筋设计强度为 435MPa，比三级钢的 360MPa 提高了 20.83%，意味着由计算控制的钢筋用量采用四级钢可比三级钢降低 20.83%。而在价格方面，目前四级钢比三级钢贵 200～300 元/t，但小直径盘条钢则贵得多，见表 9-7-1。

品名	规格	材质	钢厂/产地	数量	价格(元/t)
HPB300 高线	6	HPB300	承钢	大量现货供应	2340
HPB300 盘条	8	HPB300	承钢	大量现货供应	2310
HPB300 盘圆	10	HPB300	承钢	大量现货供应	2310
HPB300 盘圆	12	HPB300	承钢	大量现货供应	2390
三级螺纹钢	12	HRB400E	唐宣承	大量现货供应	2320
三级螺纹钢	16	HRB400E	唐宣承	大量现货供应	2250
三级螺纹钢	20	HRB400E	唐宣承	大量现货供应	2220
三级螺纹钢	25	HRB400E	唐宣承	大量现货供应	2220
四级抗震螺纹钢	12	HRB500	唐宣承	大量现货供应	2510
四级抗震螺纹钢	16	HRB500	唐宣承	大量现货供应	2500
四级抗震螺纹钢	20	HRB500	唐宣承	大量现货供应	2460
四级抗震螺纹钢	25	HRB500	唐宣承	大量现货供应	2460
三级盘螺	8	HRB400	唐宣承	大量现货供应	2340
三级盘螺	10	HRB400	唐宣承	大量现货供应	2340
四级盘螺	8	HRB500	唐宣承	大量现货供应	3260
四级盘螺	10	HRB500	唐宣承	大量现货供应	3260

以价差稍大的 16mm 直径钢筋为例，三级钢的市场价格为 2250 元/t，四级钢的市场价格为 2500 元/t，相差 250 元，相当于增加 11.11%，因此当采用四级钢作为受拉钢筋时，四级钢具有很高的性价比。须知目前钢材价格恰值在低位运行，当钢材价格高时四级钢的性价比会更优。

因此建议设计者在进行结构设计时，构造钢筋可以采用 HRB400 钢筋，但计算控制的受拉钢筋则可采用 HRB500 高强钢筋，尤其是基础底板梁板及地下车库顶板梁板等受力较大的构件，当纵向受力钢筋采用四级钢时可大大降低结构的含钢量。对于高层剪力墙结构的楼面梁及连梁，由于梁高及梁宽均非常有限，虽然绝对配筋量不大，但相对于其截面而言，很多时候需要采用 ϕ18、ϕ20 甚至更大直径的钢筋，有时候甚至要采用双排筋，如图 9-7-3 的 L9 的上铁即采用 Φ20 双排钢筋，对于其与剪力墙面外连接的左端，钢筋锚固是根本无法满足要求的，但如果采用四级钢，钢筋直径或根数便可降低一些，虽然有些时候无法根本改变钢筋排布方式及锚固问题，但至少能使情况有所改善，能节省 20% 的钢筋也是不争的事实。

此外，从钢筋市场价格表可以看出，对于 6mm、8mm 及 10mm 等小直径钢筋，三级钢与一级钢已无价差，因此除了对钢筋延性有特殊要求的外（直接承受动力荷载，如吊钩等），对于民用建筑绝大多数的结构构件来说，都已无采用一级钢的必要，但 8mm 及 10mm 等小直径钢筋，四级钢与三级钢的价差较大，甚至超出抗拉强度的提高幅度，因此对于 8mm 及 10mm 等小直径钢筋应优先采用三级钢，不宜采用四级钢。

【案例】 河北承德 RBD7 项目：墙、柱等竖向构件混凝土强度等级虽然沿竖向进行了收级，但采用了跳级的方式，即从 C50 直接收到 C40，又从 C40 直接收到 C30。优化设计

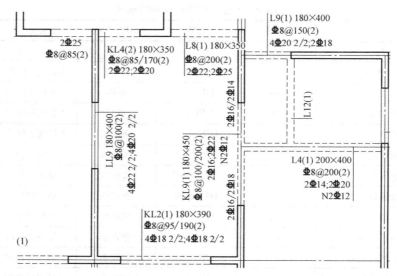

图 9-7-3　保定某项目 A 区 10 号楼标高 60.790～72.390 梁平法施工图

建议，应根据计算沿高度方向以一个强度等级向上递减，即在 C50 与 C40 中间增加 C45，在 C40 与 C30 之间增加 C35 两个强度等级。

同样是该项目，结构梁板混凝土强度等级在同一层内随墙柱混凝土强度等级也采用 C40 及 C50。优化建议结构梁板混凝土强度等级不应随墙柱混凝土也用 C40、C50，且不宜超过 C30，建议底部楼层梁板混凝土采用 C30，顶部楼层采用 C25。

三、钢筋直径的选用

构造钢筋应遵循直径最小化原则，不随意放大一档钢筋。不同直径钢筋的单位长度重量比见表 9-7-2。

不同直径钢筋的单位长度重量比　　　　　　　　　　　　　　表 9-7-2

8mm/6mm	10mm/8mm	12mm/10mm	14mm/12mm
$8^2/6^2=1.78$	$10^2/8^2=1.56$	$12^2/10^2=1.44$	$14^2/12^2=1.36$

第八节　设计结果归并的合理化与精细化

归并有楼层归并与构件归并两个层次。

楼层归并是指多高层建筑标准层层数较多时，对构件尺寸及配筋比较相近的若干楼层统一采用截面尺寸及配筋最大的楼层为代表楼层，其他被代表的楼层就可以不必再另行表示。这是一种宏观层次的归并。

构件归并则是构件层面的归并，一般来说是在同一层中或同一张图纸上对构件截面尺寸相同且配筋相近的构件统一采用配筋最大构件的配筋并以同一个构件编号来表示。因此构件归并相比楼层归并来说是一种微观层面的归并。

可以看出，无论是楼层归并还是构件归并，都是同类楼层或同种构件中以大代小，而

426

不可能是以小代大。以大代小带来的是浪费问题，但以小代大则会产生安全问题。因此归并就意味着浪费，但若不归并，对于某些类型的构件来说，可能构件种类及配筋形式太多，对于材料采购、管理及施工都会造成不便。因此归并是必然的，但并不是说所有的构件都需要归并，有些构件需要归并，比如桩基础及地下车库的柱，无论几何尺寸及配筋都有必要归并，不可能每个柱子每根桩都各不相同；而有些构件则不需要归并，比如独立基础，几何尺寸需要多少就是多少，计算配筋需要多少就配多少，没必要进行归并，可在原位一一标注尺寸及配筋，对设计绘图工作量及施工的复杂程度都没有大的影响；还有些构件几何尺寸可以归并，但配筋则不需要归并，比如平板式筏基的柱墩，对其几何尺寸可以进行归并，但配筋因为一般较大且图面表达方式简单，完全可以在原位进行标注，需要多少就配多少，没有必要进行配筋归并。

在实际设计工作中要做到合理归并。当需要进行归并时，最主要的是确定归并系数或归并区间，归并区间越大，浪费越多，会导致含钢量增加，但设计绘图工作量小，便于施工管理；归并区间越小，浪费约小，但构件配筋种类越多，绘图工作量也越大。从结构设计的经济性出发，归并区间应尽量小一些。

1. 桩基的归并：桩基是必须归并的，而且原则上一个单体建筑不宜多于两种桩型，且应使各桩所承受的竖向荷载尽量接近。比如核心筒下一种桩型，核心筒外是另一种桩型，或主楼范围内是一种桩型，与主楼连体的裙房是另一种桩型等。上述要求对于满堂布桩或墙下布桩来说比较容易实现，一般可通过调整桩的间距来实现。但对于大直径嵌岩桩或人工挖孔桩，因单桩承载力高且材料用量大，很多时候是采用柱下布桩的方式，甚至是一柱一桩。当柱底轴力差别较大时，若都采用同一种桩型就存在比较严重的浪费现象，因此桩型相比满堂布桩或墙下布桩要多一些，但也不是越多越好，而应结合桩基检测费用综合考虑。根据《建筑基桩检测技术规范》JGJ 106—2014 第 3.3.1 条及第 3.3.4 条，"检测数量不应少于同一条件下桩基分项工程总桩数的 1%，且不应少于 3 根；当总桩数小于 50 根时，检测数量不应少于 2 根"。意味着每增加一种桩型就至少增加 2 根试桩，若每一桩型均不少于 100 根，对总的试桩数量还无影响，但若新增桩型的数量较少，就需评估新增桩型对造价的降低及试桩费用增加的关系，如果试桩费用较高，就没有必要新增桩型。

2. 独立基础的归并：独立基础的配筋构造非常简单，就是纵横两个方向的下部钢筋，而且不必关心钢筋末端的锚固问题，因此独立基础完全可以不必归并，直接在原位一一进行标注也没有多少工作量。比如 1.5m×1.5m 的独立基础，若归并为 1.8m×1.8m 独立基础，在基础高度与配筋大小均不变的情况下，混凝土与钢筋用量就增加了 44%，而且一般来说，基础平面尺寸越大，则基础高度越大、基础每单位宽度的计算配筋量也要增大，因此造价的增加远不止 44%。

3. 柱墩的归并：柱墩的平面尺寸较大且数量有限，故具备在原位标注平面尺寸与配筋的条件，标注方式也比较简单直观。因此对柱墩的几何尺寸可以进行归并，但配筋则无需归并，需要多少钢筋就配多少钢筋，直接在原位标注即可。而且柱墩的配筋一般较大，在配筋时应优先选用小直径、密间距的配筋方式，最小间距可取为 70mm，同时配筋间距摒弃以 50mm 为模数，改为以 10mm 为模数。以 $\phi32$ 钢筋为例，当钢筋间距从 100mm 变为 110mm 时，每米宽度配筋量可降低 731mm²，接近 $\phi14@200$ 的钢筋量，对用钢量影响非常可观。对于两个方向计算配筋量相差较大的柱墩，应该沿两个方向采用不同配筋。以上配筋措施在原位标注很容易实施，但若采用归并的方式就很难实施，光归并工作本身就很费时费力，有归并的时间早已在原位标注完毕，而且归并后的构件种类也会非常多。

4. 高层建筑的楼层归并：高层建筑竖向构件截面尺寸沿竖向的收级，对于框架柱一般 5～8 层变一次截面，对于剪力墙则可根据计算指标（层间位移角、轴压比等）对墙厚及混凝土强度等级进行 3～5 次收级，墙厚可从 250mm、220mm、200mm、180mm 变到最小 160mm，但对于构件配筋则应在截面尺寸收级的基础上再行细分，一般建议 3～5 层对配筋归并一次。水平风荷载、地震作用小的地区取高值；水平风荷载、地震作用大的地区取低值。

5. 墙柱的归并：沿竖向的归并同上述楼层归并，在同一配筋标准层内各构件之间的归并则尽量细一些。尽量将归并误差控制在 5% 以内。沿竖向归并不同配筋标准层之间上下对应的构件纵筋尽量采用直径相同但数量不同的方式，以方便大直径纵筋的机械连接，减少搭接接头的数量。有的框架结构施工图，其柱子编号没有考虑沿竖向层间的对应关系，只在各个平面内单独编号，因此在竖向为同一根柱子但各层的柱编号却不同，这样在进行柱子归并设计时就很难照顾到纵向钢筋的对应性，这种做法是不值得提倡的。

6. 梁的归并：沿竖向的归并同上述楼层归并。框架结构最多 3 层作为一个配筋标准层，框剪结构层最多 5 层作为一个配筋标准层。在同一配筋标准层内，梁的归并系数要取小，并严格按照计算配筋，配筋误差超筋值宜控制在 5% 以内。梁的归并一般会导致10%～15% 的钢筋超配，故在设计中要格外留意。

7. 板的归并：在结构标准层的楼层范围内，各楼层的板配筋无差别，即便对建筑标准层进行了竖向构件的收级，对楼板的配筋影响也不大。故楼板配筋沿竖向的归并一般问题不大，但在同一配筋标准层内，各板块之间是否进行归并、怎样归并则对用钢量会有影响。对于住宅类的楼板，板块大小不一、边界条件及荷载也往往各不相同，因此住宅类建筑的楼板一般不需要在层内进行归并，在原位一一标注配筋即可。但对于框架结构、框剪结构等具有较规则柱网的结构，具有相同板块、边界条件与荷载的板块会比较多，具备进行归并的条件。此时一般是根据板跨大小进行归并，因此归并区间的大小就很关键。有的设计院以 1000mm 为归并区间，这个归并区间就太大了，意味着 3000mm 跨的板可能要与 3900mm 跨的板归并到一起，配筋会增加多少呢？69%！这样的归并是不能接受的。

笔者认为以 300mm 为归并区间就已经很大了，当把 3000mm 跨的板归并到 3300mm 跨时，计算配筋会增加 21%，同样难以接受。针对此种情况，笔者建议最好是通过合理的次梁布置，尽量使大多数的板跨相同。无法做到相同时则需根据同等板跨的板的数量多少决定归并区间。比如上述 3000mm 跨的板与 3300mm 跨的板，若 3000mm 跨的板数量很多，就不应归并到 3300mm 板跨，但如果数量很少，只有 1～2 块板，则归并到3300mm 板跨也无妨，但如果归并到 3900mm 就不应该了。

细致的归并貌似繁琐，但如果设计过程能将工作一步到位，工作量也不大。但如果过程中没做好，后期再想细化，工作量就会比较大。因此归并并不仅是对结果的归并，过程控制很重要。

第十章 外部设计条件对岩土结构成本的影响及优化策略

第一节 对勘察报告中岩土设计参数的评价与优化

地质勘察费用所占很小，但地质勘察对岩土、结构成本的影响却非常大，特别是对基坑边坡、基础以及地下室等与岩土有关部分的成本造价将起到决定性的作用。作为甲方或优化咨询单位，对于勘察报告提供的岩土设计参数及抗浮设计水位等参数，因为对结构成本影响比较大，甲方一定要客观评估，对于不合理的设计参数一定要质疑、评估，必要时可动用第三方力量或组织专家论证，不要拿过来就用，盲目接受。

现在常见一些勘察单位以低价中标，却往往原位测试与室内试验数量不足，只好向甲方提交偏于安全，甚至过于安全的勘察成果，对于甲方是因小失大。

也有很多三四线城市的本土勘察单位，按理说对本区域岩土地质应该积累了大量的工程经验，但遗憾的是这些本土勘察单位的勘察成果更加保守，置国家标准、地方标准、室内试验结果及原位测试结果于不顾，硬是在上述规范建议值及勘察评价结果的基础上再打一个很大的折扣，以结构安全为名，行保守勘察之实。反正甲方也不懂，保守的勘察成果既没有风险也不会被甲方发现，所以就可以任性而为之，久而久之就成为一种习惯、一种惯例甚至上升为地区经验而理直气壮、心安理得了。

这是没有自信且不负责任的表现。

目前的房地产开发市场对上部结构的成本控制似乎都很关注，对主体结构设计单位提出了钢筋与混凝土含量的限值指标，对于保守的设计单位也往往是口诛笔伐甚至处以罚则。但须知上部结构的浪费与岩土地基基础方面的浪费相比则如冰山一角、九牛一毛。岩土设计参数取值合理与否，是否保守，很多时候不仅仅是基础尺寸小点、桩长短点或桩数少点那么简单，有的时候甚至可以彻底改变地基基础方案，从桩基变为复合地基或由复合地基变为天然地基，甚至直接从桩基变为天然地基，影响的可能是数百上千万的造价。说直白点，勘察报告的一个数，就可能让业主多花数百上千万元，于心何安啊。尤其在房地产市场处于低潮时期，成本控制就是开发商的生命线，勘察人员仅仅是由于自己无底线的保守，就让开发商背负沉重的成本压力，承受难以承受之重。作为为甲方提供专业服务的岩土勘察单位，是有违契约精神的。

一份优秀的勘察成果，不但能提供所有岩土结构设计所需的工程地质与水文地质参数，而且这些参数要尽量做到合理，而合理的参数不但要满足安全性的要求，而且要满足经济性的要求，即在满足安全的情况下要尽可能经济。正如保守设计体现不出设计者的设计水平一样，保守勘察同样也不是高水平勘察的表现。因此对于岩土设计参数的确定，可以有高有低，但一定要有根据，而且是经得起质疑和推敲的根据，不能以习以为常的地方保守习惯作为根据。

从这个角度，选取一个经验丰富、负责任、有担当、服务配合意识好的地质勘察单位，并给予合理的勘察费用是做好岩土工程勘察、取得既安全又经济的岩土设计参数的关键因素，是真正能够大幅降低造价、以小博大的明智之举。是岩土工程设计优化的第一道屏障。而甲方自身或第三方咨询单位对勘察工作的过程控制及成果审核把关则是确保勘察成果既安全又经济的第二道屏障。一旦第一道屏障失控，如果存在第二道屏障且及时发挥作用，也可发挥防微杜渐或亡羊补牢的作用。

一、天然地基承载力取值与评价

《建筑地基基础设计规范》中对地基承载力特征值作了如下定义：指由荷载试验测定的地基土压力变形曲线（p-s 曲线）线性变形段内规定的变形所对应的压力值，其最大值为比例界限值。

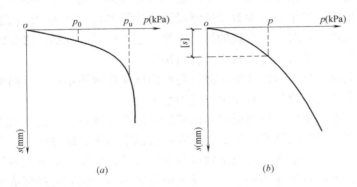

图 10-1-1　按静载荷试验曲线 p-s 确定地基承载力
（a）有明显的比例界限值；（b）比例界限值不明确

当 p-s 曲线有比较明显的起始直线段和陡降段（陡降型），可得到比例界限荷载 p_0 及极限荷载 p_u，如图 10-1-1（a）。当 $p_0 < p_u/2$ 时，取 p_0 作为承载力特征值 f_{ak}。当 $p_0 > p_u/2$ 时，取 $p_u/2$ 作为承载力特征值 f_{ak}。当曲线的斜率随荷载的增加而逐渐增大，p-s 曲线无明显转折点时（缓变型），如图 10-1-1（b），对于黏性土，取 p-s 曲线上 $s = 0.02b$（b 为载荷板的宽度）所对应的压力作为承载力特征值 f_{ak}，对于砂土，可采用 p-s 曲线上 $s = (0.010\sim0.015)b$ 所对应的压力作为承载力特征值 f_{ak}。

应该说，通过载荷试验所得到的天然地基承载力特征值相比其他手段所得到的天然地基承载力特征值是最直观、最可靠的，然而，鉴于岩土工程的复杂性及诸多不确定性，用于具体工程设计的地基承载力特征值不能仅靠载荷试验的结果，还需结合理论计算公式、其他原位测试手段及工程实践经验进行综合评价。

对此，《高层建筑岩土工程勘察规程》JGJ 72—2004 给出如下建议：

8.2.5　在确定地基承载力时，应根据土质条件选择现场载荷试验、室内试验、静力触探试验、动力触探试验、标准贯入试验或旁压试验等原位测试方法，结合理论计算和设计需要进行综合评价。

《建筑地基基础设计规范》GB 50007—2011 第 5.2.3 条：

5.2.3　地基承载力特征值可由载荷试验或其他原位测试、公式计算，并结合工程实践等方法综合确定。

因此从规范的精神可以领悟到"综合评价"或"综合确定"对地基承载力评价的重要性。这里的综合评价或综合确定是指通过各种方法分别对地基土进行评价并对不同的结果进行甄别、判断，并结合设计需要所做出最终评价的过程，是依据但不依赖任何一种方法的评价方式，即不是简单的取平均值或最小值，也不是在评价结果的基础上打折的做法。

表 10-1-1 为某实际工程勘察报告提供的承载力综合评价结果，没有最重要的载荷试验评价结果，但相比一般的勘察报告而言，也算是比较全面的评价了。

各地基土层承载力分析表（单位：kPa）   表 10-1-1

土层编号	土层名称	按土工试验成果值查表	$c、\varphi$ 计算 f_{ak}	静探估算 f_{ak}	标贯计算 f_{ak}	建议值 f_{ak}
2-1	粉质黏土	238	205	210	195	200
2-2	黏土	239	225	215	195	220
3	粉质黏土夹粉土	168	95	153	162	150
4-1	粉质黏土夹粉土	85	82	120	124	100
4-2	粉土	118		165	185	160
5-1	粉质黏土	253	233	245		240
5-2	黏土	258	265	250	262	260
5-3	粉质黏土夹粉土	203	185	220	210	200
5-4	粉质黏土	202	224	235	220	220
6-1	粉质黏土	139	80	145	165	130
6-2	粉土	116		175	189	160
6-3	淤泥质粉质黏土	95	85	121	101	90
7-1	粉质黏土	258	237	265	245	240
7-2	粉质黏土夹粉土	225	185	235	250	220
7-3	粉质黏土	266	245	256	265	250

从表 10-1-1 可以看出，该地勘报告的综合评价结果也即最右侧一栏的建议值就没有取各评价方法所得结果的最小值，而是加入了工程判断的成分。

地基土随成因、应力历史、颗粒组成、化学成分等不同，即使原位测试指标相同，其力学性质也可能有很大差异；即使在同一场地条件下，土的力学指标离散性一般也较大，因此强调因地制宜原则。自 2002 版《建筑地基基础设计规范》开始取消了原 89 规范的地基承载力表，也是这一原则的具体体现。但因地制宜不是保守勘察的借口，因地制宜所得的地基承载力也必须要有根据。而且本着因地制宜的原则，各省市一般制定比较符合本辖区内地质情况的地基承载力评价标准，比如《北京地区建筑地基基础勘察设计规范》DBJ 11—501—2009 及《河北省建筑地基承载力技术规程》DB13J/T 48—2005 等都有地基承载力评价标准。在这种有针对性地方标准可供直接参考情况下，勘察人员更没有必要畏首畏尾，按地方标准的评价方法去评价取值即可，没必要再进行打折处理。

【案例】 河北邢台某项目根据建筑物埋深及岩土层分布状况，大部分建筑物基底标高在第③层中砂层厚度范围内，个别较深或较浅的基础可能会落在第④层粉质黏土层或第②层粉质黏土层内。图 10-1-2 为典型地质剖面图。

1）根据室内试验物理力学指标确定地基土承载力特征值

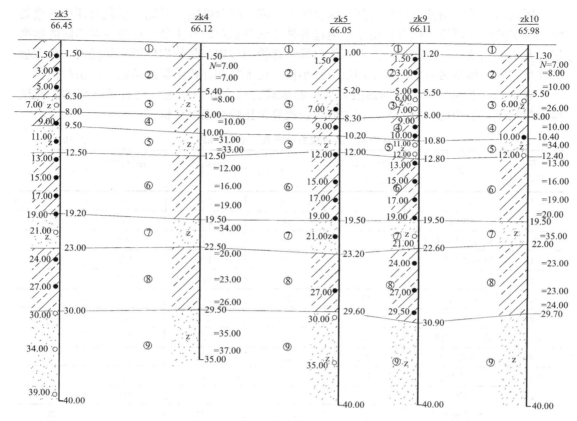

图 10-1-2　河北邢台某项目地质剖面图

根据《河北省建筑地基承载力技术规程》DB13（J）T 48—2005，邢台地区属于山前平原区（Ⅱ区），可按表 10-1-2 确定第②层粉质黏土及第④层粉质黏土的承载力特征值。经查勘察报告提供的"物理力学指标统计表"，第②层粉质黏土的液性指数 $I_L=0.47$、天然孔隙比 $e=0.605$；第④层粉质黏土的液性指数 $I_L=0.64$、天然孔隙比 $e=0.717$，经查表 10-1-2，第②层粉质黏土的承载力特征值为 287kPa、第④层粉质黏土的承载力特征值为 213.7kPa。但勘察报告所给承载力特征值分别为 110kPa 及 140kPa，严重偏低。

Ⅰ、Ⅱ区黏性土承载力特征值（河北省规程表 6.0.2-1）　　　　表 10-1-2

孔隙比 e ＼ 液性指数	0.00	0.25	0.50	0.75	1.00
0.5	470	410	360	(320)	
0.6	375	325	285	250	(225)
0.7	305	270	230	210	190
0.8	260	225	200	180	160
0.9	220	195	170	150	135
1.0	195	170	150	135	120
1.1		150	135	120	110

注：有括号者仅供内插用。

2）根据原位测试指标确定地基承载力特征值

根据标准贯入试验锤击数对第②层粉质黏土及第④层粉质黏土的承载力特征值进行评价，第②层粉质黏土经杆长修正后标准贯入试验锤击数分别为 7.9（平均值）击及 7.5 击（标准值），查表 10-1-3 得承载力特征值分别为 195.7kPa 及 188.75kPa；第④层粉质黏土经杆长修正后标准贯入试验锤击数分别为 9.5（平均值）击及 6.8 击（标准值），查表 10-1-3 得承载力特征值分别为 223.75kPa 及 177kPa；均远大于勘察报告所给承载力特征值 110kPa 及 140kPa。

Ⅰ、Ⅱ区黏性土承载力特征值（河北省规程表 6.0.3-8）　　表 10-1-3

N	3	5	7	9	11	13	15
f_{ak}(kPa)	115	150	180	215	250	285	320

对于第③层中砂可按表 10-1-4 确定承载力特征值，根据勘察报告，第③层中粗砂经杆长修正后标准贯入试验锤击数平均值为 20.3 击、标准值为 17 击。查表 10-1-4 并内插，则按平均值及标准值查得的承载力特征值分别为 262.4kPa 及 236kPa。勘察报告所给承载力特征值为 140kPa，严重偏低，甚至低于中砂垫层的承载力。

中、粗砂承载力特征值（河北省规程表 6.0.3-14）　　表 10-1-4

N	10	15	20	25	30	35	40	45	50
f_{ak}(kPa)	180	220	260	300	340	380	420	460	500

经综合评定并参考其他项目经验，对第②③④层的天然地基承载力特征值可分别取 180kPa、230kPa 及 170kPa。

经甲方顾问公司与勘察单位多轮沟通和交涉，最后将第②③④层的天然地基承载力特征值分别由原来的 110kPa、140kPa 及 140kPa 提高到 120kPa、180kPa 与 150kPa。虽然没能达到预期承载力数值，但因大部分基础埋深在第③层，从 140kPa 到 180kPa 近 29% 的提升幅度还是不错的，尤其对于一些多层或小高层住宅，经深宽修正后天然地基承载力即可满足要求，省去了地基处理的工期及费用。

二、压缩性指标（变形计算参数）的取值与评价

1. 变形计算参数取值偏低

当地基基础设计由变形控制或者采用变刚度调平设计方法调整主裙楼间的差异沉降时，作为变形计算的重要依据——变形计算参数取值的准确性与合理性就尤为重要，如果变形计算参数本身就不准或过于保守，计算结果也没有太大意义。当设计由变形控制而需要改变地基基础形式时，更会造成很大的浪费。因此甲方及其顾问咨询单位不但要重点关注承载力的取值，也不要遗忘对地基变形计算参数的审核与评估。

同样以上述邢台项目为例，原勘察报告对第③层中密状态的中砂层，压缩模量取值仅为 12MPa，这个数值就低得有点离谱了。即便是中砂垫层，根据《建筑地基处理技术规范》JGJ 79—2012，第 4.2.7 条文说明表 7 中给出的压缩模量也高达 20～30MPa。

根据《北京地区建筑地基基础勘察设计规范》DBJ 11—501—2009 第 7.4.10 条，对第四纪沉积土可根据标准贯入试验锤击数 N 和深度 z 按下式计算压缩模量

$$E_s=0.712z+0.25N+\eta_s=0.712\times6+0.25\times17+18.1=26.62\text{MPa} \quad (\text{式 10-1-1})$$

因此勘察报告中对第③层中密状态中砂的压缩模量仅为 12MPa 是不恰当的，建议提高到 20MPa 以上。第⑤⑦⑨层中砂的压缩模量相应提高。

经多轮交涉，最后勘察单位将该中密中砂层的压缩模量提高到 17MPa，可见其保守勘察的惯性有多大。

2. 勘察报告未提供各压力区间的压缩模量

《建筑地基基础设计规范》GB 50007—2011 的重要原则是按变形控制设计，故准确确定土的变形指标（压缩性指标）是变形控制设计的前提。土的压缩模量不是常数，随压力的增大而增大，但增长率逐渐减小。由于地基变形具有非线性性质，故采用固定压力段下的 E_s 值必然会引起沉降计算的误差，故在计算地基变形时，某一土层的压缩模量应按实际工作状态时的应力状态取值，即取对应于该层土自重压力与附加压力之和的压力段的压缩模量。

对工程设计人员而言，岩土工程勘察报告是地基基础设计的重要依据，一系列物理力学指标都应以勘察报告中提供的值为准，包括土的压缩性指标。但各勘察单位在其成果报告中对压缩性指标的整理结果却不尽相同，理想的勘察报告应该是提供各层土在其最大可能压力值范围内各压力区间的压缩模量，以列表的形式给出，见表 10-1-5。

西安某工程勘察报告提供的压缩模量列表　　　　　　　　　表 10-1-5

地 层	地基土各压力段下的压缩模量 E_s（MPa）						
	0.1～0.2	0.2～0.3	0.3～0.4	0.4～0.5	0.5～0.6	0.6～0.7	砂类土
②黄土状粉质黏土	8.7						
③圆砾							40.0
④粉质黏土	7.2						
⑤圆砾							40.0
⑥粉质黏土	8.5	8.7					
⑦中粗砂							30.0
⑧粉质黏土	8.3	8.5	13.2	15.0			
⑨粗砂							40.0
⑩粉质黏土	9.9	10.5	13.0	19.0	20.0		
⑪圆砾							45.0
⑫粉质黏土	8.6	9.0	13.1	14.2	15.5	18.0	
⑬砾砂							40.0

能提供这样的成果固然好，但在笔者实际所遇的工程中，能够在勘察报告中将各压力段下的压缩模量整理成文字表格形式的并不多，大多是仅在物理力学性质统计表中提供 0.1～0.2MPa 压力区间的压缩模量（$E_{s0.1-0.2}$）及综合固结试验（压缩试验）成果 e-p 曲线，有的勘察报告甚至连 e-p 曲线都不提供，这时设计者应该理直气壮地索要相应压力段的压缩模量或索要各层土的 e-p 曲线，再从中查取各压力段的压缩模量，不可一概采用 $E_{s0.1-0.2}$ 去进行地基变形计算。虽然物理力学性质统计表中也提供了压缩模量值，但该值仅是 0.1～0.2MPa 压力区间的压缩模量 $E_{s0.1-0.2}$，在工程实践中，$E_{s0.1-0.2}$ 仅作为土的一项物

理力学指标用来判断土的压缩性类别。若直接将 $E_{s0.1-0.2}$ 用于地基变形验算，将使计算结果严重偏大。

地基土的压缩性可按 p_1 为 100kPa，p_2 为 200kPa 时相对应的压缩系数值 a_{1-2} 划分为低、中、高压缩性，并应按以下规定进行评价：1）当 $a_{1-2} < 0.1 \text{MPa}^{-1}$ 时（$E_s > 15\text{MPa}$），为低压缩性土；2）当 $0.1\text{MPa}^{-1} \leqslant a_{1-2} < 0.5\text{MPa}$ 时（$4\text{MPa} < E_s \leqslant 15\text{MPa}$），为中压缩性土；3）当 $a_{1-2} \geqslant 0.5\text{MPa}^{-1}$ 时（$E_s \leqslant 4\text{MPa}$），为高压缩性土。

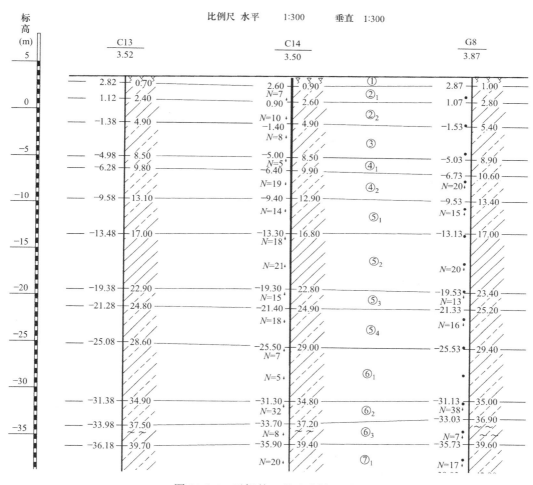

图 10-1-3　无锡某工程地质剖面图

图 10-1-3、图 10-1-4 来自无锡某工程的勘察报告，对照图中的地质剖面，可见⑥₁ 层顶的自重应力约为 570kPa，⑥₁ 层底的自重应力约为 700kPa，故⑥₁ 层的平均自重应力超过 600kPa。假如建筑物采用桩基，桩端持力层为⑥₁ 层，则验算桩基沉降时第⑥₁ 层土应采用 600～800kPa 压力段的压缩模量。从图中 e-p 曲线查得，⑥₁ 层土 $E_{s0.6-0.8}$ ＝ 13.5MPa，该值约为 $E_{s0.1-0.2}$ ＝4.7MPa 的三倍，若此时仍然采用 $E_{s0.1-0.2}$ 值去计算桩基沉降，将使计算结果产生严重偏差。

故变形计算必须采用合适压力区间的压缩模量，若勘察报告没有提供所需压力段的压缩模量，则应向勘察单位索要，不可一概采用 $E_{s0.1-0.2}$，也不宜主观臆测，应以勘察单位

435

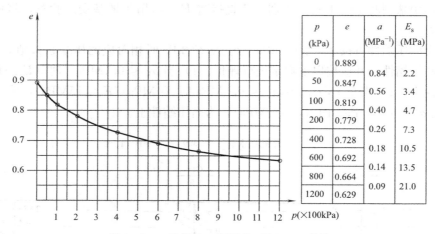

图 10-1-4　无锡某工程第⑥₁ 层土 e-p 曲线

提供的数据为准。若勘察报告提供了 e-p 曲线，则可从 e-p 曲线中查得。

　　【案例】　哈尔滨某酒店主楼高度 168m，桩长 32m，桩端持力层为粗砂层，下卧层为强风化泥岩，层顶埋深约为 55m。勘察报告仅给出强风化泥岩在 0.1～0.2MPa 区间的压缩模量（6MPa），据此算得的主楼沉降达 150mm。后向勘察单位索要强风化泥岩层对应于其所受压力区间的压缩模量（31MPa），据此算得的主楼沉降约 70mm，差异明显，设计者不可不慎。

三、桩基设计参数的取值与评价

　　此处的桩基包括常规桩基，也包括刚性桩复合地基中的竖向增强体，但不包括柔性桩复合地基中的竖向增强体。目前桩基设计参数也有越来越保守的趋势，因此有必要审核把关并进行必要的优化。

　　桩基的分类方式有多种，但从成桩工艺对承载力影响程度的角度，可分为混凝土预制桩、泥浆护壁钻（冲）孔灌注桩及干作业钻孔灌注桩三类。这也是《建筑桩基技术规范》JGJ 94—2008 第 5.3.5 条估算单桩承载力时提供桩侧阻、桩端阻建议值的分类方式。桩侧阻、桩端阻会因上述三种成桩工艺的不同而不同，大概的规律是：混凝土预制桩的侧阻略大于灌注桩的侧阻，其端阻与干作业钻孔灌注桩的端阻接近，但远大于泥浆护壁钻（冲）孔灌注桩的端阻；干作业钻孔灌注桩的侧阻与泥浆护壁钻（冲）孔灌注桩的侧阻相近，但其端阻远大于泥浆护壁钻（冲）孔灌注桩的端阻。

　　因此，理想而完善的岩土工程勘察报告应该按上述三种不同工艺分别给出桩侧阻与桩端阻的建议值，由甲方及设计单位根据最终采用的成桩工艺酌情采用。

　　但现在的很多勘察单位，不仅参数取值保守，而且所提供的桩基设计参数大都不标明成桩工艺，甚至连预制桩与灌注桩都不加区分。这是非常不科学、不严谨的。还有的勘察单位或岩土工程师甚至不能正确区分泥浆护壁成孔灌注桩与水下浇筑混凝土工艺之间的区别，对于长螺旋钻机成孔这类干作业成孔的灌注桩，只要在桩长范围存在地下水，就一律按泥浆护壁钻孔灌注桩对待，这都是不对的。

　　【案例】　高碑店某项目采用 CFG 桩复合地基，桩端持力层为第⑧中砂层，桩长不小于 15m，桩径 400mm。

甲方优化意见：

1）第⑧中砂层，标准贯入试验 N 值范围为 21～27，属中密偏密实的状态。当桩长不小于 15m 且采用长螺旋钻孔压灌桩工艺（典型的干作业钻孔桩工艺）时，桩基规范给定的极限端阻力标准值为 3600～4400kPa。而勘察报告中给出的值仅为 1200kPa，严重偏低，请根据规范并结合地区经验进行调整。

2）上述中砂层极限侧阻力标准值取值 55kPa 也偏低，请相应调整。

勘察单位回复：第 8 层中砂层，极限端阻调整为 2500kPa，极限侧阻力调整为 60kPa，相关变更文件扫描件见附件。

【案例】 保定某项目与前述案例情况类似，表 10-1-6 为原勘察报告的桩基设计参数，未根据成桩工艺进行区分。

桩的极限侧阻力及极限端阻力标准值一览表 表 10-1-6

土层编号	岩土名称	极限侧阻力标准值 q_{si}（kPa）	极限端阻力标准值 q_p（kPa）	备注
⑤	粉质黏土	45		
⑤₁	粉土	45		
⑤₂	细砂	45		
⑥₁	粉土	55		
⑥₂	中砂	55	1200	
⑦₁	粉土	60	700	
⑦₂	细砂	55	1100	
⑦₃	粉质黏土	55	700	
⑦₄	细砂	55	1200	
⑧₁	粉质黏土	55	1000	
⑧₂	中砂	60	1400	

注：以上数据仅用于初步设计估算单桩承载力时使用，施工图设计应以静载试验为准。

表 10-1-7 为根据甲方优化意见修改的桩基设计参数，明确了干作业钻孔灌注桩的桩基设计参数。

灌注桩（干作业）的极限侧阻力及极限端阻力标准值一览表 表 10-1-7

土层编号	岩土名称	极限侧阻力标准值 q_{si}（kPa）	极限端阻力标准值 q_p（kPa）	备注
⑤	粉质黏土	55		
⑤₁	粉土	50		
⑤₂	细砂	45		
⑥₁	粉土	60		
⑥₂	中砂	55	1800	
⑦₁	粉土	60	1000	
⑦₂	细砂	55	1200	

土层编号	岩土名称	极限侧阻力标准值 q_{si}（kPa）	极限端阻力标准值 q_p（kPa）	备注
⑦₃	粉质黏土	60	800	
⑦₄	细砂	55	2000	
⑧₁	粉质黏土	60	1000	
⑧₂	中砂	60	2500	

注：以上数据仅用于初步设计估算单桩承载力时使用，施工图设计应以静载试验为准。

【案例】 邢台某项目采用CFG桩复合地基，住宅区桩端持力层为第⑦层中砂层，商业区桩端持力层可选择第⑨层中砂层，原勘察报告不但桩基设计参数取值偏低，而且未提供第⑨层中砂层的桩基设计参数。经甲方顾问公司优化后，勘察单位提供修改后的桩基设计参数见表10-1-8，其中第⑦层中砂层的桩端阻由1800kPa提高到2000kPa，虽然不够理想，但新增第⑨层中砂层的端阻则为3300kPa，还是比较合理的。

长螺旋钻孔泵压混凝土桩（CFG桩）极限侧阻力与极限端阻力标准值　　表 10-1-8

土层编号	土层名称	桩极限侧阻力标准值 q_{sik}（kPa）	桩极限端阻力标准值 q_{pk}（kPa）
③	中砂	45	—
④	粉质黏土	50	—
⑤	中砂	55	—
⑥	粉质黏土	55	900
⑦	中砂	60	2000
⑧	粉质黏土	58	1100
⑨	中砂	65	3300

四、基坑支护设计参数的取值与评价

对于边坡与基坑支护工程，影响最大的是岩土的抗剪强度指标 c 与 φ，一般需要通过野外取样并经室内试验得到。对于 c 与 φ 的取值，不仅仅是保守与否的问题，还和试验方法及试验条件密切相关。试验方法分为三轴剪切试验与直接剪切试验两种。三轴剪切试验又叫三轴压缩试验，根据固结与排水条件分为不固结不排水剪试验（UU）、固结不排水剪试验（CU）及固结排水剪试验（CD）；直接剪切试验又根据试验加载速度与排水条件分为慢剪试验、固结快剪试验及快剪试验。勘察工作都需要做何种类型的剪切试验、对试验结果如何评价并给出建议值、在进行岩土工程设计时又将采用何种抗剪强度指标，是困扰岩土结构工程师的常见主要问题。一般来说，可按如下原则选用：

1）对于淤泥及淤泥质土，应采用三轴不固结不排水抗剪强度指标；

2）对正常固结的饱和黏性土应采用在土的有效自重压力下预固结的三轴不固结不排水抗剪强度指标；当施工挖土速度较慢，排水条件好，土体有条件固结时，可采用三轴固结不排水抗剪强度指标；

3）对砂类土，采用有效应力强度指标；

4）验算软黏土隆起稳定性时，可采用十字板剪切强度或三轴不固结不排水抗剪强度指标。

5）作用于支护结构的土压力和水压力，对砂性土宜按水土分算的原则计算；对黏性土宜按水土合算的原则计算；也可按地区经验确定；

6）主动土压力、被动土压力可采用库仑或朗肯土压力理论计算；当对支护结构水平位移有严格限制时，应采用静止土压力计算。

很多时候，勘察报告正文所给基坑支护设计参数并未按不同试验方法分别给出，而是给出一组比较笼统的值，此时可查勘察报告所附"物理力学指标统计表"，当内容缺失时可向勘察单位索要。

φ 值对主动土压力系数 K_a 的影响很大，其值的变化对 K_a 的影响也比较敏感，因此在 φ 值的取值方面尤其要慎重。表 10-1-9 为内摩擦角 φ 与主动土压力系数 K_a 之间的对应关系：

φ 与 K_a 的对应关系

表 10-1-9

φ	11	12	13	14	15	16	17	18	19	20
K_a	0.680	0.656	0.633	0.610	0.589	0.568	0.548	0.528	0.509	0.490
φ	21	22	23	24	25	26	27	28	29	30
K_a	0.472	0.455	0.438	0.422	0.406	0.390	0.376	0.361	0.347	0.333
φ	31	32	33	34	35	36	37	38	39	40
K_a	0.320	0.307	0.295	0.283	0.271	0.260	0.249	0.238	0.228	0.217

五、场地较大或地质条件变化较大时的岩土工程设计参数取值

当场地较大且地质条件在场地内呈渐变状态，或场地虽不大但地质条件的变化较大时，若按整个场地统一给出有关岩土工程特性参数必然导致地质条件好的区域的岩土工程特性参数取值偏低，导致在岩土工程设计上偏于保守，可能会给岩土工程造成较大浪费。

针对这种情况，可以分片区甚至分楼栋提供岩土工程特性参数，尤其是天然地基承载力、压缩模量及桩基设计参数等指标，完全可以分片区、分楼栋单独评价并根据评价结果给出不同的建议值。这其实也是一个归并的问题，将整个场地一次性归并改为分片区、分楼栋各自分别归并。

六、勘探孔深度、间距及勘察工程量的有余与不足

勘探孔深度、间距可根据《岩土工程勘察规范》GB 50021—2001（2009 版）确定，不必人为放大。

总平面图未最终敲定时可仅做初勘、暂不做详勘，避免建筑物移位后大量勘探孔被废；初勘布孔时应结合详勘的布孔要求进行布设，使初勘的勘探孔在详勘阶段仍可利用，尽量减少勘察工程总量。

需进行场地地震安全性评价工作的，在进行地质勘察时，应同时考虑场地地震安全性评价的要求，并将地质勘察孔作为场地地震安全性评价所需的工程钻孔，重复利用。

至于原位测试的种类与数量、室内试验的种类与数量，主要是掌握适度原则，原则上

是满足需要即可，避免有余与不足两种极端情况。室内试验因成本相对低廉，且受试样扰动情况的影响较大，可适当多取一些，以使试验及评价结果更接近真实，一般来说会得到更高更可靠的岩土工程特性指标，相比其勘察费用的增加是值得的。尤其对于基坑支护所需要的抗剪强度指标，因扰动只能导致试验结果的抗剪强度指标降低，适当增加试验数量可降低个别受扰动的试样对总体评价结果的不利影响，使试验结果更真实、更可靠。

关于平板载荷试验，因其费用高、工期长，现在很多工程的岩土工程勘察都不做平板载荷试验。不可否认的是，虽然载荷试验结果受载荷板尺寸的影响而会有所偏差，但载荷试验成果在所有原位测试与室内试验中仍然是最真实可靠的成果，在勘察成果越来越保守的情况下，当场地内各建筑物的持力层土层相对比较唯一时，可以对持力层岩土做有针对性的浅层平板载荷试验，当建设规模较大时是非常值得的。以前述邢台项目为例，中密中砂层的天然地基承载力只敢给到 140kPa，经甲方顾问公司多次沟通后也只敢提高到 180kPa，假设载荷试验结果能够提高到按河北地方标准确定的地基承载力的下限值 236kPa，也是非常值得的，相比省去的地基处理费用，载荷试验的费用就不值一提了。一般来说，载荷试验的评价结果比勘察报告中的建议值至少提高 50% 以上。同时载荷试验成果也是甲方及勘察单位非常宝贵的第一手资料，对于积累区域勘察经验，建立地质资料数据库可起到举足轻重的支撑作用。

地勘报告关于基础选型、地基处理的建议应具有灵活度，应多推荐几种可行方案，以便进行多方案的技术经济综合比较。

地基承载力取值与实际的符合度，可作为考核地勘单位指标之一，如果地基承载力取值与实际偏离太大，说明地勘单位的技术力量、成本意识及服务意识较弱，这样的勘察单位要慎用，不要贪图便宜，因小失大。

基础施工过程中及时纠偏，一旦发现地基承载力取值与实际偏离度较大，应通知地勘单位勘验现场，适时调整地基承载力取值，并要求设计院对基础设计进行变更。必要时可做载荷试验以进一步验证及提高地基承载力。

第二节　对勘察报告中抗浮设计水位的评价与优化策略

抗浮设计水位的高低，直接影响地下室底板、外墙的截面与配筋计算以及是否需设抗浮锚杆/抗浮桩等，对成本的影响非常直接、敏感。

【案例】　秦皇岛某项目总建设用地约 130203.7m²，地上总建筑面积为 309863 m²。项目主要为住宅及配套公建。1～14 号高层区位于小区中北部，场区北高南低，西高东低，呈斜坡状，地面高程变化在 12.09～22.29m 之间，相对高差 10.2m。场地地貌属汤河冲积平原。

由于拟建高层建筑之间均为 2 层地下车库，纯地下室部分上部结构荷载较小，而基础埋深较大，根据现行的有关国家及地方标准规范的要求，需要进行抗浮验算。抗浮设防水位的合理与否，涉及底板、侧地下室外墙以及抗拔桩的设计及成本，直接关系到工程的总造价、施工工期及建筑物的安全。

抗浮设防水根据场区地下水分布情况，总体趋势为北高南低、西高东低。场区东部、东北部、南部的水位标高变化不大，标高约 10.0m，但场区西侧 10 号楼周围区域内地下水位较高，水位标高约 15m，明显高于场区其他区域的稳定水位。根据上述情况，勘察单位在场区西侧补充了 4 个钻孔，174～177 号，水位标高 14.27～15.39m。进一步印证了场区西侧水位较高的特点。

原勘察报告场地抗浮设计水位建议：场地内无强透水层，基坑开挖后形成积水池。工程竣工后雨期降水极易沿地下室（地库）四周灌（渗）入基坑内无法排除，形成较大浮力，且消散缓慢，抗浮水位宜按设计室外地坪设防，建议基坑回填时地库四周回填黏性土或地表采取防渗措施。

而根据报规总图，车库范围的室外地坪设计标高从 16.2m 到 19.7m 不等，而基底标高则从 6.3m 到 9.3m 不等，基底水头高度达到了 10m，不但要采取抗拔桩或抗拔锚杆等抗浮稳定措施，底板及地下室外墙的厚度及配筋也会大大增加，高抗浮设计水位的代价非常大。

为此，甲方聘请了第三方专业咨询单位，专门针对场地内的抗浮设计水位展开了咨询，给出了抗浮设防水位的建议，并出具了完整的咨询报告。

咨询报告根据场区的地层分布、现状地下水条件、场区地下水位的年变幅及可能的极端情况、基础埋深等，综合考虑上述各种有利和不利因素，建立场区一定深度地基土层的渗流模型，进行渗流计算分析，得到场区不同区域的抗浮设防水位建议值，见表 10-2-1 及图 10-2-1。

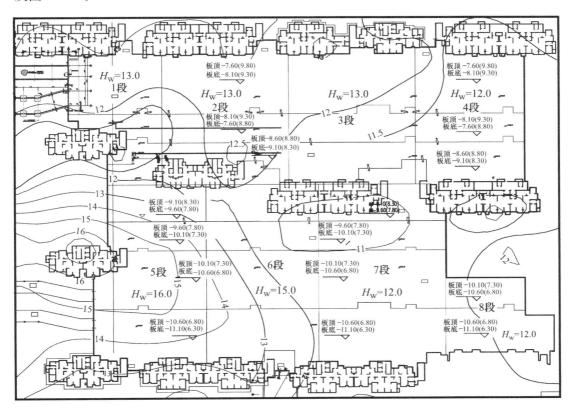

图 10-2-1　抗浮设防水位分区及标高图

场区不同区域抗浮设防水位标高建议值 表 10-2-1

分区	抗浮设防水位标高建议值(m)	基底标高(m)	备注
1 段	13.0	9.3、8.8、8.3	
2 段	13.0	9.3、8.8、8.3	
3 段	13.0	9.3、8.8、8.3	
4 段	12.0	9.3、8.8、8.3	
5 段	16.0	7.8、7.3、6.8、6.3	
6 段	15.0	7.8、7.3、6.8、6.3	
7 段	12.0	7.8、7.3、6.8、6.3	
8 段	12.0	6.8、6.3	

经过此项咨询，在原勘察报告建议的抗浮设防水位基础上，将实际采用的抗浮设防水位大幅降低，平均降幅达 4.0m 左右。仅此一项，根据甲方项目公司设计部的估算就可节省造价在千万元左右。因此从这个意义上，甲方聘请专业的咨询公司进行优化咨询服务是花小钱办大事的明智之举。

第三节　对"地震安全性评价"结果的评价与应对策略

影响结构成本的客观因素很多，诸如抗震设防烈度、工程地质与水文地质等，对于具体的项目来说，选址确定便已成为常量，一般来说很难改变。但也有特例，比如地震安全性评价所带来的变数。

根据自 2002 年 1 月 1 日起施行的《地震安全性评价管理条例》，符合一定条件的工程需进行地震安全性评价：

第十一条　下列建设工程必须进行地震安全性评价：

（一）国家重大建设工程；

（二）受地震破坏后可能引发水灾、火灾、爆炸、剧毒或者强腐蚀性物质大量泄露或者其他严重次生灾害的建设工程，包括水库大坝、堤防和贮油、贮气、贮存易燃易爆、剧毒或者强腐蚀性物质的设施以及其他可能发生严重次生灾害的建设工程；

（三）受地震破坏后可能引发放射性污染的核电站和核设施建设工程；

（四）省、自治区、直辖市认为对本行政区域有重大价值或者有重大影响的其他建设工程。

对于房地产开发项目，前三条基本上不沾边。但第四条则具有很大弹性，换句话说是赋予了地方政府很大的自由裁量权，只要地方政府行政管理部门（地震局）认为有必要，就可以定性为"对本行政区域有重大价值或者有重大影响的其他建设工程"，这样房地产开发商就必须要花这笔钱，如果地震安评结果再弄出点花样，开发商还得大费周折去积极争取，否则损失更大。

【案例】　秦皇岛某项目，位于秦皇岛市开发区内，老城区边缘，项目周围 2 公里内分布着河北科技示范学院、秦皇岛一中及多个已建成房地产开发项目。总建设用地约

$130203.7\mathrm{m}^2$，地上总建筑面积为 $309863\mathrm{m}^2$。项目主要为住宅及配套公建，属于一般的房地产开发项目。整个建筑场地抗震地段划分属对建筑抗震一般地段，理论上没有做地震安评的必要。抗震设防烈度为 7 度，设计地震分组为第三组，二类场地土，特征周期为 0.45s。

该地块不但进行了地震安全性评价，而且地震安评所给参数还大大高于规范所列数值。其中多遇地震的水平地震影响系数最大值高达 0.096，较规范值高 20%，意味着地震力高 20%，所有参与抗侧力体系构件的计算配筋全部提高 20%。后经甲方前期部门反复沟通，当地地震局做出了修正，将地震安评的地震设计参数修改到基本与规范一致。

表 10-3-1 为现行《建筑抗震设计规范》GB 50011—2010 规定的水平地震影响系数最大值 $\alpha_{\max}$。

水平地震影响系数最大值 表 10-3-1

地震影响	6 度	7 度	8 度	9 度
多遇地震	0.04	0.08(0.12)	0.16(0.24)	0.32
罕遇地震	0.28	0.50(0.72)	0.90(1.20)	1.40

注：括号中数值分别用于设计基本地震加速度为 $0.15g$ 和 $0.30g$ 的地区。

表 10-3-2 为第一次审批意见。

建筑工程抗震设计参数 表 10-3-2

50 年超越概率	$A_{\mathrm{m}}(\mathrm{gal})$	β_{m}	$\alpha_{\max}$	$T_1(\mathrm{s})$	$T_2(\mathrm{s})$	r
63%	36	2.6	0.096	0.10	0.30	0.9
10%	104	2.6	0.276	0.10	0.40	0.9
2%	196	2.6	0.52	0.10	0.45	0.9

表 10-3-3 为第二次审批意见。

建筑工程抗震设计参数 表 10-3-3

50 年超越概率	$A_{\mathrm{m}}(\mathrm{gal})$	β_{m}	$\alpha_{\max}$	$T_1(\mathrm{s})$	$T_2(\mathrm{s})$	r
63%	32	2.5	0.08	0.10	0.35	0.9
10%	104	2.6	0.275	0.10	0.40	0.9
2%	196	2.6	0.52	0.10	0.45	0.9

第四节 对"人防设计要点"中人防配建指标与抗力级别的评价及应对策略

人防工程不是中国特色，新加坡自 2001 年以后，也在住建局主导下的保障性住房及市场主导的商品房开发中加入了 Civil Defence Shelter（人防掩体简称 CD Shelter），不过与我国的人防地下室不同，他们的这个 CD Shelter 不是建在地下，而是建在楼中套内，其四壁、底板及顶板均为加强的钢筋混凝土结构，设计时要求 CD Shelter 能单独作为最后一道防线抵御常规武器的袭击。平时可作为储藏间，战时用作人防掩体。

1. 人防工程配建面积标准

2003 年 2 月 21 日由国家国防动员委员会、国家发展计划委员会、建设部、财政部四部委联合颁发的《人民防空工程建设管理规定》，前文有述，不再重复。

除了以上国家层面的法律法规外，各省市自治区一般也有自己的地方规定，见"总平面与竖向设计优化"中的有关章节，本书在此不再赘述。

2. 人防地下室的特点及成本控制原则

人防地下室不同于普通地下室。普通地下室是为稳定地上建筑物或实现某种用途而建的，没有防护等级要求。人防地下室是根据人防工程防护要求专门设计的。其区别有：（1）人防地下室顶板、侧墙、地板都比普通地下室更厚实、坚固，除承重外还有一定抗冲击波和常规炸弹爆轰波的能力。（2）人防地下室结构密闭，有滤毒通风设备，有防化学、生物战剂的设备和能力，而普通地下室没有。（3）人防地下室有室外安全进出口，普通地下室没有。（4）人防地下室的防震能力要比普通地下室好。战时对普通地下室进行必要的加固、改造，也可使其具有一定的防护效能。

因此人防地下室的造价要比普通地下室高出很多，一般要高出 25％左右。人防地下室的产权一般归人防办，开发商拥有平时的使用权与管理权。对于开发商来说是一项支出较大但收益不多的成本支出。

对于人防配建面积，主要是要熟悉国家及地方法律法规的有关规定，在方案阶段就要考虑人防面积最小化的方案，如限制多层及小高层住宅的地下室埋深等。在人防报批阶段，则要重点核查人防主管部门核发的《防空地下室设计要点》，看其上开列的人防工程建筑面积是否超出估算面积等。

对于配建人防的抗力等级，因为没有明确规定，就具备积极争取的空间。尽量争取 6级人防，尽量不建 5 级及 5 级以上的人防。当必须建一部分 5 级人防时，也应坚持最小化原则，降低高等级人防的比例。

444

第三篇
典型工程建筑结构优化设计案例分析

第十一章　哈尔滨某综合体项目建筑结构优化

图 11-0-1　哈尔滨某综合体项目鸟瞰图

第一节　工程概况

1. 地块情况

地块位于哈尔滨市南岗区，在哈市偏东方向，紧邻哈市东二环路（南直路），属城市建成区，距哈尔滨火车站约 7km，距会展中心仅 500 多米。占地面积 39520m²，为商住混合用地。地块总体呈"L"形，东临南直路，南邻闽江路，西侧为建成住宅区，北侧西段紧邻已建成的某住宅区（与本项目为同一开发商），北侧东段紧邻在建住宅楼（与本项目同期建设）。总建筑面积 390520m²，其中地上总建筑面积 286520m²，地下建筑面积 104000m²，综合容积率为 7.25。主要包含住宅、公寓、商业、酒店及会所五种业态及其配套功能。

图 11-1-1　项目四至情况

2. 建筑设计概况

地块整体呈 L 形，建筑物几乎布满整个地块。分南区北区，总建筑面积 390520m²。南、北区在地下连为一体，地上通过 41m 高的室外中庭（共享入区大堂）连接。北区主楼为 168m 高的五星级酒店，建筑平面呈椭圆形，南区主楼由 2 栋 120m 高的精装公寓及 1 栋 120m 高的普通住宅组成。南北区主楼均与裙房连为一体，南区裙房地上主体部分为

主要技术经济指标 表 11-1-1

<table>
<tr><th colspan="9">技术经济指标表</th></tr>
<tr><td colspan="3">总用地面积(m²)</td><td>39520</td><td colspan="2">容积率</td><td colspan="3">7.25</td></tr>
<tr><td colspan="3">用地性质</td><td>商住混合用地(C/R2)</td><td colspan="2">建筑密度(%)</td><td colspan="3">62.0%</td></tr>
<tr><td colspan="3">总建筑面积(m²)</td><td>390520</td><td colspan="2">绿地率(%)</td><td colspan="3">9%</td></tr>
<tr><td rowspan="8">地上</td><td rowspan="3">住宅</td><td>住宅</td><td>19159.03</td><td colspan="2">绿地面积(m²)</td><td colspan="3">3557</td></tr>
<tr><td>公寓</td><td>98307.60</td><td rowspan="3" colspan="2">停车泊位(个)</td><td colspan="2">地上</td><td>60</td></tr>
<tr><td>合计</td><td>117466.63</td><td colspan="2">地下</td><td>2800</td></tr>
<tr><td rowspan="3">公建</td><td>商业</td><td>91920</td><td colspan="2">合计</td><td>2860</td></tr>
<tr><td>会所</td><td>500</td><td rowspan="2" colspan="2">建筑限高(m)</td><td colspan="2">住宅</td><td>120</td></tr>
<tr><td>酒店</td><td>76633.37</td><td colspan="2">酒店</td><td>168</td></tr>
<tr><td colspan="2">合计</td><td>286520</td><td rowspan="4" colspan="2">建筑层数</td><td colspan="2">酒店</td><td>42</td></tr>
<tr><td rowspan="5">地下</td><td rowspan="2">公建</td><td>商业</td><td>25540.08</td><td colspan="2">住宅</td><td>30</td></tr>
<tr><td>酒店</td><td>8031.81</td><td colspan="2">美凯龙</td><td>5</td></tr>
<tr><td colspan="2">停车场</td><td>45748.11</td><td rowspan="2" colspan="2">备注</td><td rowspan="2" colspan="3">包含雨棚面积:500m²</td></tr>
<tr><td colspan="2">人防兼停车场</td><td>24680</td></tr>
<tr><td colspan="2">合计</td><td>104000</td><td colspan="2"></td><td colspan="3"></td></tr>
</table>

5层商业建筑（沿街商铺3层、会所6层），在5层顶形成屋顶广场，既作为屋顶的活动场地，也构成主楼的第三入口。北区裙房分1层、5层、6层3个区域，以影院及商业为主。南、北区所有建筑均设三层地下室，B1主要为商业，B2、B3以停车为主，其中有相当部分为平战结合的人防地下车库；人防出口通过长通道引出，分别设在地面停车场（实为商业街）及酒店西侧紧邻建成区的狭长区域内。

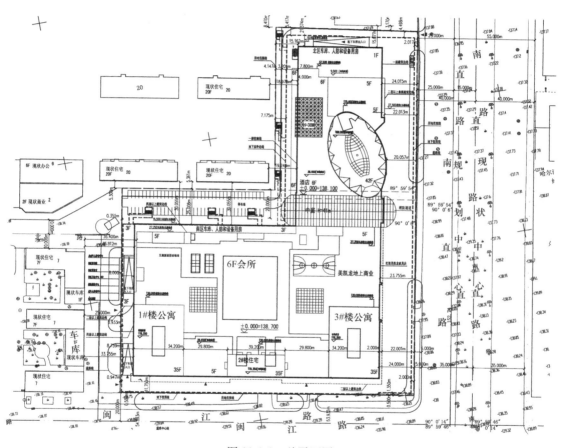

图 11-1-2 总平面图

南区主楼建筑最高点标高为130.05m、大屋面结构顶标高119.35m。地下3层，地上35层（其中裙楼商业部分为5层）。主楼标准层层高均为3.1m。B2、B3按双层机械停车库考虑层高均为5.4m，B1考虑到部分地下结构的顶板覆土层高为6.0m，首层层高5.5m，2～4层商业层高均为4.9m，5层（裙房顶层）层高为5.4m。

3. 结构设计概况

1）工程与水文地质情况

哈市虽毗邻松花江，但地下水位非常低，稳定水位埋深在19m以下，主要原因是地面以下15m以内②～⑦层土质均为粉质黏土，属于不透水层。场地埋深15m处初见⑧层

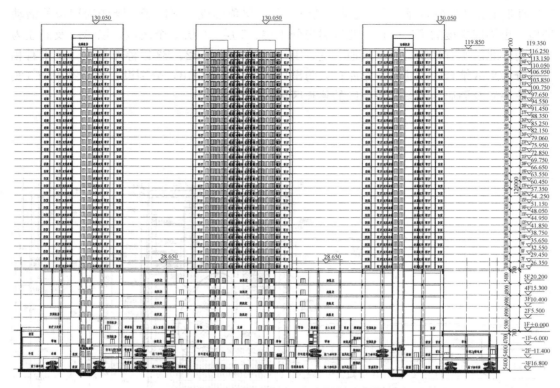

图 11-1-3　南区 1、2、3 号主楼及裙房建筑剖面图

细砂，埋深 17m 处初见⑨层粗砂。本工程主楼基础埋深约 19m，裙楼基础埋深也在 18m
左右，主裙楼基础基本可落在⑨粗砂层上。⑧层细砂承载力特征值 $f_{ak}=130kPa$，⑨层粗
砂承载力特征值 $f_{ak}=280kPa$，是理想的天然地基持力层。

2）地基基础设计

原设计主楼裙楼均采用钢筋混凝土灌注桩，其中南区主裙楼及北区裙楼采用长螺旋钻
孔灌注桩工艺，属于干作业成孔工艺，北区主楼则采用泥浆护壁成孔灌注桩工艺。南北区
主楼均为整体式筏基，裙楼则为桩承台加防水板。

3）主体结构设计

公寓为钢筋混凝土框架核心筒结构，住宅为普通剪力墙结构，酒店为巨柱框架双筒结
构体系，巨柱内含钢骨。裙楼及其地下室均为钢筋混凝土框架结构。整个结构的竖向构件
（柱及剪力墙）均落地，未发生结构转换。

4. 施工概况

本工程拟建建筑物布满整个场地，土地利用率极高，施工场地非常局促，只有西侧北
侧基坑外的狭长区域能作为施工临时设施场地，而且开挖深度达到 18～19m，故完全不具
备放坡开挖条件，支护设计采用锚杆-钢桩-木板条体系。南区人防出口位于商业街的停车
场内，该停车场在用地红线之内、地下室外墙之外，由于施工场地过于紧张，这片区域被
用作总包的临时办公用房。打算在裙房商业地下结构完工后再进行人防出口的施工。但原
支护结构设计施工未将 6 个独立的人防出口楼梯围进支护结构之内，且人防出口楼梯需下
到地下三层，开挖深度同样需要 18～19m，故将来人防出口楼梯及地下通道的施工仍需考

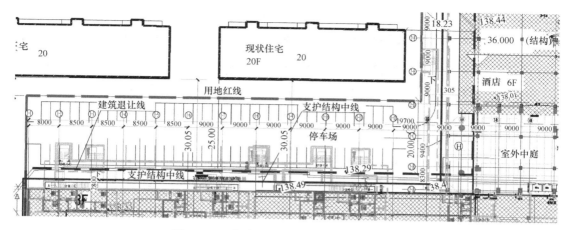

图 11-1-4　人防出口与商业街停车场的关系

虑支护开挖的问题，对成本、工期及商业运营均带来极大挑战。

第二节　设 计 优 化

一、南区主楼桩基优化

图 11-2-1、图 11-2-2 为 1 号、3 号主楼桩基布置图，其中 1 号楼与 3 号楼上部结构几乎完全相同。在原设计与优化设计中，1 号楼与 3 号楼也均采用相同布桩。但由于工期原因，1 号楼按原设计施工（见图 11-2-1），3 号楼则按优化设计施工（见图 11-2-2）。

从布桩方式看，1 号楼采用了不等间距的行列式布桩，设计者似有意加密核心筒与内柱之间的布桩，3 号楼则采用等间距布桩、核心筒加密的布桩方式。

从技术质量角度，1 号楼桩反力与沉降分布不均匀性较差，最大反力与最小反力相差达 3 倍以上，而 3 号楼桩反力与沉降分布则比较均匀，最大反力与最小反力相差在 1.5 倍以内；从试桩结果来看，1 号楼的前两根试桩不合格，后不得不降低承载力后进行再分析，若非后两根试桩将试桩极限荷载增加一级，则试桩结果评估的承载力将会更低，可能出现降低承载力再分析无法通过的情况，后果非常严重。相比 3 号楼，试桩结果则全部合格，且质量相当稳定。

从经济角度，1 号楼桩混凝土理论用量（超灌 1m，不考虑充盈系数）为 4986m³，钢筋用量（主筋三级、箍筋一级）为 181t，扣除主材的综合单价为 600 元/m³；3 号楼桩混凝土理论用量（超灌 1m，不考虑充盈系数）为 3941m³，钢筋用量（主筋二级、箍筋一级）为 118t，扣除主材的综合单价为 390 元/m³，比 1 号楼分别减少了 1045m³（混凝土）、62t（钢筋）及 210 元/m³（不含主材综合单价）。仅此三项，按当地当时的市场材料价格计算，总计可节约成本 200 多万元，经济效益相当显著。2 号楼也采用优化后方案，节省造价 100 多万元。而且从桩基施工记录可以看出，1 号楼桩的充盈系数高达 1.4～1.5（主要是堵管等因素造成混凝土浪费较多），而 3 号楼桩的充盈系数为 1.2～1.3，故 1 号

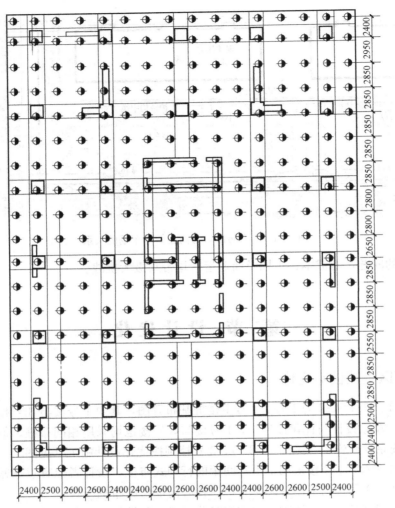

图 11-2-1　1号主楼桩基布置图

（桩径 800mm，桩长≥30m，总计 320 根）

楼的实际混凝土用量差比理论用量差要大得多，可能达到 1250m³ 左右。此外，1号楼原设计还有孔底注浆（地方标准《钻孔压灌超流态混凝土桩基础技术规程》DB 23/360—2007 中的先注浆工艺）的要求，在优化设计（2号、3号楼）中予以取消。工艺的简化意味着材料费（水泥浆）等直接成本和措施费（注浆费用）的降低及施工进度的加快。遗憾的是，成本与预算合约部门没有针对工艺的简化就综合单价与桩基分包单位进行谈判，对甲方来说是一种损失。对于1号楼桩基施工充盈系数超高的问题，技术部门虽多次呼吁，但一直未得到相关部门的回应。所以说设计优化离不开成本预算合约部门的配合及跟进，否则技术方面的优势很可能因为相关部门的懈怠而大打折扣甚至完全丧失。

从进度方面，1号楼虽然先开工但却最后完工，桩基施工时间超过一个月，而3号楼桩基施工仅用 15 天，施工速度差异明显，当然，这其中有施工组织等非技术因素。

1号楼 800mm 直径桩基工程综合单价及施工速度较慢的原因分析：虽然同为长螺旋钻机干作业成孔后插钢筋笼工艺，但从合同单价可以看出，800mm 直径桩扣除主材的综

450

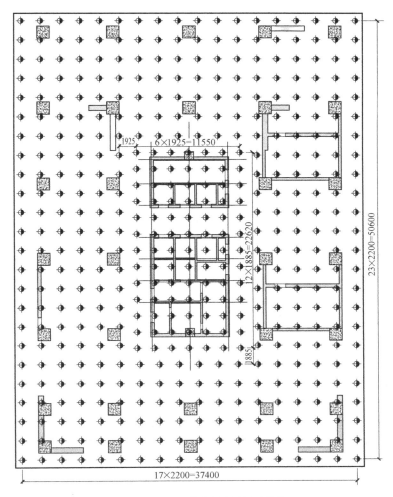

图 11-2-2　3 号主楼桩基布置图

(桩径 600mm，桩长 29.5m，总计 457 根)

合单价为 600 元/m³，600mm 直径桩扣除主材的综合单价为 390 元/m³，差价达 210 元/m³；而从施工速度来看，1 号楼桩基工程的整个工期是 3 号楼的 2～3 倍。分析原因，单价高的主要原因有四个方面：1）800mm 直径的钻杆较 600mm 直径钻杆市场供应较少，物以稀为贵，单价自然要高；2）对于这种干作业成孔工艺，直径越大钻进越困难，钻进效率较低；3）直径越大相应钢筋笼也越重，钢筋笼起吊、就位、沉放的难度加大；4）单桩混凝土用量较多（16.6m³），当采用商品混凝土用普通混凝土罐车运输时，单桩浇筑量需三个班次（一辆混凝土罐车的标准容量为 6m³），混凝土生产与运输时间又无法精确把握，故混凝土浇筑的间歇次数多、浇筑时间长，混凝土坍落度损失严重，极易引起堵管，使浇筑速度再次降低，形成恶性循环。在此过程中也浪费大量混凝土，而一旦最先浇筑的混凝土过了初凝时间，钢筋笼沉放会更加困难。施工速度慢的原因，除了上述 2）3）4）条外，钢筋笼吊装、沉放过程未配备吊车及振动送筋器，而钢筋笼又较长，完全靠钢筋笼及操作工人的自重沉放钢筋笼，不但效率极低，对钢筋笼本身及桩沪身混凝土浇筑质量都有较大的破坏。虽然 3 号楼桩施工也未配备吊车及振动送筋器，但因钢筋笼较短、直径小、重量轻，故起吊、就位容易，沉放阻力小，且因单桩混凝土用量小，混凝土浇筑时间短，堵管概率小，也基本不会发生因先浇筑的混凝土达到初凝而沉不下去的情况，故整体施工速度较快。

南区主楼优化成果小结：不考虑实际充盈系数的差别，理论上，1 号楼可节省直接成本200 多万元（实际因非技术因素未实施），2 号楼可节省直接成本 100 多万元，3 号楼可节省直接成本 200 多万元，合计可节省直接成本 500 多万元，若考虑充盈系数的差异，理论上 1、2、3 号楼共可节约直接成本 600 万元；此外，2 号楼节省工期 10 天，3 号楼节省工期 15 天。

二、南区裙楼基础优化

原设计裙房采用柱下承台桩＋防水板；优化设计裙房改为柱下 CFG 桩复合地基＋独立柱基＋防水板。

独立柱基埋深约 17.5m，底标高约 120.00m（绝对标高），已基本进入第⑨粗砂层，该层天然地基承载力特征值为 280kPa，压缩模量 27MPa。如果采用天然地基，经过深宽修正后的承载力可达 430～530kPa（随基础厚度和宽度而变化），相应独立柱基尺寸为3.7m×3.7m～5.5m×5.5m 之间，从承载力的角度完全可行。

从主裙楼差异沉降的角度分析：主楼为超高层，尽管采用桩基，总体沉降仍然较大；裙楼仅 6 层，荷载要小得多，如果仍采用桩基，则裙楼总体沉降微乎其微，反倒增加了主裙楼之间的沉降差。而如果裙楼采用天然地基，总体沉降自然会比裙楼采用桩基的沉降要增大许多，只要控制其总体沉降不超过主楼桩基沉降，就可大大缩小与主楼之间的沉降差，使二者之间变形更加匹配，不失为技术可靠、施工方便、经济合理的地基基础方案。

遗憾的是，在对原设计进行评估与优化的过程中，优化设计团队遇到了相当大的阻力，且裙楼桩已按原设计施工了很多。为缩小分歧、减小阻力，且充分考虑到裙楼已施工桩基与天然地基之间的变形协调问题。优化设计放弃裙房采用天然地基的方案，改采用一种折中的方案，即 CFG 桩复合地基＋独立柱基的方案。该方案地基变形比桩基大但比天然地基小，与裙房桩基方案相比，也有利于缩小裙楼基础与主楼桩基的沉降差，造价也介于桩基与天然地基之间，成为裙楼优化设计最终采用的基础方案。

裙楼基础优化前后方案对比：

优化前：灌注桩桩径 600mm，桩长 18.5m，混凝土强度等级 C35，主筋 8Φ16，钢筋笼长 13.1m，总计 1519 根。混凝土理论总用量 8375m³，钢筋理论总用量 317t。

优化后：CFG 桩桩径 400mm，桩长 14m，混凝土强度等级 C25，总计 2541 根。混凝土理论总用量 4598m³。

与原设计相比，优化设计混凝土强度等级从 C35 降为 C25，总用量减少 3777m³，材料节省约 200 万元，钢筋节省 317t，约 180 万元。虽然该项目主材全为甲供，但成桩工艺取消了孔底注浆及钢筋笼，工效可大大提高，扣除主材的综合单价也会有较大幅度降低。故综合考虑优化方案的各种有利因素，裙楼桩基部分可节省成本 600 多万元。同样由于成本预算合约部门的懈怠，技术部门虽然多次过问，但直至南区所有桩基（含 CFG）桩全部施工，甲方也一直未就综合单价的调整事宜与分包单位进行谈判。此外，改为 CFG 桩独立柱基后，独立柱基的尺寸与配筋也较原设计的桩基承台有较大的降低，优化设计方案较原方案

452

约可节省混凝土2100m³、节省钢筋185t，仅承台材料直接成本即可节约200万元。

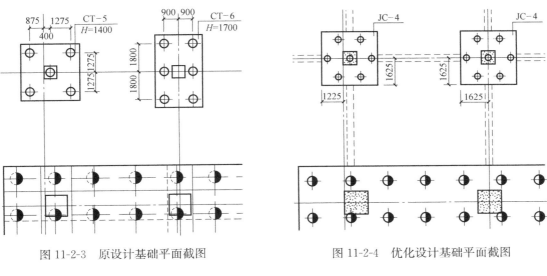

图11-2-3 原设计基础平面截图　　　　　图11-2-4 优化设计基础平面截图

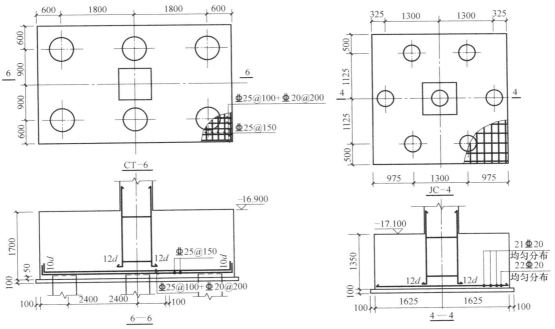

图11-2-5 原设计6桩承台详图　　　　　图11-2-6 优化设计CFG桩上独立柱基

南区裙楼优化成果小结：桩基改CFG桩复合地基，仅主材材料费可节省400万元（综合造价约可节省600万元），承台改独立柱基材料费用可节省200万元，累计达600（800）万元。工期可节省30～45天。

三、北区桩基优化

1. 原设计方案

1）采用钻孔灌注桩，未明确成桩工艺，采用泥浆护壁成孔桩基设计参数进行设计；

2）以⑭强风化泥岩层作为桩端持力层，嵌入岩层深度从 0.52～1.54m 不等；

3）有效桩长 37.0m；

4）桩径 600mm；

5）单桩承载力特征值取 3440kN；

6）混凝土强度等级为 C35；

7）桩主筋 9Φ16；

8）钢筋笼长 25m。

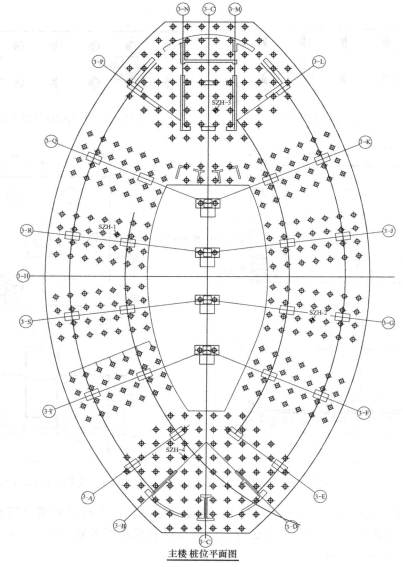

主楼 桩位平面图

图 11-2-7　北区酒店桩平面图

2. 优化后方案

1）桩径、桩平面布局、单桩承载力特征值与混凝土强度等级均不变；

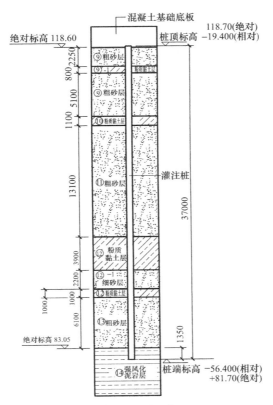

工程桩与持力土层标高示意图

本工程±0.000相当于绝对标高138.100m

以工程地质4-4剖面图中第18号孔为例

主楼钻孔灌注桩参数一览表

桩编号	符号	桩类型	桩径D (mm)	设计桩长 L(m)	桩顶设计标高 (m)		桩底设计标高 (m)		总桩数	桩端持力层	单桩竖向抗压承载力特征值
					相对标高	绝对标高	相对标高	绝对标高			
ZH-1	⊕	抗压桩	600	37.0	-19.400	+118.70	-56.400	+81.70	404	第⑭层强风化泥岩层	3440kN
SZH-1	✦	试桩	600	50.7	—	+138.50	-56.400	+81.70	4		

图 11-2-8　北区酒店桩设计参数

2）采用长螺旋钻孔压灌桩工艺；

3）桩端持力层由⑭强风化泥岩改为⑬粗砂层；

4）桩长缩短为32m；

5）钢筋笼相应减短为21m；

6）主筋钢筋级别改为二级钢，数量减为7Φ16。

3. 优化方案的比较优势

1）质量优势

（1）持力层土质稳定有保证：第⑭强风化泥岩层的单轴饱和抗压强度 f_{rk} 的变异性非常大，最大值与最小值分别为13.08与0.15，变异系数达到0.433，因此据 f_{rk} 计算得到桩承载力也必然存在同样大的变异性，是本工程原设计的最大风险之一；相比之下，第⑬粗砂层的土质情况则非常稳定可靠（SPT试验中 N 值的最大最小值分别为51和43，变异系数仅为 0.049)；

（2）承载力计算值有保证：缩短桩长后，桩端持力层全部落在第⑬粗砂层上，该层承载力高、质量稳定性好。当采用长螺旋钻孔压灌桩工艺（干作业成孔）时，桩极限端阻力标准值按规范下限取值也可达 4600kPa，据此算得 32m 桩长的承载力特征值从 3634～3745kN 不等，远大于原设计 37m 桩长（且嵌岩）的承载力 3440kN，承载力尚有5.6%～10.9%的额外安全储备；

（3）桩长缩短后可选择更有质量保证的成桩工艺：原设计桩长 37m，考虑到坑底留土及电梯基坑等部位局部降板（3m 左右），最大成孔深度需 40m。虽然市场上已出现能成孔 40m 深的长螺旋钻孔灌注桩施工机械（山东文登 JZU120、河北新河 CFG40），但数量不多且一般进出场费与综合单价均较高。而且长螺旋钻机在强风化泥岩中钻进会非常困难，恐难嵌入原设计的入岩深度。如果将有效桩长降低到 32m，则现有市场上定型的产品（如河北新河 CFG36）等就可胜任，市场供应相对充分。长螺旋钻孔压灌桩工艺系干作业成孔，达到设计进尺深度后通过空心钻杆从钻头端部泵压混凝土，既无沉渣、也无泥皮，且混凝土的压力及冲击力又可在瞬间加固桩端土，故桩侧阻力不会削弱、桩端阻力可适当增强，且与泥浆护壁工艺相比，发生塌孔、缩颈、夹泥等质量问题的概率也大大降低，功效高、质量稳定可靠。

2）进度优势

（1）桩长缩短到 32.0m 后，可采用长螺旋钻孔压灌桩工艺，大幅提高功效；

（2）桩长缩短约 5m，总钻进成孔进尺可省 418×5＝2090m，对工期节省明显；

（3）取消嵌岩段，成孔效率可显著提高、成孔时间大幅缩短；

（4）钢筋笼减短，钢筋笼沉放效率提高。

3）成本优势

（1）进尺深度减小 5m 的钻进成孔费用可节约；

（2）桩长减少 5m 后单桩混凝土用量可节省 1.41m³，总 418 桩共可节省混凝土 591m³，约可节省混凝土材料费用 30 万多元；

（3）钢筋级别降低、根数减少、主筋缩短后，钢筋材料费用约节省 30 万元；

（4）取消嵌岩段后，桩基施工的综合单价也会有所降低。

北区优化成果小结：主楼桩基约可节省综合造价 100 万元，工期可节省 10～20 天，桩基质量更有保障。北区裙房也同南区采用 CFG 桩复合地基，至少可节省成本 300 万元，工期 10～20 天。

四、南区人防出口建筑与结构优化

原方案 6 个人防出口楼梯均下到地下三层，在 B2 及 B3 通过通道与人防功能区相连，而支护结构未将 6 个人防出口楼梯及大部分通道围住，这意味着将来人防楼梯及通道的土方施工也需要支护开挖 19m 深，支护结构造价大幅增加，大型土方施工机械也难以下到坑底（下得去上不来），土方开挖过多依赖人力，土方外运则需仰仗吊车，成本大幅上升、效率大幅降低、工期必然延长。项目整体开发运营计划要求裙房商业要尽早投入运营（而不必等南区主楼的主体工程），如图 11-2-9 的人防出口恰在一条主要的商业街之中，是从南直路通过酒店中庭进入社区的一条主要通道，街道两侧均为商铺。在此背景下，后期人防出口的施工必将对该商业街乃至整个商业的运营带来致命的影响。

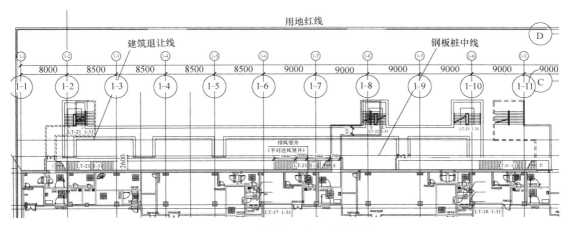

图 11-2-9　人防出口新旧方案对照

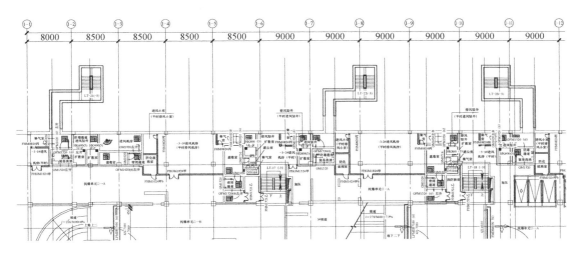

图 11-2-10　原方案地下三层局部平面图

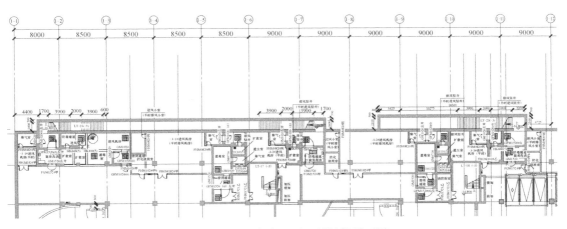

图 11-2-11　新方案地下三层局部平面图

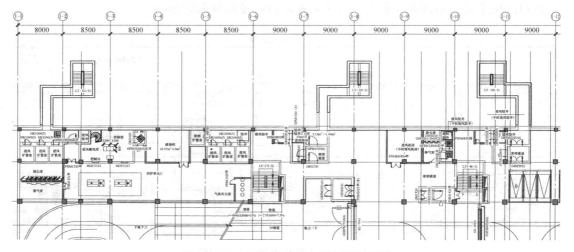

图 11-2-12　原方案地下二层局部平面图

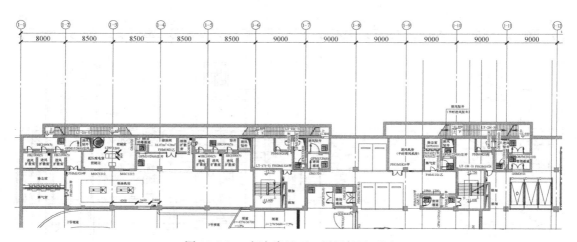

图 11-2-13　新方案地下二层局部平面图

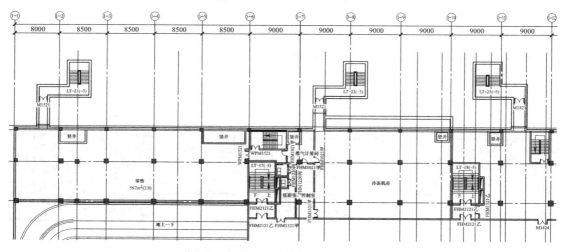

图 11-2-14　原方案地下一层局部平面图

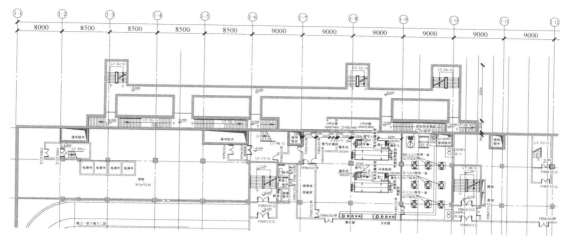

图 11-2-15　新方案地下一层局部平面图

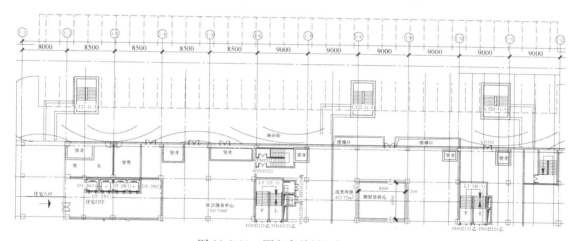

图 11-2-16　原方案首层局部平面图

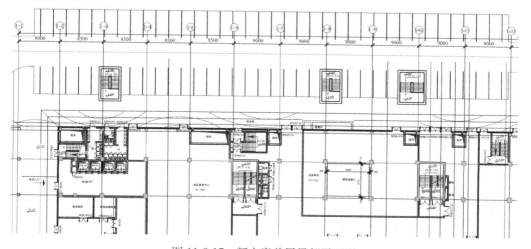

图 11-2-17　新方案首层局部平面图

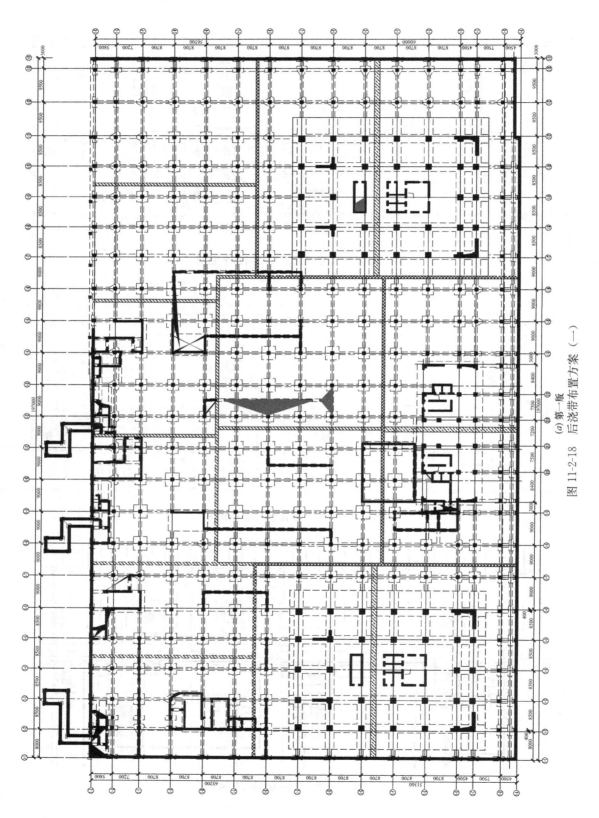

(a) 第一版

图 11-2-18 后浇带布置方案（一）

460

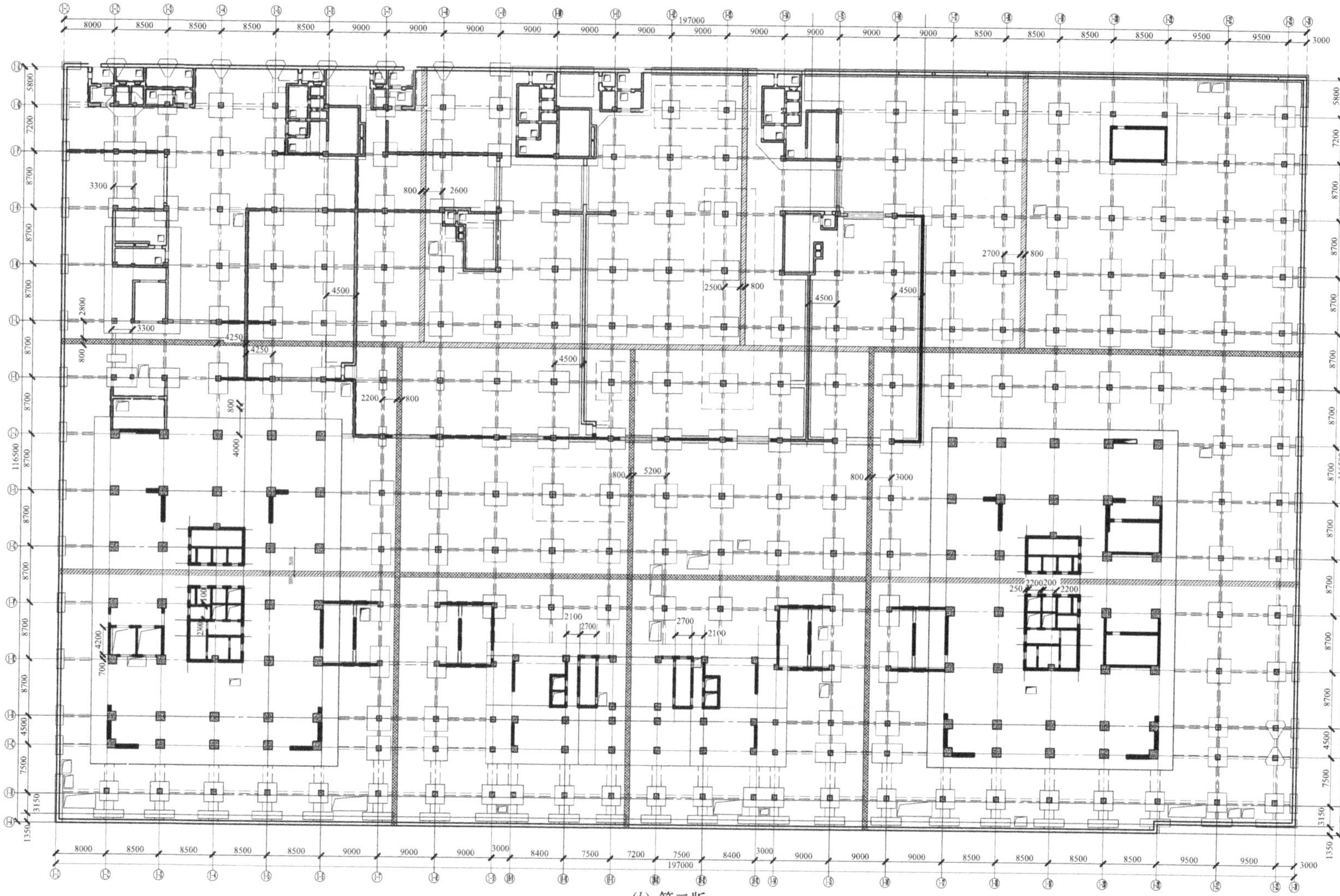

(b) 第二版

图 11-2-18　后浇带布置方案（二）

461

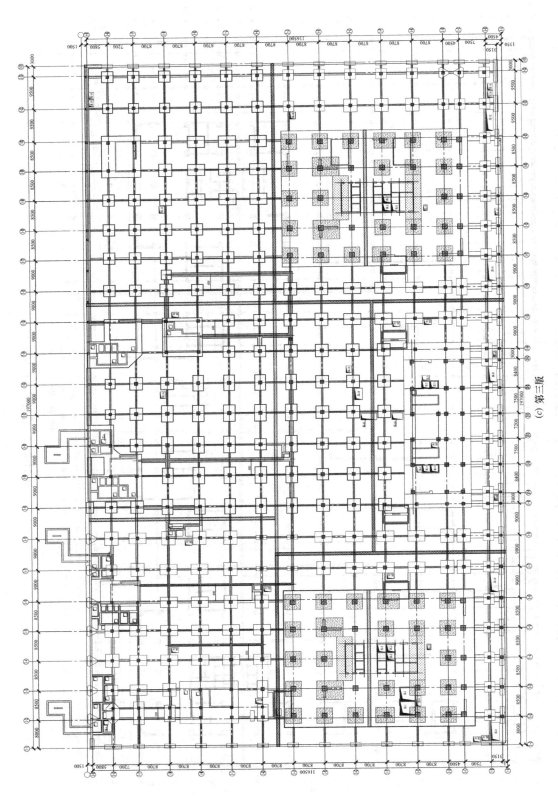

(c) 第三版

图 11-2-18 后浇带布置方案（三）

南区人防出口优化成果小结：该项优化可将支护开挖深度减小11m，支护结构面积减小1340m²，开挖土方量减少2500m³，但其最大的价值是对以商业运营为目标的整体工期的影响，保守估计可节省工期60天。

五、南区后浇带布局优化

早期版本南区基础底板被后浇带分成14块，其中三个主楼筏板均被膨胀后浇带一分为二，但膨胀后浇带做法不详，是否向主楼上方延续也未做交代。该方案底板被后浇带分割块数过多，影响施工进度和质量。见图11-2-18（a）。

图11-2-18（b）为北京某设计院的后浇带布置图，图11-2-18（c）为甲方主张的后浇带布置图。二者与第一版方案相比分块数量均有减少（12块），但二者的最大区别是2号楼中间是否设后浇带及1号、3号楼底板的膨胀后浇带是否延到相邻后浇带的问题。甲方主张2号楼不设任何后浇带，必须要设时可与1号、3号楼一样仅设贯穿底板的膨胀后浇带。但设计院认为结构超长，执意要设施工后浇带，意味着该后浇带不仅贯穿底板，还要贯穿地下室及裙楼，甚至贯穿上部结构。总包单位项目总拿着图纸找到甲方董事长，声言"一条缝捅到天上"，董事长不由分说做出了与北京该设计院终止设计合同的决定。整个39万㎡的工程，设计院前后换了6家，也算前无古人、后无来者了。

黑龙江省寒地建筑科学研究院介入后，主张除主裙楼之间的沉降后浇带保留外，其他各处后浇带全部取消，代之以膨胀加强带，可实现超长混凝土的无缝设计、无后浇带设计，可最大限度地方便施工。其主要原理是采用补偿收缩混凝土（混凝土中加微膨胀剂），利用混凝土水化过程中的微膨胀性能补偿混凝土的收缩，从而避免混凝土收缩裂缝的产生。需要注意的是，不仅膨胀加强带需要采用补偿收缩混凝土，超长连续浇筑的混凝土都需要采用补偿收缩混凝土，只不过膨胀加强带混凝土所需膨胀剂用量要更多（表11-2-1）。

每立方米混凝土膨胀剂用量   表11-2-1

用途	混凝土膨胀剂用量（kg/m³）
用于补偿混凝土收缩	30～50
用于后浇带、膨胀加强带和工程接缝填充	40～60

浇筑方式根据结构长度及结构厚度分连续浇筑与分段浇筑两种，膨胀加强带的构造形式分为连续式、间歇式及后浇式3种，见图11-2-19～图11-2-21。膨胀加强带的宽度也较普通的后浇带宽，一般要求2m。

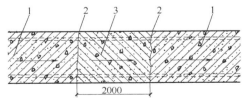

图11-2-19　连续式膨胀加强带
1—补偿收缩混凝土；2—密孔钢丝网；
3—膨胀加强混凝土

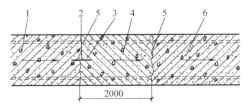

图11-2-20　间歇式膨胀加强带
1—先浇筑的补偿收缩混凝土；2—施工缝；3—钢板止水带；
4—后浇筑的膨胀加强带混凝土；5—密孔钢丝网；
6—与膨胀加强带同时浇筑的补偿收缩混凝土

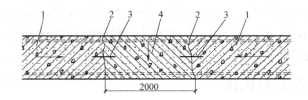

图 11-2-21　后浇式膨胀加强带

1—补偿收缩混凝土；2—施工缝；3—钢板止水带；4—膨胀加强带混凝土

《补偿收缩混凝土应用技术规程》JGJ/T 178—2009

4.0.4　补偿收缩混凝土的浇筑方式和构造形式应根据结构长度，按表 11-2-2 进行选择。膨胀加强带之间的间距宜为 30～60m。强约束板式结构宜采用后浇式膨胀加强带分段浇筑。

补偿收缩混凝土浇筑方式和构造形式　　　　　　　　表 11-2-2

结构类别	结构长度 L (m)	结构厚度 H (m)	浇筑方式	构造形式
墙体	$L \leqslant 60$	—	连续浇筑	连续式膨胀加强带
	$L > 60$	—	分段浇筑	后浇式膨胀加强带
板式结构	$L \leqslant 60$		连续浇筑	
	$60 < L \leqslant 120$	$H \leqslant 1.5$	连续浇筑	连续式膨胀加强带
	$60 < L \leqslant 120$	$H > 1.5$	分段浇筑	后浇式、间歇式膨胀加强带
	$L > 120$	—	分段浇筑	后浇式、间歇式膨胀加强带

　　本工程 1 号、2 号、3 号主楼筏板厚度达 2.2m，且后浇带间的结构长度均超过 60m，故整个筏板需分段浇筑，贯通筏板的膨胀加强带需采用后浇式或间歇式膨胀加强带。其他各处膨胀加强带则可采用连续浇筑方式及连续式膨胀加强带。但对于结构长度大于 60m 的墙体，仍需采用后浇式膨胀加强带及分段浇筑方式。

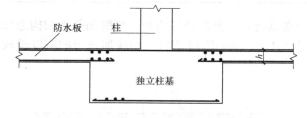

图 11-2-22　独立柱基与防水板连接构造图

六、取消基础及地梁加腋的设计优化

　　如前所述，该工程施工图设计共换了 6 家设计院，在北京某设计院接手之后，却在基础详图中增加如图 11-2-23 的构造要求，即地梁两侧及筏板边均通过放坡与防水板相连，虽然该院没有给该放坡构造的配筋要求，但为了实现设计意图及满足相应的构造要求，需按图 11-2-24 进行配筋，不但需将基础底筋沿斜坡向上延伸并满足锚固要求，而且沿斜坡纵向也需配纵向构造钢筋，混凝土与钢筋用量均大幅增加。施工与监理单位也均发出"工作联系单"询问该斜坡处的配筋。

　　笔者原本以为设计院的意图是通过放坡减小防水板与基础（地梁）间的应力集中，出人意料的是，设计院对此并不在意，认为防水板既不承受基底反力，也不承受地下水压力（地下水位低于基础底板底标高），因此整个防水板受力很小，不必考虑应力集中导致的开裂问题，设计院的主要考虑因素是为了方便施工、支模方便。

说到这里，笔者感慨于时下设计与施工脱节的现实。很多设计完全脱离工程实际，凭主观臆测闭门造车，给施工带来很大麻烦，对建设单位的成本、工期也都带来很大影响。

首先，基础（地梁等）的模板工程现大都采用砖胎膜，而不是设计院所认为的传统钢（或木）模板，因此是砌模而不是支模；

其次，直立的砖胎膜只需像砌墙一样砌筑即可，见图 11-2-25，但斜坡的砖胎模却要用砖砌成斜面，砌筑起来相对困难，砂浆找平所用材料较多，厚度及平整度等也不易控制，见图 11-2-26。因此基础（地梁）加斜坡实在是费力不讨好的昏招，费工费料，效果也不好。建设单位与施工单位对此都很抵触。

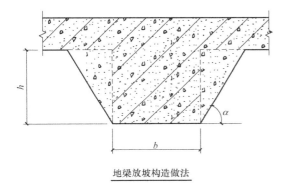

地梁放坡构造做法

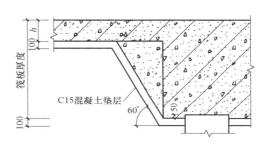

筏板边缘做法示意图

图 11-2-23　北京院改后的地梁（筏板）放坡构造图

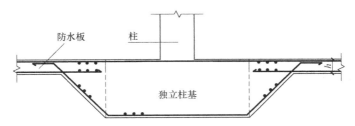

图 11-2-24　基础（地梁）放坡构造配筋图

图 11-2-25　直砌砖胎模

图 11-2-26　斜砌砖胎模

七、地下室外墙结构设计优化

原地下室外墙从 B3 至 B1 均为 500mm 厚，配筋采用全部拉通方式。优化设计三层地下室的外墙采用变截面方式，B3、B2、B1 的墙厚分别为 500mm、400mm 及 300mm，配筋方式也由全部拉通式改为分离式配筋，即部分拉通、部分附加的配筋方式。见图 11-2-27。地下室外墙总长约 897m，地下一、二层层高分别为 6.0m 及 5.4m，此项优化可节省混凝土约 1560m³，节省钢筋约 100t，可节约造价 100 多万元。

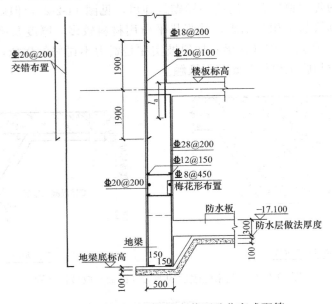

图 11-2-27　地下室外墙变截面及分离式配筋

地下室外墙优化成果小结：可节省材料成本 100 万元。

八、优化成果汇总

综合以上几项优化措施，可简单计量的优化成果约 2000 万元，工期可累计节省 90～120 天。

第十二章　河北邢台某商业住宅项目建筑结构优化

图 12-0-1　邢台某商住混合项目鸟瞰图

第一节　工　程　概　况

一、工程项目位置

规划用地为邢台市某棚户区地块项目建设用地，位于邢台市的东南部。项目用地整体呈狭长状，南北长约 440m，东西宽约 134m，规划总用地面积约 5.134 公顷（77.01 亩）。用地属性为商业金融用地，可兼容部分住宅用地。

二、建筑设计概况

1. 主要用地控制指标

容积率 3.0，建筑密度 35.2%，绿地率 22%，住宅内部日照标准大寒日 1 小时。总建筑面积 22.2 万 m^2，其中地上建筑面积 15.4 万 m^2，地下建筑面积 6.8 万 m^2。需配建机动车停车位 1623 个，非机动车停车位 4623 个。

2. 功能分区

地块划分为两大功能区。地块南侧为商业用地，用地面积 1.915 公顷，主要建筑为大型商业；地块北侧为居住用地，主要建筑为中高层、高层住宅以及沿街商业，用地面积 3.219 公顷。

3. 规划布局

商业区：地块南侧为商业区，规划一座大型商业建筑，占地 9240m^2，层数为 3~7F，其中 3~5F 为商场，6~7F 为屋顶围合式办公，-1F 为地下商场。

住宅区：地块北侧为住宅区，主要建筑由 8 栋住宅楼以及沿街商业组成，沿开元路布置 4 栋住宅楼，沿地块东侧布 14 栋住宅楼，住宅楼层数为 7~26F，沿开元路商业层数为 4F，沿东侧小路商业层数为 2F。配套公建：小区的主要配套公建为社区服务中心、居委会。社区服务中心包含卫生室、文体活动室、物业等，跟居委会合建在地块的东北角沿东侧小路 2F 建筑中。主要市政设施为燃气锅炉房、燃气预压站、变频加压泵房、配电室等。燃气锅炉房设置在小区中心公共绿地的北侧，燃气调压站设在 5 号楼与 7 号楼之间的宅间绿地上，变频加压泵房和配电室设置在小区的地下室中。

三、结构设计概况

南区 7 层主商业为框架-剪力墙结构，北区 7~15 层住宅为剪力墙结构，均采用整体式筏形基础。

抗震设防分类为丙类建筑，主体结构使用年限为 50 年。抗震设防烈度为 7 度，设计基本地震加速度为 0.10g，设计地震分组为第二组，场地土类别为Ⅲ类，设计特征周期 0.55s。基本风压 0.30kN/m^2，标准冻深 0.45m。

四、场地工程地质条件

本次勘察揭露 45.0m 深度范围内地层以第四系冲、洪积层为主，根据其岩性及物理力学性质，自上而下主要分为 10 层，分述如下：

① 杂填土（Q_4^{2+ml}）：黄褐色；以粉质黏土为主，含建筑生活垃圾。此层在场地中普遍分布。层厚约 1.0~2.3m，层底标高 59.33~65.01m。

② 粉质黏土（$Q_4^{2+al+pl}$）：黄褐色；可塑，局部硬塑；土质均匀，含姜石、砂；稍有光泽；无摇振反应；干强度及韧性中等。标准贯入试验锤击数为 7.8 击。层厚约 3.2~5.3m，层底标高 55.33~61.42m。

③ 中砂（$Q_4^{1+al+pl}$）：灰白色；稍湿，局部湿；中密；分选性中等，级配良；成分以石英、长石为主，含少量砾石，局部含粉质黏土。此层在场地中普遍分布，标准贯入试验锤击数为 20.3 击。层厚约 1.7~3.1m，层底标高 53.33~58.92m。

④ 粉质黏土（$Q_4^{1+al+pl}$）：褐黄色；可塑；含姜石、白色钙丝及铁锰质斑点，局部夹细砂；稍有光泽；无摇振反应；干强度和韧性中等。此层在场地中普遍分布，标准贯入试

验锤击数为 9.5 击。层厚约 1.5～3.0m，层底标高 50.73～56.95m。

⑤ 中砂（$Q_4^{1+al+pl}$）：灰白色；稍湿，局部湿；中密；分选性中等，级配良；成分以石英、长石为主，含少量卵石、砾石，局部含粉质黏土。此层在场地中普遍分布，标准贯入试验锤击数为 24.4 击。层厚约 1.3～3.0m，层底标高 48.73～54.42m。

⑥ 粉质黏土（$Q_4^{1+al+pl}$）：褐黄色；可塑，局部硬塑；含姜石、铁锰质斑点，局部含砂；稍有光泽；无摇振反应；干强度及韧性中等。此层在场地中普遍分布，标准贯入试验锤击数为 11.8 击。层厚约 6.2～8.0m，层底标高 41.93～47.51m。

⑦ 中砂（$Q_4^{1+al+pl}$）：灰白色；稍湿；中密；分选性中等，级配良；成分以石英、长石为主，含少量砾石。标准贯入试验锤击数为 24.3 击。层厚约 2.5～4.0m，层底标高 39.03～44.11m。

⑧ 粉质黏土（$Q_4^{1+al+pl}$）：褐黄色；可塑，局部软塑；含姜石，局部粉土；稍有光泽；无摇振反应；干强度及韧性中等。标准贯入试验锤击数为 16.4 击。层厚约 5.7～8.3m，层底标高 31.83～37.32m。

⑨ 中砂（$Q_4^{1+al+pl}$）：灰白色；稍湿，局部湿；中密；分选性中等，级配良；成分以石英、长石为主，含少量卵石、砾石。标准贯入试验锤击数平均值为 25.8 击。层厚约 13.0～13.8m，层底标高 23.34～23.76m。

⑩ 粉质黏土（$Q_4^{1+al+pl}$）：褐黄色；可塑，局部硬塑；土质均匀，含姜石、砂；稍有光泽；无摇振反应；干强度及韧性中等。标准贯入试验锤击数平均值为 26.6 击。该层未揭穿，最大揭露厚度 2.3m。

以上各层土的厚度及空间分布情况详见图 12-1-1。

天然地基承载力与变形计算参数建议值　　　　　　表 12-1-1

地层编号	地层名称	承载力特征值（f_{ak}）（kPa）	压缩模量 E_{s1-2}（MPa）	压缩模量 E_{s2-3}（MPa）	压缩模量 E_{s3-4}（MPa）	压缩模量 E_{s4-6}（MPa）	压缩模量 E_{s6-8}（MPa）	压缩模量 E_{s8-10}（MPa）	压缩模量 E_{s8-12}（MPa）
②	粉质黏土	110	9.3	12.5	15.0	18.0	21.5	27.0	30.1
③	中砂	140	12*						
④	粉质黏土	140	8.0	9.8	12.0	14.5	17.5	22.3	25.0
⑤	中砂	160	15*						
⑥	粉质黏土	160	10.5	12.5	13.9	16.5	19.2	25.9	31.1
⑦	中砂	180	17*						
⑧	粉质黏土	180	9.5	12.7	13.3	15.8	18.0	21.3	22.9
⑨	中砂	210	20*						
⑩	粉质黏土	200	11.2	11.7	13.8	16.5	19.4	22.5	26.5

根据《长螺旋钻孔泵压混凝土桩复合地基技术规程》DB13（J）/T 123—2011 及《建筑地基处理技术规范》JGJ 79—2012，桩周土层的极限侧阻力标准值及桩的极限端阻力标准值可按表 12-1-2 采用。

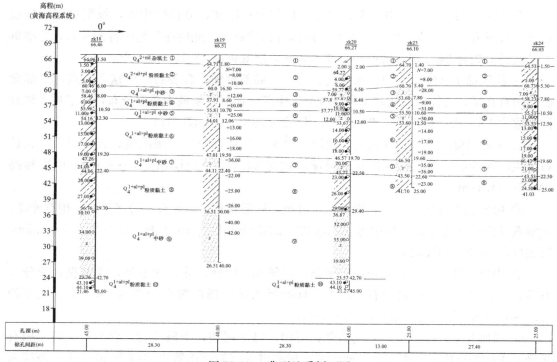

图 12-1-1　典型地质剖面图

桩周土层的极限侧阻力标准值及桩的极限端阻力标准值　表 12-1-2

土层编号	土层名称	桩极限侧阻力标准值 q_{sik}(kPa)	桩极限端阻力标准值 q_{pk}(kPa)
③	中砂	45	—
④	粉质黏土	50	—
⑤	中砂	55	—
⑥	粉质黏土	55	900
⑦	中砂	60	1800
⑧	粉质黏土	58	1000

五、水文地质条件

勘察深度范围内未见地下水，不存在地震液化条件，可不考虑场地地基土液化问题。可不考虑地下水对建筑材料的腐蚀性。

第二节　建筑设计优化

一、总平面与竖向设计优化

1. 南区主商业东南角处地下车库坡道直通地下二层车库，占用了首层角部 2.5 个柱网约176m² 的黄金旺铺位置及地下一层 8 个柱网约 564m² 的商业面积，可将坡道移至地下二层车库外扩部分，不但不占首层及地下一层商业面积，还可减少地下二层外扩部分的顶板覆土量。

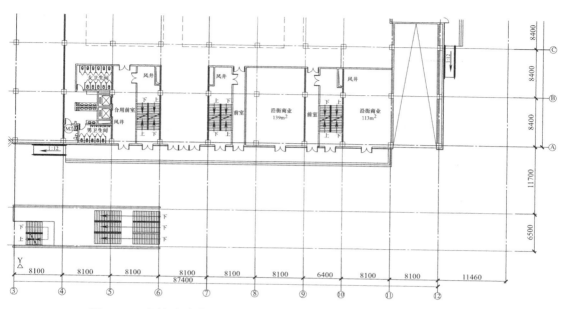

图 12-2-1　原方案车库坡道占用主商业东南角的首层及地下一层商业面积

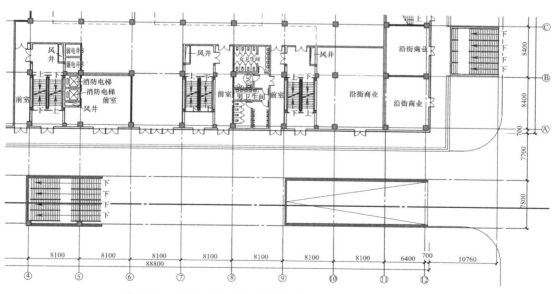

图 12-2-2　优化方案将车库坡道移至地下二层车库外扩部分

2. 主商业的地下二层在南、北、西三侧均比首层及地下一层向外扩出，扩出部分原定为 4.95m 厚覆土。建议将 4.95m 的覆土改为 1.3m 的覆土，并将剩下 3.65m 的空间加以利用，作为商业面积或辅助商业面积卖给商户，增加的投入不多，但经济效益显著。经结构计算及工程量统计，仅以 19t 钢筋的代价便可创造出 3200m² 的商业使用面积，当钢筋综合单价按 4000 元/t、商业销售单价按 5000 元/m² 时，相当于以 7.6 万元的代价创造了 1600 万元的销售额。

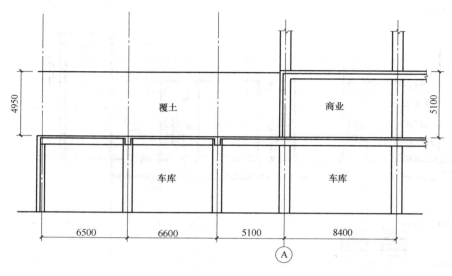

图 12-2-3　南区主商业原设计剖面示意

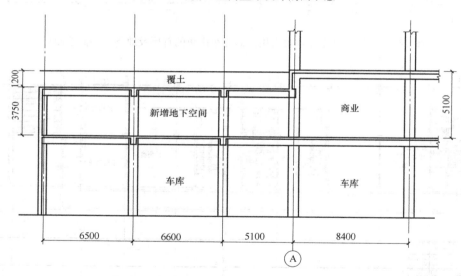

图 12-2-4　南区主商业优化设计剖面示意

二、建筑方案设计优化

1. 南区主商业楼梯数量虽较上版图有所减少，但总数仍然偏多。当按旧版防火规范计算时，建议面积折算值按规范下限 50％取值并据此重新计算疏散宽度及布置疏散楼梯。

家居广场属于冷业态，面积折算值取 50％既可满足旧版规范要求也可满足实际使用要求。当仅从疏散宽度考虑时只需 7 部净宽 1.75m 的剪刀楼梯。现方案从地上 1～4 层设置了 8 部净宽 1.75m 的剪刀楼梯及 1 部净宽 1.75m 的普通楼梯，并在 1～2 层设置了 6 部

中地国际广场主商业总疏散宽度计算（按《建筑设计防火规范》GB 50016—2006 计算）　表 12-2-1

楼层＼参数	建筑面积（m²）	面积折算值（%）	折算后面积（m²）	疏散人数换算系数（人/m²）	疏散人数（人）	百人净宽度（m）	总疏散宽度（m）
地上二层	8841	50%	4421	0.85	3757	0.65	24.4
地上三层	7990	50%	3995	0.77	3076	0.75	23.1
地上四层	7140	50%	3570	0.60	2142	1.00	21.4

净宽 1.35m 的独立商户内部楼梯。则地上二层总疏散宽度为 $8×1.75×2+1.75+6×1.35＝37.85m$，三四层总疏散宽度为 $8×1.75×2+1.75＝29.75m$。存在较大优化空间。

　　而根据 2014 年 8 月 27 日发布，自 2015 年 5 月 1 日起实施的新版《建筑设计防火规范》GB 50016—2014，将 2006 版规范的"面积折算值"及"疏散人数换算系数"整合为"人员密度"一个参数，并重新确定了商店营业厅内的人员密度指标，并规定家具建材类冷业态较商店营业厅的人员密度可有 30% 的折减，故总的疏散宽度还会有大幅度的降低。

《建筑设计防火规范》GB 50016—2014

　　5.5.21　除剧场、电影院、礼堂、体育馆外的其他公共建筑，其房间疏散门、安全出口、疏散走道和疏散楼梯的各自总净宽度，应符合下列规定：

每层的房间疏散门、安全出口、疏散走道和疏散楼梯的每 100 人最小疏散净宽度（m/百人）
表 12-2-2

建筑层数		建筑的耐火等级		
		一、二级	三级	四级
地上楼层	1～2 层	0.65	0.75	1.00
	3 层	0.75	1.00	—
	≥4 层	1.00	1.25	—
地下楼层	与地面出入口地面的高差 $\Delta H≤10m$	0.75	—	—
	与地面出入口地面的高差 $\Delta H>10m$	1.00	—	—

　　7　商店的疏散人数应按每层营业厅的建筑面积乘以表 12-2-3 规定的人员密度计算。对于建材商店、家具和灯饰展示建筑，其人员密度可按表 12-2-3 规定值的 30% 确定。

商店营业厅内的人员密度（人/m²）　　表 12-2-3

楼层位置	地下第二层	地下第一层	地上第一、二层	地上第三层	地上第四层及以上各层
人员密度	0.56	0.60	0.43～0.60	0.39～0.54	0.30～0.42

　　由表 12-2-4 可见，据新版规范计算的最大总疏散宽度仅有 10.3m，从疏散宽度考虑理论上仅需 3 部净宽 1.75m 的剪刀楼梯，可在独立商户内部楼梯保持不变的情况下，将 8 部剪刀楼梯削减为 3 部并保留另一部普通楼梯，则总的疏散宽度为 $3×1.75×2+1.75+6×1.35＝20.35m$，仍有近一倍的安全储备，可满足局部楼层业态调整的要求。根据建筑平面，一部剪刀楼梯含前室与风井的面积至少需要 57m²，则减少 5 部剪刀楼梯后，每个楼层可至少多出 285m² 的商业使用面积，则 1～4 层可总计多出 1140m² 的商业使用面积，

中地国际广场主商业总疏散宽度计算（按《建筑设计防火规范》GB 50016—2014 计算）

表 12-2-4

楼层\参数	建筑面积 (m²)	人员密度 (人/m²)	建材家具人员密度折减 (%)	疏散人数 (人)	百人净宽度 (m)	总疏散宽度 (m)
地上二层	8841	0.60	30%	1591	0.65	10.3
地上三层	7990	0.54	30%	1294	0.75	9.7
地上四层	7140	0.42	30%	900	1.00	9.0

既可降本又能增效，忽略降本的因素不计，多出的使用面积按 8000 元/m² 的保守数值计算，则四层商业可增加货值 285x4 x8000＝912 万元。

建议与消防主管部门沟通并按新规范重新计算疏散宽度并布置疏散楼梯。消防报审图应标注"建材"、"家具"或"灯饰"之类，而不应笼统标注为"商铺"。

2. 主商业 H～J 轴间柱距由 9200mm 改为标准柱距 8400mm；9～10 轴之间柱距由 5800mm 改为标准柱距 8100mm，整体尺寸不符合模数时由边跨调整，边跨跨度略小于标准柱距在结构上更经济，也可使停车位布置得更紧凑，有利于提高停车效率。

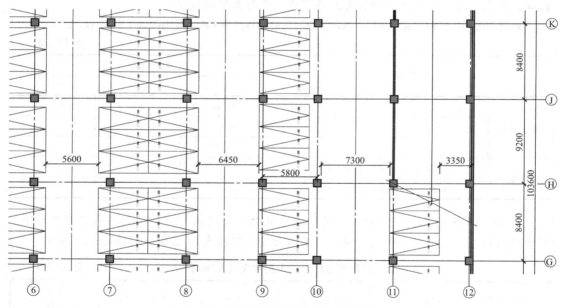

图 12-2-5　原设计地下车库局部建筑剖面图

该版图未提供地下一、二层平面图，但根据上版地下车库平面图，感觉某些部位柱网不符合车位与通车道模数，致使停车效率降低。比如图 12-2-5 中 6450mm 及 7300mm 的通车道尺寸偏宽，会降低停车率，改为 5600mm 即可；9～10 轴之间 5800mm 柱距（新版为 6400mm）之间仅停一排车，相当于一条车道只服务一排车位，会降低停车率；边跨停车位距墙有 3350mm 的无用空间，也会大大降低停车率。

通过调整柱网将小跨赶到边跨可有助于提高停车率。同时应尽量采用支线车道尽端式停车取代循环车道停车，可提高停车率。图 12-2-6、图 12-2-7 为两种停车模式紧凑停车的示意图，供参考。虽然循环车道比支线车道好用，但在停车配比标准远超一般标准的情况

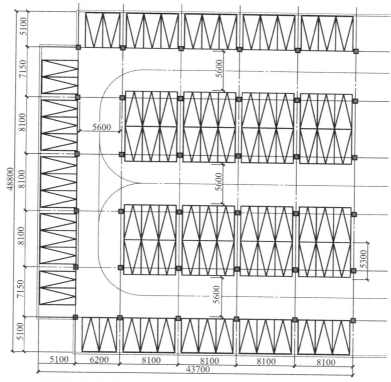

图 12-2-6　循环车道两侧停车的紧凑布置方式（2081.55m²，89 辆，23.39m²/辆）

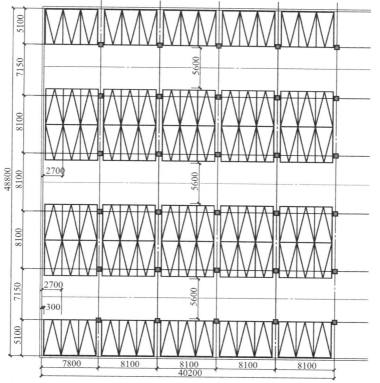

图 12-2-7　支线车道尽端式停车的紧凑布置方式（1961.76m²，90 辆，21.80m²/辆）

475

下，实际使用率远没有那么高，只要满足规划要求即可，好用与否排在次位，首要考虑经济性问题。

3. 曲线坡道占用空间比直线坡道多 50% 以上，建议北侧曲线坡道改为直线坡道；同时将坡道坡度改为 15%、坡道净宽改为 6.0m。

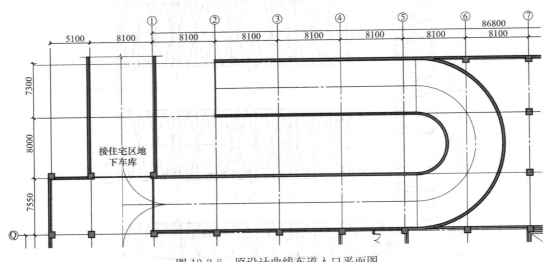

图 12-2-8　原设计曲线车道入口平面图

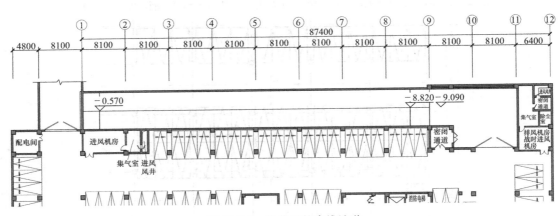

图 12-2-9　优化后的直线坡道

4. 设备用房分散在一些不方便停车的边角部位及坡道下方等处，见图 12-2-10，当坡道改为直线坡道后，此处的消防水泵房及制冷机房需重新定位，放在不便于停车的位置。

5. 中庭上空的五层、六层不建议利用，否则将会出现大跨或结构转换。

三、建筑初步设计优化

1. 北区车库 a 轴与 d 轴之间出现一条车道只服务于一侧车位的情况，左半部甚至出现两条车道服务一排车位的情况，会严重降低停车效率，应该想办法优化，看看有没有可能取消一条车道并增加一排车位，同时将车道（坡道）放在两排车位中间。

476

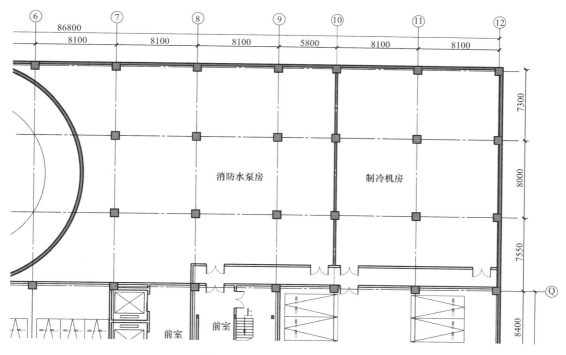

图 12-2-10   原设计设备房位置

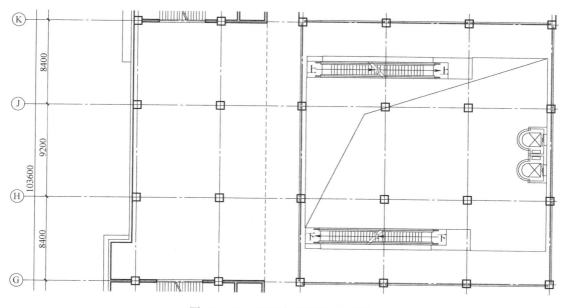

图 12-2-11   原设计中庭平面位置图

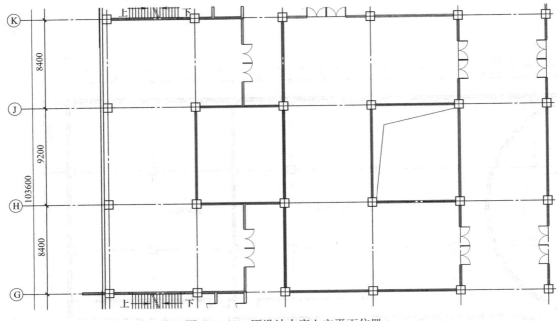

图 12-2-12　原设计中庭上空平面位置

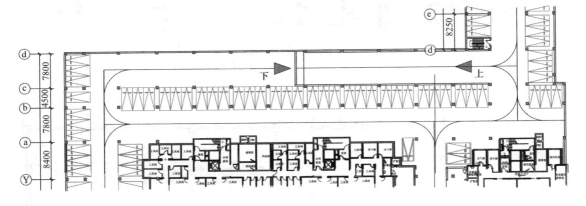

图 12-2-13　原设计北区车库两条车道服务一排车位局部平面图

　　2. 北区车库图 12-2-14 阴影区①中车位与主楼之间相当于四跨的空间没有标注使用功能，会构成无效面积，造成停车效率降低，应该加以利用作为设备用房，并将车道两侧的黄金停车区域置换出来，比如图 12-2-14 挤占 6 个停车位的楼梯间、排风机房与风井（阴影区②），可优先考虑布置在阴影区①中。

　　3. 图 12-2-15 同为集中无效面积与设备用房占据停车位并存的情况，优化方法同样是将设备用房移至无效面积处，同时将车道两旁的黄金停车区域空出供停车用。

　　4. 北区车库竖向设计可继续优化，车库顶板 1.85m 覆土太厚，应严格控制在 1.5m 以内（最不利点 1.5m）；同时将地下一层层高压缩 100mm 至 3.7m，地下二层也可压缩 100mm 至 3.3m；经过上述优化，双层车库部分埋深可抬高 550mm、单层车库部分埋深可抬高 450mm。

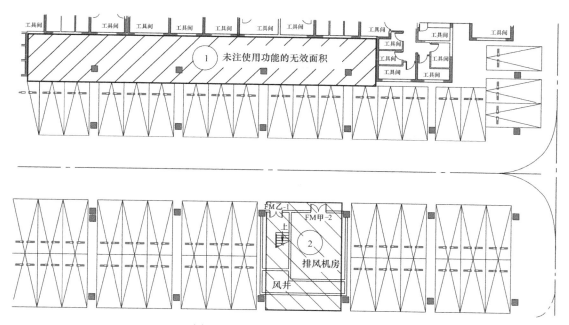

图 12-2-14　北区车库无效面积示意

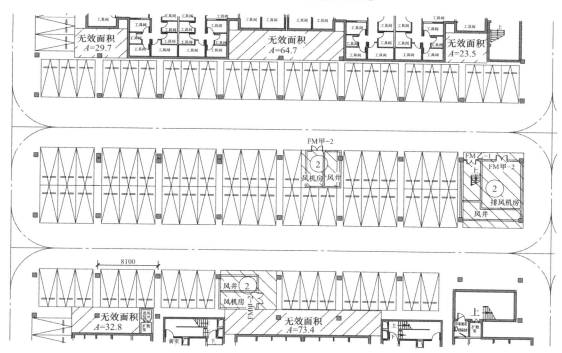

图 12-2-15　北区车库无效面积示意

除上述车库的竖向设计优化外，应该考虑单层地下室复式停车方案并将北区地下车库范围缩小的方案。

5. 配合上述车库埋深抬高方案，5 号、7 号楼地下室层高也可压缩 550mm，具体可将地下一层及地下二层层高压缩至 2800mm、地下三层层高压缩到 2950mm；也可不追求

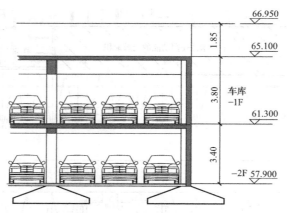

图 12-2-16　北区车库局部建筑剖面图

与车库底板顶平，则主楼地下室层高还可继续压缩，将地下一层、地下二层层高均压缩至 2700mm、地下三层压缩至 2800mm，则总埋深可抬高 900mm，经济效益明显。

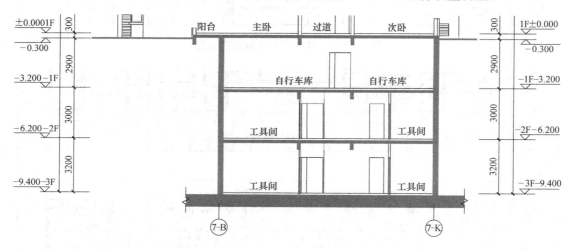

图 12-2-17　原设计 5 号、7 号楼地下室剖面图

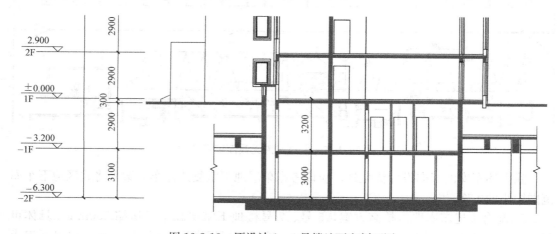

图 12-2-18　原设计 1~4 号楼地下室剖面图

480

6. 对于 1~4 号楼与单层地下车库相连的主楼地下室层高，则相应将地下一、二层层高由 3200mm、3000mm 压缩至 2800mm，则地下室埋深可抬高 600mm。

四、地下机械停车库设计优化

1. 机械车架、机械车位平面尺寸优化

现有机械停车库方案是在一个柱跨内进行升降横移的三层复式机械停车库，其中地下一层（地坑）、地面一层、架空一层。

根据设备厂商提供的资料，车架地面以上控制高度为地面层 1900mm、架空层 1700mm，与标准机械车架控制高度相同。车架开间方向的尺寸也无大的差别，但车架进深尺寸偏大，车架立柱中线间距为 5735mm，外缘尺寸估计会超过 5850mm，而地坑进深则更是达到了 6200mm，会严重影响车位纵深方向的柱网尺寸。见图 12-2-19。

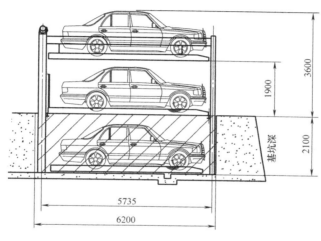

图 12-2-19　设备厂商提供的机械车位剖面图

根据《汽车库建筑设计规范》JGJ 100—98，普通汽车库是按停放微型车（外廓尺寸 3.5m×1.6m×1.8m）与小型车（外廓尺寸 4.8m×1.8m×2.0m）的标准尺寸进行设计。考虑到汽车与汽车、墙、柱、护栏之间的最小净距，故普通停车库一个小型车的标准车位尺寸一般为 5.3m×2.4m、微型车的标准车位尺寸一般为 4.0m×2.2m。

对于机械停车位，车架的存在对单车位宽度无影响，但对成组布置的车位总宽度有影响，一般三个一组的机械车位可按 2.4×3＋0.15＝7.35m 考虑；车位长度（进深）需考虑增加两根车架立柱的截面高度（150mm×2＝300mm），故机械车位的长度（进深）取 5.3＋0.3＝5.6m 即可，因这里的 5.3m 已经考虑了车与墙、柱、护栏之间的最小净距（500mm），只不过是将车与墙之间的净距换成车与车架立柱或横梁间的净距，而且因为车位正后方并没有立柱（立柱在车尾以外的两车之间处）和横梁（若有横梁也是在 1900mm 高度处），故实际的安全净距会更大，因此在计算机械车位长度（进深时），不应再增加安全净距。

因此三辆一组 7350mm×5600mm 外缘尺寸的机械车架是比较经济合理的车架尺寸（见图 12-2-20），故在设计柱网结构时应以该车架尺寸作为基本单元。

当柱截面宽度不超过 700mm 时，开间方向的柱网尺寸可定为 8100mm，进深方向的

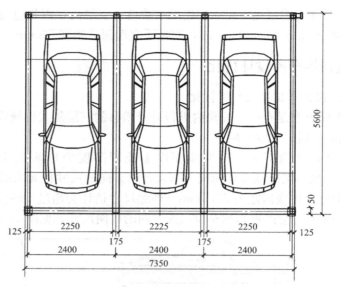

图 12-2-20 紧凑型机械车架尺寸

柱网尺寸则应根据车位与车道模数进行灵活调整，最大为 8300mm（背靠背停车处），最小为 5400mm（靠外墙的边跨），车道处则为 7200mm。见图 12-2-21。

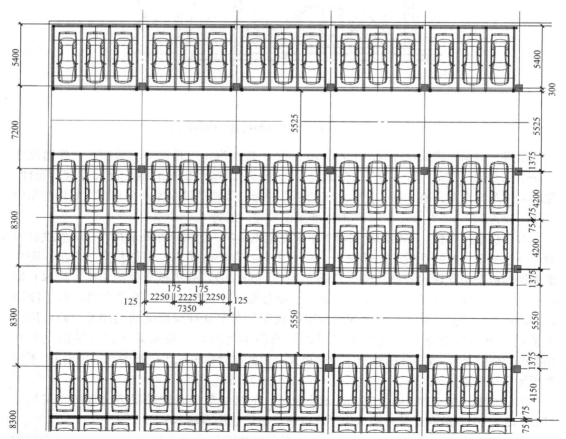

图 12-2-21　单跨升降横移 8100mm×8300mm 大柱网

2. 机械车位、机械车库竖向设计优化

采用地坑式车位的设计意图可能是为了降低层高。但从结构设计角度，地坑式机械车位不但不能减小结构层高，而且由于坑深 2100mm 的要求大于向地上增加一层车架的高度 1700mm，故总的结构层高还要多出 400mm。

从图 12-2-21 的柱网与车位布置图可看出：停车位在整个地库中的面积占比较大，如果将停车位处做成地坑，则整个车库地面下沉区域居多，不下沉区域只有车道、设备用房及少量普通停车位处，基于此种情况，整个地库做成变埋深基础或将基础提升到地面附近都不具可能性，基础及底板仍需下沉到地坑以下，而车道及其他不下沉区域则需回填上来或做架空板。这样一种基础形式对降低基础埋深毫无帮助，也无法有效降低地下室外墙在水土压力下的计算跨度，反倒会因地坑的存在而增加结构复杂程度及岩土结构造价。

此外，在确定机械车库的层高时，设备管线尽量沿净空较高的车道及普通停车位处布置，除服务于机械车位自身的喷淋支管外，设备管线尽量避免跨越机械车位上方。且必须做整个车库系统的管线综合以便使车库内的各类设备管线整洁有序，并严格控制因设备管线所需增加的层高，避免个别最不利点的出现而抬高整个地下车库的层高。

3. 基于机械停车设备系统不建或缓建的设计优化

根据河北省各地级市地下车库的销售及使用现状，即便如邯郸、保定这样人均 GDP 比较靠前的地级市，普通地下停车库也普遍存在滞销及使用率严重偏低的情况。对于机械停车位的销售就更不容乐观，很多业主及访客宁愿选择小区外的路边停车也不愿选择地下的机械停车。

因此在政府规定的停车配比指标偏高的情况下，许多开发商的应对策略就是采用部分或全部的机械停车。规划设计包括土建施工都可以按机械停车库去做，但机械停车的整个设备系统则不做或缓做。这至少可以延缓设备系统的资金投入。

具体到本项目定位为家居广场的地下机械停车库，一方面是停车位配比指标的严重超前，一方面是家居卖场类冷业态对停车需求的严重不足（建材家居类业态的人员到访率约为百货超市类业态的 30%），再结合当地的经济发展与人均消费水平等因素及访客的停车喜好，预计商场开业后地下机械停车库的实际使用率不足二成，基本上机械停车库地面层的车位可满足停车需求。

有鉴于此，如果改"一负二正"的机械停车为"零负三正"的机械停车，其一是结构层高可降低 400mm，其二是车库土建施工的成本可大幅降低，后期设备安装可根据实际情况缓建甚至不建。但如果是"一负二正"的机械停车，则地坑层必须在土建施工时先做出来，如果机械停车设备系统也想缓建或不建，则地坑必须临时回填至车道标高后才可以用来停车，日后一旦决定安装机械停车的设备系统时，还必须将地坑内的回填物全部清除。一填一挖的代价非常巨大。

4. 结论

1）改"一负二正"的机械停车为"零负三正"的机械停车，土建竣工后机械停车设备系统可根据实际情况缓建甚至不建；

2）机械车架采用最为紧凑的平面外缘尺寸；柱网结构结合车架尺寸进行灵活调整，使停车效率最大化；

3）管线综合，严控设备管线所占层高。

第三节 岩土结构设计优化

一、岩土工程勘察报告优化

1. 天然地基承载力参数取值严重偏低

根据建筑物埋深及岩土层分布状况，本工程大部分建筑物基底标高在第③层中砂层厚度范围内，个别较深或较浅的基础可能会落在第④层粉质黏土层或第②层粉质黏土层内。

根据《河北省建筑地基承载力技术规程》DB13（J）T 48—2005，邢台地区属于山前平原区（Ⅱ区），可按表6.0.2-1确定第②层粉质黏土及第④层粉质黏土的承载力特征值。经查勘察报告提供的"物理力学指标统计表"，第②层粉质黏土的液性指数 $I_L=0.47$、天然孔隙比 $e=0.605$；第④层粉质黏土的液性指数 $I_L=0.64$、天然孔隙比 $e=0.717$，经查表6.0.2-1，第②层粉质黏土的承载力特征值为287kPa、第④层粉质黏土的承载力特征值为213.7kPa。但勘察报告所给承载力特征值则分别为110kPa及140kPa，严重偏低。

Ⅰ、Ⅱ区黏性土承载力特征值　　　　　　　　　　　　表 12-3-1

液性指数 I_L 孔隙比 e	0.00	0.25	0.50	0.75	1.00
0.5	470	410	360	(320)	
0.6	375	325	285	250	(225)
0.7	305	270	230	210	190
0.8	260	225	200	180	160
0.9	220	195	170	150	135
1.0	195	170	150	135	120
1.1		150	135	120	110

注：有括号者仅供内插用。

对于第③层中砂可按表12-3-2确定承载力特征值，根据勘察报告，第③层中粗砂经杆长修正后标准贯入试验锤击数平均值为 $N=20.3$ 击、标准值为17击。查表12-3-2并内插，则按平均值及标准值查得的承载力特征值分别为262.4kPa及236kPa。勘察报告所给承载力特征值则为140kPa，严重偏低，甚至低于中砂垫层的承载力。

中、粗砂承载力特征值　　　　　　　　　　　　表 12-3-2

N	10	15	20	25	30	35	40	45	50
f_{ak}(kPa)	180	220	260	300	340	380	420	460	500

另根据标准贯入试验锤击数对第②层粉质黏土及第④层粉质黏土的承载力特征值进行评价，第②层粉质黏土经杆长修正后标准贯入试验锤击数分别为7.9（平均值）击及7.5击（标准值），查表12-3-3得承载力特征值分别为195.7kPa及188.75kPa；第④层粉质黏土经杆长修正后标准贯入试验锤击数分别为9.5（平均值）击及6.8击（标准值），查表

12-3-3 得承载力特征值分别为 223.75kPa 及 177kPa；均远大于勘察报告所给承载力特征值 110kPa 及 140kPa。

Ⅰ、Ⅱ区黏性土承载力特征值　　　　　表 12-3-3

N	3	5	7	9	11	13	15
f_{ak}(kPa)	115	150	180	215	250	285	320

经综合评定并参考其他项目经验，对第②③④层的天然地基承载力特征值可分别取 180kPa、230kPa 及 170kPa。

2. 天然地基变形计算参数取值偏低

根据《北京地区建筑地基基础勘察设计规范》DBJ 11—501—2009，对第四纪沉积土可根据标准贯入试验锤击数 N 和深度 z 按下式计算压缩模量

$$E_s = 0.712z + 0.25N + \eta_s = 0.712 \times 6 + 0.25 \times 17 + 18.1 = 26.62\text{MPa} \quad （式 12-3-1）$$

即便是中砂垫层，根据《建筑地基处理技术规范》JGJ 79—2012，第 4.2.7 条条文说明表 7 中给出的压缩模量也高达 20～30MPa。因此勘察报告中对第③层中密状态中砂的压缩模量仅为 12MPa 是不恰当的，建议提高到 20MPa 以上。第⑤⑦⑨层中砂的压缩模量相应提高。

3. 长螺旋钻孔灌注桩工艺的基桩设计参数取值偏低

勘察报告所给素混凝土桩设计参数偏低较多，以第⑦层中砂层为例，报告建议的极限端阻力标准值为 1800kPa。该层岩土的标准贯入试验锤击数为 24.3 击，属于中密状态的中砂。

根据中国建筑科学研究院地基基础研究所长期的理论研究与实践经验，长螺旋钻孔灌注桩因不存在孔底沉渣等不利因素，相较泥浆护壁成孔工艺的灌注桩具有极高的端承阻力，《建筑桩基技术规范》JGJ 94—2008 表 5.3.5-2 即是长期理论研究与工程实践经验的总结。从规范表 5.3.5-2 可看出，素混凝土桩复合地基作为长螺旋钻干作业成孔工艺，在桩长不小于 15m 时，中密状态中砂的极限端阻力标准值为 3600～4400kPa，远远大于勘察报告所给的标准值 1800kPa。

河北省地方标准《长螺旋钻孔泵压混凝土桩复合地基技术规程》DB13（J）/T 123—2011 附录 A 的极限侧阻力标准值相较桩基规范取值有一定程度的降低，但在桩长不小于 15m 时，中密状态中砂的极限端阻力标准值仍高达 3300～3500kPa，仍远大于勘察报告所给的标准值 1800kPa。

另根据我们对河北多地素混凝土桩复合地基从勘察、设计、施工到检测全过程的了解，勘察与设计单位存在普遍保守的现象，尤以勘察最为保守；施工单位则存在提钻过早、提钻过快等操作问题，但后果并不严重；最严重的是在检测环节，存在如单桩试桩的桩头未做处理导致桩头混凝土先行压坏，以及复合地基检测时未按规定铺设褥垫层或载荷板下脱空等严重不规范的情况。尽管如此，所涉多个工程的最终检测结果均为合格，足见其保守程度。

4. 应提供第 9 层岩土中砂层的基桩设计参数

电梯基坑等局部埋深较深部位及双层地下车库范围的主楼埋深均较深，桩端有可能进入第 9 层中砂层，应该提供该层的基桩设计参数。

5. 较为经济合理的岩土设计参数建议值

经过综合考虑安全与经济因素,有关岩土设计参数建议取值如表12-3-4、表12-3-5所示。

各土层天然地基承载力与压缩模量建议取值　　　　　　表12-3-4

地层编号	地层名称	承载力特征值(f_{ak})(kPa)	压缩模量Es_{1-2}(MPa)	压缩模量Es_{2-3}(MPa)	压缩模量Es_{3-4}(MPa)	压缩模量Es_{4-6}(MPa)	压缩模量Es_{6-8}(MPa)	压缩模量Es_{8-10}(MPa)	压缩模量Es_{8-12}(MPa)
②	粉质黏土	180	9.3	12.5	15.0	18.0	21.5	27.0	30.1
③	中砂	230	25						
④	粉质黏土	170	8.0	9.8	12.0	14.5	17.5	22.3	25.0

各土层长螺旋钻孔灌注桩设计参数建议取值　　　　　　表12-3-5

土层编号	土层名称	桩极限侧阻力标准值q_{sik}(kPa)	桩极限端阻力标准值q_{pk}(kPa)
③	中砂	55	—
④	粉质黏土	50	—
⑤	中砂	60	
⑥	粉质黏土	65	900
⑦	中砂	65	2800
⑧	粉质黏土	58	1000
⑨	中砂	65	3300

二、1～4号楼地基处理优化建议

1. 对岩土设计参数优化调整及其经济效果的评估

通过上一轮岩土设计参数的优化调整,虽然未能达到令人满意的程度,但其综合经济效果还是立竿见影。其中1号、3号、4号楼在桩长15.5m不变的情况下,总共减少桩数200根,合混凝土390m³,按综合单价650元/m³估算的工程总价为25.3万元;2号楼取消素混凝土桩复合地基改为天然地基,可一并省去成桩、检测、凿桩头、清桩间土及铺设褥垫层等工程量,并可缩短工期2个月,综合经济效益在15万元以上。

2. 对1号、3号、4号楼素混凝土桩单桩承载力特征值的评估意见

经过我们对1号、3号、4号楼所有相关勘探孔进行计算,按15m有效桩长计算的单桩承载力均比设计所用的590kN多出较多,其中1号楼最不利勘探孔的单桩承载力特征值为635kN,3号楼最不利勘探孔的单桩承载力特征值为621kN,4号楼最不利勘探孔的单桩承载力特征值为631kN。

需要注意的是,在此次地勘单位岩土设计参数调整中,有关素混凝土桩极限侧阻力并未按我方优化意见调整,极限端阻力也并没有调整到位,作为勘察设计同为一家的岩土设计单位,应该知道这其中的安全储备,因此在进行单桩承载力计算与取值时,不应该再进行折减或降低,直接取最不利勘探孔计算出来的承载力即可。即1号楼取635kN、3号楼取621kN、4号楼取631kN。

3. 对 1 号、3 号、4 号楼素混凝土桩复合地基的评估意见

根据单桩承载力特征值及持力层土承载力特征值，当 α 与 β 均取 0.9，且当单桩承载力特征值按 590kN 取值时，按现有布桩方案的复合地基承载力特征值分别为：1 号楼 442kPa、3 号楼 374kPa、4 号楼 374kPa，均高于主体结构设计单位要求的承载力特征值 420kPa、360kPa 及 360kPa；若按实际计算的单桩承载力特征值（1 号楼取 635kN、3 号楼取 621kN、4 号楼取 631kN）进行计算，则现有布桩方案的复合地基承载力特征值分别为：1 号楼 464kPa、3 号楼 386kPa、4 号楼 390kPa。均比主体结构设计要求的承载力特征值多出较多。

根据我方对 1 号、3 号、4 号楼的基底压力标准值进行估算，上部结构设计所提承载力与基础底板不外扩的承载力要求比较匹配（所提要求略高一些），但当基础按提资图外扩后，设计要求比实际要求高出 22%，4 号楼还要更高一些约 31%。对此我们没有进行优化，是因为估算的结果会有一定偏差，权当做一种额外的安全储备。

但地勘报告的岩土设计参数取值，作为勘察与岩土设计同为一家的单位，其中的安全储备应该是有概念的。本来行业规范的取值就已经是基于大量的试验数据并充分考虑各种不利因素后所给的偏于保守的取值，地方规范在行业规范的基础上打了一个比较大的折扣，到勘察单位这里，在地方规范基础上又打了一个更大的折扣，安全储备已经非常大了。在此情况下，如果单桩承载力计算与复合地基承载力计算环节再次进行扣减，就很没必要了。

根据《建筑地基处理技术规范》JGJ 79—2012 第 7.1.5 条的条文解释，"当提供的单桩承载力和天然地基承载力存在较大的富余值，增强体单桩承载力发挥系数及桩间土承载力发挥系数均可达到 1.0"，因此对二者取值 0.9 已经又有了 10% 的安全储备，此时对计算结果再扣减就不应该了。

4. 最终优化方案及技术经济性评价

1）鉴于重新调整布桩的工作量稍大，故可考虑减小桩长但不调整布桩平面的优化方法。即 1 号楼桩长减短 2m 至 13m，单桩承载力特征值取 559kN，复合地基承载力特征值为 423kPa；3 号楼桩长减短 1.5m 至 13.5m，单桩承载力特征值取 564kN，复合地基承载力特征值为 365kPa；4 号楼桩长减短 1.5m 至 13.5m，单桩承载力特征值取 575kN，复合地基承载力特征值为 369kPa。均可满足设计要求；

2）原 1 号楼 15m 桩长方案，因桩端以下仅有 600mm 即会穿透第⑦层中砂层，且第⑧层粉质黏土层作为桩端持力层远不如第⑦层中砂层，故桩长减短后对实际的承载力与地基变形控制可能更有保障；

3）经过上述优化调整后，较新版地基处理方案还可再节省 15.4 万元，则结合新版方案的优化额度，累计优化额度可达 55 万元。

三、1~4 号楼地下结构设计优化

1. 对于 22 层的剪力墙结构住宅且在采用 CFG 桩复合地基的情况下，1000mm 厚的筏板偏厚，请采用弹性地基梁板模型并用筏板有限元分析方法进行计算，计算时需修改程序默认的基床反力系数值，并考虑上部结构刚度的影响，从而降低筏板厚度并随之降低通长钢筋的数量。根据我们的经验，筏板厚度降到 800mm 以下的混凝土与钢筋用量都会降低。

2. 筏板侧面 U 形封边钢筋及纵向构造钢筋均无实际用途，仅仅能起表面抗裂功能，但筏形基础自由端与独基条基的自由端一样，是不必考虑表面开裂问题的，故原则上均可取消。如必须设置可由 Φ 14@200 改为 Φ 12@300 或 Φ 10@200，封边构造纵筋也可为 Φ 12@300 或 Φ 10@200。

3. 请明确结构计算模型的嵌固端位置。根据《高规》及《抗规》的规定，底部加强部位均从嵌固端算起，而约束边缘构件的设置范围均为底部加强部位及其相邻的上一层，因此约束边缘构件也应是从嵌固端开始往上设置。当计算嵌固端位于地下一层顶板时，地下一、二层均应设置构造边缘构件，当计算嵌固端位于地下二层顶板时，仅地下一层需设置约束边缘构件，地下二层则可设置构造边缘构件，仅当计算模型嵌固于基础时，地下一、二层才需设置约束边缘构件。

4. 按上述第 3 条改为构造边缘构件后，对于三级抗震等级的剪力墙构造边缘构件的纵筋，在满足最小配筋率 $0.005A_c$ 的前提下采用 $4\Phi12 + N\Phi8$ 的配筋方式。

5. 地下一、二层约束边缘构件的纵筋配置均较大，若为构造控制，则按上述第 3 条改为构造边缘构件后重新配置；若为计算控制，请用组合截面配筋方法代之以分段式配筋方式以降低配筋。

6. 约束边缘构件除最外圈采用封闭箍筋外，其他嵌套的封闭箍筋均改为拉筋。三大规范（混凝土规、抗规、高规）均没有箍筋需重叠搭接的规定，国标图集《12G101-4》对约束边缘构件的箍（拉）筋给出 3 种类型，第一种（类型 A）即为顾问公司建议的形式。

7. 约束边缘构件一律按照《11G101-1》第 72 页"剪力墙水平钢筋计入约束边缘构件体积配箍率的构造做法"用墙身的水平钢筋代替部分约束边缘构件箍筋。

8. 地下室外墙配筋应以剖面图形式表示，或剖面图与表格相结合的图面表达方式，不要仅以表格形式表示；计算配筋大于构造配筋的外侧竖向钢筋应采用贯通钢筋加附加短筋间隔配置的配筋方式，其中贯通钢筋采用构造配筋，墙底不足处用附加钢筋补足，附加短筋取 1/3 墙高。DWQ2、DWQ3 及 DWQ4 均涉及此问题。

9. 地下室外墙的构造配筋可从 Φ 12@150 改为 Φ 12@200。

四、1～4 号楼整体结构设计优化

1. 与主楼相距很近的商业或车库的独立基础应该在主楼基础平面上示出，其基础埋深应结合主楼基础埋深综合确定；如果按图 12-3-1、图 12-3-2 的设计方法及图面表达方式，很容易造成主楼先期施工时不管商业的基础，待主楼施工回填完毕，后期再施工商业基础时，就会出现商业基础落在主楼回填土上的情况，而且回填质量因事先没有按换填垫层地基的要求进行控制，届时是没有人敢在回填土上直接做商业基础的，因此势必会造成二次开挖、二次回填的问题，对工期及造价影响极大。因此建议商业基础根据主楼基坑放坡情况落在一个适当的高度，并保证落在原状土上，然后在主楼基础施工时一并将这些基础施工完毕，就不会出现上述落在回填土上的问题或二次开挖、二次回填的问题（施工图设计任务书中有此项要求）。

2. 通过此次提供的建筑剖面图的建筑标高及结构筏板标高，显示在基础底板顶建筑标高与结构标高间存在 400mm 的高差，疑似填土及构造做法，请严格按照施工图设计任务书及粗装修工程做法的要求取消板顶覆土及建筑面层。由于河北省各地的地下储藏间基

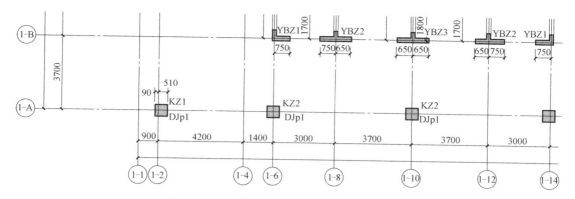

图 12-3-1　原设计主裙楼墙柱平面位置关系图

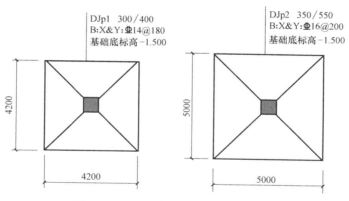

图 12-3-2　原设计裙楼基础结构设计图

本都是赔本销售，对功能美观等也无更高要求，因此应取消覆土垫层及面层，直接将结构板面压实赶光作为面层即可。根据多年及大量的工程实践经验，尤其是施工及使用方面的经验，覆土垫层的存在除了方便建筑与设备专业布置集水坑及用于抗浮配重之外，基本是有百害而无一利，不但增加覆土垫层及面层本身的材料与人工成本，而且增加了结构荷载，而更重要的是加大了基础埋深，导致挖填土方量、基坑支护与降水、地下室墙柱混凝土、钢筋材料用量及模板工程量、防水材料用量、地下室抗侧力构件的计算高度与水土压力等均随之增加；此外覆土材料的倒运及分层夯填也非常麻烦，若在顶板封闭前用机械运到地下，则存在下雨和泥的风险，但若顶板封闭后再运输，就需要人工倒运，人工成本会进一步增加；覆土垫层的压实工艺也只能用小型机械，而无法高效率的机械碾压，因此人工成本、工期等均会有影响。此外，由于覆土垫层的存在，非常容易导致建筑地面开裂，因此一般还需在其上再做一层建筑面层，而且一般需采取抗裂措施，如配钢筋网等，成本会进一步上升。

对于 1 号楼、3 号楼、4 号楼等 CFG 桩已经施工、垫层已做的工程，基础埋深已经无法抬高，只能是取消垫层及面层后增加地下二层净高；对于 5 号、6 号、7 号、8 号楼等还未进行 CFG 桩施工的工程，在提设计条件时桩顶标高一定按照取消覆土垫层及建筑面层的构造做法来提。根据万科的测算，覆土垫层减薄 100mm，由此产生的综合效益达到 28 元/m²，对于 400mm 厚面层若全部取消则意味着可降低造价 112 元/m²（此处面积为地下室面积)(施工图设计任务书及粗装修工程做法中对此有明确要求)。

3. 1号楼 DWQ2 的外侧竖向贯通筋虽然已经由 $\Phi 14@150$ 降为 $\Phi 12@150$，但整体配筋仍然偏大。顾问公司根据图 12-3-3 建筑剖面及 1-2～1-14 轴的 WQ2（图 12-3-4）分别取两块具有代表性的板块进行计算，其一为 1-6～1-14 轴连续板模型中板块跨度最大的 3700mm 板块（图 12-3-5），其二为 1-2～1-4 轴的单跨 4200mm 左右两端简支模型。即便地面超载采用 $10kN/m^2$，对于 3700mm 跨的连续板模型（图 12-3-6），双层双向的计算配

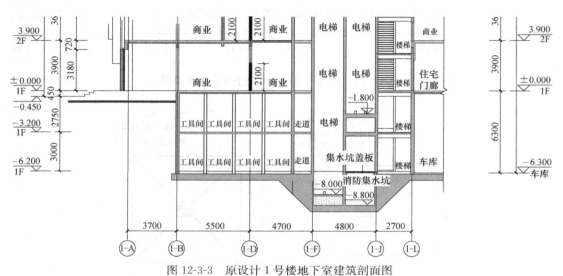

图 12-3-3 原设计 1 号楼地下室建筑剖面图

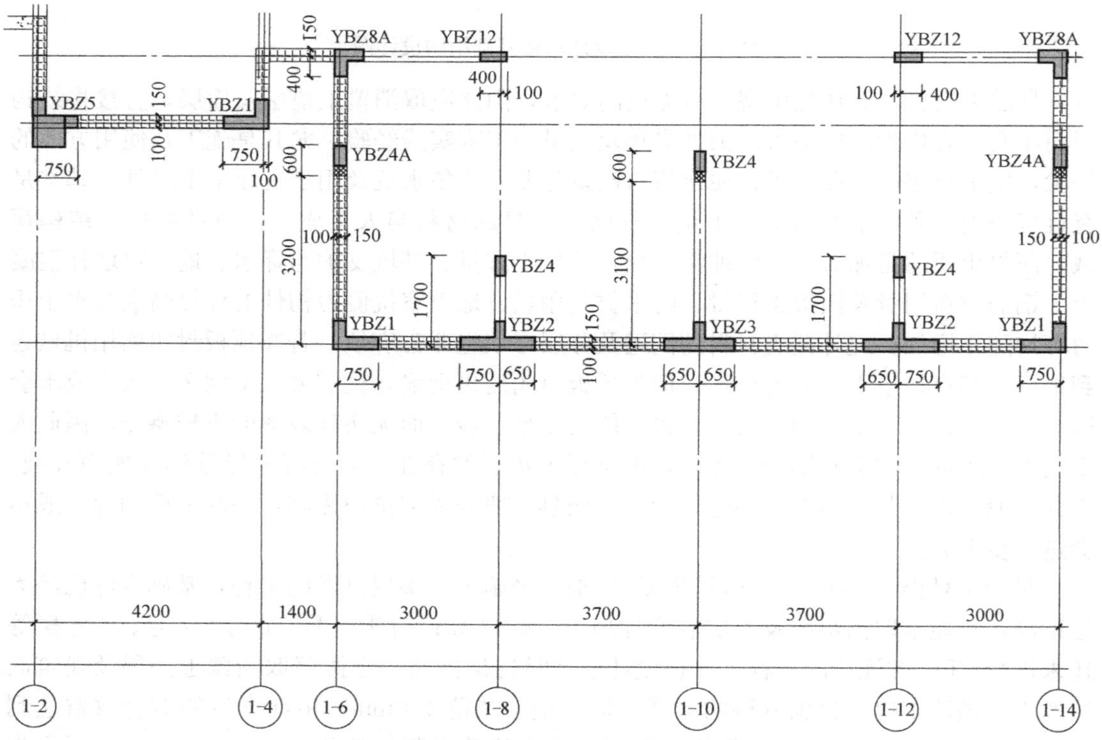

图 12-3-4 原设计 1 号楼结构局部平面布置图

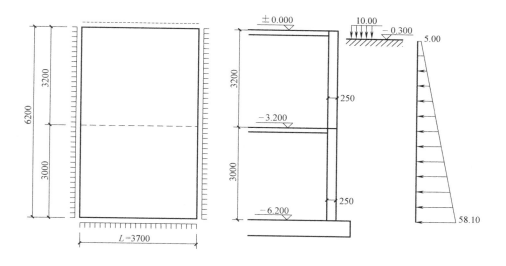

外墙尺寸模型简图

图 12-3-5　水平向 3700mm 跨连续板模型

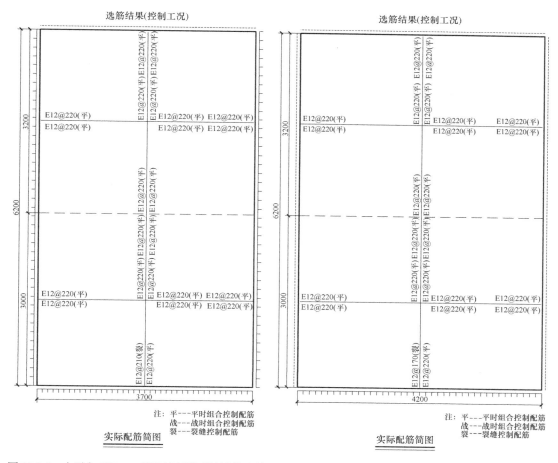

图 12-3-6　水平向 3700mm 跨连续板模型的计算配筋　　图 12-3-7　水平向 4200mm 跨单跨板模型的计算配筋

筋也全部由 0.2% 的构造配筋控制；对于 4200mm 的单跨板模型（图 12-3-7），地下一层双层双向的钢筋也全部由构造控制，地下二层仅外侧竖向的根部由计算控制，而且仅需 $\Phi12@170$，其他钢筋也全部由构造控制。

因此建议 WQ2 应细分几种情况分别计算和配筋，比如上述 1-6～1-14 轴的 WQ2 就可以按 $\Phi12@200$ 双层双向配筋，1-2～1-4 轴的 WQ2 则采用 $\Phi12@200$ 双层双向配筋再在地下二层外侧根部附加 $\Phi10@200$ 短筋的方式，此时受力最大处配筋 $958mm^2/m$，比原设计双层双向 $\Phi12@150$ 配筋但受力最大处的配筋也为 $\Phi12@150$（$754mm^2/m$）要好。不但总体用钢量大大降低（降低了约 25%），而且安全度还有所提高（提高了约 27%），而且最大弯矩处 $\Phi12@200+\Phi10@200$ 的配筋在裂缝控制方面也要比 $\Phi12@150$ 好很多。

因此从这个意义上，用钢量的降低与结构安全度没有必然关系，优化设计在很多情况下能够收到一举两得的效果。

上述还是地面超载按 $10kN/m^2$ 计算的结果，根据《北京市建筑设计技术细则》2.1.6 条的明确规定："在计算地下室外墙时，一般民用建筑的室外地面活荷载可取 $5kN/m^2$（包括可能停放消防车的室外地面）。有特殊较重荷载时，按实际情况确定。"，北京辖区内的项目在计算地下室外墙的内力和配筋时均取 $5kN/m^2$。

原设计 1 号楼地下室外墙配筋表　　　　　　表 12-3-6

编号	标高	墙厚	墙类型	水平分布筋		竖向分布筋		竖向附加筋		拉筋(双向)
				外侧	内侧	外侧	内侧	①	②	
WQ1 (2 排)	基础顶～ -0.120	250	Ⅰ型	$\Phi12@200$	$\Phi12@200$	$\Phi12@200$	$\Phi12@200$			$\Phi6@400\times400$
WQ2 (2 排)	基础顶～ -0.120	250	Ⅰ型	$\Phi12@150$	$\Phi12@150$	$\Phi12@150$	$\Phi12@150$			$\Phi6@450\times450$
WQ3 (2 排)	基础顶～ 0.300	250	Ⅰ型	$\Phi12@150$	$\Phi16@150$	$\Phi20@100$	$\Phi12@150$	$\Phi20@100$		$\Phi6@300\times300$
WQ4 (2 排)	基础顶～ -0.120	250	Ⅰ型	$\Phi12@150$	$\Phi16@150$	$\Phi12@150$	$\Phi12@150$			$\Phi6@450\times450$
WQ5 (2 排)	基础顶～ 车库顶	250	Ⅰ型	$\Phi12@200$	$\Phi12@200$	$\Phi12@200$	$\Phi12@200$			$\Phi6@400\times400$
	车库顶～ 原位标注	250	Ⅰ型	$\Phi12@150$	$\Phi12@150$	$\Phi12@150$	$\Phi12@150$			$\Phi6@450\times450$

上表顶部有标题行：剪力墙身表(外墙)

4. 非人防墙的拉筋无需加密设置，请将 $\Phi6@300\times300$、$\Phi6@400\times400$ 及 $\Phi6@450\times450$ 的拉筋间距一律改为 $\Phi6@600\times600$。

5. 根据层间位移角的计算结果，标准层墙厚可沿竖向收级 2 次，即从 200mm 降为 180mm 一次，再从 180mm 降为 160mm 一次，相应调整墙身构造配筋为 $\Phi8@220$ 及 $\Phi8@250$，构造边缘构件的纵向构造钢筋也应相应降低。

6. 墙柱与梁板的混凝土强度等级也应沿竖向收级一次，即根据轴压比情况在合适楼层由 C30 降为 C25。注意混凝土强度等级的收级应与上述墙厚收级错开，不应在同一楼层。

7. 根据《高规》及《抗规》的规定，底部加强部位均从嵌固端算起，而约束边缘构件的设置范围均为底部加强部位及其相邻的上一层，因此约束边缘构件也应是从嵌固端开始往上设置。当计算嵌固端位于地下一层顶板时，地下一、二层均应设置构造边缘构件，当计算嵌固端位于地下二层顶板时，仅地下一层需设置约束边缘构件，地下二层则可设置构造边缘构件，仅当计算模型嵌固与基础时，地下一、二层才需设置约束边缘构件。

8. 非框架楼面梁应按非抗震设计，最小箍筋直径可取 6mm，当 $V \leqslant 0.7 f_t b h_0$ 时，箍筋最大间距可取 300mm，计算控制时可仅需在梁端剪力最大处加密。

9. 屋面板板顶贯通钢筋可按 0.1% 的表面抗裂构造配筋率拉通，支座不足处用附加钢筋补足，如板顶采用Φ6@200 双向，支座不足处用附加短筋补强。

10. 商业次梁箍筋最小直径可采用 6mm，当 $V \leqslant 0.7 f_t b h_0$ 时，箍筋最大间距可取 300mm，当箍筋配置由计算控制时可仅需在梁端剪力最大处加密。

11. 商业次梁当梁高为 600mm、板厚 120mm 时不需设腰筋，故 -0.12m 高、3.78m 标高、7.38m 标高及 10.88m 标高 250mm×600mm 的次梁都不需要设腰筋。见图 12-3-8。

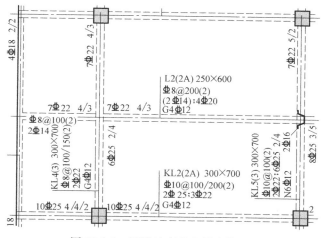

图 12-3-8 原设计商业次梁配筋图

12. 商业屋面十字次梁配筋偏大，请仔细核算附加恒载，当次梁梁高降为 630mm 以内时也不需设腰筋，故可结合荷载及截面尺寸进行优化。见图 12-3-9。

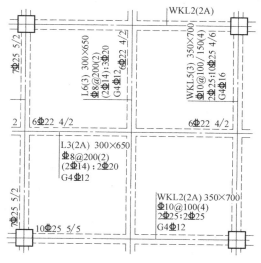

图 12-3-9 商业屋面十字次梁配筋图

第十三章　北京顺义某独栋办公项目建筑结构优化

第一节　工程概况

一、建筑设计概况

本项目位于顺义主城区西侧，用地性质为商业金融用地。建设用地面积：23425.9m²；总建筑面积：91334.40m²，其中：地上建筑面积：58563.36m²；地下建筑面积：32771.04m²；人防建筑面积：7508.60m²；室外出口面积：200.80m²。容积率为2.5，建筑密度为30.38%，绿地率为30%。

1~13号楼为企业总部式办公（二层以上部分及地下一层为办公功能，首层为商业功能），地下二、三层为地下车库（其中地下三层西侧战时为人防物资库，平时为汽车库）；

图 13-1-1　北京顺义某办公项目鸟瞰图

图 13-1-2　北京顺义某办公项目总平面图

14 号、15 号楼为集中式办公（首层及－1 层为商业功能，二层以上为办公功能），14 号楼地下三层、15 号楼地下二层为核 6 级常 6 级甲类二等人员掩蔽人防。

停车数量：机动车停车位 705 辆，地上 138 辆，地下 567 辆。

本项目地势西高东低，南高北低，南侧东西高差 4.3m，北侧东西高差 2.8m，西侧南北高差 1.51m，由于地形复杂，场地狭小，为了保持地下平面的基本一致，同时使场地与红线外道路趋近，将园区分为西区高区和东区低区两个区域，西区室外地坪定南侧为 34.3m，北侧为了迎合地势定位 33.3m，东区室外比较平坦地坪定为 30.25m，与外环路高差较大部分做填土处理，未对外部环境造成影响。

二、结构设计概况

地震基本烈度为 8 度，设计基本地震加速度值为 0.20g，设计地震分组为第一组，建筑场地类别三类。

结构形式：1～13 号楼为框架抗震墙结构，14～15 号楼为抗震墙结构。

基础形式：梁板式筏形基础，其中 14 号、15 号楼采用了 CFG 桩复合地基进行了地基处理。

结构计算时 7 号楼、8 号楼及 9 号楼从地下一层开始断开，为三个独立建筑，结构梁板均无连接，结构设计时按照三个楼进行独立计算，三栋建筑间相互距离均大于 130mm，满足抗震缝宽要求。10 号楼、11 号楼、12 号楼及 13 号楼从地下一层开始断开，为四个独立建筑，结构梁板均无连接，结构设计时按照四个楼进行独立计算。四栋建筑间相互距离均大于 130mm，满足抗震缝宽要求。

三、场地工程地质条件

岩土工程勘察最大勘探深度范围内所分布的土层，按沉积年代、成因类型可分为人工堆积层、新近代沉积层和第四纪沉积层三大类，按地层岩性及工程特性进一步划分为 7 个大层，现自上而下分述如下：

人工堆积层：①大层：表层为黏质粉土填土①层及房渣土①₁层。

新近代沉积层：②大层：褐黄（暗）～浅灰、很湿、可塑的粉质黏土、重粉质黏土②层，褐黄（暗）～浅灰、中密～密实、湿的砂质粉土、黏质粉土②₁层；

第四纪沉积层：③大层：浅灰～深灰、很湿、可塑的粉质黏土、重粉质黏土③层、浅灰、中密～密实、湿～很湿的黏质粉土、砂质粉土③₁层及浅灰、中密～密实、饱和的细砂、粉砂③₂层；

④大层：浅灰、密实、饱和的细砂、中砂④层及浅灰、很湿、可塑的粉质黏土、重粉质黏土④₁层；

⑤大层：褐黄～浅灰、很湿、可塑～硬塑的粉质黏土、重粉质黏土⑤层及褐黄～浅灰、密实、很湿的黏质粉土、砂质粉土⑤₁层；

⑥大层：浅灰、密实、饱和的细砂、粉砂⑥层、浅灰、密实、很湿的砂质粉土、黏质粉土⑥₁层及浅灰、很湿、可塑～硬塑的粉质黏土、重粉质黏土⑥₂层；

⑦大层：浅灰、很湿、可塑的粉质黏土、黏质粉土⑦层。

本报告中钻探最大孔深 35.00m，钻至最低标高 −4.01m，止于⑦大层。

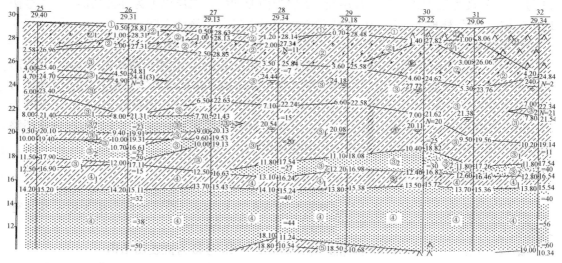

图 13-1-3　典型地质剖面图

四、水文地质条件

1. 水文气象条件

北京的气候为典型的暖温带半湿润大陆性季风气候，夏季高温多雨，冬季寒冷干燥，春、秋短促。2007 年为例，全年平均气温 14.0℃（北京市气象局）。1 月 −7～−4℃，7

月 25～26℃。极端最低－27.4℃，极端最高 42℃。全年无霜期 180～200 天，西部山区较短。2007 年平均降雨量 483.9mm，为华北地区降雨最多的地区之一。降水季节分配很不均匀，全年降水的 80% 集中在夏季 6、7、8 三个月，7、8 月有大雨。

2. 勘探期间地下水情况

本工程勘察于 2014 年 3 月中下旬，在勘察深度 35.00m 范围内，发现两层地下水：第一层地下水类型为上层滞水，静止水位埋深为 4.30～7.10m，静止水位标高为 22.11～24.92m；第二层地下水类型为潜水，静止水位埋深为 7.50～11.20m，静止水位标高为 18.22～21.58m。

根据勘察单位收集的地下水长期观测资料，本场区历年（自 1959 年以来）最高地下水位接近自然地面；本工程场区近 3～5 年最高地下水位标高约为 27.00m。

3. 抗浮设防水位建议

抗浮设防水位建议按标高 28.00m 考虑。

五、优化介入时的工程进展情况

优化咨询公司是在土建施工招标后、施工图外审之前介入的，是针对招标图与外审图之间的甲方内审施工图图纸进行优化的，这版图纸也是在招标图基础上修改完善的，如果经甲方内审后无大的问题，就准备送外审并办理后续手续。此时总包已经进场，土方已经普遍开挖至距设计基底标高 500mm 的位置，14 号楼、15 号楼的 CFG 桩及几个下沉庭院处的抗浮锚杆正在施工且已接近尾声，因此给施工图结果优化的时间非常有限，在工期上面临总包开工及施工图外审的双重压力。

第二节　设　计　优　化

一、车库基础底板设计优化

车库底板由梁板式筏基上返梁结构改为平板式筏基加下柱墩结构，将筏板顶标高抬高 800mm，并取消地下车库底板顶面以上的覆土层及建筑面层，直接在结构层上做耐磨地面。其直接经济效益如下：1）平板式筏基较梁板式筏基的配筋量可大幅降低；2）可取消底板顶面以上 600mm 厚的房心回填土，消除回填土质量因素所产生的车库地面质量问题；3）可取消车库地面 200mm 厚的混凝土面层及 $\phi6@200$ 钢筋网片；4）降低基坑开挖深度约 800mm，相应减少基坑开挖土方量及肥槽回填土方量；5）地下室墙柱高度缩短 800mm，可减少混凝土量、钢筋量与模板工程量；6）承受侧向荷载的地下室外墙及人防墙体的计算跨度相应减小 800mm，水土压力随之降低，可降低由计算控制的钢筋用量；7）取消地梁后钢筋绑扎难度大大降低，模板工程量大大减少；8）地下室外墙外防水工程量降低；9）结构混凝土强度（C35）大大高于耐磨地面面层混凝土的强度（C20），直接在结构层上做耐磨面层效果更佳。

改为 600mm 厚筏板加 650mm 厚下柱墩后，个别柱（E/4，E/9，E/16，H/16）对筏板的冲切电算不通过，但经对柱底轴力最大的 E/4 进行手算冲切，可以通过。以手算为准。

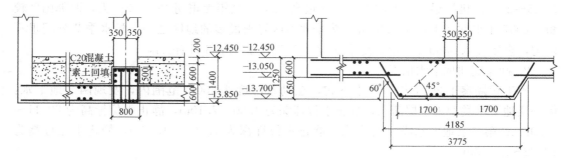

图 13-2-1 优化前后两种方案对比示意

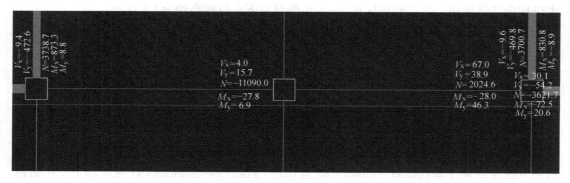

图 13-2-2 底层墙柱 N_{max}（E/4 轴）

图 13-2-3 电算冲切不满足，经手算满足

经验算，下沉庭院在现有抗浮锚杆的情况下，若取消覆土层，新方案也可满足抗浮稳定的要求。

取消地下一层车库 100mm 厚地面面层做法，改为直接在结构混凝土上直接做耐磨地面，附加恒载由 5.0kN/m² 降为 1.0kN/m²（必要时考虑 50mm 面层做法）。

经甲方及顾问公司测算，按上述优化措施改变基础形式、取消覆土垫层及建筑面层做法后，建筑结构综合造价可降低 500 万元以上。但由于地基处理及抗浮锚杆区域已经不具备抬高筏板的条件，原设计的人防底板又不满足人防构造配筋要求，加之用于对比评估的平板式筏基也存在较大优化空间以及甲方也不愿取消建筑耐磨垫层，故实际优化效果大打折扣。按第三方造价咨询公司的评估约节省 200 万元左右。

二、车库抗浮锚杆设计后评估及在现有条件下的设计优化

1. 抗浮锚杆设计评估

根据《岩土锚杆（索）技术规程》CECS 22：2005，钢锚杆杆体的截面面积应按下式确定：

$$A_s \geq \frac{K_t N_t}{f_{yk}}$$ （式 13-2-1）

或

$$A_s \geq \frac{K_t N_t}{f_{ptk}}$$ （式 13-2-2）

式中　K_t——锚杆杆体的抗拉安全系数，按表 13-2-1 选取；

　　　N_t——锚杆的轴向拉力设计值（kN）；

　　　f_{yk}、f_{ptk}——钢筋、钢绞线的抗拉强度标准值（kPa）。

锚杆杆体抗拉安全系数　　　　　　　　　　　　表 13-2-1

杆 体 材 料	最小安全系数	
	临时锚杆	永久锚杆
钢绞线精轧螺纹钢筋	1.6	1.8
HRB400、HRB335 钢筋	1.4	1.6

根据锚杆原设计图纸：

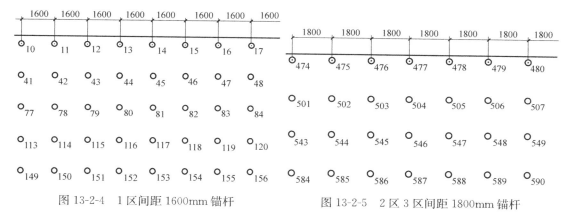

图 13-2-4　1 区间距 1600mm 锚杆　　　　　　图 13-2-5　2 区 3 区间距 1800mm 锚杆

原设计锚杆参数　　　　　　　　　　　　表 13-2-2

设 计 参 数	基础不同区域		
	1 区	2 区	3 区
锚杆间距(m)	1.6×1.6	1.8×1.8	1.8×1.8
锚杆锚固长度(m)	11	11	11
单锚拉力标准值 Nk(kN)	129.6		

其中 1 区净水浮力为 50kPa，2 区、3 区净水浮力为 40kPa，则单锚拉力标准值为：

$$N_k = 50 \times 1.6 \times 1.6 = 128 \text{kN}$$

$$N_k = 40 \times 1.8 \times 1.8 = 129.6 \text{kN}$$

设计取值 $N_k = 129.6$kN

则单锚轴向拉力设计值为：

$$N_t = 1.2 \times N_k = 155.52 \text{kN}$$

锚杆杆体截面面积为：

$$A_s \geqslant \frac{K_t N_t}{f_{yk}} = 1.6 \times 155.52 \times 1000 \div 400 = 622\text{mm}^2$$

实际采用三级钢 2 Φ 22

$$A_s = 2 \times 380 = 760\text{mm}^2$$

实际超配了 22%

2. 现有条件下基础抬高后的锚杆设计优化

抗浮锚杆钢筋焊接接长方案见图 13-2-6～图 13-2-8。

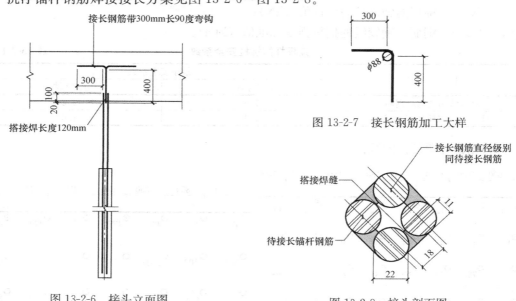

图 13-2-6 接头立面图

图 13-2-7 接长钢筋加工大样

图 13-2-8 接头剖面图

《钢筋焊接及验收规程》JGJ 18—2012

4.5.4 帮条焊时,宜采用双面焊[图 13-2-9(a)];当不能进行双面焊时,可采用单面焊[图 13-2-9(b)],帮条长度应符合表 4.5.4 的规定。当帮条牌号与主筋相同时,帮条直径可与主筋相同或小一个规格;当帮条直径与主筋相同时,帮条牌号可与主筋相同或低一个牌号等级。

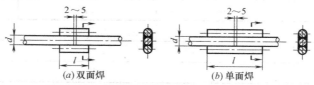

图 13-2-9 钢筋帮条焊接头(规程图 4.5.4)

钢筋帮条长度(规程表 4.5.4)　　　　　　　　　　　　表 13-2-3

钢筋牌号	焊缝型式	帮条长度(l)
HPB300	单面焊	$\geqslant 8d$
	双面焊	$\geqslant 4d$
HRB335　HRBF335 HRB400　HRBF400 HRB500　HRBF500　RRB400W	单面焊	$\geqslant 10d$
	双面焊	$\geqslant 5d$

注:d 为主筋直径(mm)。

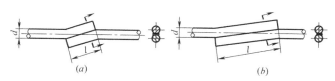

图 13-2-10　钢筋搭接焊要求（规范图 4.5.5）

d—钢筋直径；l—搭接长度

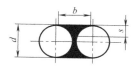

图 13-2-11　焊缝尺寸示意
（规范图 4.5.6）

d—钢筋直径；b—焊缝宽度；

S—焊缝有效厚度

4.5.5　搭接焊时，宜采用双面焊［图 13-2-10（a）］。当不能进行双面焊时，可采用单面焊［图 13-2-10（b）］。搭接长度可与本规程表 4.5.4 帮条长度相同。

4.5.6　帮条焊接头或搭接焊接头的焊缝有效厚度 S 不应小于主筋直径的 30%；焊缝宽度 b 不应小于主筋直径的 80%（图 13-2-11）

三、14 号、15 号主楼 CFG 桩复合地基设计后评估及在现有条件下的设计优化

1. 勘察报告岩土设计参数评估

表 13-2-4 为根据地勘报告整理后的各层岩土参数。

各层岩土参数　　　　　　　　　　　　　　　　　　　　　　　　表 13-2-4

土层编号	土层名称	天然地基承载力特征值	桩侧摩阻力标准值	桩端阻力标准值	标贯锤击数平均值	E_{s1-2}
①	杂填土		0			
②	粉质黏土	110	0			
②₁	粉土	150	0			
③	粉质黏土	130	50		7.3	5.64
③₁	粉土	190	50		19.4	14.12
③₂	粉、细砂	200	55		29.3	25
④₁	粉质黏土	180	55		14.3	8.85
④	中、细砂	250	60	1200	44.6	32
⑤	粉质黏土	200	55	800	20.6	9.89
⑤₁	粉土	220	60	1400	22.6	15.13
⑥	粉、细砂	280	65	2000	49.5	42
⑥₁	粉土	250	60	1600	26	18.16
⑥₂	粉质黏土	230	60	1500		13.6

仅以相对较厚的第④层土（中、细砂）为例：根据《建筑地基基础设计规范》与《岩土工程勘察规范》，凡标贯试验锤击数大于 30 击/30cm，即可将砂土判定为密实。根据地勘单位给定的物理力学指标统计表，第④层标贯击数的最小值为 30，最大值为 65，平均

值为 44.6，属于非常密实的砂土。

砂土密实度分类　　　　　　　　　　　　　　　　　　表 13-2-5

标准贯入锤击数 N	密　实　度	标准贯入锤击数 N	密　实　度
$N \leqslant 10$	松散	$15 < N \leqslant 30$	中密
$10 < N \leqslant 15$	稍密	$N > 30$	密实

根据《建筑桩基技术规范》，按粉细砂查得的干作业成孔灌注桩的极限侧阻力标准值为 64～86kPa，本工程根据标贯击数 44.6，取中间值偏下的 70kPa 一点也不为过。但原地勘报告仅给了 60kPa。

桩的极限侧阻力标准值 q_{sik}（kPa）　　　　　　　　　表 13-2-6

土的名称	土的状态		混凝土预制桩	泥浆护壁钻（冲）孔桩	干作业钻孔桩
填土			20～30	20～28	20～28
淤泥			14～20	12～18	12～18
淤泥质土			22～30	20～28	20～28
黏性土	流塑	$I_L > 1$	24～40	21～38	21～38
	软塑	$0.75 < I_L \leqslant 1$	40～55	38～53	38～53
	可塑	$0.50 < I_L \leqslant 0.75$	55～70	53～68	53～66
	硬可塑	$0.25 < I_L \leqslant 0.50$	70～86	68～84	66～82
	硬塑	$0 < I_L \leqslant 0.25$	86～98	84～96	82～94
	坚硬	$I_L \leqslant 0$	98～105	96～102	94～104
红黏土		$0.7 < a_w \leqslant 1$	13～32	12～30	12～30
		$0.5 < a_w \leqslant 0.7$	32～74	30～70	30～70
粉土	稍密	$e > 0.9$	26～46	24～42	24～42
	中密	$0.75 \leqslant e \leqslant 0.9$	46～66	42～62	42～62
	密实	$e < 0.75$	66～88	62～82	62～82
粉细砂	稍密	$10 < N \leqslant 15$	24～48	22～46	22～46
	中密	$15 < N \leqslant 30$	48～66	46～64	46～64
	密实	$N > 30$	66～88	64～86	64～86
中砂	中密	$15 < N \leqslant 30$	54～74	53～72	53～72
	密实	$N > 30$	74～95	72～94	72～94
粗砂	中密	$15 < N \leqslant 30$	74～95	74～95	76～98
	密实	$N > 30$	95～116	95～116	98～120
砾砂	稍密	$5 < N_{63.5} \leqslant 15$	70～110	50～90	60～100
	中密（密实）	$N_{63.5} > 15$	116～138	116～130	112～130

再来看桩端阻力标准值：当标贯击数 $N > 15$ 时，对于桩长大于 15m 的干作业钻孔桩，在细砂层的端阻可达 2400～2700kPa，现标贯击数的最小值为 30，最大值为 65，平均值为 44.6，均远大于 15，属于非常密实的砂土，故取上限值 2700kPa 并不为过，原地勘报告的端阻仅给定 1200kPa。当桩长小于 15m 但不小于 10m 时，上述端阻值会略有降低，为 2000～2400kPa，取上限值 2400kPa 也不为过。

2. CFG 桩复合地基设计评估

关于原地基处理方案单桩承载力与复合地基承载力的复核。

15 号楼地基处理采用 CFG 桩，桩径 400mm，桩间距 1.43～1.50m（见图 13-2-12），设计桩长 17m，施工桩长 17.5m，单桩承载力特征值 481kN，总桩数为 479 根，原设计要求复合地基承载力特征值不小于 300kPa。

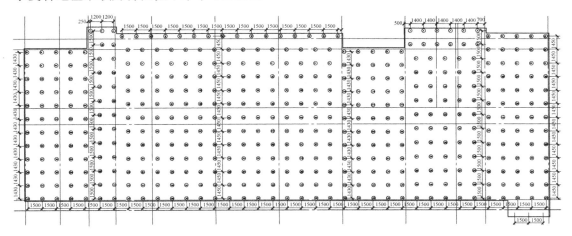

图 13-2-12　15 号楼 CFG 桩平面布置图

根据地勘报告给定的岩土设计参数及地质剖面图，顾问公司对 10 号楼 6 个勘探孔逐一进行了计算，其中单桩承载力特征值最小的为 4 号孔及 14 号孔，分别为 704kN 及 709kN，但原地基处理设计图中的单桩承载力特征值仅为 481kN，有高达 32% 的安全储备。

关于桩身强度，按 481kN 的单桩承载力特征值复核时，尚有 31% 的安全储备；当按 380kN 的单桩承载力特征值复核时，则有 45.5% 的安全储备。桩头混凝土强度应能满足要求。

桩身强度验算					桩身强度验算			
$f_{cu} \geqslant 4\dfrac{\lambda R_a}{A_p}$					$f_{cu} \geqslant 4\dfrac{\lambda R_a}{A_p}$			
最终采用	λ	=	0.9		最终采用	λ	=	0.9
	R_a	=	481			R_a	=	380
$4\dfrac{\lambda R_a}{A_p}$	=	13.8	MPa		$4\dfrac{\lambda R_a}{A_p}$	=	10.9	MPa
f_{cu}	=	20.0	MPa		f_{cu}	=	20.0	MPa
桩身强度	满足	要求			桩身强度	满足	要求	

图 13-2-13　桩身强度验算

以 R_a=481kN 代入复合地基承载力计算公式，则复合地基承载力特征值为 302.9kN/m²；以 R_a=704kN 代入复合地基承载力计算公式，则复合地基承载力特征值为 392.1kN/m²，远大于调整后的设计承载力要求（262.5kN/m²），有高达 33％的安全储备，而且尚未考虑深度修正的安全储备。

原设计桩长 17m，桩端持力层土层不稳定，可能会落在不同的土层，如 4 号勘探孔落在⑥₁ 粉土层，5 号勘探孔落在⑥层粉细砂层，14 号勘探孔落在⑥₂ 粉质黏土层等。相应桩端持力层土层的极限端阻力标准值也不同，对应第⑥层粉细砂层、⑥₁ 粉土层及⑥₂ 粉质黏土层分别为 2000kPa、1600kPa 及 1500kPa。

4 号勘探孔土层分布及 17m 桩长单桩承载力计算　　　　　　表 13-2-7

土层编号	土层名称	层底埋深	层底绝对标高	计算层厚 l_j, l_{gi}	q_{sik} (kN/m²)	q_{pk} (kN/m²)	Q_{sik} (kN)	Q_{pk} (kN)	Q_{uk} (kN)	R_a kN
①	杂填土	2.00	27.51	$l_0=0.00$m	0		0			
②₁	粉土	2.00	27.51	$l_1=0.00$m	0		0			
②	粉质黏土	3.40	26.11	$l_2=0.00$m	0		0			
②₁	粉土	4.00	25.51	$l_1=0.00$m	0		0			
③	粉质黏土	7.30	22.21	$l_3=0.00$m	50		0			
③₁	粉土	9.30	20.21	$l_5=0.02$m	50		1			
③₂	粉、细砂	10.60	18.91	$l_4=1.30$m	55		90			
③	粉质黏土	12.40	17.11	$l_3=1.80$m	50		113			
③₂	粉、细砂	12.80	16.71	$l_4=0.40$m	55		28			
④₁	粉质黏土	14.80	14.71	$l_6=4.20$m	55		290			
④	中、细砂	19.60	9.91	$l_7=4.80$m	60		362			
⑤	粉质黏土	19.60	9.91	$l_8=0.00$m	55		0			
⑤₁	粉土	21.00	8.51	$l_9=1.40$m	60		106			
⑤	粉质黏土	23.30	6.21	$l_{10}=2.30$m	55		159			
⑤₁	粉土	23.30	6.21	$l_{11}=0.00$m	60		0			
⑤	粉质黏土	23.30	6.21	$l_{12}=0.00$m	55		0			
⑥₁	粉土	25.00	4.51	$l_{11}=0.78$m	60	1600	59	201		
总长				$l=17.0$m						
承载力总计							1207	201	1408	704

4 号勘探孔 14m 桩长单桩承载力计算　　　　　　表 13-2-8

土层编号	土层名称	层底埋深	层底绝对标高	计算层厚 l_i	q_{sik} (kN/m²)	q_{pk} (kN/m²)	Q_{sik} (kN)	Q_{pk} (kN)	Q_{uk} (kN)	R_a kN
①	杂填土	2.00	27.51	$l_0=0.00$m	0		0			
②₁	粉土	2.00	27.51	$l_1=0.00$m	0		0			
②	粉质黏土	3.40	26.11	$l_2=0.00$m	0		0			
②₁	粉土	4.00	25.51	$l_1=0.00$m	0		0			
③	粉质黏土	7.30	22.21	$l_3=0.00$m	50		0			
③₁	粉土	9.30	20.21	$l_5=0.02$m	50		1			
③₂	粉、细砂	10.60	18.91	$l_4=1.30$m	55		90			
③	粉质黏土	12.40	17.11	$l_3=1.80$m	50		113			
③₂	粉、细砂	12.80	16.71	$l_4=0.40$m	55		28			
④₁	粉质黏土	14.80	14.71	$l_6=4.20$m	55		290			
④	中、细砂	19.60	9.91	$l_7=3.28$m	60	1200	247	151		
总长				$l=11.0$m						
承载力总计							769	151	920	460

若考虑将桩长缩短至 11.0m，则桩端将置于稳定且厚实（平均厚度在 5m 以上）的第④层中细砂土层中，按地勘报告给定的侧阻与端阻计算，则单桩承载力特征值为 460kN，代入计算复合地基承载力特征值为 294.5 kN/m²，仍可满足原设计的承载力要求。工程量减少 35％以上。

若端阻按桩基规范建议值取值，当桩长小于 15m 且不小于 10m 时，且实际的标贯击数为 30 ～ 65 时，按前文所述可取 2400kPa，则 11m 桩长的单桩承载力特征值可达到 536kN，已超过了原 17m 桩长的单桩承载力特征值 481kN，而且还未考虑侧阻的提高。将桩间距扩大到 1.6m 也可满足调整前的承载力要求（300kPa），超出调整后的承载力要求值（262.5kN/m²）14％，且未包括深度修正的安全储备。CFG 桩工程量减少接近 50％。

3. 现有条件下基础抬高后的 CFG 桩复合地基设计优化

关于 14 号楼基础底板楼抬高后的地基二次处理：

取消基础底板上 450mm 后房心回填土并将建筑面层由 200mm 减薄至 100mm 后，10 号楼基础底板总共抬高 550mm。

根据原 CFG 桩设计图纸及分包单位的描述：10 号楼现状地面标高为 −13.72m，施工桩顶标高与现状地面标高平齐，也为 −13.72m，原设计桩顶标高为 −14.22，留有 500mm 高保护桩头，桩间土尚未清理。基础底板抬高 550mm 后，按 200mm 厚褥垫层来计算，则褥垫层底标高为 −13.67m，较现状地面高出 50mm，也即现状地面超挖 50mm。有关标高关系见图 13-2-15。

顾问单位的处理意见为：保护桩头不凿除并加

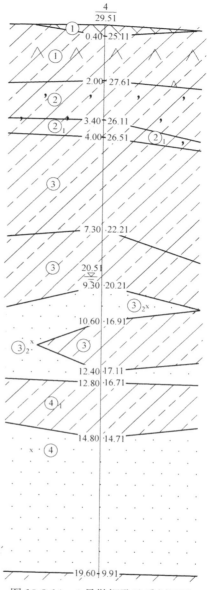

图 13-2-14　4 号勘探孔地质剖面图

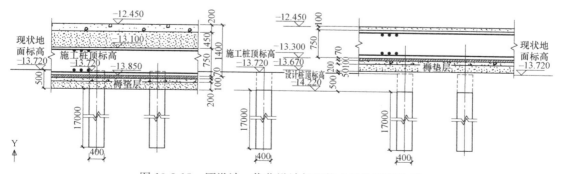

图 13-2-15　原设计、优化设计与现状之间的标高关系

以利用，将桩顶处理平整，将桩间土向下清除150mm，然后用与褥垫层相同的材料换填回来至现状施工桩顶标高（−13.72m），将褥垫层由200mm增至250mm。

针对该方案进行单桩及复合地基静载试验，以试验结果作为最终评判标准。根据设计院的基底平均反力值（273−24×0.1−18×0.45）＝262.5kN/m²，当最大加载量达到262.5×2＝525kN/m²而未出现破坏特征时，即可认为复合地基承载力满足设计要求。反推单桩承载力，当单桩静载试验最大加载量达到380×2＝760kN而未出现破坏特征时，可认为单桩承载力满足设计要求。图13-2-16为顾问公司的地基处理修改方案。

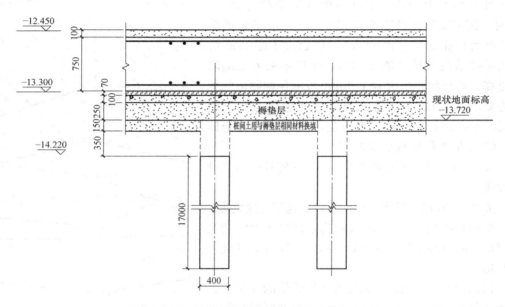

图13-2-16 针对优化设计的地基处理修改方案

四、荷载与模型参数设计优化

1. 荷载取值设计优化

以14号、15号楼标准层楼面附加恒载为例，原设计取4.5kN/m²太高（图13-2-17），应该降低附加恒载并重新计算。

根据楼9a的做法（图13-2-18）进行了逐层计算，并考虑了隔墙荷载及吊顶荷载，最终结果为3.6kN/m²，较原设计4.5kN/m²低0.9kN/m²。相当于活载降低20%，对本层梁板计算结果有影响，对基础底板计算也有影响，应该降低并重新计算梁板与基础底板配筋。附加恒载计算详见表13-2-9。

2. 模型参数设计优化

1~8号楼结构总说明中，"A户型剪力墙及框架柱抗震等级均为二级；其余户型框架抗震等级为二级，剪力墙的抗震等级为一级"。1号、2号楼为房屋高度小于24m的剪力墙结构，剪力墙抗震等级可降为三级，3号、4号、7号、8号楼均为房屋高度小于24m的框架剪力墙结构，框架的抗震等级可降为三级，剪力墙抗震等级可降为二级；应重新计算并调整配筋。

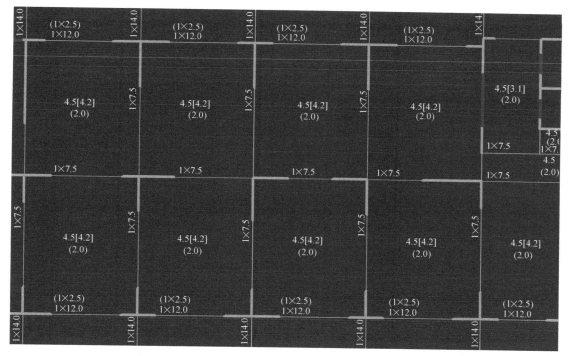

图 13-2-17　标准层原设计楼面荷载

楼9a	低温热水辐射采暖楼面	130厚
详12BJ1-1楼48A	用于集中式办公除首层外地上楼面	燃烧性能：A

1.）10厚铺地砖，DTG擦缝

2.）5厚DTA砂浆粘接层

3.）15厚DS干拌砂浆找平层

4.）C20细石混凝土垫层随打随抹平，加热管上皮厚度，60厚

5.）沿外墙内侧贴20×50聚苯乙烯薄膜塑料保温层，高与垫层上皮平

6.）铺18号镀锌低碳钢丝网，用扎带与加热管绑牢

7.）铺真空镀铝聚酯薄膜绝缘层

8.）30厚聚苯乙烯泡沫塑料保温层

9.）10厚DS干拌砂浆找平层

10.）现浇钢筋混凝土楼板

图 13-2-18　标准层楼面做法

附加恒载计算　　　　　　　　　　　　　　　　　表 13-2-9

材　料	厚度 （mm）	厚度 （m）	重度 （kN/m³）	面荷载 （kN/m²）
地砖	10	0.010	22.0	0.22
砂浆粘接层	5	0.005	20.0	0.10
砂浆找平层	15	0.015	20.0	0.30

材　　料	厚度 (mm)	厚度 (m)	重度 (kN/m³)	面荷载 (kN/m²)
C20 细石混凝土	60	0.060	24.0	1.44
聚苯乙烯泡沫塑料保温层	30	0.030	3.0	0.09
DS 砂浆找平层	10	0.010	20.0	0.20
轻质隔墙折算荷载				1.00
轻钢龙骨吊顶				0.25
合计				3.6

五、地下室墙柱设计优化

1. 地下室结构抗震等级的优化

地下车库抗震等级应降低一级，即框架由二级降为三级，剪力墙由一级降为二级，相应框架柱混凝土强度等级由 C50 降为 C45，钢筋混凝土墙由 C40 降为 C35。对于非 9 度、非一级的框架结构，模型中柱、墙实配钢筋超配系数应由 1.15 降为 1.0。应相应调整计算和配筋。

2. 地下室外墙设计优化

地下车库"结施 09 人防详图墙柱配筋表"中"说明 7. 人防外墙保护层厚度为 50mm，混凝土强度等级均为 C40"。根据人防规范及北京地标，设防水层的外墙外侧保护层厚度可取 30mm，混凝土强度等级按本建议第 1 条由 C40 降为 C35。保护层厚度对墙体配筋计算影响较大，应重新计算及配筋。

1）地下车库人防外墙 RFWQ1（图 13-2-19）

可按两层地下室外墙下固上铰的单向板模型（可把墙宽即水平方向跨度取一较大数值以弱化左右两边支承作用的影响），则水平分布钢筋可由 Φ14@150 降为 Φ14@200（单侧配筋率 0.19%）；内侧竖向通长钢筋在地下二层维持 Φ18@200 不变，在地下一层由 Φ18@200 改为 Φ16@200，上下层内侧竖向钢筋伸过支座中线即可截断；外侧竖向通长钢筋由 Φ25@200 改为 Φ16@200，底部附加外侧钢筋由 Φ22@200 改为 Φ18@200，另在 -8.65m 板处附加外侧钢筋 Φ14@200。

取消顶部 3Φ22 构造钢筋。

2）地下车库 RFWQ2、RFWQ2a（图 13-2-20）

可按三跨地下室外墙下固上自由的单向板模型（可把墙宽即水平方向跨度取一较大数值以弱化左右两边支承作用的影响），则水平分布钢筋可由 Φ14@150 降为 Φ14@200（单侧配筋率 0.19%）；内侧竖向通长钢筋在地下二层维持 Φ18@200 不变，在地下一层及以上部分由 Φ18@200 改为 Φ16@200，上下层内侧竖向钢筋伸过支座中线即可截断；外侧竖向通长钢筋由 Φ20@200 改为 Φ16@200，底部附加外侧钢筋维持 Φ20@200 不变，另在 -5.10m 板处附加外侧竖向钢筋 Φ20@200。

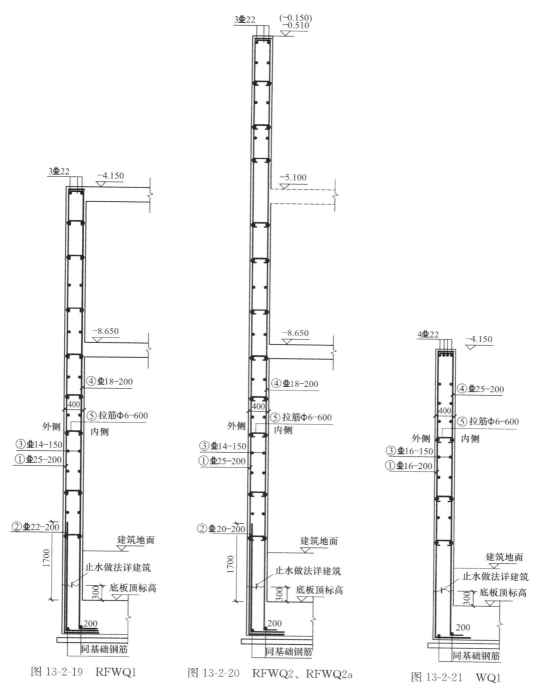

图 13-2-19　RFWQ1　　　　图 13-2-20　RFWQ2、RFWQ2a　　　　图 13-2-21　WQ1

取消顶部 3Φ22 构造钢筋。

竖向钢筋保持通长，不足处（地下三层内侧）附加钢筋来解决。

3）地下车库外墙 WQ1（图 13-2-21）

WQ1a：在－4.15m 及－8.65m 楼层板标高处，仅排风竖井范围无水平板支承，建议 1/C-D 有排风竖井处至 D 轴的 WQ1 用上端自由、下端固定、左右两侧连续（固定）的双向板模型计算，并更名为 WQ1a。如此改模型后，内外两侧水平通长钢筋可由 $\Phi 16@150$ 降为 $\Phi 14@200$，并在两侧支座处附加外侧水平钢筋 $\Phi 20@200$，内侧竖向通长钢筋由 $\Phi 25@200$ 改为 $\Phi 14@200$，外侧竖向钢筋由 $\Phi 16@200$ 改为 $\Phi 14@200$，并在底部附加外侧竖向钢筋 $\Phi 20@200$。

WQ1：除上述部位外其他的 WQ1，可按两层地下室下固上铰的单向板模型，则水平分布钢筋可由 $\Phi 16@150$ 降为 $\Phi 14@200$，内侧竖向通长钢筋由 $\Phi 25@200$ 改为 $\Phi 16@200$，外侧竖向钢筋由 $\Phi 16@200$ 改为 $\Phi 14@200$，并在底部及中间楼板处分别附加外侧竖向钢筋 $\Phi 20@200$ 及 $\Phi 18@200$。

取消顶部 $4\Phi 22$ 构造钢筋。

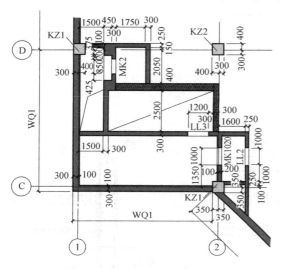

图 13-2-22　WQ1 平面位置图

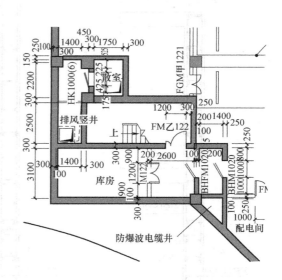

图 13-2-23　WQ1 所在建筑平面

4）主楼地下室外墙与地下车库外墙竖向连续问题

主楼 1 号楼负一层墙柱平面图及外墙详图中（图 13-2-24、图 13-2-25），Q 轴的 WQ1 及 20 轴的 WQ1a 与地下车库外墙的 WQ7 上下贯通，上下层应合起来按双跨连续墙计算，竖向钢筋的直径或间距要协调；WQ1 与 WQ1a 的墙底标高、墙顶标高、挡土高度均相同，为何墙厚与配筋不同？竖向内外侧计算配筋应该可降低；外侧竖筋可在 $H/3$ 高度处截断一半；水平钢筋可按构造配置，由 $\Phi 14/16@200$ 改为 $\Phi 12@200$。

WQ7 应为双层地下室外墙模型，各单体楼地下一层外墙的 WQ1 应合并到双层地下室外墙模型。可按两层地下室下固上铰的单向板模型，则水平分布钢筋可由 $\Phi 16@150$ 降为 $\Phi 12@200$；内侧竖向通长钢筋在地下二层由 $\Phi 25@200$ 改为 $\Phi 18@200$，在地下一层维持 $\Phi 14@200$ 不变，上下层内侧竖向钢筋各自伸入支座即可；外侧竖向通长钢筋在地下二层由 $\Phi 25@200$ 改为 $\Phi 14@200$，底部附加外侧钢筋由 $\Phi 25@200$ 改为 $\Phi 18@200$，外侧竖向通长钢筋在地下一层由 $\Phi 14@100$ 改为 $\Phi 14@200$，上下两层外侧竖向通长钢筋各自伸入对方楼层 1/3 净跨后截断（即在楼层负弯矩区搭接加密）。

1～8 号楼所有生根于地梁的地下外墙，不管是否与其下的墙连续，设计院一律按下端简支来对待，顾问公司理解设计院的设计意图，也赞同将内外侧竖向钢筋颠倒过来的做

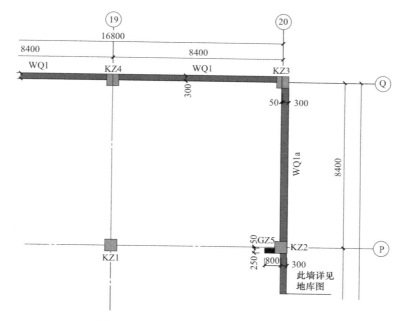

图 13-2-24　1 号主楼 WQ1、WQ1a 位置

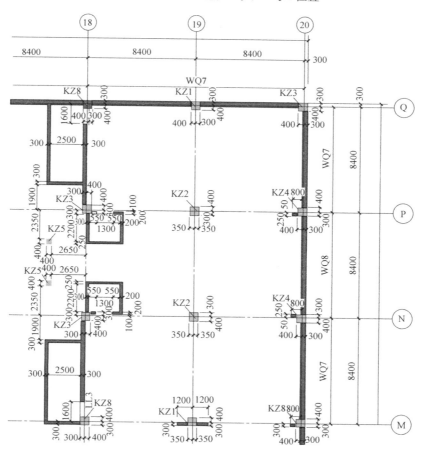

图 13-2-25　地下车库外墙 WQ7 位置

法，但颠倒过来后按设计院的计算模型，外侧竖向钢筋相当于简支板的上铁，可按构造配置，现有⚭14@200及⚭16/14@200的外侧竖向钢筋偏大较多，可统一将外侧竖筋改为⚭12@200。

取消顶部4⚭22构造钢筋。

图13-2-26、图13-2-27为1号楼WQ1、WQ1a的配筋图，图13-2-28为地下车库WQ7的配筋图。

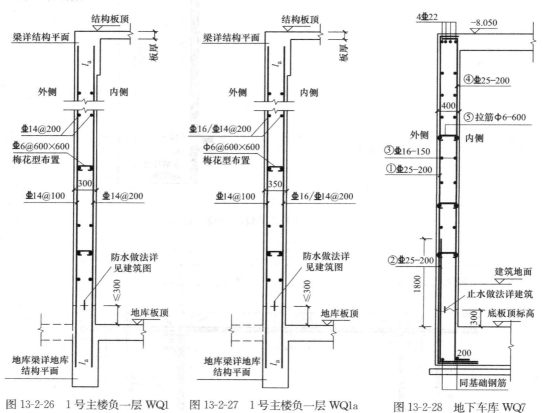

图13-2-26　1号主楼负一层WQ1　　图13-2-27　1号主楼负一层WQ1a　　图13-2-28　地下车库WQ7

六、地下车库梁板设计优化

1. 人防区梁板设计优化

地下二层车库人防区顶板通长上铁由⚭18/20@200（1422）双向改为⚭16@200（1005）双向，不足处用附加钢筋补足。

地下二层人防区顶板部分框架梁的跨中上铁配筋偏大（如图13-2-29中的6⚭25、7⚭25等），应单独配置架立钢筋并与支座负筋搭接。

人防区地下二层车库顶板⚭18@200的上铁双向贯通钢筋偏大，贯通上铁的配筋率已达0.51%。根据结构顾问公司的计算，负弯矩钢筋的计算值绝大多数都在1292～2500mm²/m之间，因此采用⚭16@200（1005mm²/m，配筋率为0.4%）贯通上铁外加最大⚭20@200（1571mm²）的附加上铁（合计达2576mm²/m）可满足绝大多数支座负弯矩钢筋的要求，个别负弯矩钢筋计算值较大（比如超过2900mm²/m）者，应该单独采取措施，不应通过增大贯通上铁的方式来解决。

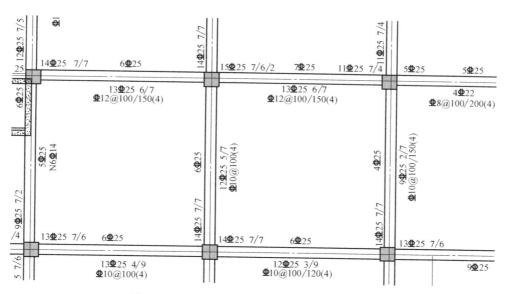

图 13-2-29　地下二层人防区顶板梁局部配筋图

2. 非人防梁板设计优化

地下一层顶板部分框架梁的跨中上铁配筋偏大（如图 13-2-30 中的 5Φ32 等），应单独配置架立钢筋并与支座负筋搭接。

图 13-2-30　地下一层（非人防）顶板梁局部配筋图

地下二层车库非人防区顶板有大板及十字梁两种体系，其中十字梁区的板厚及配筋偏大，可将板厚由 250mm 降为 180mm，配筋由 Φ12@200 双层双向改为 Φ10@200 双层双向，不足处用附加钢筋补足。降低板厚后，主次梁配筋也可相应减小。

车库顶板十字次梁的截面高度偏小，导致多数截面配筋出现 3 层的情况，施工不便且降低钢筋的使用效率，因主梁高度为 1100mm，则次梁高度可比主梁高度减小 50mm，即

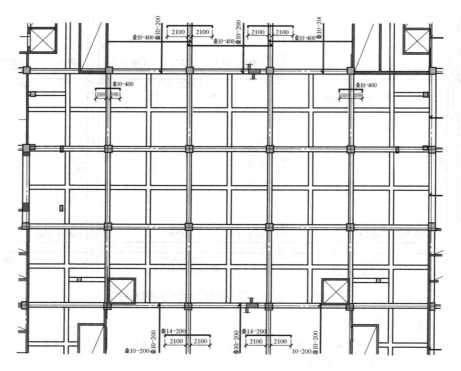

图 13-2-31　地下二层非人防区顶板结构布置图（十字梁区板厚 250mm）

取 1050mm。

对于地下车库梁配筋除了框架梁、连梁外，其余均不设通长负筋（短梁除外）。井字梁与十字梁的次梁也不设通长负筋，宜设置为架立筋＋支座负筋的形式。

同一根次梁的贯通上铁为 4Φ22，但有的支座上铁为 13Φ25，而相邻另一支座上铁是 10Φ22 的配筋方式欠妥。可将 4Φ22 的贯通钢筋改为 4Φ14 的架立钢筋并与支座负筋按受拉搭接；当支座上铁直径较小、与架立钢筋直径接近时，可将部分支座上铁拉通兼做架立钢筋。

详见图 13-2-32 中的 L5 及 L7。

鉴于车库底板地梁、人防顶板框架梁、有覆土的车库顶板框架梁及其次梁的配筋均较大，双层配筋的情况比较普遍，三层配筋的也很多，可考虑其纵向受拉钢筋采用更高强度等级的四级钢，可节省造价、方便施工、提高钢筋的使用效率。因这些构件配筋率都较大，不存在构造配筋控制的情况，故可进行简单的等强代换。但建设单位必须在确保四级钢的供应有充分保障的情况下才可进行代换。

七、针对优化后"发预算新图"的继续优化

1. 绝大多数地下室外墙水平向构造钢筋已经进行了优化，但 WQ2、WQ3 水平钢筋仍为Φ14@150，可继续优化。

2. 地下室外墙及挡土墙竖向钢筋仍然偏大，经研究后发现，有以下四方面原因导致计算配筋偏大：

1) 地面超载大多采用 20kN/m²，根据《北京市建筑设计技术细则》2.1.6 条，地面超载可取 5kN/m² 即可；

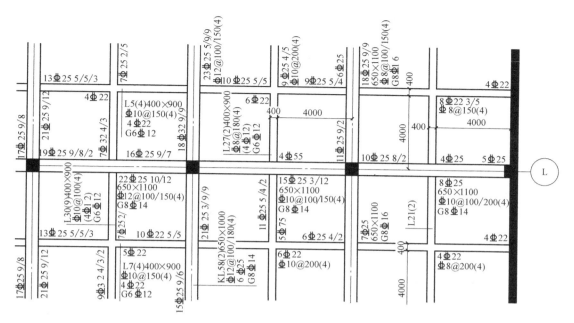

图 13-2-32　车库顶板十字次梁局部配筋图（L5、L7）

2.1.6　在计算地下室外墙时，一般民用建筑的室外地面活荷载可取 $5kN/m^2$（包括可能停放消防车的室外地面），有特殊较重荷载时，按实际情况确定。

2）土水压力标准值偏大，以 WQ4 为例，设计院模型中墙顶土压力为 $40kN/m^2$，墙底水土压力合计为 $174kN/m^2$；而顾问公司模型墙顶土压力为 $5.9kN/m^2$，墙底水土压力合计为 $121kN/m^2$。差异非常大。一方面是两个模型墙顶以上覆土厚度取值存在差异，另一方面是设计院在水土压力计算时采用了水土分算原则，但土压力计算时没有采取浮重度。请设计院仔细核算；《北京市建筑设计技术细则》2.1.5 条：

2.1.5　地下水位以下的土重度，可近似取 $11kN/m^3$ 计算。

《北京地区建筑地基基础勘察设计规范》2009 第 8.1.5 条有同样规定：

8.1.5　地下室外墙及防水板荷载可按以下原则取值：

1　验算地下室外墙承载力时，如勘察报告已提供地下室外墙水压力分布时，应按勘察报告计算。当验算范围内仅有一层地下水时，水压力取静水压力并按直线分布计算。计算土压力时，地下水位以下土的重度取浮重度。

3）几何模型中外墙计算跨度存在差异。请按设计院专业负责人的建议考虑刚性地面的作用调整跨度后重新计算竖向钢筋；

4）荷载分项系数取值偏大。严格意义上，水、土压力应按恒载对待，分项系数取 1.2，地面超载则按活载对待，分项系数取 1.4。若不区分恒载与活载，则可按综合分项系数 1.3 取值。设计院计算书中恒载分项系数为 1.35，活载分项系数为 1.4。有关规定见《北京市建筑设计技术细则》2.1.16 条：

2.1.16　计算地下室外墙侧向压力，如水压、土压等，其水压、土压的压头高度确定后，不应作为活荷载计算，不再乘以分项系数 1.2。

如图 2.1.16，地下室外墙承受水头高度假定为 5m 高，应当即以此 5m 高度计算墙受到的侧向荷载后产生的内力（当然，同时有土压力、地面活荷载等，此处略而未提），算得内力 M 在计算墙配筋时，再乘以相应的分项系数（可取为 1.30）。

不应当将 5m 水头先乘 1.2，再计算内力，然后配筋时再乘分项系数，土压力的计算与此同理。

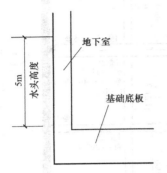

图 13-2-33 《北京市建筑设计技术细则》图 2.1.16

计算地下室外墙土压时，当地下室施工采用大开挖方式，无护坡桩或连续墙支护时，地下室外墙承受的土压力宜取静止土压力，静止土压力系数 K 对一般固结土可取 $K = 1 - \sin\varphi$（φ—土的有效内摩擦角），一般情况可取 0.5。

《北京地区建筑地基基础勘察设计规范》DBJ11—501—2009 第 8.1.6 条有同样规定：

8.1.6 地下室外墙承载能力极限状态计算时，按静止土压力计算，土、水压力作用分项系数均取 1.3；有护坡桩时，土压力（不含水压力）可以乘以 0.66 折减系数。

3. 地下车库顶板上的各类挡墙（A-A～G-G 剖面）中，有些墙厚可减薄（顾问公司曾书面提出过，对这类挡墙，厚度够用即可，偏厚反而对其下的梁板不利，其一是竖向荷载加大，其二是可能造成悬臂墙的抗弯刚度比梁板的抗扭刚度大，导致梁板抗扭先于挡土墙抗弯破坏）。

各类单跨悬臂式挡土墙（A-A 、A'-A'、B-B、C-C、C'-C'、E-E、F-F 剖面），背土面竖向钢筋为构造配筋，设计院自优后的图竖向通长钢筋仍按对称配筋，可将背土面竖向钢筋改为按构造配置。

八、针对送外审图的继续优化

1. 地下室外墙设计优化

在总配筋量不变的情况下，贯通钢筋与附加钢筋的比例关系还存在优化空间，外侧竖向贯通钢筋可按不小于 0.15% 的配筋率配置，支座不足处用附加短筋补足，如图 13-2-34 中 WQ1、WQ4，外侧竖向贯通钢筋可采用 $\Phi14@200$，底部及中间楼板处附加钢筋分别取 $\Phi18@200$ 及 $\Phi12@200$，优化后沿竖向每 1m 宽板带可节省钢筋 11kg；附加钢筋长度按支座边向外延伸本跨净跨长度的 1/4～1/3 即可，如图 13-2-35 中 WQ8，中间楼板处附加钢筋长度，板下可取 1450mm，板上可取 1650mm。

WQ1、WQ4 优化前经济指标 　　　　　　　　　　表 13-2-10

截面位置	参数	贯通钢筋	附加钢筋	合计
底部固定端外侧竖筋	直径间距	16@200	16@200	
	面积(mm²)	1005	1005	2011
	长度(m)	10.80	2.20	
	重量(kg)	85.23	17.36	103
中间第一支座外侧竖筋	直径间距	16@200	10@200	
	面积(mm²)	1005	393	1398
	长度(m)	0.00	3.20	
	重量(kg)	0.00	9.86	10

截面位置	参数	贯通钢筋	附加钢筋	合计
中间第二支座外侧竖筋	直径间距			
	面积(mm²)			
	长度(m)			
	重量(kg)			
每米宽外侧竖向钢筋总重(kg)				112

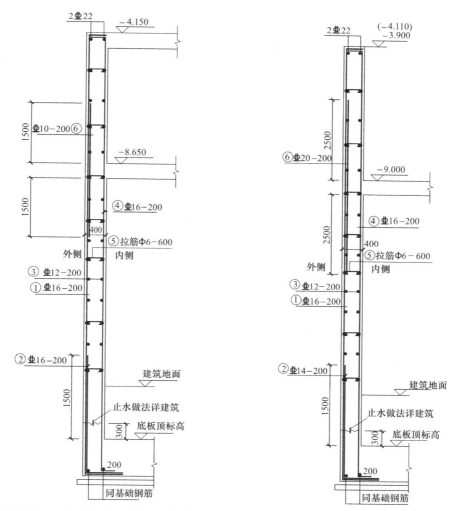

图 13-2-34 初次优化后 WQ4 剖面图   图 13-2-35 初次优化后 WQ8 剖面图

WQ1、WQ4 优化后经济指标   表 13-2-11

截面位置	参数	贯通钢筋	附加钢筋	合计
底部固定端外侧竖筋	直径间距	14@200	18@200	
	面积(mm²)	770	1272	2042
	长度(m)	10.80	2.20	
	重量(kg)	65.25	21.97	87

截面位置	参数	贯通钢筋	附加钢筋	合计
中间第一支座外侧竖筋	直径间距	14@200	12@200	
	面积(mm²)	770	565	1335
	长度(m)	0.00	3.20	
	重量(kg)	0.00	14.21	14
中间第二支座外侧竖筋	直径间距			
	面积(mm²)			
	长度(m)			
	重量(kg)			
每米宽外侧竖向钢筋总重(kg)				101

2. 地下室内墙设计优化

6级人防区与普通地下室相邻的墙体应按人防隔墙考虑,人防等效静荷载应取 90kPa,两个防护单元间分隔墙的人防等效静荷载应按50kPa考虑,同一防护单元内部不 与竖井、楼梯、出入口相邻的墙体不考虑垂直于墙面的人防荷载。《—12.450 层墙柱平面 图》中注4"图中填充███处为临空墙"的说法欠妥,应区别对待,重新计算及配筋,按 单向板计算的分布钢筋应按构造要求的最小配置。

下列图 13-2-36～图 13-2-39 中 250mm 厚临空墙实为抗力级别相同的相邻两防护单元 间的人防隔墙,水平等效静荷载应取 50kN/m²,采用对称配筋。水平钢筋可由Φ18@150 改为Φ12@180,竖向通长钢筋由Φ18@150 改为Φ12@180,另在下 1/3 墙高附加Φ12@180 竖向钢筋。

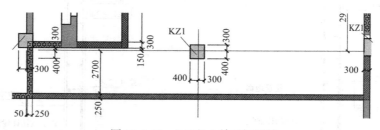

图 13-2-36 B-C/7-9 单元间隔墙

原设计地下室墙体配筋表   表 13-2-12

地下室墙体配筋表					
墙厚	标高	水平分布筋	竖向分布筋	拉筋	备注
450	基础～车库顶板	Φ16—200(两排)	Φ16—200(两排)	Φ6—600	
350	基础～车库顶板	Φ16—200(两排)	Φ16—200(两排)	Φ6—600	
300(Q2)	−8.650～−0.850	Φ16—200(两排)	Φ16—200(两排)	Φ6—600	
300	基础～车库顶板	Φ14—200(两排)	Φ14—200(两排)	Φ6—600	
250	基础～车库顶板	Φ12—200(两排)	Φ12—200(两排)	Φ6—600	
200	基础～车库顶板	Φ12—200(两排)	Φ12—200(两排)	Φ6—600	

続表

地下室墙体配筋表

墙厚	标高	水平分布筋	竖向分布筋	拉筋	备注
750	基础～－8.650	⚒18—200(四排)	⚒18—200(四排)	Φ6—400	
700	基础～－8.650	⚒18—200(四排)	⚒18—200(四排)	Φ6—400	
600	基础～－8.650	⚒18—200(四排)	⚒18—200(四排)	Φ6—400	临空墙
450	基础～－8.650	⚒18—200(四排)	⚒18—200(四排)	Φ6—400	
300	基础～－8.650	⚒18—200(两排)	⚒18—200(两排)	Φ6—400	
250	基础～－8.650	⚒18—150(两排)	⚒18—150(两排)	Φ6—300	

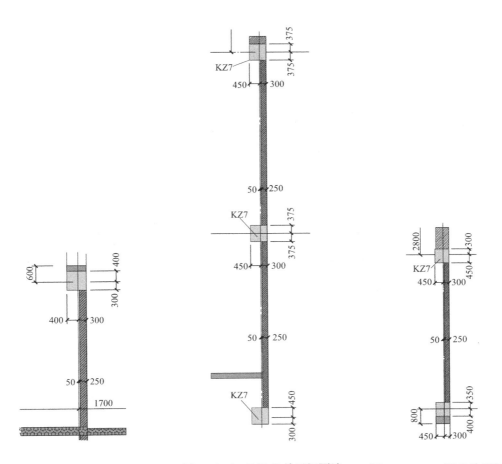

图 13-2-37　7/C-D 单元间隔墙　　　图 13-2-38　7/E-G 单元间隔墙　　　图 13-2-39　7/H-J 单元间隔墙

　　下列图 13-2-40～图 13-2-42 中 250mm 厚临空墙实为六级与普通地下室间的人防隔墙，水平等效静荷载应取 90kN/m²，水平钢筋可由⚒18@150 改为⚒12@180，竖向钢筋采用非对称配筋，人防区内侧竖向通长钢筋由⚒18@150 改为⚒16@150，外侧竖向通长钢筋由⚒18@150 改为⚒18@200，另在下 1/3 墙高附加⚒18@200 竖向钢筋。

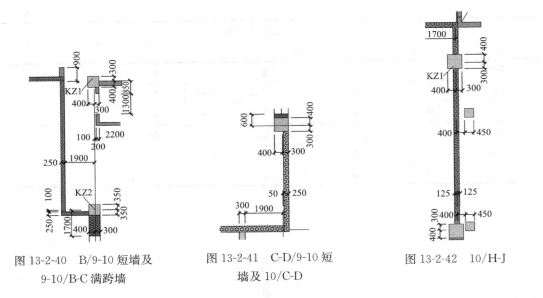

图 13-2-40　B/9-10 短墙及
9-10/B-C 满跨墙

图 13-2-41　C-D/9-10 短
墙及 10/C-D

图 13-2-42　10/H-J

　　楼、电梯间处 250mm 厚临空墙，水平钢筋可由 ⚊18@150 改为 ⚊12@180，竖向钢筋采用非对称配筋，人防区内侧竖向通长钢筋由 ⚊18@150 改为 ⚊16@150，外侧竖向通长钢筋由 ⚊18@150 改为 ⚊18@200，另在下 1/3 墙高附加 ⚊18@200 竖向钢筋。

　　楼、电梯间处 300mm 厚临空墙，水平钢筋可由 ⚊18@200 改为 ⚊14@200，竖向钢筋采用非对称配筋，人防区内侧竖向通长钢筋由 ⚊18@200 改为 ⚊16@200，外侧竖向通长钢筋由 ⚊18@200 改为 ⚊16@200，另在下 1/3 墙高附加 ⚊16@200 竖向钢筋

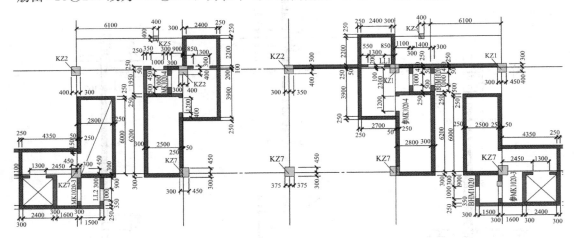

图 13-2-43　楼、电梯间处 300mm 厚临空墙平面布置图

　　地下室非人防内墙：200mm 及 250mm 厚非人防内墙水平与竖向钢筋可由 ⚊12@200 改为 ⚊10@200，300mm 及 350mm 厚非人防内墙水平与竖向钢筋可由 ⚊14@200 及 ⚊16@200 改为 ⚊12@200，450mm 厚非人防内墙水平与竖向钢筋可由 ⚊16@200 改为 ⚊14@200（个别墙肢水平筋由抗剪控制的除外）。

　　表 13-2-13 所列人防墙与非人防墙凡配三排钢筋以上者（含三排），其中间排水平与竖向钢筋一律由 ⚊18@200 改为 ⚊12@200。

520

墙厚(mm)	标高(m)	水平钢筋	竖向钢筋	拉筋	备注
750	基础～－8.650	Φ18—200(四排)	Φ18—200(四排)	Φ6—400	
700	基础～－8.650	Φ18—200(四排)	Φ18—200(四排)	Φ6—400	临空墙
600	基础～－8.650	Φ18—200(四排)	Φ18—200(四排)	Φ6—400	
450	基础～－8.650	Φ18—200(四排)	Φ18—200(四排)	Φ6—400	

14 号楼 B/1-5 处与车库相邻的临空墙 LKQ3 实为相同抗力级别单元间的隔墙，等效静荷载可取 50kN/m²，则可维持 Φ14@200 双层双向通长钢筋不变，但取消竖向附加钢筋 Φ10@200。

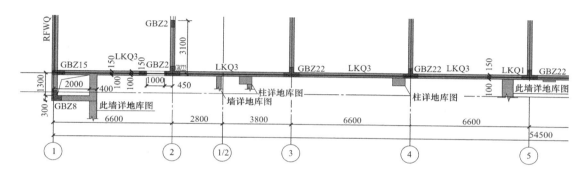

图 13-2-44　14 号楼 B/1-5 处与车库相邻的临空墙 LKQ3

15 号楼 B/1-3 处的 LKQ3 按类似方式调整。

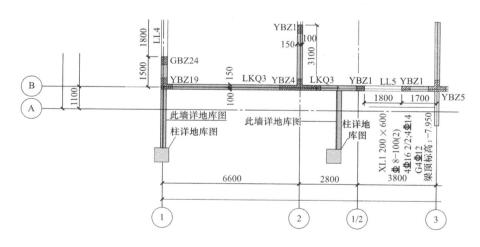

图 13-2-45　15 号楼 B/1-3 处与车库相邻的临空墙的 LKQ3

15 号楼 B/4-8 轴处与车库相邻的临空墙 LKQ2 实为六级人防与普通地下室间的隔墙，等效静荷载可取 90kN/m²，则可维持 Φ14@200 水平钢筋不变，内侧竖向钢筋由 Φ14@100 改为 Φ14@200，外侧竖向通长钢筋维持 Φ14@200 不变、外侧附加钢筋由 Φ20@200 改为 Φ14@200。

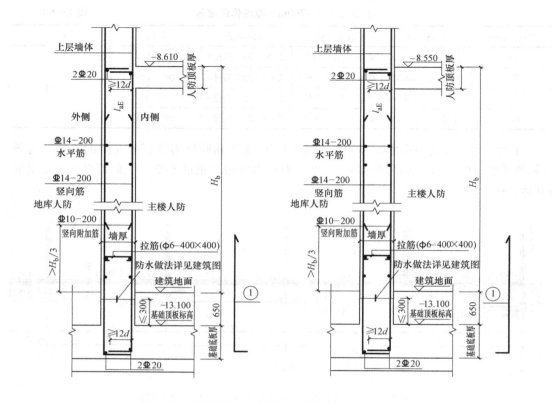

图 13-2-46　14 号楼 LKQ3　　　　　　　　图 13-2-47　15 号楼 LKQ3

图 13-2-48　15 号楼 B/4-8 轴处与车库相邻的临空墙 LKQ2

3. 窗井墙设计优化

3 号楼窗井墙：墙厚由 300mm 降为 200mm，水平钢筋及背土面竖向钢筋可由$\Phi 14@200$ 降为$\Phi 10@200$，迎土面竖向钢筋通长筋由$\Phi 14@200$ 降为$\Phi 12@200$，附加筋由$\Phi 16@200$ 降为$\Phi 14@200$。

墙钢筋在底板或梁内的锚固长度，受压钢筋取 $1.0l_a$，受拉钢筋取 $1.5l_a$。

14 号楼 1/2～7 轴窗井墙应按地下室自然层分三段进行计算和配筋，计算地下一层配筋时，可把地下一层窗井墙简化为上下均自由、左右均固接的板块（水平向板跨 6.6m）；计算地下二层配筋时，可把地下一、二两层合起来简化为上下均自由、左右均固接的板块

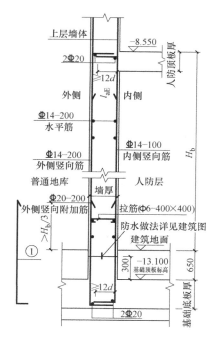

图 13-2-49　15 号楼 LKQ2

2.3.4 控制情况计算配筋表

层	部位		计算As	选筋	实配As	实配筋率	控制组合
-1层							
水平向	左边-内侧		625	E14@240	641	0.26	战时组合
	左边-外侧		625	E14@240	641	0.26	战时组合
	跨中-内侧		625	E14@240	641	0.26	战时组合
	跨中-外侧		625	E14@240	641	0.26	战时组合
	右边-内侧		625	E14@240	641	0.26	战时组合
	右边-外侧		625	E14@240	641	0.26	战时组合
竖向	顶边-内侧		625	E14@240	641	0.26	战时组合
	顶边-外侧		1232	E14@120	1283	0.51	战时组合
	跨中-内侧		663	E14@230	669	0.27	战时组合
	跨中-外侧		625	E14@240	641	0.26	战时组合
	底边-内侧		625	E14@240	641	0.26	战时组合
	底边-外侧		1249	E14@120	1283	0.51	战时组合

注：表中"计算As"取平时组合与战时组合计算配筋的较大值

图 13-2-50　15 号楼 LKQ2 计算结果

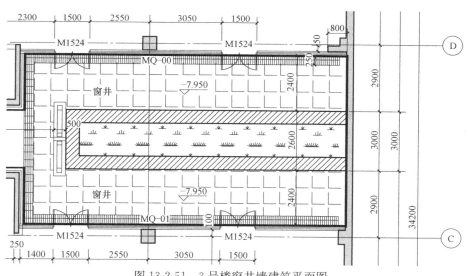

图 13-2-51　3 号楼窗井墙建筑平面图

（水平向板跨 6.6m）；计算地下三层配筋时，可把地下一、二、三层合起来简化为上端自由、下端固接、左右均固接的板块（水平向板跨取中间最大跨 3.6m）。实配钢筋可按如下进行：

地下一层：水平向内侧钢筋由Φ16@100 改为Φ16@200，水平向外侧钢筋可由Φ16@200 通长改为Φ16@200 通长并在支座处附加Φ12@200 短筋的方式（原配筋略为不足）；竖向内侧钢筋维持Φ16@200 不变，竖向外侧通长钢筋由Φ18@200 改为Φ16@200，无外侧附加钢筋；

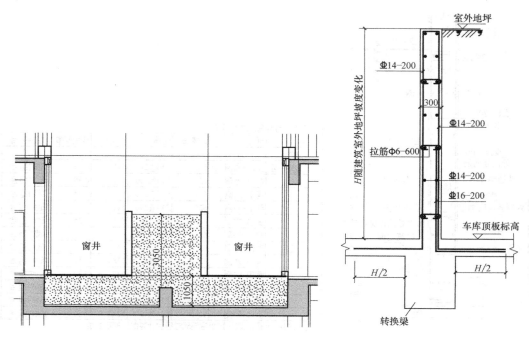

图 13-2-52　3号楼窗井墙建筑剖面图　　　　　　图 13-2-53　3号楼窗井墙结构剖面图

地下二层：水平向内侧钢筋由Φ16@100改为Φ16@150，水平向外侧钢筋可由Φ16@200通长改为Φ16@200通长并在支座处附加Φ20@200短筋的方式（原配筋严重不足）；竖向内侧钢筋维持Φ16@200不变，竖向外侧通长钢筋由Φ18@200改为Φ16@200，无外侧附加钢筋；

地下三层：水平向内侧钢筋由Φ16@100改为Φ16@200，水平向外侧钢筋可由Φ16@200通长改为Φ16@200通长并在支座处附加Φ12@200短筋的方式（原配筋略为不足）；竖向内侧钢筋维持Φ16@200不变，竖向外侧通长钢筋由Φ18@200改为Φ16@200、附加钢筋由Φ25@200改为Φ12@200。1/2～3轴（边跨）可较上述水平钢筋适当增加。

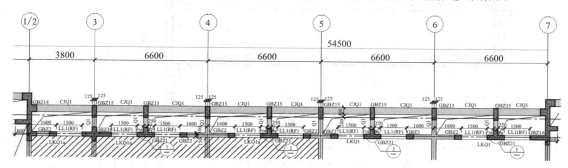

图 13-2-54　14号楼地下三层窗井墙平面布置图

设计院同意用顾问公司模型进行计算并调整配筋。但在送审图中，14号楼（原9号楼）窗井墙CJQ1（地下三层～地下一层）的配筋与优化前相比未做任何更改，可见优化的阻力之大。即便按设计院原有模型，因15号楼（原10号楼）窗井墙CJQ1只有两层高

524

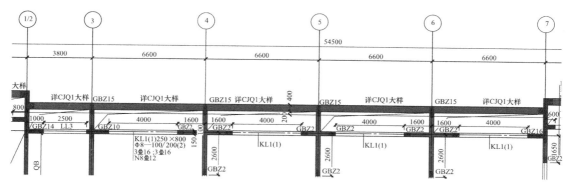

图 13-2-55　14 号楼地下二层窗井墙布置图

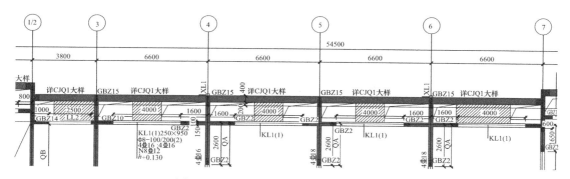

图 13-2-56　14 号楼地下一层窗井墙布置图

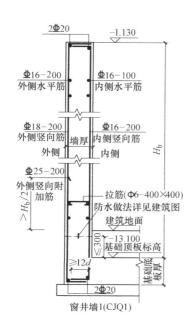

图 13-2-57　14 号楼窗井墙配筋详图

2.3.4 控制情况计算配筋表

层	部位	计算As	选筋	实配As	实配筋率	控制组合
-1层						
水平向	顶边左-内侧	1000	E14@150	1026	0.26	战时组合
	顶边左-外侧	1182	E14@130	1184	0.30	战时组合
	顶边中-内侧	1000	E14@150	1026	0.26	战时组合
	顶边中-外侧	1000	E14@150	1026	0.26	战时组合
	顶边右-内侧	1000	E14@150	1026	0.26	战时组合
	顶边右-外侧	1182	E14@130	1184	0.30	战时组合
	左边-内侧	1000	E14@150	1026	0.26	战时组合
	左边-外侧	1475	E14@100	1539	0.38	战时组合
	跨中-内侧	1000	E14@150	1026	0.26	战时组合
	跨中-外侧	1000	E14@150	1026	0.26	战时组合
	右边-内侧	1000	E14@150	1026	0.26	战时组合
	右边-外侧	1475	E14@100	1539	0.38	战时组合
竖向	顶边-内侧	1000	E14@150	1026	0.26	战时组合
	顶边-外侧	1000	E14@150	1026	0.26	战时组合
	跨中-内侧	1000	E14@150	1026	0.26	战时组合
	跨中-外侧	1000	E14@150	1026	0.26	战时组合
	底边-内侧	1000	E14@150	1026	0.26	战时组合
	底边-外侧	1000	E14@150	1026	0.26	战时组合

注：表中"计算As"取平时组合与战时组合计算配筋的较大值

图 13-2-58　用于地下一层窗井墙
（－1.13～－5.35m）的计算配筋

2.3.4 控制情况计算配筋表

层	部位	计算As	选筋	实配As	实配筋率
-1层					
水平向	顶边左-内侧	1000	E14@150	1026	0.26
	顶边左-外侧	1000	E14@150	1026	0.26
	顶边中-内侧	1000	E14@150	1026	0.26
	顶边中-外侧	1000	E14@150	1026	0.26
	顶边右-内侧	1000	E14@150	1026	0.26
	顶边右-外侧	1000	E14@150	1026	0.26
	左边-内侧	1000	E14@150	1026	0.26
	左边-外侧	2586	E20@120	2618	0.65
	跨中-内侧	1154	E14@130	1184	0.30
	跨中-外侧	1000	E14@150	1026	0.26
	右边-内侧	1000	E14@150	1026	0.26
	右边-外侧	2586	E20@120	2618	0.65
竖向	顶边-内侧	1000	E14@150	1026	0.26
	顶边-外侧	1000	E14@150	1026	0.26
	跨中-内侧	1000	E14@150	1026	0.26
	跨中-外侧	1000	E14@150	1026	0.26
	底边-内侧	1000	E14@150	1026	0.26
	底边-外侧	1000	E14@150	1026	0.26

注：表中"计算As"取平时组合与战时组合计算配筋的较大值

图 13-2-59　用于地下二层窗井墙
（－5.35～8.61m）的计算配筋

2.3.4 控制情况计算配筋表

层	部位	计算As	选筋	实配As	实配筋率
-1层					
水平向	顶边左-内侧	1000	E14@150	1026	0.26
	顶边左-外侧	1379	E14@110	1399	0.35
	顶边中-内侧	1000	E14@150	1026	0.26
	顶边中-外侧	1000	E14@150	1026	0.26
	顶边右-内侧	1000	E14@150	1026	0.26
	顶边右-外侧	1379	E14@110	1399	0.35
	左边-内侧	1000	E14@150	1026	0.26
	左边-外侧	1379	E14@110	1399	0.35
	跨中-内侧	1000	E14@150	1026	0.26
	跨中-外侧	1000	E14@150	1026	0.26
	右边-内侧	1000	E14@150	1026	0.26
	右边-外侧	1379	E14@110	1399	0.35
竖向	顶边-内侧	1000	E14@150	1026	0.26
	顶边-外侧	1000	E14@150	1026	0.26
	跨中-内侧	1000	E14@150	1026	0.26
	跨中-外侧	1000	E14@150	1026	0.26
	底边-内侧	1000	E14@150	1026	0.26
	底边-外侧	1066	E14@140	1100	0.27

注：表中"计算As"取平时组合与战时组合计算配筋的较大值

图 13-2-60　用于地下三层窗井墙（8.61～13.10m）
的计算配筋（取中间最大跨 3.6m 计算）

度，而 14 号楼（原 9 号楼）窗井墙 CJQ1 则有三层高度，二者计算配筋差异也应较大，采用相同配筋也是不合理的。同 14 号楼（原 9 号楼）窗井墙 CJQ1 一样，应按三方会议达成的共识对该窗井墙进行分段计算、分段配筋。

九、针对外审盖章前最终图纸的继续优化

1. 车库顶板梁设计优化

车库顶板十字次梁 400mm×900mm 的截面高度偏小,因主梁高度为 1100mm,则次梁高度可比主梁高度减小 50mm,即取 1050mm。

在其他条件均不变的情况下,顾问公司仅将截面由 400mm×900mm 变为 350mm×1050mm,则十字次梁同一位置处的支座配筋量由 71cm² 降为 52cm²,降幅达 26.8%。

顾问公司认为无论是模型计算(仅需进行"主梁替换"一个操作即可),还是修改配筋,工作量都不是很大,对工期也没有影响。有关修改前后的计算对比见图 13-2-61、图 13-2-62。

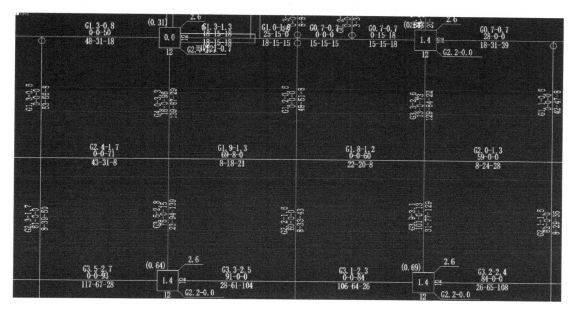

图 13-2-61　原设计 400mm×900mm 次梁计算结果

2. 生根于梁板的挡土墙设计优化

由地下车库顶板起的钢筋混凝土挡土墙(结施-09 中的 A-A～G-G 剖面),截面及配筋均可优化,其水平钢筋及受压侧竖向构造钢筋一律由 $\Phi14@200$(300mm 厚)及 $\Phi16@200$(450mm 厚)改为 $\Phi12@200$。对于竖向钢筋在顶板的锚固长度,受压侧钢筋向板内弯折 200mm 即可,受拉侧钢筋锚固长度可取 $1.0l_a$,最大不超过 $1.5l_a$;对于 450mm 厚的挡土墙,应做成变截面,墙顶厚度为 200mm。

A-A 截面(图 13-2-63～图 13-2-65):水平分布钢筋及背土面竖向钢筋可由 $\Phi14@200$ 降为 $\Phi10@200$,迎土面竖向钢筋在坡道底有余,在坡道顶略为不足,可考虑 A-A 截面分段配筋;

A′-A′ 截面:水平分布钢筋及背土面竖向钢筋可由 $\Phi14@200$ 降为 $\Phi10@200$,迎土面竖向钢筋在坡道顶有余,在坡道底不足,可考虑 A′-A′ 截面分段配筋;

墙竖向钢筋在底板或梁内的锚固长度,受压钢筋取 $1.0l_a$,受拉钢筋取 $1.5l_a$。

527

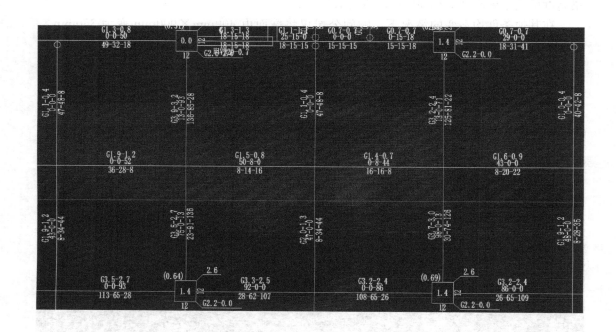

图 13-2-62　优化后 350mm×1050mm 次梁计算结果

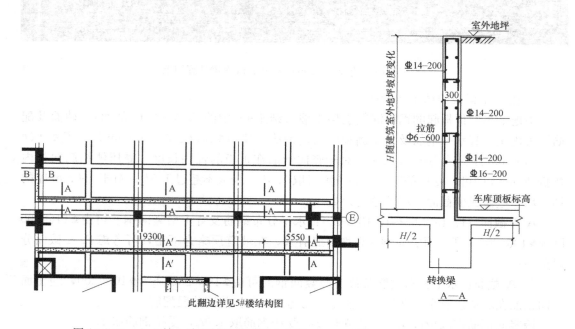

图 13-2-63　A-A 挡土墙在结构平面图中位置

图 13-2-64　A-A 挡土墙结构剖面配筋

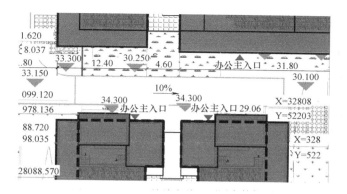

图 13-2-65　A-A 挡土墙在总平面图上的位置

C-C 截面（图 13-2-66～图 13-2-68），墙厚可降为 400mm 并宜采用变截面，水平钢筋及背土面竖向钢筋可由 Φ16@200 降为 Φ12@200，迎土面竖向钢筋通长筋维持 Φ16@200 不变，附加筋由 Φ22@200 降为 Φ20@200，高度取为 1/3 墙高即可（由 2400mm 改为 1600mm）。

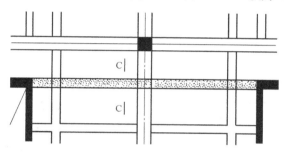

图 13-2-66　C-C 挡土墙在结构平面图中位置

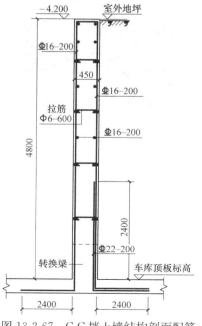

图 13-2-67　C-C 挡土墙结构剖面配筋

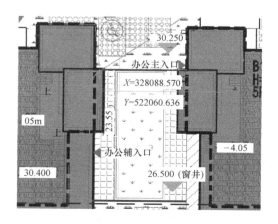

图 13-2-68　C-C 挡土墙在总平面图上的位置

十、上部结构设计优化

1. 剪力墙设计优化

高层建筑结构的墙厚应按竖向收级，14 号、15 号楼变厚度问题可考虑从模型中的 10 层开始收级并进行试算。

非底部加强区构造边缘构件纵筋偏大，以 14 号楼（原 9 号楼）8 层以上的 GBZ13 为例（图 13-2-69、图 13-2-70），根据其计算结果，配 16Φ18 的长肢，实配 16Φ16 即可满足计算要求，超配 26.6%；配 10Φ16 的一肢，实配 10Φ14 也可满足计算要求（稍嫌不足），超配约 30%。似乎设计师在实配钢筋时有意将直径放大一级；请注意：设计院在其计算模型的调整信息中，已经将墙、柱的实配钢筋超配了 15%，见图 13-2-71，在配筋环节再次人为放大，累计超配幅度已达 40% 以上。

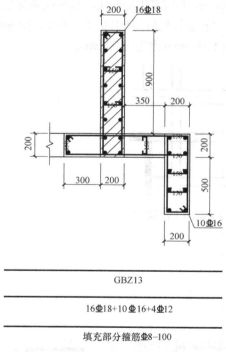

GBZ13

16Φ18+10Φ16+4Φ12

填充部分箍筋Φ8-100

图 13-2-69　14 号楼 8 层 GBZ13 配筋

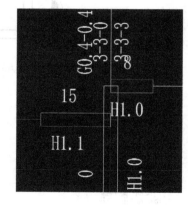

图 13-2-70　14 号楼 8 层 GBZ13 计算结果

顾问公司在此建议：对于 1～10 号楼的地上结构，当框架结构的抗震等级为一级时，可保留"柱实配钢筋超配系数"1.15 不变，其他抗震等级的框架及各种抗震等级的剪力墙一律将"柱实配钢筋超配系数"由 1.15 调整为 1.0（抗震等级为二级的剪力墙更没有理由超配），并重新计算并调整由计算控制的剪力墙配筋，把由计算控制的边缘构件（含约束边缘构件）及剪力墙墙身水平钢筋降下来（计算参数超配的 15% 及设计师在配筋环节人为放大的配筋）；其他按构造配筋的构造边缘构件，在满足最小配筋率的前提下采用 6Φ12（14）＋NΦ10（二级）的配筋方式（括号内的直径适用于底部加强区），其他抗震等级的剪力墙仿此。

对于约束边缘构件，应该采用《11G101-1》第 72 页中"剪力墙水平钢筋计入约束边缘构件体积配箍率的构造做法"用剪力墙水平钢筋代替部分暗柱箍筋。现很多设计院都已采用此种配筋方式。

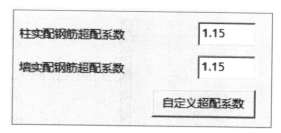

图 13-2-71　14 号楼模型中的墙、柱实配钢筋超配系数

2. 针对外审盖章前图纸的继续优化

顾问公司《针对设计院施工图送审图纸（顾问公司 9 月 17 日收到）的审图意见》中关于 14 号、15 号楼构造边缘构件纵筋超配 40% 以上的问题，设计院没有回复也没有做任何修改。

另 14 号楼"结施-33"及 15 号楼"结施-23"中，8 层以上构造边缘构件的箍筋（拉筋）比较普遍的采用Φ8@150 也不合理，应该按构造配置为Φ8@200。请注意：对于非底部加强区的构造边缘构件，只有纵筋有可能由整体计算的墙肢受弯来控制，而墙肢受剪则由墙身混凝土及水平钢筋来抵抗，故构造边缘构件的箍筋（拉筋）只需按构造配置；即便是墙长较小的小墙肢全截面采用箍筋代替水平钢筋的特殊情况，若箍筋由受剪控制也应该是在层间剪力较大的中下部，8 层到顶都采用Φ8@150 也是难以理解的。

3. 楼梯设计优化

关于主楼及地库楼梯详图，顾问公司针对送外审图提过优化意见，但此次终版图将板厚及配筋全面加大，以 W2 号楼梯为例，梯板厚度由 130mm 增加到 150mm，同时主筋由Φ12@200、Φ12@100 加大到Φ12@100、Φ12@100，分布钢筋也由Φ8@250 增加到Φ8@150。

根据顾问公司的计算结果，该版楼梯图（地库及主楼的所有楼梯）的配筋偏大较多，以 1~8 号楼出现最多的标准梯段（图 13-2-72、图 13-2-73 中的 BT3、CT3）为例，上部纵筋超配约 40%，下部纵筋超配在 80% 以上。

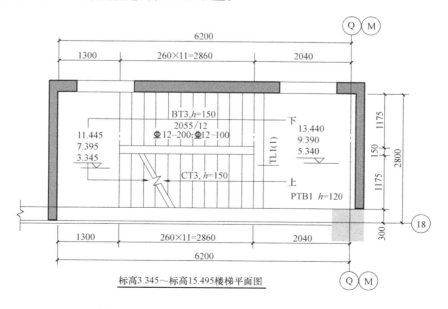

图 13-2-72　1~8 号楼标准梯段 BT3 平法配筋图

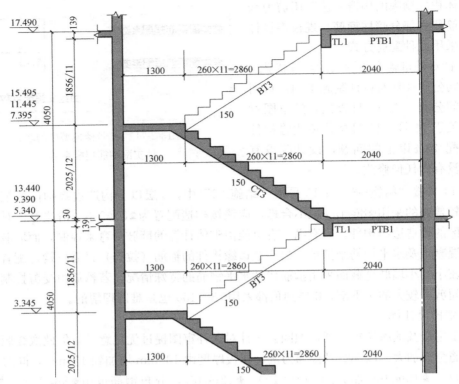

图 13-2-73　1~8 号楼标准梯段 BT3、CT3 剖面图

532

第十四章　河北保定某住宅项目建筑结构优化

第一节　工程概况

一、建筑设计概况

保定某住宅项目位于河北省保定市某区某村内，分为 A、B、C、D、E、F、G 七个区。A 区为回迁区，包括 12 栋住宅楼、地下车库、一些沿街商业服务网点；B 区为商品房区，包括 20 栋住宅楼、地下车库、会所、沿街商业服务网点及步行商业街；C 区为 8 栋住宅楼和沿街商业服务网点以及一个菜市场；D 区为写字楼及商业；E 区为绿化；F 区为小学；G 区为商品房区，6 栋住宅楼和沿街商业服务网点以及幼儿园。

图 14-1-1　项目鸟瞰图

优化设计主要针对 B 区。B 区又分两期建设，其中 B 区一期 1 号、2 号、5 号、6 号住宅楼、会所及所属范围内地下车库，建筑面积约为 9.5 万 m^2，采用施工图设计结果优化；二期即为剩余部分，连同一期的 10 号楼、11 号楼采用过程优化，总建筑面积约 32 万 m^2。一期 6 栋建筑物性质见表 14-1-1。

表 14-1-1

B 区一期 6 栋楼建筑设计概况

建筑物名称	建筑层数		标准层层高(m)	建筑控制高度	建筑面积	
	地上	地下			地上建筑面积(m^2)	地下建筑面积(m^2)
1 号住宅楼	22	2	2.9	筏板基础	20085.98	1677.5
2 号住宅楼	31	2	2.9	筏板基础	25913.69	1687.58
5 号住宅楼	25	2	2.9	筏板基础	11836.12	870.04
6 号住宅楼	30	2	2.9	筏板基础	20627.31	1341.89
10 号住宅楼	33	2	2.9	筏板基础	23923.42	1482.09
11 号住宅楼	30	2	2.9	筏板基础	20627.31	1341.89

二、结构设计概况

本工程建筑结构安全等级为二级，抗震设防类别为丙类。主楼为剪力墙结构，基础形式为筏板基础；裙楼为框架结构，基础形式为独立基础。主裙楼均采用天然地基。

基本风压 0.4kN/m^2，基本雪压 0.35kN/m^2，地面粗糙度 B 类，标准冻深 0.60m；抗震设防烈度为 7 度，设计基本地震加速度值为 0.10g，设计地震分组为第二组；场地类别为Ⅲ类，无不良地质作用。主要建筑物结构设计概况见表 14-1-2。

B 区一期 6 栋楼结构设计概况

表 14-1-2

楼号	±0.000 绝对标高	室内外高差	主体高度	建筑物层数		抗震等级		地基基础设计等级	基础形式	人防
				地上	地下	主楼	商业裙楼			
1 号	23.000m	1.5m	65.23m	22	2	三	三	乙	主楼筏板、裙楼独基	核五常五
2 号	23.000m	1.5m	91.33m	31	2	二	二	甲	主楼筏板、裙楼独基	核五常五
5 号	22.800m	1.5m	73.93m	25	2	三	三	乙	主楼筏板、裙楼独基	无
6 号	22.800m	1.5m	88.43m	30	2	二	二	甲	主楼筏板、裙楼独基	无
10 号	22.850m	0.45m	96.03m	33	2	二	无	甲	主楼筏板	无
11 号	22.550m	1.5m	88.43m	30	2	二	二	甲	主楼筏板、裙楼独基	无

注：主体高度为室外地坪至大屋面高度。

三、场地工程地质条件

场地所处地貌单元为太行山东麓山前冲洪积平原。拟建场地原为民宅，交通便利，地形较平坦，本次勘察各钻孔孔口标高 20.10~21.48m，高差 1.38m。

勘探最大深度 55m 范围内所揭露的地层，主要地层除表层素填土外，均为第四系冲洪积成因的黏性土、粉土、砂类土。本次补充勘察个别控制性钻孔深度较前期勘察较大，底部揭露⑨、⑩两层，其余所揭露的上部土层与前期勘察一致。场地地基土层由上而下共分为 10 个主层及 4 个亚层，各层分布及物理状态见下述地层特征分述表（表 14-1-3）及典型地质剖面图（图 14-1-2）。

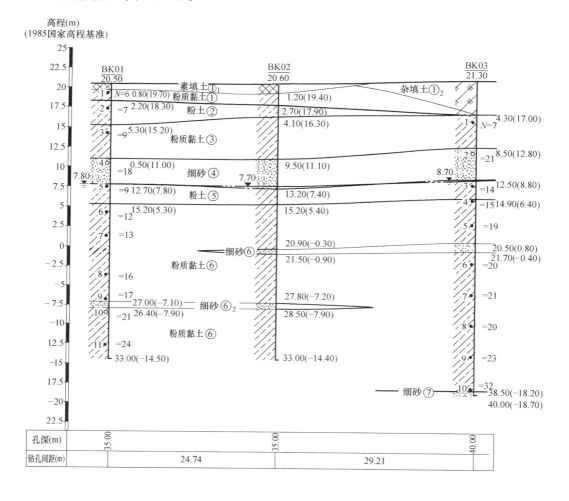

图 14-1-2　典型地质剖面图（3-3 剖面）

主要地层特征分述表　　　　　　　　　表 14-1-3

土层名称及编号	层顶标高(m)	层底埋深(m)	厚度分布(m)	状态/密实度	备注
素填土①₁	20.36~21.48	0.70~2.30	0.70~2.30	稍密	基坑边坡土体
杂填土①₂	20.70~21.32	1.20~5.30	1.20~5.30	稍密	基坑边坡土体
粉质黏土①	18.58~21.02	1.40~3.80	0.80~3.10	可塑	基坑边坡土体
粉土②	16.70~19.62	3.20~7.00	0.9~4.50	中密~密实	基坑边坡土体
粉质黏土③	14.17~17.50	8.20~10.40	2.70~6.60	可塑	天然地基持力层、基坑边坡土体
细砂④	10.62~12.80	12.00~14.00	2.40~5.30	中密~密实	
粉土⑤	6.70~8.80	14.50~19.50	0.8~5.9	中密~密实	
粉质黏土⑥	−10.52~6.82	18.20~39.80	1.70~20.50	可塑~硬塑	复合地基桩端持力层、桩基桩端持力层
细砂⑥₁	−1.40~3.12	20.60~23.30	0.60~2.70	密实	

土层名称及编号	层顶标高(m)	层底埋深(m)	厚度分布(m)	状态/密实度	备注
细砂⑥₂	$-8.72\sim-5.90$	$28.40\sim31.50$	$0.70\sim3.50$	密实	
细砂⑦	$-19.20\sim-15.43$	$39.80\sim44.30$	$0.50\sim5.20$	密实	
粉质黏土⑧	$-23.80\sim-18.59$	$45.00\sim50.00$	$1.50\sim6.50$	可塑	
细砂⑨	$-28.20\sim-27.00$	仅 BK40，BK45 揭穿该层，最大揭露厚度 3.4m	密实		
粉质黏土⑩	$-31.30\sim-30.50$	本层未揭穿，最大揭穿厚度 3.4m。	可塑~硬塑		

地基土承载力特征值及压缩模量建议值 表 14-1-4

土层编号及岩土名称	承载力特征值 f_{ak}(kPa)	压缩模量						
		E_{s1-2}(MPa)	E_{s2-3}(MPa)	E_{s3-4}(MPa)	E_{s4-6}(MPa)	E_{s6-8}(MPa)	E_{s8-10}(MPa)	E_{s10-12}(MPa)
粉质黏土①	120	4.5	5.7	6.9				
粉土②	150	7.6	11.3	12.6				
粉质黏土③	180	5.3	8.0	9.7				
细砂④	220	22.0						
粉土⑤	170	6.3	8.7	11.4	15.2	18.5		
粉质黏土⑥	160	6.2	8.5	10.9	14.0	17.3		
细砂⑥₁	250	36.0						
细砂⑥₂	270	42.0						
细砂⑦	290	47.0						
粉质黏土⑧	250	7.0	9.7	12.3	15.3	19.1	22.7	27.4
细砂⑨	300	48.0						

勘察单位经初步计算，住宅楼天然地基不能满足要求，依据场地土层构成及场地内工程地质和水文地质条件，结合拟建建筑地基特点，推荐采用素混凝土桩复合地基。该方法可有效提高地基土层承载力，减少沉降变形量，且比较经济，在本地工程经验成熟，施工工艺可采用螺旋钻成孔，压灌成桩工艺。依据地层结构特点，素混凝土桩可考虑以⑥层粉质黏土中下部为桩端持力层，基础形式宜采用筏板基础。复合地基设计参数可按表 14-1-5 所列数据采用。

素混凝土桩复合地基设计参数一览表 表 14-1-5

地层编号	地层名称	侧阻力特征值 q_s(kPa)	端阻力特征值 q_p(kPa)
②	粉 土	30	
③	粉质黏土	26	
④	细 砂	25	
⑤	粉 土	30	400
⑥	粉质黏土	25	300
⑥₁	细 砂	32	700
⑥₂	细 砂	33	1200
⑦	细 砂	35	1300
⑧	粉质黏土	33	700
⑨	细 砂	36	1400

注：该表用于干作业钻孔桩。

四、水文地质条件

场地内的地下水为潜水，赋存于粉土层中，主要受大气降水、场地附近地表水系及周围地形的影响，据水文地质资料，场地内地下水水位年变化幅度一般 1.0~2.0m，地下水径流方向无明显的规律。勘察期间对地下水水位进行了量测，地下水水位埋深为 12.50~14.30m，高程在 6.72~8.70m 之间。

根据水质分析结果，地下水对混凝土结构具微腐蚀性，地下水对钢筋混凝土结构中钢筋在长期浸水状态下具微腐蚀性，在干湿交替状态下具弱腐蚀性。

第二节　建筑设计优化

一、B区主楼与车库竖向设计优化

1. 主楼地下两层的层高可以适当降低，尤其是地下一层的自行车库，层高 3200mm（右单元层高 4550mm）偏高，可考虑 2800mm 层高（右单元层高相应降低），地下二层人防层层高可考虑由 3100mm 降为 2900mm，保证梁底或管底净高 2000mm（梁高 500mm＋管道高度 300mm＋地面面层厚度 50mm＝850mm，尚余 50mm 净空）、板下净高 2400mm 即可，车库层高可因此压缩 500mm；同时将正负零标高降低 150mm，室内外高差缩小到 300mm，覆土厚度及绝对标高不变，则右单元自行车库层高可进一步压缩到 3900mm，车库层高可进一步压缩到 4600mm；结合主楼筏板减薄 200mm 的因素，与原设计相比，主楼埋深可抬高 950mm，车库埋深抬高 700mm，根据行业标杆企业的测算，经济效益非常显著。见图 14-2-1、图 14-2-2。

图 14-2-1　原设计 2 号住宅、商业
与车库的竖向关系

图 14-2-2　优化设计 2 号住宅、商业
与车库的竖向关系

2. 地上一、二层商业及住宅的层高也偏高，可将地上一层商业由 3800mm 层高降为 3600mm 层高，地上二层商业层高由 3400mm 降为 3300mm；同时将首层商业的室内外高

差由 150mm 提高到 250mm；地上一、二层住宅的层高均由 2925mm 降为 2900mm；结合正负零降低 150mm 的因素，则 2 号楼总高度降低 200mm。见图 14-2-1、图 14-2-2。

3. 场地南北向宽度较窄，约为 224m，且南北侧道路为开发商代建道路，故应优化雨污等重力流管线的走向及路由，尽量向南北两侧的代建道路排放，考虑 600mm 的冻土深度、最大 500mm 的管径、雨污双向排放最大 150m×0.2% = 300mm 的管道起坡及 100mm 厚的防水及保护层，最大覆土深度由 1900mm 降到 1500mm 以内是完全可能的。如此一来，不但可减少作用于车库顶板的覆土荷载及车库外墙的水土压力，从而降低顶板、外墙及基础的钢筋与混凝土用量（覆土每增加 100mm，仅顶板梁板的含钢量约增加 2kg/m²），还可降低地下车库埋深，基槽开挖、肥槽回填及顶板种植的土方量都会随之降低。

车库层高降为 4600mm 后，若要车库底板与主楼底板实现顶平，可继续压缩地下一层自行车库层高至 2500mm，同时压缩人防储藏间层高至 2800mm，则主楼埋深较原设计方案可抬高 1350mm，经济性非常可观。图 14-2-3 为在上述 1、2 条优化意见后降低车库覆土厚度同时压缩主楼地下一、二层层高的剖面示意。

图 14-2-3 覆土减薄、继续压缩自行车库与人防储藏间层高剖面示意

总的原则：对于地下结构的层高，应力求压缩到极限，当主楼与车库层高难以两全时，允许有高差，坚决杜绝为了彼此将就对方而将层高加大的现象。

4. 景观设计在塑造微地形时应结合地下车库范围进行设计，局部覆土厚度大于 1500mm 的土丘应选择在实土区域，需要建筑、结构专业给景观设计单位反提条件，并对景观设计的过程及结果进行控制并加以约束，严禁景观设计（尤其是微地形塑造）的随意性。

设计院回复意见：地下室层高可以进行小幅优化，住宅人防地下二层层高 3.1m 可优化到 3m，地下一层商业底部原层高 3.2m 优化到 3.1m。相应车库层高由原设计 5.1m 优化到 4.9m，车库上部覆土层厚度维持原设计（规划要求对接北京要求的 2.5m 覆土）。关于室内外高差改 300mm 看甲方的意见，可以修改。

咨询公司意见：4.8m 层高已经足够，不能再放宽了；再结合保定地区车位销售及实际入住率情况，成本控制与经济性的考虑应该是第一位的，机械车位设备系统很可能不建或缓建，因此可将层高压缩到极致。项目附近的万和城地下机械车库及未来城地下机械车库均采用 4.8m 层高，而且是在没有甲方及第三方进行优化的情况下设计院主动做成了 4.8m 层高，而且四个地块分别由四个设计院设计，北京两家、石家庄两家。

覆土厚度怎么算 1500mm 也够。决定覆土厚度的因素有三：1. 是否需要计入绿地率（仅北京、上海、重庆、杭州等地有要求，保定无具体要求。）；2. 满足种植的要求，一般不小于 300mm 可植草皮，600mm 可以种植灌木，1200mm 可种植乔木，1500mm 可以种植大型乔木；3. 敷设重力流管线的要求。结合本项目情况，1500mm 覆土厚度已足可满足各项要求。

还有一个因素是项目二期多层与小高层的埋深可能会远远小于车库，因此从这个角度也要尽量压低车库层高及覆土厚度以便尽可能减小与二期主楼基础埋深之间的高差。

甲方意见：同意住宅地下层高地下二层 3m，地下一层 3.1m，地下车库 4.8m 层的意见。覆土对于道路控制在平均 1.5m，对于绿化区域可根据景观平面微地形适当增加覆土厚度（考虑水体部分的荷载），但不得大面积满布（超厚覆土或荷载），或者在建筑结构设计完成后对景观微地形高度（或荷载提出要求）。

5. 地上建筑的加气混凝土砌块填充墙、分隔墙可考虑采用重度更轻、性价比更优的珍珠岩防火隔声隔墙板，其重度不足 400kg/m³，可大幅降低建筑物自重，水平力与竖向力均可大幅降低。

二、B 区一期地下车库设计优化

1. 本项目总平面布局从地下车库出入口位置来看，似乎是考虑人车分流的设计，地面道路仅为消防车及货物进出搬运之用。如果是这样，则道路面积所占比例偏高，且道路宽度偏大，因小区中央主车道已形成两个环形，故可将 6m 宽双车道改为 4m 宽单车道。

2. 对于消防车道的布置，根据《建筑设计防火规范》GB 50016—2014，住宅建筑可仅沿消防登高面所在的建筑物长边布置消防车道，不必布置环形或沿两长边的消防车道，可取消或减少一部分普通道路及隐形消防车道。

3. 地下车库造价较高，但在保定地区大多滞销，且售价不高，甚至亏本销售。而且车库的销售回款大多严重滞后（多为交房后销售），影响资金回笼及内部收益率；在满足车位数量及停车位尺寸等相关要求的情况下，尽量对柱网及车位实现紧凑布置，在相同地下面积的情况下尽量多排车位，剔除无效的车库面积，从而减小地下车库的面积。（金地集团对人防车库每车位面积控制在 35m²，非人防控制在 30m²，并可作为操作项目时的判断依据。万科的指标相应宽松些，对非人防车库控制在 32m² 以内）。

4. 根据《汽车库建筑设计规范》JGJ 100—98 及标杆企业的车库设计标准，双侧垂直后退停车的行车道宽度最小可为 5500mm，标杆企业一般取 5600mm，该宽度是指停车位间的净距，对比该项目，车道所在柱距为 6600mm，车道净距 6000mm，停车位间的净距则达到了 7200mm，与标杆企业相比标准明显偏高，柱距压缩 200mm 是完全可行的，即由 6600mm 改为 6400mm。

5. 车库边跨 6400mm 柱距可在取消扶壁柱后降为 6200mm。对于地下车库外墙，恰当的计算模型是下固上铰的单向板模型，扶壁柱在外墙计算模型中无实际作用，反倒会干扰原本简单的传力路径，若为竖向承压需要，可在框架主梁对应部位设置暗柱代替扶壁柱（项目所在地附近的保定万和城南区车库与北区车库都未设扶壁柱）。

6. 9~10 轴之间的主车道（8100mm 柱距、7500mm 净宽）偏宽，保证 7000mm 净宽足可，故柱距可由 8100mm 降为 7600mm。

7. 18~27 轴 70 多米长的通道采用单侧停车，使停车效率大大降低，车道两侧是布置停车位的黄金宝地，应尽量布置双侧垂直后退式停车位，若因场地限制而难以实现时，也应在另一侧布置与车道平行的车位，应严格避免一条车道只服务一侧停车位的情况。

8. 2~3 轴间柱距为 10200mm，较标准柱距 8100mm 多出 2100mm，直接导致该跨框架梁高度为 1100mm，较其他标准柱距的框架梁高度高出 100mm，意味着整个地下车库因为这一非标准柱距而层高加大 100mm。建议通过调整柱网结构使柱网更加均匀标准，个别非标准柱距可比标准柱距小，但要尽量避免出现个别柱距大于标准柱距的柱网结构。

9. 双层升降横移式机械停车库采用 5200mm 的层高偏高，对于升降横移式机械停车库，地面层车架高度为 1900mm，每向上增加一层车架需增加一个不超过 1700mm 的车身高度，两层车架共计 3600mm，再加上 900~1000mm 的梁高，一般层高做到 4500~4600mm 即可。因车道及非机械停车部位的净高都很高，风管、主喷淋管等设备管线均可沿车道布置，可完全避免跨越机械停车位，不会与升降横移车架争层高，故在计算层高时不必考虑设备管线空间。综上所述，地下车库层高可从 5200mm 降到 4600mm，降幅达 600mm。根据行业标杆企业的测算，地下车库层高每增加 100mm，综合造价增加 18 元/m²，15685m² 的地下车库，因层高降低 600mm 即可实现节约综合造价 170 万元。

10. 建筑专业"车库设计说明"第五.13 条，"车库地漏周围 2m 范围内地面向地漏找坡 0.5%"，但平面图中未标注地漏的位置，且应给出地漏附近局部剖面，建议结构配合在地漏周围 2m 范围内做 20~30mm 的结构降板并预埋排水管及地漏，后期建筑找坡可仅在局部降板区域进行。

11. 车库顶板建筑专业 0.5% 的轻骨料混凝土找坡可考虑改为等厚度的结构找坡，且与底板结构找坡配合进行，即对顶板和底板进行板厚不变、同方向、同坡度的结构找坡。

第三节　岩土工程勘察设计优化

一、B 区一期岩土工程勘察优化

1. 天然地基设计参数优化

根据建筑物埋深及岩土层分布状况，以 1 号楼为例，褥垫层底相对标高为 -8.880m，±0.000 相当于绝对标高 23.000m，故褥垫层底绝对标高为 14.120m，对照前文的地质剖面图，主楼筏板下持力层地基土恰为第③层粉质黏土。该层土的天然地基承载力特征值为 180kPa。

根据勘察报告所提供的物理力学参数统计表，第③层粉质黏土的液性指数标准值 $I_L=$

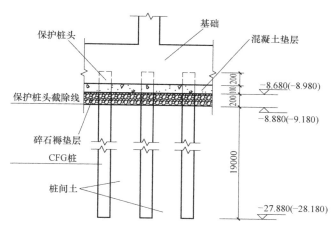

图 14-3-1　1 号楼 CFG 桩复合地基剖面图

0.25，处于硬可塑甚至硬塑状态，天然孔隙比标准值 $e＝0.66$。根据《河北省建筑地基承载力技术规程》DB13（J）T48—2005，保定地区属于山前平原区（Ⅱ区），可根据液性指数与孔隙比按表 14-3-1 确定第③层粉质黏土的承载力特征值。

Ⅰ、Ⅱ区黏性土承载力特征值　　　　　　　　　表 14-3-1

孔隙比 e ＼ 液性指数 I_L	0.00	0.25	0.50	0.75	1.00
0.5	470	410	360	(320)	
0.6	375	325	285	250	(225)
0.7	305	270	230	210	190
0.8	260	225	200	180	160
0.9	220	195	170	150	135
1.0	195	170	150	135	120
1.1		150	135	120	110

注：有括号者仅供内插用。

　　根据 $I_L＝0.25$ 及 $e＝0.66$ 查表 14-3-1 并内插，得第③层粉质黏土的天然地基承载力特征值为 292kPa，与勘察单位建议值 180kPa 相比，在规范规定的安全储备的基础上还存在 62.2% 的额外安全储备。勘察报告取值严重偏低，存在较大的优化空间。

　　2. 桩基设计参数优化

　　勘察报告所给素混凝土桩设计参数（表 14-3-2）偏低较多，以第⑥层粉质黏土为例，报告建议值分别为 25kPa（侧摩阻力特征值）及 300kPa（端阻力特征值），该层岩土的孔隙比为 0.71，液性指数为 0.31，处于硬可塑状态。

　　根据中国建筑科学研究院地基基础研究所长期的理论研究与实践经验，长螺旋钻孔灌注桩因不存在孔底沉渣等不利因素，相较泥浆护壁成孔工艺的灌注桩具有极高的端承阻力，《建筑桩基技术规范》JGJ 94—2008 表 5.3.5-2（本书表 14-3-3）即是长期理论研究与工程实践经验的总结。从规范表 5.3.5-2（本书表 14.3-3）可看出，素混凝土桩复合地基作为长螺旋钻干作业成孔工艺，在桩长不小于 15m 时，硬可塑黏性土的极限端阻力标准值为1700～1900kPa，远远大于勘察报告所给的标准值600kPa（特征值为300kPa）。

河北省地方标准《长螺旋钻孔泵压混凝土桩复合地基技术规程》DB13（J）/T123—2011附录A的极限侧阻力标准值相较桩基规范除圆砾、角砾、卵石、碎石等大粒土外，均有一定程度的降低，附录B的极限端阻力标准值（表14-3-4）对于中砂以上粒径的岩土也较桩基规范值有所降低，但黏性土与粉土的极限端阻力基本与桩基规范取值相同，对于桩入土深度不小于15m的长螺旋钻孔泵压混凝土桩，硬可塑黏性土的极限端阻力标准值同桩基规范一样为1700～1900kPa。

素混凝土桩复合地基设计参数一览表（勘察报告原值）　　表14-3-2

地层编号	地层名称	侧阻力特征值 q_s(kPa)	端阻力特征值 q_p(kPa)
②	粉土	30	
③	粉质黏土	26	
④	细砂	25	
⑤	粉土	30	400
⑥	粉质黏土	25	300
⑥₁	细砂	32	700
⑥₂	细砂	33	1200
⑦	细砂	35	1300
⑧	粉质黏土	33	700
⑨	细砂	36	1400

桩基规范的极限端阻力标准值　　表14-3-3

土名称	土的状态	桩型	混凝土预制桩桩长 l(m)				泥浆护壁钻(冲)孔桩桩长 l(m)				干作业钻孔桩桩长 l(m)		
			$l \leqslant 9$	$9 < l \leqslant 16$	$16 < l \leqslant 30$	$l > 30$	$5 \leqslant l < 10$	$10 \leqslant l < 15$	$15 \leqslant l < 30$	$30 \leqslant l$	$5 \leqslant l < 10$	$10 \leqslant l < 15$	$15 \leqslant l$
黏性土	软塑	$0.75 < I_L \leqslant 1$	210～850	650～1400	1200～1800	1300～1900	150～250	250～300	300～450	300～450	200～400	400～700	700～950
	可塑	$0.50 < I_L \leqslant 0.75$	850～1700	1400～2200	1900～2800	2300～3600	350～450	450～600	600～750	750～800	500～700	800～1100	1000～1600
	硬可塑	$0.25 < I_L \leqslant 0.50$	1500～2300	2300～3300	2700～3600	3600～4400	800～900	900～1000	1000～1200	1200～1400	850～1100	1500～1700	1700～1900
	硬塑	$0 < I_L \leqslant 0.25$	2500～3800	3800～5500	5500～6000	6000～6800	1100～1200	1200～1400	1400～1600	1600～1800	1600～1800	2200～2400	2600～2800
粉土	中密	$0.75 \leqslant e \leqslant 0.9$	950～1700	1400～2100	1900～2700	2500～3400	300～500	500～650	650～750	750～850	800～1200	1200～1400	1400～1600
	密实	$e < 0.75$	1500～2600	2100～3000	2700～3600	3600～4400	650～900	750～950	900～1100	1100～1200	1200～1700	1400～1900	1600～2100

河北省地方标准《**长螺旋钻孔泵压混凝土桩复合地基技术规程**》DB13（J）/T 123—2011
附录B桩的极限端阻力标准值 q_{pk}（kPa）　　表14-3-4

土的名称	土的状态	桩入土深度(m)		
		＞5	＞10	＞15
黏性土	$0.75 < I_L \leqslant 1.0$	200～400	400～700	700～900
	$0.50 < I_L \leqslant 0.75$	420～630	740～950	950～1200
	$0.25 < I_L \leqslant 0.50$	850～1100	1500～1700	1700～1900
	$0 < I_L \leqslant 0.25$	1600～1800	2200～2400	2600～2800

土的名称	土的状态	桩入土深度(m)		
		>5	>10	>15
粉土	0.75<e≤0.90	600~1000	1000~1400	1400~1600
	e<0.75	1200~1700	1400~1900	1600~2100

另根据我们对保定地区素混凝土桩复合地基从勘察、设计、施工到检测全过程的了解，勘察与设计单位存在普遍保守的现象，尤以勘察最为保守；施工单位则存在提钻过早、提钻过快等操作问题，但后果并不严重；最严重的是在检测环节，存在如单桩试桩的桩头未做处理导致桩头混凝土先行压坏，以及复合地基检测时未按规定铺设褥垫层或载荷板下脱空等严重不规范的情况，见图 14-3-2、图 14-3-3。尽管如此，所涉两个工程的最终检测结果均为合格，足见其保守程度。其实质是勘察与设计单位的保守纵容了检测单位的不规范检测行为，替检测单位背了黑锅，而最终受损的则是建设单位的利益。

图 14-3-2　保定未来像素单桩检测后实拍　　　图 14-3-3　保定未来城复合地基检测过程实拍

我们理解地勘单位的心理及参数取值偏于保守的现状，但保守要有一定限度，不能太过，比如第⑥层粉质黏土，即便端阻不敢按桩基规范及河北地标取 1700~1900kPa，但取 1500kPa 还是可以接受的，取 600kPa 就太低了。

二、CFG 桩复合地基设计优化

1. 单桩承载力设计优化（以 1 号楼为例，2 号、5 号、6 号楼仿此）

根据我们对 1 号楼所有 6 个勘探孔的计算及统计，若按勘察报告原值，则 19.0m 有效桩长的单桩承载力特征值最小为 654kN（原设计取值 600kN），若将极限侧阻力与极限端阻力均按桩基规范下限取值，则按最不利勘探孔计算的单桩承载力特征值可达 856kN，整整比设计所用的 600kN 提高了 42.7%。若保持承载力不变，则可缩短桩长 3.5m。表14-3-5 为仅将极限端阻力标准值取 1500kPa（侧阻仍按勘察报告原值）的优化前后对比情况。

优化前后对比表　　　　　　　　表 14-3-5

楼号	勘探孔号	桩径(m)	原设计				优化设计		
			原桩长(m)	据报告值实算 R_a(kN)	端阻按1500实算 R_a(kN)	实际采用的 R_a(kN)	优化后桩长(m)	据报告值实算 R_a(kN)	端阻按1500实算 R_a(kN)
1 号楼	BK01	0.4	19	654	711	600	15.5	544	601
	BK02	0.4	19	656	712	600	15.5	546	602

楼号	勘探孔号	桩径（m）	原设计				优化设计		
			原桩长（m）	据报告值实算 R_a(kN)	端阻按1500实算 R_a(kN)	实际采用的 R_a(kN)	优化后桩长（m）	据报告值实算 R_a(kN)	端阻按1500实算 R_a(kN)
1号楼	BK03	0.4	19	662	718	600	15.5	552	608
	ZK4	0.4	19	674	731	600	15.5	564	621
	ZK5	0.4	19	675	731	600	15.5	565	622
	ZK6	0.4	19	670	727	600	15.5	560	617

2. 复合地基承载力设计优化

以 1 号楼为例，CFG 桩采用满堂矩形布桩方式，矩形长边桩间距 1.40m，短边桩间距 1.25m，1 号楼褥垫层底相对标高为 -8.880m，±0.000 相当于绝对标高 23.000m，故褥垫层底绝对标高为 14.120m，对照前文的地质剖面图，筏板下持力层地基土恰为第 3 层粉质黏土，天然地基承载力特征值为 180kPa，当桩长为 19.0m 时，桩端绝对标高为 -4.880m，桩端持力层落在第⑥层粉质黏土层内。

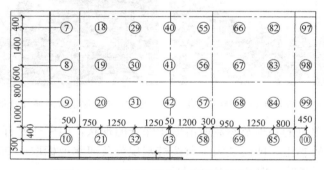

图 14-3-4　1 号楼 CFG 桩局部平面布置图

在维持原设计桩长、桩间距及桩间土承载力均不变的前提下，当 CFG 桩单桩承载力特征值按上文分别取 600kN、654kN 及 711kN 时，修正前复合地基承载力特征值分别为 459kPa、487kPa 及 516kPa，较设计要求的承载力特征值 420kPa 分别高出 9.3%、15.9% 及 22.8%，也就是说该 CFG 桩复合地基设计成果较设计要求的承载力至少高出 22%。

如果将 CFG 桩侧阻与端阻均按规范下限取值，则 CFG 桩单桩承载力特征值按前文所述为 856kN，对应的复合地基承载力特征值为 591kPa，见下面的计算表格（表 14-3-6），较设计要求的承载力特征值 420kPa 高出 40.7%。这仅仅是岩土工程勘察与设计阶段的安全储备，尚不包括深度修正的安全储备及上部结构提承载力要求的安全储备。

1 号楼 CFG 桩复合地基计算表　　　　　表 14-3-6

	桩型		CFG 桩			
竖向增强体基本参数	R_a	=	856	kN	（桩承载力特征值）	
	D	=	0.4	m	（桩径）	
	A_p	=	0.1257	m²	（桩截面）	

持力层土参数	持力层			③粉质黏土			
	f_{ak}	=	180	kPa	修正前天然地基承载力特征值		
	f_{ak}	=	180	kPa	处理后桩间土承载力特征值		
	λ	=	0.9		单桩承载力发挥系数		
	β	=	0.9		桩间土承载力折减系数		
桩距及置换率							
1. 正方形布桩	s	=	1.40	m	(桩距)		
	A_e	=	s^2		(单根桩处理面积)		
		=	1.9600	m^2			
2. 等边三角形布桩	s	=	1.40	m	(桩距)		
	A_e	=	$(s/1.08)^2$		(单根桩处理面积)		
		=	1.6804	m^2			
3. 矩形布桩	s_1	=	1.40	m	(桩距1)		
	s_2	=	1.25	m	(桩距2)		
	A_e	=	$s_1 \times s_2$		(单根桩处理面积)		
		=	1.7500	m^2			
最终采用布桩方式的面积置换率	现采用第	3	种布桩方式				
	m	=	A_p/A_e		(面积置换率)		
		=	0.07180783				
复合地基承载力			$f_{spk}=\lambda m \dfrac{R_a}{A_p}+\beta(1-m)f_{sk}$			(复合地基承载力特征值)	
	f_{spk}	=	590.6	kPa			
	$\zeta=\dfrac{f_{spk}}{f_{ak}}$	=	3.3				

三、CFG 桩复合地基检测优化

1. 单桩检测优化建议

鉴于一期 4 栋楼已经按原勘察设计有关图纸打完桩,建议建设单位在检测时将试桩荷载在原荷载分级上多加 4 级。比如原 1 号楼单桩承载力特征值为 600kN,则原试桩方案的最大加载量可能是 1200kN,若试桩加载分为 10 级,则每级加载量为 120kN,原定最后一级加载到 1200kN。现在要求加载到 1200kN 后要继续按每级 120kN 依次加载到 1320kN、1440kN、1560kN 及 1680kN,然后按规范要求判定单桩极限承载力,并将一期工程桩的试桩结果作为以后各期 CFG 桩设计的依据。

但需注意:在单桩试桩前必须对桩头进行加固,且加固区混凝土实际轴心抗压强度设计值不低于最大加载量下的桩身应力,并要求加载面平整光滑,传力板要盖过桩头等,以免桩头混凝土被先行压坏。

2. 复合地基检测优化建议

道理同单桩检测,也是在原荷载分级的基础上多加 4 级,同样以 1 号楼为例:复合地基承载力特征值为 420kPa，载荷板尺寸为 1.4m×1.4m，则原检测方案最大加载量为 420×2×1.4×1.4=1646.4kN，若复合地基检测加载仍分为 10 级，则每级加载量为 164.64kN，原定最后一级加载到 1646.4kN。现在要求加载到 1646.4kN 后要继续按每级 164.64kN 依次加载到 1811.04kN、1975.68kN、2140.32kN 及 2304.96kN，然后按规范要求判定复合地基极限承载力，并将一期复合地基的试桩结果作为以后各期 CFG 桩设计的依据。

但需注意：复合地基检测的载荷板尺寸必须准确无误，载荷板的刚度必须足够大，优先采用预制钢筋混凝土载荷板或钢制箱式带肋载荷板，严禁采用单块或多块钢板简单叠合的载荷板；褥垫层材料应优先采用碎石或级配砂石，铺设厚度取 200mm，铺设范围应每边超出载荷板尺寸不小于 200mm，褥垫层必须密实平整，夯填度不得大于 0.9；正式加载前必须进行预压，预压荷载可取最大加载量的 5%，即 82～115kN，对于 1 号楼预压荷载可取 100kN；预压结束后应卸载到零后再重新按试验要求分级加载。

3. 不得采用单桩与复合地基一次加卸载即全部检测完毕的检测方式

应分别进行单桩与复合地基的检测，即先做单桩竖向承载力静载检测（必须事先进行桩头加固并达到规定的强度），单桩静载检测前后应分别对受检桩进行低应变检测，低应变检测结果应一并纳入检测报告中；单桩静载检测完毕最好休止 14 天，待桩土间强度恢复后再进行复合地基静载检测。

第四节　结构设计优化

一、B 区一期主楼结构设计优化（以 2 号楼为例）

（一）主楼基础优化

1. 2 号楼筏板厚度可由 1200mm 减薄至 1000mm，筏板下部保护层厚度由 50mm 改为 40mm；贯通配筋从双层双向 Φ22@200 减至双层双向 Φ20@200，局部不足处用附加钢筋补齐。见图 14-4-1、图 14-4-2。

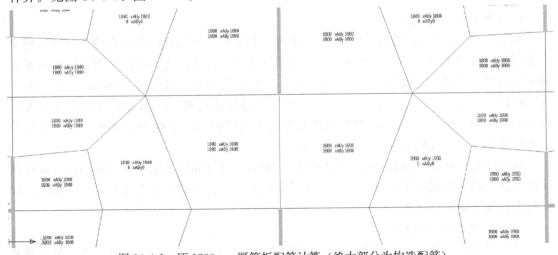

图 14-4-1　原 1200mm 厚筏板配筋计算（绝大部分为构造配筋）

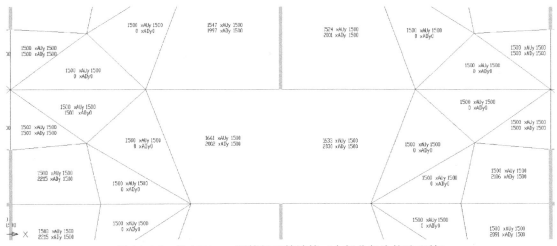

图 14-4-2　新 1000mm 厚筏板配筋计算（大部分仍为构造配筋）

经对 1 号楼筏板基础按减薄至 800mm 进行计算，除极个别区域下铁配筋超 1200mm²/m 的最小构造配筋外，绝大部分的配筋均为 1200mm²/m 的构造配筋，因此同样具备由 950mm 减薄至 800mm 的条件；同样 5 号楼、6 号楼也应具备基础减薄的条件，5 号楼地上 25 层，基础底板厚度可从 1000mm 减薄至 850mm，6 号楼比 2 号楼还少一层，也应可以从 1200mm 减薄至 1000mm 以下。

2. 筏板封边构造建议采用附加 "U" 筋的方式，筏板主筋可在不需要处截断，不必均延伸到筏板尽端并向筏板中线方向弯折，筏板端头侧Φ14@200 构造钢筋无实际用途，建议取消。筏板封边构造建议参照图 14-4-3。

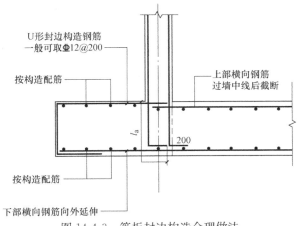

图 14-4-3　筏板封边构造合理做法

3. 当裙房基础埋深与主楼埋深相差较大且二者相距较近时，如 1 号楼北侧的 6 个基础及南侧的 1 个基础，若按现有设计施工，则裙楼基础必然要有一部分落在主楼的肥槽回填土上，如图 14-4-5（a）。在实际开发中，因主楼进度涉及预售许可及按揭回款等财务生存能力问题，因此大都是先施工主楼而将车库及商业甩下以后再施工，待主楼出地面后的一段时间内（有时甚至在封顶以后）进行肥槽回填，如果甲方及施工单位在施工技术与施工组织上过硬，可以在主楼肥槽回填的同时要求独立基础主要持力层范围严格按换填地基

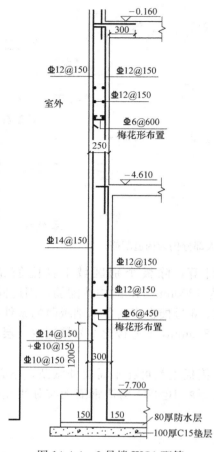

图 14-4-4　2号楼 WQ1 配筋

的要求进行回填，则将来独立基础施工时可不必再进行处理。但实际情况是，甲方及施工单位的技术水平与施工组织能力往往难以在主楼肥槽回填时预见到将来裙楼独立基础施工的问题，这时的肥槽回填很难期望施工单位会进行分层回填夯实并达到一定的压实系数，回填质量很难保证，不具备在回填土上直接做独立基础的条件。这样回填的结果必然导致将来裙楼独立基础施工时的二次开挖、二次换填与二次回填等问题。当基础埋深较深且地下水位较高时，二次开挖同样需面临基坑支护与降水问题，遗患很多；承德某项目在后期施工裙房基础时，就因为二次开挖的基坑支护与降水等问题最后经综合权衡后被迫采用桩基。图 14-4-5（b）虽然土方一层开挖量要大于（a），但可保证基础完全坐在原土层上，且无需考虑二次开挖及地基换填等问题，前提是这些离主楼较近的基础必须和主楼底板同期施工。

（二）地下室墙体优化

1. 2号楼 WQ1 地下二层墙厚由 300mm 减薄至 250mm，地下一层及地下二层水平钢筋一律由$\Phi12@150$ 改为$\Phi12@200$，竖向贯通钢筋一律由$\Phi14@150$ 及$\Phi12@150$ 改为$\Phi12@180$，并在地下二层底部外侧（计算所需 848mm²/m，实配 1065mm²/m）及中间楼板支座外侧（计算所需 808mm²/m，实配 1065mm²/m）附加$\Phi10@180$。如此不但竖筋可以实现贯通，施工方便，且能节省钢筋用量，关键部位配筋尚有较大盈余。见图 14-4-4WQ1 原设计配筋。

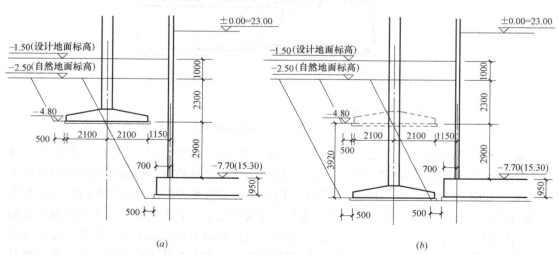

图 14-4-5　裙楼基础距主楼基础较近时的合理埋深

设计院回复：按石家庄大部分设计院习惯做法（四边支承板模型、保护层厚度30mm、裂缝宽度不大于0.25mm、单边最小配率0.25％）计算，可以细对计算书，如果有多配的，可以减下来。

咨询公司：如果设计院不怕麻烦，可以按四边支承板设计，但应该遵循三项规则：1）左右两端的边界条件必须是固接或弹性支座，按简支计算与实际内力分布严重不符，不应采纳；2）必须根据水平方向板块的大小进行精细化设计，板跨归并应以0.3m为模数（$3.3^2/3^2=1.21$，弯矩差值已达21％），1.0m的模数太过粗犷（$4^2/3^2=1.78$，弯矩差值高达78％），是不能接受的；3）构造配筋可按《高规》的双面合计0.3％或《地基基础规范》的不小于Φ12@200考虑，单边最小配筋率0.25％的配筋太多，也缺乏法理依据。

2. GQ1地下二层若为六级人防与普通地下室间的隔墙，则等效静荷载应取90kPa，若为六级人防与六级人防间的隔墙，则等效静荷载应取50kPa。

3. 2号楼地下二层墙体配筋图中250mm厚内墙的竖向分布钢筋由Φ12@200（双侧合计配筋率0.46％）可改为Φ10@200（双侧合计配筋率0.32％）；

人防内墙是指有人防功能的内墙，如相邻防护单元间的隔墙或人防与非人防区的界墙等，对于人防区内没有人防功能的钢筋混凝土墙，不应按人防墙的要求对待；若按受压人防构件对待，则减薄至200mm后Φ10@200刚好满足墙类人防受压构件最小配筋率的要求。

4. 1号楼LKQ3实质为六级人防与普通地下室间的人防隔墙，考虑上部建筑影响的人防等效静荷载取90kN/m²，由300mm减薄至250mm后，按四边支承（左右简支）计算的配筋仍然按构造控制，故配筋可由Φ12@150双层双向改为Φ12@180。

5. 1号楼WQ2当水平向最大跨度按4.5m计算且采用双向板模型左右固接时，即便地面超载采用10kN/m²，Φ12@180双层双向的构造配筋也可满足计算要求，墙顶恒载仅考虑100kN/m的线荷载即可使裂缝宽度由0.278mm降为0.162mm，故建议WQ2的外侧竖向钢筋由Φ14@150＋Φ12@150改为Φ12@180，同时将内侧竖向钢筋及水平钢筋全部由Φ12@150改为Φ12@180；1号楼WQ3按边跨3.0m（左右简支）及中间跨3.6m（左右固接）分别进行了计算，Φ12@180双层双向的构造配筋也可满足计算要求，适当考虑墙身轴力后（墙顶仅施加100kN/m的线恒载），裂缝宽度分别为0.186mm与0.20mm。故建议将WQ3外侧竖向钢筋由Φ14@150改为Φ12@180，内侧竖向钢筋及水平钢筋由Φ12@150改为Φ12@180。

6. 1号楼北侧的窗井墙采用Φ14@150双层双向的配筋方式不合理，导致墙身外侧竖向钢筋不足而内侧竖向钢筋及水平钢筋有余。经对水平跨度4.5m的边跨及中间跨分别计算，4.5m边跨外侧竖向钢筋需由Φ14@150增加到Φ14@150＋Φ12@150，但4.5m中间跨外侧竖向钢筋Φ14@150则可满足要求；内侧竖向钢筋则由构造控制，由Φ14@150改为Φ12@150即可；内外侧水平钢筋一律由Φ14@150改为Φ12@130。

（三）地上墙柱优化

1. 主楼约束边缘构件一律按照《11G101-1》第72页"剪力墙水平钢筋计入约束边缘构件体积配箍率的构造做法"用墙身的水平钢筋代替部分约束边缘构件箍筋。

2. 约束边缘构件除最外圈采用封闭箍筋外，其他嵌套的封闭箍筋均改为拉筋。图14-4-6为2号楼约束边缘构件配筋。

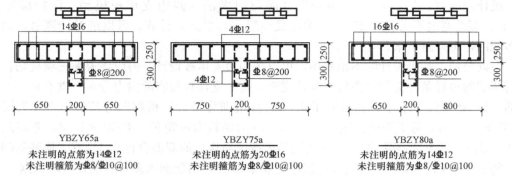

YBZY65a
未注明的点筋为14Φ12
未注明箍筋为Φ8/Φ10@100

YBZY75a
未注明的点筋为20Φ16
未注明箍筋为Φ8/Φ10@100

YBZY80a
未注明的点筋为14Φ12
未注明箍筋为Φ8/Φ10@100

图 14-4-6　2 号楼约束边缘构件配筋

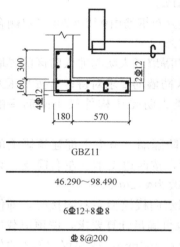

GBZ11

46.290～98.490

6Φ12+8Φ8

Φ8@200

图 14-4-7　保定某项目截图

三大规范（混凝土规、抗规、高规）均没有箍筋需重叠搭接的规定，国标图集 12G101-4 对约束边缘构件的箍（拉）筋给出 3 种类型，第一种（类型 A）即为顾问公司建议的形式，没有设计院所用的这种形式。箍筋嵌套搭接的完整性肯定不如一个完整的封闭箍筋，且浪费钢筋、施工不便。

3. 对于 2 号楼二级抗震等级的剪力墙构造边缘构件的纵筋，在满足最小配筋率 $0.006A_c$ 的前提下采用 $6\Phi12+N\Phi8$ 的配筋方式；对于 1 号楼、5 号楼等三级抗震等级的剪力墙构造边缘构件的纵筋，在满足最小配筋率 $0.005A_c$ 的前提下采用 $4\Phi12+N\Phi8$ 的配筋方式。图 14-4-7 为保定某项目构造边缘构件配筋图。

4.6 层及以上各层墙厚与混凝土强度等级采取分两次收级的方式，层间位移角、周期比位移比等关键计算指标无明显变化，扭转效应明显减弱，见表 14-4-1 对比情况。

优化前后各项指标对比表　　　　　　　　　　　　　表 14-4-1

项次	优化前	优化后	变化率
X 向最大层间位移角	1/1329	1/1312	+1.28%
Y 向最大层间位移角	1/1042	1/1029	+1.25%
$X+$ 最大水平位移比	1.07	1.06	−0.9%
$X+$ 最大层间位移比	1.34	1.34	0
$X-$ 最大水平位移比	1.05	1.04	−0.95%
$X-$ 最大层间位移比	1.35	1.34	−0.7%
$Y+$ 最大水平位移比	1.39	1.38	−0.7%
$Y+$ 最大层间位移比	1.89	1.88	−0.5%
$Y-$ 最大水平位移比	1.25	1.26	0.8%
$Y-$ 最大层间位移比	1.86	1.87	0.5%
第一周期平动系数	0.65	0.77	18.46%
周期比	2.4999/2.786=0.897	2.4417/2.7239=0.896	0.1%

5. 底部加强部位及其上一层的墙厚与混凝土强度等级均维持原设计。

6. 6～12 层混凝土强度等级维持 C30 不变；外墙由 250mm 厚改为 200mm 厚，同时墙身分布钢筋由 Φ8/10@200 双层双向改为 Φ8@200 双层双向，相应修改构造边缘构件按最小配筋率（$0.006A_c$）控制的纵筋；内墙由 200mm 厚改为 180mm 厚，同时墙身分布钢筋由 Φ8@200 双层双向改为 Φ8@220 双层双向，相应修改构造边缘构件按最小配筋率（$0.006A_c$）控制的纵筋。

7. 13～17 层混凝土强度等级维持 C30 不变；外墙由 250mm 厚改为 180mm 厚，同时墙身分布钢筋由 Φ8/10@200 双层双向改为 Φ8@220 双层双向，相应修改构造边缘构件按最小配筋率（$0.006A_c$）控制的纵筋；内墙由 200mm 厚改为 160mm 厚，同时墙身分布钢筋由 Φ8@200 双层双向改为 Φ8@250 双层双向，相应修改构造边缘构件按最小配筋率（$0.006A_c$）控制的纵筋。

8. 18 层到顶混凝土强度等级由 C30 改为 C25；外墙由 250mm 厚改为 180mm 厚，同时墙身分布钢筋由 Φ8/10@200 双层双向改为 Φ8@220 双层双向，相应修改构造边缘构件按最小配筋率（$0.006A_c$）控制的纵筋；内墙由 200mm 厚改为 160mm 厚，同时墙身分布钢筋由 Φ8@200 双层双向改为 Φ8@250 双层双向，相应修改构造边缘构件按最小配筋率（$0.006A_c$）控制的纵筋。

（四）地上结构梁板优化

1. 对于内墙减薄后与其垂直的楼面梁水平锚固段不足的问题，可以采取如下解决方案：

1）取消一些不必要的楼面梁，如 G/5-14 处的 4 跨连续梁及卫生间与其他房间隔墙下的梁。这些梁在结构上无存在的必要，且有些梁会影响空间的完整性，如 G/8-12 处的梁，把原本没有明显分界的休闲厅与餐厅一分为二，就像在一个完整的大厅上方穿过一根梁一样，这在房地产标杆企业里都是严格禁止的。图 14-4-8 中用云线圈出的梁均可去掉，不必为分隔墙而特意设梁，卫生间降板边界可用折板代替，其他墙下的小梁去掉后可仿照万科在墙下的板中附加钢筋的做法。

2）对于不能按上述 1）条取消的楼面梁，当与剪力墙垂直相交且梁下有砌体填充墙时，可将剪力墙向砌体填充墙方向伸出一个小墙垛，以满足梁在墙中的锚固要求，如 6/L 及 C/8 处的梁下均有砌体填充墙，且均有门洞，门洞边到剪力墙间留有 120mm 宽的砌体填充墙门垛，这在实际施工时是无法做到的，所有施工单位都会用钢筋混凝土构造柱或抱框柱取代 120mm 宽的砌体门垛，与其如此，还不如直接用剪力墙做出这个门垛，还可同时解决楼面梁钢筋锚固长度不足的问题；图 14-4-10 中云线圈出的阴影部位均可加钢筋混凝土小墙垛。

3）对于在墙上跨越的连续梁，上下铁均可在剪力墙上贯通连续，不必考虑梁端钢筋锚固长度的要求，如 H/8 处的支座，KL18 为 2 跨连续梁，中间支座处的墙厚可不受梁筋锚固长度的影响而减薄。

4）《高规》7.1.6 条的用词为"不宜"小于，并非强制性要求，故对跨度小于 2.0m 且与剪力墙垂直相交的梁，可放宽要求，剪力墙厚度仍可减薄为 160mm。

采取上述几条措施后，仅 15/K 及 21/K 处无法解决

2. 梁板混凝土强度等级在底部加强部位及其上一层保持 C30 不变；6 层以上均由 C30

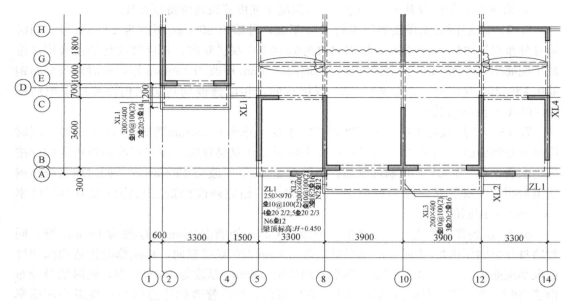

图 14-4-8　可去掉的楼面梁

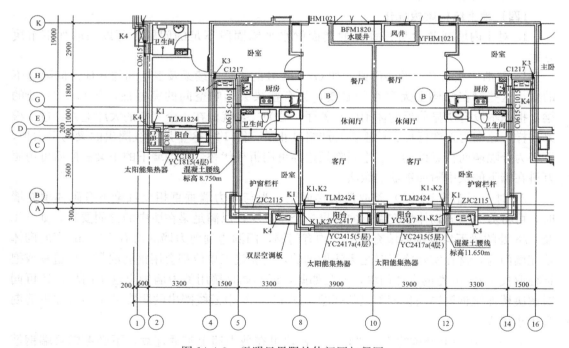

图 14-4-9　无明显界限的休闲厅与餐厅

改为 C25，但与剪力墙整体浇筑的梁（连梁）混凝土强度等级应与墙身相同。

设计院回复：连梁和其他梁施工时难以区分，同一层梁板应采用同一强度等级混凝土。

咨询公司：连梁与剪力墙一起支模、一起浇筑混凝土，而普通梁则与板一起支模、一起浇筑混凝土，二者泾渭分明，不会混淆。故混凝土强度等级可以完全分开。

3. 楼梯配筋普遍偏大，以标准层梯段 AT1 为例，梯板厚度可由 160mm 改为 150mm，斜梯段上部纵筋可由 $\Phi12@150$ 改为 $\Phi10@180$，斜梯段下部纵筋可由 $\Phi14@150$ 改为 $\Phi12@180$；TL1 上部纵筋可由 2 $\Phi16$ 改为 2 $\Phi12$，下部纵筋可由 4 $\Phi16$ 改为 2 $\Phi16$；其他梯段类同，请参照 AT1 重新计算并做相应修改。

新版荷载规范已经考虑到疏散要求将活荷载提高到 $3.5kN/m^2$，已经相当于每平方米面积挤 5~6 个人的活荷载，不应也没必要再人为放大配筋了。

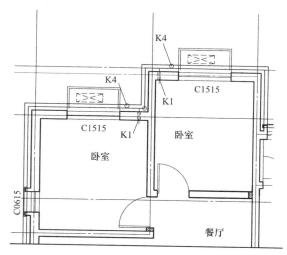

图 14-4-10　建筑图中可加钢筋混凝土墙垛的部位

二、B 区一期地下车库结构设计优化

（一）基础底板、防水板设计优化

1. 主楼筏板与车库防水板可实现自然衔接及过渡，没必要通过梁板式筏基实现过渡，反倒增加了设计与施工的复杂程度。故建议取消所有主楼周边的梁板式筏基，代之以独立柱基加防水板，防水板可直接支承于主楼筏板处，同时在合适位置设沉降后浇带解决差异沉降问题。

2. 根据《建筑结构荷载规范》GB 50009—2012 第 5.1.3 条，设计基础时可不考虑消防车荷载，故建议基础设计时将地下车库顶板活荷载改为 $5kN/m^2$ 重新计算倒荷，就本项目而言，柱底竖向荷载标准值可降低 23%，其影响不容忽视。

3. 车库及商业等裙房采用独立基础且基础边长超过 2.5m 时，底部钢筋一律按 0.9 倍长度交错配置。

4. 经对比分析，设计单位在进行地下车库顶板设计时，楼面活荷载标准值是按消防车荷载满布的方式。但根据《建筑结构荷载规范》GB 50009—2012 第 5.1.3 条，消防车活荷载应根据覆土厚度进行折减，折减系数可按附录 B 采用，对本项目 2.7m×3.3m 的双向板而言，覆土厚度折减系数可取 0.7。顾问公司经过比对，在其他条件均不变的情况下，消防车活荷载折减前后梁板的含钢量降低了 $8.28kg/m^2$。

请注意：上述楼面活荷载标准值仅在设计楼面板时采用，当在设计楼面梁时，还应乘以折减系数：对双向板楼盖的主次梁，折减系数取 0.8；对单向板楼盖，次梁折减系数取 0.8，主梁折减系数取 0.6。因为消防车荷载很大，是否折减关系重大，且消防车荷载存在作用范围小、作用时间短等特点，与普通客车的楼面活荷载相比更具有合理性及必要性。尤其是单向板结构的主梁，0.6 倍折减的经济性非常显著。

5. 消防车活荷载也不应该沿整个地下车库顶板满布的方式，事实上，除了小区内道路、隐形消防车道及建筑物消防登高面一侧一定范围内的室外地面外，消防车是没必要到达的，而乔木、高大灌木、景观小品、水系及围栏、路障的存在也不允许消防车在小区内随意开行，因此消防车荷载不应采取满布的方式，对于消防车无法到达、无必要到达的区域（根据上述第 2 条意见，消防车道的数量还会有所降低），不应施加消防车荷载，代之以 5kN/m² 的活荷载即可；经测算比对，活荷载由 20kN/m² 降到 5kN/m² 后梁板含钢量可降低 17.1 kg/m²。

6. 因外墙下条形基础外挑部位覆土压强很大（超过 135kPa），故条基外挑长度宜尽量减小以减小作用于条基上的竖向力合力，同时可减少土方开挖与回填的工程量。

7. 外墙下条形基础宽度偏大，在计算挡土地下室外墙下的条基宽度时，由于国标《建筑地基基础设计规范》GB 50007—2011 的规定不明确，故深度修正用的基础埋置深度可参照《北京地区建筑地基基础勘察设计规范》DBJ 11—501—2009 取值，即取内外侧等效埋深的平均值，则修正后的地基承载力特征值可达 300kPa，再结合上述第 15 条荷载降低因素（经计算，按 20kN/m² 消防车均布活荷载满布计算的标准荷载组合下轴力最大一段墙体的轴力为 257kN/m，按 5kN/m² 均布活荷载满布计算的则为 208kN/m），挡土外墙下的条基宽度可取 1350mm 并居中布置，则上述 6 条所提及的外挑宽度即可由 1.0m 降为 0.5m；

8. 按上述 7 条挡土外墙下条形基础宽度减小后，基础高度可大幅降低，受力钢筋也可大幅度减小，基础高度取与防水板等厚（250mm）、受力钢筋采用 Φ12@150 即可满足计算要求。实际设计可取 400mm 高并按 Φ12@150 配筋。

9. 因地下水埋深在基底以下，防水板完全为构造，除非能确保现场施工可直接在 45° 粉质黏土坑壁上做混凝土垫层及防水，否则独立基础与条形基础的边缘应该直立（砌 45° 斜向砖胎模费工费料且无实际价值），基础底筋也是到基础边缘即可，不必向上弯折，防水板上下钢筋均锚入独立柱基或条基一个锚固长度即可。

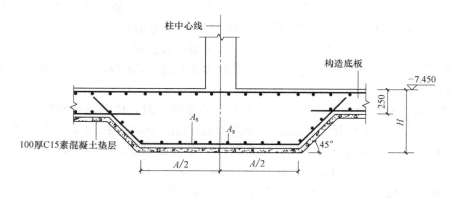

图 14-4-11

10. 因地下水位在基础底面以下，故 250mm 厚的防水板实质为防潮板，完全为构造配置，尤其在独立柱基很大且与防水板采用 45° 斜面过渡的情况下，防水板的净跨已经变得非常小，故 Φ12@200 双层双向的配筋偏大（单面配筋率 0.23%），可按扩展基础或卧置于地基上的板类构件 0.15% 的最小配筋率配置，若改为 Φ10@200 双层双向，则单面配筋率为 0.16%，可满足要求，相应含钢量可降低 5.44kg/m²。

（二）地下室外墙优化

1. 根据比对，设计院在计算地下室外墙时，地面超载也采用 20kN/m²，但由于上述

（一）中第 4 条覆土的扩散作用，地面超载传递到墙顶标高时已折减很多，无视覆土厚度仍然采用 $20kN/m^2$ 地面超载不合理；再结合消防车的可达性及消防车荷载的作用范围，不管有无停放消防车的可能，地下室外墙不加区分的一律按 $20kN/m^2$ 的消防车活荷载计算也不合理；此外，消防车荷载是通过轮压施加到覆土层表面的局部荷载，即便扩散到墙顶所在的水平面以后，仍然是有限范围内的局部荷载，而朗肯土压力公式中的地面超载 q 是基于墙顶所在半无限平面的均布荷载得出的，把有限范围的局部荷载当做半无限范围的均布荷载来计算地下室外墙，必然导致保守的设计（局部荷载下的土压力计算可参照《建筑边坡工程技术规范》GB 50330—2002 附录 B.0.1 及《建筑基坑支护技术规程》JGJ 120—2012 第 3.4.7 条计算）。

基于以上原因及其他方面的考虑，《北京市建筑设计技术细则》2.1.6 条明确规定，"在计算地下室外墙时，一般民用建筑的室外地面活荷载可取 $5kN/m^2$（包括可能停放消防车的室外地面）。有特殊较重荷载时，按实际情况确定。"其中特别提到可能停放消防车的室外地面。

根据计算，当几何条件不变，覆土厚度按 1900mm、地面超载按 $20kN/m^2$ 且按下固上铰的单向弹性板计算时，计算所需墙底外侧竖向钢筋为 $2501mm^2/m$（$\Phi16@80$），原设计图纸则为 $\Phi16@150+\Phi18@150$（$1340+1696=3036mm^2/m$），已然超配了 21%。因此本项目在地下室外墙竖向计算配筋存在较大优化空间，仅地面超载一项，在其他条件均不变的情况下，地面超载从 $20kN/m^2$ 降至 $5kN/m^2$ 后的墙底外侧竖向钢筋可即降至 $2110mm^2/m$（$\Phi12@150+\Phi16@150$），与原设计配筋相比降低 30.5%。

若再结合地下车库的层高可由 5200mm 降到 4600mm 的因素，在原设计荷载及截面厚度等均不变的情况下，层高降低后墙底外侧竖向钢筋可降为 $1809mm^2/m$（$\Phi14@85$），与原设计 $\Phi16@150+\Phi18@150$（$1340+1696=3036mm^2/m$）的配筋相比可降低 40.4%；若结合前述地面超载降低的因素，则地面超载从 $20kN/m^2$ 降到 $5kN/m^2$ 后的墙底外侧竖向钢筋可降至 $1522mm^2/m$（$\Phi14@150+\Phi10@150$），与原设计配筋相比可降低 49.9%。

2. 地下车库外墙按下固上铰单向板模型计算，水平钢筋实质为分布钢筋，可按双侧合计不小于 0.3% 的构造配筋率配置（参考《高层建筑混凝土结构技术规程》JGJ 3—2010 关于高层建筑地下室外墙的有关规定，略大于普通剪力墙的最小构造配筋率），故可由 $\Phi12@150$（$2\times 0.22\%=0.44\%$）改为 $\Phi12@200$（$2\times 0.16\%=0.32\%$），配筋量可降低 33.3%；

（三）地下车库顶板优化

1. 对车库顶板消防车活荷载按覆土厚度进行 70% 折减后，可将地下车库顶板 550mm×1100mm 的主梁截面一律改为 500mm×1000mm，400mm×750mm 的次梁截面一律改为 300mm×800mm，可减少甚至避免次梁出现 3 排钢筋的情况。

建议将现有"井字梁"结构改为平行于长跨方向的单次梁结构，当覆土厚度为 1.5m 时，消防车荷载可通过单向板的板跨折减从 35 折减到 29，然后再乘以覆土厚度折减系数 0.8 按 $23.2kN/m^2$ 算板；算次梁时，在上述折减值的基础上再乘以一个 0.8 的折减系数按 $18.56kN/m^2$ 算次梁；算主梁时则在算板荷载 $23.2 kN/m^2$ 的基础上乘以一个 0.6 的折减系数按 $13.92kN/m^2$ 算主梁。经过与原井字梁方案比较，有消防车荷载区域的梁板含钢量可降低 $27.37kg/m^2$，经济效益非常显著；对于无消防车荷载区域的梁板，单次梁方案也比井字梁方案降低含钢量 $1.88kg/m^2$。

2. 鉴于车库顶板框架主梁与次梁的配筋均较大,绝大多数的纵向受力钢筋都是 2 排,3 排钢筋的也不在少数,且顶板梁的钢筋用量巨大(在 700t 以上),故可考虑顶板梁的纵向受力钢筋改用更高强度的四级钢筋 HRB500,强度提高 25%,性价比明显优于三级钢 HRB400。但需提前订货,确保及时供应。

3. 车库顶板采用井字梁结构时,200mm 的板厚偏厚,导致绝大多数的下铁均由最小构造配筋率控制,建议降为 180mm,板顶贯通上铁由 ⚍10@200 改为 ⚍8@200(贯通上铁配筋率 0.14%,大于板面防裂构造钢筋配筋率不小于 0.1% 的要求),不足处附加上铁补足;板底贯通下铁采用 ⚍8@140(配筋率 0.2%),除跨度较大的边跨外,该配筋均可满足计算要求,局部不足处另行配置。

(四)车库其他结构优化

1. 车库坡道底板实质是卧置于地基上的一块板,竖向荷载仅有坡道外墙与底板的自重外加坡道上的活荷载,竖向荷载作用下的弯曲作用几乎可以忽略,其主要受力是承担坡道侧墙传来的不平衡弯矩,故截面与配筋不小于侧墙底部的截面及配筋即可,故底板厚度可由 400mm 改为 300mm,横向下铁由 ⚍14@150 改为 ⚍12@180,横向上铁由 ⚍16@150 改为 ⚍12@200,沿坡道纵向由 ⚍12@150 改为 ⚍12@200。

2. 车库楼梯可优化,以梯段 AT1 为例:下部纵筋可由 ⚍10@180 改为 ⚍8@150,分布钢筋由 ⚍8@200 改为 ⚍8@250;TL1 上下铁可由 2⚍16 改为 2⚍12 及 2⚍14,箍筋由 ⚍8@100/200 改为 ⚍6@200 且无需加密。仅以 AT1 为例,其他梯段仿此。

第五节 优化咨询服务经济效益评价

一、B 区一期 4 栋楼及一期车库结果优化经济效益评价

1. B 区一期 4 栋楼

"项目一期主体结构优化设计意见"中"墙厚与混凝土强度等级沿竖向收级"的优化意见,通过施工图算量软件对 2 号楼进行优化前后的对比计算,在相同计算分析参数、相同设计参数、相同配筋参数及相同算量参数的情况下,优化后全楼可节省工程造价 151.9万元(表 14-5-1)。

优化后经济效益分析

表 14-5-1

优化项目	量别	节省工程量		单价或差价		节省造价	
		量值	单位	量值	单位	量值	单位
钢筋用量降低	总量	277116	kg	4	元/kg	1108464	元
	单方用量	10.56	kg/m²	4	元/kg	42.2	元/m²
混凝土用量降低	总量	911	m³	300	元/m³	273375	元
	单方用量	0.035	m³/m²	300	元/m³	10.4	元/m²
混凝土强度等级降低	总量	4562	m³	30	元/m³	136851	元
	单方用量	0.1738726	m³/m²	30	元/m³	5.2	元/m²
综合总价节省合计						151.9	万元
单方造价节省合计						57.9	元/m²

2. B区一期车库优化

"B区主楼与车库竖向设计优化意见"中关于"地下车库层高"、"车库覆土厚度"的优化意见,以及"B区一期地下车库优化设计意见"对地下车库结构设计具有非常高的技术经济价值,分述如下:

1) 地下车库层高由 5.1m 降为 4.8m

根据行业标杆企业的成本测算,地下车库层高每降低 100mm,综合造价可降低 18 元/m²,本项目采用机械停车方式,其中一期面积大于 1.5663 万 m²,按层高每降低 100mm 综合造价降低 10 元/m² 的保守数值计算,则一期车库因地下车库层高降低 300mm 可节省造价 47 万元。

2) 车库顶板覆土厚度从 1.9m 降至 1.5m、消防车荷载施加方式及结构布置方式的影响

在其他条件均不变的情况下,将覆土厚度从 1.9m 降到 1.5m,仅车库顶板梁加板的含钢量对有无消防车荷载区域分别可降低 2.9kg/m² 及 5.89kg/m²;当采用平行于长跨方向的单次梁结构时,覆土减薄后有消防车荷载区域含钢量可降低 10.47kg/m²,无消防车荷载区域当地面活荷载采用 5kPa 时,含钢量可降低 11.41kg/m²。对于 B 区一期 1.5663 万 m² 的地下车库,按二者较低值 10.47 kg/m² 计算,则仅车库顶板即可节约钢筋 164t,按综合单价 4000 元/t 计算,可节约造价 65.6 万元。

同时覆土厚度减薄 400mm 还意味着基础埋深减少 400mm(土方挖运量及肥槽回填量均会减少)以及顶板覆土回减少 400mm 厚的土方量,仅一期挖填土方造价至少可节省 20 万元。

3) 地下室外墙配筋优化

考虑原设计计算配筋超配 21% 的事实,以及覆土厚度、地面超载及计算跨度(层高)全面降低等诸多有利因素,再结合水平构造钢筋配筋率的降低,地下室外墙配筋预估可节省 40%~50%,因无钢筋总量也无法用软件快速准确估算,故只能给出相对值。

3. 小结

其他各条优化意见也都不同程度的具有直接或间接的经济效益,但因目前条件下尚无法估算,姑且以上述可定量评价的条款进行估算,则一期主楼及车库可累计节省至少 588 万元。

二、B区除一期四栋及所属地下车库外其他工程的过程优化经济效益评价

针对本项目的特殊情况,虽然施工图设计与工程施工采用分期的方式,但事关建筑、结构与机电设备等的总体方案必须统一起来整体考虑,且必须在方案及报规阶段优化到位,一旦错过优化时机,则以后各期在施工图阶段将很难再进行优化调整。故在一期 4 栋楼及所属地下车库进行结果优化的同时对 B 区剩余部分及时进行了过程优化,并提出大量优化设计意见。

仅举几例说明如下:

1. "项目一期地勘及 CFG 桩复合地基优化设计意见",此部分的意见对于一期已经打完桩的 4 栋楼已无实际意义,但该优化意见对除一期以外各期的 CFG 桩复合地基的设计及工程造价有直接影响。仅以 1 号楼为例,按提出的优化意见实施,则理论计算的桩长至

少可以缩短 3.5m，按实际试桩结果优化的桩长可缩短的更多，仅以缩短 3.5m 进行计算，可节省工程造价 11 万元，以此进行类推，则剩余 11 栋高层与小高层在 CFG 桩复合地基方面的工程造价至少可节约 120 万元。

2. "项目 B 区主楼与车库竖向设计优化意见"中关于"住宅地下室层高"、"地下车库层高"及"车库覆土厚度"的优化意见，对包含一期 4 栋楼在内的整个 B 区具有极高的技术经济价值，可节省大笔工程造价：

1）地下车库层高由 5.1m 降为 4.8m

根据行业标杆企业的成本测算，地下车库层高每降低 100mm，综合造价可降低 18 元/m^2，本项目采用机械停车方式，其中一期面积大于 1.57 万 m^2，二期车库约为 2.5 万 m^2，总计超过 4 万 m^2，按层高每降低 100mm 综合造价降低 10 元/m^2 的保守数值计算，则一、二期车库因地下车库层高降低 300mm 可分别节约造价 47 万元与 75 万元，合计 122 万元。

2）主楼地下室层高降低

以 2 号楼地下一层的自行车库及地下二层的人防储藏间为例，原设计层高分别为 3200mm 及 3100mm，按优化意见，上述层高可分别降低至 2500mm 与 2800mm，地下两层层高累计降低可达 1000mm，虽然一期 4 栋楼由于桩已经施工完毕只能降低 200mm 层高，但以后各期主楼地下室的层高均可类似 2 号楼降低。B 区一期 1 号、2 号、5 号、6 号住宅合计占地面积为 2800m^2，B 区剩余各期除 17～19 号多层住宅外的高层、小高层住宅合计占地面积为 8600m^2，每降低 100mm 节省造价按 18 元/m^2 计算，则可节省造价 2800×18×2＋8600×18×7＝118.44 万元（二期及以后各期层高降低幅度按 700mm 保守计算）。

3）车库顶板覆土厚度从 1900mm 降至 1500mm（若此时不降，待二期及以后各期就无法再降）

在其他条件均不变的情况下，仅将覆土厚度从 1900mm 降到 1500mm，仅车库顶板梁加板的含钢量即可降低 6.5kg/m^2，对于 B 区一期 1.57 万 m^2、二期 2.5 万 m^2 的地下车库，仅车库顶板即可分别节约钢筋 102t 及 162.5t，按综合单价 4000 元/t 计算，仅由于覆土减薄 400mm 后车库顶板一项即可分别节约造价 40.8 万元及 65 万元，合计 105.8 万元。

同时覆土厚度减薄 400mm 还意味着基础埋深减少 400mm（土方挖运量及肥槽回填量均会减少）以及顶板覆土回减少 400mm 厚的土方量，仅一、二期挖填土方造价至少可节省 50 万元。

3. "项目 B 区一期地下车库优化设计意见"中除了 B 区一期车库本身的设计优化意见外，尚包含了整个 B 区整个总平面图与竖向设计的优化意见，如减少地面车道的数量与宽度等，一期车库柱网的优化调整意见对于二期车库的设计具有直接的指导意义。

参 考 文 献

王卫东，沈健，翁其平，吴江斌. 基坑工程对邻近地铁隧道影响的分析与对策. 岩土工程学报，2006，28（11）：1340-1345

夏国星，黄玉忠，肖炯，徐亮. 特殊条件下超大型基坑施工及环境保护技术研究. 建筑施工，2007，29（9）：661-663

刘国彬，王卫东，沈健，翁其平，吴江斌. 基坑工程手册（第二版）. 北京：中国建筑工业出版社，2009，16：1-39

王伟. 刚性桩复合地基空间变刚度调平设计. 保定：河北农业大学，2008

朱春明，刘金波等. 威海海悦大厦地基变刚度调平设计. 建筑结构学报，2009 年 S1 期

作者不详. 一个多桩型复合地基设计计算实例. 百度文库

闫雪峰. 复合地基设计若干问题和沉降计算. 天津：天津大学，1999. 6：38-52

闫雪峰，闫明礼. 复合地基沉降计算的复合模量探讨//第六届地基处理学术讨论会暨第二届基坑工程学术讨论会论文集，2000：3-8

闫明礼，张东刚. CFG 桩复合地基技术及工程实践. 北京：中国水利水电出版社，2001：27-33

陈磊，闫明礼. 组合桩复合地基在工程中的应用. 工程勘察，1999，第一期：24-26

马骥等. 长短桩复合地基设计计算. 岩土工程技术，2001. 2：86-91

任连伟等. 多桩型复合地基在湿陷性黄土中的应用. 河海大学学报，2013 第 41 卷第 2 期

闫明礼等. 多桩型复合地基设计计算方法探讨. 岩土工程学报，2003，25（3）：352-355

龚晓南，地基处理技术发展与展望. 北京：中国水利水电出版社，2004

温江红，邵平等. 静压预制桩复合地基在湿陷性黄土地区的运用//桩基工程技术进展. 2009

李靖，自重湿陷性黄土场地上高层建筑地基处理与桩基方案//桩基工程技术进展. 2009

王凤龙，王洪家. 冲击反循环钻机与冲击钻机成孔对比分析，北方交通，1673~6052（2012）06

李国胜. 混凝土结构设计禁忌及实例. 北京：中国建筑工业出版社，2007

刘金波，李文平，刘民易，赵兵. 建筑地基基础设计禁忌及实例. 北京：中国建筑工业出版社，2013

刘金波，黄强. 建筑桩基技术规范理解与应用. 北京：中国建筑工业出版社，2008

李国胜. 多高层钢筋混凝土结构设计优化与合理构造（第二版）. 北京：中国建筑工业出版社，2012

徐传亮，光军. 建筑结构设计优化及实例. 北京：中国建筑工业出版社，2012

孙芳垂，汪祖培，冯康曾. 建筑结构设计优化案例分析. 北京：中国建筑工业出版社，2011

陈岱林等. 结构软件难点热点问题应对和设计优化. 北京：中国建筑工业出版社，2014

朱炳寅. 高层建筑混凝土结构技术规程应用与分析. 北京：中国建筑工业出版社，2013

EN 1991 Eurocode 1：Actions on Structures（结构上的作用）

EN 1992 Eurocode 2：Design of Concrete Structures（欧洲规范 2：混凝土结构设计）

EN 1997 Eurocode 7：Geotechnical Design（欧洲规范 7：岩土工程设计）

IBC—06 International Building Code（国际建筑物规范）

IRC—06 International Residential Code（国际住宅规范）

ACI 318-08 Building Code Requirements for Structural Concrete（混凝土结构规范）

ACI223-98 Standard Practice for the Use of Shrinkage-Compensating Concrete（补偿收缩混凝土的应用）

ACI 224R-01 Control of Cracking in Concrete Structures（混凝土结构裂缝控制）

ASCE 7-05 Minimum Design Loads for buildings and other Structures（建筑物与其他结构物上的最小荷载）

ASCE 20-96 Standard Guidelines for the Design and Installation of Pile Foundations 桩基础设计与施工准则

BS 6399 Loading for buildings（建筑荷载规范）

BS8110 Structural use of Concrete（混凝土结构规范）

BS 8004：1986 Code of Practice for Foundations（地基基础规范）

BS 8002：1994 Earth retaining structures（挡土结构）